I. P. PAWLOW

SÄMTLICHE WERKE

BAND I

Ив. Павловъ

I. P. PAWLOW

SÄMTLICHE WERKE

BAND I

1954

AKADEMIE-VERLAG · BERLIN

И. П. Павлов, Полное собрание сочинений, Том I
2., vervollständigte Auflage, Moskau/Leningrad 1951
Herausgegeben von der Akademie der Wissenschaften der UdSSR im Verlag der
Akademie der Wissenschaften der UdSSR

Redakteur von Band I der russischen Ausgabe: E. S. Airapetjanz

Übersetzt aus dem Russischen von G. Kirpatsch

Gesamtredaktion der deutschen Ausgabe: Dr. Lothar Pickenhain, Berlin

Redakteur von Band I: Dr. Lachmann, Bad Elster

Die Herausgabe dieses Werkes wurde gefördert vom Kulturfonds
der Deutschen Demokratischen Republik

Erschienen im Akademie-Verlag, Berlin W 8, Mohrenstraße 39
Lizenz-Nr. 202 · 100/32/54

Gesamtherstellung: (125) Greif, Graphischer Großbetrieb, Berlin N 54
Bestell- und Verlagsnummer 5120/I
Printed in Germany

Die erste Auflage der Sämtlichen Werke Pawlows, *die auf Beschluß des Rates der Volkskommissare der UdSSR vom 28. Februar 1936 gedruckt wurde, lag zum 100. Geburtstag* Pawlows *im Jahre 1949 fertig vor.*

Die zweite Auflage der Sämtlichen Werke Pawlows, *die auf Beschluß des Ministerrates der UdSSR vom 8. Juni 1949 gedruckt wird, enthält ebenso wie die erste in der Hauptsache die Arbeiten, die zu Lebzeiten des Autors veröffentlicht wurden. In die neue Auflage sind eine Reihe von Arbeiten über den Blutkreislauf und die bedingten Reflexe, sowie die „Vorlesungen über Physiologie" neu aufgenommen worden, die in der ersten Auflage nicht enthalten waren. Außerdem erfolgten einige Änderungen in der Stoffanordnung mit dem Ziel, ihn unter Erhaltung seiner chronologischen Reihenfolge nach bestimmten Problemen zu ordnen.*

Die zweite Auflage der Sämtlichen Werke Pawlows *erscheint in 6 Bänden (8 Büchern). Ein bibliographisches Register, ein Namens- und Sachregister zur gesamten Auflage sowie ein Abriß seines Lebens und Schaffens werden einen besonderen Ergänzungsband darstellen.*

ÖFFENTLICHE ERKLÄRUNGEN UND ANSPRACHEN

[BEGRÜSSUNGSSCHREIBEN DES PRÄSIDENTEN DES ORGANISATIONSKOMITEES DES ERSTEN PHYSIOLOGENKONGRESSES ZU EHREN VON I. M. SETSCHENOW ZUR ERÖFFNUNG DES KONGRESSES AM 6. APRIL 1917 [1])] [2])

Liebe Kollegen!

Ich bin tief betrübt, daß ich nicht die Möglichkeit habe, heute in Eurer Mitte zu sein. Wir durchleben jetzt eine besondere Zeit.

Nachdem wir lange verstreut und getrennt waren, sammeln wir uns und vereinigen uns wieder zu einer Gesellschaft, deren allgemeine Interessen und deren allgemeine Aufgabe darin liegt, unserer russischen Physiologie ein möglichst hohes Niveau zu erhalten. Unsere primäre Sorge ist heute unsere Zeitschrift. Man kann sagen, daß wir in der ständigen internationalen Ausstellung der Physiologie endlich unseren eigenen Pavillon haben werden, wobei jeder von uns bestrebt sein wird, ihn möglichst inhaltsreich und interessant zu gestalten. Durch ihn werden die Ausländer besser als früher, als wir uns in fremden Häusern zerstreuen mußten, über unsere Arbeit urteilen und sie würdigen können. Unsere Zeitschrift entsteht unter günstigen Voraussetzungen. Unsere neue Verbindung in Gestalt regelmäßiger Beiträge aus unserem ganzen Vaterland, der Gedankenaustausch, die Demonstrationen von Experimenten und Geräten in all unseren physiologischen Einrichtungen, unseren Laboratorien, und die daraus entspringende gegenseitige Anregung und gegenseitige Hilfe müssen *(10[3])* unsere tägliche Arbeit stärken. Zu diesem besonderen Aufschwung wird auch der jetzige außergewöhnliche Zustand Rußlands viel beitragen.

Eben erst trennen wir uns von einer finsteren, drückenden Zeit. Es genügt darauf hinzuweisen, daß dieser unser Kongreß zu Weihnachten nicht zugelassen wurde und für Ostern nur nach einer schriftlichen Verpflichtung der Mitglieder des Organisationskomitees, daß auf dem Kongreß keinerlei politische Entschließungen diskutiert werden. Dessen nicht genug. Zwei bis drei Tage vor unserer Revolution wurde die endgültige Genehmigung gegeben mit der Verpflichtung, die Thesen der wissenschaftlichen Referate einen Tag zuvor dem Stadthauptmann vorzulegen.

---

[1]) Русск. физиол. журн. *[Russ. Physiol. Zt.]* Bd. 1, H. 1—2, 1947. — Red.

[2]) Alle Überschriften und Zusätze im Text in eckigen Klammern sind von der Redaktion hinzugefügt. — Red.

[3]) *Die im Text in Kursivschrift eingefügten Zahlen geben die Seitenzahl des russischen Originaltextes an (dt. Red.)*

Gottseidank gehört dies der Vergangenheit an, und wir wollen hoffen, daß es nicht wiederkehrt.

Die große Französische Revolution hat eine große Schuld auf sich geladen, sie ließ LAVOISIER hinrichten und ihm erklären, als er um Aufschub bat, um einige wichtige chemische Versuche beenden zu können, daß „die Republik die Gelehrten und ihre Versuche nicht braucht.“[1]) Das verflossene Jahrhundert hat jedoch auch in dieser Beziehung eine entscheidende Wendung im menschlichen Denken herbeigeführt, und heute braucht man nicht zu befürchten, daß eine Demokratie die ewig herrschende Rolle der Wissenschaft im menschlichen Leben vergessen könnte. *(11)*

Wir müssen noch warten. Aber wir dürfen erwarten, daß bei dem neuen Aufbau unseres Lebens die Mittel jeglicher Art für die wissenschaftliche Forschung beträchtlich verstärkt werden.

Aber wenn dem so ist, so wird uns dies ein weiterer Anlaß sein, unsere Arbeitsenergie aufs höchste zu steigern.

Wie zeitgemäß sind dann in einem freien, sich erneuernden und in allen Lebensbereichen zu einem besseren strebenden Vaterland unsere Gesellschaft und unsere Zeitschrift, die in glücklicher Weise mit dem ruhmvollen Namen des Stammvaters der russischen Physiologie, des Trägers eines wahrhaft freien Geistes, IWAN MICHAILOWITSCH SETSCHENOW, verbunden sind.

Den Kollegen herzliche Grüße und wärmste Wünsche für einen guten Beginn unserer Sache!

I. P. PAWLOW

---

[1]) Der apokryphe Ausspruch: „Die Republik braucht keine Wissenschaft!“ („La République n'a pas besoin de science!“), der gewöhnlich dem Vorsitzenden des Revolutionstribunals, das LAVOISIER richtete, zugeschrieben wird, scheint nichts anderes zu sein, als eine Erfindung der bürgerlichen Historiker. Diese haben ihn mehr als einmal tendenziös für ihre Zwecke benutzt, auf jegliche Art und Weise diese Epoche in Verruf zu bringen, in der die französische Stadt- und Dorfarmut in die Arena der historischen Geschehnisse getreten ist. K. A. TIMIRJASEW bemerkt vollkommen richtig: „Das durch die Verzweiflung über das fremde Eindringen und den inneren Verrat um den Verstand gebrachte, verarmte, jedoch zu neuen Opfern bereite französische Volk verfolgte in LAVOISIER nur einen der Vertreter des ihm verhaßten Standes der Pächter, in dem es die inneren Feinde und Verbündeten des äußeren Feindes gesehen hat. LAVOISIER war einer der 26 fermiers généraux, Steuerpächter, die an diesem Tage zur Guillotine geführt wurden. Er bezahlte für fremde Schuld, für die Schuld ganzer Generationen von Räubern, die dem französischen Volk seine Lebenssäfte aussaugten. Er war zweifellos an ihren Verbrechen nicht schuldig ...“ (K. A. TIMIRJASEW, Werke, Bd I, 1937, S. 215). — Red.

Ленинград
2 Октября

Президиуму Всесоюзной Академии Наук.

Горячо признателен родной Академии за приветы и добрые пожелания. — Что ни делаю, постоянно думаю, что служу этим, сколько позволяют мне мои силы, прежде всего моему отечеству и нашей русской науке. И это есть сильнейшее побуждение и глубокое удовлетворение.

Академик Иван Павлов

[SCHREIBEN AN DIE AKADEMIE DER WISSENSCHAFTEN DER UdSSR][1])

An das Präsidium der Allunions-Akademie der Wissenschaften.

Für den Gruß und die guten Wünsche bin ich unserer Akademie herzlichst verbunden. Was ich auch tue, immer denke ich daran, daß ich damit, soweit meine Kräfte es erlauben, vor allem meinem Vaterland, unserer russischen Wissenschaft, diene. Dies ist mir stärkster Antrieb und eine tiefe Befriedigung.

Akademiemitglied IWAN PAWLOW

Leningrad
2. Oktober [1934]

[1]) Antwortschreiben auf den Glückwunsch der Akademie der Wissenschaften der UdSSR anläßlich des 85. Geburtstages PAWLOWS (1934). — Red.

[SCHREIBEN AN DIE LENINGRADER SETSCHENOW-GESELLSCHAFT DER PHYSIOLOGEN] [1])

Ich bringe der Physiologischen SETSCHENOW-Gesellschaft meine aufrichtige Dankbarkeit dar für die Ehrung meiner 60jährigen wissenschaftlichen Arbeit durch eine besondere Sitzung.

Ja, ich bin froh, daß ich gemeinsam mit IWAN MICHAILOWITSCH und meinen vielen teuren Mitarbeitern für die gewaltige Macht der physiologischen Forschung, statt eines halben, den ganzen ungeteilten tierischen Organismus gewonnen habe. Und dies ist allein unser unbestreitbar russisches Verdienst in der Weltwissenschaft, im allgemeinen menschlichen Denken.

IWAN PAWLOW

Leningrad,
14. Oktober 1934

---

[1]) Antwortschreiben auf ein Telegramm, das von den Mitgliedern der Gesellschaft gesandt worden war, die sich aus Anlaß des 85. Geburtstages des Gründers und Ehrenvorsitzenden der Gesellschaft, des Akademiemitgliedes I. P. PAWLOW, zu einer Feierstunde versammelt hatten. — Red.

[SCHREIBEN
AN DIE AKADEMIE DER WISSENSCHAFTEN DER UdSSR][1]

An die Akademie der Wissenschaften.

Meinen aufrichtigen Dank für die herzlichen, freundschaftlichen Grüße. Möge mein Traum Wirklichkeit werden, daß unsere kollektive Laboratoriumsarbeit zu der Gestaltung einer glücklichen menschlichen Zukunft wesentlich beiträgt und daß sie in meiner geliebten Wissenschaft ein würdiges Denkmal unseres russischen Geistes hinterläßt!

IWAN PAWLOW

Leningrad,
23. Dezember [1934]

[1] Antwortschreiben auf den Gruß des Präsidiums der Akademie der Wissenschaften der UdSSR anläßlich der Ernennung PAWLOWS zum Direktor des Instituts für Physiologie und Pathologie der höheren Nerventätigkeit. — Red.

[ÜBER DIE PERSPEKTIVEN DER ARBEIT IM JAHRE 1935][1])

Ich erhole mich jetzt in meinem geliebten Koltuschi, und ich will noch sehr, sehr lange leben ... Selbst bis zu hundert Jahren ... und noch länger! ...

Ich will lange leben, weil meine Laboratorien in noch nie dagewesener Weise aufblühen. Die Sowjetmacht hat Millionen für meine wissenschaftlichen Arbeiten, für den Bau von Laboratorien gegeben. Ich will glauben, daß die Maßnahmen zur Förderung der Physiologen, und ich bleibe trotz allem Physiologe, ihr Ziel erreichen werden und meine Wissenschaft in unserem Vaterland ganz besonders aufblühen wird ...

Was ich auch tue, immer denke ich daran, daß ich damit, soweit meine Kräfte es erlauben, vor allem meinem Vaterland diene. In meiner Heimat geht jetzt eine gewaltige soziale Umgestaltung vor sich. Die ungeheure Kluft zwischen Reichen und Armen ist abgeschafft. Ich will noch solange leben, bis ich die endgültigen Ergebnisse dieser sozialen Umgestaltung sehe ...

Eine der größten Errungenschaften der Sowjetmacht besteht in der ständigen Stärkung der Verteidigungskraft des Landes. Ich möchte auch deshalb noch so lange wie möglich leben, weil ich um die Sicherheit meines Vaterlandes unbesorgt bin. *(16)*

---

[1]) Juli 1935. Nachdem er sich soeben erst von einer langen schweren Krankheit erholt hatte, wandte sich IWAN PETROWITSCH erneut weiteren wissenschaftlichen Arbeiten auf dem Gebiet der Physiologie zu. Auf diese Zeit bezieht sich der hier veröffentlichte Text. (Известия *[Iswestija]*, Nr. 157, 6. Juli 1935.) — Red.

[REDE BEI DER ERÖFFNUNG DES XV. INTERNATIONALEN PHYSIOLOGEN-KONGRESSES][1])

Ich erkläre die Sitzung des XV. Internationalen Physiologen-Kongresses für eröffnet. *(Beifall. Alle erheben sich. Ovationen.)*

In meiner Person begrüßt unsere ganze russische Physiologie die verehrten Kollegen, die sich aus allen Teilen der Welt versammelt haben und wünscht Ihnen von Herzen, daß Sie die Zeit bei uns nicht nur nützlich, sondern auch angenehm verbringen.

Der diesjährige XV. Physiologen-Kongreß findet zum ersten Male in unserem Lande statt. Das ist auch ganz in der Ordnung. Unsere Physiologie ist noch jung. Es arbeitet erst die zweite Generation russischer Physiologen, wenn sie auch ihr Leben bald beschließen wird. Als Vater unserer Physiologie müssen wir SETSCHENOW betrachten, der als erster seine Vorlesungen nicht nach fremden Büchern gehalten hat, sondern als Spezialist mit Demonstrationen, und der unsere erste physiologische Schule schuf. All dies vermochte er selbstverständlich nur dank seiner außergewöhnlichen Fähigkeiten. Das ist auch der Grund, warum wir es für angebracht hielten, den Kongreßteilnehmern seine besten Werke und eine Medaille mit seinem Porträt zu überreichen. SETSCHENOW ist der Initiator der physiologischen Arbeit auf einem großen Teil des Erdballs.

Der vielseitige Nutzen der internationalen Kongresse ist so offensichtlich, und man hat darüber schon soviel gesprochen, daß ich nur einige Punkte unterstreichen will, die in unserem Fall besondere Bedeutung besitzen.

Es ist für uns Physiologen an der Zeit, und es wurde schon mehrmals bei uns erklärt und auf anderen Kongressen auch schon durchgeführt, *(17)* daß wir endgültig einen Beschluß über die sogenannten Programmfragen fassen, d. h. über die Fragen, die im Augenblick besonders lebhaftes Interesse beanspruchen, verbunden mit speziellen Mitteilungen, die vielleicht zahlenmäßig begrenzt werden sollten. Es müßten allgemeine Versammlungen einberufen werden, zu denen rechtzeitig Personen, die die gewählte Frage bearbeiten, und Diskussionsteilnehmer eingeladen werden sollten. Bei einer solchen geplanten, anregenden Form der Diskussion können besonders auch Bemerkungen von Kollegen, die sich

[1]) Известия *[Iswestija]*, Nr. 186 (5739), 10. August 1935, S. 3. — Red.

nicht unmittelbar mit dieser Frage beschäftigen, eine nicht geringe Bedeutung erhalten.

Einen zweiten Punkt möchte ich betonen, der jetzt bei uns von besonders großer Bedeutung ist, den speziellen Einfluß solcher wissenschaftlicher Tagungen auf die junge Generation, auf die künftigen Gelehrten. Die Stärke dieses Einflusses kenne ich an mir selbst aus meinen jungen Jahren, von unseren ehemaligen Tagungen der Naturforscher und Ärzte. Unsere Regierung stellt jetzt außergewöhnlich große Mittel für wissenschaftliche Arbeiten zur Verfügung und führt die Masse der Jugend an die Wissenschaft heran. Auf diese Jugend muß der Anblick der in Ihnen personifizierten Weltwissenschaft einen großen anregenden Einfluß haben.

Schließlich ein dritter Punkt. Wir sind, so verschieden wir auch sein mögen, heute vereint und bewegt durch das glühende Interesse an unserer gemeinsamen Lebensaufgabe. Wir sind alle gute Kollegen, in vielen Fällen sogar untereinander durch offenkundige Freundschaft verbunden. Wir arbeiten offensichtlich für eine vernünftige, endgültige Vereinigung der Menschheit. Sollte jedoch ein Krieg ausbrechen, so würden viele von uns einander feindlich gegenüberstehen, auch auf dem Gebiet der Wissenschaft, wie das schon mehr als einmal der Fall gewesen ist. Dann werden wir nicht mehr zusammenkommen wollen wie heute. Sogar die gegenseitige wissenschaftliche Einschätzung wird eine andere werden. Ich kann die Größe eines Befreiungskrieges verstehen. Man darf jedoch gleichzeitig nicht leugnen, daß der Krieg seinem Wesen nach ein bestialisches Mittel zur Lösung von Lebensschwierigkeiten ist *(stürmischer Beifall)*, ein Mittel, unwürdig des menschlichen Verstandes mit seinen unermeßlichen Quellen. Man sieht heute fast allgemein den Wunsch und das Streben, Kriege zu vermeiden und wahrscheinlich mit wirksameren Mitteln, als es bisher der Fall war. Ich bin glücklich, daß die Regierung meines mächtigen Vaterlandes im Kampf für den Frieden zum ersten Male in der Geschichte verkündet hat: „Nicht einen Fußbreit fremden Bodens!" *(Stürmischer Beifall.) (18)* Wir aber müssen dies natürlich ganz besonders begrüßen und dazu beitragen. Aber als Wahrheitssucher müssen wir hinzufügen, daß es notwendig ist, in den internationalen Beziehungen strenge Gerechtigkeit zu wahren. *(Beifall.)* Dies ist auch die tatsächliche Hauptschwierigkeit.

In diesem Jahre verlor unsere wahrhafte Weltvereinigung zwei treue Mitglieder. Es verstarb der ehemalige Professor der Edinburger Universität SCHEFFER, der sein ganzes langes Leben mit großem Erfolg unserer Wissenschaft gewidmet hat. Es starb weiter auf der Höhe seiner Arbeitskraft der Professor der Universität von Aberdeen MACLEOD, Träger des Nobel-Preises. Ich bitte durch Erheben von den Plätzen das Andenken der von uns gegangenen Kollegen zu ehren. *(Alle erheben sich. Das Orchester spielt den Trauermarsch von* CHOPIN.*)*

Zum Abschluß müssen wir russischen Physiologen unserer Regierung große Dankbarkeit bezeugen, daß sie uns die Möglichkeit gegeben hat, unsere lieben Gäste würdig zu empfangen. *(Beifall.)*

Das Wort hat jetzt der Vorsitzende der Regierungskommission zur Unterstützung des Kongresses. *(Beifall.) (19)*

W. M. Molotow und I. P. Pawlow 1935

[ANSPRACHE BEIM REGIERUNGSEMPFANG FÜR DIE DELEGATION DES XV. INTERNATIONALEN PHYSIOLOGENKONGRESSES AM 17. AUGUST 1935 IM GROSSEN KREMLSCHLOSS] [1]

Sie haben gehört und gesehen *(sagt* IWAN PETROWITSCH, *sich an die ausländischen Gäste wendend)*, in welch ungewöhnlich günstiger Lage sich die Wissenschaft in meinem Vaterland befindet. Wie sich bei uns die Beziehungen zwischen der Staatsmacht und der Wissenschaft gestalten, möchte ich nur an einem Beispiel illustrieren: Wir, die Leiter der wissenschaftlichen Einrichtungen, sind direkt in Sorge und Unruhe, ob wir in der Lage sind, all die Mittel zu rechtfertigen, die uns die Regierung zur Verfügung stellt. *(Genosse* MOLOTOW *von seinem Platz aus:* „Wir sind überzeugt, daß Sie sie unbedingt rechtfertigen!“ — *Stürmischer Beifall.* Wie Sie wissen, bin ich von Kopf bis Fuß ein Experimentator. Mein ganzes Leben bestand aus Experimenten. Unsere Regierung ist ebenfalls ein Experimentator, jedoch ein Experimentator unvergleichlich höherer Kategorie. Ich habe den leidenschaftlichen Wunsch zu leben, um den siegreichen Abschluß dieses historischen sozialen Experiments mitzuerleben. *(Unter stürmischem Beifall der Anwesenden bringt* PAWLOW *einen Toast aus* „auf die großen sozialen Experimentatoren“.) *(20)*

[1] Правда *[Prawda]*, Nr. 229 (6475), 20. August 1935, S. 4. — Red.

[ANTWORT AUF DIE BEGRÜSSUNGEN ANLÄSSLICH DES BESUCHES DER STADT RJASAN IM AUGUST 1935] [1])

Ich muß sagen, daß auch früher Ehrungen von Vertretern der Wissenschaft stattgefunden haben. Dies waren jedoch Ehrungen in einem kleinen Kreis von Menschen sozusagen derselben Art, Menschen der Wissenschaft. Das, was ich heute erlebe, ähnelt diesen Jubiläen nicht im geringsten. Bei uns ehrt jetzt das ganze Volk die Wissenschaft. Das konnte ich heute morgen sowohl bei dem Empfang auf dem Bahnhof als auch im Kolchos sehen und auch als ich hierher gefahren kam. Das ist kein Zufall. Ich glaube nicht zu irren, wenn ich sage, daß dies ein Verdienst der Regierung ist, die an der Spitze unseres Landes steht.

Früher war die Wissenschaft vom Leben isoliert, war sie der Bevölkerung entfremdet. Heute aber sehe ich etwas anderes: die Wissenschaft wird vom ganzen Volke geachtet und geschätzt. Ich erhebe mein Glas und trinke auf die einzige Regierung der Welt, die die Wissenschaft derart schätzt und sie so leidenschaftlich unterstützt, auf die Regierung meines Landes! *(21)*

---

[1]) Im August 1935 besuchte PAWLOW seine Heimatstadt Rjasan. Das Bezirksexekutivkomitee veranstaltete zu Ehren des großen sowjetischen Gelehrten ein Diner, auf dem Vertreter der örtlichen Verwaltung, Ärzte, Pädagogen und andere anwesend waren. Als Antwort auf eine Reihe von Begrüßungen hielt IWAN PETROWITSCH diese Rede. (Aus der Zeitung За коммунистическое просвещение *[Für kommunistische Aufklärung]* vom 28. Februar 1936, Nr. 29.) — Red.

[SCHREIBEN AN DAS TREFFEN DER MEISTER DER KOHLE DES GESAMTEN DONEZGEBIETES][1])

Geehrte Bergleute! Mein ganzes Leben lang liebte und liebe ich die geistige und die körperliche Arbeit, wahrscheinlich sogar mehr die zweite. Ganz besonders befriedigt fühlte ich mich jedoch, wenn ich in die körperliche Arbeit irgendeinen guten Gedanken hineintragen konnte, d.h., wenn ich die geistige Arbeit mit der Arbeit der Hände verband.

Ihr habt diesen Weg beschritten. Von Herzen wünsche ich Euch, weiter diesen Weg zu gehen, der allein das Glück des Menschen sichert.

Mit innigem Gruß
I. PAWLOW, Akademiemitglied

7. Januar 1936
Koltuschi

---

[1]) Вестник Академии Наук *[Bulletin der Akademie der Wissenschaften der UdSSR]*, Nr. 3, 1936. — Red.

[BRIEF AN DIE JUGEND] [1]

Was wünsche ich der Jugend meines Vaterlandes, die sich der Wissenschaft gewidmet hat?

Vor allem Folgerichtigkeit. Über diese wichtigste Voraussetzung einer fruchtbaren wissenschaftlichen Arbeit vermag ich niemals ohne innere Bewegung zu sprechen. Folgerichtigkeit, Folgerichtigkeit und noch einmal Folgerichtigkeit! Gleich von Beginn Eurer Arbeit an müßt Ihr Euch zu strenger Folgerichtigkeit im Sammeln von Wissen erziehen.

Erlernt erst die Anfangsgründe der Wissenschaft, bevor Ihr ihre Gipfel erklimmen wollt. Nehmt niemals das Nächste in Angriff, wenn Ihr das Vorhergehende noch nicht beherrscht. Versucht niemals die Lücken in Eurem Wissen zu verbergen, auch nicht durch noch so kühne Mutmaßungen und Hypothesen. Wie sehr sich auch Euer Auge am Schillern dieser Seifenblase erfreuen mag, sie wird unvermeidlich zerplatzen, und nichts als Verwirrung wird Euch bleiben.

Erzieht Euch zu Selbstbeherrschung und Geduld. Lernt auch die Kleinarbeit in der Wissenschaft zu verrichten. Studiert, vergleicht und sammelt die Tatsachen.

Wie vollkommen auch die Flügel eines Vogels sind, er könnte doch niemals zum Flug emporsteigen, ohne sich auf die Luft zu stützen. Tatsachen sind die Luft des Gelehrten. Ohne sie werdet Ihr niemals fliegen lernen. Ohne sie sind Eure „Theorien" vergebliche Mühen.

Bemüht Euch aber beim Studieren, beim Experimentieren und beim Beobachten nicht an der Oberfläche der Tatsachen zu bleiben. Werdet nicht zu Archivaren *(23)* von Tatsachen. Versucht einzudringen in das Geheimnis ihrer Entstehung. Sucht beharrlich die Gesetze, die sie beherrschen.

Das zweite ist Bescheidenheit. Glaubt niemals, daß Ihr schon alles wißt. Wie hoch man Euch auch einschätzen mag, habt immer den Mut, Euch zu sagen: Ich bin unwissend.

Laßt Euch nicht vom Stolz beherrschen. Aus Stolz werdet Ihr dort starrköpfig sein, wo man nachgeben muß. Aus Stolz werdet Ihr nützlichen Rat und

[1]) Aus der Zeitschrift Техника молодежи *[Technik der Jugend]* (1935) und dem Sammelwerk Поколение победителей *[Generation der Sieger]* (1935), die dem X. Treffen des Komsomol gewidmet wurden. — Red.

freundschaftliche Hilfe verschmähen. Aus Stolz werdet Ihr das Maß für Objektivität verlieren.

In dem von mir geleiteten Kollektiv macht die Atmosphäre alles. Wir dienen alle einer gemeinsamen Aufgabe, und jeder fördert sie nach seinen Kräften und Fähigkeiten. Häufig kann man bei uns nicht unterscheiden, was „mein" und was „dein" ist, aber dadurch gewinnt nur unser gemeinsames Werk.

Das dritte ist Leidenschaft. Denkt daran, daß die Wissenschaft den ganzen Menschen fordert. Und wenn Ihr zwei Leben hättet, sie genügten Euch nicht. Große Anstrengungen und glühende Leidenschaft fordert die Wissenschaft vom Menschen. Seid leidenschaftlich bei Eurer Arbeit und bei Eurem Suchen.

Unsere Heimat eröffnet den Wissenschaftlern große Perspektiven, und man muß ihr geben, was ihr gebührt, d. h. voll und ganz die Wissenschaft in das Leben unseres Landes einführen, freigebig bis zum äußersten.

Was soll ich über die Stellung des jungen Gelehrten bei uns sagen? Hier ist ohnehin alles klar. Man gibt ihm viel, man verlangt aber auch viel von ihm. Und für die Jugend ist es ebenso wie für uns eine Sache der Ehre, das große Vertrauen zu rechtfertigen, das unser Vaterland der Wissenschaft entgegenbringt.

I. P. Pawlow

AUFSÄTZE
ZUR PHYSIOLOGIE DES BLUTKREISLAUFS
UND DES NERVENSYSTEMS

[REFERAT EINES VORTRAGES VON W. N. WELIKI UND I. P. PAWLOW] [1]

W. N. Weliki und I. P. Pawlow berichteten über gemeinsame Arbeiten:

a) „Über den Einfluß der Kehlkopfnerven auf den Blutkreislauf";

b) „Über die zentripetalen Beschleuniger der Herzfrequenz".

Auf Grund von Versuchen sind sie zu Schlußfolgerungen gekommen, die denen von Schiff entgegengesetzt sind. Sie halten es nicht für möglich, daß beim Hunde die die Herzfrequenz beschleunigenden Fasern aus dem n. accessorius Willisi in den Kehlkopfnerven verlaufen. Sie bestätigen die Versuche von Bezold und Cyon, die annehmen, daß die beschleunigenden Nerven vom Rückenmark aus über das ganglion stellatum gehen. Der Bestätigung dieser Annahme dient außer der ersten auch noch eine zweite, noch nicht beendete Arbeit. Aus ihr folgt, daß zentripetale, beschleunigende Nerven existieren, deren Weg folgendermaßen verläuft: Eines der vom Herzen kommenden Nervenbündel tritt in dem vom n. laryngeus inferior und n. vagus gebildeten Winkel in das untere Halsganglion ein, von da wendet es sich um zum ganglion stellatum, von wo es, allein der Beobachtung nach zu urteilen, zum Gehirn zieht. Eine Reizung der zentralen Endigung dieses Nerven ruft eine Beschleunigung der Herzfrequenz hervor. Folglich kann man annehmen, daß dieser Nerv ein sensibler und seine Wirkung auf das Herz eine reflektorische ist. *(28)*

---

[1] Тр. С.-Петербургск. общ. естествоиспыт. *[Abhandlungen der St. Petersburger Ges. f. Naturforscher]* Bd. 5, 1874, Seite 66.

EXPERIMENTELLER BEITRAG ZUM NACHWEIS DES AKKOMMODATIONSMECHANISMUS DER BLUTGEFÄSSE[1])

(Physiologisches Laboratorium von Prof. A. O. USTIMOWITSCH in Petersburg)

In einer Reihe von Abhandlungen aus dem Leipziger Laboratorium von Professor LUDWIG[2]) ist seit einigen Jahren eine Anzahl hervorragender Eigenschaften der Blutzirkulation sowohl berührt als auch experimentell nachgewiesen worden. Dank diesen höchst schätzbaren Untersuchungen ist nun bekannt geworden,

1. daß dem Gefäßrohr ein Anpassungsvermögen an größere und geringere Blutmengen zukommt, ohne daß dabei der Blutdruck auf die Dauer in seinen Mittelwerten Schwankungen erleidet,
2. daß dieses Anpassungsvermögen nervalen Ursprungs ist.

Man wird dennoch zugeben müssen, daß hiermit ein Gebiet für weitere Forschung erst eröffnet wird. Wie sehr die Tragweite der obenerwähnten Untersuchungen auch anerkennenswert ist, so wird dennoch ein direkter Nachweis der Mechanismen der Anpassung der Gefäße als auch deren näherer Eigenschaften der Zukunft angehören müssen.

Diese Überlegungen gaben uns den Anstoß zu einer Reihe von Untersuchungen über den Anteil einiger Nerven bei der Gefäßakkommodation. Durch verschiedene, inzwischen erschienene Untersuchungen, die meist die Wirkungsweise des vasodilatatorischen Nervensystems betrafen, *(29)* mußte zwar ein Teil unserer eigenen Befunde, dem ursprünglichen Untersuchungsplan gemäß, wegfallen; das betretene Feld erschien jedoch umfangreich genug, um auch unseren Forschungen Platz zu gewähren.

Im folgenden teilen wir nur einen einzelnen Fall aus einer später erscheinenden Versuchsreihe mit. Das Mitgeteilte wird aber durch seine vielversprechende Tragweite hoffentlich für sich selbst sprechen.

Nachdem man aus zahllosen Erfahrungen zur Überzeugung gelangt ist, daß eine Blutdruckkurve von einem kurarisierten Tier nicht immer mit einer nor-

---

[1]) PFLÜGERS Archiv, Bd. 16, 1877, S. 266—271. *[Der Aufsatz wird nach dem ursprünglichen deutschen Text wiedergegeben (dt. Red.)].*

[2]) Arbeiten aus d. physiol. Anstalt zu Leipzig 1873, 74, 75 (Abhdlgn. v. TAPPEINER, Worm-MÜLLER und LESSER).—[H. TAPPEINER, LUDWIGS Arbeiten, 1872—73, S. 11—64; Worm-Müller, LUDWIGS Arbeiten, 1873—74, S. 159—250; L. LESSER, LUDWIGS Arbeiten, 1874—75, S. 50—89] *[Zusätze in eckigen Klammern sind von der Redaktion hinzugefügt. — Dt. Red.]*

I. P. Pawlow 1871

malen vergleichbar ist und Schwankungen aus bekannten und unbekannten Gründen in einer solchen Kurve am vergifteten Tier beinahe ausnahmslos vorhanden sind, erschien es uns geboten, unsere ersten Beobachtungen an unvergifteten bzw. unversehrten Tieren vorzunehmen. Ein zu diesem Zweck gewählter Hund ließ sich soweit zähmen, daß er sowohl während der Operation als auch bei der Blutdruckbestimmung, auf dem Operationsbrett eingeschnürt, absolut ruhig dalag. Dank diesem Umstand sind Blutdruckkurven erhalten worden, die ihrer Regelmäßigkeit halber als Musterstücke angesehen werden dürfen.

Mit dem Manometer wurde gewöhnlich eine unter der Haut an der Innenfläche des Kniegelenks ganz oberflächlich liegende Arterie verbunden. Dieses Bloßlegen der Arterie beanspruchte nicht mehr als 2 bis 3 Minuten und ist absolut schmerzlos gewesen. Ein einziges Mal wurde der Druck an der art. cruralis bestimmt. Das Tier wurde gut gefüttert und bekam 24 Stunden vor dem Versuch zu trinken. 12 Stunden vor der Operation bekam das Tier nochmals zu trinken.

Nachdem der Blutdruck unter diesen Verhältnissen bestimmt war, wurde dasselbe Tier mit trockenem Brot oder auch mit trockenem Fleisch gefüttert und nun der Blutdruck in verschiedenen Zeiträumen nach der Fütterung bestimmt. Es ergab sich, daß das Maximum des Blutdruckabfalls (die Bestimmung an der art. cruralis mit inbegriffen) nur 10 mm Hg erreichte. Es kam vor, daß bei vergleichenden Blutdruckbestimmungen im Laufe von 2½ Stunden nach der Fütterung keine Veränderungen wahrgenommen wurden. Es muß ferner hervorgehoben werden, *(30)* daß der 20 bis 30 Minuten nach der Fütterung unverändert gebliebene Blutdruck erst jetzt zu sinken begann. Diese Ergebnisse schienen nur als weiterer Beweis der bereits von Tappeiner, Worm-Müller und Lesser beobachteten Tatsachen zu dienen, daß auch im Normalzustand des Organismus ein Streben zum Aufrechterhalten eines mittleren Drucks offenbar vorhanden ist. Die erwähnten Zustände bieten ja zweierlei Bedingungen, die dem Absinken des Blutdrucks außerordentlich günstig sein sollten: eine beträchtliche Erweiterung der Eingeweidearterien und den Austritt ansehnlicher Mengen von Verdauungsflüssigkeiten aus der Blutbahn. Indes geschieht nur ein Absinken um einige 10 mm, zuweilen sogar bleibt der Blutdruck unverändert. Es fragt sich nun, was für eine Art von Mechanismen ein derartiges Gleichgewicht bewerkstelligt? Auf Grund der obenerwähnten Beobachtungen von Ludwigs Schülern über die Akkommodation des Gefäßrohrs schien uns von vornherein notwendig, die Frage zu entscheiden, ob das genannte Gleichgewicht des Blutdrucks wirklich nur durch Gefäßverengerung erklärbar sei? Die Sache könnte doch ganz einfach darauf zurückgeführt werden, daß mit der Gefäßerweiterung in den Eingeweiden die Gefäße anderer Körpergebiete, wie z. B. der Haut, Muskeln usw. gleichzeitig verengert würden. Es könnte dabei möglich sein, daß die Nahrung in doppelter Weise reflektorisch wirke, indem sie als Reiz für gefäßerweiternde Nerven der Eingeweide und gefäßverengernde Nerven anderer Gebiete erschiene. Es ist ja bekannt, daß die Reizung eines sensiblen Hautnerven eine Erweiterung der Hautgefäße und eine gleichzeitige Verengerung der Eingeweidegefäße bewirkt. Die Vermutung, es könne auch das Umgekehrte stattfinden, daß bei Reizung sensibler Baucheingeweidenerven die Bauchgefäße durch Erweiterung, die Hautgefäße dagegen durch Verengerung antworten sollten, war zu beachten.

Als nächstes schien es uns notwendig, die Frage experimentell zu prüfen, ob in der Tat durch diese Reizung sensibler Eingeweidenerven eine Zusammenziehung der Hautgefäße hervorgerufen wird?

Als am besten für solche Beobachtungen geeignete Gegend wählten wir das Kaninchenohr. Als Reiz wurde die Entblößung der Eingeweide gewählt *(31)* und dieses Verfahren elektrischen und anderen Reizmitteln deshalb vorgezogen, weil uns doch am meisten daran gelegen war, den Vorgängen bei der mechanischen Reizung durch die Nahrung so nahe als möglich zu kommen. Elektrische Reizungen schienen in diesem Sinne am wenigsten geraten zu sein.

Unsere Erwartungen wurden sehr bald durch das Experiment vollkommen gerechtfertigt. An kurarisierten, künstlich atmenden Kaninchen hat das Herausziehen einer Darmschlinge aus der Bauchhöhle jedesmal eine Verengerung der Kaninchenohrgefäße erzeugt, ein Erfolg, der auch nach Verschluß der Bauchhöhle eine Zeitlang anhielt. Nun mußte jeder Verdacht eines passiven Rückflusses des Blutes vom Ohrgefäß gegen die Bauchhöhle beseitigt werden; denn es könnte eingewendet werden, daß bei aktiver Hyperämie der Bauchgefäße wegen aktiver Erweiterung derselben das Kaninchenohr eine passive Anämie erleide. Um diesen Einwänden entgegenzutreten, wurden zwei Versuchsmodifikationen getroffen. Einmal wurde der Halssympathikus an einer Seite durchschnitten und die Wirkung der Darmentblößung an beiden Ohren bzw. am unversehrten und am gelähmten Gefäße untereinander verglichen. Ein anderes Mal wurde dieser vergleichenden Beobachtung des Gefäßlumens beider Ohren die Messung des Blutdrucks in der art. carotis hinzugesellt. Durch beide Versuchsreihen wird ganz entschieden bewiesen, daß die Gefäßverengerung am Kaninchenohr bei Eröffnung der Leibeshöhle durch reflektorische Übertragung der Reizung erzeugt wird. Denn während am Ohr, an dessen Seite der Sympathikus durchschnitten war, auch nicht die geringste Veränderung im Gefäßlumen wahrzunehmen war, ist am Ohrgefäß der unversehrten Seite ausnahmslos bei der Darmentblößung nicht nur ein Verschwinden der Lichtung, sondern sogar ein vollständiges Verschwinden des Gefäßzweiges beobachtet worden. Die Blutdruckbestimmung ergab die bereits von Ludwig und Cyon nachgewiesene Erscheinung, nämlich nicht nur kein Sinken, sondern ein Ansteigen des Blutdrucks bei der Leibeseröffnung, ein Zustand, der auch 15 bis 60 Sekunden nach Verschluß der Bauchhöhle fortdauerte.

Als Muster lassen wir hier zwei typische Beispiele aus unserer Versuchsreihe folgen. *(32)*

I. *Kaninchen.* Kurarisiert. Die rechte art. carotis ist mit dem Quecksilbermanometer verbunden. Beobachtet werden die Gefäße des linken Ohrs. (Die Lumenveränderungen des mittleren Arterienzweiges werden hauptsächlich in Betracht gezogen.)

Zeit	Gefäßlumen	Blutdruck
1 h 07′	Mittelweit	
1 h 08′	Enger	
1 h 09′	Noch enger	

Zeit	Gefäßlumen	Blutdruck
1 h 10′ } 1 h 11′	Weiter	
1 h 12′	Enger	
1 h 13′ }		
1 h 14′ }	Noch enger	
1 h 15′ }		88
1 h 15′ 30″	Sehr erweitert	106
1 h 16′ 30″	Enger	95
1 h 17′ }		92
1 h 18′ }	Noch enger	90
1 h 19′ }		87
1 h 20′ }		85
	Leibeshöhle eröffnet, eine Darmschlinge herausgezogen	
1 h 20′ 30″	Ganz verschwunden	115
	Leibeshöhle zugemacht	
1 h 21′	Wieder erschienen	89
1 h 22′ }	Weiter	86
1 h 23′ }		nicht bestimmt
1 h 24′	Enger	85
	Leibeshöhle wiedereröffnet	
1 h 24′ 30″	Beinahe verschwunden	102
	Leib zu	
1 h 25′ }	Weiter	85
1 h 26′ }		80
1 h 27′ }	Enger	77
1 h 28′ }		76
	Leib eröffnet	
1 h 28′ 30″	Verschwunden	100
	Leib zugemacht	
1 h 29′ 30″	Weiter	87
1 h 30′	Weiter	74
	Leib eröffnet	
1 h 30′ 30″	Verschwunden	95
	Leib zu	
1 h 31′ 30″	Weiter	77
1 h 34′	Enger	nicht bestimmt
1 h 36′	Weiter	74
	Leib eröffnet	
1 h 36′ 30″	Verschwunden	97
	Leib zu	
1 h 37′	Wieder erschienen	nicht bestimmt

Zeit	Gefäßlumen	Blutdruck
	Die künstliche Atmung unterbrochen	
1 h 37′ 30″	Sehr erweitert	nicht bestimmt
	Leib eröffnet	
1 h 38′	Verschwunden	nicht bestimmt

(33)

II. *Kaninchen.* Kurarisiert. Das Manometer mit der rechten Karotis verbunden. Das Mittelgefäß am linken Ohr beobachtet.

Zeit	Gefäßlumen	Karotidendruck
4 h 23′		77
4 h 24′		77
4 h 25′	Erweitert	76
4 h 26′		74
4 h 27′		74
	Die Leibeshöhle eröffnet, eine Darmschlinge herausgezogen	
4 h 28′	Verengt, beinahe verschwunden	95
	Leib zu	
4 h 29′	Mittlere Arterie verschwunden	75
4 h 30′		74
4 h 31′	Einige Gefäßzweige kommen zum Vorschein	70
4 h 32′		69
4 h 33′	Das mittlere Gefäß kommt zum Vorschein	67
4 h 34′	Die Gefäße füllen sich noch mehr	64
4 h 35′		nicht bestimmt
4 h 36′	Verengerung	60
4 h 37′	Erweiterung	73
4 h 38′	Fortgesetzte Erweiterung	81
4 h 39′	Sehr erweitert	87
4 h 40′		90
	Leib eröffnet	
4 h 41′	Geringe Verengerung	97
	Leibeshöhle zu	
4 h 42′	Bedeutende Verengerung	88
4 h 43′		83
4 h 44′		79
4 h 45′		76
4 h 46′		75
4 h 47′	Die Lichtung des Mittelgefäßes beinahe	76
4 h 48′	verschwunden	79
4 h 49′		76
4 h 50′		75
4 h 51′		75
4 h 52′		77

(34)

Sollte man sich die Mühe geben, die vorgeführten Zahlen einer detaillierten Abwägung zu unterwerfen, so würde man einige nicht ganz unwichtige Ergebnisse herauslesen können. Es dürfte z.B. ein regelmäßiges Absinken der Einwirkung der Reizung der Eingeweide auf die Hubhöhe des Blutdrucks, offenbar eine Ermüdungserscheinung, kaum unbeachtet zu lassen sein. Wir wollen uns von einer solchen Analyse beiläufig abhalten, um so mehr, da die ganze Mitteilung nur, wie schon erwähnt, als ein isolierter Fall aus einer umfangreicheren Untersuchungsreihe anzusehen ist.

Zum Schluß wollen wir nur noch auf eine gelegentliche Beobachtung aufmerksam machen.

Wurde die Leibeshöhle entweder längere Zeit offen gelassen (1 Minute) oder sind kürzer dauernde Eröffnungen derselben öfter wiederholt worden, so sah man zum Schluß des Versuchs den noch beträchtlichen Blutdruck (bis über 60 mm Hg) bei unterbrochener Respiration sinken, ohne daß ein Ansteigen vorangegangen wäre. Auch waren in dergleichen Fällen Ischiadikusreizungen sogar bei bedeutenden Stromstärken entweder unwirksam, oder es ist ein Absinken des Blutdrucks anstatt des gewöhnlichen Ansteigens beobachtet worden. Die Ohrgefäße blieben hingegen unverändert. Die Deutung dieser Erscheinung behalten wir uns für die Veröffentlichung unserer ausführlichen Untersuchungsreihe vor[1]). *(35)*

[1]) Die angeführten Beobachtungen sind einer Untersuchungsreihe entlehnt, die bereits im Herbst 1876 in unserem Laboratorium von Herrn Pawlow vorgenommen wurde. Das Zusammentreffen verschiedener Abhandlungen über denselben Gegenstand noch vor dem Abschluß der Untersuchungen des Herrn Pawlow verursachte eine Verzögerung in deren Veröffentlichung, die nun demnächst geschehen soll.

ÜBER DIE GEFÄSSZENTREN IM RÜCKENMARK[1])

Es existieren einige schwerwiegende Gründe, um den Versuch zu unternehmen, in einer mehr oder weniger vollständigen Darlegung die Arbeiten auf dem angeführten Gebiet zusammenzustellen. Erstens sind es ihre reichen Ergebnisse, die durch sie erworbenen neuen Kenntnisse auf physiologischem Gebiet. Diese Kenntnisse werden noch nicht so bald in die Lehrbücher aufgenommen werden. Auf diese Weise werden sie noch für lange Zeit für Menschen, die sich mit der physiologischen Literatur nicht befassen, für die sie jedoch eine anerkannte Notwendigkeit darstellen, d.h. für die Ärzte, unzugänglich bleiben. Zweitens besitzen sie eine große theoretische, wenn man sich so ausdrücken darf, wissenschaftlich-pädagogische Bedeutung. In den Naturwissenschaften, die nicht rein beschreibenden Charakter haben, ist ebenso wertvoll wie das Ergebnis auch der Prozeß der logischen und experimentellen Arbeit, die zu ihm geführt hat. Die Naturwissenschaften stellen die beste angewandte Logik dar, da die Richtigkeit der geistigen Prozesse dadurch bestätigt wird, daß man Ergebnisse erhält, die die Möglichkeit geben, Erscheinungen auf eine unzweifelhafte, untrügliche Weise vorauszusagen. Außerdem ist in den Naturwissenschaften oft die Entdeckung einer Methode, die Erlernung irgendeiner wichtigen Versuchsbedingung, wertvoller als die Entdeckung einzelner Tatsachen. Und in diesen beiden Beziehungen ragen unsere Arbeiten aus der Reihe der anderen heraus. Sie gehören zu den Arbeiten, die einen glänzenden Anfang einer langen Reihe noch glänzenderer Arbeiten darstellen, die in naher Zukunft erscheinen werden. Sie stellen einige allgemeine, außerordentlich wichtige Regeln für das richtige physiologische Denken und Experimentieren heraus. Und endlich drittens sehen wir, als Folge der zweiten, ihre sozusagen *(36)* praktische, . belehrende Eigenschaft. Diese Arbeiten zeigen klarer als alles andere, bis zu welchem Maße sich vollkommen klare und abgeschlossene physiologische Fragen noch für Reformen und Ergänzungen eignen. Auf diese Weise werden sowohl die Ärzte, die die Physiologie anzuwenden haben, wie auch die Physiologen eindringlich gewarnt, alle vorkommenden Erscheinungen eifersüchtig in den bestehenden Rahmen zu zwängen.

---

[1]) Военно-медиц. журн. *[Militär-Medizinische Zeitschrift]*, Bd. 129, 1877, S. 17—44.

Aus diesen Gründen wäre eine alleinige Aufzählung der erhaltenen Endergebnisse unzulänglich. Man muß gerade die physiologische Arbeit im Milieu des Laboratoriums, in ihrem historischen Verlauf zeigen.

Die Frage nach dem Sitz des Vasomotorenzentrums war als erste der allgemein verbreiteten Vorstellungen über die Gefäßinnervation umstritten.

Hier die Tatsachen und die Folgerungen daraus, auf die sich jene Anschauung stützte. Als erster beobachtete und beschrieb BEZOLD[1]) im Jahre 1863 die Tatsache, daß die Durchschneidung des Rückenmarks im Halsabschnitt eine sehr beträchtliche Senkung des Blutdrucks nach sich zieht, der an irgendeiner großen Arterie des Körpers gemessen wird. Gleichzeitig damit beobachtete er noch, daß die Reizung des durchtrennten Rückenmarkendes umgekehrt eine sehr starke Blutdruckerhöhung bedingt. Da der Autor gleichzeitig mit diesen Druckveränderungen im ersten Fall eine Verlangsamung des Herzschlags, im zweiten eine Beschleunigung beobachtete, betrachtete er diese Veränderungen als eine Folge der veränderten Herzarbeit. Bald bewiesen jedoch LUDWIG und THIRY[2]), als sie diese Arbeit nachprüften, daß dies nicht der Fall ist, daß die Druckveränderung einen selbständigen Effekt darstellt. Die Durchschneidung des Rückenmarks im Halsabschnitt zieht, nach diesen Autoren, die Erweiterung eines großen Teils der Körpergefäße nach sich, eine Erweiterung, die schon mit dem bloßen Auge beobachtet werden kann; die Reizung des durchtrennten Endes ruft eine ebenso augenscheinliche Gefäßverengerung hervor. Daraus schlossen sie, daß die Druckveränderung unter diesen Umständen am ehesten von dieser Erweiterung und Verengerung der Gefäße abhängt. Wenn sich das Volumen *(37)* des Gefäßsystems vergrößert, so muß sich verständlicherweise die Spannung, der Druck auf die Gefäßwände durch die in ihnen enthaltene Flüssigkeit, verringern; verkleinert sich das Volumen, so muß sich die Spannung vergrößern. Diese Schlußfolgerung wurde vollauf bestätigt, als die Durchschneidung und Reizung des Rückenmarks dieselben Ergebnisse bezüglich des Druckes lieferten, nachdem vorher jegliche Verbindung des Herzens mit den zentralen Nervenanteilen zerstört worden war. Auf die Frage, warum diese Rückenmarksoperationen die beschriebenen Veränderungen der Gefäßlumina nach sich ziehen, antwortete man mit folgender Annahme: Im Rückenmark verlaufen Nerven, die im Jahre 1852 von CLAUDE BERNARD im Halssympathicus des Kaninchens entdeckt wurden, die vasomotorischen Nerven. Diese Nerven befinden sich in einem dauernden Erregungszustand, der über der Durchtrennungsstelle, an dem Ursprungsort dieser Nerven, zustande kommt. Durch die Durchschneidung des Rückenmarks werden diese Nerven von der Quelle ihrer Erregung getrennt. Sie bringen die Ringmuskulatur der Gefäße nicht mehr zur Kontraktion, und diese dehnen sich unter dem Druck des Bluts aus. SCHIFF[3]) bemerkte weiter bei der Durchschneidung des Rücken-

---

[1]) A. BEZOLD, Untersuch. über d. Innervation d. Herz. u. d. Gefäße, Abt. 1—2, Leipzig, 1863, [328 S.]

[2]) C. LUDWIG und L. THIRY, Über den Einfluß des Halsmarks auf den Blutstrom. Sitzungsberichte der Wiener Akademie Bd. 49, T. II, 1864, [S. 421—454].

[3]) M. SCHIFF, Untersuch. zur Naturlehre von MOLESCHOTT, Bd. 11, [1876, S. 188-290].

marks zwischen Atlas und Hinterhaupt eine Erweiterung der Kopfgefäße, der Gefäße des Stamms und der Extremitäten der entsprechenden Seite. Daraus schloß er, daß alle vasomotorischen Nerven zum Gehirn ziehen. Diese Schlußfolgerung wurde scheinbar auch durch andere Versuche bestätigt. Schon lange war die Tatsache bekannt, daß ein Ersticken des Tieres eine Blutdruckerhöhung nach sich zieht; jedoch wurde erst im Jahre 1864 durch THIRY[1]) bewiesen, daß diese Druckveränderung auf einer Verkleinerung der Gefäßlumina beruht. In der gleichen Arbeit sprach er die Ansicht aus, daß die Kontraktion der Gefäße von einer Reizung abhängt, die durch die CO_2-Vergiftung des in dem verlängerten Mark gelegenen Vasomotorenzentrums zustande kommt. Er führte jedoch noch keine Tatsachen zur Bekräftigung dieser Ansicht an. TRAUBE[2]) schloß sich bald dieser Anschauung von THIRY an und bewies sie experimentell. Er bemerkte, daß die bei der Erstickung der Tiere schon unter normalen Verhältnissen stattfindende Druckerhöhung bei einem Tier mit durchschnittenem Halsmark überhaupt nicht oder nur in unbedeutendem Maße vorhanden ist. Daraus schloß er, daß sich der Beginn der vasomotorischen *(38)* Nerven, ihr Zentrum, das einer Reizung von seiten des CO_2 unterliegt, über der Durchschneidungsstelle im Gehirn befinden muß. Dasselbe wurde auch von der Mehrzahl der anderen Physiologen beobachtet. Nur ADAMJUK und KOWALEWSKI[3]) sowie HERING[4]) fanden, daß auch nach dem Durchschneiden des Rückenmarks die Erstickung des Tieres eine Druckerhöhung nach sich zieht, wenn auch mit dem Unterschied, daß die Erhöhung jetzt viel später, 2 bis 3 Minuten nach Beginn der Erstickung, auftrat, wogegen sie unter normalen Bedingungen schon nach wenigen Sekunden bemerkt wurde. ADAMJUK und KOWALEWSKI haben dabei bewiesen, daß das CO_2 auch auf die Gefäßwände selbst wirkt, und eine Gefäßkontraktion hervorruft. Sie erkannten jedoch ebenso wie andere auch die Wirkung des CO_2 auf das Vasomotorenzentrum in der medulla oblongata an.

Alle diese Autoren sind somit darin einig, daß sich der Sitz der ständigen tonischen Reizung der vasomotorischen Nerven, mit anderen Worten ihr tonisches Zentrum, oberhalb des Rückenmarks befindet. Einige bestimmten ihn genauer im verlängerten Mark. Die Reizung des Vasomotorenzentrums kann jedoch außer in dieser Weise auch reflektorisch erreicht werden, und zwar durch eine Reizung des zentralen Endes eines sensiblen Nerven. Ohne die Frage zu lösen, ob sich das tonische Vasomotorenzentrum vom reflektorischen unterscheidet, schlossen die Autoren aus ihren Versuchen, daß das letztere ebenfalls in der medulla oblongata lokalisiert ist. Als erster fand BEZOLD[5]) im Jahre 1863, daß nach Durchtrennung des Vagus und Sympathikus am Hals die Reizung sensibler Nerven (plexus ischiadicus oder brachialis) eine Beschleunigung des Herzschlags und Erhöhung

[1]) L. THIRY, Centralbl. f. d. med. Wissensch., 1864, [Nr. 46 S. 722-723].

[2]) L. TRAUBE, Centralbl. f. d. med. Wissensch., 1865, [Nr. 56, S. 881-885].

[3]) Centralbl. f. d. med. Wissensch., 1863.

[4]) HERING, Sitzungsberichte d. Wien. Akad., 1862.

[5]) A. BEZOLD, Untersuch. über d. Innervation d. Herz. u. d. Gefäße, 1863, [Abt. 1-2, Leipzig, 328 S.]

des Blutdrucks hervorrufen. Bei einer Durchschneidung des Halsmarks bleibt diese Reizung ohne Wirkung. Die Reizung des zentralen Vagusendes führt nur dann (und auch das nicht immer) zu einer Erhöhung des Blutdrucks und einer Beschleunigung des Herzschlags, wenn das verlängerte Mark mit dem übrigen Gehirn verbunden bleibt. Im entgegengesetzten Fall wurde diese Reizung von einer Erniedrigung des Blutdrucks und einer Verlangsamung des Herzschlags begleitet. Der Autor betrachtete die Druckveränderungen *(39)* als Folge der veränderten Herzarbeit. Er fand, daß zu einer reflektorischen Verstärkung der Herztätigkeit und folglich zur Blutdruckerhöhung die Großhirnhemisphären, das Organ der Empfindung, nötig sind. Im Jahre 1866 wiederholte Lovén[1]) die Versuche Bezolds mit Reizung sensibler Nerven. Dabei beobachtete er, daß diese Reizung, wenn die nn. vagi unverletzt sind, gleichzeitig eine Blutdruckerhöhung und eine Verlangsamung des Herzschlags nach sich zieht. Daraus schloß er, daß die vasomotorische Wirkung unabhängig von der Herzwirkung ist und folglich die Druckerhöhung einen Reflex auf die vasomotorischen Nerven darstellt. Er stützte sich auf die Erfahrungen Bezolds, daß nach der Durchschneidung des Halsmarks reflektorisch überhaupt keine Druckveränderung hervorgerufen werden kann und vermutete den Ort der Reflexübertragung nicht im Rückenmark, sondern im verlängerten Mark. Im Jahre 1871 fand Dittmar[2]) im Gegensatz zu Bezold, daß die Trennung des Großhirns von der medulla oblongata in keiner Weise den Reflex auf das Vasomotorenzentrum verändert. Schließlich muß man die Arbeiten von Owsjannikow[3]), Dittmar[4]) (die zweite) und Mayer betrachten, die die ganze erwähnte Reihe von Arbeiten sowohl der Zeit als auch dem Inhalt nach abschließen. Owsjannikow versuchte, den Sitz und die Größe des Vasomotorenzentrums im verlängerten Mark genauer zu bestimmen. Die Durchschneidung gleich unterhalb der Vierhügelplatte änderte den normalen Druck nicht, der in der arteria carotis des operierten Kaninchens gemessen wurde. Sowohl der sensible Reflex des n. ischiadicus als auch des n. depressor waren in normalen Grenzen. Der nächste, um 1 bis 2 mm tiefer gelegene Schnitt bewirkte ein bedeutendes Absinken des Blutdrucks und eine Verkleinerung beider reflektorischer Wirkungen. Bei weiteren, tiefer gelegenen Schnitten wird sowohl das Absinken als auch die Verkleinerung immer beträchtlicher, bis bei einem Schnitt 4 bis 5 mm über der unteren Spitze der Rautengrube der Druck sein Minimum erreicht und die reflektorischen Wirkungen vollkommen verschwinden. Noch tiefer gelegene Schnitte riefen keine Veränderung mehr hervor, weder in der einen noch in der anderen Hinsicht. Der Autor faßt seine Ergebnisse folgendermaßen zusammen: *(40)* Die Stellen, auf die man den tonischen Erregungszustand der Gefäßnerven des Kaninchens zurückführen muß, befinden sich auf einem Raum, dessen obere Grenze 1 bis 2 mm unterhalb der Vierhügelplatte und dessen untere Grenze 4 bis 5 mm oberhalb des calamus scriptorius liegt. Auf diese Weise nehmen die erregenden Stellen in

[1]) [Christ. Lovén], Arbeit aus der physiolog. Anstalt zu Leipzig, 1866-1867, [S. 1-26].

[2]) C. Dittmar, Arbeiten aus d. physiolog. Anstalt zu Leipzig, 1870-1871, [S. 4-34].

[3]) Ph. Owsjannikow, a.a.O., 1871—1872, [S. 21—33].

[4]) C. Dittmar, a.a.O., 1873—1874, [S. 103—123].

vertikaler Richtung einen Raum von etwa 4 mm ein. Außerdem fügt der Autor hinzu, daß die erwähnten Stellen nicht unmittelbar in der Mittellinie liegen, sondern zu beiden Seiten. Hält man sich an die Mittellinie, so kann man die Schnitte weit nach unten führen, ohne den normalen Druck zu erniedrigen und das gewöhnliche Ausmaß des sensiblen Reflexes zu vermindern. Diese Arbeit wurde im Jahre 1872 veröffentlicht. Im Jahre 1874 kam aus dem gleichen Ludwigschen Laboratorium die Arbeit von Dittmar. Diese hatte das Ziel, bei genauerer Schnittführung, noch genauer als Owsjannikow, den Sitz des Gefäßzentrums abzugrenzen und festzustellen, ob es nicht irgendeinem morphologisch abgegrenzten Gebiet des Gehirns entspricht. Es hat sich herausgestellt, daß dieses Zentrum den vorderen Teil des Seitenstrangs bildet und mit einem mehr oder weniger grauen Kern ausgefüllt ist. Diesen Kern beschrieben Koelliker und Deahna als den unteren diffusen Teil der unteren Olive, und Clark gab ihm beim Kaninchen die Bezeichnung nucleus antelateralis. Die Arbeit von Mayer bestand in folgendem. Bekanntlich ruft in das Blut des Tieres injiziertes Strychnin eine willkürliche Kontraktion der gewöhnlichen Muskulatur hervor. Es war zu erwarten, daß es auch eine Kontraktion der Gefäßmuskulatur bedingt. Dies bestätigte sich in der Tat. Nach Injektion von Strychnin steigt der Blutdruck stark an. Weiter ging der Autor von folgender Erwägung aus: Wenn Strychnin als Reiz auf das vasomotorische Zentrum wirkt und wenn sich dieses Zentrum nur im verlängerten Mark befindet, so muß man nach Durchschneidung des Rückenmarks am Hals erwarten, daß die Injektion von Strychnin ohne Einfluß auf den Blutdruck bleibt. Und wirklich, nach dieser Durchschneidung zeigte das Strychnin keinen Einfluß auf den Blutdruck. Dank dieser Arbeiten konnte die Theorie über ein vasomotorisches Zentrum, und zwar im verlängerten Mark, endgültig siegen und in alle neueren Lehrbücher als nicht zu bestreitende Wahrheit aufgenommen werden.

Doch zu dieser Zeit ihres höchsten Ruhmes wurde gegen sie ein Protest erhoben, der zu ihrer Widerlegung führte. Schon früher wurden *(41)* vereinzelt Stimmen erhoben und einzelne Tatsachen beobachtet, die sich mit dieser Theorie nicht vertrugen. Wie energisch sie auch waren, wurden diese Stimmen jedoch nicht beachtet; unter dem Druck der herrschenden, für sie ungünstigen Theorie wurden diese vereinzelten Tatsachen nicht gebührend berücksichtigt. Schon im Jahre 1839 sah Nasse [1]), daß sich die Temperatur, die sich nach Durchschneidung des Rückenmarks erhöht hatte [2]), nach der Zerstörung des abgeschnittenen Rückenmark-

---

[1]) Fr. und H. Nasse, Untersuch. zur Physiolog. und Pathologie, T. II, Bonn 1839, [302 S.]

[2]) Hier ist es zweckdienlich, kurz einige Methoden anzuführen, die zur Beurteilung der Veränderungen der Gefäßweite in der Physiologie benutzt werden. Die jetzt bei den Arbeiten an Säugetieren verbreitete Methode ist die manometrische Messung des Blutdrucks. Ihre Grundlage ist verständlich. Wenn sich bei einer gegebenen Blutmenge das Volumen des Gefäßsystems schnell verkleinert, muß sich sofort der Druck des Bluts auf die Gefäßwände vergrößern und umgekehrt. Deswegen wird aus einer Erhöhung oder Erniedrigung des Blutdrucks auf eine Vergrößerung oder Verkleinerung des Gefäßsystems, d.h. auf eine Verengerung oder Erweiterung der Gefäße, geschlossen. Die zweite Methode, die auch oft angewandt wird, besteht in der Messung der Hauttemperatur mit dem Thermometer. Das

stumpfes noch weiter erhöhte. Wie konnte dies der Fall sein, wenn durch die Durchschneidung alle Zentren, die früher die bekannte Gefäßverengerung der Gefäße bewirkten, abgetrennt waren? SCHIFF[1]) fand im Jahre 1855, daß die nach der Durchschneidung des Rückenmarks durchgeführte Durchtrennung des n. ischiadicus *(42)* die Temperatur der hinteren Extremitäten, die schon nach der Durchschneidung des Rückenmarks angestiegen war, noch mehr erhöht. Worauf konnte man diesen zurückgebliebenen Tonus zurückführen, wenn das tonische Zentrum im verlängerten Mark abgetrennt war? SCHIFF hat ferner beobachtet, daß die Durchschneidung einer Rückenmarkhälfte in Höhe des letzten Halswirbels eine stärkere Erwärmung des Kopfes nach sich zieht als ein Querschnitt durch das verlängerte Mark. Der Sinn des Versuchs ist offensichtlich derselbe. BROWN-SÉQUARD[2]) sprach sich im Jahre 1858 für eine breitere Ausdehnung der vasomotorischen Zentren aus, und zwar sowohl nach unten in der ganzen Länge des Rückenmarks als auch nach oben in der Gehirnmasse. Die Lehre von der Existenz vasomotorischer Zentren auch im Rückenmark wie im verlängerten Mark wurde jedoch am deutlichsten auf Grund überzeugender Versuche im Jahre 1863 in einer Arbeit von GOLTZ[3]) herausgestellt. Er stellte drei Versuchsreihen an. Als erstes führte er seinen Klopfversuch gleichzeitig an zwei Fröschen aus: an einem Frosch mit völlig zerstörtem Zentralnervensystem und an einem anderen mit noch erhaltenem Rückenmark. Es treten die üblichen Erscheinungen auf, die diese mechanische Reizung der Eingeweide gewöhnlich begleiten. Das Herz erhält während der Diastole wenig Blut, es verkleinert sich und wird blaß, die Hohlvenen werden fast leer; in der Schwimmhaut kommt der Blutkreislauf fast bis zum völligen Stillstand, angeschnittene Arterien der Glieder bluten fast überhaupt nicht. Nach kurzer Zeit beginnt sich das Herz bei dem zweiten Frosch immer mehr zu füllen, und der Blutkreislauf kommt wieder mehr oder weniger in

---

Thermometer wird z. B. zwischen den Zehen angebunden. Aus dem Eintritt einer Temperaturerhöhung wird auf eine Erweiterung der Gefäße geschlossen und umgekehrt. Dem liegt folgendes zugrunde: Die Hauttemperatur ist die Differenz zwischen der Wärme, die der Haut durch das Blut zugeführt wird und dem Ausmaß der Abkühlung durch Strahlung. Es ist begreiflich, daß sich die Hauttemperatur um so mehr erhöhen wird, je größer die durch das Blut zugeführte Wärmemenge ist. Wenn man annimmt, daß die innere Temperatur gleichbleibt, kann dies dann erwartet werden, wenn durch den gegebenen Hautabschnitt in der Zeiteinheit eine größere Blutmenge fließt, wie dies bei erweiterten Gefäßen der Fall ist. Danach ist auch der umgekehrte Fall verständlich. Die Veränderung des Gefäßdurchmessers beurteilt man auch nach dem relativen Blutaustritt aus angeschnittenen identischen Stellen zweier symmetrischer Teile, z.B. der Ohren eines Kaninchens. Schließlich ist auch die direkte Beobachtung einzelner Gefäße mit dem Auge gebräuchlich. Weiterhin gibt auch das Maß der Rotfärbung von Gliedern, zum Beispiel das Vergleichen der Farbe beider Zungenhälften, Aufschluß. An Fröschen werden die beiden letzten Methoden angewandt. Bei ihnen wird die Beobachtung einzelner Gefäße, z. B. der Gefäße in der Schwimmhaut, unter dem Mikroskop durchgeführt.

[1]) M. SCHIFF, Untersuchungen zur Physiologie des Nervensystems mit Berücksichtigung der Pathologie, I., 1855, [Frankfurt am Main, 228 S.]

[1]) BROWN-SÉQUARD, Journ. de la physiol. de l'homme et d' animaux, T. I, 1858.

[2]) FR. GOLTZ, VIRCHOWS Archiv, Bd. 29, 1864, [S. 394—432].

Gang. Bei dem ersten jedoch wird der Blutkreislauf immer schlechter und kommt schließlich zum völligen Stillstand. In den folgenden Versuchen fand der Autor, daß bei Fröschen mit völlig zerstörtem Nervensystem im allgemeinen und ohne irgendwelche Nebeneinflüsse, wie in den vorhergegangenen Versuchen, der Blutkreislauf eher zum Stillstand kommt, als bei Fröschen mit noch erhaltenem Rückenmark. Endlich stellte er fest, daß bei Fröschen, die durch das Abschneiden eines Schenkels starken Blutverlust erlitten haben, die Erscheinungen der Anämie (geringe Blutfüllung des Herzens und der benachbarten *(43)* Venen und Arterien) mit der Zeit nur bei denjenigen verschwand, bei denen bei der Zerstörung des Zentralnervensystems das Rückenmark unverletzt geblieben war. Der Autor hat seine Versuche folgendermaßen gedeutet: Das Schlagen auf die Eingeweide erweitert reflektorisch die Bauchgefäße. Infolgedessen reicht die vorhandene Blutmenge für das Gefäßsystem nicht aus, das Blut staut sich in den Stämmen der Bauchvenen und gelangt nicht zum Herzen. Wenn vorher das ganze Zentralnervensystem zerstört wurde, so geht die Erweiterung der Gefäße immer weiter, bis sie das Maximum erreicht. Ist das Rückenmark unverletzt, so senden seine vasomotorischen Zentren Reize zu den Gefäßmuskeln und kontrahieren diese immer stärker. Die Blutmenge reicht schließlich wieder aus, der Blutdruck nimmt zu, das Blut fließt wieder in ausreichendem Maße zum Herzen, und der Blutkreislauf wird wiederhergestellt. Dieselbe Erklärung gilt auch für die übrigen Versuchsreihen. Selbst wenn vom ganzen Zentralnervensystem nur noch das Rückenmark geblieben ist, hat es in all diesen Versuchen dank seiner Funktion das notwendige Verhältnis zwischen der Blutmenge und dem Volumen des Gefäßsystems wiederhergestellt und auf diese Weise den Blutkreislauf ermöglicht. In allen angeführten Fällen konnte der Autor bei der Wiederherstellung des Blutkreislaufs mit bloßem Auge die Gefäßverengerung beobachten. Am Schluß seiner Arbeit berichtet er, daß eine Wiederherstellung des Blutkreislaufs jedesmal eintrat, wenn allein das Rückenmark oder allein das verlängerte Mark unverletzt geblieben waren. Aus all dem schließt er, daß sich vasomotorische Zentren beim Frosch sowohl in dem einen wie in dem anderen befinden. Zur Verwunderung von GOLTZ stellte sich heraus, daß LEGALLOIS schon zu Beginn unseres Jahrhunderts die Beobachtung gemacht hatte, daß der Blutkreislauf beim Kaninchen mit völlig zerstörtem Zentralnervensystem eher zum Stillstand kommt, als dies beim Kaninchen mit noch erhalten gebliebenem Rückenmark der Fall ist. Deswegen hat sich GOLTZ berechtigtgefühlt, auch bei Säugetieren die vasomotorischen Zentren an denselben Stellen zu vermuten, wo er sie bei den Fröschen angenommen hat. Doch auch diese Versuche sind einstweilen in Vergessenheit geraten. Ohne Erfolg blieb auch eine Arbeit aus dem Jahre 1870[1]), die einfach in der Form der Versuche und klar in den Schlußfolgerungen war. Teilweise beruhte das darauf, *(44)* daß es eine englische Arbeit war, in der Hauptsache jedoch war es auf die Begeisterung für die herrschende Theorie zurückzuführen. Der Autor dieser Arbeit, PUTNAM,

---

[1]) Referat über diese Arbeit siehe: J. J. PUTNAM, Centralblatt f. d. med. Wissensch., 1872, [Nr. 22, S. 351].

I. P. Pawlow als Student

zerstörte das verlängerte Mark des Frosches. Wenn er dann außerdem eine hintere Extremität (die Haut oder den Hauptnervenstamm) mechanisch, chemisch oder elektrisch reizte, konnte er eine Gefäßverengerung in der Schwimmhaut der anderen Extremität beobachten.

Der entscheidende Kampf gegen die Theorie von nur einem vasomotorischen Zentrum, und zwar im Rückenmark, ist erst im Jahre 1873 gleichzeitig von VULPIAN und SCHLESINGER geführt worden. Der erste versuchte sie in seinen Vorlesungen[1]) theoretisch und experimentell zu widerlegen. Erstens richtete er die Aufmerksamkeit darauf, daß nach der herrschenden Anschauung die so naheliegende Analogie zwischen der Lokalisation von Zentren gewöhnlicher motorischer Nerven und vasomotorischer Nerven scheinbar zerstört wird. Jene liegen längs des Rückenmarks, und diese befinden sich nur im verlängerten Mark. Zweitens würde die verbreitete Anschauung der Arbeitsweise der Gefäßnerven widersprechen. Es ist bekannt, daß die vasomotorischen Nerven jedes Gebietes und aller Punkte der Körperoberfläche und der inneren Organe isoliert in Funktion treten können. Dies setzt natürlich das Vorhandensein vieler einzelner unabhängiger Zentren für diese Nerven voraus. Wenn nach der Durchschneidung des Rückenmarks am Hals eine Lähmung der Körpergefäße eintritt, so beweist dies noch nicht, daß es unterhalb der Durchschneidungsstelle keine Zentren für vasomotorische Nerven gibt. Bei dieser Operation tritt auch eine Lähmung der willkürlichen Muskulatur ein, und es wird deswegen trotzdem das Vorhandensein von Zentren für gewöhnliche motorische Nerven im Rückenmark nicht bestritten. Genauso könnten auch die vasomotorischen Nerven nahegelegene Zentren im Rückenmark besitzen. Diese Zentren könnten mit einem Zentrum höherer Ordnung in Verbindung stehen, das sich im verlängerten Mark befindet und eine allgemeine Wirkung auf die sekundären Rückenmarkzentren zeigt. In der experimentellen Begründung der herrschenden Anschauung findet der Autor nur zwei theoretisch überzeugende Versuche. Erstens, *(45)* daß eine zweite, tiefere Durchtrennung des Rückenmarks, nachdem es im oberen Teil bereits durchschnitten war, keine weitere Veränderung der Körpergefäße nach sich zieht. Und zweitens, daß nach der Durchschneidung des Halsmarks keine reflektorische Veränderung des Gefäßlumens in Erscheinung tritt. Das letztere würde nach dem Autor wirklich eine wichtige Abweichung vom Verhalten der Muskelzentren unter gleichen Bedingungen darstellen. Diese beiden Behauptungen unterzieht der Autor einer Überprüfung, wobei er warnend vorausschickt, daß man deutliche Ergebnisse überhaupt nicht zu erwarten hat, da die Gefäße schon stark erweitert sind. Vom Autor werden sowohl Versuche an Säugetieren, als auch an Fröschen angeführt. Im folgenden die Umrisse des Versuchs, der zum Ziel hatte, die erste Behauptung der herrschenden Theorie zu stürzen. 1. Wird bei Hunden und Kaninchen das Rückenmark am Hals durchschnitten, so erfolgt die Erwärmung aller Extremitäten um eine bestimmte Anzahl von Graden. Eine zweite Durchschneidung des Rückenmarks weiter unten, im Gebiet der letzten Brustwirbel,

[1]) A., VULPIAN, Leçons sur l'appareil vasomoteur, Paris, 1875, [t. 1—2].

zieht eine weitere Erwärmung der hinteren Extremitäten nach sich. 2. Bei Fröschen tritt deutlich folgendes zutage: Zuerst wird das Rückenmark in seinem oberen Teil ganz durchschnitten, und danach wird im unteren Teil die Durchschneidung nur zur Hälfte ausgeführt. Die Gefäße der Schwimmhaut der Seite, auf der das Rückenmark zum zweiten Male durchschnitten wurde, sind ohne Zweifel weiter als die der anderen Seite. 3. Wird das Rückenmark im Halsabschnitt durchschnitten, so erfolgt eine bestimmte Erwärmung und eine bestimmte Erweiterung der Extremitätengefäße. Die einseitige Durchtrennung des n. ischiadicus zieht in der entsprechenden Extremität eine noch stärkere Erweiterung nach sich. (Beim Frosch zeigt dies ein Vergleich der Gefäße beider Extremitäten unter dem Mikroskop.) Durch all diese Versuche wird deutlich bewiesen, daß bei einer Durchschneidung des Rückenmarks direkt unterhalb des verlängerten Marks nicht alle Zentren der vasomotorischen Nerven abgetrennt werden; ein Teil dieser Zentren, der sich weiter unten befindet, funktioniert weiter und verliert seine Wirkung auf die Nerven erst dann, wenn der Schnitt weiter kaudalwärts entweder durch das ganze Rückenmark oder nur bis zur Hälfte durchgeführt wird oder auch wenn der Nerv selbst durchtrennt wird. Jetzt die Versuche, die die zweite These nachprüfen: Um die Veränderungen des Gefäßlumens zu beurteilen, bediente sich der Autor weder der Blutdruckmessung noch der Messung der Temperatur zwischen den Zehen mit Hilfe eines Thermometers, da dies zu ungenaue Methoden sind und es oft um sehr geringe Veränderungen des Gefäßlumens geht. Er benutzte die thermoelektrische Beobachtung. *(46)* Mit einem Spiegelgalvanometer waren Drähte verbunden, von denen einer in die Pfote des Tieres gesteckt wurde und der andere auf dem Tisch liegen blieb. Zwischen den Drähten bestand ebenfalls eine Verbindung. Nachdem die Magnetnadel eingestellt war, wurden verschiedene Reizungen ausgeführt. Es stellte sich heraus, daß die Reizung des zentralen Endes des n. ischiadicus nach einer Durchtrennung des Halsmarks in der Extremität mit dem unversehrten Nerven einen Ausschlag der Magnetnadel hervorrief, der einer Temperaturerniedrigung um 0,1° bis 0,2° entsprach. Bei einer Reizung der Zehenweichteile an der Extremität mit dem unverletzten Nerven zeigte sich an dieser Extremität eine Temperaturerhöhung um 0,2° bis 0,3°. Der Autor glaubt, diese Temperaturveränderungen den reflektorischen Schwankungen der Gefäßlumina zuschreiben zu müssen, da er keine anderen Ursachen finden konnte, die bei den gegebenen Versuchsbedingungen diese Veränderungen hätten hervorrufen können. Somit ist auch nach der Entfernung des verlängerten Marks ein Reflex auf die vasomotorischen Nerven vorhanden. Dabei ist dieser Reflex zweifach: Eine Gefäßverengerung an Stellen, die von der Reizung entfernt liegen, und eine Gefäßerweiterung in dem Gebiet, zu dem der gereizte sensible Nerv gehört.

Schlesinger[1]) unterzog seinerseits die Versuche von Mayer einer Nachprüfung. In seinen früheren Arbeiten beschäftigte sich der Autor mit der Innervation der Gebärmutterbewegungen. Er machte darauf aufmerksam, daß das Verhalten der

---

[1]) W. Schlesinger, Medic. Jahrbücher v. Stricker, 1874, [S. 1 — 29].

motorischen Gebärmutternerven unter verschiedenen experimentellen Bedingungen mit dem allgemeinen Verhalten der Gefäßnerven parallel geht. SCHLESINGER untersuchte die Einwirkung von Strychnin auf die Gebärmutterbewegungen nach Durchschneidung des Rückenmarks. Er fand dabei, daß die Bewegungen, die nach der Durchschneidung ausblieben, nach Injektion von Strychnin wieder in Erscheinung traten. Diese Feststellung veranlaßte SCHLESINGER natürlich, die oben beschriebenen Versuche MAYERS zu wiederholen. Es stellte sich heraus, daß auch diesmal (durchschnittenes Rückenmark bei einem mit Strychnin vergifteten Tier) der Blutdruck, der in irgendeiner großen Körperarterie gemessen wurde, der Gebärmutterkontraktion parallel verlief. Die unter diesen Bedingungen beobachtete Blutdruckerhöhung übertraf sogar sowohl absolut als auch relativ diejenige Erhöhung, die durch die Strychninvergiftung bei einem Tier *(47)* mit unverletztem Rückenmark hervorgerufen wurde. Dieser Versuch gelang mit drei Ausnahmen an mehr als fünfzig Kaninchen und an zwei von sechs Hunden. MAYER hatte seine Versuche nur an Hunden ausgeführt. Das erhaltene Resultat berechtigte den Autor zu der Hoffnung, daß möglicherweise auch die Erstickung des Tieres (CO_2-Anhäufung), das zwar ein durchschnittenes Halsmark hat, aber mit Strychnin vergiftet war, ebenfalls eine Blutdruckerhöhung bewirken könnte. Diese Hoffnung erfüllte sich. In fünfzehn von fünfundzwanzig Versuchen erfolgte diese Erhöhung wenige Sekunden nach Eintritt der CO_2-Erstickung. Dieser Umstand gibt nach Meinung des Autors das Recht, diese Wirkung als eine CO_2-Reizung der im Rückenmark verbliebenen vasomotorischen Nerven zu betrachten und sie von der Erscheinung, die von ADAMJUK und KOWALEWSKI beobachtet wurde und erst 2 bis 3 Minuten nach Beginn der CO_2-Erstickung auftrat, zu unterscheiden. Außerdem jedoch beobachtete der Autor bei den übrigen der fünfundzwanzig, im Sinn des gestellten Ziels nicht gelungenen Versuche eine andere Erscheinung, die seiner Meinung nach gleichfalls für das Vorhandensein von vasomotorischen Zentren im Rückenmark spricht. Bekanntlich zeigt die Kurve des Blutdrucks außer den pulsatorischen und respiratorischen Druckschwankungen auch noch Schwankungen einer dritten Art (von denen sie einige gewöhnliche respiratorische Druckschwankungen in sich einschließt), die sogenannten TRAUBEschen Druckschwankungen. Der Autor bemerkte, daß die Erstickung bei den erwähnten Tieren, bei denen sie keine Druckerhöhung hervorrief, das Auftreten regelrechter TRAUBEscher Druckschwankungen nach sich zog. Er erklärt diese Erscheinung im angeführten Sinn; denn es ist nicht sehr wahrscheinlich, daß die auf einem großen Raum verteilten kleinen Arterien ohne eine zentrale Verbindung so harmonisch wirken, solche richtigen allgemeinen Schwankungen des Blutdrucks geben könnten. Der Autor meinte jedoch, daß den endgültigen Beweis für das Vorhandensein von Gefäßzentren im Rückenmark nur positive Versuche mit reflektorischer Reizung dieser Zentren liefern können. Wie schon bei vielen anderen Beobachtern, zeigte sich auch bei ihm keine Veränderung des Blutdrucks, als er die sensiblen Nerven beim Tier mit durchschnittenem Rückenmark direkt reizte. Doch wieder ermutigte ihn der Gedanke, daß sich bei Vergiftung eines solchen Tieres mit Strychnin die Verhältnisse ändern könnten.

Und in der Tat, in achtzehn von fünfunddreißig Versuchen zeigte sich jetzt *(48)* eine reflektorische Erhöhung, die in einigen Fällen 120 mm erreichte. Dreizehn Versuche waren jedoch absolut negativ, obwohl die Strychnindosis im Fall eines Mißerfolgs verstärkt wurde. Außerdem kam es vor, daß bei ein und demselben Versuch das Ergebnis der Reizung einmal positiv, ein andermal negativ war. Der Autor zergliedert die gegen solche Versuche möglichen Einwände. 1. Es muß bemerkt werden, daß bei den mit Strychnin vergifteten Tieren die Druckerhöhung oft willkürlich und plötzlich eintritt und daß man deswegen diejenigen Versuche, die geglückt sind, als ein zufälliges Zusammentreffen betrachten kann. Mit einer solchen Annahme würden sich jedoch die kymographischen Kurven der gelungenen Versuche nicht vertragen. Hier fallen sowohl der Beginn der Reizung als auch ihre Fortsetzung und ihr Ende auf deutliche Weise (dabei oftmals einige Male in ein und demselben Versuch) genau mit der Druckerhöhung zusammen. 2. Man könnte einwenden, daß die vasomotorischen Ganglienmassen nur in einigen Fällen vom verlängerten Mark ein wenig weiter nach unten verlagert seien und die von den angeführten Versuchen geglückten diesen Fällen entsprechen könnten. Der Autor entkräftet diese Annahme durch eine Reihe von Überlegungen und Versuchen, die den Beweis erbringen, daß auch ein unverletztes Zentrum, das sich in nervaler Verbindung mit dem von ihm versorgten Organ befindet, unter bestimmten Operationsbedingungen keine entsprechende Funktion aufzuweisen braucht. Im folgenden sind diese Überlegungen und Versuche angeführt. In der Mehrzahl der obenerwähnten Versuche zeigte sich, daß die nach Durchschneidung des Rückenmarks fehlende reflektorische vasomotorische Wirkung nach Vergiftung des Tieres mit Strychnin wieder eintrat. Das bedeutet, daß sich jetzt ein Zentrum bemerkbar machte, das vordem überhaupt nicht in Erscheinung trat. Das gleiche gilt auch für diejenigen Fälle, wo nach Strychnin der vasomotorische Reflex einmal vorhanden war, ein andermal wieder nicht. Schließlich läßt eine Reihe von Versuchen über die Gebärmutterinnervation keinen Zweifel darüber. Vor Durchschneidung des Rückenmarks konnten Gebärmutterkontraktionen reflektorisch sowohl durch Reizung des n. medianus als auch des n. ischiadicus ausgelöst werden. Nach der Durchschneidung wurden sie nur noch durch Reizung des n. ischiadicus ausgelöst und nach Vergiftung eines solchen Tieres mit Strychnin wiederum nur durch Reizung des n. medianus. Der Autor schließt daraus folgendermaßen: Der n. medianus blieb zwar in der zweiten Phase des Versuchs wirkungslos, aber nicht deswegen, weil nach Durchschneidung des Rückenmarks in ihm keine Zentren für eine Übertragung der Bewegungen auf die Gebärmutter *(49)* verblieben; der n. ischiadicus hat dennoch Bewegungen ausgelöst. Auch die Annahme, daß die Durchschneidung des Rückenmarks die Bahnen, die den n. medianus mit den Gebärmutterzentren verbinden, zerstört haben könnte, ist nicht stichhaltig; denn nach einer Strychninvergiftung stellte sich die Wirkung des n. medianus wieder her. Folglich befindet sich der Teil des reflektorischen Apparats, der zweifellos im Rückenmark existiert, nur infolge der operativen Trennung des Gehirns vom Rückenmark außer Funktion; mit anderen Worten, die letztere Operation führte eine physiologische hemmende Wirkung auf einen im anatomischen Sinn existierenden und vielleicht durch diese Operation in keiner Weise unmittelbar berührten Apparat aus. Dies kann sich offensichtlich auch auf die vasomotorischen Nerven beziehen. Deswegen muß die frühere Topographie der Nervenzentren, die nur auf Durchschneidungen des Rückenmarks begründet ist, als unzulänglich angesehen werden. Der vorsichtige Autor schließt seine Untersuchung folgendermaßen: In Anbetracht der im Rückenmark zweifellos existierenden Zentren für die Gebärmutterbewegungen und einer bedeutenden Analogie der Gefäßnerven mit den Gebärmutternerven und auch in Anbetracht der an den Gefäßen selbst beobachteten Erscheinungen kann als sehr wahrscheinlich angenommen werden, daß sich auch die Zentren der Gefäßnerven weit kaudalwärts von der Rautengrube im Rückenmark ausdehnen. Weiter kann angenommen werden, daß bei Abtrennung des verlängerten Marks vom Rückenmark die Funktion dieser Zentren verschwindet und ihre Wirkung auf den Gefäßtonus verliert und schließlich, daß diese Funktion durch Strychnin für einige Zeit wiederhergestellt wird. Ob während des normalen Lebens bei unversehrtem Gehirn tatsächlich die im Rückenmark unterhalb der Rautengrube liegenden Zentren auf die Gefäße einwirken, bleibt eine ungelöste Frage. Den Umstand, daß diese Zentren nach Durchschneidung des Rückenmarks ohne Strychnin nicht sichtbar funktionieren, kann man dabei kaum berücksichtigen, da uns nicht bekannt ist, welche Veränderungen die operative Abtrennung des Rückenmarks vom Gehirn verursacht.

Gleichzeitig mit der Veröffentlichung SCHLESINGERS befaßte sich GOLTZ[1]) mit der Untersuchung des isolierten Lendenmarks beim Hund. Es gelang dem Autor, Hunde, bei denen er das Rückenmark an der Grenze zwischen Brust- und Lendenteil völlig durchschnitten hatte, eine unbestimmt lange Zeit (drei Monate und mehr) am Leben zu erhalten. *(50)* Außer für Versuche über andere, im isolierten Rückenmarkteil liegende Zentren benutzte er diese Tiere auch zur Lösung der Frage der vasomotorischen Zentren im Rückenmark der Säugetiere. Der erste Umstand, der in dieser Hinsicht seine Aufmerksamkeit auf sich zog, war folgender: Wie immer erfolgte gleich nach der Durchschneidung des Rückenmarks eine Erwärmung der hinteren Extremitäten, d.h. eine Erweiterung der Gefäße. Diese Erwärmung hält jedoch nicht lange an, sondern wird allmählich immer schwächer. Schließlich wird die Temperatur der hinteren Extremitäten gleich der Temperatur der vorderen und sogar niedriger. Was sollen die Verfechter der alten Theorie über ein vasomotorisches Zentrum im verlängerten Mark mit dieser Tatsache anfangen? fragt der Autor. Man muß annehmen, daß entweder nach der Abtrennung des alten sich nach und nach ein neues vasomotorisches Zentrum bildet, oder aber, daß nur ein Teil der vasomotorischen Nerven zur hinteren Körperhälfte im Lendenmark verläuft, der andere Teil dagegen das Rückenmark über der Durchschneidungsstelle verläßt, weiter in sympathischen Nerven verläuft und von da erst in die hinteren Extremitäten. Im letzteren Fall würde nach Durchschneidung des Rückenmarks an der beschriebenen Stelle nur ein Teil der Gefäßnerven der hinteren Körperhälfte gelähmt werden. Der andere Teil würde unbeschädigt

---

[1]) FR. GOLTZ, PFLÜGERS Archiv, Bd. 8, 1874, [S. 460—498].

bleiben, sich mit der Zeit kräftigen, die Rolle des gelähmten Anteils übernehmen und den normalen Gefäßtonus wiederherstellen. Die erste Annahme von der Entstehung eines neuen Zentrums läßt der Autor unbeantwortet. Offensichtlich findet er, daß es genügt, sie auszusprechen, um sie zu verwerfen. Gegen die zweite Annahme spricht nach Ansicht des Autors entschieden ein weiterer Versuch. Bei einem Hund, der die Operation der Rückenmarkdurchschneidung glücklich überstanden hatte, wurde, nachdem sich die Temperatur der hinteren Extremitäten genügend wiederhergestellt hatte, das ganze Lendenmark zerstört. Das Tier verstarb nach einem Tag. Gleich nach der Zerstörung des Marks konnte man eine neue Erwärmung der Pfoten beobachten. Eine kurz nach dieser Operation an anderen Hunden vorgenommene Eröffnung der Bauchhöhle zeigte eine gewaltige Erweiterung der Mastdarmgefäße, der Gefäße der Harnblase usw. Mag auch die Wiederherstellung des Tonus nach der Durchschneidung des Marks auf einen außerhalb des Lendenmarks verlaufenden Nerven zurückzuführen sein, so ist jedoch klar, daß es jetzt nach der Zerstörung des Lendenmarks keine Erwärmung der Pfoten *(51)* und keine Erweiterung der Bauchgefäße geben dürfte. Außerdem macht der Autor darauf aufmerksam, daß man den tödlichen Ausgang dieser Operation nur mit einer sehr großen Erweiterung der Gefäße der hinteren Körperhälfte, einer Ansammlung großer Blutmengen in diesen Gefäßen und der daraus resultierenden Gehirnanämie erklären könne. Denn die Zerstörung anderer Zentren im Lendenmark (für die einfachen Muskeln, Erektion usw.) stellt weder einzeln noch insgesamt einen ausreichenden Grund für einen so schnellen Tod dar. Der Autor findet, daß die angeführten Erscheinungen am einfachsten und am natürlichsten durch folgende Annahme erklärt werden können. Im Rückenmark befinden sich Vasomotorenzentren, die fähig sind, den normalen Gefäßtonus ganz allein aufrechtzuerhalten. Die Durchschneidung zieht eine mäßige Lähmung dieser Zentren nach sich. Darauf ist die Erwärmung der Pfoten nach dieser Operation zurückzuführen. Mit der Zeit verschwindet diese Lähmung, die normale Funktion stellt sich wieder her, und gleichzeitig verschwindet die unnormale Erwärmung der Pfoten. Die Zerstörung des Lendenmarks ist gleichzeitig eine Zerstörung dieser Zentren. Es kommt zu einer völligen Lähmung der Gefäße, die mit dem Tod des Tieres endet. Ein anderer Versuch des Autors bestätigt dies noch deutlicher. Bei einem Hund mit durchschnittenem Mark, bei dem die Temperatur der hinteren Extremitäten der Temperatur der vorderen schon fast gleich war, durchschnitt man das Rückenmark von neuem in Höhe der oberen Kreuzbeingrenze, und zwar nur auf der rechten Seite. Die Temperatur der hinteren Extremitäten erhöht sich bald wieder, auf der rechten Seite bleibt sie jedoch um einen Grad höher als auf der linken. Nach einigen Tagen wird diese Erwärmung wieder schwächer, jedoch bleibt die Temperatur der rechten hinteren Extremität höher als die der linken. Hier hat die zweite Durchschneidung erneut eine mäßige Lähmung des Vasomotorenzentrums hervorgerufen. Diese Operation hat es jedoch nicht zerstört, und deswegen erwarb es mit der Zeit wieder ein gewisses Maß an Energie, und die Gefäße verengerten sich von neuem. Die stärkere Erwärmung der rechten Pfote ist dadurch zu erklären, daß bei der zweiten

Durchschneidung des Rückenmarks höchstwahrscheinlich auch ein Teil der vasomotorischen Nerven durchtrennt wurde, die vom Lendenzentrum kommen und in den Sakralteil des Rückenmarks ziehen.

Im gleichen Laboratorium von GOLTZ wurden von Dr. PUTZEYS[1]) SCHLESINGERS Versuche an Fröschen wiederholt. Wir führen die Versuchsbedingungen an. *(52)* In den Lymphsack des Rückens wurde eine Strychninlösung injiziert. Kurz danach durchschnitt man das Rückenmark und den n.vagus, und es wurde bis zur völligen Bewegungslosigkeit des Tieres Kurare injiziert. Danach brachte man die Schwimmhaut einer hinteren Extremität unter das Mikroskop. Jetzt wurden die andere hintere Extremität, die Haut des Rückens und des ganzen übrigen Gebiets unterhalb des Rückenmarksschnitts elektrisch gereizt. Dabei wurde jedesmal eine unmittelbare Gefäßkontraktion beobachtet. Diese Kontraktion trat das eine Mal sofort an der beobachteten Arterie in ganzer Ausdehnung auf, ein anderes Mal waren zu Beginn nur lokale Verengerungen vorhanden, die erst später in eine allgemeine Kontraktion übergingen. Die Intensität der Kontraktion war bei verschiedenen Versuchen unterschiedlich, manchmal kam es zu einem völligen Verschwinden des Gefäßlumens. Wenn die Reizung unterbrochen wurde, hielt die Erscheinung noch einige Sekunden bis zu einigen Minuten an. Manchmal dauerte die Nachwirkung vier Minuten. Mechanische, thermische und chemische Reize zeigten die gleichen Ergebnisse. Der Autor schließt seine Arbeit unter anderem mit folgender Behauptung: „Das Rückenmark des Frosches verfügt über eine reflektorische vasomotorische Fähigkeit. Es besitzt diese Funktion in seiner ganzen Ausdehnung, wovon ich mich überzeugen konnte, indem ich Querdurchschneidungen des Rückenmarks in verschiedener Höhe durchführte."

Schließlich die letzte Arbeit in dieser Reihe. Sie stammt von NUSSBAUM[2]) und kommt aus PFLÜGERS Laboratorium. Die Versuche wurden an Fröschen ausgeführt, die nur mit Kurare vergiftet waren. Das Rückenmark wurde sowohl über als auch unter dem plexus brachialis durchschnitten. Das Gehirn und das verlängerte Mark wurden ausgebrannt. Nachdem sich das Tier wieder einigermaßen von der Operation erholt hatte, konnten in der Schwimmhaut der hinteren Extremität wieder bestimmte rhythmische Gefäßkontraktionen beobachtet werden, die unmittelbar nach der Operation für zwei Stunden verschwunden waren. Außerdem riefen nach einer kurzen Erholungspause mechanische, chemische und elektrische Reize an den sensiblen Nerven fünf bis fünfzehn Minuten nach ihrem Einsetzen eine Arterienkontraktion hervor, die unter günstigen Bedingungen das Lumen auf ein Drittel bis ein Viertel seiner ursprünglichen Weite verkleinerte. Dieses Ergebnis *(53)* konnte beliebig oft erhalten werden. Der Autor sieht diese Versuche für ausreichend an, um das Rückenmark als das zentrale Organ für die Gefäßinnervation zu betrachten. Nach der Exstirpation des gesamten Zentralnervensystems verschwindet der Gefäßtonus, die rhythmischen Kontraktionen der Arterien hören auf, und jede sensible Reizung bleibt ohne Wirkung.

[1]) F. PUTZEYS, Bull. de l'Acad. royale de sci. de belles lettres et des beaux arts de Belgique, Bd. 37, 1874, [S. 450—458].

[2]) M. NUSSBAUM, PFLÜGERS Archiv, Bd. 10, 1875, [S. 374—382].

Eine besondere, noch durch niemand wiederholte, sich hierauf beziehende Beobachtung ist eine neue Beobachtung von GOLTZ[1]). Wenn man das zentrale Ende des Ischiasnerven bei einem Hund reizt, der den Eingriff einer Durchschneidung des Lendenmarks überlebte, so führt dies in der anderen hinteren Extremität zu einer Erwärmung um einige Grade. GOLTZ glaubt, daß dies zur folgenden Annahme berechtigt: Das Lendenmark ist ein Zentrum für die Gefäßdilatation.

Wir wollen nunmehr die von den verschiedenen Autoren angeführten Beweise zusammenfassen, die für ein Vorhandensein vasomotorischer Zentren im Rückenmark sprechen. Diese Beweise wollen wir abwägen, wobei wir uns teils auf die Übereinstimmung zwischen ihnen selbst stützen, teils verschiedene, auf anderen Gebieten der Nervenphysiologie bekannte Erscheinungen berücksichtigen und schließlich die in jüngster Zeit erschienenen Tatsachen ausnutzen. 1. Die Arbeiten von VULPIAN, SCHLESINGER, GOLTZ, PUTNAM, PUTZEYS und NUSSBAUM versuchen zu zeigen, daß man auch nach einer Rückenmarkdurchschneidung sowohl bei Säugern als auch bei Fröschen unter verschiedenen, künstlich herbeigeführten Bedingungen wie auch ohne diese eine reflektorische Verengerung des Gefäßlumens, zum mindesten des Lumens einiger Gefäße hervorrufen kann. 2. Durch die Arbeit SCHLESINGERS wurde gezeigt, daß auch nach Durchschneidung des Rückenmarks durch verschiedene chemische Wirkstoffe (CO_2 und Strychnin) Veränderungen des Gefäßlumens hervorgerufen werden können. Der Autor vermutet, daß diese Veränderungen durch die Wirkung der erwähnten Faktoren auf die Gefäßzentren des Rückenmarks bedingt sind. 3. In den Arbeiten von VULPIAN, GOLTZ und NUSSBAUM wird behauptet, daß eine Unversehrtheit des Rückenmarks (bei Zerstörung des übrigen Zentralnervensystems) zu einer Veränderung der Gefäßlumina im Sinn einer Verengerung beiträgt. Verschiedene Durchschneidungen und Zerstörungen des Rückenmarks können auch noch nach einer Abtrennung vom verlängerten Mark *(54)* eine noch weitergehende Lähmung der Gefäße hervorrufen. Einige der hier beschriebenen neuen Versuche sind heute schon in ihrer Bedeutung für die zu untersuchende Frage stark eingeschränkt. Auch sie waren jedoch für diese Frage zweifellos von großem Nutzen, da sie seinerzeit den Protest gegen die herrschende Theorie verstärkten und die Physiologen an neue Ideen gewöhnten. Aus dem angeführten Material tritt deutlich hervor, daß viele der beschriebenen „neuen" Versuche im wesentlichen nur eine genaue Wiederholung schon längst bekannter Versuche darstellen. Dennoch lagen diese aber unausgewertet im Archiv der Wissenschaft und führten nicht zu entsprechenden Ideen. Es war eben ein ganzer Chor nötig, um die herrschende Stimme zu übertönen. Wir gehen jetzt an die Einschätzung der Beweise.

Gegen VULPIANS Versuche mit der reflektorischen Veränderung der Temperatur kann man einwenden, daß die Veränderungen zu unbedeutend sind, um aus ihnen irgendwelche Schlußfolgerungen ziehen zu können. Man kann nicht mit Entschiedenheit behaupten, daß jede Temperaturänderung im lebenden Gewebe, auch

[1]) GOLTZ, a.a.O. Bd. 9, 1874.

nicht beim kurarisierten Tier, nur auf eine Veränderung der Gefäßlumina zurückzuführen ist. Die Frage nach den thermischen Eigenschaften des ruhenden und aktiven Nervenzustands wurde bisher fast überhaupt nicht berührt. Und obwohl in diesem Fall infolge Zerstörung der Endapparate der motorischen Nerven durch Kurare keine Bewegungen der gewöhnlichen Muskeln vorhanden sind, können sich doch die Nerven selbst bei verschiedenen reflektorischen Reizungen in verschiedenen Zuständen befinden. Vielleicht hatten die von VULPIAN beobachteten kleinen Temperaturveränderungen ihren Ursprung in thermischen Veränderungen der motorischen Nerven, die mit ihren Verzweigungen weit in das Muskelgewebe eindringen? Dort, wo der Umfang der Veränderung einer Erscheinung so gering und die Erscheinung selbst (in diesem Fall die Temperatur der lebenden Materie) so kompliziert ist, können auch viele andere Vermutungen angestellt werden. Gegen seine Versuche mit der reflektorischen Druckerhöhung bei einem mit Strychnin vergifteten Tier, dessen Mark durchschnitten war, machte SCHLESINGER mit Recht den Einwand, daß diese Versuche, streng genommen, lediglich beweisen, daß ein gewisser Teil von vasomotorischen Ganglienmassen *manchmal* im Rückenmark anzutreffen ist, obwohl er die Wahrscheinlichkeit herausstellte, daß dies immer der Fall sei. Jedoch läßt er auch im Fall von geglückten Versuchen ebenfalls mit Recht folgende Frage offen: *(55)* Sind auch unter normalen Bedingungen die Gefäßzentren tätig, die nach einer Strychninvergiftung in Erscheinung treten? Gegen den Versuch von GOLTZ mit der reflektorischen Gefäßerweiterung ist nichts zu sagen; er berechtigt vollkommen zu der Folgerung, die der Autor aus ihm zog. Es muß lediglich bemerkt werden, daß eine Deutung dieses Reflexes nicht einfach ist. Man kann jetzt nicht sagen, daß dies die reflektorische Lähmung eines vasomotorischen (gefäßverengernden) Zentrums sei. Die Arbeiten von GOLTZ und den anderen Autoren haben in der letzten Zeit das umfangreiche Vorhandensein gefäßerweiternder Nerven bewiesen. Deswegen kann aber in diesem Fall mit dem gleichen Recht sowohl eine reflektorische Lähmung eines gefäßverengernden Zentrums als auch eine Reizung eines gefäßerweiternden Zentrums angenommen werden. Somit ist bezüglich der Säugetiere *bewiesen* worden (Versuch von GOLTZ), daß sich in ihrem Rückenmark irgendwelche Gefäßzentren befinden; *es wurde sehr wahrscheinlich gemacht*, daß sich dort ein Zentrum der vasomotorischen (gefäßverengernden) Nerven befindet, und es besteht ebenfalls *Grund zu der Annahme*, daß sich dort auch ein Zentrum für die gefäßerweiternden Nerven befindet. Bezüglich der Frösche muß die Existenz eines Zentrums für die vasomotorischen Nerven im Rückenmark als *bewiesen* erachtet werden. Die Arbeit PUTZEYS *läßt keinen Zweifel* darüber, daß sich bei den Fröschen im Rückenmark *immer* vasomotorische Zentren *befinden*, die jedoch nur durch Strychnin in Tätigkeit gesetzt werden. Dies bedeutet, daß die Bemerkung SCHLESINGERS, es sei nicht klar, ob diese Zentren auch unter normalen Bedingungen funktionieren, auch in bezug auf seine eigene Arbeit zutrifft. Auch diese Frage ist nicht überflüssig. OWSJANNIKOW[1]) vermutet direkt im Rückenmark einen

[1]) [PH. OWSJANNIKOW], Arbeit. aus d. physiolog. Anstalt zu Leipzig, 1874—1875, [S. 308—315].

reflektorischen Apparat (für gewöhnliche Muskeln), der nur durch Strychnin aus seinem verborgenen, latenten Zustand, in dem er sich während der Umspülung mit gesundem Blut befindet, erweckt werden kann. Dem klaren Verstand ist es jedoch erlaubt, sich ebenso wie GOLTZ im höchsten Maße darüber zu wundern, daß im Organismus Apparate existieren, die nur durch Zufälligkeiten, wie z.B. eine beabsichtigte oder unbeabsichtigte Vergiftung mit Strychnin, in Funktion treten. Auf diese Weise bleibt nur der Versuch NUSSBAUMS *völlig bewiesen*, da auch ohne Strychnin bei einem Frosch mit durchschnittenem Mark *(56)* reflektorische Gefäßkontraktionen erhalten wurden. Außerdem ist dadurch, daß die gleichen Versuche PUTNAMS die gleichen Ergebnisse lieferten, eine Garantie für die Beständigkeit dieser Erscheinungen gegeben.

Der zweite Beweis, der Beweis SCHLESINGERS, daß auch nach Durchschneidung des Rückenmarks Strychnin und CO_2, eine Druckerhöhung hervorrufen, erreicht sein Ziel, indem er den Beweis von MAYER entkräftet. Er kann jedoch, wenigstens im Augenblick, nicht in seiner jetzigen Form die Existenz vasomotorischer Zentren im Rückenmark *beweisen*. Die Arbeit von MOSSO[1]) aus LUDWIGS Laboratorium zeigt deutlich, daß auch vom Organismus vollkommen isolierte Blutgefäße unter dem Einfluß bestimmter Stoffe, die sich in dem das Gefäß durchströmenden Blut befinden, bald eine Erweiterung, bald eine Verengerung erfahren können. Durch viele Versuche wurde jetzt die Annahme bestärkt, daß in den Wänden der Gefäße selbst Apparate vorhanden sind, die unter verschiedenen Einflüssen fähig sind, das Gefäßlumen in bestimmter Weise zu verändern. Deswegen *kann* die Druckerhöhung in den Versuchen von SCHLESINGER als eine direkte Wirkung von Strychnin und CO_2 auf diese Apparate gedeutet werden, was auch zum Teil schon von ADAMJUK und KOWALEWSKI bewiesen wurde. Allerdings ist auch durch die letztgenannten Forscher und durch SCHLESINGER darauf aufmerksam gemacht worden, daß ein Unterschied in der CO_2-Wirkung auf den Druck besteht, je nachdem, ob es sich um ein Tier mit unverletztem oder durchschnittenem Rückenmark oder um ein Tier handelt, bei dem außer der Durchschneidung des Marks gleichzeitig eine Strychninvergiftung vorgenommen wurde. Bei Tieren mit durchschnittenem Mark tritt diese Wirkung erst später nach der Erstickung ein als bei Tieren mit unverletztem Mark oder bei Tieren, bei denen außerdem eine Strychninvergiftung vorgenommen wurde. Warum beschränkt man sich aber unbedingt auf eine Vorstellung: daß im ersten Fall die peripheren Apparate gereizt werden und im zweiten die zentralen Nervenmassen? Man kann ebenso oder vielleicht mit noch größerem Recht annehmen, daß eine Rückenmarkdurchschneidung die Erregbarkeit der peripheren Apparate herabsetzt (nach verbreiteter Meinung sind diese nervaler Natur und stehen mit dem Zentralnervensystem in Verbindung), daß eine Strychninvergiftung hingegen die Erregbarkeit erhöht und diese Apparate reizt. Man muß jedoch sagen, daß diese Versuche, obwohl sie in bezug auf die zu betrachtende Frage selbst nicht überzeugend sind, in Verbindung *(57)* mit anderen Versuchen ein gewisses Maß an Beweiskraft erhalten. Wenn ein Tier

[1]) A. MOSSO, [Arbeit aus d. physiol. Anstalt zu Leipzig, 1874—1875, S. 156—222].

mit durchschnittenem Rückenmark, das dazu mit Strychnin vergiftet wurde, wieder reflektorische vasomotorische Effekte aufweist, die offensichtlich über die Rückenmarkzentren erfolgen, so ist sehr wahrscheinlich, daß jetzt auch das CO_2 vor allen Dingen auf diese Zentren einwirkt. Ebenso ist es, wenn das CO_2 jetzt TRAUBEsche Druckschwankungen hervorruft, am natürlichsten anzunehmen, daß das CO_2 auf bestimmte allgemeine Stellen der Gefäßinnervation einwirkt und nicht auf einzelne periphere Apparate der Gefäße.

Schließlich der dritte Beweis (Versuche von GOLTZ, VULPIAN und NUSSBAUM). Auch dieser hat im Augenblick keine entscheidende Beweiskraft. Schon früher war die Tatsache bekannt, und in letzter Zeit wurde sie wieder bestätigt, daß auch bei Teilen mit durchschnittenen Nerven die Gefäßlähmung nur eine bestimmte Zeit anhält. Mit der Zeit (zwei bis vier Wochen) erhalten die Gefäße ihr ursprüngliches Lumen und werden manchmal sogar enger. Man kann also, wenn die nach einer Rückenmarkdurchschneidung eingetretene Lähmung mit der Zeit verschwindet, nicht behaupten, daß dies auf die Funktion eines im abgeschnittenen Markteil enthaltenen Gefäßzentrums zurückzuführen sei. Dieser Einwand entkräftet die alten Versuche von GOLTZ über die Wiederherstellung des Gefäßtonus bei Fröschen mit unverletztem Rückenmark, seinen neuen Versuch am Hund und die Versuche von NUSSBAUM über die Wiederkehr der rhythmischen Arterienkontraktionen bei Fröschen mit erhaltenem Rückenmark. Gegen den neuen Versuch von GOLTZ muß aber außerdem gesagt werden, daß einige vasomotorische Nerven der hinteren Extremitäten in Wirklichkeit oberhalb der Stelle ihren Ursprung haben, wo GOLTZ den Schnitt durch das Mark legte[1]). Zum NUSSBAUMschen Versuch muß man hinzufügen, daß durch sehr viele Beobachter das Vorhandensein rhythmischer Arterienkontraktionen auch in denjenigen Gliedern gefunden wurde, wo die Nerven durchtrennt waren. Es ist wahr, daß sich an die Versuche über die Tätigkeit des isolierten Rückenmarks als ihre Ergänzung Versuche mit Zerstörung dieses isolierten Marks anschließen. Und in diesen Fällen wird eine Verstärkung der Gefäßlähmung erhalten, oder die Lähmung tritt, *(58)* wenn sie nach der Abtrennung des Rückenmarks vom verlängerten Mark schon wieder verschwunden war, erneut ein. Jedoch sind auch diese, scheinbar völlig beweiskräftigen Versuche durch die späteren Arbeiten von GOLTZ[2]) selbst in ihrer Bedeutung abgeschwächt worden. Er zeigte, daß die Abtrennung des peripheren Endes eines Nerven, z.B. des n. ischiadicus, oder noch besser eine Reihe systematischer Abtrennungen eine Gefäßlähmung hervorruft. Ebenso bemerkte OSTROUMOW[3]) (in HEIDENHAINS Laboratorium), daß die peripheren vasomotorischen Apparate, sobald der zu ihnen führende Nerv durchschnitten wird, an Kraft verlieren und sich erschöpfen. In Anbetracht dieser Tatsachen ist es verständlich, daß alle Versuche von GOLTZ und VULPIAN mit Zerstörung des isolierten Rückenmarks zweierlei Deutungen erlauben. Es kann sein, daß die

---

[1]) A. OSTROUMOW, Versuche über die Hemmungsnerven der Hautgefäße, PFLÜGERS Arch., Bd. 12, [1876, S. 219—277].

[2]) FR. GOLTZ, PFLÜGERS Archiv, Bd. 9, 1874.

[3]) A. OSTROUMOW, a.a.O., Bd. 12, 1876.

weitere Gefäßlähmung bei diesen Operationen von der Abtrennung der Rückenmarkzentren abhängt. Die Lähmung kann jedoch auf genau die gleiche Weise erfolgen, wie es in den Versuchen von GOLTZ und OSTROUMOW an den peripheren Nerven der Fall war. Nehmen wir z.B. die früheren Versuche von GOLTZ. Der Gefäßtonus erneuerte sich nur dann, wenn das abgetrennte Rückenmark unverletzt geblieben war, und er verschwand für immer, wenn es zerstört war. Wird aber damit etwa das Vorhandensein von Gefäßzentren im Rückenmark bewiesen? Bei weitem nicht. Es ist verständlich, daß durch den Eingriff der Rückenmarkzerstörung durch den gleichen Mechanismus wie in den Versuchen von GOLTZ und OSTROUMOW eine größere Gefäßlähmung hervorgerufen wird, als es durch eine einfache Durchschneidung des Rückenmarks im oberen Teil der Fall ist. OSTROUMOW sagt direkt, daß die peripheren vasomotorischen Zentren um so stärker geschwächt werden, je gröber der Eingriff am peripheren Nerv ist. Deswegen konnte sich eine Lähmung, die *nach Durchschneidung des Rückenmarks* eintrat, dank der Tätigkeit dieser unbedeutend geschwächten und sich schnell erholenden peripheren Zentren wieder ausgleichen. Die Lähmung *nach der Zerstörung* endete jedoch mit dem Tod; denn die stark erschöpften peripheren Apparate waren nicht in der Lage, sich in der Zeit wieder zu erholen, solange das Gewebe noch lebte.

Diese Kritik hat durchaus nicht das Bestreben, zu beweisen, daß die beiden letzten Argumente in bezug auf die behandelte Frage jeder Beweiskraft entbehren. Es ist sehr wahrscheinlich, daß in den zu ihrer Unterstützung angeführten Versuchen *(59)* ein Teil der Erscheinung auf Gefäßzentren im Rückenmark zurückzuführen ist, *aber nur ein Teil.* Da aber diese Erscheinung nicht ausgewertet und keiner eingehenden Analyse unterzogen wurde, besitzen diese Argumente einstweilen keine endgültige Überzeugungskraft, wie sie ihnen von einigen Autoren, die sie vorgebracht haben, zugeschrieben wurde.

Wir wollen nunmehr dazu übergehen, die physiologischen, sagen wir, Lehren aus all den beschriebenen Versuchen und Schlußfolgerungen zu ziehen. Ein Leser, der noch niemals mit speziellen Arbeiten auf diesem Gebiet zu tun hatte, wird vielleicht von den vorangegangenen Darlegungen unangenehm betroffen sein. Er wird ungefähr folgendes sagen: Wie soll man sich auf die Schlüsse der Physiologie verlassen, wenn sich offensichtlich die genauesten und entscheidendsten Versuche, die eine Zeitlang fast allgemeine Anerkennung erlangten, plötzlich als vollständig entkräftet erweisen? Wenn aus einer Anzahl von Beweisgründen für eine bestimmte These, nach einem oder vielleicht zwei Jahren nur noch einer erhalten bleibt? Was bürgt dafür, daß die neue „Wahrheit", die die alte umstieß, nicht bald durch eine neuere Wahrheit ersetzt wird usw.? Wo bleibt die Unwandelbarkeit der wissenschaftlichen Theorien? Nein, mein unaufmerksamer und melancholischer Leser! Die Sache ist bei weitem nicht so schlimm, wie es dir erscheint. Betrachtet man die Angelegenheit aufmerksamer, so wird sich herausstellen, daß die Schlußfolgerung, deren Schicksal dich besonders verwirrt, mit allen anderen physiologischen Schlußfolgerungen überhaupt nicht zu vergleichen ist, d.h., daß diese anderen nicht dem gleichen Schicksal unterworfen sein müssen. Der Umstand, daß die Wissenschaft mit der Masse von Beweisen so streng verfährt, spricht nur zu ihren Gunsten. Das bedeutet, daß sie es nicht nötig hat, die erste sich bietende vorteilhafte Tatsache aufzugreifen, das bedeutet, daß sie die Hoffnung hat, wirklich auf dem Unwandelbaren Fuß zu fassen. Glaube nicht, daß die hinfällig gewordenen „Wahrheiten", die beiseite gelegten Beweisgründe, verlorene Arbeit wären. Wenn sie die Frucht gewissenhafter Forschung sind, wird in ihnen unweigerlich ein Teil der Wahrheit enthalten sein, und er wird verwertet werden. Je länger und beharrlicher sich die falsche Vorstellung hielt, ein um so größerer Sieg wird nach Beseitigung dieser falschen Vorstellung davongetragen, ein um so umfangreicheres und um so geheimnisvolleres Gebiet der Naturerscheinungen wird beleuchtet. Je länger sich die Fehler hielten, um so verwickelter war das Rätsel, vor dem die Wissenschaft stand. Die Berichtigung dieses Fehlers ist ein Schritt zur Lösung dieses Rätsels. *(60)*

Die Richtigkeit dieser Überlegungen und Hoffnungen wird in hervorragender Weise durch die Geschichte der behandelten Frage der vasomotorischen Zentren bestätigt. Ist die alte Anschauung, daß sich die vasomotorischen Zentren ausschließlich im verlängerten Mark befinden, eine Anschauung, die sich ganz besonders auf die Versuche von Owsjannikow und Dittmar stützt, in allen Teilen entkräftet worden? Offensichtlich nicht. Es bleibt wahrscheinlich, daß eine bestimmte Stelle im verlängerten Mark eine bestimmte Ganglienmasse enthält, die auf alle Gefäße des Körpers einwirkt. Dafür spricht sehr stark die Tatsache, daß dem Sitz des physiologisch bestimmten Zentrums ein bestimmter morphologisch abgegrenzter Teil des Marks entspricht; dieses Zentrum muß von anderen Ursprüngen der vasomotorischen Nerven unterschieden werden, die sich im Rückenmark befinden. Unmittelbar nach der Operation sind diese wirkungslos, während die gleiche Operation, wenn sie an der oberen Grenze des ersten Zentrums durchgeführt wird, auf sie ohne jeden Einfluß bleibt. Es ist sehr wahrscheinlich, daß wir es im verlängerten Mark und im Rückenmark mit Gefäßzentren von zweierlei Art zu tun haben, die sich in einem bestimmten Abhängigkeitsverhältnis befinden. Der gleiche Versuch zeigt, daß der Einfluß der Operation auf die Rückenmarkzentren nicht irgendeine unbestimmte Veränderung der geheimnisvollen Ernährungsbedingungen und überhaupt aller inneren Prozesse der Gewebe, sondern eine bestimmte physiologische Wirkung darstellt, die an bestimmte anatomische Bahnen gebunden ist. Störungen der Ernährung usw. bestehen doch auch bei der Abtrennung des Großhirns vom verlängerten Mark und dennoch büßt das Zentrum des verlängerten Marks seine Funktion nicht ein. Was ist in der geläufigen Vorstellung über die Vasomotorenzentren hinfällig geworden? Nur jener Teil, der ausschließlich auf negativen Versuchen beruhte. Owsjannikow und Dittmar haben gesehen, daß nach einer Durchtrennung des Rückenmarks die reflektorische Veränderung der Gefäße *fehlt*. Daraus schlossen sie auf *das Fehlen* von Gefäßzentren im Rückenmark und irrten sich. Das ist ein lehrreiches Beispiel dafür, in wie starkem Maß die Bedeutung positiver und negativer Versuche in jeder Wissenschaft verschieden ist, insbesondere aber in einer derart komplizierten Wissenschaft, wie es die Physiologie der Tiere ist. In der Tat stellt der tierische Organismus eine so komplizierte Maschine dar, seine Teile sind durch so komplizierte Verbindungen verknüpft, und er befindet sich in einer so komplizierten Abhängigkeit von den umgebenden Bedingungen, daß sich der Forscher bei der Einführung *(61)* einer scheinbar nebensächlichen Bedingung immer in Gefahr befindet, gerade den Teil des Apparats zu beeinflussen, der ihn im gegebenen Augenblick interessiert. Deswegen haben alle negativen Versuche nur sehr beschränkte Bedeutung und müssen mit größter Vorsicht gedeutet werden. Daraus wird verständlich, warum Anschauungen, die sich nur auf negative Tatsachen stützen, relativ leicht hinfällig werden. Owsjannikow und Dittmar beobachteten, daß es nach Durchschneidung des Rückenmarks beim Kaninchen *keinen* vasomotorischen Reflex gibt. Warum? Sie antworteten: Weil es dort *keine* Gefäßzentren gibt. Dies konnte wirklich der Fall sein.

Vielleicht aber auch deswegen, weil die Operation eine Bedingung darstellte, die ihre Tätigkeit unterbrach. Und dieses letzte „vielleicht" ist jetzt zur Wahrheit geworden. Mayer konnte nach Durchschneidung des Rückenmarks bei Hunden durch Injektion von Strychnin nicht jene Blutdruckerhöhung hervorrufen, die bei einem Tier mit unverletztem Mark erhalten wird. Was ist die Ursache dafür? Es konnte sein, daß die Durchschneidung die Gefäßnerven von ihrem Anfangsteil, der der Strychninwirkung ausgesetzt war, abgetrennt hatte. Es konnte aber auch sein, daß der Durchschneidungsakt selbst (eine Bedingung, die nicht die genügende Aufmerksamkeit des Forschers auf sich zog) die Erregbarkeit dieser Anfangsteile erniedrigte, obwohl sie weiterhin in anatomischer Verbindung mit den Gefäßnerven blieben. Und diese letzte Anschauung ist jetzt viel wahrscheinlicher geworden als die erste. Auf welche Weise wurden die irrtümlichen Schlüsse berichtigt? Der Umfang des Versuchsmaterials hat sich erweitert, und die Versuchsbedingungen wurden geändert. Owsjannikow und Dittmar führten ihre Versuche nur an Kaninchen aus; sie erhielten negative Ergebnisse. Nussbaum nahm zu seinen Versuchen den Frosch und erhielt zweifellos positive Ergebnisse. Mayer benutzte für seine Versuche nur Hunde und erhielt nur negative Ergebnisse. Schlesinger führte seine Versuche außerdem auch an Kaninchen aus und erzielte an diesen fast ausnahmslos positive Ergebnisse. Traube erstickte Tiere mit durchschnittenem Rückenmark, ohne sich darum zu bemühen, wie man die schädliche Operationswirkung irgendwie abschwächen könnte und erhielt ein negatives Ergebnis. Schlesinger veränderte die Versuchsbedingungen, indem er einem Tier mit durchschnittenem Mark Strychnin gab und erreichte durch CO_2-Ansammlung im Organismus die gleiche Druckerhöhung *(62)* wie an Tieren mit unverletztem Rückenmark. Aus diesen Beispielen tritt deutlich hervor, daß negative Versuche eine um so größere Bedeutung erhalten können (die immer noch gering ist im Vergleich zu den positiven), je größer die Anzahl der Tiere verschiedener Klassen und Arten ist und je größer die Variationen der Versuchsbedingungen sind, unter denen sie durchgeführt werden.

Die zur Untersuchung stehende Frage zeigt klar, daß diese Vorstellung von der unterschiedlichen Beweiskraft positiver und negativer Versuche bei weitem noch nicht einmal im Verstand der Physiologen verankert ist. Denn sicherlich ist ein solcher Fall, wie der untersuchte, nicht der letzte dieser Art. Auf anderen Gebieten der Physiologie wird diese Regel noch öfters überprüft werden müssen. Aber auf dem Gebiet des Zentralnervensystems werden diese Arbeiten eine Epoche darstellen. Der lange Irrweg wird sich bezahlt machen und macht sich schon durch um so tatkräftigere und fruchtbringendere Arbeiten bezahlt, je mehr die früheren Untersucher des Nervensystems durch die von ihnen übersehenen ungünstigen Versuchsbedingungen verwirrt wurden. Daß eine operative Durchschneidung der zentralen Nervenmassen auf die Funktion der Zentren, die noch mit den von ihnen gelenkten Organen in Verbindung stehen, zeitweilig hemmend wirkt, stellt eigentlich keine Neuigkeit dar. In jedem Laboratorium, in dem, wenn auch nur für die Vorlesung, Versuche ausgeführt werden, ist bekannt, daß ein geköpfter Frosch unmittelbar nach der Operation für Versuche an den motorischen Rückenmarkzentren ungeeignet ist. Man läßt das Tier, wenn auch nicht lange, sich zuerst von der lähmenden Operationswirkung erholen. Das war jedoch nur eine Nebenbemerkung, eine Anschauung, die nicht erforscht und nicht absichtlich und besonders herausgestellt wurde. Bei anderen Versuchen und unter anderen Verhältnissen wurde dies, wie zahlreiche Untersuchungen am Zentralnervensystem zeigen, überhaupt nicht in Betracht gezogen. Erst SCHLESINGER machte im Jahre 1874 diese Frage erstmalig zum Gegenstand besonderer Untersuchungen. Er stellte die wissenschaftliche These auf, daß die Abtrennung des Gehirns vom Rückenmark eine hemmende Wirkung auf anatomisch vorhandene Apparate des Rückenmarks ausübt. Bald nach ihm veröffentlichten GOLTZ und FREISBERG ihre Untersuchungen über die Funktionen des isolierten Lumbalmarks beim Hund. Aus diesen Untersuchungen wird klar ersichtlich, daß sich nach Durchschneidung des Rückenmarks erst die Tätigkeit *(63)* sowohl der einfachen motorischen Zentren als auch anderer (Erektion, Harnentleerung usw.) im abgetrennten Teil des Rückenmarks enthaltender Zentren erst nach ein, zwei oder mehr Tagen bemerkbar macht. Auf diese Weise wurde eine sehr wichtige Wahrheit für das Zentralnervensystem gefunden; eine Wahrheit, die irrige Schlußfolgerungen, die auf diesem Gebiete gezogen wurden, beseitigte und noch weiter beseitigen wird; eine Wahrheit, die in die Methodik der experimentellen Untersuchungen am Rückenmark eine wichtige Verbesserung einführen, und die ohne Zweifel zu wichtigen positiven Erfolgen auf diesem unklaren Gebiet der Physiologie führen wird. Daß diese Hoffnung begründet ist, wird unter anderem durch die im vorigen Jahr erschienene Arbeit von GOLTZ[1]) gezeigt. Diese Arbeit hat das Bestreben, experimentell zu beweisen, daß auch in bezug auf das Gehirn ein analoger Fehler gemacht wurde, wie er sich bezüglich des Rückenmarks so lange halten konnte. *(64)*

---

[1]) FR. GOLTZ, PFLÜGERS Archiv, Bd. 13, [1876, S. 1—44].

ZUR LEHRE ÜBER DIE INNERVATION DER BLUTBAHN[1])

(Vorläufige Mitteilung)

(Physiologisches Laboratorium von Prof. A. O. USTIMOWITSCH in St. Petersburg)

1. DURCHSCHNEIDUNG DER HALSVAGI BEIM HUND

Im Jahre 1869 (The Journal of Anat. and Physiol., Maiheft) ist eine kurze Mitteilung von Prof. RUTHERFORD über die Wirkung der Vagusdurchschneidung auf den Blutdruck veröffentlicht worden.

RUTHERFORDS Erfahrungen gemäß hängt der Erfolg der Vagusdurchschneidung vom Zustand des Verdauungskanals ab: Bei vollem Magen-Darmkanal soll die Nervendurchschneidung eine Drucksteigerung auslösen, wogegen diese Operation an nüchternen Tieren keine Blutdruckschwankungen bewirke.

Den Grund dieser Erscheinung will RUTHERFORD auf eine depressorische Gefäßerweiterung der Baucheingeweidegefäße durch die Nahrung zurückführen. Es sollen nämlich die im Vagusstamm verlaufenden sensiblen (depressorischen) Bahnen von der Darmwand aus durch die Nahrung gereizt werden. Die Durchtrennung dieser Bahnen soll eine nachträgliche Gefäßverengerung in den Baucheingeweiden bewirken, weshalb nun eine Blutdrucksteigerung eintrete.

Diese wichtige Angabe RUTHERFORDS ist, soweit uns bekannt ist, trotz der spärlichen Versuchsdaten (es wird weder der Wert der Blutdrucksteigerung, noch deren Dauer, noch die Zeit der Fütterung angegeben usw.) von keiner Seite weiter *(65)* experimentell geprüft worden, obwohl die Tatsache öfter hervorgehoben wird. Dies waren kurz die Hauptgründe, durch welche die nachstehenden Versuchsreihen angeregt wurden.

Sämtliche Versuche (20 im ganzen) sind durchweg an Hunden unter Berücksichtigung aller von RUTHERFORD empfohlenen Maßregeln angestellt worden. Die Tiere wurden gleichzeitig mit der Kurareeinführung auch atropinisiert. Letzteres um den nach der Vagustrennung eintretenden Rhythmusänderungen des Herzschlags vorzubeugen. Der Vagusdurchschneidung ging eine 20 bis 30 Minuten dauernde Blutdruckaufzeichnung voran; die Versuchseingriffe wurden vorgenommen, erst nachdem die Überzeugung gewonnen war, daß der Blutdruck regelmäßig sei. Die nn. vagi wurden nacheinander durchtrennt, und zwar der zweite Nerv erst nach vollkommenem Schwinden der Einwirkung der ersten Durchschneidung. Der Kontrolle halber wurde bald der rechte, bald der linke Vagus zuerst durchschnitten.

[1]) PFLÜGERS Archiv, Bd. 20, 1879. — *[Der Aufsatz wird nach dem ursprünglichen deutschen Text wiedergegeben. — Dt. Red.]*.

Ferner wurden sensible Nerven (meistenteils der n. dorsalis pedis) durchschnitten oder auch stückweise vom zentralen Vagusstumpf abgeschnitten, um sicher zu sein, inwieweit ein sensibler Reiz bei der Vagusdurchschneidung (bzw. Unterbindung) im Spiel sei. Nach jedem neuen Versuchseingriff folgte eine Beobachtungszeit von 20 bis 40 Minuten. Die Versuchstiere waren entweder drei Stunden vorher gefüttert, oder es waren Hunde, die 24 bis 48 Stunden gehungert hatten.

Die Ergebnisse meiner derart angestellten Versuche sind, zwei Fälle ausgenommen, Rutherfords Angaben gerade entgegengesetzt.

An hungernden Tieren verhielt sich in den meisten Fällen der Blutdruck folgendermaßen: Unmittelbar nach Durchschneidung des zweiten n. vagus steigt der Blutdruck beträchtlich, 3 bis 5 Minuten darauf sinkt er auf einen Wert, der um 15 bis 25 mm die ursprüngliche Druckhöhe überragt. Auf dieser Höhe verbleibt entweder der Blutdruck während der ganzen Beobachtungszeit (bis über eine Stunde), oder diese hohe Druckstellung dauert nur einige 10 bis 20 Minuten, worauf ein Sinken beginnt, bis er in einigen Fällen sogar unter den ursprünglichen Wert gesunken war.

An gefütterten Tieren bewirkt die Durchschneidung entweder eine nur 3 bis 5 Minuten dauernde Drucksteigerung, dasselbe also, *(66)* wie es auch bei Durchschneidung sensibler Nerven oder bei Anschneidung des Zentralstumpfs der Fall ist, oder es wird ein unmittelbares Absinken des Blutdrucks als Folge der Vagusdurchschneidung wahrgenommen.

Die Ergebnisse unserer Untersuchungen führen außerdem zu anderen nicht ganz wertlosen Schlüssen.

Es zeigt sich, daß der Erfolg der Vagusdurchschneidung von dem derselben vorangehenden Zustand des Blutdrucks abhängig ist. Folgende Regel ergibt sich aus unseren Beobachtungen: Überstieg der ursprüngliche Blutdruck 160 mm (180 bis 190 mm), so erfolgt nach der Vagusdurchschneidung eine anhaltende Blutdrucksteigerung. Bei 140 bis 160 mm ursprünglichen Blutdrucks sieht man wohl Fälle von dauernder Blutdrucksteigerung, nicht minder oft jedoch sieht man denselben schon nach 3 bis 5 Minuten zur Norm sinken. Bei 140 bis 120 mm wird der Regel nach der Blutdruck nur auf 3 bis 5 Minuten erhöht. Bei Druckwerten unter 120 mm endlich sieht man nicht selten den Blutdruck sofort nach der Durchschneidung sowohl vorübergehend als auch anhaltend sinken. Bei der beschränkten Anzahl unserer Beobachtungen dürfen natürlich die angeführten Zahlen nur als Näherungswerte gelten. Somit ließe sich unsere Beobachtung mit Moleschotts Angabe in Einklang setzen (Untersuchungen zur Naturlehre der Menschen und Tiere 1873) unter der Voraussetzung nämlich, daß der Verfasser nur mit den niedrigsten Blutdruckwerten zu tun hatte, wie dies mit der untersten Stufe unserer Beobachtungsreihe zusammentrifft. Rutherfords Erklärungsweise dagegen erscheint nun offenbar vollkommen hinfällig.

Die wahrscheinlichste Deutungsweise der vorgeführten Regel scheint uns folgende zu sein. Bei dem Erregbarkeitsgrad der gesamten Blutkreislaufinnervation (an kurarisierten und atropinisierten Tieren dürfte kaum von einer normalen

Erregbarkeitsgröße die Rede sein) wird die Blutdruckhöhe bei 160 mm Hg in der Regel, bei 140 mm in einzelnen Fällen die Herzdepressoren erregen. Wird nun durch die Durchschneidung der Vagi die Hemmungswirkung auf den Blutdruck beseitigt, so steigt dieser nun ungestört. *(67)* Bei 130 bis 150 mm Blutdruck bleiben die Depressoren unerregt (daß dies die Normalwerte des Blutdrucks sind, wird durch den zweiten Abschnitt gegenwärtiger Mitteilung bestätigt). Endlich bei 120 mm und tiefer sind möglicherweise Bedingungen geboten zur Erregung den Depressoren entgegengesetzt wirkender Nerven (leider sind dergleichen Mechanismen noch nicht zur Genüge aufgeklärt); somit wird der Blutdruck nach Beseitigung dieser Regulatoren tiefer unter die Norm sinken müssen. Letztere Voraussetzung erfordert begreiflicherweise eine Anzahl von Kontrollversuchen, um Gewißheit zu erlangen. Beiderlei Deutungsarten unserer Versuchsergebnisse stimmen, wie schon erwähnt, ziemlich untereinander, indem es sich nachweisen läßt, daß in den meisten Fällen der ursprüngliche Blutdruck an hungernden Tieren bestimmt wurde. Dieses Zusammentreffen ließe sich zum Teil dadurch erklären, daß während der Verdauung eine so beträchtliche Blutgefäßerweiterung in der Bauchhöhle stattfindet, daß dem Ansteigen des Gesamtdrucks über den Normalwert weniger Gelegenheit geboten ist als im Gegenteil bei leerem Verdauungskanal, wobei keine gefäßerweiternde reflektorische Einwirkungen in Richtung der Zentren gesandt werden.

2. DAS VERHALTEN DES NORMALBLUTDRUCKS NACH EINVERLEIBUNG BETRÄCHTLICHER FLÜSSIGKEITSMENGEN VOM MAGEN AUS

Die Blutdruckbestimmung geschah an einem kleinen, an der Innenfläche des Kniegelenks verlaufenden Arterienast. Als erstes wurden dazu bestimmte Hunde an das ruhige Liegen auf dem Operationstisch gewöhnt, was auch sehr leicht gelingt, ganz besonders wenn die Tiere überhaupt dressiert sind. Experimentiert wird an unvergifteten Tieren. Im Verlauf jedes einzelnen Versuchs wird der Blutdruck wiederholt bestimmt, sowohl vor als auch nach dem Trinken in verschiedenen Zeitintervallen. 3 bis 6 solcher Versuche wurden an jedem Hund ausgeführt, wobei die Zeiträume einzelner Versuche von 2 bis 15 Tagen schwankten. Fleischbrühe wurde zum Trinken gewählt. Das Tier durfte nach Belieben austrinken. Die Menge *(68)* der auf einmal ausgetrunkenen Fleischbrühe schwankte zwischen $^1/_{18}$ bis $^1/_8$ des Körpergewichts. Vor dem Versuch hungerten die Tiere 20 bis 25 Stunden. Die dabei gewonnenen Beobachtungsdaten können folgendermaßen zusammengefaßt werden:

1. Unter gleichen Bedingungen (die Hungerperiode ist hier das Hauptmoment) kann der Blutdruck eines Hundes als konstant betrachtet werden. Es betrug, beispielsweise an einem Hund binnen 20 Tagen in 5 Versuchen der Blutdruck 132 bis 128 mm Hg, wobei die 4-mm-Schwankung leicht in die Fehlergrenzen fallen dürfte.

2. Bei anderen Hunden schwankte jedoch der Blutdruck in den nicht unbedeutenden Grenzen von 20 mm. In der Gesamtzahl unserer Versuche sank aber der

normale Blutdruck (24 Stunden nach dem Essen) nicht unter 130 mm und überstieg auch nicht 150 mm. Am häufigsten war derselbe jedoch gleich 130 mm Hg. Es ist uns leider nicht gelungen, einen bestimmten Grund dieser Schwankungen zu entdecken.

3. 10 bis 20 Minuten nach dem Trinken bleibt der Blutdruck in der Regel unverändert. In Ausnahmefällen nur (während des Zitterns nach dem Trinken) stieg der Blutdruck höchstens um 10 mm empor. Im weiteren Verlauf nach dem Trinken von 30 Minuten ab bis zu 6 Stunden tritt in der Regel ein Sinken des Blutdrucks im Mittel um 10 mm ein, in einzelnen Fällen ist der Blutdruck unverändert geblieben.

Die Schwierigkeiten, welche sowohl die hier kurz angedeuteten Versuche bieten als auch deren ausführliche Ergebnisse werden in der detaillierten Mitteilung des nächsten Themas auseinandergesetzt werden. *(69)*

BEITRÄGE ZUR INNERVATION DES BLUTGEFÄSSSYSTEMS[1])

(Vorläufige Mitteilung)

(Klinisches Laboratorium von Professor S. P. Botkin)

Seit langem ist meine Aufmerksamkeit auf die Tatsache der Regulierung des allgemeinen Blutdrucks und seines nervalen Mechanismus gerichtet. Ich fügte einige neue Beispiele für diese Regulierung zu den schon früher bekannten[2]) hinzu und begann die Analyse ihres Mechanismus mit der Erforschung des Einflusses, den eine Durchtrennung beider nn.vagi auf den allgemeinen Blutdruck hat. Die Ergebnisse dieser Untersuchungen sind als vorläufige Mitteilung vor drei Jahren veröffentlicht worden[3]). Ich führte nunmehr diese Untersuchungen nach einem etwas abgeänderten Plan fort. Es wurden Versuchsreihen ausgeführt mit Dyspnoe, Apnoe, Aderlaß und Transfusion, einmal bei unbeschädigten und dann bei gelähmten nn.vagi. In allen Fällen wurde eine deutliche Wirkung in dem Sinne erhalten, daß die Unverletztheit der nn.vagi eine wesentliche (wenn auch nicht ausschließliche) Bedingung für die Aufrechterhaltung eines beständigen Druckes bei den aufgezählten Einwirkungen darstellt. Die theoretische wie auch die experimentelle Analyse (z.B. Vergiftung mit Atropin) zeigte mit großer Wahrscheinlichkeit, daß die regulierende Funktion der nn.vagi zu einem beträchtlichen Teil von den pressorischen und depressorischen Fasern abhängt, die in den nn.vagi enthalten sind. (Bei vielen Versuchen wurde eine „physiologische Durchschneidung" angewandt, und zwar eine Abkühlung der Nerven, so daß die Möglichkeit erhalten blieb, an ein und demselben Tier in einem Versuch *(70)* diesen oder jenen Einfluß einige Male zu wiederholen, einmal bei erregten und einmal bei gelähmten nn.vagi.) Andererseits war die Beteiligung der Hemmungsfasern des Herzens an der Regulierung entsprechend der allgemein verbreiteten Meinung auffällig. Mit dem Ziel, das Maß dieser Mitbeteiligung genauer zu bestimmen, wurden Versuche mit Reizung des peripheren Endes des rechten n.vagus unternommen, bei dem lediglich die rami cardiaci unverletzt waren, wobei die Beziehung zwischen dem Umfang der Pulsverlangsamung und der Größe der Blutdruck-

---

1) Еженед. клин. газ. *[Klinische Wochenzeitung]*, Nr. 26, 1882, S. 433—435.

2) Pflügers Archiv, Bd. 16 u. 20. (Siehe diesen Band, S. 20 und 48. — Red.)

3) a. a. O., Bd. 20. (Siehe diesen Band, S. 48. — Red.)

schwankung bestimmt wurde. Es wurde eine bedeutende Vielfalt der Erscheinungen beobachtet. Hier einige davon. Bei schwachen Reizen sah man einige Male eine unbedeutende Druckerniedrigung ohne Verlangsamung und außerdem ein Ausgleichen der Kurve, wenn die Druckschwankungen bis dahin ungleichmäßig waren. Andererseits riefen oft bedeutende Verlangsamungen nicht die geringste Druckveränderung hervor. In der Mehrzahl der Fälle trat jedoch die schon bekannte Tatsache ein, daß die Druckerniedrigung parallel der Pulsverlangsamung war. Weiter reizte ich den n.vagus bei verschiedener Druckhöhe, wobei ich diese künstlich entweder durch Reizung der sensiblen Nerven oder durch Erstickung herbeiführte. Besonders interessante Erscheinungen sind im letzteren Fall beobachtet worden. Hier einige davon:

1. Als ich den n.vagus wiederholt während einer allmählich fortschreitenden Erstickung und entsprechender Druckerhöhung reizte, sah ich mehrmals, daß bei gleichbleibender Verlangsamung der Abfall des Drucks verschieden war, und zwar war er um so bedeutender, je höher der Druck war, oder mit anderen Worten, bei gleicher Verlangsamung fiel der Druck ständig auf ein bestimmtes Niveau.

2. Wenn der Druck bei der Erstickung seine maximale Höhe erreichte, wenigstens für eine gewisse Zeit nicht die Tendenz zeigte, sich zu erhöhen, so bedingte eine Pulsverlangsamung um einige Sekunden auf dem Wege einer Reizung des n.vagus ein weiteres Ansteigen des Niveaus, so daß man durch eine Wiederholung solcher Verlangsamungen den Druck gewissermaßen in die Höhe treiben konnte.

3. Bei dem am Schluß der Erstickung beginnenden Absinken des Drucks konnte eine Pulsverlangsamung für längere oder kürzere Zeit den Druck auf einem beliebigen Stand halten, so daß bei Wiederholung der Verlangsamungen die Kurve einen terrassenartigen Charakter annahm. *(71)*

Die oben angeführten Ergebnisse der Reizung des n. vagus bei einem normal atmenden Tier sind deutliche Parallelen zu den Angaben, die unlängst von Gaskell und Heidenhain veröffentlicht wurden und die die Frage nach den verschiedenen Seiten der Wirkung des n. vagus auf das Herz aufwarfen. In dieser Phase meiner Arbeit kam mir natürlich die Tatsache in Erinnerung, auf die Dr. Bogojawlenski in einem seiner Versuche bei der Arbeit über den pharmakologischen Einfluß der Maiglöckchenblüten auf das Herz gestoßen ist (in der Dissertation wurde diese Tatsache wegen ihrer Einmaligkeit und, da die Umstände, unter denen sie beobachtet wurde, eine bestimmte Deutung unmöglich machten, nicht erwähnt), nämlich, daß in einer bestimmten Phase der Vergiftung durch das obenerwähnte Präparat eine Reizung des n. vagus einen Ausgleich der Kurve ohne merkliche Verlangsamung auslöste. Das ähnelte sehr dem, was ich in meinen Versuchen mit schwacher Reizung des n. vagus sah. Ich wiederholte den Versuch mit Vergiftung durch Konvallaria auf folgende Art und Weise.

Nachdem ich beide nn. vagi am Hals durchschnitten und beim rechten außerdem alle Äste außer den Herzästen (n. recurrens, ansa Vieussenii und n. vagus vor dem Abgang der Lungenäste) abgetrennt hatte, reizte ich beim vergifteten Tier das periphere Ende des rechten n. vagus mit verschiedenen Stromstärken. Als ständiges Ergebnis erhielt ich in allen bisher ausgeführten Versuchen eine größere oder kleinere Er-

niedrigung des Blutdrucks mit einem Kurvenausgleich ohne die geringste Verlangsamung. Dabei tritt bei den verschiedenen Versuchen einmal die Niveauerniedrigung, ein andermal der Ausgleich in den Vordergrund. Es werden nicht nur verschiedene ungleichmäßige Schwankungen ausgelöscht, sondern auch die deutlichen und bedeutenden TRAUBE*schen Druckschwankungen verschwinden. Aus diesen Versuchen schließe ich, soweit ich sie wenigstens im Augenblick beurteilen kann, daß in den nn. vagi außer hemmenden Fasern auch andere Fasern für das Herz enthalten sind, die auf die Herzarbeit, abgesehen von Rhythmusänderungen einen starken Einfluß ausüben.*

Außerdem habe ich jetzt einen Hinweis für die Existenz und Lokalisation von Antagonisten dieser neuen Fasern. Die letzte Tatsache hat die bestehenden Anschauungen so tiefgehend verändert, daß meine ganze Arbeit eine Überprüfung von Anfang an verlangte, weshalb ich alle Einzelheiten und alle Schlußfolgerungen bis zum Abschluß der Arbeit aufhebe. Dieses gesamte Arbeitsgebiet behalte ich mir vor. *(72)*

ÜBER DIE NORMALEN BLUTDRUCKSCHWANKUNGEN BEIM HUND

(Aus dem vormaligen physiologischen Laboratorium von Prof. A. O. USTIMOWITSCH in St. Petersburg)

Nachdem ich in einer früheren Abhandlung[1]) mitgeteilt habe, unter welchen Bedingungen die zu erwartende Erniedrigung des Blutdrucks dank einem Akkomodationsmechanismus ausbleibt, will ich nun das Umgekehrte nachweisen, nämlich, daß auch unter denjenigen Umständen, wo sich eine Blutdrucksteigerung erwarten ließe, eine solche durch denselben Mechanismus auch beseitigt wird.

Es sind gegenwärtig den früheren Versuchen ganz ähnliche Versuche angestellt worden. Unvergifteten, an die betreffenden Versuchseingriffe wohl gewöhnten Hunden wurde eine kleine, an der Innenfläche des Kniegelenks verlaufende Hautarterie oder in selteneren Fällen die art. cruralis auf 2 bis 3 Minuten mit dem Manometer verbunden.

Zuvörderst lag es uns ob, jeden möglichen Verdacht etwaiger Willkür in unserem Beobachtungsverfahren auf das entschiedenste zu beseitigen. Dies erschien uns desto mehr geboten zu sein, da schon der erste Einwand gelten könnte, daß unsere numerischen Daten eine unberechenbare Variable sein könnten, die von allen möglichen psychischen Launen usw. des Tieres abhingen. Um demselben entgegenzutreten und uns zu vergewissern, daß wir in unseren Versuchen mit stets bestimmbaren Einflüssen zu rechnen haben, *(73)* sind jedes Mal besondere Vorversuche der Kontrolle halber jeder einzelnen Beobachtung vorangeschickt worden. Somit wurde bei jedem Versuch zuerst einige Zeit zuvor der Blutdruck bestimmt, und zwar stets an Hunden, die seit 20 bis 25 Stunden hungerten.

Als Muster können folgende Zahlen dienen:

3. April 1878. — 128 mm. — 4. April — 131 mm. — 6. April — 128 mm. — 10. April — 129 mm. — 24. April — 131 mm.

Binnen 21 Tagen sieht man also eine Blutdruckschwankung von nur 3 mm Hg.

Bei der praktisch kaum ausführbaren Genauigkeit der Hungerfrist als auch bei der Abwägung und Einhaltung der Qualität des Futters (Umstände, die,

---

[1]) PFLÜGERS Archiv, Bd. 20, 1879, S. 215—224. — *Der Aufsatz wird nach dem ursprünglichen deutschen Text wiedergegeben (dt. Red.)*

[2]) a. a. O., Bd. 16 (siehe diesen Band, S. 20 — Red.)

wie später nachgewiesen wird, nicht bedeutungslos sind) und bei einer nicht vollkommen fehlerfreien Methode der Blutdruckmessung (Messung der Ordinatenwerte) dürften Schwankungen um 3 mm in die Fehlergrenzen fallen.

Indem wir uns also zur Regel setzten, einem jeden neuen Versuchseingriff jedesmal eine Probebestimmung des ursprünglichen Blutdrucks voranzuschicken, hat es sich erwiesen, daß die Höhen desselben in den weitaus meisten Fällen, wenn nicht absolut, mindestens sehr nahe einander gleichbleiben. So fanden wir beispielsweise in einem Fall bei der ersten Bestimmung 132 mm, 28 Minuten darauf 131 mm. Bei einem anderen Fall erwiesen zwei binnen 20 Minuten Intervall ausgeführte Messungen eine und dieselbe Zahl von 128 mm Blutdruck. Der auffallend regelmäßige Kurvenverlauf der gleichen Messungen trägt nicht minder bei, den Zahlen eine hervorragende Bedeutung als Zeugnis für die normale Beschaffenheit des Blutdrucks mitzuteilen. Mögen die mitgeteilten Ergebnisse zur Unterstützung unseres Versuchsverfahrens und der daraus zu ziehenden Schlüsse dienen.

Schwierigkeiten, störende Momente sowohl als die Grenzen der Zuverlässigkeit bei unseren Versuchen werden wir bei der Mitteilung der Ergebnisse näher besprechen.

Der Zweck unserer Versuche bestand in der Bestimmung des Einflusses, den die Einführung großer Flüssigkeitsmengen auf natürlichem Wege in den Organismus, wie dies beim Trinken geschieht, auf den Blutdruck ausübt.

Zu diesem Behuf ließ man die Tiere während 20 bis 25 Stunden vor der Untersuchung hungern. Unmittelbar vor der Blutdruckbestimmung *(74)* wurde dem Hund erwärmte Fleischbrühe gegeben, von der die Tiere in verschiedenen Fällen $^1/_{19}$ bis $^1/_8$ ihres Körpergewichts austranken. Der Fleischbrühe wurde schon deshalb der Vorzug vor anderen Speisemitteln gegeben, weil sie bei ihrer Nahrhaftigkeit dank ihrer flüssigen Form keine Veranlassung zur dauernden reflektorischen Gefäßerweiterung zu geben imstande ist. Damit war aber die Möglichkeit blutdrucksteigernder Einflüsse nur begünstigt. Als üblichste Krankendiät versprach außerdem die Fleischbrühe, eine Auskunft bei Übertragung unserer Versuchsergebnisse auf den menschlichen Organismus zu gewähren. Reinem Wasser, das die Beimischung etwaiger Komplikationen von seiten der Bestandteile der Fleischbrühe ausschließt, wurde dennoch die Fleischbrühe vorgezogen, weil die Hunde besonders gern von letzterer zu trinken pflegen, was für unsere Zwecke besonders wichtig ist, indem es gerade auf die Flüssigkeitsmenge ankam.

Als Auszug aus einer Versuchsreihe lassen wir hier einige, von verschiedenen Hunden stammende Beobachtungswerte folgen:

I. 4. April 1878. Körpergewicht 19710 g, Hungerperiode 24 Std.

bei der 1. Messung .... 132 mm Hg
bei der 2. Messung 28′ später .... 131 mm Hg

10 Minuten nach der zweiten Messung trank das Tier 1200 cm³ Fleischbrühe von + 32° C aus.

3. Messung, 10′ nach dem Trinken ...... 132 mm
4. Messung, 35′ später .... 122 mm
5. Messung, 1 h darauf .... 116 mm
6. Messung, 2 h 10′ später .... 118 mm

II. 13. Mai 1878. Körpergewicht 18 000 g, Hungerzeit 21 Std.
1. Messung .... 150 mm
2. Messung .... 150 mm
Nach 15 Minuten trank der Hund 1400 cm³ Fleischbrühe von 30° C aus. *(75)*
3. Messung, 15′ nach dem Trinken .... 150 mm
4. Messung, 45′ nach dem Trinken .... 140 mm
5. Messung, 1 h 20′ nach dem Trinken .... 144 mm
6. Messung, 2 h 35′ nach dem Trinken .... 144 mm

An beiden obengenannten Hunden wurde der Blutdruck an der Hautarterie gemessen. Am nächstzuerwähnenden Hund geschah dies an der art. cruralis.

III. 26. April 1878. Körpergewicht 16180 g, Hungerzeit 24 Std.
Die art. cruralis sinistra wird mit dem Manometer verbunden.
1. Messung, 25′ nach Verbindung der Arterie ...... 140 mm
2. Messung, 30′ später .... 141 mm
10 Minuten darauf trank der Hund 1800 cm³ Fleischbrühe von 30° C aus.
3. Messung, 25′ nach dem Trinken .... 140 mm
4. Messung, 1 h 15′ später .... 130 mm
5. Messung, 2 h 30′ später .... 130 mm
6. Messung, 3 h 45′ später .... 134 mm
7. Messung, 4 h 30′ später .... 130 mm

Das Ergebnis ist hier ganz klar. Unmittelbar nach dem Trinken nämlich bleibt der Blutdruck binnen 10 bis 30 Minuten vollkommen unverändert. Etwa 40 Minuten später fällt der Blutdruck im Mittel um 10 mm und beharrt sodann auf derselben Höhe (wenn man von geringen Schwankungen absieht) bis 4 Stunden 30 Minuten lang, ja überhaupt, so lange die Beobachtung fortgesetzt wurde.

Dasselbe Resultat wurde sowohl an einem und demselben Hund als auch an verschiedenen anderen beinahe unverändert zu wiederholten Malen erhalten.

Nebenbei darf nicht unerwähnt bleiben, daß die Tiere während der Versuche 1 bis 2 Stunden nach dem Trinken nicht selten beträchtliche Harnmengen ausschieden, was sonst auf den Blutdruck keinen merklichen Einfluß ausübte.

Es muß jedoch hervorgehoben werden, daß bei weitem nicht alle Versuche den angeführten gleiche Resultate gaben.

Die nähere Betrachtung dieser abweichenden Fälle zeigt auch sofort, mit was für Schwierigkeiten man bei solchen Versuchen zu kämpfen hat. *(76)* Möge hier gleich ein Beispiel zum Beleg dienen.

IV. 6. April 1878. Derselbe Hund, der schon beim Versuch I gebraucht wurde. Hungerzeit 24 Std.

1. Blutdruckbestimmung .... 128 mm
2. Blutdruckbestimmung 20′ später ..... 128 mm

15 Minuten darauf hatte der Hund 1500 cm³ Fleischbrühe von 19° C ausgetrunken. Starkes Frösteln im ganzen Leib nach dem Trinken.

3. Blutdruckbestimmung, 10′ nach dem Trinken ... 136 mm
(starkes Frösteln)
4. Blutdruckbestimmung, 1 h 10′ nach dem Trinken 150 mm
(in der ersten Kurvenhälfte)

Während dieser Bestimmung ist das Tier aus unbekannten Gründen höchst unruhig gewesen. Nach der ersten Kurvenhälfte sank der Blutdruck plötzlich auf 126 mm, während das Tier vollkommen ruhig wurde.

5. Blutdruckbestimmung, 1 h 25′ nach dem Trinken ... 122 mm
6. Blutdruckbestimmung, 2 h 40′ nach dem Trinken ... 140 mm

V. 10. April 1878. Derselbe Hund. Hungerzeit 20 Std.

1. Bestimmung .... 129 mm

15 Minuten darauf trank der Hund 1200 cm³ der Fleischbrühe von 30° C. Leichtes Frösteln nach dem Trunk.

2. Bestimmung, 15′ nach dem Trunk ..... 141 mm
3. Bestimmung, 55′ nach dem Trunk ..... 121 mm
4. Bestimmung, 2 h 15′ nach dem Trunk .. 125 mm
5. Bestimmung, 3 h 35′ nach dem Trunk .. 138 mm

Während der letzten Messung fröstelte der Hund von neuem. Sofort nach Entfernung des Tiers aus dem Zimmer schied es reichlich Harn aus, worauf auch das Frösteln aufhörte.

6. Bestimmung, 4 h 30′ .... 119 mm
7. Bestimmung, 6 h 20′ .... 121 mm

Der Grund dieser von den ersten drei Versuchen abweichenden Ergebnisse scheint uns leicht erklärbar. *(77)* So kann die schon bei der ersten Messung erscheinende Blutdrucksteigerung in beiden letztangeführten Versuchen mit dem Frösteln in Zusammenhang gebracht werden. Dies ist um so wahrscheinlicher, als, abgesehen von der Einfachheit dieser Erklärungsweise, schon das Zusammentreffen beider Erscheinungen selbst dafür spricht.

Der hohe Blutdruck bei der 4. Messung im IV. Versuch muß auf irgendeinen Schmerzeinfluß zurückgeführt werden, indem gleichzeitig mit der Beruhigung des Tiers auch der Blutdruck gesunken ist. Es ist ja leicht verständlich, wie schwer es ist, die während des Anbindens des Tiers unvermeidlichen Insulte anders wahrzunehmen als durch die Äußerungen des Tiers selbst. Ist aber der Schmerz vorüber, so beruhigt sich auch das Tier auf der Stelle, oder es sinkt der Blutdruck allein, wenn das Tier früher sonst ruhig aussah und Druck allein auf eine Schmerzerregung zu schließen erlaubte.

Die anfänglich unerklärt gebliebene Blutdrucksteigerung während der 6. Messung im Versuch IV wird durch Versuch V vollkommen aufgeklärt. Es wurde nämlich die während der 5. Messung dieses Versuchs stattgefundene Blutdrucksteigerung offenbar durch einen psychischen oder physiologischen Zustand hervorgerufen, der durch das Zurückhalten des Harns in der Harnblase verursacht wurde. Das wohlgezähmte Tier war gewöhnt, im Zimmer die Harnentleerung zurückzuhalten, und nachdem es draußen uriniert hatte, ergaben nun weitere Messungen Werte, die mit denjenigen der drei ersten Versuche aufs genaueste übereinstimmten. Nun wird auch klar, daß die Blutdrucksteigerung bei der 6. Bestimmung des Versuchs IV ebenfalls keinen anderen Grund als den eben in Versuch V nachgewiesenen haben konnte. Es braucht kaum erwähnt zu werden, daß die genannten Momente weitaus nicht alle die Möglichkeiten erschöpfen, durch die der Kurvenverlauf beeinträchtigt wird. Unter anderem ist gleich der psychische Zustand des Tiers ein solches. Die Schädlichkeit dieses Einflusses ist jedoch bei weitem nicht so groß, wie dies auf den ersten Blick erscheinen dürfte. Die Furcht vor dem Unbekannten scheint eines der wichtigsten Momente in diesem Gebiet zu sein. Es wird dies schon deshalb wahrscheinlich, weil die dadurch bedingten Unregelmäßigkeiten sich meistenteils auf die ersten Messungen beschränken. *(78)* Hat nämlich das Tier durch die Erfahrung während der ersten Messungen die Überzeugung von der Gefahrlosigkeit der Versuchseingriffe, denen es unterworfen wird, gewonnen, so verschwinden auch alle störenden Einflüsse der Gemütsbewegung bei ferneren Versuchen. So sieht man in der Regel während der ersten Messungen eine Drucksteigerung eintreten und zwar auch an solchen Tieren, die bei späteren Bestimmungen einen unverändert normalen Druck zu haben pflegten. Wir sahen z.B., daß derselbe Hund, der bei zahlreichen weiteren Bestimmungen einen stets unveränderten Druckwert von 130 mm Hg aufwies, bei den ersten Messungen 139 mm Druck zeigte, obwohl er vollkommen ruhig lag. Es wurden in Ausnahmefällen auch willkürliche Blutdruckerniedrigungen beobachtet. Ob dieses von einem anderen Gemütszustand des Tiers abhängig war oder von einer übersehenen äußeren Ursache herrührte, muß dahingestellt werden.

Obgleich die Gemütsstimmung in der Regel, wie bereits erwähnt, nichts besonders Störendes verursacht, kommen dennoch Tiere vor, die wegen ihrer äußersten Erregbarkeit das Experimentieren höchst erschweren, ja dasselbe unmöglich machen. Unter vielen Hunden fand sich bei unseren Versuchen auch ein solcher, der trotz einer langdauernden Gewöhnung dennoch bei dem An- und Losbinden jedesmal auf das Schrecklichste zu jaulen pflegte. Eine depressorische Wirkung des Trunks ist jedoch ebenfalls an diesem Tier einmal beobachtet worden:

VI. 27. März 1878. Ursprüngliche Messungen ergaben Blutdruckwerte, die nie unter 160 mm sanken. Nun hungerte das Tier 24 Stunden.

Schon die 1. Bestimmung erwies 173 mm (sehr unruhig).

5 Minuten darauf trank der Hund 1400 cm^3 Fleischbrühe aus.

2. Bestimmung 35′ nach dem Trunk 140 mm (ruhig)

3. Bestimmung 1 h 25′ nach dem Trunk 153 mm (unruhig)
4. Bestimmung 2 h 40′ nach dem Trunk 153 mm (sehr unruhig) *(79)*

Außer den mitgeteilten finden sich in unserer Versuchsreihe Fälle, deren Abweichungen von unseren Grundversuchen von anderen Ursachen als den obenerwähnten herrühren mußten.

Ein Beispiel davon ist aus folgendem Versuch ersichtlich:

VII. 8. Mai 1878. Körpergewicht 23 050 g. Vor einigen Tagen angestellte Bestimmungen erwiesen 131 mm Hg Blutdruck als Norm für den Hungerzustand. Hungerzeit vor gegenwärtigem Versuch 25 Stunden.

1. Bestimmung 132 mm

30 Minuten darauf trinkt das Tier 1500 cm³ Fleischbrühe von 40° C aus.

2. Bestimmung 15′ nach dem Trunk 132 mm
3. Bestimmung 40′ nach dem Trunk 130 mm
4. Bestimmung 1 h 20′ nach dem Trunk 130 mm

Das Auffallende im vorgeführten Versuch besteht in der Konstanz der Blutdruckhöhe während der ganzen Versuchsdauer.

In einer zweiten Beobachtung, wo wir diese bemerkenswerte Unveränderlichkeit des Blutdrucks wiederum trafen, war merkwürdigerweise die Temperatur der Fleischbrühe ebenfalls wie hier 40° C.

Ob hier die erhöhte Temperatur der Fleischbrühe oder ein anderer Grund die Erscheinung bewirkte, könnte nur durch weitere in diesem Sinn angestellte Versuche entschieden werden.

Nun sehen wir uns durch alle hier mitgeteilten Erfahrungen zu folgendem Schluß berechtigt, daß nämlich *die auf natürlichem Weg erfolgende Einverleibung großer Flüssigkeitsmengen in Form von Fleischbrühe keine Erhöhung des Blutdrucks, eher sogar eine Erniedrigung desselben bedingt.*

Unter verschiedenen sowohl praktisch als theoretisch wichtigen Folgerungen, zu denen dieser Schluß führen dürfte, wollen wir beiläufig nur einige hervorheben. Es wird zuvörderst dadurch außer Zweifel gesetzt, daß die Verstärkung der Harnabsonderung auch ohne Erhöhung des mittleren Blutdrucks auf Kosten anderer Umstände zustande kommt. *(80)* Es könnten diese entweder in einer Erhöhung des Kapillardrucks in der Niere oder in einer chemischen Wirkung der Nährstoffe der Fleischbrühe bestehen.

Indem jedoch unsere Versuche nur mit Fleischbrühe allein angestellt wurden, so kann eine Erledigung der gestellten Fragen nur durch anderweitige Experimente geschehen, wobei man genau festgestellte wässerige Lösungen von verschiedenen Nahrungsstoffen verwenden müßte.

Die Zusammenstellung der gesamten Zahlen gestattet noch weitere Schlüsse.

Die Feststellung genauer Normalwerte für den Mitteldruck verschiedener Individuen erfordert begreiflicherweise ein bedeutend umfangreicheres Material als das uns bisher zu Gebote stehende. Allein es wird sowohl aus unseren früheren als auch aus gegenwärtigen Beobachtungen ersichtlich, daß in der weitaus überwiegenden Mehrzahl der Fälle die Blutdruckhöhe von der erwähnten Hautarterie aus gleich 130 mm kommt. Nebenbei begegnet man schon Drucken von 150 mm, obschon dies Ausnahmefälle sind, leider ohne daß wir irgendeinen Grund für dergleichen Schwankungen anzugeben imstande wären. Jedenfalls ist das Körpergewicht von keinerlei Bedeutung dabei.

Auf Grund unserer Erfahrungen dürfen wir die Werte der Blutdruckschwankungen an unvergifteten Hunden für höchst unbedeutend halten.

Stellen wir sämtliche von uns unter möglichst mannigfaltigen Bedingungen angestellten Blutdruckbestimmungen zusammen, diejenigen am erwähnten nervösen Hund mit inbegriffen, so übersteigt die Differenz der Minima und Maxima nicht 40 mm. Letztere Zahl wurde nur einmal beobachtet, 35 mm kommen auch nur in einzelnen Fällen vor. Die überaus gewöhnlichste Zahl ist etwa 20 mm. Dieses sind also die Werte, um die man Abweichungen des Blutdrucks von der Norm und zwar nach beiderlei Richtungen in der Regel trifft.

Indem wir uns auf die von uns untersuchten Einflüsse (reichlicher Trunk, Schmerz, Furcht u. dgl.) beschränken, so finden wir uns zu folgendem Schluß berechtigt. Unter mannigfaltigen Bedingungen erleidet der Blutdruck *(81)* am normalen Hund sowohl Erniedrigungen als auch Steigerungen nicht über 20 mm. In der Regel sogar nur um etwa 10 mm Hg.

Offenbar ist das Ergebnis der gegenwärtigen Beobachtungen kein unmittelbares, es ist vielmehr nur insofern von Wichtigkeit, als es eine Aussicht eröffnet zur Lösung mancher sowohl theoretisch als auch praktisch wertvoller Fragen und ist unstreitig von nicht zu unterschätzender Bedeutung in methodischer Hinsicht. Denn während die Zahlen der Pulsschläge unter den mannigfaltigsten Bedingungen im Normalzustand seit langem eine allgemein bekannte Verbreitung erreicht haben, ist dies bei Blutdruckwerten, gegen die der Puls doch nur eine grobe Erscheinungsform ist, bei weitem nicht der Fall. Gesetzt, daß allerlei Pulszeichen dem Kliniker mehr Auskunft versprechen als das bloße Betasten eines pulsierenden Arterienastes, es wird dennoch kaum jemand bestreiten wollen, daß uns die meisten Blutdruckschwankungen nach Tages-, Jahreszeit[1]), Alter, Geschlecht, im Zusammenhang mit der Nahrungsart, äußeren Temperaturschwankungen, der Individualität, moralischen Affekten u. dgl. m. so gut wie gar nicht bekannt sind!

Bei der überaus leichten Anwendbarkeit der von uns vorgeschlagenen Methode läßt sich erwarten, daß die Lösung verschiedener obengenannter Fragen, deren Bedeutung für die Hygiene und praktische Medizin von größtem Wert sind, nicht lange auf sich warten lassen werde. Für experimentell pharmakologische Zwecke läßt sich unser Verfahren ganz besonders empfehlen, indem unserer Ansicht nach eine mehr oder minder richtige Auskunft über die Wirkungsweise der Arzneistoffe nur am normalen Tier erzielt werden kann. Es wird dabei durch dieses Verfahren die Möglichkeit geboten, die Beobachtungsreihe an einem und

[1]) Zwei von den im Frühjahr für Blutdruckbestimmungen benutzte Hunde, die den Sommer im Institut verbrachten, zeigten bei der Bestimmung im Winter eine Erniedrigung des Blutdrucks um 20 mm Hg. Ob die Lebensweise oder ein gesetzmäßiger Einfluß des Winters daran schuld gewesen sind, muß bis auf spätere Untersuchungen unbeantwortet bleiben.

demselben Tier *(82)* nach Belieben in die Länge zu ziehen, was eine regelrechte Abstufung der Gaben u. dgl. m. gestattet. Dasselbe könnte auch von experimentell pathologischen Untersuchungen gelten.

Für physiologische Zwecke dürfte unser Verfahren eine ebenfalls nicht geringe Bedeutung haben. Nachdem nämlich durch Untersuchungen, besonders gegenwärtigen Datums, eine immer steigende Anzahl nervaler Vorrichtungen nachgewiesen wird, vermöge deren manches Rätsel des Blutkreislaufs erklärbar geworden ist, bliebe nur ein weiterer Schritt auf diesem wichtigen Gebiet übrig. Derselbe bestünde unserer Ansicht nach in einer systematischen Verfolgung der gegenseitigen Beziehungen, in denen die Einzelteile der komplizierten hämodynamischen Maschine während des lebendigen Ganges zueinander stehen. Die Erledigung dieser sowohl wichtigen als auch schwierigen Forderung könnte damit begonnen werden, daß zuvörderst die Gesamtaufgabe in Einzelfälle zergliedert würde.

In diesem Sinn wurde von uns gelegentlich der Nachweis geliefert, daß die Einverleibung wasserarmer Speisen trotz einer zu erwartenden Erniedrigung des Blutdrucks denselben kaum änderte. Die Tragweite einer genauen Ergründung der Vorrichtungen, die diese Tendenz zur Stabilität überwachen, ist kaum zu ermessen! Eine nähere Einsicht in die Mechanik der Blutkreislaufinnervation verspricht überdies Auskunft über manche bis dahin übersehene Reize, durch die bald diese, bald jene Tätigkeit ausgelöst wird.

Erst wenn wir soweit sind, wird es möglich werden, von inneren sowohl als auch äußeren, den Gang des Blutkreislaufs regierenden Einflüssen zu reden.

Bis dahin bleiben alle Ansprüche der praktischen Medizin, den Blutkreislauf beherrschen zu wollen, bloße Desiderate! *(83)*

ZUR HERZINNERVATION BEIM HUND[1])

(Zweite vorläufige Mitteilung)

(Klinisches Laboratorium von Professor S. P. Botkin)

Seit der Zeit meines ersten Berichts[2]) haben die Versuche über den nervalen Einfluß auf die Herztätigkeit bedeutende Fortschritte gemacht. Um unmittelbar zur Sache zu kommen, habe ich mich der Erforschung der Funktion einzelner rr. cardiaci zugewandt. Im folgenden gebe ich den bei diesen Versuchen gewöhnlich angewandten Gang der Operation wieder. Fast immer wurde wegen der Unbeweglichkeit des Tiers anstelle der Kurarevergiftung das Halsmark durchschnitten, und zwar ohne vorhergehende Narkose. Nach Unterbindung der großen Blutgefäße der oberen Thoraxapertur auf der rechten Seite wurde dann der Brustkorb in einer Ausdehnung von 5 bis 6 Rippen eröffnet, und die Speiseröhre wurde vom Zwerchfell an bis fast zum Schlund exstirpiert. Von den Nerven wurden durchtrennt: die beiden vagi und laryngei inferiores am Hals, der rechte Vagus noch einmal in der Brusthöhle über dem Abgang der Lungenäste, und die rechte ansa Vieussenii. Zum Schluß wurden die rami cardiaci der rechten Seite präpariert und durchtrennt, und es wurden mit Fäden Nummern angebunden. Manchmal sammelten sich 10 oder noch mehr solcher rami an. Nach all dem zeigt der Blutdruck gewöhnlich ein Niveau von 80—50 mm, und nur in seltenen Fällen werden 100 mm gefunden. Die Reizung der rami cardiaci wurde mit Hilfe speziell für diese Versuche konstruierter Elektroden vorgenommen.

Dabei wurden folgende Tatsachen beobachtet: *(84)* Neben den hemmenden und beschleunigenden Ästen kommen manchmal direkt Ästchen vor, die lediglich den Blutdruck erniedrigen, ohne den Rhythmus im geringsten zu verändern. Bei anderen Tieren beginnen einige der nach einer Atropin- oder Konvallariavergiftung hemmenden Ästchen den Druck entweder zu erniedrigen oder auszugleichen, während andere ohne jede Wirkung bleiben. Bei der Druckerniedrigung treten in einigen Fällen verschiedene Unregelmäßigkeiten der Herztätigkeit nach Art des Aussetzens auf.

Außer diesen Ästchen kommen auch solche vor, die den Blutdruck erhöhen, ohne den Rhythmus zu verändern, wenigstens ohne ihn dauernd und regelmäßig

---

[1]) Еженед. клин. газ. *[Klinische Wochenzeitung]* Nr. 38, 1882, S. 625—627.

[2]) a. a. O., Nr. 26. (Siehe diesen Band, S. 52. — Red.)

zu verändern. Es ist sogar gelungen, diese letztere Wirkung genau zu lokalisieren. Die dauernde erhöhende Wirkung gehört dem Hauptast, dem stärksten Herzast, an, der von der Innenseite des n.vagus unter dem Halsganglion abgeht. Läßt man die seitlichen Verzweigungen und Anastomosen dieses Astes unbeachtet, so kann man ihn am anatomischen Präparat mit Leichtigkeit verfolgen, bis er teils in der Furche zwischen der rechten und linken Kammer auf der rechten Herzseite, teils am Rande des rechten Vorhofs in das Herz eintritt. Um den Einfluß einiger Äste, möglicherweise Lungenäste, die nicht leicht anatomisch zu kontrollieren sind, zu vermeiden, bin ich jetzt bestrebt, mit den Elektroden an diesem Ast immer tiefer zu gehen, bis zu seinem ausschließlichen und unbestreitbaren Herzabschnitt. Im Augenblick reize ich ihn schon innerhalb des Herzbeutels und hoffe, bald bis zu seinen letzten Endigungen vorzudringen. Durch diese Methode glaube ich, das anfangs beabsichtigte Operieren am herausgeschnittenen und künstlich ernährten Herzen ersetzen zu können. Fast immer gibt der beschriebene Ast gleichzeitig mit der Erhöhung auch eine Beschleunigung, diese Beschleunigung geht jedoch der Erhöhung nicht parallel. Zu Beginn der Reizung erfolgt die Druckerhöhung größtenteils ohne Rhythmusveränderung; auf der Höhe des Anstiegs kommt die Beschleunigung hinzu; die Beschleunigung verschwindet bald nach der Reizung, der Druck dagegen hält sich danach noch für eine beträchtliche Zeit auf einem hohen Niveau. Oft steigt er sogar noch weiter, sobald die Beschleunigung abklingt. Schließlich kommen auch solche Fälle vor: Zu Beginn der Reizung beginnt der Druck bei normalem Rhythmus anzusteigen, beim Eintritt der Beschleunigung *(85)* fällt der Druck ab und bleibt für die ganze Zeit der Beschleunigung niedrig; mit dem Aufhören der Beschleunigung nach der Reizung steigt der Druck wiederum für lange Zeit an. Zu guter Letzt zeigen in diesem Zusammenhang geprüfte Reizungen rein beschleunigender Äste, daß eine entsprechende Beschleunigung von selbst eine solche Erhöhung nicht hervorruft. Auf diese Weise muß man nach allem Gesagten einen selbständigen Ursprung der pressorischen Wirkung anerkennen. Alle Versuche rufen eher den Eindruck hervor, als ob die Beschleunigung selber eine Nebenerscheinung eines Prozesses darstellt, der hauptsächlich in einer Druckerhöhung in Erscheinung tritt.

Die Lokalisierung der druckerniedrigenden Fasern ist weniger vollkommen, sehr oft befinden sie sich jedoch in dem gleichen Ast wie die druckerhöhenden. Dann ergibt sich eine direkte Vergleichsmöglichkeit der Stärke, Erregbarkeit und Lebensfähigkeit dieser antagonistischen Fasern. In diesem Fall wird am Anfang einer Reihe von Reizen lediglich eine Druckerniedrigung beobachtet; später bei Wiederholung und Verstärkung der Reize tritt immer mehr und mehr eine Erhöhung auf; oft wird noch einige Male zu Beginn jeder Reizung vor der Erhöhung eine geringe Erniedrigung beobachtet usw. Überhaupt ähneln diese Beziehungen den Beziehungen der Gefäßnerven untereinander, wobei unsere erniedrigenden den gefäßverengernden und die erhöhenden den gefäßerweiternden Fasern in Analogie gesetzt werden müssen.

Bei der direkten Beobachtung des Herzens tritt die Wirkung unserer Fasern sogar deutlicher und wirkungsvoller in Erscheinung als in der Druckkurve. Bei der Reizung der erniedrigenden Äste beginnt das Herz schwach und träge zu schlagen, bei der Reizung der Antagonisten stark und schnell. Oft kommt es vor, daß an der Druckkurve fast überhaupt nichts zu sehen ist, während das Auge am Herzen schon eine deutliche Wirkung sieht, so daß es sich als vorteilhaft erweist, die Bewegungen des Herzens selbst mit Hilfe von Hebeln zu registrieren.

Bezüglich der druckerhöhenden Fasern müssen noch folgende Einzelbeobachtungen erwähnt werden. Einmal sah ich, wie diese Fasern nach einer Reihe von Reizungen schließlich nur bedeutende TRAUBEsche Druckschwankungen ohne Veränderung des mittleren Blutdrucks hervorriefen. Diese Schwankungen wurden nach der Reizung allmählich *(86)* kürzer und flacher, bis sie endlich ganz verschwanden. Bei erneuter Reizung traten wieder Schwankungen auf. Einmal, als das Herz infolge einer starken Konvallariavergiftung allmählich zu schlagen aufhörte, konnte man beobachten, wie jede Reizung des Astes, der vor der Vergiftung ohne Rhythmusveränderung druckerhöhend wirkte, eine lange Reihe von Herzschlägen hauptsächlich in Form einer Nachwirkung hervorrief. Die Reizung der beschleunigenden Äste und der vor der Vergiftung den Herzschlag hemmenden Äste blieb dagegen ohne Wirkung. Diese Tatsache ist noch nicht zum Gegenstand vorsätzlicher Untersuchungen gemacht worden.

Bei der Beurteilung des dargelegten Materials hat man zwei Möglichkeiten: Entweder erfolgt die Wirkung unserer Fasern auf die Herzarbeit indirekt über die Herzgefäße, oder sie wirken speziell und direkt auf das Gewebe des Herzens.

Zum Abschluß mache ich auf eine in unseren Versuchen fast ständig aufgetretene Tatsache aufmerksam. Eine starke Reizung der beschleunigenden Nerven wird von einer Druckerniedrigung begleitet, und zwar oft von einer sehr bedeutenden, die bis zum völligen Aufhören einer wirksamen Herztätigkeit gehen kann, d. h., der Druck fällt bis zum Nullpunkt ab. *(87)*

ÜBER DIE ZENTRIFUGALEN NERVEN DES HERZENS [1][1])

(Aus dem Laboratorium von Prof. S.P. Botkin [2])

Bereits 1869 wurde dank der aus dem Laboratorium des Herrn Prof. Ludwig hervorgegangenen Arbeit Coats[3]) festgestellt, daß beim Frosch der Vagus nicht nur eine Verlangsamung des Rhythmus, sondern auch eine Abnahme *(199)* der Kontraktionsstärke bedinge, wobei letztere zuweilen ohne jede Veränderung des Rhythmus stattfinden könne. Diese Angaben wurden in späterer Zeit durch die Untersuchungen von Gaskell[4]) und Heidenhain[5]) noch ergänzt. Letztere fanden nämlich, daß beim Frosch unter gewissen Bedingungen nach Vagusreizung nicht nur eine Abnahme, sondern auch eine Steigerung der Kontraktionsstärke, und zwar ebenfalls ohne gleichzeitige Pulsveränderung, stattfinden könne.

Vorliegende Arbeit, die von mir gegen Ende des Sommers 1882 in Angriff genommen wurde, hatte zur Aufgabe die experimentelle Bearbeitung der Frage, ob nicht die Einwirkung auf die Stärke und den Rhythmus der Herzkontraktionen von verschiedenen Nervenfasern ausgehe, im Gegensatz zu der fast allgemein angenommenen Ansicht, daß dies verschiedene Wirkungsseiten derselben Fasern seien.

Als Anstoß zur vorliegenden Arbeit diente unsere frühere Untersuchung „Über den Vagus als Regulator des allgemeinen Blutdrucks"[6]). Bei dieser Untersuchung haben wir gefunden, daß infolge von Dyspnoe, Apnoe, Transfusion und Blutentziehung, natürlich wenn sie einen gewissen Grad nicht überschreiten, der mittlere Blutdruck nur dann von der Norm bedeutend abweicht, wenn die Vagi anatomisch oder physiologisch gelähmt sind. Der Verlauf der Pulsveränderungen überzeugte uns, daß die Hauptbasis dieser Regulation nicht in den

---

[1]) Ziffern in rechteckigen Klammern verweisen auf die „Redaktionellen Bemerkungen" (S. 127-189). — Red.

[2]) Das Manuskript dieser Arbeit war bereits 1884 druckfertig, doch verzögerte sich der Druck derselben aus von mir ganz unabhängigen, äußeren Gründen.

[3]) J. Coats, Arbeiten aus dem physiologischen Institut zu Leipzig, 1869, [S. 176—207].

[4]) W. H. Gaskell, Proceedings of the Royal Society, [1881—1882, Bd. 33, S, 199—203].

[5]) Heidenhain, Pflügers Archiv, 1882, Bd. 26.

[6]) Еженед. клин. газ. Боткина *[Botkins klin. Wochenschrift]*, 1883. (Siehe diesen Band S. 233 — Red.)

verlangsamenden Fasern des Vagus zu suchen sei. Die Absicht, alle hierbei beteiligten Elemente zu eruieren, führte zu einer Reihe von Versuchen, ein genaues Verhältnis zwischen der Verlangsamung der Herzkontraktionen infolge von Reizung der verlangsamenden Fasern und der Höhe des Blutdrucks festzustellen. Wider Erwarten ergab sich hier kein einfaches Verhältnis. Bald sieht man bei sehr unbedeutender oder sogar gar nicht eintretender Verlangsamung den Druck sinken, in anderen Fällen bleibt selbst eine bedeutende Verlangsamung ohne jeglichen Einfluß auf die Blutdruckhöhe usw. Diese eigenen Beobachtungen sowie die oben angeführten Beobachtungen anderer Autoren waren es, die uns zur Aufstellung der hier zu betrachtenden Frage bewegten. *(200)*

Ich halte es für angemessen, gerade mit diesen vorläufigen Versuchen zu beginnen, da eine Zusammenstellung solcher Versuche zu dem bezeichneten Zweck, soweit mir bekannt, von niemand gemacht worden ist. [2]

I.

Fast alle unsere Versuche wurden mit sehr wenigen Ausnahmen an Hunden angestellt. Die Tiere wurden in den zunächst angeführten Versuchen größtenteils kurarisiert. Rechts wurden durchschnitten: der n. vagosympathicus und n. laryngeus inferior am Hals und in der Brusthöhle nochmals der n. vagus oberhalb der Abgangsstelle seiner Pulmonaläste und die ansa Vieussenii; linkerseits der n. vagosympathicus und n. laryngeus inferior am Hals. Mit dem Manometer wurde fast immer die rechte art. cruralis verbunden. [2a] Fast alle manometrischen Versuche sind mit Hilfe des alten LUDWIGschen Kymographions ausgeführt. Dasselbe hatte eine Vorrichtung für endloses Papier. Zugleich mit der Druckkurve wurde auf dem Papier auch die Zeit mittels eines Elektromagneten und eines Metronoms registriert. Die künstliche Atmung wurde ebenfalls nach dem Metronom (30 Atmungen in der Minute) ausgeführt. Anfang und Ende der Reizung wurden vom Assistenten auf dem Papier mit der Hand notiert. Zur Reizung diente DU BOIS-REYMONDS Schlitteninduktorium mit einem GRENETSchen Element mittlerer Größe im primären Kreis. Der mittlere Druck wurde in den nächstfolgenden Versuchen mit Hilfe des Planimeters von AMSLER bestimmt; in den späteren aber, in denen das Tier mittels Durchschneidung des Rückenmarks regungslos gemacht wurde, fanden wir in Anbetracht der großen Regelmäßigkeit der Kurve die Methode der Ordinaten vollkommen genügend.

Bei Reizung der verlangsamenden Fasern (des peripheren Stumpfs des Vagosympathikus am Hals) waren die Veränderungen im Druck so mannigfaltig, daß das an sieben Tieren erhaltene Material keine einzige vollkommen strenge Regelmäßigkeit in bezug auf das gegenseitige Verhältnis zwischen der Höhe des Blutdrucks und dem durch die eine oder andere Reizung des Vagus bedingten Rhythmus aufwies. Daher müssen wir uns darauf beschränken, Beispiele verschiedenen Verhaltens anzuführen.

a) Bedeutende Verlangsamung hat bei verschiedenen Ausgangshöhen kein Sinken des Blutdrucks zur Folge, in einigen Fällen kombiniert sich mit der Pulsverlangsamung sogar eine Steigerung des Drucks.

Das Tier ist für den Versuch, wie oben angegeben, vorbereitet.

	Mittlerer Druck während 10 sec in mm Hg	Zahl der Herzschläge in 10 sec
	Vor der Kurarevergiftung	
	150[1]	15
	Kurare	
15 min später	144	32
	Reizung des Vagus. Rollenabstand 8 cm	
	152	20
	150	25
	Ende der Reizung	
	151	30
4 min später	153	33
	145	34
	149	33
	Reizung des Vagus. Rollenabstand 7,5 cm	
	147	13
	157	19
	Ende der Reizung	
	153	36
3 min später	143	33
	143	33
	Reizung des Vagus. Rollenabstand 7 cm	
	143	10
	146	16 *(91)*
	Ende der Reizung	
	162	34
3 min später	139	34
	146	34
	Reizung des Vagus. Rollenabstand 6,5 cm	
	106	5
	157	11
	Ende der Reizung	
	150	36
3 min später	133	34
	139	34
	Reizung des Vagus. Rollenabstand 7 cm	
	139	10
	138	14

[1]) Der mittlere Druck wurde planimetrisch bestimmt.

	Ende der Reizung	
	140	36
	Kurare hinzugefügt	
20 min später	70	29
	70	29
	Reizung des Vagus. Rollenabstand 6 cm	
	69	16
	69	20
	Ende der Reizung	
	71	30
3 min später	71	28
	70	28
	Reizung des Vagus. Rollenabstand 5 cm	
	66	13
	70	20
	Ende der Reizung	
	70	30
	70	30
10 min später	62	30
	63	30
	Reizung des Vagus. Rollenabstand 4 cm	
	63	12
	60	21
	Ende der Reizung	
	63	30
3 min später	55	31
	55	31
	Reizung des Vagus. Rollenabstand 4 cm	
	53	10
	52	20
	Ende der Reizung	
	50	29 [3] *(92)*

b) Bei minimaler Verlangsamung oder ohne jede Verlangsamung tritt eine deutliche Senkung und Verflachung der Kurve ein.

Das Tier, wie oben beschrieben, zum Versuch vorbereitet. Außerdem noch der Ösophagus exstirpiert. *(93)*

	Druck während 10 sec	Zahl der Herzschläge in 10 sec
Ausgeprägte Wellen dritter Art	108	31
	106	31
	104	31
	Reizung des Vagus. Rollenabstand 12 cm	
Keine Wellen	94	30
	88	30

	Ende der Reizung	
Von neuem Wellen	98	30
	97	31
5 min später	68	30
	68	30
	68	30
	Reizung des Vagus. Rollenabstand 11 cm	
	60	28
	Ende der Reizung	
	62	29
	63	29
	62	29

c) Bei kurzdauernder Reizung Herzstillstand und Sinken des Blutdrucks. Nach Einstellung der Reizung sofortiges Steigen des Blutdrucks, letzterer erreicht jedoch nicht die Norm, sondern hält sich eine ziemlich geraume Zeit unter derselben bei normalem oder fast normalem Rhythmus.

Das Tier ist nicht durch Kurare, sondern mittels Durchschneidung des Rückenmarks ohne vorhergehende Narkose unbeweglich gemacht, der Ösophagus exstirpiert, das übrige wie oben beschrieben.

	Blutdruck während 10 sec	Zahl der Herzschläge in 10 sec
	92	20
	92	20
	92	20
	Reizung des Vagus (Rollenabstand 8 cm) während 3 Sekunden. Das Herz schlägt nicht. Der Blutdruck auf 50 gesunken. Ende der Reizung *(94)*	
	80	20
	80	20
	89	20
	90	20
10 min später	72	22
	71	22
	72	22
	Reizung des Vagus (Rollenabstand 8 cm) während 3 Sekunden Das Herz schlägt nicht. Der Blutdruck auf 40 mm gesunken. Ende der Reizung	
	65	21
	68	21
	72	21

d) In einigen Versuchen verliefen Verlangsamung des Rhythmus und Senkung der Blutdruckhöhe mehr oder weniger parallel, doch kamen dabei auch prägnante Abweichungen vor. So schien es, daß jede wiederholte Verabreichung von Kurare die depressorische Wirkung der Verlangsamung abschwächt.

Diese Mannigfaltigkeit im gegenseitigen Verhalten, die bei mehr oder weniger einfachen Bedingungen beobachtet wurde, ließ es interessant erscheinen, dieses

Verhalten unter komplizierteren Bedingungen zu betrachten. Wir verweilten etwas bei dem Effekt der Vagusreizung während der Erstickung. Hier einige der interessanten Fälle dieser Art.

a) [4] Hatte der Druck bei der Erstickung die Maximalhöhe erreicht und wenigstens eine Zeitlang keine Tendenz zu weiterem Steigen gezeigt, so bedingte manchmal die Reizung des Vagus ein weiteres Steigen des Blutdrucks, das sich in der Periode der Nachwirkung der Reizung offenbarte.

Das Tier wie gewöhnlich zum Versuch vorbereitet.

	Blutdruck während 10 sec	Zahl der Herzschläge in 10 sec
	60	28
	Einstellung der künstlichen Respiration.	
30 Sekunden später steigt der Druck auf	140	28
	146	27
	150	27
	150	27 *(96)*
	Reizung des Vagus. Rollenabstand 7 cm	
	150	9,5
	Ende der Reizung	
	174	24
	170	26
	Reizung des Vagus. Rollenabstand 7 cm	
	170	9
	Ende der Reizung	
	200	25
	190	24
	185	24
	Reizung des Vagus. Rollenabstand 7 cm	
	165	10
	Ende der Reizung	
	210	24
	200	24

b) Beginnt der Druck gegen Ende der Erstickung nach erreichtem Maximum zu sinken, so kann man durch Reizung des Vagus manchmal den Blutdruck während einer mehr oder weniger langen Zeit auf einer gewissen Höhe erhalten. Dies geht entweder so vor sich, daß der bei Beginn der Reizung bis auf eine gewisse Höhe gesunkene Druck während der ganzen Dauer der Reizung auf dieser Höhe stehen bleibt oder daß sich der Druck von Anfang an ohne bemerkbares Sinken auf einer gewissen Höhe erhält. [5] Manchmal wird infolge der Vagusreizung zugleich mit einer bedeutenden Verlangsamung sogar eine sehr starke Blutdrucksteigerung wahrgenommen. (Tafel VII, Abb. 1 u. 2.)

Das Tier wie gewöhnlich zum Versuch vorbereitet, künstliche Atmung eingestellt.

	Blutdruck während 10 sec	Zahl der Herzschläge in 10 sec
Der Druck stieg auf	190	38
in 10 sec gesunken auf	170	38
Reizung des Vagus (Rollenabstand 8 cm) während 10 Sekunden		
	173	21
Ende der Reizung		
in 10 sec gesunken auf	135	35
Reizung des Vagus (Rollenabstand 8 cm) während 10 Sekunden		
	140	17 *(97)*
Ende der Reizung		
in 10 sec gesunken auf	115	30
Reizung des Vagus (Rollenabstand 8 cm) während 10 Sekunden		
	115	13
Ende der Reizung		
in 10 sec gesunken auf	90	30
Reizung des Vagus (Rollenabstand 8 cm) während 10 Sekunden		
	94	12
Ende der Reizung		
in 15 sec gesunken auf	67	24
Reizung des Vagus (Rollenabstand 8 cm) während 10 Sekunden		
gesunken auf	64	12
Ende der Reizung		
in 10 sec gesunken auf	50	23

Die angeführten Beispiele haben es außer allen Zweifel gestellt, daß zwischen der durch Vagusreizung erhaltenen Verlangsamung der Herzschläge einerseits und der Blutdruckhöhe andererseits gar keine konstanten Verhältnisse bestehen. Bei unsrer Versuchsanordnung erscheint es daher am natürlichsten[1]), dieses Mißverhältnis darauf zu beziehen, daß der Vagus eine nicht parallele, doppelte Wirkung auf den Rhythmus und die Kraft der Herzkontraktionen ausübt, wie dies bereits am Frosch bewiesen worden ist.

Bei den Versuchen zog folgender Nebenumstand die Aufmerksamkeit auf sich. Die nach einer 1 bis 2 Minuten andauernden Vagusreizung eintretende Erschöpfung des hemmenden Apparats offenbart sich in drei verschiedenen Formen. Die gewöhnlichste ist eine allgemeine Pulsbeschleunigung trotz der fortdauernden Reizung. Je einmal kamen jedoch folgende Fälle vor: Die Verlangsamung wurde in der Folge periodisch, im anderen Fall ging der Rhythmus jäh aus einem langsamen in einen beschleunigteren über. Sind dies wirklich verschiedene Arten

[1]) Natürlich muß die genaue Analyse der angeführten Tatsachen eine spezielle Aufgabe ausmachen.

der Erschöpfung, so kann man nicht umhin, eine Ähnlichkeit zu finden zwischen der Erschöpfung des hemmenden Apparats und derjenigen des motorischen, wie dies am Froschherzen beobachtet wird. *(98)*

II.

Unsere Hypothese über besondere abschwächende und verstärkende Herznerven kann offenbar auf zweierlei Art geprüft werden: auf pharmakologischem und auf anatomischem Wege. Gibt es erstens solche Substanzen, welche die eine Wirkungsweise der Herznerven paralysieren, die andre aber intakt lassen? Sind nicht, zweitens, unter den kleinen Endzweigen der Herznerven besondere abschwächende und besondere verstärkende Zweige vorhanden? [6]

In ersterer Hinsicht benutzte ich eine von Dr. Bogojawlenski bei seinem Studium über die pharmakologische Wirkungsweise der convallaria majalis gemachte Beobachtung, daß nämlich in einer gewissen Phase der Vergiftung mit Konvallariatinktur die Reizung des peripheren Stumpfs des n. vagosympaticus am Hals, ohne den Rhythmus zu verändern, eine Senkung und Abflachung der Kurve bedingt. [7] Wir setzten daher voraus, daß vielleicht die convallariae majalis gerade das Mittel sei, um eine Trennung der verlangsamenden Herzfasern von den hypothetischen abschwächenden zu erreichen. Daher diente unsere erste Versuchsreihe der Prüfung und Analyse der erwähnten Beobachtung von Dr. Bogojawlenski.

Da wir über die Tätigkeit des Herzens nur nach den Angaben des Manometers urteilten, so mußten wir uns in unseren Versuchen sowohl vor jeder Beeinflussung des vaskulären Nervensystems als auch vor irgendwelcher mechanischer Einwirkung der benachbarten Organe auf das Herz vollkommen sichern. Ersteres wurde durch verschiedenartige Nervendurchschneidungen erzielt, wie dies bereits beschrieben ist. In einigen Versuchen wurde der größeren Sicherheit wegen das Rückenmark durchschnitten. Der Einfluß der Lungen wurde außer der entsprechenden Vagusdurchschneidung auch theoretisch ausgeschlossen auf Grund der Versuche von Lichtheim[1]), wonach Okklusion von $^3/_4$ des Lungenkreislaufs ohne jeglichen Einfluß auf den Aortendruck bleibt. Was unsre Versuche betrifft, so konnte es bei den ungünstigsten Voraussetzungen nie zu einer solchen Verengerung der Gefäße kommen. Da endlich die Separierung aller Ösophaguszweige *(99)* fast unmöglich ist, der Ösophagus aber ein sehr bewegliches und starkes Organ bildet, so wurde in einigen Versuchen der Kontrolle wegen der Ösophagus exstirpiert. Wirkten wir bei einer solchen Versuchsanordnung durch Vagusreizung nur auf das Herz allein, so mußte jede Abweichung in der Blutdruckhöhe ohne Veränderung des Rhythmus notwendigerweise auf die Veränderung der Stärke der Herzkontraktionen bezogen werden. [8]

Bei Reizung des Vagosympathikus eines durch convallaria majalis vergifteten Tiers wird folgendes beobachtet: 1. ein mehr oder weniger deutliches Sinken des Blutdrucks und 2. Abflachung der Kurve, Verschwinden aller Wellen mit

---

[1]) Lichtheim, Die Störungen des Lungenkreislaufs usw. 1876.

Ausnahme der Herz- und Respirationswellen. Sowohl das eine als auch das andere ist sowohl dem Grad als auch verschiedenen Besonderheiten nach *(111)* in verschiedenen Versuchen höchst mannigfaltig. Sobald der Druck nach Vergiftung mit convallaria majalis zu steigen beginnt, tritt bald infolge von Vagusreizung Blutdruckabnahme ein, fast ohne bemerkbare Veränderung des Pulses. Geschieht die Vagusreizung im Maximum der Blutdrucksteigerung, so tritt die Senkung plötzlich, momentan ein, mit dem Beginn der Reizung zusammenfallend. Die sofort erreichte Minimalhöhe bleibt während der ganzen Dauer der Reizung unverändert. Bei Einstellung der Reizung steigt der Druck fast ebenso rasch bis zur früheren Höhe, übersteigt dieselbe sogar gewöhnlich. Dieser Vorgang wird in der Mehrzahl der Fälle beobachtet, zuweilen aber geht die Blutdruckabnahme bei der Reizung etwas langsamer vonstatten. Gewöhnlich sind, wenn der Blutdruck infolge der Vergiftung das Maximum erreicht hat, die verlangsamenden Fasern noch nicht vollständig gelähmt, so daß bei genauer Messung sich infolge der Reizung eine unbedeutende Verlangsamung erweist. Doch verlaufen Verlangsamung und Blutdruckabnahme durchaus nicht parallel; nach aufgehobener Reizung verschwindet die Verlangsamung allmählich, der Blutdruck dagegen steigt, wie schon erwähnt, momentan. Später, sobald (infolge der Vergiftung) der hohe Blutdruck zu sinken beginnt, geschieht die durch Vagusreizung, die jetzt keine Verlangsamung mehr nach sich führt, bedingte Druckabnahme sehr allmählich und dauert während der ganzen Zeit der Reizung an. Fast ständig wird beobachtet, daß im Moment der Einstellung der Reizung rasch eine bedeutende, wenngleich nur kurzdauernde Vertiefung der Druckkurve eintritt. In vielen Fällen kann man sich überzeugen, daß der infolge der Vagusreizung eingetretene niedrige Druck in mehr oder weniger bedeutendem Grad beständig anhält. Manchmal schien es, daß die Reizung des nicht mehr verlangsamenden Vagus mit tödlichem Herzstillstand infolge starker Vergiftung zusammenfiel. Die Druckabnahme infolge der Vagusreizung ist fast immer mit einer Abflachung der Kurve verbunden; nur in Ausnahmefällen bleibt die Kurve trotz des Sinkens unregelmäßig. Was den Grad der Druckabnahme anbetrifft, so ist letztere in verschiedenen Fällen sehr verschieden, zuweilen sehr unbedeutend. In letzteren Fällen besteht der Haupteffekt der Vagusreizung in dem Verschwinden der Wellen dritter Art. Diese Wellen weisen einen sehr verschiedenen Charakter auf. *(112)* Gewöhnlich, sobald nur der Blutdruck nach der durch Konvallariavergiftung erzielten maximalen Höhe zu sinken beginnt, kommen größtenteils neue, sehr unregelmäßige Wellen an der Kurve zum Vorschein. Diese Wellen gehen zeitweise in vollkommen regelmäßige Wellen über, nämlich in sogenannte Traubesche Wellen. Alle angegebenen verschiedenartigen Wellen verschwinden nach der Vagusreizung spurlos. Die Abflachung der Kurve fällt in der größten Mehrzahl der Fälle höchst prägnant mit dem Moment der Reizung zusammen; nur in seltenen Fällen vergehen 2 bis 5 Sekunden, bevor die Kurve sich abflacht. Nach eingestellter Reizung geht das Wiedererscheinen der Wellen in höchst verschiedener Weise vor sich. Zuweilen scheint es, als ob die Wellen das Ende der Reizung abwarten, dieselben erheben sich sogleich nach Einstellung der Reizung.

In anderen Fällen vergehen zehn und mehr Sekunden, sogar Minuten, bevor die Kurve von neuem ihren komplizierten, wellenartigen Charakter erhält. Was das gegenseitige Verhalten der beiden hier betrachteten Effekte anbetrifft, so scheint es, daß die Verflachung fast ohne irgendwelche Senkung einer stärkeren Vergiftung entspricht.

Ich führe das Protokoll eines Versuchs und einer Kurve (Tafel VII, Abb. 3) an. [8a]

Das Tier wird mit Kurare vergiftet und die gewöhnlichen Durchschneidungen der Nerven werden ausgeführt. [9]

	Blutdruck während 10 sec	Zahl der Herzschläge in 10 sec
	113	29
	110	29
Reizung des Vagus. Rollenabstand 9 cm		
	85	7
Ende der Reizung		
In 7 Sekunden auf 200 gestiegen, während 1 Minute auf 130 gesunken. 3 cm³ tinctura convallariae majalis injiziert.		
Während 2 Minuten stieg der Blutdruck auf	224	36
Reizung des Vagus. Rollenabstand 9 cm		
	224	32
Ende der Reizung		
Die früher regelmäßige Kurve zeigt jetzt verschiedene Wellen dritter Art	250	36
	250	39
	250	39
Reizung des Vagus. Rollenabstand 9 cm		
	225	35
Ende der Reizung		
	260	39
In 3 Minuten sank der Druck auf	190	34 *(100)*
Reizung des Vagus. Rollenabstand 9 cm		
	165	33 (?)
Das Blut gerinnt, die Herzschläge sind undeutlich, die Kurve auf 3 Minuten unterbrochen.		
	167	40
	163	40
Reizung des Vagus. Rollenabstand 9 cm		
	148	40

Ende der Reizung	
154	40
152	40
150	40
Reizung des Vagus. Rollenabstand 8 cm	
135	40
130	40
Ende der Reizung	
136	40
132	40
130	40
Reizung des Vagus. Rollenabstand 8 cm	
115	40
115	40
Ende der Reizung	
127	40
126	39
124	39
Reizung des Vagus. Rollenabstand 8 cm	
110	39
106	39
Ende der Reizung	
123	—
117	—
116	—
112	—

[10] *(101)*

In Anbetracht der Versuchsbedingungen müssen wir die beschriebenen Erscheinungen der Wirkung der zentrifugalen Herznervenfasern zuschreiben analog derjenigen Wirkung, die für den Vagus des Frosches schon längst bekannt ist. Doch was sind es für Fasern? Wir hielten uns für berechtigt anzunehmen, daß dies eine Art von Fasern ist, die von den verlangsamenden ganz verschieden ist, weil die von den Forschern für das Verständnis ähnlicher Tatsachen am Froschvagus gegebene Erklärung auf unsere Versuche nicht anwendbar ist. Wie kann man sich in der Tat mit der Erklärung zufriedengeben, daß die Kraftabnahme der Kontraktionen die Wirkung derselben verlangsamenden Fasern sei und daß wir es in diesem Fall mit einer gewissen Veränderung ihrer Erregbarkeit zu tun haben, so daß sich bei der Reizung nur die eine Wirkungsweise offenbare! Warum bleibt die Erregbarkeit gerade auf dieser sozusagen qualitativen Stufe stehen? Zweitens müßte man nach der Analogie mit anderen Nerven erwarten, daß im Verlauf des Experiments dieser Rest der Erregbarkeit entweder vollkommen verschwinden oder aber die Erregbarkeit zur Norm zurückkehren werde. Indessen bleibt diese, der Voraussetzung nach vorübergehende Stufe trotz der starken und häufigen Reizungen zuweilen während einer ganzen Stunde unverändert bestehen. *(113)* [11]

Volle Beweiskraft erhalten unsere Folgerungen bei der Kombination dieser Versuche mit nach der zweiten, obengenannten Methode ausgeführten Experimenten. [12]

III.

Die Versuchsanordnung zum Zweck der Ermittlung der Herznervenäste des Vagus ist fast dieselbe wie die der früheren Versuche. Das Tier wurde gleichfalls entweder mittels Kurare oder Rückenmarkdurchschneidung regungslos gemacht, zuweilen der Ösophagus exstirpiert usw. Die Herznervenästchen wurden immer an der rechten Seite präpariert, zu welchem Zweck die entsprechenden arteriellen und venösen Gefäße des foramen thoracicum unterbunden und die Brusthöhle von der zweiten bis zur vierten Rippe bloßgelegt wurden. [13] Bei dieser Gelegenheit seien noch einige praktische Bemerkungen hinzugefügt. Damit das Herz nicht an Kraft abnehme und der Blutdruck sich lange auf einer bedeutenden Höhe erhalte, ist es zweckmäßig, nach Eröffnung der Brusthöhle während des weiteren Operierens ein- oder zweimal die Brusthöhle auf 5 bis 10 Minuten zu verdecken, um solcherart das Herz allmählich an die neuen Bedingungen zu gewöhnen. Zweitens schien es, daß an sehr kalten Tagen des überhaupt höchst strengen Winters, in dem viele von meinen Versuchen angestellt wurden, direkt von außen kommende Hunde zu unseren Versuchen nichts taugten. Sie verendeten entweder nach Durchschneidung des Rückenmarks und Eröffnung des Brustkastens oder wiesen verschiedene unangenehme Erscheinungen auf: einen sehr niedrigen Druck, periodische Herztätigkeit und Lähmung der Herznerven. Diese Tatsache erinnert sehr an die Beobachtung von Gaule[1]) *(115)* an Froschherzen. Um diesen Umstand zu vermeiden, machten wir uns zur Regel, das Tier einen Tag lang vor dem Experiment an einem warmen Ort unterzubringen, und danach ging es mit den Versuchen besser. Bei Beobachtung der erwähnten Vorsichtsmaßregeln gelingt es, bei vollständig offener Brusthöhle 2 bis 4 Stunden lang am Herzen und den Lungen zu arbeiten, wobei sich der Druck in der Aorta bis zum Ende auf 40 bis 70 mm Hg hält.

Ich halte es für notwendig, bei der anatomischen Verteilung der Äste länger zu verweilen. Alle Herzfasern des Vagus im Gebiet des unteren Halsganglions und niedriger kann man in Form von zwei Gruppen darstellen: einer äußeren und einer inneren.

Die innere Gruppe. Vom Ganglion selbst (nicht konstant) geht ein Ast mittlerer Dicke ab (einige feinere Ästchen, die sich in den Wandungen großer Arterienstämme verlieren, haben zum Herzen keine Beziehung); wir wollen ihn den oberen inneren nennen. [14] 1 bis 1,5 cm unterhalb des Ganglions entspringen größtenteils nebeneinander zwei dicke Äste: Der eine ist der n. laryng. inferior, den anderen nenne ich den inneren starken Ast. Diesen letzteren kann man leicht bis zu seinen letzten Verzweigungen verfolgen. Er verläuft hinter der v. cava superior, perforiert das Perikard, geht ferner der aorta ascendens parallel, überkreuzt die Pulmonalarterie und ist mit dieser durch lockeres Bindegewebe verbunden. Auf der Pulmonalarterie liegend, erscheint er in Form eines Fächers sehr feiner Verzweigungen oder als zwei bis drei ziemlich dicke Ästchen. Weiter biegen diese Äste unter die Arterie ab, umziehen deren Basis an der Innenseite

[1]) J. Gaule, Archiv f. Anat. u. Physiol., 1878, [291—311].

und gelangen zur Basis des linken und rechten Ventrikels an dem vorderen sulcus longitudinalis. Hier verbreiten sie sich längs der Vorderfläche der Ventrikel, wobei viele Verzweigungen über die Hälfte der Ventrikellänge leicht verfolgt werden können. Zuweilen ist dieser starke Zweig an der Ausgangsstelle mit dem n. laryng. inferior eng verbunden; in diesem Fall teilt sich von dem gemeinsamen Stamm auf der Höhe der art. subclavia der n. laryng. ab, während ein bedeutender Teil des Stamms in der Richtung zum Herzen verläuft. In einigen Fällen zerfällt der starke Zweig an der Ursprungsstelle in zwei bis drei feine Ästchen. Unterhalb der beschriebenen dickeren Äste nehmen zwei bis drei und mehr feinere Ästchen ihren Anfang. Diese wollen wir als untere innere bezeichnen. [15]

An der Außenseite bemerkt man, wie bekannt, vor allem *(116)* zwei dicke Äste: einen oberen — vom Ganglion entspringenden (der obere Zweig der ansa Vieussenii) und einen unteren — $1^1/_2$ bis 2 cm niedriger gelegenen (der untere Zweig derselben Ansa). Unterhalb eines jeden dieser Zweige entspringt vom n. vagus in der Richtung zum Herzen je ein ziemlich dicker oder je ein Bündel feinerer Ästchen (äußere Äste) [16]. Zuweilen ist der äußere obere Ast so eng mit dem Vagus verbunden, daß man ihn abpräparieren muß [17]. In einigen Fällen nimmt er statt der äußeren eine mehr vordere Lage ein und nähert sich den inneren Ästchen. Auch die Lage des unteren äußeren Astes variiert; in manchen Fällen entsteht derselbe auf folgende eigene Art: Von dem unteren Zweig der ansa Vieussenii 1 bis 3 mm vor deren Verbindung mit dem Vagusstamm entspringt ein ziemlich dicker Ast; letzterer hat unweit seiner Ausgangsstelle eine Art Ganglion, von dem nach unten zum Herzen hin zwei bis drei Ästchen ihren Anfang nehmen. Die äußeren Äste verlaufen in der Richtung zur v. cava superior und verlieren sich oft schon in den Wandungen derselben. [18] Natürlich ist auch diese Beschreibung eine nur annähernde, denn in Wirklichkeit bestehen sehr große Variationen. [19] Die Zahl der Ästchen kann bei fleißigem Präparieren sogar bis auf 20 gebracht werden. Doch ist ein solches Zerteilen nicht immer zweckmäßig; denn je größer die Zahl der Äste, desto feiner sind dieselben und desto eher können sie bei der Präparation so sehr alteriert werden, daß sie zum Experimentieren untauglich werden. Die beschriebenen Äste haben, wie aus weiteren Versuchen folgt, ziemlich bestimmte, beständige Funktionen, und es schien mir immer, daß eine vollständige Präparation derselben bis zum Herzen ein fruchtbares Thema abgeben müßte.

Der Deutlichkeit wegen gebe ich hier eine schematische Abbildung der Herznervenzweige auf der rechten Seite des Tiers [20].

Bei Reizungen der Herzäste sind Elektroden von folgender Einrichtung sehr bequem. Durch ein Hartgummistäbchen, das sich gegen das Ende verengert, sind zwei auf 2 bis 3 mm voneinander abstehende Drähtchen *(117)* gezogen. 5 mm vom Ende hat das Stäbchen eine bis zur halben Dicke dringende Querfalte, aus deren Boden die zwei Drähtchen hervorragen. Die Spalte ist 1,5 bis 2 mm breit. Indem wir den zu reizenden Nervenzweig in die Spalte legen, vermeiden wir sehr gut die Gefahr, naheliegende Äste zu reizen.

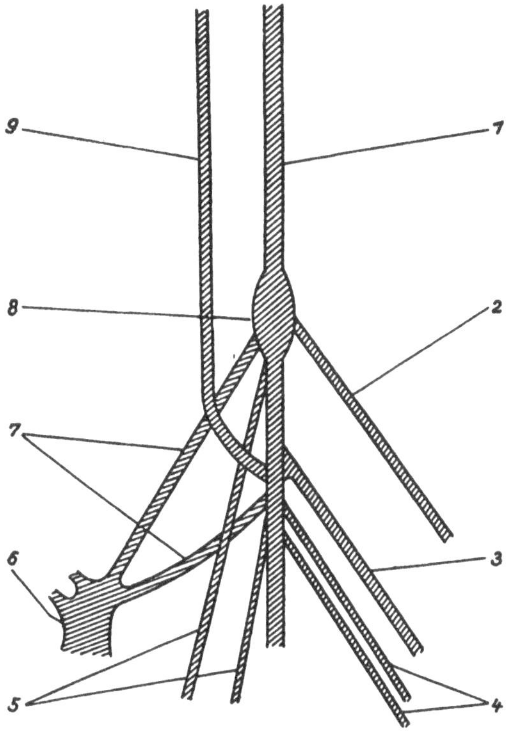

1. N. vagosympathicus
2. Der obere innere Zweig
3. Der starke innere Zweig
4. Die unteren inneren Zweige
5. Die oberen und unteren äußeren Zweige
6. Ganglion stellatum
7. Ansa Vieussenii
8. Ganglion cervicale inferius
9. N. laryngeus inferior

Von den an den genannten Ästen angestellten Versuchen zeichnen sich im Hinblick auf die hier behandelte Hypothese folgende durch besondere Beweiskraft aus.

Am normalen, nicht vergifteten Tier verlangsamen einige Ästchen die Herztätigkeit in mehr oder weniger prägnanter Weise; nach Konvallariavergiftung indessen bewirken nur einige derselben Druckabnahme oder Abflachung der Kurve [21], andere Ästchen dagegen üben gar keine [22] Wirkung aus. Sehr oft kommt die bedeutendste depressorische Wirkung [23] der anatomisch bestimmten Einheit dem starken inneren Zweig zu, der vor der Konvallariavergiftung die Herzschläge nur sehr wenig verlangsamte. Leider ist die convallaria majalis in diesen Versuchen bei weitem kein sicheres Mittel. Während in den Versuchen mit der Halsvagusreizung die abschwächenden Fasern sehr leicht mit Hilfe der Konvallaria isoliert werden, d.h., die lähmende Wirkung der Konvallaria mehr oder weniger genau auf die verlangsamenden Fasern beschränkt ist, verbreitet sich hier bei Tieren mit bloßgelegtem Herzen die Lähmung sehr rasch auf alle

Herzfasern, selbst auf die beschleunigenden. [24] Verminderung der Dosis zieht aber ein anderes Übel nach sich, das rasche Vorübergehen der Vergiftung. Infolgedessen werden nur in seltenen Fällen taugliche Resultate erhalten.

Das Tier mit Kurare vergiftet, der Ösophagus exstirpiert. Gewisse Nerven durchschnitten. Gereizt werden drei Zweige: Nr.1 der starke innere Zweig, Nr.2 und 3 die inneren unteren, ziemlich feinen Zweige. Der Blutdruck 50 mm Hg, Zahl der Herzschläge in 10 Sekunden 29. Reizung von Nr.2 und 3 bei Rollenabstand von 8 cm hatte sofort Herzstillstand zur Folge, Nr.1 verlangsamte nur die Herzschläge um einen Schlag in 10 Sekunden. 3 Minuten später verlangsamte die Reizung von Nr.1 beim Rollenabstand von 7 cm die Herzschläge um zwei Schläge in 10 Sekunden. Sodann werden 2,5 cm³ tinctura convallariae majalis, zur Hälfte mit Wasser verdünnt, eingespritzt. Nach 30 Sekunden beginnt der Blutdruck zu steigen, 2 Minuten später erreicht er 150 mm; doch hier gerinnt das Blut, und die Kurve wird auf 3 Minuten unterbrochen. *(118)*

	Druck während 10 sec	Zahl der Herzschläge in 10 sec
Hohe TRAUBEsche Wellen	115	30
	Reizung Nr.3. Rollenabstand 8 cm	
	108	30
	Ende der Reizung	
	113	30
	Reizung Nr.1. Rollenabstand 8 cm	
Allmähliches Absinken bis	80	30
	Ende der Reizung	
	105	30
	110	30
5 min später	105	30
	108	29
	Reizung Nr.3. Rollenabstand 8 cm	
	105	28
	Ende der Reizung	
	108	31
	Reizung Nr.2. Rollenabstand 8 cm	
	106	27
	Ende der Reizung	
	107	31
	Reizung Nr.1. Rollenabstand 8 cm	
	92	29
	Ende der Reizung	
	100	29
	107	31,5
	107	32
	Unterbrechung der Kurve auf 12 Minuten.	
	68	27

Reizung Nr.3. Rollenabstand 7 cm

68	23

Ende der Reizung

68	28

Reizung Nr.1. Rollenabstand 7,5 cm

71	26

Ende der Reizung

70	27

5 Minuten später werden bei demselben Druck noch 2 cm^3 tinctura convallariae majalis injiziert. *(119)* Nach 1 Minute stieg der Druck auf 120 mm und bleibt während 50 Sekunden auf dieser Höhe stehen, wobei er hohe und lange TRAUBEsche Wellen zeigt.

120	28

Reizung Nr.1. Rollenabstand 7,5 cm

Sinkt allmählich bis	65	28

Ende der Reizung

Auf dieser Höhe bleibt der Druck bis zum Ende des Versuchs stehen. Dieser Versuch verdient eine eingehendere Betrachtung.

Durch drei Unterbrechungen wird der Versuch in vier Abteilungen geteilt. In der ersten senkt Nr. 3 den Druck um 6%, Nr. 1 um 30%, wobei beide den Rhythmus nicht verändern. In der zweiten zeigt sich bei der Reizung schon wieder eine unbedeutende Verlangsamung und zugleich Abschwächung der depressorischen Wirkung [25]. In der dritten beeinflussen die Zweige die Blutdruckhöhe gar nicht; ihr verlangsamender Effekt ist dagegen noch mehr gewachsen. In der vierten bewirkt Nr. 1 nach einer neuen Vergiftung mit Konvallaria ohne jegliche Veränderung des Rhythmus eine bedeutende beständige Druckabnahme. Auf diese Art und Weise erweist es sich, daß der depressorische Effekt der Zweige nach der Vergiftung mit der Zeit abnimmt und schließlich ganz verschwindet; mit dieser Abnahme geht die Verstärkung ihres verlangsamenden Effekts Hand in Hand. Bei einer nochmaligen Vergiftung kehrte die depressorische Wirkung zurück [26], die Verlangsamung verschwand dagegen. [27] Betrachtet man den Zustand der verlangsamenden Fasern als Indikator des Vergiftungsgrads, so kann man also sagen, *(120)* daß der depressorische Effekt der Nervenäste in gewissen Grenzen desto stärker ist, je bedeutender die Vergiftung ist und umgekehrt. Auf die Frage, weshalb das so sei, kann man zwei Erklärungen geben. Entweder verändert sich bei der Vergiftung das Herz selbst und wird gegen den abschwächenden Einfluß sensibler, oder es existieren für die abschwächenden Fasern Antagonisten, die durch die Konvallaria gelähmt werden. Auf Grund von Versuchen, von denen weiter unten die Rede sein wird, muß erstere [28] Erklärung angenommen werden. [29]

Wir besitzen noch einige solcher Versuche, doch teilen sie alle mit dem ersten einen gemeinsamen Fehler: Sie werden nicht ruhig und ohne gehörige Zwischenräume zwischen den Reizungen ausgeführt, in der Absicht, der endlichen Lähmung aller Nerven oder dem Verschwinden der Vergiftung zuvorzukommen.

Den angeführten Resultaten analoge kommen, wenn auch seltener, auch bei Atropinvergiftung vor. [30]

Man kann nicht umhin, zuzugeben, daß die Form der eben beschriebenen Versuche jeden Verdacht vollständig beseitigt, als seien die eine Druckabnahme bewirkenden und verlangsamenden Fasern ein und dieselben, nur in verschiedenen Graden der Erregbarkeit. [31] Obwohl es uns nicht gelungen war, reine abschwächende Ästchen zu finden (das Ästchen, in dem häufiger und in der größten Zahl abschwächende Fasern vorkommen, enthält, wenn auch zuweilen in unbedeutender Anzahl, auch verlangsamende und akzelerierende Elemente), so kommen dennoch bei normalen Tieren, d.h. ohne jegliche Vergiftung, solche Kombinationen von Fasern vor, die ihrerseits gute Beweise zugunsten der Lehre von besonderen abschwächenden Fasern liefern.

Das Tier wird durch Durchschneidung des Rückenmarks ohne jegliche vorhergehende Narkose bewegungslos gemacht; die gewöhnlichen Nervendurchschneidungen ausgeführt; der starke innere Zweig abpräpariert und gereizt. *(123)*

Blutdruck während 2 sec	Zahl der Herzschläge in 2 sec
52	4
52	4
52	4
52	4
52	4
Reizung. Rollenabstand 8 cm	
50	3,5
48	3,5
56	4
45,5	5
45	5
45	5
44,5	5
44	5
44	4,5
44	4,5
Ende der Reizung	
47	4
49	4
50	4
51	4

Es ist augenscheinlich, daß der angegebene Ast sowohl verlangsamende als auch beschleunigende Fasern nur in sehr geringer Anzahl enthält, so daß sowohl die einen als auch die andern schon während der Reizung mehr oder weniger gelähmt werden, während die Druckabnahme ungeachtet der entgegengesetzten Schwankungen des Rhythmus ganz allmählich und unabhängig vor sich geht. [32]

Wenn wir den Abschnitt über die abschwächenden Herznerven schließen, müssen wir gestehen, daß unsere darauf bezüglichen Experimente noch manches zu wünschen übriglassen. Leider konnte ein idealer Versuch (Reizung der nur abschwächenden Fasern) nicht angestellt werden. Unsere beste Form des Versuchs (Vergleich der depressorischen Wirkung der verschiedenen verlangsamenden Ästchen nach Konvallariavergiftung) ist mit großen Schwierigkeiten verknüpft [33].

IV.

Schon die ersten Angaben, die wir in unseren Versuchen zugunsten der Existenz selbständiger, die Herzkontraktion abschwächender Nerven erhielten, riefen in uns die Überzeugung hervor, daß auch Antagonisten vorhanden sein müßten. Diese Überzeugung fußte teils sozusagen auf dem Prinzip der bereits bekannten Innervation des Gefäßsystems, nämlich der doppelten antagonistischen Innervation, teils auf der von GASKELL [34] und HEIDENHAIN konstatierten Tatsache, daß man beim Frosch durch die Herznerven auch Verstärkung der Kontraktionen hervorrufen könne. [35] Eine Zeitlang glaubten wir, die gesuchten Fasern vor Augen zu haben, doch wollte es uns anfangs nicht gelingen, die Bedingungen zu finden, unter denen sie sich beständig äußern. Bald in dem einen, bald in dem anderen Versuch wurde bei Reizung einiger Herzzweige Steigerung des Blutdrucks beobachtet, und zwar ohne jegliche Veränderung des Rhythmus oder mit einer solchen, wie sie sich bei anderen Nervenzweigen an der Druckhöhe auf solche Weise nicht äußerte. [36] Erst als uns der Gedanke kam, daß an dieser Verwirrung möglicherweise der Kampf der Antagonisten Schuld trage, begann sich die Sache aufzuklären. Es lag somit die Notwendigkeit vor, jedesmal den Einfluß des Antagonisten zu beseitigen. Das Mittel dazu war teils in wiederholter und verstärkter Reizung, teils in Atropinvergiftung gegeben. In der Tat gewann dank solcher Maßnahmen der Versuch mit den verstärkenden Nerven an Beständigkeit.

Die Anordnung dieser Versuche ist dieselbe wie die der vorhergehenden. Das Tier wurde gleichfalls ohne jegliche vorherige Narkose mittels Rückenmarkdurchschneidung bewegungslos gemacht, der Ösophagus gleichfalls manchmal exstirpiert, endlich wurden dieselben Blutgefäße unterbunden und dieselben Nerven durchschnitten [37].

Aus einer großen Anzahl von Versuchen ergab sich folgendes. Konstante und oft bedeutende (bis 40% der ursprünglichen Höhe) [38] pressorische Wirkung kommt dem starken inneren Zweig des Vagus oder mehreren kleinen, den starken Zweig anatomisch vertretenden Ästen zu. [39] In seltenen Fällen kommen pressorische Fasern im oberen äußeren und noch seltener in dem oberen inneren Zweig vor. In vielen Fällen bewirkt der starke innere Zweig zuerst Druckabnahme (worauf bereits hingewiesen wurde) sowohl bei Verlangsamung als auch bei Beschleunigung, und erst später nach immer stärker werdenden wiederholten Reizungen (ebenso scheinbar nach Atropinvergiftung) erfolgt Drucksteigerung. Der Übergang zum pressorischen Effekt geschieht entweder in der Art, daß nach depressorisch wirkenden Reizungen einige derselben ohne jeden Einfluß auf die Druckhöhe bleiben, oder aber in der Art, daß bei der Reizung Druckabnahme nur in gewissen Momenten (Anfang oder Ende) der Reizung existiert, sich aber im ganzen eine Steigerung des Drucks entwickelt. Hat sich der pressorische Effekt einmal offenbart, so bedingten jetzt auch schwächere Ströme, die früher entweder Druckabnahme bewirkten oder gar keinen Einfluß ausübten, ebenfalls Steigerung des Drucks. Wurden die Elektroden am Ende des Versuchs auf eine tiefer gelegene, frische Stelle des Nerven gebracht, so wurde in einigen Fällen bei Wiederholung der Reizungen dieselbe Reihe von Druckschwankungen beobachtet, die früher bei Reizung des Nervenendes konstatiert wurden.[1])

Eine Druckerhöhung wird nur in wenigen Fällen ohne Veränderung des Rhythmus beobachtet, eine wie starke Reizung man auch immer anwandte. [40] Dagegen wurde öfters folgendes Verhalten beobachtet: Bei gewissen Reizungen machte sich nur eine Drucksteigerung ohne Rhythmusänderung bemerkbar, obwohl bei Reizungen anderer Stärke und Dauer mit der Druckerhöhung gleichzeitig auch Schwankungen im Rhythmus auftraten. Als Ausnahme erscheinen diejenigen Versuche, in denen sich die Drucksteigerung mit Verlangsamung des Rhythmus kombiniert; in der Regel erfolgt Steigerung mit Beschleunigung. Das wechselseitige Verhältnis beider Erscheinungen ist jedoch sehr verschiedenartig. Bald beginnt die Beschleunigung gleichzeitig mit der Druckerhöhung und verläuft mit ihr mehr oder weniger parallel; dieser Fall ist jedoch sehr selten. Bald dagegen — und dies ist ein fast konstantes Verhalten — geht die Erhöhung bis zum Maximum oder bis zu einem niedriger gelegenen Punkt ohne Rhythmusänderung vor sich, und in der Folge erst tritt die Beschleunigung hinzu. Zuweilen steigt der Druck mit Eintreten der Beschleunigung steil noch höher, zuweilen dagegen sinkt der Druck mit Beginn der Beschleunigung in prägnanter Weise und erreicht erst, nachdem die Beschleunigung sich vermindert hat oder vollständig verschwunden ist, sein Maximum. Eine fast konstante Erscheinung ist, daß der pressorische Effekt sehr langsam während einiger Minuten nach der Reizung abnimmt, nachdem die Beschleunigung schon längst verschwunden ist[2]). [41] (Tafel VII, Abb. 4.)

Als Beispiel beifolgend das Protokoll eines Versuchs.

Die gewöhnliche Versuchsanordnung, Ösophagus exstirpiert.

Blutdruck während 10 sec	Zahl der Herzschläge in 10 sec
82	24
81	24
82	24

[1]) Mir schien es, daß die der Steigerung vorausgehende Druckabnahme bei Reizung des starken inneren Zweigs in den Winterversuchen häufiger vorkam und prägnanter ausgeprägt war.

[2]) In Versuchen mit den besten Manometern war bei Reizung des verstärkenden Zweigs zugleich mit der Steigerung des Blutdrucks deutlich auch eine Vergrößerung der Höhe der einzelnen Wellen zu sehen, wenn die Akzeleration nicht eintrat oder schwach ausgeprägt war (Tafel VII, Abb. 5).

Reizung des starken inneren Zweigs. Rollenabstand 10 cm			
	78	22,5	
	76	22,5	
Ende der Reizung			
	80	24	
	81	24	
	81	24 *(205)*	
Unterbrechung der Kurve für 5 bis 6 Minuten, andere Zweige gereizt			
	82	28	Vorher der andere akzelerierende Zweig gereizt
	81	27	
	82	26	
	83	26	
Reizung des starken inneren Zweigs. Rollenabstand 9 cm			
	76	24	
	77	25	
	77	27	
	76	29	
Ende der Reizung			
	78	29	
	80	30	
	82	28	
	84	26	
	83	25	
Unterbrechung der Kurve für 5 Minuten			
	82	27	Ebenfalls vorher der andere akzelerierende Zweig gereizt
	83	26	
Reizung des starken inneren Zweigs. Rollenabstand 9 cm			
	83	24	
	82	28	
Ende der Reizung			
	81	26	
	81	25	
	81	24	
Unterbrechung der Kurve für 6 Minuten			
	81	25	
	81	24	
	81	24	
Reizung des starken inneren Zweigs. Rollenabstand 8 cm			
Der Druck steigt auf	85	25	
	85	29 *(206)*	
Ende der Reizung			
Der Druck steigt auf	89	32	
auf	91	30	
	90	29	
	88	28	
3,5 min später	73	25	
	73	24	
	74	24	
	74	24	

Reizung des starken inneren Zweigs. Rollenabstand 8 cm		
Der Druck steigt		
allmählich auf	83	24
sinkt auf	80	27
steigt von neuem auf	85	28
Ende der Reizung		
Der Druck sinkt rasch auf	78	29
steigt wieder auf	87	29
	87	28
	88	27
	86	27
	83	27
	80	27
6 min später	75	25
	75	25
	75	25
Reizung des starken inneren Zweigs. Rollenabstand 8 cm		
	73	25
Der Druck steigt		
allmählich auf	85	26
Der Druck sinkt auf	78	30
	79	29 *(207)*
Ende der Reizung		
Der Druck steigt steil auf	86	27
	84	26
	84	26
	81	26
7 min später	72	26
	72	25
	73	25
	72	25
	73	25
Reizung des starken inneren Zweigs. Rollenabstand 7 cm		
Der Druck steigt		
allmählich auf	83	25
	81	28
Ende der Reizung		
	80	28
Der Druck steigt auf	86	27
	86	27
	84	27
	82	25
	79	25
	76	25
Unterbrechung der Kurve auf eine halbe Stunde. Unter anderem wird der starke innere Zweig bis zum Perikard präpariert		
	53	23
	53	23
	54	23
	54	23

Reizung des starken inneren Zweigs am Ende. Rollenabstand 7 cm

Der Druck steigt allmählich auf	60	24	
	Ende der Reizung		
	59	24	
	58	24	
	57	24	
	56	23	
	56	23	*(208)*

Reizung des starken inneren Zweigs (am Perikard). Rollenabstand 7 cm

	52	23	
	54	25	
	Ende der Reizung		
	54	25	
	60	24	
	58	24	

Unterbrechung für 3,5 Minuten, während deren unter anderem Atropin injiziert wurde

	50	30	Vorher der andere akzelerierende Zweig gereizt
	50	26	
	50	23	
	50	23	

Reizung des starken inneren Zweigs (am Perikard). Rollenabstand 6,5 cm

Der Druck steigt auf	56	23	
weiter auf	60	27	
	Ende der Reizung		
Der Druck sinkt rasch auf	52	26	
steigt wieder auf	58	23	
	57	23	
	57	22	
	56	23	
	54	23	
	Unterbrechung der Kurve auf 8 Minuten		
	52	22	
	52	22	
	50	22	

Reizung des starken inneren Zweigs (am Perikard). Rollenabstand 6 cm

Der Druck steigt allmählich auf	58	22	
	52	29	*(209)*
	Ende der Reizung		
	53	28	
	55	26	
	55	23	
Der Druck steigt rasch auf	63	23	
	62	23	
	62	23	
	60	23	
	59	23	

Analysiert man den bei unserer Versuchsanordnung erhaltenen pressorischen Effekt, so könnte man vielleicht außer der direkten zentrifugalen Wirkung auf das Herz nur noch an eine Beeinflussung seitens des Lungenkreislaufs denken. Vielleicht werden in unserem Zweig die gefäßerweiternden Nerven der Lungen gereizt, so daß die Blutbahn aus dem rechten Herzen ins linke weiter wird, in das Aortensystem also *(172)* eine größere Menge Blut eintritt, was sich dann auch in der beobachteten Steigerung des Blutdrucks äußert? Zwar ist schon in der Tatsache, daß die pressorische Wirkung einem bestimmten Nervenzweig angehört, eine Garantie dafür gegeben, daß diese Wirkung durch die Herzfasern bedingt wird. In der Tat können wir mit vollem Recht von den verschiedenen Verästelungen und Anastomosen dieses Zweigs abstrahieren und dessen konstante physiologische Funktion einem bestimmten, konstanten Teil, dem Kammernerv [42], zuschreiben. Natürlich sind auch hier wie bei den früheren Versuchen die Folgerungen aus den Tatsachen Lichtheims anwendbar. Glücklicherweise ist hier, abgesehen von den erwähnten wahrscheinlichen Annahmen, dank der Konstanz und Stabilität der Grundtatsache die Möglichkeit vorhanden, die Frage durch spezielle Versuche vollkommen zu lösen. Die genaue Lösung der Frage konnte auf dreierlei Art geschehen, entweder indem wir besagten Zweig am ausgeschnittenen und von den Lungen isolierten Herzen prüften oder ihn so präparierten, daß alle verdächtigen Nebenzweige entfernt wurden, oder endlich, indem wir den Druck in dem System der Aorta und in dem der art. pulmonalis gleichzeitig beobachteten. Hier werden die Versuche der beiden letzteren Kategorien angeführt, die Versuche der ersten Art werden später dargelegt werden [43].

Es liegt auf der Hand, wenn die von uns beobachtete Druckerhöhung in der Veränderung des Lungenkreislaufs ihren Grund hätte, so müßten die Druckschwankungen in dem System der Lungenarterie entgegengesetzter Natur sein, d.h., der Druck müßte sinken. Hängt dagegen der Druck in der Aorta von der unter dem Einfluß spezieller Nerven verstärkten Herztätigkeit ab, so muß der Druck in der Lungenarterie sich in demselben Sinn verändern wie in der Aorta. Der Versuch hat letzteres Verhalten ergeben.

Das Tier wie gewöhnlich zum Versuch vorbereitet: Durchschneidung des Rückenmarks, Exstirpation des Ösophagus usw. ausgeführt. Das Manometer des Kymographions mit einem dem oberen rechten Lungenlappen angehörigen Ast der art. pulmonalis verbunden. Ein anderes Manometer mit der art. cruralis verbunden. Die Schwankungen dieses letzteren werden mit dem Auge an der Skala abgelesen und an entsprechenden Punkten des kymographischen Streifens mit einem Bleistift notiert. Obwohl der Druck in der Pulmonalarterie [44] nur 9 mm zeigte, traten trotzdem an der Kurve sowohl die Herz- als auch die Respirationswellen deutlich hervor. Das Tier ist mit Atropin vergiftet. *(173)*

Blutruck während 10 sec	Zahl der Herzschläge in 10 sec	
9	25	Vorher ist der andere akzelerierende Zweig gereizt worden
9	23,5	
9	23,5	
9	21	

Reizung des starken inneren Zweigs. Rollenabstand 8 cm

	10	21	
	Ende der Reizung		
	10,5	23	Der Druck in der art. cruralis ist von 57 auf 69 mm gestiegen
	10	21	
	10	20,5	
	9,5	21	
	9	21	
3 min später	9,5	22,5	
	9,5	22	
	9,5	22	
	9,5	21	
	9,5	22,5	
	9,5	21,5	
	9,5	21,5	
	9,5	21	

Reizung des starken inneren Zweigs. Rollenabstand 7,5 cm

	10,5	21	In der art. cruralis ist der Druck von 55 auf 65 mm gestiegen
	10,5	28	
	Ende der Reizung		
	10,5	27	
	11	22	
	11	22,5	
	11	20,5	
	10,5	21	*(174)*
	10	20,5	
	10	21,5	
	9,5	21	
	9,5	21,5	
	9,5	20,5	
3 min später	9,5	20,5	
	9,5	20	
	9,5	20,5	
	9,5	20	

Reizung des starken inneren Zweigs. Rollenabstand 7,5 cm

	?	25	Der Druck in der art. cruralis ist von 55 auf 65 gestiegen
	10	25,5	
	Ende der Reizung		
	10	23	
	10,5	19,5	
	10,5	20	
0,5 min später	9	19	
	9	20	

Bei den niedrigen Ziffern des ursprünglichen Drucks konnte man eine größere Prägnanz der Ergebnisse kaum erwarten. Mir scheint, daß das Ergebnis besonders Glauben verdient, da es ungeachtet der Geringheit der Dimensionen dennoch in bestimmter Art und mit Beständigkeit beobachtet wurde. Der Versuch ist mehrere Male mit ganz demselben Erfolg wiederholt worden. Der größeren Evidenz wegen wurden einige Versuche mit dem Wassermanometer angestellt. Hierbei wurden Schwankungen von 10 bis 40 mm beobachtet, die hinsichtlich der Zeit mit den entsprechenden Schwankungen des Quecksilbermanometers in der art. cruralis vollkommen übereinstimmten.

Der folgende Kontrollversuch wurde auf zweierlei Art ausgeführt. Die erstere besteht in folgendem: Unser Nervenast wird immer tiefer und tiefer präpariert, d.h. immer mehr und mehr von einer Masse von Verzweigungen und Anastomosen befreit, die man unmöglich alle anatomisch kontrollieren kann.

In dem anzuführenden Versuch wird er innerhalb des Perikards bis zum oberen Rand der Pulmonalarterie präpariert. Das Tier wird wie gewöhnlich zum Versuch vorbereitet. Atropinvergiftung. Der starke innere Zweig in der Tiefe präpariert. Zu letzterem gesellt sich bald ein in derselben Richtung verlaufender Zweig vom linken Vagus. Beide *(175)* werden bis zum oberen Rand der art. pulmonalis präpariert, welche dieselben quer durchkreuzen, wobei sie sich gegen den unteren Rand fächerartig ausbreiten. Ein Bündel feiner Ästchen umringt sodann die Basis der Pulmonalarterie und verbreitet sich an der Oberfläche der Ventrikel, wie dies durch nachfolgende Präparation am ausgeschnittenen Herzen erwiesen wird.

	Blutdruck während 10 sec	Zahl der Herzschläge in 10 sec
	74	26
	74	26
	74	26
	74	26
Beide Zweige zusammen gereizt. Rollenabstand 7 cm		
In 5 Minuten steigt der Druck bei normalem Rhythmus auf	84	32
Ende der Reizung		
	82	33
Der Druck steigt auf	92	27
Der Druck sinkt auf	84	26
	77	26
	74	26
	72	26
	70	25
	70	25
	70	25
5 min später	63	24
	64	25
	64	24
	65	25
	64	24
Dieselbe Reizung		
Der Druck steigt auf	74	24
	74	28
Ende der Reizung		
	74	29
	76	24

	75	24	
	73	24	
	71	23	*(176)*
	68	24	
	65	25	
	64	24	
	64	25	
	64	25	
	63	26	
	64	25	

Beide Zweige werden zusammen mit einem nassen Faden unterbunden.

3 min später	60	24
	60	24

Beide Zweige werden oberhalb der Unterbindung gereizt.

	60	24
	60	24

Ende der Reizung

	60	24
	59	24
1 min später	59	24
	59	24
	59	24

Beide Zweige unter der Ligatur gereizt

Der Druck steigt auf	66	24

Ende der Reizung

	66	24
	64	24
	62	24

Die eben beschriebene Form des Kontrollversuchs ist jedoch nicht ohne Nachteil. Das Präparieren am lebenden Herzen beschmutzt den zu präparierenden Raum sehr, so daß es später am herausgeschnittenen Präparat schwer ist, die letzten Verästelungen des besagten Zweigs bis zum Herzen zu verfolgen. Daher wurde neben der angeführten noch eine andere Form des Versuchs in Ausführung gebracht. Der starke innere Zweig wird an seiner Abgangsstelle vom Vagus gereizt, sodann auf der Lungenarterie durchschnitten und jetzt von neuem gereizt. Aus dem Ergebnis der letzten Reizung muß sich ergeben, ob die fraglichen Fasern durch die Pulmonalarterie gehen oder nicht.

Das Tier wie gewöhnlich zum Versuch vorbereitet. [45] An der inneren Seite des Vagus werden zwei Äste genommen. *(177)* Nr. 1 ein bedeutender Rest des n. laryngeus inferior, der nach unten zum Herzen hin verläuft [46] und Nr. 2 ein selbständiger neben dem ersteren abgehender, ziemlich dicker Zweig, bzw. der starke innere Zweig. Atropinvergiftung.

Blutdruck während 10 sec	Zahl der Herzschläge in 10 sec
43	15,5
43	15,5
43	15,5

Reizung Nr. 1. Rollenabstand 8 cm

Der Druck steigt auf	52	15,5
	52	19

Ende der Reizung

	52	17,5
	55	16
	54	16,5
	53	16,5
	51	16,5
	50	17
	49	16,5

Reizung Nr. 2. Rollenabstand 8 cm

Der Druck steigt auf	56	28,5

Ende der Reizung

	53	29
	54	23
	54	17,5
	54	17,5
	55	17
	53	17
	53	16,5
	52	16
	49	16
5 min später	42	18
	42	17
	42	16

Reizung Nr. 2. Rollenabstand 8 cm

Der Druck steigt auf	54	31

Ende der Reizung

	52	31	
	53	30	
	53	21	
	56	16	
	55	16	(178)
	54	16	
	53	16	
	52	16	
	51	15,5	

Reizung Nr. 1. Rollenabstand 8 cm

Der Druck steigt auf	55	16
	56	16,5

Ende der Reizung

	56	17
	56	17 usw.

Unterbrechung der Kurve für 10 Minuten. Unterdessen wird das Perikard eröffnet und in dem Raum zwischen dem rechten Herzohr und der Basis der Aorta auf der Pulmonalarterie, die den Boden dieses Raums bildet, werden drei quer über der Arterie liegende Nervenästchen freipräpariert.

	41	—
	41	—
	42	—
	42	—

Reizung Nr. 1. Rollenabstand 8 cm

Der Druck steigt auf	50	—

Ende der Reizung

	52	—
	50	—
	50	—
	49	—

Unterbrechung der Kurve für 5 Minuten. Alle obenerwähnten Ästchen an der Pulmonalarterie werden durchschnitten.

	48	19
	47	18
	48	18

Reizung Nr. 1. Rollenabstand 7 cm

	48	18

Ende der Reizung

	48	18
	49	19
	49	19
	49	18
	49	18
	49	18

Reizung Nr. 2. Rollenabstand 7 cm

	50	28

Ende der Reizung (179)

	50	28
	49	24
	48	19
	47	19
	47	18,5
	47	18,5
5 min später	44	16
	44	16
	44	16

Reizung Nr. 1. Rollenabstand 7 cm

	44	16
	45	16,5

Ende der Reizung

	46	17
	46	17

Reizung Nr. 2. Rollenabstand 7 cm

	47	27
	48	29,5
	Ende der Reizung	
	47	27
	47	26
	46	22
	46	19,5
	45	17,5
	44	17
	44	17
	44	17
5 min später	43	15
	44	15
	43	15

Reizung Nr. 1. Rollenabstand 6,5 cm

44	15
45	15,5
Ende der Reizung	
44	16
44	15 usw.

Am herausgeschnittenen Herzen kann man die zwei durchschnittenen dickeren Ästchen sehr leicht bis zur Ventrikeloberfläche verfolgen. Der dritte, feinere dagegen verliert sich in der Aortenbasis. Jedenfalls kann man längs der Pulmonalarterie kein einziges Ästchen feststellen, das von den genannten abliefe. *(180)*

Der Versuch spricht in genügend prägnanter Weise dafür, daß der pressorische Effekt unseres Nervenzweigs den Herzfasern angehört. Die unbedeutende, nach tief vorgenommener Durchschneidung bleibende pressorische Wirkung muß auf Kosten einer unbedeutenden Anzahl von Fasern gesetzt werden, die auf einem anderen Weg das Herz erreichen. Es kommt öfter vor, daß die art. pulmonalis auf einer bedeutenden Strecke von einer Menge feiner in der Richtung zu dem Ventrikel verlaufender Nervchen durchkreuzt wird. Der in der angegebenen Weise mehrmals ausgeführte Kontrollversuch ergab konstant ein und dasselbe Resultat.

Das übereinstimmende Ergebnis der angeführten Versuche dient als Beweis dafür, daß der drucksteigernde Effekt des in Rede stehenden Zweigs in der Tat den zentrifugalen Nervenfasern des Herzens zukommt.

Eine weitere Frage betrifft die Natur dieser Fasern.

Kann man die pressorische Wirkung den bekannten Herznerven zuschreiben?

Von letzteren könnte man natürlicherweise an die beschleunigenden Nerven denken, um so mehr, da in unseren Versuchen Druckerhöhung und Pulsbeschleunigung meist Hand in Hand gehen. Doch spricht sehr vieles entschieden gegen diese Annahme. [47] Erstens erhält man in manchen Versuchen nach Reizung des starken inneren Zweigs nur eine Zunahme des Drucks ohne irgendwelche Veränderung des Pulses trotz mehrmals wiederholter Reizungen verschiedener Stärke (Protokolle solcher Versuche werden an anderer Stelle angeführt werden).

Zweitens ergibt die im Verlauf ein und desselben Versuchs vorgenommene Reizung anderer beschleunigender Nervenzweige in keiner Periode eine Steigerung des Drucks, viel weniger eine konstante oder zeitweilige Steigerung ohne Veränderung des Rhythmus. Drittens haben wir bereits gesehen, daß bis zu einem gewissen Punkt des Versuchs ein und derselbe starke innere Zweig keine Drucksteigerung bewirkt, obwohl er sowohl früher als später Pulsbeschleunigung nach sich zieht. Viertens endlich hat in dem zuletzt angeführten Versuch die zweite tiefere Durchschneidung des starken inneren Zweigs nur dessen pressorische Wirkung beseitigt, während die beschleunigende Funktion vollkommen intakt geblieben war. *(210)*

Der erstere wie auch die beiden letzteren Beweisgründe genügen offenbar, um auch die Annahme auszuschließen, daß vielleicht verschiedene Herzabschnitte selbständige beschleunigende Fasern besitzen und daß die verstärkenden Fasern nur die beschleunigenden Fasern der Ventrikel seien.

Wir müssen daher annehmen, daß die Beschleunigung, welche die Druckerhöhung bei Reizung des starken inneren Zweigs begleitet, von einer zufälligen Beimischung beschleunigender Fasern zu den verstärkenden abhängig ist.

Beifolgend führe ich das Protokoll eines Versuchs an, in dem man die Wirkung des starken inneren Zweigs und anderer beschleunigender Zweige auf die Blutdruckhöhe miteinander vergleichen kann.

Gewöhnliche Versuchsanordnung, der Ösophagus exstirpiert, Atropinvergiftung.

Blutdruck während 10 sec	Zahl der Herzschläge in 10 sec
51	23
49	22
Reizung des inneren unteren Zweigs. Rollenabstand 8 cm	
50	27
49	30
Ende der Reizung	
48	30
48	27
Reizung des oberen äußeren Zweigs. Rollenabstand 8 cm	
44	34
Ende der Reizung	
46	37
45	36
44	33
45	29
45	28
45	26
Reizung des oberen inneren Zweigs. Rollenabstand 8 cm	
45	24

	Ende der Reizung *(211)*	
	44	30
	43	27
	44	24
	44	25
	44	25
	44	25
	Reizung des starken inneren Zweigs. Rollenabstand 8 cm	
Der Druck steigt allmählich auf	51	25
	50	30
	Ende der Reizung	
	53	28
	52	27
	50	25
	48	24 usw.

In den soeben angeführten, die verstärkenden Nerven betreffenden Versuchen ist das Herz, wie ersichtlich, unter Bedingungen gestellt, die von den normalen bedeutend abweichen: Das Herz wird bedeutend abgekühlt und arbeitet lange Zeit unter sehr geringem Blutdruck. Daher könnte man leicht einwenden, daß auch die Verstärkung der Herztätigkeit unter Einfluß der Nerven möglicherweise nur unter den besagten Bedingungen eintritt. Ein derartiger Einwand ist bereits in der physiologischen Literatur gegen analoge Versuche an Fröschen gemacht worden. Bekanntlich haben GASKELL und HEIDENHAIN gefunden, daß man durch Reizung des Vagus beim Frosch unter gewissen Bedingungen nicht nur Beschleunigung, sondern auch Verstärkung der Herzkontraktionen erreichen kann. LÖWIT[1]), der später unter Anwendung derselben Methode wie HEIDENHAIN arbeitete, jedoch für normalere Ernährung des Herzens Sorge trug, hat im Gegenteil (in Übereinstimmung mit früheren Forschern) als beständige Erscheinung eine Beschleunigung mit gleichzeitiger Abnahme der Herzkontraktionen konstatiert. Verstärkung trat bei ihm nur in seltenen Fällen und bei augenscheinlich ungünstigen Bedingungen auf; bei beträchtlicher Erschöpfung und ungenügender Ernährung. Daher glaubt sich der genannte Autor im Recht, die ganze Erscheinung der Verstärkung als Abnormität anzusehen und übergeht sie sogar bei Erklärung der Wirkung der Herznerven mit Stillschweigen. *(212)*

Wir haben daher einige Versuche in anderer Form angestellt. Hier einer derselben.

Der Hund wie gewöhnlich durch Durchschneidung des Rückenmarks ohne vorherige Narkose bewegungslos gemacht. Durch einen vom Sternum aus 2 bis 3 cm nach oben längs dem äußeren Rand des m. sternocleidomastoideus geführten Schnitt dringen wir bis zur art. carotis und dem mit derselben verbundenen Vagosympathikus vor und gelangen dann längs diesem letzteren, indem wir uns nach unten hin wenden und das lockere Bindegewebe zerreißen, bald zum starken inneren Zweig. Unterhalb des Abgangs dieses Zweigs wird der n. vagus durchschnitten.

---

[1]) M. LÖWIT, PFLÜGERS Archiv, Bd. 29, [1882, S. 469—505]

Blutdruck während 10 sec	Zahl der Herzschläge in 10 sec
134	29
134	29
134	29
133	29
Reizung des starken inneren Zweigs. Rollenabstand 9 cm	
Der Druck steigt allmählich auf 150	28
Ende der Reizung	
150	29
150	29
146	29
140	29
137	29
135	29
120	28
120	28
Dieselbe Reizung	
Der Druck steigt allmählich auf 140	29
Ende der Reizung	
142	28
145	28
142	28
130	28
127	28
128	28 *(213)*
126	28
124	28
115	27
115	27
Reizung des starken inneren Zweigs. Rollenabstand 8 cm	
Der Druck steigt allmählich auf 132	26
Ende der Reizung	
134	27
140	27
140	26
134	25
129	26
125	26
121	26

In der Hoffnung, eine vollkommene Isolierung der verstärkenden Fasern zu erreichen, wendeten wir uns einem anderen Tier, der Katze, zu. Zufälligerweise schienen die ersten Experimente an diesem Tier unserer Hoffnung zu entsprechen. Von einem leicht zu findenden Vaguszweig aus wurde eine sehr bedeutende Druckerhöhung fast oder ganz ohne jegliche Veränderungen des Rhythmus beobachtet. Die weiteren Versuche entsprachen jedoch nicht den gehegten Hoffnungen. Zuweilen sind in dem dicken Zweig des Vagus der Katze, der dem starken inneren Zweig des Hundes entspricht, viele beschleunigende Fasern enthalten, zuweilen kann man ihn gar nicht finden. Man muß deshalb annehmen, daß im letzteren Fall die verstärkenden Fasern zum Herzen zusammen mit den beschleunigenden vom ganglion stellatum abgehen.

Ich führe den am meisten gelungenen Versuch an (Tafel VII, Ab. 6).

Die Versuchsanordnung ist ganz dieselbe wie bei den Hunden. Der stärkste Herzzweig des Vagus, der von der Innenseite oberhalb aller anderen feineren Zweige abgeht, wird freipräpariert und durchschnitten.

Blutdruck während 10 sec	Zahl der Herzschläge in 10 sec	
64	12	
66	12,5	
66	12,5	
65	12,5	
65	12,5	*(214)*
Reizung des verstärkenden Zweigs. Rollenabstand 9 cm		
Der Druck steigt auf 70	12	
auf 80	12,5	
Ende der Reizung		
auf 91	12	
94	12,5	
94	12,5	
92	12	
89	12	
84	12	
77	12	
72	11	
68	11,5	
66	12	
68	11,5	
68	12	
71	12	
71	12	
Dieselbe Reizung		
76	12,5	
86	12,5	
Ende der Reizung		
90	13	
84	12	
81	12	
92	12,5	

63	10,5
63	10,5
63	10,5
64	11
64	10,5
64	11
64	11

Dieselbe Reizung

70	10,5
75	11

Ende der Reizung

82	11
88	11 *(215)*
88	11
86	11
84	10,5
82	10,5
78	10,5
74	10,5
70	10
68	10
68	10
67	10 usw.

Während der Unterbrechung werden leicht und rasch auf der Lungenarterie in der Nähe der Ventrikel die Nerven durchschnitten, wie dies bereits in den Versuchen an Hunden beschrieben wurde. Die Präparierung am ausgeschnittenen Herzen nach dem Versuch zeigte, daß der von uns gereizte Zweig in der gleichen Weise wie der starke innere Zweig des Hundes verläuft und bei der zweiten Durchschneidung nahe den Ventrikeln in der Tat von uns durchschnitten war.

60	11,5
58	12
58	11,5
57	11,5
57	11,5

Reizung dessselben Zweigs. Rollenabstand 8,5 cm

57	12
56	11,5

Ende der Reizung

56	—
55	—
42	10,5
42	10,5
42	10
42	10

Reizung desselben Zweigs. Rollenabstand 8,5 cm

42	10,5
42	10,5

Ende der Reizung

42	10
42	9,5
40	9,5
40	10
39	9,5
40	10 *(216)*
39	9,5
39	10

Reizung dessselben Zweigs. Rollenabstand 8 cm

39	9
39	9,5
40	9,5
39	9,5
39	9,5 usw.

Auf diese Weise haben wir die verstärkenden Nerven als pressorische kennengelernt, die den Nutzeffekt der Herzarbeit vergrößern.[1])

Der weiteren Untersuchung gelang es, noch andere prägnantere Eigenschaften dieser Nerven festzustellen.

Schon in den ersten Versuchen über die verstärkenden Nerven zeigte die Beobachtung des bloßgelegten Herzens, daß das Herz bei Reizung des starken inneren Zweigs sich heftiger und *rascher* zu kontrahieren beginnt. Diese Tatsache wurde unbestreitbar konstatiert, als wir uns den kardiographischen Versuchen zuwandten. Auch hier begann der Versuch mit den gewöhnlichen Operationen: der Durchschneidung des Rückenmarks usw. Sodann wurde die ganze Vorderwand des Brustkastens entfernt. Das Perikard wurde der Länge nach eröffnet und mittels einiger Nähte von beiden Seiten an den Rändern der künstlichen Brustöffnung befestigt. Auf das Herz (den rechten Ventrikel unweit des sulcus longitudinalis anterior) wurde ein leichter hohler Glasapparat aufgestellt, der aus zwei mittels eines Glasröhrchens verbundenen kleinen Halbkugeln bestand. Die obere dieser Halbkugeln wurde mit Wachs an den Kopf einer Mareyschen Trommel, wie sie zum Aufsetzen auf Arterien des Menschen benutzt wird, angebracht. Mit besagter Trommel wurde auf gewöhnliche Art die notierende Trommel vereinigt. Der mittlere Teil des Glasapparats wurde (um seitliche Schwankungen zu vermeiden) vermittels eines Geflechts aus Glasstäbchen oder Metalldrähten gehalten. Die rezipierende Trommel nebst dem Glasapparat wurde derart aufgestellt, daß die untere Halbkugel bei den Bewegungen des Herzens weder zurückblieb noch zu sehr in die Muskelmasse eindrang. *(217)*

Bei Reizung des verstärkenden Zweigs wurde ein konstanter Effekt erhalten, der durch das hinzugefügte Kardiogramm (Tafel VIII, Abb. 15) dargestellt wird. Letzteres enthält ansteigende Wellen. Der aufsteigende Teil jeder Welle entspricht ungefähr der Systole (systolische Linie), der absteigende der Diastole (diastolische

[1]) Die Versuche über die pressorische Wirkungsweise des starken inneren Zweigs des Vagus sind von uns den Herren Prof. Botkin, Owsjannikow, Paschutin, Setschenow und Tarchanow demonstriert worden.

Linie), der Raum zwischen zwei benachbarten Wellen entspricht der Pause. Wir wollen die diesem Raum entsprechende Linie als Pausenlinie, die gedachte gerade Linie dagegen, welche dem Abstand zwischen den systolischen und der diastolischen Linie an der Basis der Welle entspricht, als Kontraktionslinie bezeichnen. Es ist klar, daß die Zeichnung der Wirklichkeit nicht vollkommen genau entspricht; der Einfluß seitens des registrierenden Apparats kann jedoch mehr oder weniger bestimmt werden. Es ist einleuchtend, daß die Zacke am Ende der Diastole, die durch Absinken der diastolischen Linie unter diejenige der Pause gebildet wird, der Beschleunigung entspricht, die der Apparat bei raschem Zurückkehren zur Norm erlangt hat. Hieraus folgt, daß man auch der Höhe der Wellen keine objektive Bedeutung beimessen darf. Doch kann über den Sinn der Veränderung des Kontraktionsprozesses bei Reizung des verstärkenden Zweigs gar kein Zweifel herrschen. Während die Pausenlinie vor der Reizung gewöhnlich kleiner ist als die Kontraktionslinie, wird erstere nach Reizung größer oder der Kontraktionslinie gleich, obwohl keine Verlangsamung des Rhythmus, vielmehr anfangs eine Beschleunigung eintritt. Die Verlängerung der Pause geschieht also auf Kosten einer Verkürzung der Kontraktionslinie. Dies kann jedoch nur infolge des rascheren Verlaufs der Herzkontraktion eintreten. Die Frage, was eigentlich verkürzt wird, die Systole oder die Diastole oder beide gleichzeitig, kann auf Grund unserer Kardiogramme nicht vollständig gelöst werden, teils weil infolge der langsamen Bewegung der Trommel die systolische und diastolische Linie zu nahe beieinander liegen, hauptsächlich aber, weil infolge der obenerwähnten Ursache das Ende der Systole nicht genau bestimmt werden kann. Doch kann man, wie mir scheint, aus der Betrachtung der Wellen den Schluß ziehen, daß die Diastole an diesem Prozeß der Verkürzung der Herzkontraktion ohne Zweifel teilnimmt. *(218)* Es fällt nämlich auf, daß aus der Kontraktionswelle die Abschüssigkeit verschwindet, mit der normal die diastolische Linie endet. Somit besteht der kardiographische Effekt des verstärkenden Zweigs in der Verkürzung des Kontraktionsprozesses des Herzens.

In bezug auf die Entstehung dieser Verkürzung kann man außer der spezifischen Wirkung des genannten Zweigs noch zwei Annahmen machen. Vielleicht verdankt der verstärkende Zweig diese Wirkung der Gegenwart beschleunigender Fasern, die, wie es BAXT[1]) im Laboratorium von LUDWIG gezeigt hat, die Systolenzeit verkürzen? Da ich diese Frage später noch berühren will, weise ich hier nur auf Folgendes hin. Bei Reizung des verstärkenden Zweigs ist es eine beständige Tatsache, daß die Verkürzung am deutlichsten erst nach Einstellung der Reizung eintritt, wenn die die Reizung dieses Zweigs gewöhnlich begleitende Beschleunigung vollkommen verschwunden ist, und daß sie vom Grad der Beschleunigung überhaupt nicht abhängt. Ganz anders bei Reizung der anderen beschleunigenden Zweige, und zwar der äußeren Äste, denen eine maximal beschleunigende Funktion zukommt. Bei diesen Zweigen beobachtet man niemals eine Verkürzung nach dem Verschwinden der Akzeleration. Diejenige Verkürzung, die bei der

[1]) BAXT, PFLÜGERS Archiv, 1878.

starken Akzeleration zum Vorschein kommt, ist im Verhältnis zur Verkürzung bei der Reizung des verstärkenden Zweigs unbedeutend. Außerdem wird dieselbe gewöhnlich in den Fällen beobachtet, wo auf unseren Kurven infolge einer sehr langsamen Bewegung der Trommel am Fuß der Wellen keine Zwischenräume bleiben. Man könnte also denken, daß bei einer schnelleren Bewegung der Trommel die Verkürzung gar nicht zu konstatieren wäre.

Die zweite mögliche Annahme über die Entstehung der hier beobachteten Verkürzung besteht in Folgendem: Ist nicht diese Veränderung des Kontraktionsprozesses ein Nebenresultat der Reizung des verstärkenden Zweigs? Dieser Zweig steigert nämlich den Blutdruck. Erscheint nicht die Verkürzung als Folge dieser Drucksteigerung? Die Unhaltbarkeit dieser letzteren Annahme *(219)* wird durch einfache Kontrollversuche dargetan. Das Zudrücken der Aorta verändert das Bild der Herzkontraktionen eher in entgegengesetzter Richtung, d. h., es verlängert die Kontraktionslinie.

Um die dritte Eigentümlichkeit des verstärkenden Nerven zu begreifen, müssen wir vorher noch einige bemerkenswerte Eigenheiten kennenlernen, welche bei Reizung gewisser Herznervenzweige beobachtet werden.

Schon bei den ersten Versuchen über die Herzzweige des Vagus wurde unsere Aufmerksamkeit auf die Tatsache gelenkt, daß bei Reizung der äußeren Zweige auf der Kurve Herzwellen aufgezeichnet wurden, die dem nicht entsprachen, was das Auge durch die Brustwunde am Herzen (eigentlich am rechten Vorhof) wahrnahm: Während der Vorhof sehr häufig zu schlagen begann, zeichnete das Manometer die Wellen nicht etwa häufiger, sondern in der Regel sogar seltener als in der Norm. Anfangs waren wir geneigt, diese seltsame Erscheinung der Mangelhaftigkeit unseres Manometers alter Konstruktion zuzuschreiben. Allein die Beständigkeit der Erscheinung auch bei Anwendung besserer Manometer und einige Bedingungen hinsichtlich seines Auftretens veranlaßten uns zu der Annahme, daß die Ursache der Erscheinung im Herzen selbst liege. Und in der Tat konnte man sich durch Anlegen des Fingers an die Arterien und an das Herz selbst (hauptsächlich an den linken Ventrikel) leicht überzeugen, daß die sonderbaren manometrischen Wellen wirklich vom Herzen selbst ausgehen, d.h., daß das Manometer die Kontraktionen des Ventrikels, was deren Anzahl betrifft, vollkommen richtig angibt. Anfangs stellten wir uns die Erscheinung nur als eine Disharmonie zwischen Vorhöfen und Ventrikeln vor. Erst dank weiterer einzelner und zufälliger Beobachtungen gelangten wir zur vollen Wahrheit. Man mußte annehmen, daß die Disharmonie tiefer geht, daß beide Ventrikel zuweilen gesondert, in verschiedenem Rhythmus schlagen können. Die Erscheinung der Disharmonie zwischen den Ventrikeln offenbarte sich uns in zweifelloser und deutlichster Form, als wir auf ein und demselben Papierstreifen zwei Manometer schreiben ließen, deren eines mit der art. carotis, das andere mit einem (dem oberen Lappen der rechten Lunge angehörigen) Zweig der art. pulmonalis (Tafel VII, Abb. 7) verbunden war. Soviel man nach diesen Versuchen urteilen kann, tritt die Disharmonie mit den Vorhöfen am leichtesten am linken Ventrikel ein, *(220)* während der rechte Ventrikel gleichzeitig mit ersterem zu schlagen fortfährt. Dies geschieht entweder bei kürzeren oder am Anfang längerer Reizungen. Später wird die Harmonie zwischen rechtem Ventrikel und Vorhöfen auch aufgehoben, so daß ersterer zugleich mit dem linken Ventrikel zu schlagen beginnt.

Bei der weiteren Beschreibung der Disharmonie haben wir ausschließlich diejenigen Kurven im Auge, welche die Bewegungen des linken Ventrikels allein darstellen, wobei die ihnen entsprechenden Kontraktionen der Vorhöfe von den Assistenten laut gezählt wurden und auf diese Weise die Disharmonie konstatiert werden konnte.

Die Disharmonie tritt bei der Reizung starker, rein beschleunigender Zweige ein. Es unterliegt wohl keinem Zweifel, daß in unseren Versuchen die Disharmonie eben den beschleunigenden, nicht aber irgendwelchen anderen Fasern (etwa den abschwächenden, wie man denken könnte) ihren Ursprung verdankt. Alle Zweige, deren Reizung Disharmonie zur Folge hatte, beschleunigten ohne Ausnahme die Kontraktionen der Vorhöfe beträchtlich und in größerem oder geringerem Grad auch die der Ventrikel. Je stärker die beschleunigende Funktion eines Zweigs ist, desto sicherer tritt bei seiner Reizung die Disharmonie ein und hält, einmal eingetreten, desto länger an. Entsprechend der Abnahme oder dem gänzlichen Schwinden der beschleunigenden Funktion infolge öfters wiederholter oder sehr starker Reizungen wird auch die Disharmonie geringer und verschwindet endlich ganz. Als Repräsentanten derjenigen Zweige, welche die Disharmonie bedingen, können die äußeren Zweige des Vagus betrachtet werden, insbesondere der untere äußere Zweig, der beständig als reiner stark beschleunigender Nerv auftritt. Sowohl das Eintreten der Disharmonie während der Reizung als auch die Anpassung des Ventrikels an den Vorhof nach aufgehobener Reizung vollzieht sich in verschiedenen Versuchen auf ziemlich verschiedene Weise. Zuweilen offenbart sich die Disharmonie als primärer Effekt der Reizung, zuweilen dagegen tritt zuerst eine Beschleunigung der Kontraktionen des gesamten Herzens ein und erst später, wenn die Beschleunigung bis zu einem gewissen Grad gestiegen ist, stellen sich die seltenen selbständigen Kontraktionen des Ventrikels ein. Auf der Kurve erscheinen die seltenen Wellen entweder sogleich vollkommen ausgeprägt, *(221)* oder es werden zuerst an der Spitze gespaltene Wellen wahrgenommen. Die Wiederherstellung der Harmonie zwischen dem Ventrikel und den Vorhöfen nach der Reizung vollzieht sich auf andere Weise. Zuweilen geht der seltene und selbständige Puls des linken Ventrikels in den allerdings noch etwas beschleunigten Puls des ganzen Herzens über. Gewöhnlich aber wird zwischen diesen Perioden der Ventrikeltätigkeit eine manchmal ziemlich lange Reihe an der Spitze gespaltener Wellen wahrgenommen, die sich immer mehr und mehr spalten, bis regelmäßige Wellen im etwas beschleunigten allgemeinen Herzrhythmus eintreten. Endlich wird seltener noch folgende Reihenfolge der Erscheinungen beobachtet: Nach den seltenen selbständigen Wellen tritt ein periodischer Wechsel ein, es wechseln einige Male Perioden mit seltenem selbständigem und Perioden mit häufigem, allen Herzteilen gemeinsamem Puls ab, wobei der Übergang des seltenen Pulses in den häufigen und umgekehrt allmählich, d.h., durch Spaltung, bzw. durch Konfluenz der Wellen, vor sich geht, sodann folgt eine lange Reihe gespaltener Wellen und endlich die Rückkehr zur Norm, wie bereits erwähnt (Tafel VII, Abb. 8). Bei welcher Häufigkeit der Herzschläge die Disharmonie eintritt oder verschwindet, das kann für jeden einzelnen Versuch nicht im voraus bestimmt werden. Überhaupt ist es, wie schon gesagt, richtig, daß je größer die Beschleunigung ist, desto eher die Disharmonie sich einstellt, und dies bildet in jedem einzelnen Versuch für die rein beschleunigenden Ästchen eine bestimmte Regel. In verschiedenen Versuchen jedoch variiert die Häufigkeit des Rhythmus, bei der die Disharmonie beobachtet wird, sehr bedeutend, ungefähr von 40 bis 25 Schlägen in 10 Sekunden.

In all unseren Versuchen, sowohl im Fall der Disharmonie zwischen den beiden Ventrikeln, als auch bei der Disharmonie zwischen den Vorhöfen und den Ventrikeln war das Verhältnis der Rhythmen wie 1:2. Dementsprechend hatten auch die zackigen Wellen immer nur zwei Zacken.

Die Erscheinungen der Disharmonie machen den Eindruck, als ob wir hier in den Ventrikeln ein Zusammenfließen, eine Summierung sehr oft nacheinander folgender Kontraktionen hätten. Daher werden wir in der Folge die beschriebenen, mit dem übrigen Herzen nicht harmonierenden Kontraktionen des linken Ventrikels als *summarische* bezeichnen. *(222)*

Die Disharmonie wird größtenteils von einer Druckabnahme begleitet, die oft ziemlich bedeutend ist, so fiel z. B. bei einer Anfangshöhe von 100 mm der Druck auf 50 mm. Ist der Druck schon an und für sich niedrig, so sinkt derselbe bis auf Null.

Die Disharmonie bildet eine sehr beständige Erscheinung und kann leicht hervorgerufen werden. Daß sie bisher unbekannt geblieben ist, hat, wie mir scheint, seinen Hauptgrund darin, daß unsere Vorgänger nicht diejenigen Zweige gereizt haben, welche die Disharmonie am leichtesten und am häufigsten bewirken. Wollte man nämlich beschleunigende Fasern reizen, so wählte man zu diesem Zweck fast immer die die ansa Vieussenii bildenden Zweige. Unter gewissen Bedingungen kann auch die Reizung der Ansa eine lang anhaltende Disharmonie bewirken, doch waren diese Bedingungen (näheres weiter unten) bei den anderen Forschern nicht vorhanden. Ebenso wird auch bei Reizung des starken inneren Zweigs, die von den Forschern sehr oft vorgenommen wurde, nur selten und ebenfalls nur unter besonderen Bedingungen das Eintreten der andauernden Disharmonie beobachtet. Als weitere Ursache, weshalb die anderen Experimentatoren die Disharmonie nicht beobachtet haben, könnte noch der Umstand dienen, daß das Herz in ihren Versuchen nicht denselben Bedingungen unterworfen wurde, wie in den unsrigen. Es scheint mir, daß das mehr oder weniger leichte Eintreten der Disharmonie in verschiedenen Versuchen davon abhängt, daß die Erregbarkeit des Herzmuskels infolge der Versuchsbedingungen eine verschiedene Veränderung erfährt. Leider unterließen wir, letzteren Umstand des Näheren aufzuklären. Wir wollen jedoch einen zufälligen Versuch anführen, der die etwa mögliche Annahme ausschließt, daß die Disharmonie nur unter abnormen Bedingungen eintritt. In einem der Versuche enthielt der Halsvagus eine Menge beschleunigender Fasern, und seine Reizung bedingte (die Brusthöhle war nicht eröffnet) das Eintreten der Disharmonie, die somit an einem vollkommen normalen Herzen auftrat.

Der verstärkende Nerv besitzt die Fähigkeit, die eben beschriebene Disharmonie zu beseitigen und die normale Tätigkeit des Herzens wiederherzustellen. Reizt man den starken inneren Zweig, nachdem infolge von Reizung der rein beschleunigenden Fasern *(223)* der Blutdruck gefallen ist und die Kurve die summarischen Wellen des linken Ventrikels aufweist, so beginnt der Druck nach 3 bis 5 Sekunden jäh zu steigen, wobei er die Norm bedeutend überschreitet und die seltenen summarischen Wellen durch häufige, dem ganzen Herzen entsprechende Wellen ersetzt werden (Tafel VII, Abb. 9). Reizt man dagegen zuerst den verstärkenden Zweig, wobei Drucksteigerung mit Pulsbeschleunigung eintritt, so bewirkt die Reizung der reinen, stark beschleunigenden Nerven nur eine noch größere Beschleunigung, wobei jedoch weder Druckabnahme noch summarische Wellen beobachtet werden. Daher ist es klar, weshalb der starke innere Zweig, er möge noch so viel beschleunigende Fasern enthalten, nie eine andauernde Dissoziation ergibt. Eine rasch vorübergehende Dissoziation wird zwar, wenn auch selten, am Anfang der Reizung beobachtet, augenscheinlich aus dem Grund, weil die Latenz der verstärkenden Fasern im Vergleich mit derjenigen der beschleunigenden viel länger ist. Damit die im starken inneren Zweig enthaltenen beschleunigenden Fasern die anhaltende Disharmonie bewirken können, muß vorher Lähmung der verstärkenden Fasern eintreten. Letzteres kann dank dem weiteren Verlauf beider Arten von Fasern leicht erreicht werden. Es genügt, den starken inneren Zweig tief zu durchschneiden, damit er (natürlich nur, wenn er viele beschleunigende Fasern enthält) die langdauernde Disharmonie bewirkt. Der Grund dafür liegt darin, daß die beschleunigenden Fasern schon ziemlich hoch von dem starken inneren Zweig abgehen und zu den Vorhöfen ihren Verlauf nehmen, während die verstärkenden sich nach unten hin fortsetzen und in die Masse der Ventrikel eindringen.

Als Ergänzung zur angeführten Charakteristik der verstärkenden Nerven können noch folgende ziemlich seltene und zufällige Versuche angeführt werden. Zuweilen tritt Unregelmäßigkeit des Pulses ein, bald wechseln regelmäßig ein starker und ein schwacher Schlag ab, bald folgt auf einen starken eine Reihe schwacher Schläge, nach diesen wieder ein starker usw. In diesen Fällen bewirkt die Reizung des verstärkenden Nerven das Eintreten gleichmäßiger starker Pulsschläge, sowohl während der Reizung selbst als auch noch lange Zeit nachher (Tafel VII, Abb. 10). *(224)*

V.

Wir unterzogen sodann die Frage nach den Bahnen einer eingehenden Bearbeitung, auf denen die verstärkenden Fasern das Herz vom Zentralnervensystem aus erreichen.

Wir begannen die hierauf bezüglichen Versuche mit Untersuchung der ansa Vieussenii auf verstärkende Fasern.

Hier der erste Versuch.

Die gewöhnliche Anordnung. Gereizt werden der obere und untere Ast der Ansa sowohl vor als nach Durchschneidung des starken inneren Zweiges und des Vergleichs wegen der obere innere und der starke innere Zweig. Ich führe nur das mittlere Stadium des Versuchs an, wobei ich noch hinzufügen will, daß die entsprechenden Reizungen bei wiederholter Anwendung immer ein und dieselben Resultate ergaben.

Blutdruck während 10 sec	Zahl der Herzschläge in 10 sec
55	13,5
55	13,5
55	13,5

Reizung des oberen Astes der Ansa. Rollenabstand 8,5 cm

Der Druck sinkt sogleich auf 50 mm, wobei seltene summarische Wellen registriert werden, nach denselben einige gespaltene, sodann steigt während der übrigen 10 Sekunden der 15 Sekunden langen Reizperiode der Druck bis 68 mm bei einer Pulsfrequenz von 25 normalen Schlägen in 10 Sekunden.

Ende der Reizung

67	25
66	24
63	21
63	18
66	17
64	16
62	15,5
60	15

Entsprechende Reizung des unteren Astes der Ansa *(225)*

Gleichfalls Druckabnahme, summarische und nach diesen gespaltene Wellen, sodann gegen Ende der 15 Sekunden langen Reizungsdauer Steigen des Drucks bis auf 75 mm bei einer Frequenz von 27 normalen Schlägen in 10 Sekunden

Ende der Reizung

75	27
75	26
70	25
67	22
70	19
70	18
68	17
66	17
62	17
61	16
58	16

Reizung des oberen inneren Astes. Rollenabstand 8,5 cm

53	11	Summarische Wellen
Ende der Reizung		
56	12	Gespaltene Wellen
56	23	Normale Wellen
58	20,5	
58	18	
59	16,5	

58	15	
58	15	
58	15	

Der starke innere Zweig durchschnitten

58	14	
58	14	
58	14	
58	14	
57	14	

Reizung des unteren Astes der Ansa. Rollenabstand 8,5 cm *(226)*

50	10	Summarische Wellen
58	12	
56	13	

Ende der Reizung

58	13	Summarische Wellen
58	12	
58	11	
56	17,5	Von hier an normale Wellen
56	16	
58	15,5	
57	15	
56	15	

Reizung des oberen Astes der Ansa. Rollenabstand 8,5 cm

52	10	Summarische Wellen
50	13	
50	13	

Ende der Reizung

54	11	Gespaltene Wellen
55	18	Von hier an normale Wellen
56	16	
56	14,5	
57	14,5	

Reizung des starken inneren Zweigs. Rollenabstand 8,5 cm

Der Druck sinkt sogleich bis auf 50 mm, wobei summarische Wellen und danach einige gespaltene registriert werden; um die achte Sekunde der 15 Sekunden langen Reizungsperiode steigt der Druck bis auf 68 mm. Auf dieser Höhe bleibt er bis zum Ende der Reizung bei einer Frequenz von 26 normalen Schlägen in 10 Sekunden stehen.

Ende der Reizung

70	27
74	26
75	24
78	22,5
82	20,5
78	20
73	19
70	18 usw. *(227)*

Es ist klar, daß die beiden Zweige der Ansa in diesem Fall die Herztätigkeit auf ganz dieselbe Art beeinflussen wie der starke innere Zweig, d.h. den Druck gleichfalls steigern und die infolge starker Beschleunigung beginnende Disharmonie aufheben, jedoch nur solange, wie der starke innere Zweig nicht durchschnitten ist. Somit gehen die den Druck steigernden und die Disharmonie aufhebenden Fasern aus der Ansa in den starken inneren Zweig über (Tafel VII, Abb. 11 und 12).

Um den Versuch noch überzeugender zu gestalten, habe ich die anatomische Unterbrechung durch die „physiologische", d. h. zeitweilige Vernichtung der Leitungsfähigkeit ersetzt und konnte auf solche Weise die Unterbrechung mehrere Male wiederholen, wie man die Reizung wiederholt. Diese Modifikation der Methode beseitigt jeden Zweifel über eine etwa mögliche Einmischung spontaner Veränderungen der Reizeffekte in Abhängigkeit von der Dauer des Versuchs. Die Vernichtung der Leitungsfähigkeit wurde durch Einlegen des Nerven in Schnee oder Eis erzielt. Nach mehr oder weniger langer Zeit wurde der Nerv aus dem Schnee herausgenommen, in die Wunde gelegt, wobei er sich erwärmte und die Leitungsfähigkeit von neuem gewann.

Hier ein derartiger Versuch.

Die gewöhnliche Versuchsanordnung. Durchschnitten sind die beiden Zweige der ansa Vieussenii, intakt geblieben der obere innere, der starke innere und der untere innere Zweig. Da der starke innere Zweig dieses Mal viele verlangsamende Fasern enthielt, wurde das Tier mit Atropin vergiftet.

Ich beginne direkt mit den unmittelbar vor dem Einlegen in Schnee ausgeführten Reizungen, da die früheren in entsprechender Weise dasselbe Resultat ergaben.

Blutdruck während 10 sec	Zahl der Herzschläge in 10 sec
60	17
60	17
Reizung des oberen inneren Zweigs. Rollenabstand 8 cm	
58	22 *(228)*
Ende der Reizung	
60	25
60	25
60	21
60	20

Reizung des starken inneren Zweigs. Rollenabstand 8 cm

Sofortiges Sinken des Drucks auf 55 mm, wobei summarische, nach denselben 2 bis 3 gespaltene Wellen registriert werden, gegen die 7. Sekunde der 10 Sekunden langen Reizungsdauer Steigen des Drucks bis auf 70 mm bei einer Frequenz von 32 normalen Schlägen in 10 Sekunden.

Ende der Reizung

69	32
66	30,5
66	27

65	25
63	23
62	23
62	21,5
60	21,5

Reizung des unteren inneren Zweigs. Rollenabstand 8 cm

57	23

Ende der Reizung

57	25
57	25
57	23,5
59	21,5
59	21,5
60	20,5
60	20

Reizung des unteren Zweigs der Ansa. Rollenabstand 8 cm

Sofort Sinken des Drucks auf 47 mm, gleich darauf Steigen; zuerst werden summarische, danach einige gespaltene, endlich normale Wellen registriert; in der 7. Sekunde der 10 Sekunden langen Reizungsperiode erreicht der Druck die Höhe von 70 mm.

Ende der Reizung

73	33	
69	31	
67	29	
66	25,5	
64	23	*(229)*
62	22,5	
61	22	
60	21,5	

Reizung des oberen Zweigs der Ansa. Rollenabstand 8 cm

Rasches Sinken des Drucks auf 50 mm, sodann Steigen; zuerst bei summarischen, gespaltenen und endlich normalen Wellen. In der 8. Sekunde der 10 Sekunden langen Reizungsperiode beträgt der Druck 70 mm.

Ende der Reizung

68	33
67	31
66	29
65	26
64	24
62	23
61	22
60	22

Der starke innere Zweig in Schnee gelegt

57	18
57	17,5
57	18
57	17

Reizung des unteren Zweigs der Ansa. Rollenabstand 8 cm

Rasches Sinken des Drucks auf 48 mm, sodann steigt derselbe auf 53 mm bei summarischen Wellen.

Ende der 10 Sekunden langen Reizungsperiode

56	16	Summarische Wellen
56	15	
56	14	

Der Schnee entfernt und der Nerv in seine alte Lage gebracht

54	13	Summarische und gespaltene Wellen
57	23	Von hier an normale Wellen *(230)*
57	20,5	
58	20	
57	19	
58	18	
58	19	
58	18	
57	17	
57	17	

Reizung des unteren Zweigs der Ansa. Rollenabstand 8 cm

Ein rasches Sinken des Drucks auf 50 mm, sodann allmähliches Steigen; zuerst bei summarischen, dann bei gespaltenen und endlich bei normalen Wellen; in der 10. Sekunde der Reizung erreicht er die Höhe von 65 mm.

Ende der Reizung

64	32
61	28
60	25
60	23,5
59	20
58	21
56	21
56	20
54	19

Reizung des oberen Zweigs der Ansa. Rollenabstand 8 cm

Der Druck sinkt rasch auf 47 mm; erreicht sodann bei summarischen, gespaltenen und endlich normalen Wellen (10. Sekunde der Reizung) die Höhe von 62 mm.

62	31
Ende der Reizung	
61	29
60	28
60	25
60	22
59	20,5
58	20
56	19,5
56	18,5
55	19
54	18 *(231)*

Der starke innere Zweig von neuem in Schnee gelegt

55	18
54	18
55	18

Reizung des oberen Zweigs der Ansa. Rollenabstand 8 cm

Der Druckt sinkt rasch bis 45 mm; steigt sodann allmählich bei summarischen Wellen (9. Sekunde der Reizung) auf 53 mm.

53	15,5	Summarische Wellen

Ende der Reizung

54	15,5	Summarische Wellen

Der Schnee entfernt und der Nerv in seine normale Lage gebracht.

54	13	Summarische Wellen
55	24	Von hier an normale Wellen
56	21,5	
54	21	
56	21	
56	20	
55	19,5	
55	19,5	
53	19	
52	18	
50	18	
50	18	

Reizung des unteren Zweigs der Ansa. Rollenabstand 7,5 cm

Der Druck sinkt rasch auf 47 mm; steigt sodann allmählich bei gespaltenen, später normalen Wellen (8. Sekunde der Reizung) auf 58 mm.

58	23

Ende der Reizung *(232)*

58	26
57	25
56	23
55	21,5
55	20
53	19
53	18
52	18
50	18

Reizung des oberen Zweigs der Ansa. Rollenabstand 7,5 cm

Rasches Sinken des Drucks auf 46 mm; sodann Steigen bei gespaltenen und normalen Wellen (10. Sekunde der Reizung) auf 57 mm.

57	25

Ende der Reizung

57	27
55	25
53	23

52	21
52	19
52	17,5
53	17
51	17
50	17

Der starke innere Zweig mit einer Schere durchschnitten

49	17
50	17
50	16,5
49	16
48	16
49	16

Reizung des unteren Zweigs der Ansa. Rollenabstand 7,5 cm

Der Druck sinkt rasch auf 42 mm; steigt sodann bei summarischen Wellen auf 49 mm (7. Sekunde der Reizung).

49		14	Summarische Wellen
	Ende der Reizung		*(233)*
50		14	Summarische Wellen
50		12	Gespaltene Wellen
48		21	Von hier an normale Wellen
47		19	
47		18	

Reizung des oberen Zweigs der Ansa. Rollenabstand 7,5 cm

Rasches Sinken des Drucks auf 42 mm. Sodann Steigen bei gespaltenen Wellen auf 46 mm.

47		12	Gespaltene Wellen
	Ende der Reizung		
48		11	Gespaltene Wellen
47		20	
47		18	
48		16	
47		16	

Reizung des oberen inneren Zweigs. Rollenabstand 7,5 cm

Der Druck sinkt rasch bis 43 mm und steigt sodann bei normalen Wellen bis auf 54 mm.

54		25
	Ende der Reizung	
54		26
55		26
54		24
52		21
51		19
50		19 usw.

In den beiden angeführten Versuchen beseitigten die verstärkenden Fasern der Ansa die Dissoziation, die die in demselben Nerven enthaltenen beschleunigenden Fasern bewirkt hatten. Der Versuch kann jedoch auch in der Weise angestellt werden, daß die Ansa auch diejenige Disharmonie beseitigt, die durch eine Reizung anderer Nervenzweige entstanden ist. *(234)* Dies wird am leichtesten erreicht, wenn man die Reizung der äußeren Zweige mit derjenigen der Ansa kombiniert (Tafel VII, Abb. 13 und 14).

Gewöhnliche Versuchsanordnung. Der Hund wird mit Atropin vergiftet. da der Halsvagus gleichzeitig auf die Anwesenheit von verstärkenden Fasern untersucht werden soll. Der starke innere Zweig wird natürlich nicht durchschnitten.

Blutdruck während 10 sec	Zahl der Herzschläge in 10 sec
85	17
85	17
Reizung des rechten Halsvagus. Rollenabstand 8,5 cm	
85	22
Ende der Reizung	
86	20
86	18
86	17,5
86	18
Reizung des starken inneren Zweigs. Rollenabstand 8,5 cm	
96	28
Ende der Reizung	
97	30
94	25
94	21
91	20
81	18
80	18

Reizung der beiden Zweige der Ansa zugleich. Rollenabstand 8,5 cm

Der Druck sinkt rasch bis auf 70 mm bei gespaltenen Wellen, steigt jedoch gleich wieder unter normalen Herzschlägen gegen Ende der 10 Sekunden langen Reizungsperiode bis auf 90 mm.

Ende der Reizung	
91	32
95	27,5
92	25
87	23 *(235)*
74	16
74	16
74	16

Reizung des äußeren unteren Zweigs. Rollenabstand 8,5 cm

Der Druck sinkt sofort bis auf 60 mm bei summarischen Wellen, erreicht darauf jedoch rasch die Höhe von 64 mm. Auf dieser Höhe bleibt er auch während der 10 Sekunden dauernden Reizungsperiode.

Ende der Reizung

64	16	Summarische Wellen
64	15	Summarische Wellen
76	25	Von hier an normale Wellen
76	23	Normale Wellen
77	15,5	
76	15,5	
76	15,5	

Reizung des äußeren unteren Zweigs. Rollenabstand 8,5 cm

Der Druck sinkt rasch bis auf 60 mm, anfangs unter häufigen normalen, später gespaltenen Wellen.

64	14,5	Summarische Wellen

Gleichzeitige Reizung des rechten Halsvagus. Rollenabstand 8,5 cm

58	15

Ende beider Reizungen

50	15	Summarische Wellen
56	Zuerst summarische, sodann gespaltene und endlich normale Wellen *(236)*	
60	23	
64	21	
67	19	
71	18	
74	18	
73	18	
72	17,5	
70	17,5	
68	17	
67	16,5	
66	17	

Reizung des äußeren unteren Zweigs. Rollenabstand 8,5 cm

Der Druck sinkt sogleich bis auf 54 mm.

60	14	Summarische Wellen

Gleichzeitige Reizung der Ansa. Rollenabstand 8,5 cm

Nach 3 bis 5 Sekunden steigt der Druck rasch bis auf 68 mm, und es treten statt der summarischen normale Wellen auf.

73	30

Ende beider Reizungen

78	31
84	28
88	26,5
85	24
82	22
77	21
72	20
60	15,5
60	15,5
60	15,5

Reizung des äußeren unteren Zweigs. Rollenabstand 8 cm

Der Druck sinkt rasch bei beschleunigten normalen Wellen bis auf 50 mm, steigt sodann bei summarischen Wellen auf 60 mm. *(237)*

60	13	Summarische Wellen

Gleichzeitige Reizung der Ansa. Rollenabstand 8 cm

Der Druck steigt rasch bis auf 72 mm, wobei statt der summarischen normale beschleunigte Wellen eintreten.

68	30	
Ende beider Reizungen		
64	28	
68	30	
77	26	
80	24	
79	22	
74	20,5	
69	19	
67	18,5	
64	18	
60	17	

Reizung des äußeren unteren Zweigs. Rollenabstand 8 cm

Der Druck sinkt rasch bis auf 52 mm.

52	13,5	Summarische Wellen

Gleichzeitige Reizung des linken Halsvagus. Rollenabstand 8 cm

51	15	Summarische Wellen
Ende beider Reizungen		
50		Summarische, gespaltene und endlich normale Wellen
50	27	
54	24	
57	22	
58	19 usw. *(238)*	

Die drei angeführten Versuche stellen außer allen Zweifel, daß die verstärkenden Fasern aus dem Zentralnervensystem durch die ansa Vieussenii zum Herzen gehen. Somit ist die Ansa ein komplizierter Herznerv, in dem sowohl beschleunigende als auch verstärkende Fasern enthalten sind. Die beschleunigenden Fasern erreichen das Herz aus der Ansa hauptsächlich durch die äußeren Herznervenzweige (teilweise auch durch viele andere), während die verstärkenden ausschließlich (in vielen, jedoch nicht allen Fällen) durch den starken inneren Zweig gelangen. Somit erscheint die Ansa nur nach der Durchschneidung des starken inneren Zweigs als rein beschleunigender Nerv (wenn in letzterem alle verstärkenden Fasern enthalten sind).

Aus dem letzten Versuch ersehen wir auch, daß die verstärkenden Fasern im Halsteil des Vagosympathikus nicht enthalten sind. So oft wir auch diesen an Hunden (an denen allein diese Versuche ausgeführt wurden) reizten, so haben wir dennoch niemals weder Druckerhöhung noch Beseitigung der Disharmonie beobachtet.

Zu ganz demselben Schluß über den Verlauf der verstärkenden Nerven haben uns auch die Versuche über den Einfluß der Ansa und des n. vagus auf den Kontraktionsprozeß geführt. Was den Halsvagus betrifft, so wurde in keinem einzigen Versuch bei Reizung (natürlich bei Vergiftung mit Atropin) irgend etwas beobachtet, was an die charakteristische Veränderung der Kontraktion erinnerte, wie sie bei Reizung des starken inneren Zweigs wahrgenommen wird. Dagegen erscheint die Kurve der Ansa derjenigen der verstärkenden Zweige sehr ähnlich. Betrachtet man die beigefügten Abbildungen (Tafel VIII, Abb. 16 und 17), so kann man leicht bemerken, daß bei intaktem starken inneren Zweig die von der Ansa und dem äußeren Zweig erhaltenen Kurven sich voneinander bedeutend unterscheiden. Während unter dem Einfluß des letzteren zuerst, und zwar auf lange Zeit, die Linie der Pause verschwindet, bleibt die letztere an der Kurve der Ansa ungeachtet einer gleichen Beschleunigung die ganze Zeit über deutlich bemerkbar. Dieser Unterschied verschwindet jedoch, sobald der starke innere Zweig durchschnitten ist; die Ansa gibt jetzt genau dieselbe Kurve wie der äußere Zweig. Leider sind entsprechende Versuche von uns nicht ausführlich genug angestellt worden. *(239)*

Auf Grund dieser und früher angeführter Versuche ist es leicht verständlich, warum Baxt, da er nur die Ansa reizte, ein und denselben Fasern das zugeschrieben hat, was eigentlich die Funktion von zwei verschiedenen Nerven ausmacht.

Die Abwesenheit verstärkender Fasern im Halsteil des n. vagosympathicus war für uns unerwartet, da wir auf Grund unserer vorläufigen Versuche (siehe den Anfang dieser Arbeit) für wahrscheinlich hielten, daß die verstärkenden Fasern auch im Vagus enthalten seien. Es muß also eine andere Erklärung für die Tatsache gefunden werden, daß bei der Erstickung der Tiere in der Periode, wenn der Druck zu sinken beginnt, als Folge einer Reizung des Vagus ein Steigen des Drucks oder wenigstens kein weiteres Absinken beobachtet wird. Die Erklärung fand sich sehr leicht. Bei Vergiftung des Tieres mit Atropin verschwand diese Erscheinung; letztere hält nur an, solange bei Reizung des Vagus eine Verlangsamung eintritt. Die Steigerung der Arbeit des Herzens bei Reizung des Vagus ist somit das Ergebnis der Verlängerung der Pause. Dies ist auch leicht verständlich. Das Herz arbeitet unter ungünstigen Bedingungen: Seine Ernährung ist spärlich, die zu leistende Arbeit dagegen beträchtlich. Daher kann das Herz sich während der kurzen Ruhezeit nicht genügend erholen, weshalb seine Erschöpfung immer mehr zunimmt. Dadurch, daß die Pause länger wird, erhält das Herz die Möglichkeit, auch unter den gegebenen Bedingungen einen besseren Zustand zu erreichen; daher wird die nachfolgende Kontraktion stärker. Von diesem Standpunkt aus erscheint auch die physiologische Bedeutung der verlangsamenden Fasern gut verständlich. Diese Fasern könnten somit als Regulatoren der Herzerholung angesehen werden. Von diesem Standpunkt aus wäre es verständlich, warum die Druckerhöhung gewöhnlich mit Verlangsamung Hand in Hand geht. Offenbar tritt nach einer jeden stärkeren Kontraktion auch eine größere Erschöpfung ein, weshalb sich das Bedürfnis nach einer um so längeren Ruhezeit einstellt.

Die oben angeführten Versuche berechtigen uns zu dem Schluß, daß *die Arbeit des Herzens von vier zentrifugalen Nerven regiert wird: dem verlangsamenden, beschleunigenden, abschwächenden und verstärkenden.*

Ich halte es für nützlich, noch einmal in einem allgemeinen Bild die Verteilung der vier Arten von Herznervenfasern in den verschiedenen Herzzweigen des Hundes anzuführen. *(240)*

Der Mehrzahl der abgebildeten Zweige kommen gewisse Funktionen beständig, andere dagegen nur zufällig zu. In dem starken inneren Zweig befinden sich beständig, oft auch ausschließlich (d. h., wenn er allein diese enthält) die verstärkenden Fasern der Ventrikel. Zu ihnen gesellen sich einzeln oder zusammen alle übrigen Herznervenfasern. Am häufigsten und bedeutendsten ist die Beimischung beschleunigender Fasern. Die verlangsamenden Fasern kommen beständig und in bedeutender Anzahl in den nächstfolgenden unteren inneren Zweigen vor, in denen zuweilen auch beschleunigende Fasern angetroffen werden. Die äußeren Zweige besitzen eine beständige und sehr starke beschleunigende Wirkung. Nur in seltenen Fällen enthält der obere äußere Zweig auch noch verstärkende Fasern, wobei derselbe dann eine mehr vordere Lage annimmt. Der obere innere Zweig enthält, wenn er vorhanden ist, gewöhnlich beschleunigende Fasern entweder allein oder in Gemeinschaft mit verlangsamenden oder verstärkenden Fasern. Die abschwächenden Fasern findet man unbestimmt in den inneren Ästchen verteilt, am häufigsten jedoch trifft man sie im starken inneren Zweig an.

VI.

In diesem Kapitel führe ich bruchstückweise gesammeltes und nicht ausgearbeitetes Material sowie einige Vermutungen und theoretische Erwägungen an.

Man kann, wie es scheint, mit Bestimmtheit annehmen, daß die neuen Nerven sich nicht in einem gewissen Punkt oder einer Gegend des Herzens sammeln, wie dies für die rhythmischen Nerven wahrscheinlich der Fall ist, sondern daß sie sich über das ganze Herz verbreiten, indem einzelne Verästelungen verschiedene Herzabschnitte innervieren. Wir haben bis jetzt nur die neue Innervation der Ventrikel studiert. Aus den Beobachtungen anderer Autoren (Nuël an Kaninchen und Fröschen, Gaskell an Schildkröten usw.) folgt jedoch, daß auch die Vorhöfe eine entsprechende Innervation besitzen. Daß die Innervation der Kontraktionskraft verschiedener Herzabschnitte in der Tat mehr oder weniger gesondert erfolgt, ergibt sich schon aus dem Umstand, daß sowohl bei mehreren Autoren in Versuchen an gleichen Tieren als auch bei ein und demselben Autor in Versuchen an verschiedenen, wenn auch nahestehenden Tieren die Veränderung der Kontraktionskraft unter dem Einfluß der Nerven sich bald auf diesen, bald auf jenen Herzabschnitt beschränkte. *(241)* Unsere Beobachtungen und Versuche bestätigen diese Annahme in vollem Maße. Während der Reizung des starken inneren Zweigs, wenn das Auge schon eine energische und rasche Kontraktion der Ventrikel wahrnimmt, bemerken wir keine entsprechende Veränderung in den Bewegungen der Vorhöfe. Bei Reizung der äußeren Zweige dagegen, wenn die Ventrikel häufiger zu schlagen beginnen, werden ihre Bewegungen oberflächlich, wogegen die Vorhöfe sich energisch und schnell kontrahieren. Somit sind die verstärkenden Fasern der Ventrikel in dem starken inneren Zweig, die der Vorhöfe in den äußeren Zweigen enthalten. Dieses Verhalten entspricht auch vollkommen dem anatomischen Verlauf dieser Zweige, die äußeren Zweige verlieren sich augenscheinlich in den Vorhöfen, der starke innere Zweig dagegen verteilt sich mit seinem Hauptteil in den Ventrikeln. Dementsprechend konnte man auch bei Reizung der abschwächenden Fasern zwischen den sichtbaren Veränderungen der Vorhöfe und den Schwankungen des Blutdrucks, d. h. den Veränderungen der Kontraktionsstärke der Ventrikel, keine Übereinstimmung wahrnehmen. Der von uns verfochtene Satz findet in unseren Versuchen an herausgeschnittenen Herzen besondere Bestätigung.

Gewöhnlich *(189)* wurden die Herzen von Tieren benutzt, an denen verschiedene oben angeführte Versuche angestellt worden waren. Diese Herzen erwiesen sich dank der allmählichen und bedeutenden Abkühlung der Tiere oft von beträchtlicher Lebensfähigkeit. An einigen konnte man noch nach Verlauf einer Stunde und mehr mittels der Nerven lokale Bewegungen hervorrufen.

Nachdem gewisse Vorsichtsmaßregeln zur Beseitigung einer Täuschung von seiten der Stromschleifen ergriffen worden waren, reizten wir den starken inneren Zweig des rechten Vagus (an dessen Ende oder in der Nähe der Ventrikel), den entsprechenden Zweig des linken Vagus (nur in der Nähe des Ventrikels) und endlich die äußeren Zweige des rechten Vagus.

Wenn an den Vorhöfen gänzliche Ruhe eintritt (eigentlich am rechten, wo es gewöhnlich allein beobachtet wurde), ruft die Reizung der äußeren Zweige beständig rhythmische Kontraktionen hervor, die größtenteils an einem gewissen Punkt beginnen, zuerst schwach sind, sodann immer stärker werden und sich peristaltisch verbreiten, um endlich einen bedeutenden Teil des Vorhofs zu erfassen. Nur in Ausnahmefällen beginnen zugleich mit den Vorhöfen auch die Ventrikel rhythmisch zu schlagen, doch gehen die Kontraktionen der Vorhöfe immer denen der Ventrikel voraus und sind von letzteren durch einen merkbaren Zeitraum getrennt. In der Regel beginnen die Bewegungen der Vorhöfe nicht sogleich nach Anlegung der Elektroden an den Nerven; gewöhnlich vergehen einige Sekunden, bevor sich die Bewegungen offenbaren. Oft erscheinen die Bewegungen erst nach aufgehobener Reizung, wenn letztere kurze Zeit angedauert hat. Ihre maximale Intensität erreicht die Bewegung fast immer nur nach der Reizung. Einmal angefangen, bleiben die Bewegungen noch sehr lange, *(190)* zuweilen mehrere Minuten bestehen. Die Reizung des starken inneren Zweiges des rechten Vagus äußert sich fast ausschließlich an den Ventrikeln, nur selten gesellen sich zu den Bewegungen der Ventrikel auch die Bewegungen der unteren Teile der Vorhöfe.

In seltenen Fällen bewirkt der starke innere Zweig rhythmische Kontraktionen der Ventrikel en masse, in der Regel ruft der rechte Zweig lokale (rhythmische oder peristaltische) Bewegungen des rechten Ventrikels und des vorderen kleineren Abschnitts des linken hervor, während der linke entsprechende Zweig dasselbe in bezug auf die Hauptmasse des linken Ventrikels bewirkt. Die besonders gelungenen Versuche dieser Art sind überaus effektvoll. Es scheint, als ob man wirklich einen motorischen Nerven des Herzens in Händen habe, nur mit dem Unterschied von den gewöhnlichen motorischen Nerven, daß die hier erhaltenen Bewegungen rhythmisch sind und nicht so rasch nach Beginn der Reizung eintreten. Während der Versuch mit Erregung der Bewegung in den Vorhöfen konstant von Erfolg begleitet ist, gelingt der Versuch an den Ventrikeln lange nicht in allen Fällen. Mir schien es wiederum, daß auch diese Versuche im Sommer einen viel günstigeren Verlauf nehmen. Man kann nicht umhin, die vollkommene Übereinstimmung der Ergebnisse der Reizung verschiedener Zweige am ganzen Tier mit den Ergebnissen der Reizung derselben Zweige am herausgeschnittenen Herzen einzugestehen. Die äußeren Zweige, die bei der ersten Versuchsanordnung nur ein Anwachsen der Vorhofskontraktionen bedingen, rufen bei der zweiten ebenfalls nur Bewegungen der Vorhöfe hervor. Dementsprechend wirkt auch der starke innere Zweig in beiden Fällen nur auf die Ventrikel. Daher kann man mit vollem Recht annehmen, daß die verstärkenden Fasern, wie sie durch die im IV. Kapitel angeführten Versuche nachgewiesen wurden, mit denjenigen Fasern, die am herausgeschnittenen Herzen die Bewegungen hervorrufen oder verstärken, vollständig identisch sind.

Wie soll man sich die Natur der neuen Nerven vorstellen? Es sind zwei Ansichten möglich [48]: Entweder sind es Gefäßnerven oder spezifische Nerven. Der ersten Vorstellung nach würden die abschwächenden Nerven die gefäßverengernden Nerven der Koronargefäße, die verstärkenden dagegen die gefäßerweiternden vorstellen. Der zweiten Ansicht nach müßte man die verstärkenden Zweige als solche ansehen, die die Reizbarkeit des Herzmuskels steigern, die abschwächenden dagegen als solche, die dieselbe vermindern.[49]

Vieles spricht für die vasomotorische Natur dieser Nerven. Erstens besitzen die verstärkenden Nerven eine sehr lange Periode der latenten Reizung, die gewöhnlich mehrere Sekunden beträgt, so daß man naturgemäß annehmen kann, daß dieselben mittelbar oder indirekt auf das Herzgewebe einwirken. Zweitens kann man aus den bereits beschriebenen Effekten der Reizung des starken inneren Zweigs leicht ersehen, daß das gegenseitige Verhalten der abschwächenden und verstärkenden Nerven sehr an dasjenige der gefäßverengernden und gefäßerweiternden Nerven erinnert. Anfangs, *(242)* solange beide Art Fasern noch frisch sind, behalten die abschwächenden das Übergewicht, nach mehrfach wiederholten Reizungen dagegen verlieren sie früher ihre Reizbarkeit, so daß der Effekt der verstärkenden Nerven immer mehr in den Vordergrund tritt, bis er endlich als einziges Ergebnis der Reizung des gemischten Zweigs wahrgenommen wird. Drittens nehmen die verstärkenden Zweige denselben Verlauf wie die Koronargefäße. Viertens spricht zugunsten dieser Ansicht deren Einfachheit. Daß der Grad der Ernährung auf die Tätigkeit des Herzens einen bedeutenden und raschen Einfluß ausübt, bildet heutzutage dank der Arbeiten der LUDWIGschen und KRONECKERschen Schulen einen fest begründeten Satz. Wir brauchten somit nicht ein neues Prinzip einzuführen. Doch können gegen die Annahme einer solchen

Erklärung einige gewichtige Gründe angeführt werden. Wir haben soeben gesehen, daß man den Einfluß der verstärkenden Nerven auch am herausgeschnittenen blutleeren Herzen konstatieren kann. Hierher gehört auch folgende von uns nur einmal beobachtete Tatsache.

Die gewöhnliche Versuchsanordnung. Gereizt werden der starke innere Zweig, der untere äußere Zweig und der untere Abschnitt des Vagus. Die mehrere Male geprüften Zweige wirken auf folgende Weise: Der starke innere Zweig steigert den Druck, wobei nur geringe oder gar keine Beschleunigung des Rhythmus eintritt, der untere äußere ruft Beschleunigung hervor, wobei der Druck etwas sinkt, der Vagus dagegen wirkt hemmend auf die Herztätigkeit.

Druck während 10 sec	Zahl der Herzschläge in 10 sec
29	14
29	14
29	14
Reizung des Vagus. Rollenabstand 8 cm	
Der Herzschlag wird immer langsamer und hört endlich ganz auf.	
Ende der Reizung	
30	14
29	14
29	14
Reizung des starken inneren Zweigs. Rollenabstand 8 cm	
Der Druck steigt	
allmählich bis auf 38	14,5
Ende der Reizung	
35	15,5
32	15,5
29	14
28	14 *(186)*
Reizung des unteren äußeren Zweigs. Rollenabstand 8 cm	
26	26
Ende der Reizung	
28	21
28	18
29	16 usw.

Es werden in zwei Perioden 6 cm³ tincturae convallariae majalis zur Hälfte mit Wasser verdünnt eingespritzt. Nach Verlauf einer Minute nach der letzten Einspritzung steigt der Druck bis auf 50 mm. Der Vagus bewirkt noch Verlangsamung. 1 Minute später stellt sich von selbst beträchtliche Pulsverlangsamung ein.

47	9
36	6,5
36	5
36	5
36	4,5
35	3,5

Herzstillstand
Nach 6 Sekunden der erste Schlag
Nach 10 Sekunden der zweite Schlag
2 Sekunden vor dem zweiten Schlag Reizung des starken inneren Zweigs vorgenommen.
Rollenabstand 8 cm.
Nach 5 Sekunden der dritte Schlag
Nach 3 Sekunden der vierte Schlag

Ende der Reizung

Der Druck steigt bis auf	35	5,5
	43	8
	50	10
	50	11
	50	11,5
	50	13

Reizung des Vagus. Rollenabstand 8 cm

Der Druck sinkt bis auf	38	13

Ende der Reizung

52	13 *(187)*

Reizung des äußeren unteren Zweigs. Rollenabstand 8 cm
Herzstillstand
10 Sekunden später wird die Reizung eingestellt.
Nach Verlauf von weiteren 10 Sekunden wird der starke innere Zweig gereizt. Rollenabstand 7,5 cm.

Nach 6 Sekunden der erste Schlag, sodann steigt der Druck bis auf

36	5
36	5

Ende der Reizung

51	14
54	12
54	12 [50]

Reizung des unteren äußeren Zweigs. Rollenabstand 7,5 cm

Während 20 Sekunden sinkt der Druck auf 40 mm bei 22 [51] Schlägen in 10 Sekunden, dann Herzstillstand.

Ende der Reizung

Herzstillstand während 12 Sekunden.

Reizung des starken inneren Zweigs. Rollenabstand 7,5 cm
Nach 12 Sekunden der erste Schlag
Nach 8 Sekunden der zweite Schlag
Während 10 Sekunden vier Schläge

Ende der Reizung

Während 7 Sekunden fünf Schläge

Der Druck steigt bis auf	56	12,5
	58	15
	52	14
	55	8

Herzstillstand während 16 Sekunden.
Reizung des starken inneren Zweigs. Rollenabstand 7 cm
Nach 15 Sekunden der erste Schlag
Während der folgenden 8 Sekunden steigt der Druck bis auf

	40	5 *(188)*
	Ende der Reizung	
	50	14
	55	14
	60	12 [52]

Herzstillstand
Nach 24 Sekunden der erste Schlag
Nach 26 Sekunden der zweite Schlag
Nach 15 Sekunden der dritte Schlag
Nach 8 Sekunden der vierte Schlag
Nach 18 Sekunden der fünfte Schlag
Reizung des starken inneren Zweigs. Rollenabstand 7 cm

Der Druck steigt bis auf	40	10
	Ende der Reizung	
	54	14
	58	15 usw. [53]

Über diesen Versuch müssen wir folgendes bemerken. Er nimmt unter den Versuchen, in denen eine Vergiftung mit convallaria majalis vorgenommen wurde, eine besondere Stellung ein. Hier wird nach der Vergiftung die gewöhnliche bedeutende Drucksteigerung nicht beobachtet, dagegen traten mehrfache Herzstillstände ein, was in anderen Versuchen nicht der Fall war. [54]

Somit äußert sich der Effekt des verstärkenden Zweigs am Herzen auch dann, wenn der Blutkreislauf aufgehoben und in den Koronargefäßen selbst nur sehr wenig Blut enthalten ist. *(243)*

Die Tatsachen scheinen also zugunsten der Spezifität unserer Nerven zu sprechen.

In letzter Zeit ist jedoch in der Wissenschaft eine Tatsache bekannt geworden, welche die Ansicht über die Wirkungsweise der Gefäßnerven wesentlich verändert.

In Heidenhains Laboratorium[1]) wurde bewiesen, daß die paradoxe Einwirkung des n. lingualis auf die Zungenmuskeln nach Degeneration des n. hypoglossus von den gefäßerweiternden Fasern des ersten Nerven abhängt. Somit erscheint als Reiz für die Muskeln unter ähnlichen Bedingungen der verstärkte Blutstrom. Da die paradoxe Einwirkung des n. lingualis auch an der herausgeschnittenen Zunge stattfinden kann, muß angenommen werden, daß die Wirkung der gefäßerweiternden Nerven auf das Gewebe auch bei minimaler Quantität des in den Gefäßen befindlichen Bluts fortdauern kann. Somit kann unseren letztangeführten Beobachtungen an dem herausgeschnittenen oder stillstehenden

[1]) R. Heidenhain, Über pseudomotorische Nervenwirkungen, Arch. f. Anat. u. Physiolog., Physiol. Abt., 1883, [S. 133-176]; N. Rogowicz, Über pseudomotorische Wirkung der ansa Vieussenii auf die Gesichtsmuskeln, Pflügers Archiv usw., Bd. 36, [1885, S. 1—12].

Herzen keine entscheidende Bedeutung in der Frage nach der Natur der neuen Herznervenfasern zugeschrieben werden; selbstverständlich muß die endgültige Entscheidung der Frage direkten Versuchen über den Blutstrom in den Koronargefäßen und dessen Veränderungen infolge der Reizung verschiedener Herznervenzweige überlassen bleiben. Die letzteren Versuche beabsichtigen wir bald in Angriff zu nehmen.

VII.

Zum Schluß wollen wir einen, wenn auch kurzen Überblick über die Literatur zu unserer Frage bringen. Lange Zeit existierten in bezug auf die neue, von der rhythmischen sich unterscheidende Innervation des Herzens nur einzelne Vermutungen. Soviel mir bekannt, ist AUBERT[1]) der erste gewesen, der auf eine besondere tonische Innervation des Herzens hingewiesen hat. Seine Annahme fand jedoch in der physiologischen Welt keinen Anklang. Letzteres erscheint auch begreiflich, da fast alle von ihm angeführten Beobachtungen leicht andere, einfachere, *(244)* den herrschenden Ansichten mehr entsprechende Erklärungen zuließen. Der einzige charakteristische Versuch, nämlich Sinken des Drucks mit unbedeutender Verlangsamung bei Reizung des n. vagus nach Koffeinvergiftung (offenbar unseren Versuchen mit Konvallaria analog) war leider in experimenteller Hinsicht nicht tadellos genug angestellt worden. Der Halsvagus konnte außer auf das Herz auch noch auf die Lungen und die Baucheingeweide wirken, da entsprechende Durchschneidungen nicht ausgeführt worden waren.

Ferner sprach NUËL[2]) unter anderem den Gedanken aus, daß es besondere, die Reizbarkeit des Herzmuskels herabsetzende Nerven geben könnte.

Endlich ist in späterer Zeit die Annahme einer besonderen, direkt auf die Reizbarkeit des Herzmuskels einwirkenden Innervation auf Grund einiger indirekter Versuche von dem englischen Physiologen GASKELL[3]) mit mehr Nachdruck betont worden.

Derselbe Autor hat etwas später, kurz vor mir, auch den anatomischen Beweis für die Lehre von einer besonderen Innervation des Herzens geliefert.[4]) *(245)*

---

[1]) H. AUBERT, PFLÜGERS Archiv, Bd. 5, [1872, S. 589—628].

[2]) NUËL, PFLÜGERS Archiv, Bd. 9., [1874, S. 83—108].

[3]) W. H. GASKELL, Proceedings of the Royal Society, 1881—1882, [v. 33, S. 199—203].

[4]) Die vorläufige Mitteilung GASKELLS über Schildkröten erschien 1882 im Augustheft von „The Journal of Physiology", die Arbeit selbst ein Jahr später in derselben Zeitschrift. Ich selbst wurde mit der vorläufigen Mitteilung GASKELLS erst zu Anfang des Jahres 1883 bekannt, so daß meine ersten Untersuchungen unabhängig von den seinigen ausgeführt wurden. Meine erste vorläufige Mitteilung, welche die Versuche mit Konvallariavergiftung enthält, erschien in der Еженед. клин. газ. Боткина *[*BOTKINS *klin. Wochenzeitung]*, Nr. 26, September 1882 (s. diesen Band, S. 53 -Red.). Ende Oktober desselben Jahres demonstrierte ich in einer der Sitzungen der zoologischen Sektion der bei der Petersburger Universität bestehenden Naturforschergesellschaft die Kurven, welche die Steigerung und das Absinken des Blutdrucks ohne Veränderung des Rhythmus als Folge der Reizung verschiedener Herznervenzweige angaben. Diese und weitere Ergebnisse erschienen in Form von vorläufigen Mitteilungen in der Еженед. клин. газ. Боткина *[*BOTKINS *klin. Wochenzeitung]*, 1882

Ich erlaube mir, seine Versuche eingehender anzuführen, da die Übereinstimmung unserer an sehr verschiedenartigen Tieren (Schildkröte und Hund) gewonnenen Resultate von großem Interesse ist und die beste Garantie für die Richtigkeit der von uns beobachteten Tatsachen bietet. GASKELL fand nämlich bei der testudo graeca, daß der rechte Vagus den Rhythmus auf gewöhnliche Weise beeinflußt, d. h. sowohl Verlangsamung als auch Beschleunigung hervorruft, während der linke den Rhythmus entweder gar nicht oder nur schwach verändert, dagegen beständig die Kontraktionsstärke der Vorhöfe sowohl im Sinne einer Verminderung als auch einer Steigerung beeinflußt. Doch blieb GASKELL auf diesem Punkt nicht stehen, und seine Bemühungen, eine genaue und beständige Isolierung der auf die Kontraktionskraft wirkenden Fasern von den rhythmischen zu erreichen, wurden vollständig von Erfolg gekrönt. Reine dynamische Fasern, wenn man dieselben so nennen darf, wurden in demjenigen Nerven (n. coronarius nach dem Autor) gefunden, der von den Sinusganglien zu den Ventrikelganglien verläuft. Die Wirkung dieses Nerven auf die Kontraktionsstärke ist eine doppelte: sowohl verstärkend als auch abschwächend. Der eine oder der andere Effekt offenbart sich auf folgende Art: Anfangs wird infolge der Reizung eine Abschwächung der Kontraktionen, die während der Reizungszeit anhält, wahrgenommen, und erst nach dem Einstellen der Reizung tritt als Nachwirkung eine Verstärkung der Kontraktionen auf. Bei weiteren Reizungen wird die Verstärkung schon während der Reizung beobachtet, wogegen die Periode der Abschwächung immer kürzer wird, bis sich endlich die Verstärkung als einziger und unmittelbarer Effekt der Reizung offenbart. Die Wirkung des n. coronarius kann noch auf andere Weise offenbart werden. Wird das Herz an einer gewissen Stelle verschieden stark abgeklemmt oder mehr oder weniger tief eingeschnitten, so tritt eine Disharmonie im Rhythmus der über und unter der verletzten Stelle gelegenen Herzteile ein; der untere Teil schlägt nur bei jedem zweiten, dritten usw. Schlag des oberen Teils. In seiner ersten Wirkungsphase, d. h., wenn er die Herzschläge abschwächt, ruft der n. coronarius die Disharmonie hervor oder steigert dieselbe, in der zweiten dagegen beseitigt er die Disharmonie oder macht sie geringer. Die dynamischen Fasern besitzen gleichfalls die Fähigkeit, die Ungleichmäßigkeit der Herzschläge entweder hervorzurufen oder zu beseitigen *(246)* (je nach der Phase). Die große Ähnlichkeit zwischen den Tatsachen GASKELLS und den meinigen tritt somit deutlich hervor[1]).

Gleichzeitig mit mir beschäftigte sich WOOLDRIDGE[2]) im LUDWIGschen Laboratorium mit demselben anatomischen Objekt, den Ventrikelnerven (wie er sie nennt) am Hund und gelangte in bezug auf die von mir denselben zugeschriebene

---

und 1883, (s. diesen Band S. 63 und 232 — Red.), ferner in meiner Inauguraldissertation 1883 (russisch) und in deutscher Sprache in zwei vorläufigen Mitteilungen im Centralblatt für die medicinischen Wissenschaften 1883 und 1885 (s. diesen Band S. 277 — Red.).

[1]) In der letzten Zeit jedoch scheint GASKELL (s. Journal of Physiology, t. 7, [1886, p. 1—76]), wieder sowohl die verstärkenden Nerven mit den beschleunigenden als auch die abschwächenden mit den verlangsamenden zu identifizieren.

[2]) L. WOOLDRIDGE, Arch. f. Anat. u. Physiol., Physiol. Abt., 1883, [S. 522—541].

besondere zentrifugale Wirkung eher zu negativen Ergebnissen. Dieser Widerspruch ist jedoch nicht so weitgreifend und kann, wie mir scheint, auf natürliche Weise erklärt werden. Auch WOOLDRIDGE bemerkte in zweien seiner 13 Versuche bei Reizung des *hinteren* Ventrikelnerven eine prägnante Steigerung des Drucks. Wie kommt es aber, daß er diese nicht öfter beobachtete? Das könnte, wie auch WOOLDRIDGE selbst angibt, daran liegen, daß die von uns konstatierten Fasern in dem hinteren Ventrikelnerven nicht so oft vorkommen wie in dem vorderen, an dem wir experimentierten.

Im Dezember 1882 machte POHL-PINCUS[1]) in der Berliner physiologischen Gesellschaft Mitteilung über einige Tatsachen, die auf den von uns behandelten Gegenstand direkten Bezug haben. Seine Versuche wurden an Fröschen angestellt. Zu den bekannten Wirkungseffekten des Vagus fügt POHL-PINCUS noch zwei andere hinzu: erstens den beschleunigenden Charakter der Diastole und zweitens Erweiterung der Spalten (bzw. Gefäße) des Herzens. Hinsichtlich der letzteren muß bemerkt werden, daß besagter Autor im Froschherzen zweierlei Muskulatur annimmt, wobei die eine, indem sie die Spalten bildet, die Rolle der Herzgefäße spielt. Der Verfasser unterscheidet von den beschleunigenden Nerven als eine besondere Art die verstärkenden, d. h. solche, welche eine Verstärkung der Kontraktion bedingen, und identifiziert diese mit denjenigen Nerven, welche die Beschleunigung der Diastole und Erweiterung der Spalten nach sich ziehen. Endlich wird die infolge der Vagusreizung eintretende Veränderung der Kontraktionsstärke mit den Veränderungen in der Nutrition in Zusammenhang gebracht. *(247)*

In der ersten Nummer des „Centralbl. f. die med. Wiss. 1884“ ist eine vorläufige Mitteilung von N. J. WEDENSKI „Über die telefonischen Erscheinungen im Herzen“ veröffentlicht. Dieser führt folgende an Hunden erhaltenen Tatsachen an. Wurde das periphere Ende des n. vagosympathicus mit schwachen Strömen gereizt, so daß kein Herzstillstand eintritt, so konnte man im Telefon, dessen Enden in den Herzmuskel eingeführt waren, einen künstlichen Muskelton wahrnehmen. Seine Höhe war der des reizenden Induktoriums gleich. Dieser Ton konnte nach Vergiftung mit Atropin bei Strömen verschiedener Stärke beständig wahrgenommen werden, verschwand dagegen, sobald das Tier mit Kurare vergiftet wurde. Verfasser stellt diese Versuche denen von GASKELL und von mir gegenüber und kommt zu dem Schluß, daß in dem Herzvagus neue Herzfasern mit dem Charakter der gewöhnlichen motorischen enthalten seien. Auf Grund dieser vorläufigen Mitteilung kann natürlich über die erwähnten Versuche kein bestimmtes Urteil ausgesprochen werden. Waren diese Versuche wirklich richtig, so würde die Frage nach der Natur der neuen Herznerven vollkommen entschieden sein. Leider ist jedoch Grund vorhanden, die richtige Beobachtung der Erscheinungen zu bezweifeln. Unsere obenangeführten Versuche hinsichtlich des Verlaufs der verstärkenden Nerven würden mit den telefonischen Versuchen in Widerspruch stehen, wollte man die Nerven von N. J. WEDENSKI, wie er es selbst tut, mit unseren verstärkenden identifizieren. Wenn man aber auch zuließe, daß die

---

[1]) POHL-PINCUS, Arch. f. Anat. u. Physiol., Physiol. Abt., 1883, [S. 272—273].

mittels des Telefons wahrnehmbaren Nerven sich von den verstärkenden unterscheiden sollten, so müßte sonderbar erscheinen, daß prägnante und beständig auftretende telefonische Erscheinungen von gar keinen bemerkbaren Veränderungen in der mechanischen Arbeit des Herzens begleitet werden, als ob die Nerven nur für das Telefon da wären. Wir sind nicht imstande, für die Beobachtungen Wedenskis eine genügende Erklärung zu finden und erwarten mit lebhaftem Interesse sowohl das Erscheinen der Arbeit selbst als auch die Wiederholung der Versuche durch andere Forscher.

Zum Schluß müssen wir noch der in diesem Archiv 1882 veröffentlichten Arbeit von Weinzweig[1]) Erwähnung tun, die, wenn auch aus anderen Gründen *(248)* unternommen, den Tatsachen nach zu unserer Arbeit direkten Bezug hat. Dieser Autor hat eine Reihe von Tatsachen erhalten, die mit einem Teil der unsrigen vollkommen übereinstimmen, ja, man könnte sagen, identisch sind. Erstens erwies sich, daß bei Muskarinvergiftung die Reizung des Halsvagus in einer gewissen Phase der Vergiftung die Kontraktionsstärke in prägnanter Weise vermindert, ohne auf den Rhythmus einen Einfluß auszuüben. Zweitens wird bei Reizung der ansa Vieussenii nicht nur Beschleunigung, sondern auch Verstärkung des Pulses beobachtet. Endlich konnten in einem Versuch, bei dem infolge der Muskarinvergiftung Herzstillstand eingetreten war, die Herzschläge durch Reizung der Ansa wieder hervorgerufen werden, wobei sich dies mehrere Male wiederholte.

Es will mir scheinen, daß auch diese literarische Übersicht ihrerseits nur die Überzeugung bestärken kann, daß die Erweiterung der äußeren Herzinnervation in der Physiologie auf volles Bürgerrecht Anspruch erheben kann, da sie auf Tatsachen begründet ist, die an verschiedenen voneinander sehr weit entfernten Tieren mit Hilfe verschiedener Methoden und von mehreren Forschern selbständig erhalten wurden. Die bestehenden Widersprüche sind nur indirekte und finden teilweise ihre genügende Erklärung.

ERKLÄRUNG DER ABBILDUNGEN [55]

Alle Kurven, mit Ausnahme von Nr. 6, sind von Hunden genommen; die Kurve Nr. 6 stammt von einer Katze. Die Nummern 15, 16 und 17 sind auf kardiographischem Wege erhalten, alle übrigen vermittels der Manometrie. Im Falle der kardiographischen Kurven entspricht die Länge von 5 cm einer Zeitdauer von etwa 10 Sekunden. Bei den manometrischen Kurven ist auf der Zeitlinie jede zweite Sekunde mit einer besonderen Marke notiert; nur auf Abb. 5 wird jede Sekunde für sich markiert. A. d. R. bedeutet Anfang, E. d. R. Ende der Reizung. Alle Kurven, mit Ausnahme von Nr. 5, 15, 16 und 17 müssen von links nach rechts gelesen werden. Bei *a-a-a* entsprechen jeder Welle je zwei Vorhofsschläge.

Abb. 1 und 2. Reizung des peripheren Endes des n. vagosympathicus am Halse, als der Blutdruck am Ende der Erstickung zu fallen beginnt. Der Nerv ist noch einmal im Thorax über der Abgangsstelle von den Lungenzweigen durchschnitten worden. Abb. 1: Der Blutdruck wird in seinem Sinken aufgehalten; Abb. 2: Der Blutdruck *(249)* wird in die Höhe getrieben. Die beiden Kurven stammen von zwei verschiedenen Hunden.

---

[1]) E. Weinzweig, Arch. f. Anat. u. Physiol., Physiol. Abt., [1882, S. 526—539].

Abb. 3. Reizung derselben Nerven zu der Zeit, wo der Blutdruck infolge der Vergiftung mit convallaria majalis sehr hoch gestiegen ist und Wellen der dritten Art registriert werden. Mit der Reizung verschwinden diese Wellen.

Abb. 4. Reizung des starken inneren Zweiges. Steigerung des Blutdrucks mit Beschleunigung der Herztätigkeit.

Abb. 5. Reizung des starken inneren Zweiges. Der Versuch ist mit einem besser konstruierten Manometer angestellt. Man bemerkt nicht nur die Steigerung des Blutdrucks, sondern auch die Zunahme jeder einzelnen Herzwelle.

Abb. 6. Reizung des starken inneren Zweiges bei der Katze. Steigerung des Blutdrucks ohne Veränderung des Rhythmus.

Abb. 7. Die obere Kurve repräsentiert die art. cruralis, die untere die art. pulmonalis. Es wird der untere innere Zweig gereizt. Disharmonien zwischen den beiden Ventrikeln.

Abb. 8 und 9 gehören zu ein und demselben Versuch. Abb. 8 Reizung des unteren äußeren Zweiges. Seit dem Moment, wo der Blutdruck infolge der Reizung sinkt, entsprechen jeder Welle der Kurve zwei Kontraktionen der Vorhöfe; auf den eingekerbten Wellen entspricht jeder Zacke eine Kontraktion der Vorhöfe; wo die häufigeren Pulse mit den selteneren alternieren, entsprechen die Kontraktionen der Vorhöfe den häufigeren Pulsen.

Abb. 9. Es wird derselbe äußere Zweig gereizt, 15 Sekunden später kommt die Reizung des starken inneren Reizes hinzu. Die Kontraktionen des Ventrikels werden sofort mit denen der Vorhöfe synchron und der Blutdruck steigt.

Abb. 10. Reizung des starken inneren Zweiges. Vor der Reizung sah man eine kleinere, kaum sichtbare Pulswelle auf eine größere folgen, nach der Reizung wurden alle Pulse gleich groß.

Abb. 11 und 12. Reizung der Ansa vor (Abb. 11) und nach (Abb. 12) der Durchschneidung des starken inneren Zweiges. Vor der Durchschneidung kommen die summarischen Wellen nur im Anfang der Reizung zum Vorschein; nach der Durchschneidung bestehen dieselben sehr lange nach der Reizung.

Abb. 13 und 14. Einfache Reizung des äußeren Zweiges allein (Abb. 13) und kombinierte Reizung desselben Zweiges mit der Ansa zugleich (Abb. 14). Im zweiten Falle verschwinden die summarischen Wellen sofort.

Abb. 15, 16 und 17. Kardiographische Kurven, demselben Tier nacheinander entnommen. Abb. 15: Reizung des starken inneren Zweiges. Abb. 16: Reizung der Ansa. Abb. 17: Reizung der äußeren Zweiges. Bei der Reizung des starken inneren Zweiges wird die Linie der Pause länger auf Kosten einer Verkürzung der Kontraktionslinie; bei der Reizung der Ansa bleibt die Linie der Pause trotz der bedeutenden Akzeleration sichtbar; bei der Reizung des äußeren Zweiges verschwindet die Linie der Pause, obwohl die Akzeleration dieselbe bleibt wie bei der Reizung der Ansa. *(250)*

REDAKTIONELLE BEMERKUNGEN

[1] Die klassische Arbeit PAWLOWS „Über die zentrifugalen Nerven des Herzens" wurde von ihm erstmalig im Jahre 1883 als „Dissertationsarbeit für den Grad eines Doktors der Medizin" veröffentlicht. PAWLOW, der zu dieser Zeit als „Ordinator der Therapeutischen Klinik von Prof. S. P. BOTKIN" arbeitete, widmete diese Dissertationsarbeit „dem hochverehrten IWAN MICHAILOWITSCH SETSCHENOW" unter dem Datum des 12. Mai 1883. Diese Arbeit war für PAWLOW auf lange Zeit Quelle eines andauernden, nie erlöschenden Interesses, wenn sie auch oftmals durch andere Fragen und Interessen an zweite Stelle rückte. Vier Jahre nach Druck der Dissertation veröffentlichte PAWLOW, der inzwischen Privatdozent an der Militär-Medizinischen Akademie in Leningrad geworden war, diese Arbeit erneut unter dem gleichen Titel in deutscher Sprache im Archiv

für Physiologie und Anatomie, Physiologische Abteilung, 1887. Bei aufmerksamem Vergleich dieser Arbeit mit der Dissertation erkennt man, daß IWAN PETROWITSCH für den Neuabdruck eine ganze Reihe zum Teil recht wesentlicher Änderungen vorgenommen hat. Einige Versuchsprotokolle sind entfernt, neue hinzugefügt, die in dieser Zwischenzeit erhalten wurden; der ganze Text ist sorgfältig überprüft.

Da diese deutsche Fassung einen späteren Entwicklungsabschnitt der Forschungen und Anschauungen PAWLOWS über dieses Thema wiedergibt, legen wir in dieser Ausgabe den deutschen Text aus dem Jahre 1887 zugrunde. In den redaktionellen Bemerkungen werden alle Abweichungen aufgeführt, durch die sich dieser Text von der ursprünglichen (russischen) Fassung der Dissertationsarbeit unterscheidet.

[2] Das Vorwort hat im ursprünglichen russischen Text folgenden Wortlaut:

„Bis in die jüngste Zeit konzentrieren sich die Forschungen über den nervalen Einfluß auf die Tätigkeit des Herzens in der Hauptsache auf die Rhythmusänderungen. Nur vereinzelte Autoren, COATS (1869[1]), NUËL (1875[2]), führten Tatsachen an, die zeigten, daß sich unter dem Einfluß der Herznerven nicht nur der Rhythmus, sondern auch die Kraft der Herzkontraktionen verändert. Trotz der in die Augen springenden Wichtigkeit der Tatsachen und einer gewissen Verworrenheit in den Aussagen der Autoren hat diese Frage aus irgendeinem Grunde lange Zeit nicht die ernste Aufmerksamkeit anderer Forscher auf sich gezogen. Seit dem vorigen Jahr jedoch tritt dieser Gegenstand offensichtlich in eine neue Phase. Drei Autoren, GASKELL[3]), HEIDENHAIN[4]) und LÖWIT[5]), haben unabhängig voneinander fast gleichzeitig ein und dasselbe Thema bearbeitet. In den Händen der neuen Forscher gewannen die Tatsachen viel an Deutlichkeit und Vollständigkeit. Es stellte sich heraus, daß man von dem n. vagus des Frosches vier Wirkungen auf das Herz erhalten kann: eine Verlangsamung und Beschleunigung des Rhythmus und eine Verminderung und Vergrößerung der Kontraktionskraft, wobei alle diese Zustände einzeln auftreten können. Die Autoren sprechen sich jedoch, einer heftiger als der andere, gegen die Annahme aus, daß die Rhythmusveränderungen und die Veränderungen der Kraft von verschiedenen Nervenfasern abhängen. Im Sommer des vergangenen Jahres bin ich im Laufe meiner Arbeit „Über den Vagus als Regulator des allgemeinen Blutdrucks"[6]) *(88)* auf die gleiche Frage gestoßen. In dem Bestreben, den Einfluß des Rhythmus auf die Höhe des Drucks genauer zu bestimmen, reizte ich bei Hunden den n. vagus, nachdem ich vorher die wichtigen Nebenäste, außer den Herzästen, soviel wie möglich abtrennte. Wider Erwarten erwiesen sich keine einfachen Beziehungen. Der Druck fällt manchmal bei sehr unbedeutenden Verlangsamungen oder sogar ohne jede Verlangsamung ab, in anderen Fällen bleibt eine große Verlangsamung ohne jeden Einfluß

[1]) J. COATS, LUDWIGS Arbeiten, 1869, [S. 176—207].

[2]) NUËL, PFLÜGERS Archiv, Bd. 9, [1874, S. 83—108].

[3]) GASKELL, Proceed. of the Royal Soc., Nr. 217, 1881.

[4]) HEIDENHAIN, PFLÜGERS Archiv, Bd. 26.

[5]) M. LÖWIT, a. a. O., Bd. 29, [1882, S. 469—505].

[6]) s. diesen Band, S. 233. — Red.

auf die Blutdruckhöhe usw. Diese Tatsachen richteten naturgemäß unsere Aufmerksamkeit auf das von GASKELL und HEIDENHAIN neu bearbeitete Problem (damals war die Arbeit von LÖWIT noch nicht veröffentlicht). Von Anfang an schien uns jedoch die Entschiedenheit sonderbar, mit der beide Autoren die Annahme verwarfen, einzelne Fasern könnten eine Rhythmus änderung und eine Kraftänderung hervorrufen. Ist denn der innere Prozeß der Herztätigkeit so gut und eingehend erforscht, daß man in diesem Fall ohne spezielle Untersuchungen unmittelbar entscheiden könnte, daß die Rhythmus änderung und Kraftänderung untrennbar miteinander verbunden sind? Es gibt mehr Gründe, das Gegenteil anzunehmen. Verschiedenartige Versuche am Froschherzen bezeugen übereinstimmend, daß der Rhythmus und der Umfang der Kontraktion Größen sind, die sich bei vielen Bedingungen völlig unabhängig verändern. Außerdem sind die von uns angenommenen komplizierten Beziehungen der Herzinnervation nicht ohne Analogie in der Physiologie. HEIDENHAIN[1]) selbst zeigte in seiner letzten Arbeit über die Speichelinnervation entgegen früheren, einfacheren Deutungen der Tatsachen, wie der scheinbar einheitliche physiologische Prozeß (Speichelsekretion) zergliedert werden kann und wie die Innervation dieser Gliederung folgt. Deshalb entschlossen wir uns, beide Erklärungen als gleichberechtigt zu betrachten, ja sogar noch mehr, wir gaben eher der Hypothese besonderer Herzfasern den Vorzug. Welchen Anlaß hat man in der Tat, auf einer Faserart im Nerven zu bestehen, wenn man durch diesen Nerven einmal die Herztätigkeit unterbinden kann, ohne bis zum Schluß den Rhythmus zu verändern, nur dank einer allmählichen Abschwächung der Zusammenziehung, ein andermal aber die Herzbewegungen außergewöhnlich verlangsamen kann, und ihre Kraft in keiner Weise *(89)* verändert? Es besteht eigentlich ein greifbarer Grund: die grobe anatomische Tatsache, die Möglichkeit, sofort von ein und derselben anatomischen Einheit nach Wunsch bald diese, bald jene Wirkung zu erhalten. Auch die Beschleunigung wird jedoch von einem und demselben anatomischen Strang erhalten, und dennoch wird für sie von der Mehrzahl eine besondere Faserart zuerkannt. Die anatomische Einteilung ist wertvoll, wenn sich die verschiedenen Faserarten auf getrennte anatomische Einheiten aufteilen; sie verleiht dann den physiologischen Schlußfolgerungen die höchste Überzeugungskraft. Im entgegengesetzten Fall jedoch hat die anatomische Tatsache nicht die geringste Bedeutung, wie durchweg von der ganzen Physiologie des Nervensystems bewiesen wird.

Die Stichhaltigkeit unserer Hypothese kann man auf zweierlei Art nachprüfen. Erstens, indem man untersucht, ob nicht Bedingungen existieren, bei denen vom ganzen n. vagus nur eine Wirkung erhalten wird, z. B. auf die Stärke der Herzkontraktionen und in keiner Weise auf den Rhythmus. Zweitens, indem man die anatomische Aufteilung des n. vagus in Richtung auf das Herz verfolgt, mit der Erwägung, ob sich nicht an irgendeiner Stelle

[1]) HEIDENHAIN, PFLÜGERS Archiv, Bd. 17, [1878, S. 1—67].

die mutmaßlichen Fasern verschiedener Funktionen anatomisch isolieren lassen.

Wir untersuchten das Problem nach beiden Richtungen.

Vor Mitteilung der Hauptergebnisse erachten wir es jedoch als nicht überflüssig, in einer kurzen Darlegung diejenigen vorhergegangenen Versuche wiederzugeben, die uns Anstoß zu der vorgesehenen Untersuchung waren."

[2a] Statt der folgenden Sätze bis zum Ende dieses Absatzes steht im russischen Text: „Das periphere Ende des rechten n. vagus wurde mit Hilfe eines DU-BOISschen Induktoriums gereizt, *(90)* das durch ein GRENETsches Element mittlerer Stärke aufgeladen wurde."

[3] Nach dem Punkt a) folgt im russischen Text folgender Punkt b) (Die Bezeichnung der folgenden Punkte verschiebt sich dementsprechend):

b) Auf einer Kurve, die bis zur Reizung nur die Herzwellen darstellt, erscheinen bei der Reizung gleichzeitig mit einer Verlangsamung Wellen dritter Ordnung; die Höhe des Drucks bleibt im übrigen ohne Veränderung (seltener Fall).

Das Tier ist wie oben zum Versuch vorbereitet. Sehr starke Vergiftung mit Kurare.

	Druck während 10 sec	Zahl der Herzschläge in 10 sec
	41	24
	41	24
	41	24
Reizung des Vagus. Rollenabstand 7 cm während 1 min		
Wendepunkte im Druck, im Abstand von 10—15 sec voneinander	38	10
	43	11
	40	14
	44	15
	40	16
Ende der Reizung		
3 min später	41	22
	41	24
	41	23
	41	23
	41	23
Reizung des Vagus. Rollenabstand 6 cm während 0,5 min		
Wendepunkte	36	6
	41	7
	39	11
Ende der Reizung		
	40	21
	41	23

[4] Im russischen Text ist folgender Punkt a) eingeschoben:

a) Bei wiederholter Reizung des n. vagus während einer allmählich fortschreitenden Erstickung und einer entsprechenden Erhöhung wird manchmal beobachtet, daß die gleiche Verlangsamung verschiedene Werte des Druckabfalls zeigt. Sie sind um so größer, je höher der Druck ist, oder mit anderen Worten, der Druck fällt bei gleicher Verlangsamung beständig auf ein bestimmtes Niveau.

Das Tier ist wie gewöhnlich zu dem Versuch vorbereitet.

	Druck während 10 sec	Zahl der Herzschläge in 10 sec
	40	22
	40	22 *(95)*
	Aufhören der künstlichen Atmung	
30 sec später stieg der Druck auf	90	23
	Reizung des Vagus. Rollenabstand 8 cm	
Stieg auf	90	10
	Ende der Reizung	
	128	18
	120	20
	Reizung des Vagus. Rollenabstand 8 cm	
Stieg auf	90	11
	Ende der Reizung	
	140	17
	140	20
	Reizung des Vagus. Rollenabstand 7,5 cm	
	90	10
	Ende der Reizung	
30 sec später	102	17
	50	15

[5] Der folgende Satz fehlt im russischen Text.

[6] Statt dieses Absatzes steht im russischen Text:

„So standen wir vor der Aufgabe, solche Bedingungen zu finden, bei denen die Herznerven so oder anders auf die Kraft der Herzkontraktionen wirken würden, ohne den Rhythmus zu beeinflussen oder umgekehrt.“

[7] Im russischen Text folgt:

„. . ., die dann unregelmäßig wellenförmig zu sein pflegt.“

[8] Der folgende Absatz von „Bei Reizung des Vagosympathikus . . .“ bis „. . . einer stärkeren Vergiftung entspricht.“ steht im Text der Dissertation nicht an dieser Stelle, sondern nach dem Abschluß der Versuche auf S. 76 vor dem Absatz „In Anbetracht der Versuchsbedingungen . . .“

[8a] Dieser Satz fehlt im russischen Text.

[9] Im russischen Text folgen die Worte:

„. . ., mit dem Manometer wird die rechte art. cruralis verbunden.“

[10] In der Dissertation folgen danach noch folgende Versuche:

2. Versuch. Dieselben Versuchsbedingungen.

	Druck während 10 sec	Zahl der Herzschläge in 10 sec
	126	26
	3 cm^3 tinctura convallariae majalis injiziert	
Der Druck stieg in 1 min auf	140	24
	Reizung des Vagus. Rollenabstand 6,5 cm	
	122	12
	Ende der Reizung	
Der Druck stieg in 1 min auf	164	34
	Reizung des Vagus. Rollenabstand 6,5 cm	
	150	30
	Ende der Reizung	
	164	30
15 sec später	174	34
	Reizung des Vagus. Rollenabstand 6,5 cm	
	160	32
	Ende der Reizung	
	180	35
	185	35
	Reizung des Vagus. Rollenabstand 6,5 cm	
	170	34
Druck stieg auf	260	

Bis jetzt war die Kurve völlig regelmäßig, nachdem sie sich 0,5 min lang auf diesem hohen Niveau gehalten hatte, begann sie, bei Wellen dritter Art zu fallen.

2 min später recht bedeutende Wellen 3. Art	160	—
	155	—
	150	—
	145	41
	142	41
	Reizung des n.vagus. Rollenabstand 6 cm	
Wellen fast erloschen	135	—
	130	40
	Ende der Reizung	
	133	—
	127	—
Erneut Wellen	122	—
	119	41
	116	—
	Reizung des Vagus. Rollenabstand 6 cm	
Keinerlei Wellen	108	—
	99	41
	Ende der Reizung	

(102)

Unregelmäßige und unbedeutende Wellen	108	—
	108	—
	107	41
	108	—
	108	41

Reizung des Vagus. Rollenabstand 6 cm

Absolut regelmäßige Kurve	103	—
	100	—
	100	40

Ende der Reizung

Sofort nach Aufhören der Reizung fiel der Druck innerhalb von 3 sec. auf	90	
Dann stieg er von neuem schnell auf	104	

Unterbrechung der Kurve auf 3 min

Völlig regelmäßige und bedeutende Wellen 3. Art	86	—
	85	
	84	40

Reizung des Vagus. Rollenabstand 5,5 cm

Wellen sind völlig verschwunden	78	—	
	78	40	
	74	—	*(103)*
Sofort nach Aufhören der Reizung fiel der Druck innerhalb von 5 sec auf	70		
Dann stieg er schnell auf	80	—	
Nicht völlig regelmäßige Wellen	78	40	
	76	—	
	74	39	
	73	—	
	72	39	

Reizung des Vagus. Rollenabstand 5,5 cm

Wellen sind verschwunden	67	—
	63	39

Ende der Reizung

Erneut Wellen	72	—
	70	—
	68	—
	66	38
	65	—
	65	—

Reizung des Vagus. Rollenabstand 5,5 cm

Keine Wellen	58	—
	52	38
	50	—

Ende der Reizung

Recht unregelmäßige Wellen	55	—
	54	—
	55	—
	53	38

Reizung des Vagus. Rollenabstand 9 cm

Keine Wellen	47	—
	44	38

Ende der Reizung *(104)*

3. Versuch. Die gleichen Versuchsbedingungen.

	Druck während 10 sec	Zahl der Herzschläge in 10 sec
	125	25
	Reizung des Vagus. Rollenabstand 11 cm	
	96	11
	Ende der Reizung 2,5 cm³ tinctura convallariae majalis injiziert	
1 min später stieg der Druck auf	140	25
	Reizung des Vagus. Rollenabstand 11 cm	
	130	15
	Ende der Reizung	
30 sec später erreichte der Druck	175	25
	Reizung des Vagus. Rollenabstand 11 cm	
	155	25
	Ende der Reizung	
30 sec später erreichte der Druck	190	28
Wellen	190	28
	Reizung des Vagus. Rollenabstand 10 cm	
Keine Wellen	190	28
	Ende der Reizung	
Unregelmäßige Kurve mit Wellen von 30 mm Höhe	190	28
	200	—
	200	28
	Reizung des Vagus. Rollenabstand 10 cm	
Keine Wellen	200	28
	Ende der Reizung	
Höchst unregelmäßige Kurve mit Wellen von 35 mm Höhe	205	—
	207	—
	204	28
	Reizung des Vagus. Rollenabstand 10 cm	(105)
Keine Wellen	200	28
	198	—
	202	28
	Ende der Reizung	
Erneut Wellen	200	—
	194	28
	191	—
	190	27
	180	—
	Stillstand des Herzens und Tod	

4. Versuch. Das Tier ist vermittels einer Durchschneidung des Rückenmarks ohne vorhergegangene Narkose unbeweglich gemacht worden. Wie später die Eröffnung erwiesen hat, war das Rückenmark 0,5 cm unterhalb des calamus scriptorius völlig durchschnitten. Die Nervendurchtrennung erfolgte wie gewöhnlich. Druck 70 mm. Zahl der Herzschläge in 10 Sekunden 14. Die Reizung des n. vagus (Rollenabstand 11 cm) bringt das Herz zum Stillstand. Es werden 2 cm³ der erwähnten Lösung der tct. convallariae

majalis eingespritzt. In 4 Minuten stieg der Druck allmählich auf 152, wobei die gleiche Reizung des n. vagus die ganze Zeit eine heftige Verlangsamung bewirkte. Es wurde noch 1 cm^3 convallaria majalis dazugegeben. Während der folgenden 3 Minuten stieg der Druck auf 184. Eine Reizung bei Rollenabstand 10 cm veränderte den Rhythmus nicht, bei Rollenabstand 9 cm kam das Herz zum Stehen; 5 Minuten danach verhielt sich der Druck folgendermaßen:

	Druck während 10 sec	Zahl der Herzschläge in 10 sec	
Unregelmäßige Wellen	150	20	
	148	20	
	146	20	
Reizung des Vagus. Rollenabstand 9 cm			
Kurve wurde regelmäßig	140	20	
	150	20	
Ende der Reizung			
Kurve völlig regelmäßig	136	19	
	136	20	
Unregelmäßige Wellen von 50 mm Höhe	146	20	
	150	—	
Reizung des Vagus. Rollenabstand 9 cm			
Keinerlei Wellen	150	—	
	143	20	
Ende der Reizung			(106)
Von neuem unregelmäßige Wellen	146	—	
	140	21	
	135	—	
Reizung des Vagus. Rollenabstand 9 cm			
Fast keine Spur von Wellen	130	21	
	128	—	
	120	22	
Ende der Reizung			
Unregelmäßige Wellen von unbedeutender Höhe	120	22	
	122	22	
	120	—	
	120	23	
	120	—	
	120	23	
Reizung des Vagus. Rollenabstand 9 cm			
Kurve änderte ihren Charakter wenig	116	—	
	110	22	
	105	—	
Ende der Reizung			
	104	—	
	103	22	
	103	—	
	102	22	
	100	—	
Reizung des Vagus. Rollenabstand 8 cm			
Wellen weniger ausgeprägt	92	22	
	84	—	
Ende der Reizung			

Recht bedeutende Wellen	90	22
	87	—
	93	23
	88	—
	Reizung des Vagus. Rollenabstand 8 cm	
Am Anfang der Reizung werden die Wellen geringer, zum Ende vollkommen verschwunden	84	—
	82	24
	78	—
	76	24
	Ende der Reizung	(107)
Unregelmäßige Wellen von 25 mm Höhe	85	—
	83	—
	82	—
	80	—
	78	24
	78	—
	Reizung des Vagus. Rollenabstand 7 cm	
Wellen verschwunden	73	—
	70	24
	Ende der Reizung	
Erneut Wellen	75	—
	74	—
	74	24
	74	—
	74	24
	Reizung des Vagus. Rollenabstand 7 cm	
Am Anfang verringern sich die Wellen, dann verschwinden sie ganz	70	—
	69	24
	68	—
	65	24
	Ende der Reizung	
Wellen sind vorläufig nicht groß	69	24
Dieselben Wellen wie vor zur Reizung	73	—
	70	24
	68	—
	68	—
	Reizung des Vagus. Rollenabstsnd 7 cm	
Keine Wellen	64	—
	58	24
	Ende der Reizung	
Erneut unregelmäßige Wellen	62	24
	63	—
	68	—
	65	23
	64	—
	64	23
	Reizung des Vagus. Rollenabstand 7 cm	(108)
Keine Wellen	61	23
	56	23
	Ende der Reizung	
Wieder unregelmäßige Wellen	62	23
	64	23
	60	—
	62	—

5. Versuch. Das Tier ist kurarisiert; die Speiseröhre exstirpiert; es sind die gewohnten Nervendurchtrennungen durchgeführt. Druck 120 mm. Zahl der Herzschläge in 10 Sekunden 32. Die Reizung des n. vagus, Rollenabstand 9 cm, stoppt den Herzschlag. Es werden 2 cm³ einer bis zur Hälfte mit Wasser verdünnten Lösung von tct. convallariae majalis eingespritzt. In 4 Minuten steigt der Druck nur auf 130 mm, weswegen noch einmal 2 cm³ der Tinktur eingespritzt werden. Nach einer Minute beginnt der Blutdruck von neuem und energisch zu steigen.

	Druck während 10 sec	Zahl der Herzschläge in 10 sec
Weitere 30 sec später	166	36
	Reizung des Vagus. Rollenabstand 10,5 cm	
	150	29
	Ende der Reizung	
30 sec später	186	36
	Reizung des Vagus. Rollenabstand 10 cm	
	182	31
	Ende der Reizung	
30 sec später	236	36
	Reizung des Vagus. Rollenabstand 9,5 cm	
	218	34
	Ende der Reizung	
	248	35
	235	36
	233	36
	Reizung des Vagus. Rollenabstand 9 cm *(109)*	
	208	33
Unmittelbar nach der Reizung sank der Druck in 2 sec auf	Ende der Reizung	
	200	
	235	34,5
	215	35,5
	204	36
	Reizung des Vagus. Rollenabstand 8 cm	
	186	33
	Ende der Reizung	
	200	34,5
	185	—
	175	36
	170	—
	160	35,5
	Reizung des Vagus. Rollenabstand 7 cm	
	157	33,5
	Ende der Reizung	
	166	34

Danach fällt der Druck im Verlauf von einer Minute allmählich auf 120 mm. Jetzt erscheinen auf der Kurve zum erstenmal einigermaßen regelmäßige und völlig ausgeprägte Wellen dritter Art.

115	35
111	—
107	35
104	35
Reizung des Vagus. Rollenabstand 8,5 cm	

Jetzt sind die Wellen 3. Art verschwunden	104	35	
	104	35	
	Ende der Reizung		
Überhaupt keine Wellen	105	—	
	106	—	
	107	35	
	107	—	
	108	35	(110)
Wellen tauchten auf	109	—	
	109	—	
	104	—	
	105	—	
	106	—	
	107	—	
	108	34	
	110	—	
	118	34	
	Reizung des Vagus. Rollenabstand 8,5 cm		
Sofort sind die Wellen verschwunden	116	34	
	120	34	
	Ende der Reizung		
Überhaupt keine Wellen	125	—	
	130	34	
	126	—	
	124	34	
	124	—	
	123	—	
	123	—	
Wellen tauchen erneut auf	123	—	
	123	34	
	123	—	
	Unterbrechung der Kurve auf 5 min		
Wellen 3. Art	104	—	
	105	35	
	102	35	
	Reizung des Vagus. Rollenabstand 8 cm		
Sofort sind die Wellen verschwunden	104	35	
	104	35	
	Ende der Reizung. Die Kurve bleibt danach lange ohne Wellen		

Danach folgt noch der Satz:

„Aus den angeführten Protokollen entnehmen wir folgende Ergebnisse."

Hieran schließt in der Dissertation der unter Ziffer Anmerkung [8] angeführte Text an. Dann geht es weiter mit dem Absatz: „In Anbetracht der Versuchsbedingungen..."

[11] Hier folgt im russischen Text der Satz:

„Es ist jedoch wahr, daß unsere Versuche dennoch an Deutlichkeit anderen analogen Versuchen nachstehen, z. B. den Versuchen über die Isolierung sekretorischer und gefäßerweiternder Nerven in der chorda tympani vermittels Atropin."

[12] Statt dieses Satzes heißt es im russischen Text:

„In Anbetracht dessen sind zur endgültigen Lösung der Frage andere Versuche notwendig. Wir müssen uns deshalb der zweiten Methode der Beweisführung zuwenden, die vorhin schon erwähnt wurde."

Danach folgt als Abschluß dieses Kapitels noch folgender Absatz:

„Doch bevor ich zu der neuen Versuchsreihe übergehe, halte ich es für unbedingt notwendig, wenn auch kurz, bei der Frage der Wellen in der Druckkurve zu verweilen. Die Tatsache des Verschwindens bestimmter Wellen aus der Kurve bei einer Reizung des peripheren Endes des n. vagus führt beharrlich zu der Schlußfolgerung, daß diese Wellen entgegen der verbreiteten Meinung in der Hauptsache sozusagen kardialen Ursprungs sind und den Ausdruck der sich wellenartig verändernden Kraft der Herzkontraktion darstellen. Daß diese Wellen ihre Entstehung dem Herzen verdanken, wird auch durch die Art ihrer Entstehung bestätigt. Auf unseren Kurven erscheinen sie dauernd am Schluß des nach der Vergiftung eintretenden Anstiegs. Höchstwahrscheinlich zeugen sie für eine Herzerschöpfung sowohl infolge der Vergiftung als auch unter der Schwere einer bedeutenden mechanischen Arbeit. Als bester Beweis für die Richtigkeit dieser Erklärung dient die bei einer sehr unregelmäßigen Kurve oft eintretende augenblickliche Lähmung des Herzens. Unsere Kurven mit solchen Wellen erinnern in ihrem Aussehen vollkommen an die Kurven der ‚Arrhythmie', wie sie bei HEIDENHAIN[1]) dargestellt sind, obwohl bei ihnen keine Veränderung im Rhythmus vorhanden ist. Die erwähnten unregelmäßigen Wellen gehen allmählich und unmerkbar in völlig regelmäßige über, in Wellen, die gewöhnlich TRAUBEsche Druckschwankungen genannt werden. Folglich muß man auch diesen, wenigstens in bestimmten Fällen, den gleichen Ursprung zuerkennen, da auch sie bei einer Reizung des n. vagus verschwinden. Auf diese Weise gibt es für die Wellen außergewöhnlich viele Ursprungsquellen. Und wie gut passen zu unserer Deutung diejenigen Bedingungen, die sich überhaupt als günstig für die Entstehung der TRAUBEschen Druckschwankungen erweisen. Das ist ein bestimmter Venositätsgrad des Bluts, der erschöpfende Einfluß des sich ausdehnenden Versuchs usw., *(114)* all dies, was sich auch in einer geschwächten Herztätigkeit auswirken wird. Jetzt wird tatsächlich festgestellt, daß die von verschiedenen Autoren vertretenen Theorien der Wellen dritter Art und im besonderen die *Theorie* von LATSCHENBERGER und DEAHNA[2]) an einer hochgradigen Einseitigkeit leiden. Fast alle Forscher bezogen sie auf Schwankungen in den Gefäßlumina, obwohl es beim Frosch schon längst bekannt war, daß das Herz bei verschiedenen erschöpfenden Umständen leicht in eine ungeordnete Tätigkeit übergeht und daß man durch Reizung des n. vagus für eine längere oder kürzere Zeit von neuem gleichmäßige Pulsationen erhalten kann. In unseren Versuchen ist offensichtlich das gleiche der Fall."

---

[1]) R. HEIDENHAIN, PFLÜGERS Archiv, Bd. 5, [1872, S. 143—153].

[2]) JOH. LATSCHENBERGER und A. DEAHNA, PFLÜGERS Archiv, Bd. 12, [1876, S. 157—204].

[13] Die Worte „... und die Brusthöhle von der zweiten bis zur vierten Rippe bloßgelegt..." fehlen in der Dissertation.

[14] Statt des letzten Satzes heißt es im russischen Text:

„Wenn wir unterhalb des soeben erwähnten Ganglions beginnen, so gehen folgende Ästchen ab: die oberen inneren, an Zahl 1 bis 3; sie sind größtenteils fein. Wie leicht zu sehen ist, verlieren sie sich bald in den Wandungen der hier befindlichen großen arteriellen Stränge."

[15] Dieser letzte Satz fehlt im russischen Text.

[16] Die Worte in der Klammer fehlen im russischen Text.

[17] Dieser Satz ist im russischen Text anders formuliert:

„Manchmal zieht vom Ganglion aus oder ganz eng an den n. vagus angeschmiegt, so daß man ihn abpräparieren muß, oder parallel zu ihm, ein starker Ast nach unten."

[18] Statt des letzten Satzes heißt es im russischen Text:

„Wenn die soeben beschriebenen Variationen der Schlinge vorhanden sind, bestehen die oben bei jedem Ast erwähnten Schlingen dementsprechend aus einer geringeren Anzahl und aus feineren Ästchen."

[19] Hier folgt im russischen Text der Satz:

„Bei diesen indifferenten Verhältnissen haben wir gleichsam ein wahres Spiel der Natur vor uns."

[20] Dieser Satz und die Abbildung fehlen im russischen Text. Stattdessen heißt es:

„Man kann mit vollem Recht die Hoffnung haben, daß dies wesentliches Material zur Lösung der Frage nach der intrakardialen Innervation des Herzens liefern wird, die während so langer Zeit so erfolglos an dem kleinen Froschherzen bearbeitet wurde."

[21] Im russischen Text folgen hier die Worte:

„..., ohne den Rhythmus zu verändern ..."

[22] Im russischen Text folgen hier die Worte:

„... oder nur eine schwache ..."

[23] Statt der Worte „bedeutendste depressorische" steht im russischen Text:

„... vorrangige ..."

[24] Die beiden folgenden Sätze fehlen im russischen Text.

[25] Im russischen Text folgen die Worte:

„..., obwohl das Ausgangsniveau das gleiche bleibt."

[26] Im russischen Text folgen die Worte:

„... und der Blutdruck erniedrigte sich ...“

[27] Im russischen Text folgen die beiden Sätze:

„Wie soll man diese Kombination der Erscheinungen verstehen? Da im zweiten Teil des Versuchs die depressorische Wirkung wesentlich kleiner wurde, obwohl der Ausgangsdruck fast der gleiche blieb wie im ersten Teil, ist die Annahme ausgeschlossen, daß das Ausmaß der depressorischen Wirkung von der Druckhöhe abhängig ist.“

[28] Statt „erstere“ heißt es im russischen Text:

„... die zweite ...“

[29] Im russischen Text schließen sich folgende Sätze an:

„Ich stelle mir die analysierten Tatsachen folgendermaßen vor. Anfangs wirkt die Nr. 1 auf die Blutdruckhöhe deswegen nicht ein, weil sich die Antagonisten gegenseitig ausgleichen. Bei der Vergiftung werden die verstärkenden Fasern gelähmt, und die Wirkung der abschwächenden Fasern tritt deutlich in Erscheinung. Mit dem Abklingen der Vergiftung, deren Indikator die bei der Reizung eintretende Verlangsamung ist, erholen sich die verstärkenden Fasern wieder ein wenig und neutralisieren bis zu einem gewissen Grad die Wirkung des Antagonisten. Der letzten Tatsache (einer für lange Zeit bestehenden Erniedrigung nach einer Reizung der Nr. 1) ist man, wie oben erwähnt, sehr oft in den Versuchen am n. vagus des Halses begegnet, wenn auch nicht in so deutlicher Form.

2. Versuch. Das Tier ist zu dem Versuch ganz genauso wie das vorige vorbereitet worden. Es sind drei Herzäste numeriert: Nr. 1 und 2 — zwei Ästchen, in die sich hier der Hauptast des Herzens aufteilt, Nr. 3 — der untere innere, einigermaßen starke Ast, Nr. 4 ist der Strang des n. vagus unterhalb der aufgezählten Äste, über dem Abgang der Hauptäste der Lunge noch einmal tiefer angeschnitten. Druck 80 mm. Zahl der Herzschläge in 10 Sekunden 22. Eine dreimal wiederholte Reizung der Nr. 1 und 2 bei Rollenabstand = 8 cm ergab im Höchstfall lediglich eine Verlangsamung um 4 Schläge in 10 Sekunden, während durch die gleiche Reizung der Nr. 3 und 4 das Herz jedesmal zum Stillstand kam. Es werden 4 cm³ einer bis zur Hälfte mit Wasser verdünnten tinct. convallariae majalis eingespritzt. Nach 1,5 Minuten beginnt der Druck zu steigen, nach weiteren 2 Minuten erreicht er 150 mm.

	Druck während 30 sec	Zahl der Herzschläge in 10 sec
Bedeutende TRAUBEsche Wellen	150	62

Im Augenblick der Reizungsunterbrechung ist der Blutdruck steil auf 30 mm gefallen, danach stieg er jedoch sofort wieder an. *(121)*

Unterbrechung der Kurve für 5 Minuten, da Gerinnung eingetreten ist. Als das Aufzeichnen des Drucks von neuem begonnen wurde, machte er bei äußerst unregelmäßigen Wellen 165 mm aus. Keine der Nummern übte jetzt die geringste Wirkung aus.

Erste Welle nach der Reizung ist höher als die benachbarte	147	25,5
	Reizung Nr. 2, Rollenabstand 7,5 cm	
Dieselben Wellen	145	24,5
	Ende der Reizung	
Dieselben Wellen	143	25
	Reizung Nr. 4, Rollenabstand 7,5 cm	
Keine Wellen	133	22
	Ende der Reizung	
Erste Welle bedeutend höher als die benachbarte	{ 150 156	25 26
	Reizung Nr. 1, Rollenabstand 7,5 cm	
Nächste Welle verspätet sich	147	25
	Reizung Nr. 1, Rollenabstand 7,5 cm	
Dieselben Wellen	145	24
	Ende der Reizung	
Wellen wie früher	150	26
	Reizung Nr. 3, Rollenabstand 7,5 cm	
Wellen schwach ausgeprägt	166	27
	Ende der Reizung	
Nächste Welle höher, weiter gewöhnliche Wellen	{ 170 170	28 27
	Reizung Nr. 1 und 2 zusammen, Rollenabstand 7,5 cm	
Wellen kaum merklich	150	26
	Ende der Reizung	
Nächste Welle bei weitem höher, die übrigen wie früher	{ 162 175	26 26

(122)

Das Ergebnis dieses Versuchs entspricht völlig dem Ergebnis des vorhergegangenen. Auch hier beginnt die depressorische Wirkung bei einer bedeutenden Lähmung der hemmenden Fasern in Erscheinung zu treten, am meisten aber bei der vollständigen Lähmung; auch hier ist sie im höchsten Maße auf den Hauptast des Herzens zurückzuführen."

[30] Im russischen Text folgen die beiden Sätze:

„Dieses Gift lähmt größtenteils fast gleichzeitig sowohl die hemmenden als auch die mutmaßlichen abschwächenden Nerven. Beispiele mit Atropin werden später in der folgenden Versuchsreihe gebracht werden."

[31] Statt des folgenden Satzes heißt es im russischen Text:

„Diese Form erscheint mir sogar überzeugender als diejenigen möglichen Fälle, in denen man von den bestimmten Ästchen nur eine Erniedrigung erhalten würde, weil man auch von diesen Ästchen mit gutem Grund annehmen könnte, daß es die gleichen hemmenden sind, die jedoch schon vor jeglicher Reizung durch eine Verletzung beim Abpräparieren auf eine niedrigere Erregbarkeitsstufe gebracht wurden. Solche Fälle kommen jedoch bei sorgfältiger Zählung der Herzschläge nicht vor; wenigstens ist es uns nicht gelungen, sie festzustellen. Das Ästchen, in dem sich die abschwächenden Fasern am häufigsten und am zahlreichsten befinden, wird, wenn auch eine unbedeutende Menge, immer hemmende und beschleunigende Elemente enthalten. Nichtsdestoweniger kommen an normalen Tieren, d.h. ohne jede Vergiftung, solche Faserkombinationen vor, die ihrerseits starke Beweise zugunsten der Hypothese von besonderen abschwächenden Fasern liefern.“

[32] Daran schließt sich in der Originalfassung der Dissertation folgender Text an:

„Wenn man annehmen wollte, daß die eine Seite der Wirkung (der Rhythmus) der hemmenden Fasern durch den Antagonisten, die beschleunigenden Fasern, kompensiert wird, die andere aber (Änderung in der Kraft der Kontraktion) ungeachtet der Beschleunigung bestehen bleibt, so würde das heißen, daß man sie soweit trennt, daß man kein Recht hat, sich gegen eine Einzelinnervation dieser Seiten aufzulehnen.

4. Versuch. Die gleichen Bedingungen wie in früheren. In dem wiedergegebenen Auszug aus dem Versuch werden gereizt Nr. 1, der Hauptast des Herzens, und Nr. 2 und 3, von denen in den Protokollen nicht vermerkt ist, wo sie abgehen. *(124)*

	Druck während 2 sec	Zahl der Herzschläge in 2 sec
	57	3,5
	58	3,5
	57	3,5
	57	3,5
	57	3.5
	Reizung Nr. 1, Rollenabstand 6 cm	
	52	4
	49	4
	48	4
	48	4
	49	4
	Ende der Reizung	
	48	3,5
	49	3,5
	48	4
	48	3,5
	50	3,5
	52	3,5
	53	3,5
	54	3,5
	Druck während 5 sec	Zahl der Herzschläge in 5 sec
2 min später	60	11
	60	11
	Reizung Nr. 2, Rollenabstand 6,5 cm	
	60	11
	60	17
	Ende der Reizung	
	60	17
	60	13
2 min später	62	12
	62	12

Reizung Nr. 3, Rollenabstand 6,5 cm	
62	12
62	14
Ende der Reizung	
62	14
62	12

(125)

Die Gegenüberstellung der Wirkungen der drei beschleunigenden Ästchen zwingt zu der Schlußfolgerung, daß sich in Nr. 1 außer den beschleunigenden noch Fasern befinden, welche die Kraft der Kontraktion beeinflussen.

Hierher gehört auch die Tatsache, daß sich an normalen Tieren bei einer Reizung des Hauptastes des Herzens mit einer unbedeutenden Verlangsamung fast immer eine relativ große Erniedrigung kombiniert, die selten bei Reizungen des n. vagus am Hals beobachtet wurde, die vielmehr eine entsprechende Verlangsamung ergaben."

[33] Statt des letzten Absatzes heißt es im russischen Text:

„Wenn ich das Kapitel über die abschwächenden Nerven abschließe, muß ich zugeben, daß die dargelegten Versuche nur die Wahrscheinlichkeit ihrer Existenz beträchtlich vergrößern, die Frage jedoch nicht endgültig lösen, weil den Versuchen entweder die Beständigkeit oder die Unbestreitbarkeit der Auslegung fehlt."

[34] Im deutschen Text fehlen die beiden Wörter:

„... Gaskell und ..."

[35] Im russischen Text folgen die Sätze:

„Bei Säugetieren ist etwas Ähnliches bisher noch nicht gezeigt worden. Wenn die Beschleunigung des Herzschlags und die Verstärkung der Kontraktionen, wie Heidenhain glaubt, nur zwei Wirkungsseiten ein und derselben Fasern darstellen würden, so müßte man in diesem Fall, in den Versuchen an Säugetieren, unbedingt bei der Reizung der beschleunigenden Nerven eine Erhöhung des Blutdrucks erwarten. Nichtsdestoweniger hat die Tatsache, daß bei Reizung der beschleunigenden Nerven keine Erhöhung des Blutdrucks vorhanden ist, bekanntlich der Entdeckung dieser Nerven zugrunde gelegen. Logische Folgerung aus diesen Erscheinungen war die Annahme, daß die verstärkenden Fasern besondere, von den beschleunigenden verschiedene Fasern sind *(126)* und bei den Säugetieren auf anderen Wegen zum Herzen verlaufen, wie die beschleunigenden. Deswegen wurden bei der Arbeit an den Herzästen dauernd auch diese möglichen Fasern im Auge behalten."

[36] Hier folgt im russischen Text der Satz:

„Diese Erhöhung trat manchmal durch einen Nerv ein, der früher bei wiederholter Reizung überhaupt keinen Einfluß auf das Blutdruckniveau hatte."

[37] Statt „... der Ösophagus ... Nerven durchschnitten" heißt es im russischen Text:

„..., aber nicht mit Kurare vergiftet. In den Anfangsversuchen wurden alle Ästchen, die überhaupt freipräpariert werden konnten, numeriert und gereizt. In der Folge, als sich die verstärkenden Fasern als mehr oder weniger genau lokalisiert erwiesen, wurden für den Versuch zwei bis drei bestimmte Äste freipräpariert.

1. Versuch. Übliche Vorbereitung des Tieres zu dem Versuch. Es sind einige Äste numeriert. Leider ist anfangs nicht darauf geachtet worden, wo jedes Ästchen abgeht. Eines davon hemmte, die beiden anderen beschleunigten den Herzschlag stark und erniedrigten den Druck bedeutend. Die Wirkung des vierten schließlich wird das nachfolgende Protokoll zeigen. Druck 77 mm. Anzahl der Herzschläge in 10 Sekunden 20. Im Laufe einer Stunde ist der 4. Ast dreimal mit großen Pausen bei Rollenabstand = 8—7 cm gereizt worden, wobei eine Beschleunigung um 3 bis 5 Schläge in 10 Sekunden eintrat, der Druck sich aber kein einziges Mal weder nach oben noch nach unten veränderte. Jetzt macht sich zum ersten Male ein Einfluß auf die Druckhöhe bemerkbar.

	Druck während 10 sec	Zahl der Herzschläge in 10 sec
	67	22
	67	22
	67	22
	Reizung, Rollenabstand 7 cm	
Steigt allmählich auf	71	25
auf	73	26
	Ende der Reizung	
auf	**75**	**24**
	75	23
	70	22
	67	22
3 min später werden 2cm³ tinctura convallariae majalis injiziert		
In 5 min stieg der Druck auf	120	
Bleibt auf diesem Niveau		
	123	25
	122	25
	123	25
	Reizung, Rollenabstand 6,5 cm	
Steigt allmählich auf	**134**	**25,5**
	134	28
	Ende der Reizung	
	134	28
	129	26
	123	25
	123	25
2 min später	110	24
	110	24
	108	24
	Reizung, Rollenabstand 6,5 cm	
Steigt allmählich auf	**120**	**24** *(128)*
Steigt allmählich auf	120	27

	Ende der Reizung	
	120	27
	118	26
	116	26
	116	25
	116	23
	Kurare injiziert, da sich das Tier infolge unvollständiger Durchschneidung des Rückenmarks manchmal bewegt.	
2 min später	38	17
	38	17
	38	17
	Reizung, Rollenabstand 6,5 cm	
Steigt allmählich auf	43	17
	47	**24**
	Ende der Reizung	
	50	**24**
	50	23
	52	22,5
	Das allmähliche Steigen dauert weiter an	
3 min später	70	23
	71	23
	72	23
	Reizung, Rollenabstand 6,5 cm	
Steigt allmählich auf	**85**	**25**
	83	29
	Ende der Reizung	
	82	27
	79	26
3 min später	71	21
	71	22
	71	22 *(129)*
	Reizung, Rollenabstand 6,5 cm	
Steigt allmählich auf	**80**	**22**
	80	27
	Ende der Reizung	
	78	26
	75	22,5
	76	23
5 min später	50	21
	50	21
	50	21
	Reizung, Rollenabstand 6 cm	
Steigt allmählich auf	**58**	**21**
	58	25
	Ende der Reizung	
	57	24
	56	23
	54	22
2 min später	50	22
	50	22
	49	22
	48	22
	48	22
	Reizung, Rollenabstand 5,5 cm	
Steigt allmählich auf	**55**	**23**
	54	26

	Ende der Reizung	
	52	27
	50	27
2 min später	46	21
	45	21
	46	21
	Reizung, Rollenabstand 5,5 cm	
Steigt allmählich auf	**51**	**22**
	50	23
	Ende der Reizung	
	49	25
	49	23 *(130)*

Ergebnis des Versuchs. Das betreffende Ästchen beginnt, von einem bestimmten Punkt des Versuchs ab (bis dahin hat es beschleunigt, ohne die Druckhöhe zu verändern), nicht unter 8 Reizungen, den Blutdruck bei Beschleunigung zu erhöhen. Dabei wird fast bei der Hälfte der Fälle ein Maximum der Erhöhung ohne Rhythmusänderung erreicht, die Beschleunigung kommt erst später hinzu; nach der Reizung fällt der Druck annähernd gleichzeitig mit einer allmählichen Verlangsamung. Am Schluß war die Reizung wie eine Art Anstoß für das Ansteigen des Drucks, der sich infolge der Kurarevergiftung gesenkt hatte. Die maximale Erhöhung betrug 16%.

2. Versuch. Genau die gleiche Vorbereitung des Tieres. Unser Ästchen (seine Lokalisation ist in den Protokollen wiederum nicht vermerkt) bewirkte anfangs bei einigen Reizungen einen Stillstand, auf den eine gewisse Erhöhung mit normalem Rhythmus folgte. Druck 35 mm. Anzahl der Herzschläge in 10 Sekunden 20. Jetzt wird dem Tier 1 cm^3 einer einprozentigen Atropinlösung eingespritzt.

	Druck während 10 sec	Zahl der Herzschläge in 10 sec
2 min später	35	19
	35	19
	35	19
	Reizung, Rollenabstand 6,5 cm	
Steigt allmählich auf	40	19
auf	**43**	**26**
	Ende der Reizung	
	40	25
	39	23
	38	20
3 min später	33	21
	33	21
	Reizung, Rollenabstand 6,5 cm	
Steigt allmählich auf	40	21
	Ende der Reizung	
auf	**42**	**21**
	40	21
	33	21 *(131)*
3 min später	36	20
	34	20
	36	20
	36	20
	36	20

	Reizung, Rollenabstand 6,5 cm	
Steigt allmählich auf	**41**	**20**
	41	21
	Ende der Reizung	
	38	21
	36	20
4 min später	31	21
	31	21
	Reizung, Rollenabstand 6,5 cm	
Steigt allmählich auf	34	21
	39	**21**
	37	21,5
	Ende der Reizung	
	36	23
	34	21
	33	20

Ergebnis des Versuchs. Die (maximale oder bis zu einem bestimmten Grad eintretende) Druckerhöhung bei der Reizung des Ästchens tritt regelmäßig ohne Beschleunigung auf; erst später kommt eine sehr unbedeutende (mit Ausnahme der 1. Reizung) Beschleunigung hinzu; bei einer Reizung bestand die Erhöhung während der ganzen Zeit ohne die geringste Beschleunigung. Die maximale Erhöhung betrug 27%.

3. Versuch. Die übliche Vorbereitung des Tieres. Es sind sechs Ästchen aufgefädelt: Nr. 1 (der Hauptast des Herzens) bringt das Herz zum Stillstand. Ebenso Nr. 2 und 3. Nr. 4 und 5 beschleunigen stark und erniedrigen, Nr. 6 bringt zum Stillstand und beschleunigt nach der Reizung. Die Reizung bei Rollenabstand = 7 cm ist mit der gleichen Wirkung dreimal wiederholt worden. Druck 70 mm. Anzahl der Herzschläge in 10 Sekunden 20. Es wird Atropin eingespritzt (in den Protokollen ist nicht vermerkt, wieviel). *(132)*

	Druck während 10 sec	Zahl der Herzschläge in 10 sec
1 min später	74	20
	73	20
	Reizung Nr. 1, Rollenabstand 7 cm	
	66	20
	Ende der Reizung	
	69	21
	70	24
	70	23

Eine sofort unternommene Reizung von Nr. 2 und 3 bleibt ohne die geringste Wirkung auf Druck und Rhythmus.

2 min später	68	24
	68	24
	68	24
	Reizung Nr. 1, Rollenabstand 7 cm	

In den ersten 6 Sekunden der Reizung hält sich der Druck auf altem Niveau, in den nächsten 6 Sekunden fällt er auf 60 mm, in den weiteren 8 Sekunden bis zum Ende der Reizung steigt er wieder auf 66 mm an; im Augenblick der Reizunterbrechung fällt er jedoch in der 2. bis 3. Sekunde wieder auf 60 mm. Der Rhythmus bleibt die ganze Zeit über unverändert. Der Druck und der Rhythmus verhalten sich weiterhin folgendermaßen:

	66	26
	68	27,5
	68	27
	Reizung Nr. 2 und 3 wieder ohne Wirkung	
6 min später	70	23
	71	23
	71	23
	Reizung Nr. 1, Rollenabstand 6,5 cm	
	71	23
	71	24
	Ende der Reizung	
	72	26
	72	27

2 Minuten später ergab die gleiche Reizung von Nr. 1 völlig dasselbe, 3 Minuten später ebenfalls, nur daß jetzt die Beschleunigung bedeutender war: Von 24 Schlägen in 10 Sekunden stieg die Frequenz bis auf 29 an. *(133)*

5 min später	61	22
	60	22
	62	22
	Reizung Nr. 1, Rollenabstand 6 cm	
	60	25
	Ende der Reizung	

Im Augenblick der Reizunterbrechung stieg der Druck im Verlauf von 2 Sekunden bis auf 66 an und fiel danach in 10 Sekunden allmählich auf 62 bei einem Rhythmus von 27 in 10 Sekunden.

	60	25
3 min später	55	23,5
	57	24
	56	23,5
	Reizung Nr. 1, Rollenabstand 6 cm	

Der Druck erreicht ohne Rhythmusveränderung in 3 Sekunden 61 mm. Mit der beginnenden Beschleunigung macht sich in der Kurve ein Abfall auf 55 mm bemerkbar, bei einem Rhythmus von 30 Schlägen in 10 Sekunden. Danach verhält sich der Druck, der plötzlich auf 62 angestiegen ist, folgendermaßen:

65	36
Ende der Reizung	
70	**34**
70	31
70	30
67	30
62	28
58	26,5
56	26
Reizung Nr. 1, Rollenabstand 6 cm	

Im Augenblick der Reizung erfolgte für 3 Sekunden ein Absinken auf das minimale Niveau von 54 mm. Danach wird sofort das Niveau von 62 mm erreicht, das sich auch 10 Sekunden bei 32 Schlägen in 10 Sekunden hält. Weiterhin steigt der Druck in 6 bis 7 Sekunden allmählich auf 65 mm.

	Ende der Reizung		
	67	33	
	69	**31**	
	67	30	
	64	29	
	61	28	*(134)*
3 min später	59	28	
	56	26	
	52	24	
	53	24	
	53	24	
	Reizung Nr. 1, Rollenabstand 6 cm		
Steigt allmählich auf	60	24	
	60	25	
Steigt allmählich auf	64	33	
	Ende der Reizung		
	66	**34**	
	65	30	
	62	29	
	59	29	
	58	27	
	56	26	
	54	25	
5 min später	55	21	
	55	21	
	55	21	
	Reizung Nr. 1, Rollenabstand 7 cm		
	55	21	
	55	22	
Steigt allmählich auf	60	23	
	Ende der Reizung		
auf	64	28	
	64	25	
	62	25	
1 min später	57	24	
	Reizung Nr. 1, Rollenabstand 5 cm		
Nach flüchtigem und unbedeutendem Sinken des Drucks steigt er allmählich auf	67	?	
	67	29,5	
	69	32	
	Ende der Reizung		*(135)*
	70	**31**	
	70	28	
	70	27	
	69	27	
	66	26	
	65	24	
	63	24	
2 min später	58	24	
	Reizung Nr. 1, Rollenabstand 5 cm		
Steigt allmählich auf	68	24	
	68	24	
	Ende der Reizung		
	70	**26**	
	70	27	
	68	27	

	65	25
	64	25
	63	24
	63	24
	Reizung Nr. 1, Rollenabstand 5 cm	
Steigt in 5 min auf	70	
	70	28
	Ende der Reizung	
Steigt allmählich auf	72	28
	74	27
	75	**25**
	72	25
	72	25
	70	24
	68	24
	66	24
	64	24
	65	23
4 min später	64	24
	64	24
	64	24 *(136)*
	Reizung Nr. 1, Rollenabstand 5 cm	
In 7 sec stieg der Druck ohne Änderung des Rhythmus auf	70	
In der 8. sec	70	30
	Ende der Reizung	
	72	29
	73	**27**
	71	26
	70	25
	67	24
5 min später	58	21
	57	21
	58	21
	Reizung Nr. 1, Rollenabstand 5 cm	
Steigt allmählich auf	63	21
	63	24
	Ende der Reizung	
Steigt allmählich auf	66	30
auf	**68**	**28**
	68	25
	66	24
	65	23
	63	23
	62	23
	60	22
	59	22
	58	22
	57	22
	57	22

Der Nerv wird mit einem feuchten, dünnen Faden unterbunden und oberhalb der Ligatur gereizt: nicht die geringste Wirkung, weder auf den Rhythmus noch auf die Blutdruckhöhe.

1 min später	56	22
	56	22
	56	22
Reizung Nr. 1 unter der Ligatur, Rollenabstand 5 cm		
Steigt allmählich auf	**63**	**30**
	Ende der Reizung	*(137)*
	63	30
	60	27
5 min später	53	27
	57	26
Rhythmus ist beschleunigt dank der vorangegangenen Reizung des beschleunigenden Ästes		
	Reizung Nr. 1, Rollenabstand 5 cm	
Steigt allmählich auf	**60**	**28**
	Ende der Reizung	
	60	30
	59	29

Ergebnis des Versuchs. Nach der Atropinvergiftung beschleunigt der Hauptast des Herzens ständig mehr oder weniger. Was die Blutdruckhöhe betrifft, so hat sie sich unter dem Einfluß der Reizung im Verlauf des Versuchs sehr verschieden, wenn auch nach einem bestimmten Plan, verändert. Anfangs trat bei der Reizung eine Druckerniedrigung ein, einmal eine gleichmäßige, ein andermal eine wellenartige. Danach bleibt der Druck bei einigen Reizungen unverändert. Zum Schluß beginnt er zu steigen, wobei die Erhöhung ausnahmslos bei 10 aufeinanderfolgenden Reizungen beobachtet wird. In den anfänglichen Reizungen kombiniert sich mit diesen Erhöhungen eine vorübergehende Erniedrigung, größtenteils im Augenblick des Reizungsbeginns. Das Maximum der Erhöhung wird gewöhnlich nach der Reizungsunterbrechung erreicht. Die gezeigten Veränderungen in der Wirkung der Reizung auf den Druck gehen Hand in Hand mit einer allmählichen Verstärkung des Stroms. Als man jedoch, nachdem bei der Reizung eine Erhöhung beobachtet werden konnte, zu dem schwachen Strom zurückkehrte, bewirkte auch dieser jetzt eine Erhöhung. Schon aus dem Gesagten geht klar hervor, daß zwischen den Veränderungen der Blutdruckhöhe und des Rhythmus überhaupt keine Parallele besteht. Die Ästchen haben jegliche Wirkung verloren, nachdem sie mit einem feuchten Faden unterbunden wurden.

4. Versuch. Die üblichen Versuchsbedingungen; außerdem ist die Speiseröhre herausgeschnitten. In dem folgenden Protokoll sind sechs Ästchen angeführt: Nr. 1, 3, 4, 5, 7, 8. Nr. 4 ist der Hauptast des Herzens. *(138)*

Druck während 10 sec	Zahl der Herzschläge in 10 sec
46	21
46	21
46	21

	Reizung Nr. 4, Rollenabstand 10 cm	
	45	21
	44	27
	Ende der Reizung	
	46	28
	45	23
1 min später	45	21
	45	21
	46	21
	Reizung Nr. 5, Rollenabstand 10 cm	
	45	24
	Ende der Reizung	
	46	22
1 min später	45	21
	45	21
	45	21
	Reizung Nr. 7, Rollenabstand 10 cm	
	46	23
	46	26
	Ende der Reizung	
	46	24
	46	21
5 min später	50	20
	50	20
	49	20
	Reizung Nr. 4, Rollenabstand 9 cm	
	50	23
	51	26
	Ende der Reizung	
	51	28
	51	24
	Reizung Nr. 1, Rollenabstand 9 cm	
	50	21
	49	23
	Ende der Reizung	
	49	23
	Reizung Nr. 3, Rollenabstand 9 cm	
	45	40 *(139)*
	Ende der Reizung	
	47	39
	46	34
	48	30
	49	26
2 min später	50	23
	50	23
	50	23
	50	23
	Reizung Nr. 5, Rollenabstand 9 cm	
	49	25
	45	38
	Ende der Reizung	
	46	36
	48	30
	50	26

Reizung Nr. 7, Rollenabstand 9 cm

	50	23
	50	26

Ende der Reizung

	50	25
	50	24

3 min später wird Atropin-Lösung injiziert

1 min später	55	21
	54	21
	54	21

Reizung Nr. 8 (bis Atropin das Herz zum Stehen bringt), Rollenabstand 9 cm

	54	27
	53	31

Ende der Reizung

	52	30
	52	28
	51	25
30 sec später	51	23
	51	23
	51	23

Reizung Nr. 4, Rollenabstand 9 cm

	53	30
	53	32

Ende der Reizung *(140)*

	53	31
	53	31
	52	24
	51	23

Reizung Nr. 1, Rollenabstand 9 cm

	51	24

Ende der Reizung

	51	25
	51	24

Reizung Nr. 4, Rollenabstand 9 cm

	47	36

Ende der Reizung

	48	39
	49	36
	49	30
	51	30
	51	29
	51	27
	51	25

Reizung Nr. 5, Rollenabstand 9 cm

	48	29
	44	36

Ende der Reizung

	44	34
	46	32
	48	30

	50	26	
	50	24	
	53	22	
5 min später	53	22	
	53	22	
	Reizung Nr. 4, Rollenabstand 8 cm		
In 6 sec stieg der Druck allmählich ohne Veränderung des Rhythmus auf	58		
14 sec später auf	57	29	
	Ende der Reizung		
Steigt allmählich auf	**62**	30	*(141)*
	62	26	
	60	24	
	55	23	
	53	22	
	53	22	
	Reizung Nr. 1, Rollenabstand 8 cm		
	52	23	
	Ende der Reizung		
	52	24	
	Reizung Nr. 3, Rollenabstand 8 cm		
	50	36	
	Ende der Reizung		
	50	36	
	50	37	
	50	34	
	50	31	
	50	29	
	50	28	
	50	24	
	49	24	
	Reizung Nr. 6, Rollenabstand 8 cm		
	49	26	
	48	28	
	Ende der Reizung		
	47	30	
	49	28	
	49	27	
	50	24	
	Reizung Nr. 5, Rollenabstand 8 cm		
	48	26	
	43	36	
	Ende der Reizung		
	45	32	
	46	28	
	49	27	
	50	24	
	Reizung Nr. 7, Rollenabstand 8 cm		
	52	26	
	Ende der Reizung		
	52	24	
5 min später	50	23	

	50	23	
	50	23	*(142)*
	Reizung Nr. 4, Rollenabstand 8 cm		
	56	23	
Steigt allmählich auf	55	29	
	Ende der Reizung		
	57	27	
	55	24	
	53	23	
	53	23	
	52	22	
	51	22	
	Reizung Nr. 1, Rollenabstand 8 cm		
	51	22	
	Ende der Reizung		
	50	23	
	Reizung Nr. 3, Rollenabstand 8 cm		
	48	34	
	Ende der Reizung		
	48	37	
	48	37	
	49	33	
	48	30	
	48	26	
	Reizung Nr. 6, Rollenabstand 8 cm		
	48	27	
	Ende der Reizung		
	50	27	
	Reizung Nr. 8, Rollenabstand 8 cm		
	50	28	
	Ende der Reizung		
	50	30	
	49	31	
	49	30	
	49	27	
	49	25	
	Reizung Nr. 5, Rollenabstand 8 cm		
	48	30	
	Ende der Reizung		
	48	32	
5 min später	49	22	
	49	22	
	49	22	
	Reizung Nr. 4, Rollenabstand 10 cm		*(143)*
Steigt allmählich auf	53	22	
	53	27	
	53	29	
	Ende der Reizung		
	51	29	
	50	25	
	49	24	
	Reizung Nr. 3, Rollenabstand 8 cm		
	46	34	

	Ende der Reizung		
	47	36	
	47	35	
	47	35	
	47	30	
	47	28	
	47	26	
	Reizung Nr. 8, Rollenabstand 8 cm		
	47	26	
	48	29	
	Ende der Reizung		
	48	31	
	48	29	
	48	26	
	48	25	
	Reizung Nr. 5, Rollenabstand 8 cm		
	47	26	
	46	30	
	Ende der Reizung		
	45	31	
	46	28	
	47	26	
	47	26	
	47	24	
	Reizung Nr. 4, Rollenabstand 8 cm		
Steigt in 5 sec ohne Veränderung des Rhythmus auf	54		
15 sec später	51	31	
	Ende der Reizung		
Steigt allmählich auf	55	29	*(144)*
	55	25	
	54	23	
	51	23	
	49	22	
	Reizung Nr. 8, Rollenabstand 8 cm		
	50	27	
	49	30	
	Ende der Reizung		
	48	30	
	48	27	
	Reizung Nr. 3, Rollenabstand 8 cm		
	44	34	
	Ende der Reizung		
	46	37	
	45	36	
	44	33	
	45	29	
	45	28	
	45	26	
	Reizung Nr. 6, Rollenabstand 8 cm		
	45	24	
	Ende der Reizung		

	44	30	
	43	27	
	44	24	
	44	25	
	44	25	
	44	25	
	Reizung Nr. 4, Rollenabstand 8 cm		
Steigt allmählich auf	51	25	
	50	30	
	Ende der Reizung		
Steigt allmählich auf	53	28	
	52	27	
	50	25	
	48	24	
	48	24	
	48	23	
	47	24	
	46	24	*(145)*
	45	24	
	45	24	
	45	24	
	Reizung Nr. 4, Rollenabstand 8 cm		
Steigt allmählich auf	51	25	
	50	27	
	Ende der Reizung		
Steigt auf	52	26	
auf	54	24	
	51	24	
	48	23	
	47	22	
5 min später	45	22	
	44	22	
	44	22	
	Reizung Nr. 8, Rollenabstand 8 cm		
	43	24	
	45	26	
	Ende der Reizung		
	45	27	
	44	25	
	Reizung Nr. 4, Rollenabstand 8 cm		
Steigt allmählich auf	49	25	
	49	28	
	Ende der Reizung		
	50	26	
	50	25	
	49	24	
	48	24	
	47	23	
	46	23	
	45	22,5	
1 min später	43	22	
	41	22	
	42	22	
	43	22	
	42	22	

	Reizung Nr. 6, Rollenabstand 7,5 cm	
	42	22
	40	25
	Ende der Reizung *(146)*	
	43	24
	43	24
	Reizung Nr. 4, Rollenabstand 10 cm	
Steigt allmählich auf	51	25
	48	28
	Ende der Reizung	
Stieg auf	**51**	**27**
	51	24
	50	23

Ergebnis des Versuchs. Bei allen 11 Reizungen beschleunigt der Hauptast des Herzens ständig die Herzschläge. Die Höhe des Drucks dagegen erfährt bei den ersten Reizungen keine Veränderung, mit der Verstärkung des Stroms und nach der Atropinvergiftung erhöht er sich bei den nächsten 8 Reizungen ausnahmslos. Der Verlauf der Erhöhung ist charakteristisch. Mit dem Beginn der Reizung eine allmähliche Erhöhung. Danach bleibt der Druck in der übrigen Zeit der Reizung entweder auf dem erreichten Niveau stehen, oder er sinkt sogar ein wenig ab. Nach der Reizung wiederum ein allmählicher Anstieg bis zum endgültigen Maximum. Manchmal hält sich das Maximum für 10 bis 20 Sekunden, und danach kehrt der Druck mehr oder weniger allmählich zur Norm zurück. Ist einmal die Erhöhung bei der Reizung in Erscheinung getreten, so erhöht jetzt auch der schwache Strom, der früher das Niveau nicht veränderte. Die maximale Erhöhung macht 20% aus. Zwischen der Erhöhung und der Beschleunigung besteht überhaupt keine Parallelität: Der Druck steigt bis zu einer bedeutenden Höhe oft ohne jede Rhythmusveränderung, das Maximum der Erhöhung wird größtenteils dann erreicht, wenn die Beschleunigung sich schon vermindert, usw. Alle übrigen Ästchen, fünf an der Zahl, haben ungeachtet der verschiedenartigsten Stufen der durch sie herbeigeführten Beschleunigung nicht ein einziges Mal den Druck im geringsten erhöht, einige haben ihn eher ziemlich beständig und deutlich gesenkt.

5. Versuch. Die üblichen Versuchsbedingungen; die Speiseröhre ist herausgeschnitten; Im Verlauf des Versuchs werden sieben Ästchen gereizt: Nr. 1, 3, 4, 5, 6, 7, 8. Nr. 3 ist der Hauptast des Herzens. *(147)*

Druck während 10 sec	Zahl der Herzschläge in 10 sec
80	24
82	24
82	24
81	24
Reizung Nr. 4, Rollenabstand 10 cm	
78	24
82	25
Ende der Reizung	

	82	26
	81	25
	82	24
Reizung Nr. 3, Rollenabstand 10 cm		
	78	22,5
	76	22,5
Ende der Reizung		
	80	24
	81	24
	81	24
Reizung Nr. 1, Rollenabstand 10 cm		
Stillstand des Herzens für 2 sec		
Ende der Reizung		
	75	23
	78	24
	82	24
	83	24
Reizung Nr. 7, Rollenabstand 10 cm		
	80	24

Der Druck fällt jetzt rasch auf 56 mm; in der Kurve werden seltene Herzwellen aufgezeichnet, die der starken Beschleunigung der Herzschläge, die mit dem Auge festgestellt wird, nicht entsprechen. Im folgenden werden wir solche Wellen mit dem Wort „zusammenfließende Wellen" bezeichnen.

Ende der Reizung		
	56	Zusammenfließende Wellen
	58	32
Steigt allmählich auf	70	25
	73	24
	77	24
	80	24
	84	24
	83	24 *(148)*
Reizung Nr. 8, Rollenabstand 10 cm		
Stillstand für 5 sec		
Ende der Reizung		
	76	24
	76	24
	79	25
	79	25
Reizung Nr. 6, Rollenabstand 10 cm		
5 sec später bei normalem Rhythmus	79	
Sinkt schnell auf	65	
		Zusammenfließende Wellen
Ende der Reizung		
Steigt allmählich auf	76	dieselben Wellen
	80	30
	80	28
	82	26
	82	24
	82	24
Reizung Nr. 4, Rollenabstand 9 cm		

	83	24	
	79	32	
	Ende der Reizung		
	82	29	
	81	26	
	82	25	
	80	25	
	Reizung Nr. 5, Rollenabstand 9 cm		
	83	25	
	Ende der Reizung		
	82	28	
	81	27	
	82	26	
	83	25	
	Reizung Nr. 3, Rollenabstand 9 cm		
	76	24	
	77	25	
	77	27	
	76	29	
	Ende der Reizung		*(149)*
	78	29	
	80	30	
	82	29	
	84	26	
	83	25	
	Reizung Nr. 7, Rollenabstand 9 cm		

5 Sekunden später beginnt der Druck zu sinken und fällt in 6 Sekunden auf 40 mm, wobei zusammenfließende Herzwellen auftreten.

	Ende der Reizung		
	40		Zusammenfließende Wellen
Steigt auf {	56	34	
	62	28	
	64	26	
	70	25	
	77	24	
	80	24	
	82	24	
	82	24	
	Reizung Nr. 7, Rollenabstand 9 cm		

5 Sekunden später beginnt der Druck zu fallen und sinkt im Verlauf von 5 Sekunden auf 55 mm, wobei in der Kurve zusammenfließende Herzwellen aufgezeichnet werden.

	Ende der Reizung		
Steigt allmählich auf	56		Zusammenfließende Herzwellen
	65	29	
	66	25	

auf	73	25	
auf	81	24	
	82	24	
	Reizung Nr. 6, Rollenabstand 9 cm		
7 sec später fällt er sofort auf	66		
	Ende der Reizung		
	66		Zusammenfließende Herzwellen
Steigt auf	74		Dieselben Wellen
	77	32	
	76	27	
	80	27	(150)
	Reizung Nr. 4, Rollenabstand 9 cm		
	82	27	
	83	28	
	Ende der Reizung		
	83	29	
	83	27	
	83	25	
	Reizung Nr. 5, Rollenabstand 9 cm		
	83	25	
	83	26	
	Ende der Reizung		
	82	27	
	83	26	
	Reizung Nr. 3, Rollenabstand 9 cm		
	83	24	
	82	28	
	Ende der Reizung		
	81	26	
	81	25	
	81	24	
5 min später	83	24	
	81	24	
	Reizung Nr. 5, Rollenabstand 8 cm		
	81	24	
	83	26	
	Ende der Reizung		
	82	27	
	81	25	
	81	24	
	81	24	
	Reizung Nr. 3, Rollenabstand 8 cm		
Steigt auf	85	25	
	85	29	
	Ende der Reizung		
Steigt allmählich auf	89	32	
	91	30	
	90	29	
	88	28	
	84	26	
Sinkt auf	80	26	
	78	25	
	76	25	(151)

	75	25	
	74	24	
	73	24	
	Reizung Nr. 7, Rollenabstand 8 cm		
2 sec später sinkt der Druck schnell auf	45		
	55		Zusammenfließende Herzwellen
	50		
	48		
	Ende der Reizung		
Steigt auf	60	27	
	65	26	
	70	25	
	73	25	
	75	24	
	Reizung Nr. 6, Rollenabstand 8 cm		
7 sec später fiel der Druck auf	63		
	Ende der Reizung		
Steigt allmählich auf	67		Zusammenfließende Herzwellen
	70	29	
	72	27	
	73	25	
	73	24	
	74	24	
	74	24	
	Reizung Nr. 3, Rollenabstand 8 cm		
Steigt allmählich auf	83	24	
Sinkt auf	80	27	
Steigt von neuem auf	85	28	
	Ende der Reizung		
Fällt schnell auf	78	29	
Steigt von neuem auf	87	29	
	87	28	
	88	27	
	86	27	
	83	27	
	80	27	(152)
	76	27	
	73	27	
	72	26	
	72	26	
	72	25	
5 min später	75	25	
	75	25	
	75	25	
	Reizung Nr. 5, Rollenabstand 8 cm		
	75	25	
	75	26	
	Ende der Reizung		

	75	25	
	75	25	
	75	25	
	Reizung Nr. 3, Rollenabstand 8 cm		
	73	25	
Steigt allmählich auf	85	26	
Sinkt auf	78	30	
	79	29	
	Ende der Reizung		
In 5 sec auf	78	28	
Steigt steil auf	86		
	86	27	
	84	26	
	84	26	
	81	26	
	78	26	
	76	26	
	75	26	
	73	26	
	72	26	
	72	26	
	Reizung Nr. 4, Rollenabstand 8 cm		
5 sec später fällt			
der Druck sofort auf	68		
	68	32	
	Ende der Reizung		
	71	28	
	73	27	
	72	26	*(153)*
	Reizung Nr. 1, Rollenabstand 8 cm Für 4 sec Stillstand des Herzens		
	Ende der Reizung		
	60	26	
	64	26	
	65	26	
	68	25	
	70	25	
	70	25	
	70	25	
	Reizung Nr. 8, Rollenabstand 8 cm Für 2 sec Stillstand des Herzens		
	Ende der Reizung		
	68	27	
	68	25	
	69	25	
	70	25	
Sofort	Reizung Nr. 7, Rollenabstand 8 cm		
sinkt der Druck auf	40		
	50 } 50 }		Zusammenfließende Herzwellen
	Ende der Reizung		
	50	34	
	50	30	

	55	29	
	60	25	
	68	25	
	70	25	
	Reizung Nr. 6, Rollenabstand 8 cm		
	67	28	
	64	30	
	Ende der Reizung		
	65	29	
	66	28	
	66	28	
	68	27	
	70	27	
	71	26	
	72	26	
	72	25	
	73	25	
	72	25	
	72	25	*(154)*
	Reizung Nr. 3, Rollenabstand 7 cm		
Steigt allmählich auf	83	25	
	81	28	
	Ende der Reizung		
	80	28	
Steigt allmählich auf	86	27	
	86	27	
	84	27	
	82	25	
	79	25	
	76	25	
	72	25	
	71	25	
	70	25	
	70	25	
	70	25	
5 min später	66	24	
	65	24	
	65	24	
	65	24	
	Reizung Nr. 6, Rollenabstand 9 cm		
	66	24	
	64	28	
	Ende der Reizung		
	63	28	
	63	26	
	63	24	
	Reizung Nr. 6, Rollenabstand 8 cm		
	64	25	
	61	31	
	Ende der Reizung		
	60	80	
	60	29	
	60	28	
	62	26	
	64	25	
	65	24	
	Reizung Nr. 7, Rollenabstand 8 cm		

3 sec später fällt der Druck auf	45			
		Ende der Reizung		(155)
	53 51 50 47			Zusammenfließende Herzwellen
	54		27	
	58		25	
	63		25	
	67		24	
	66		24	
		Reizung Nr. 3, Rollenabstand 8 cm		
Steigt auf	74		25	
		Ende der Reizung		
	68		28	
	74		26	
	72		26	
	72		26	
			26	
		Unterbrechung der Kurve für 15 Minuten; in dieser Zeit wird Nr. 3 unmittelbar bis zum Herzbeutel präpariert		
	58		23	
	58		23	
	58		23	
		Reizung Nr. 3, Rollenabstand 7 cm, am Ende		
	60		23	
	60		24	
		Ende der Reizung		
	58		24	
	58		24	
	58		24	
	57		23	
		Reizung Nr. 3, Rollenabstand 7 cm, neben dem Herzbeutel		
	52		22	
		Ende der Heizung		
	52		22	
	53		23	
	53		23	
	54		23	
	54		23	
		Reizung Nr. 3, Rollenabstand 7 cm, am Ende		(156)
Steigt allmählich auf	60		24	
		Ende der Reizung		
	59		24	
	58		27	
	57		24	
	56		23	
	56		23	
		Reizung Nr. 3, Rollenabstand 7 cm, neben dem Herzbeutel		

	52	23
	54	25
Ende der Reizung		
	54	25
	60	24
	58	24
Atropinlösung injiziert		
2 Minuten später	57	23
	60	23
	59	23
Reizung Nr. 1, Rollenabstand 7 cm		
Sinkt 5 sec später rasch auf	42	
Ende der Reizung		
	48	25
	48	24
	47	23
	48	23
	48	23
Reizung Nr. 6, Rollenabstand 6,5 cm		
Sinkt 10 sec später rasch auf	44	
Ende der Reizung		
	50	30
	50	26
	50	23
	50	23
Reizung Nr. 3, Rollenabstand 6,5 cm neben dem Herzbeutel		
Steigt in 5 sec allmählich auf	56	28
auf	60	27
Ende der Reizung (157)		
Fällt schnell auf	52	26
Steigt auf	58	23
	57	23
	57	22
	56	23
	54	23
Reizung Nr. 6, Rollenabstand 6,5 cm		
	55	23
	55	23
Ende der Reizung		
	51	26
	55	25
	54	25
	53	24
	53	24
Reizung Nr. 3, Rollenabstand 6,5 cm neben dem Herzbeutel		
Steigt auf	60	24
Sinkt auf	56	25
Steigt auf	63	25
Ende der Reizung		
Sinkt auf	56	24
Steigt auf	62	23
	60	23

	60	23	
	60	23	
	58	23	
	57	23	
	56	23	
	55	23	
	Reizung Nr. 6, Rollenabstand 6 cm		
Sinkt 10 sec später rasch auf	44		
			Zusammenfließende Herzwellen
	Ende der Reizung		
Steigt auf	49		
			Zusammenfließende Herzwellen
auf	52	28	
	53	25	
	54	23	
	55	23	
	55	23	
	Reizung Nr. 8, Rollenabstand 6 cm		
	55	23	
	55	23	*(158)*
	Ende der Reizung		
	52	29	
	52	29	
	53	28	
	55	26	
	54	24	
	54	23	
	Reizung Nr. 3, Rollenabstand 6 cm, neben dem Herzbeutel		
Steigt allmählich auf	64	23	
	57	29	
	Ende der Reizung		
	58	29	
	60	28	
	59	27	
Steigt allmählich auf	**68**	**26**	
	Weiter Atropin injiziert		
2 min später	52	22	
	52	22	
	50	22	
	Reizung Nr. 3, Rollenabstand 6 cm, neben dem Herzbeutel		
Steigt allmählich auf	58	22	
	52	29	
	Ende der Reizung		
	53	28	
	55	26	
	55	23	
Steigt schnell auf	**63**	**23**	
	62	23	
	62	23	
	60	23	
	59	23	

1 min später	58	22	
	58	22	
	Reizung Nr. 3, Rollenabstand 6 cm, neben dem Herzbeutel		
Steigt allmählich auf	68	22	
	60	27	*(159)*
	Ende der Reizung		
	56	25	
	56	26	
	58	25	
	60	24	
Steigt schnell auf	**70**	**22**	
	68	22	
	68	22	
	68	22	
	66	22	
	64	22	
	62	22	

Ergebnis des Versuchs. Der Hauptast des Herzens (Nr. 3) verlangsamt anfangs sehr wenig, später, bei den nächsten Reizungen, beschleunigt er. Der Druck verändert sich unter dem Einfluß der Reizung vollkommen unabhängig vom Rhythmus. Bei der ersten Reizung fällt der Druck mit einer geringen Verlangsamung, bei den nächsten sinkt er ebenfalls, aber mit einer geringen Beschleunigung. Im weiteren Verlauf bleibt er unverändert, zum Schluß steigt er dauernd (fünfmal) an. Mit dem Ansteigen kombiniert sich jedoch in bestimmten Augenblicken der Reizung und ihrer Nachwirkung immer ein Absinken. Eine vollkommen ähnliche Erscheinungsfolge wiederholte sich am Schluß des Versuchs sowohl im Rhythmus als auch im Niveau, als die Elektroden an einer tieferen, frischeren Stelle des Nerven angesetzt wurden. Der maximale Anstieg machte 20% aus. Die starken beschleunigenden Äste senkten den Druck bis 50%. Die schwächeren Äste haben entweder ebenfalls den Druck um eine unbedeutende Größe gesenkt, oder sie ließen ihn unverändert, niemals aber erhöhten sie ihn.

6. Versuch. Bedingungen wie in dem vorhergehenden Versuch. Das Tier ist mit Atropin vergiftet, es werden vier Äste gereizt. Nr. 1 und 2 einigermaßen dicke, äußere Äste und Nr. 3 und 4 zwei Äste, die dem Hauptast des Herzens entsprechen.

	Druck während 10 sec	Zahl der Herzschläge in 10 sec	
Gruppen von 4 beständig sich verringernden Herzwellen	63	18	
	63	18	
	63	18	*(160)*
	Reizung Nr. 3, Rollenabstand 7,5 cm		
In 5 sec steigt der Druck auf	75	35	
	Ende der Reizung		

Alle Herzwellen wurden gleichmäßig	78	34	
	76	30	
	75	27	
	74	24	
	72	22	
	70	20	
	67	20	
	64	20	
	64	19	
	62	19	
	60	19	
Reizung Nr. 2, Rollenabstand 7,5 cm			
Der Druck sinkt sofort auf	48		Zusammenfließende Herzwellen
Aber dann steigt er auf	60		
	60		
Ende der Reizung			
	59 }		Dieselben Wellen
	55 }		
	59	24	
	59	21	
	59	20,5	
	58	19,5	
	57	19	
	56	19	
Reizung Nr. 4, Rollenabstand 7,5 cm			
Steigt auf	64	19	
	63	18,5	
Ende der Reizung			
Wieder Gruppen {	63	18,5	
	63	18	
	64	18	
	63	18	
Reizung Nr. 3, Rollenabstand 7,5 cm			
Nach kurzem und unbedeutendem Absinken steigt er auf	75	38	*(161)*
Ende der Reizung			
	73	35	
	72	35	
	72	32	
	72	29	
	69	23	
Gruppen sind verschwunden {	69	20	
	66	20	
	65	20	
	65	20	
	63	20	
	62	19	
	60	18,5	
	59	18	
Reizung Nr. 1, Rollenabstand 7,5 cm			
Druck sinkt rasch auf	43		Zusammenfließende Herzwellen
Dann steigt er auf	53		
Ende der Reizung			

	57	23	
	56	22	
	55	21	
	55	21	
	55	20	
	55	20	
	Reizung Nr. 4, Rollenabstand 7,5 cm		
Steigt auf	**63**	**20**	
	62	20	
	Ende der Reizung		
	62	20	
Von neuen Gruppen	63	19	
10 min später	50	19	
	50	19	
	50	19	
	Reizung Nr. 3, Rollenabstand 7 cm		
Nach kurzem und unbedeutendem Absinken steigt der Druck auf	57 } 55 }		Zusammenfließende Herzwellen *(162)*
	Ende der Reizung		
	54 } 55 }		Dieselben Wellen
	55	21	
	54	20	
	54	20	
	Reizung Nr. 1, Rollenabstand 7 cm		
	51		Zusammenfließende Herzwellen
	Ende der Reizung		
	50	23	
	50	21	
	51	20	
	51	19	
	Reizung Nr. 4, Rollenabstand 7 cm		
Steigt auf	**62**	**19**	
	60	19	
	Ende der Reizung		
	58	19	
	55	19	
	54	19	
	Reizung Nr. 3, Rollenabstand 7 cm		
Nach unbedeutendem und kurzem Absinken steigt der Druck auf	**60** } 57 }		Zusammenfließende Herzwellen
	Ende der Reizung		
	60	26	
	62	21	
	60	21	
	58	20	
	56	20	
	54	20	

2 min später	52	19	
	51	19	
	51	19	
	Reizung Nr. 4, Rollenabstand 7 cm		
Steigt auf	58	18,5	
	57	18,5	
	Ende der Reizung		
	54	18,5	
	54	18,5	
	53	18	
	53	18	
	53	18	
	52	18	
	51	18	
	Reizung Nr. 3, Rollenabstand 7 cm		
Nach unbedeutendem und kurzem Absinken steigt der Druck auf	56		Zusammenfließende Herzwellen
	54		
	Ende der Reizung		
	55	26	
	58	24	
	56	22	

(163)

Ergebnis des Versuchs. Von den zwei Ästen, die dem Hauptast des Herzens entsprechen, erhöht der eine den Druck (im Maximum um 24%) und beschleunigt stark (im Maximum um 111%), der andere dagegen, der bei zwei Stromstärken geprüft wird, erhöht nur den Druck (im Maximum um 22%), wobei er den Rhythmus weder in die eine noch in die andere Richtung auch nur im geringsten verändert. Andere beschleunigende Äste (die oberflächlichen) ändern bei der Beschleunigung das Niveau nicht, eher senken sie es. Es zieht die Aufmerksamkeit auf sich, daß bei der Nr. 3 ungeachtet der bedeutenden Frequenz der Herzschläge die Herzwellen in der Kurve bei der 1. Reizung völlig deutlich sind, während bei Nr. 1 und 2 nur zusammenfließende Wellen aufgezeichnet werden.

7. Versuch. Bedingungen wie in dem vorhergehenden Versuch. Das Tier ist mit 1 cm^3 einer einprozentigen Atropinlösung vergiftet. Es werden folgende Ästchen gereizt: Nr. 1 und 2, die dem Hauptast des Herzens entsprechen, Nr. 3 — tieferes unteres Ästchen, Nr. 4 — oberflächliches Ästchen.

	Druck während 10 sec	Zahl der Herzschläge in 10 sec
	76	22
	75	22
	74	21,5
	Reizung Nr. 2, Rollenabstand 7 cm	
Steigt auf	92	24
	Ende der Reizung	

(164)

	90	24	
	88	22	
	86	22	
	84	23	
	83	22	
	80	22	
	Reizung Nr. 1, Rollenabstand 7 cm		
Steigt auf	**95**	**26**	
Sinkt auf	80	26	
	80	26	
Steigt auf	90	23	
	90	?	
	92	?	
	88	21	
	Reizung Nr. 3, Rollenabstand 7 cm		
	84	25	
	Ende der Reizung		
	80	23	
	77	22	
	Reizung Nr. 4, Rollenabstand 7 cm		
Sinkt rasch auf	56		
Steigt dann auf	65		
	Ende der Reizung		
	65 }		Zusammenfließende Herzwellen
	64 }		
	70	29	
	73	26	
	75	25	
	76	24	
	75	24	
	73	23	
	Reizung Nr. 2, Rollenabstand 7 cm		
Steigt auf	**94**	**24,5**	
	Ende der Reizung		
	92	25,5	
	90	24	
	86	23	
	84	23	
	80	23	*(165)*
	77	23	
	75	23	
	73	23	
	68	23	
	70	23	
	69	22,5	
	69	22	
	70	22	
	Reizung Nr. 1, Rollenabstand 7 cm		
Steigt auf	**94**	**25**	
	Ende der Reizung		
	84	24,5	
	92	22,5	
	90	22	
	88	22	
	83	23	
	80	22	

	77	22	
	74	22	
	71	22	
	70	22	
	70	22	
	70	22	
	70	22	
	70	22	
	Reizung Nr. 2, Rollenabstand 6,5 cm		
Steigt auf	**98**	**25**	
	Ende der Reizung		
	95	23	
	93	24	
	91	23	
2 min später	81	21	
	80	21	
	80	20,5	
	80	22,5	
	Reizung Nr. 2, Rollenabstand 7,5 cm		
Steigt auf	**104**	**22**	
	Ende der Reizung		
	90	23	
	89	21	
	89	20	
	94	20	
	98	20	
Sinkt auf	83	20	*(166)*
	79	22,5	
	80	20,5	
	80	20	
	80	20	
	Reizung Nr. 1, Rollenabstand 7 cm		
Steigt auf	**98**	**22**	
	Ende der Reizung		
	84	23,5	
	82	21,5	
	90	21,5	
	92	21,5	
	90	22	
	86	22	
	84	21	
	81	20,5	
	79	22	
	78	21	
	77	21	
	75	21	
	74	21	
	Reizung Nr. 3, Rollenabstand 7 cm		
	68	?	
	Ende der Reizung		
	74	23	
	73	22	
	76	23	
	77	22	
	78	21	
	Reizung Nr. 3, Rollenabstand 7 cm		

	79		22	
	74		28	
		Ende der Reizung		
	79		27	
	83		23	
	81		23	
	80		22	
		Reizung Nr. 4, Rollenabstand 12 cm		
	79		21	
		Ende der Reizung		
	78		22	
	80		22	(167)
	78		22	
	78		22	
	77		22	
		Reizung Nr. 4, Rollenabstand 11 cm		
	77		22	
	77		22	
		Ende der Reizung		
	76		23,5	
	75		23	
		Reizung Nr. 4, Rollenabstand 10 cm		
	77		23,5	
	75		24	
		Ende der Reizung		
	75		22,5	
	75		22	
	74		22	
		Reizung Nr. 4, Rollenabstand 9,5 cm		
Sank rasch auf	63 63			Zusammen-fließende Herzwellen
		Ende der Reizung		
Steigt auf	73			Dieselben Wellen
	78		24	
	74		22,5	
	74		22,5	
	70		20,5	
	73		21,5	
	72		20,5	
	73		20,5	
		Reizung Nr. 4, Rollenabstand 9,8 cm		
	71		22	
	72		22,5	
		Ende der Reizung		
	71		21,5	
	70		21,5	
	70		21,5	
		Reizung Nr. 4, Rollenabstand 9,7 cm		
	65		21,5	
	68		22	
		Ende der Reizung		
	68		22	
	68		22	
	65		21,5	
		Reizung Nr. 4, Rollenabstand 9,5 cm		(168)

	67	22,5
	64	23
	Ende der Reizung	
	69	24
	70	22
	66	22
	67	22
	Reizung Nr. 3, Rollenabstand 7 cm	
	55	Zusammen-fließende Herzwellen
	Ende der Reizung	
	63	25
	68	22
	65	22
	67	21,5
	65	21
	65	21
	Reizung Nr. 2, Rollenabstand 7,5 cm	
Steigt auf	**80**	**22,5**
	Ende der Reizung	
	55	22
	76	21,5
	76	21,5
	75	23,5
	74	23,5
	71	23
	69	23
	64	21,5
	62	21,5
	Reizung Nr. 1, Rollenabstand 7,5 cm	
Steigt auf	**80**	**24**
	Ende der Reizung	
	72	23
	76	23 usw.

Ergebnis des Versuchs. Nr. 1 und 2, die sich später zu dem Hauptast des Herzens vereinigen, erhöhen jedesmal den Blutdruck (im Maximum um 40%) bei einer sehr geringen Beschleunigung, wobei sich sehr oft nach der Reizung ziemlich lange ein hohes Niveau schon bei normalem Rhythmus behauptet. Außerdem tritt bei einem Ästchen ständig, bei dem anderen bisweilen sofort nach der Reizunterbrechung ein zeitweises Absinken (manchmal sogar etwa 0,5 Minuten andauernd) bis zur Norm oder etwas darunter ein, *(169)* wonach die Erhöhung wiederkehrt, die sich dann allmählich ausgleicht. Zwischen diesem Abschnitt des zeitweisen Absinkens und dem benachbarten, besteht überhaupt kein großer Unterschied im Rhythmus. Die Reizung der anderen beschleunigenden Äste ergab trotz der verschiedenen Beschleunigungsstufen kein bedeutendes Ansteigen, eher ein Absinken.

8. Versuch. Bedingungen wie früher. In dem wiedergegebenen Auszug wird nur unser Ast gereizt.

	Druck während 10 sec	Zahl der Herzschläge in 10 sec
	63	23
Druck war erhöht durch die Reizung eines anderen Ästchens, das in den Hauptast eintritt	62	23
	61	23
	60	23
	59	23
	57	24
	Reizung Nr. 8, Rollenabstand 8 cm	
Steigt auf	**61**	**19**
	Ende der Reizung	
	63	26
	63	25
	63	23
	62	23
	61	23
	60	23
15 min später	64	23
	63	23
Druck war aus der obengenannten Ursache erhöht	62	23
	61	23
	60	23
	59	23
	Reizung, Rollenabstand 7,5 cm	
Steigt auf	**65**	**20**
	Ende der Reizung	*(170)*
	65	23,5
	65	23
	65	23
	64	23
	63	23
	62	23 usw.

Ergebnis des Versuchs. Der Hauptast des Herzens erhöhte bei zwei Reizungen den Druck um 10%, wobei er gleichzeitig den Rhythmus um 17% verlangsamte.

9. Versuch. Bedingungen wie früher. Von Anfang an ist der Blutdruck sehr niedrig, nur 38 mm. Die Herzschläge sind unregelmäßig: eine Reihe flacher, kaum bemerkbarer, schlecht ablesbarer Herzwellen und danach eine bedeutendere Welle. Der Hauptast des Herzens macht die Herzwellen bei seiner Reizung sofort deutlich, erhöht den Druck im Maximum um 20% und hebt für lange Zeit, 1 bis 2 Minuten nach der Reizung, die Ungleichmäßigkeit der Herzwellen auf. Der oberflächliche, beschleunigende Ast aber senkt den Druck eher und begünstigt die Ungleichmäßigkeiten.[1])

[1]) Während der Reizung der erhöhenden Ästchen zeigt das Herz bei unmittelbarer Beobachtung ein wirkungsvolles Bild: Die Herzkammern kontrahieren sich mit einer ganz besonderen Energie und, wie es scheint, schneller.

Die angeführten Versuche stellen insgesamt nur einen kleinen Teil aller mit dem gleichen Ergebnis ausgeführten dar.

Nicht ohne Absicht haben wir uns erlaubt, hier so viele Beispiele aus den Protokollen anzuführen. Erstens geht es um Erscheinungen, die von anderen Forschern als unbedeutend und unbeständig beschrieben worden sind. Man mußte vor Augen führen, wie oft sich die Tatsache beharrlich und deutlich wiederholt. Zweitens befinden sich in den soeben beschriebenen Versuchen auch schon viele Daten der Analyse, von denen erst später die Rede sein wird. Uns erscheinen vollständige Versuche lehrreicher als solche, die in einzelne, den verschiedenen Abschnitten der Darlegung entsprechende Fragmente unterteilt sind."

[38] Die Worte in der Klammer fehlen im russischen Text.

[39] Statt der folgenden Sätze bis zum Ende dieses Absatzes steht im russischen Text:

„Die anderen Herzästchen (aber auch in der Hauptsache die inneren) beeinflussen den Druck nur bisweilen und in jedem einzelnen Versuch nur unbeständig in positiver Richtung. *(171)* Die pressorische Wirkung des Hauptastes wird manchmal schon von Anfang an bei den ersten Reizungen beobachtet, in anderen Versuchen erst nach mehrmaligen, immer stärkeren Reizen. Der schnellste Eintritt des Anstiegs wird durch eine Atropinvergiftung begünstigt."

[40] Im russischen Text folgt:

„Das sind gerade die Fälle, bei denen der Hauptast in zwei Ästchen zerfällt. Dann wirkt das eine von ihnen nur auf den Druck und beeinflußt den Rhythmus überhaupt nicht oder nur sehr wenig."

[41] Der folgende Text von „(Tafel VII, Abb. 4). Als Beispiel..." bis Ende der Tabelle auf S. 87 fehlt im russischen Text.

[42] Statt „... dem Kammernerven..." heißt es im russischen Text „... dem Hauptstamm, der zweifellos in das Herz eintritt..."

[43] Statt des letzten Satzes heißt es im russischen Text:

„Bis zum heutigen Tage sind nur die beiden letzten Methoden in befriedigender Weise bearbeitet worden."

[44] Im russischen Text stehen hier die Worte

„..., wie es zu erwarten war, ..."

[45] Im russischen Text folgen die Worte:

„Nur der Ösophagus wurde nicht exstirpiert."

[46] Die Worte „..., der nach unten zum Herz hin verläuft ..." fehlen im russischen Text.

[47] Statt des folgenden Textes von „Erstens erhält man..." bis „... an herausgeschnittenen Herzen besondere Bestätigung" (S. 118) heißt es in der Dissertation:

„Obwohl wir mit Strom verschiedenster Stärke reizten, haben wir gesehen, daß die Reizung anderer beschleunigender Äste zu keiner Zeit irgendeine Erhöhung ergeben hat, geschweige denn eine ständige oder zeitweilige Erhöhung oder Rhythmusveränderung. Wir führen hier ein Beispiel noch überzeugenderer Versuche an.

Die übliche Vorbereitung des Tieres zu dem Versuch. Vergiftung mit Atropin.

	Druck während 10 sec	Zahl der Herzschläge in 10 sec	
	44	16,5	
	44	15,5	
	44	17	
	44	16	
	44	17	
	44	16	
Reizung des Hauptherzastes, Rollenabstand 8 cm			
Steigt auf	**52**	**20,5** *(181)*	
Ende der Reizung			
	50	23	
	47	18,5	
	47	17	
	47	16	
	46	16	
Reizung des äußeren Astes, Rollenabstand 8 cm			
	39		Zusammenfließende Herzwellen
Ende der Reizung			
	41	31	
	43	27,5	
	44	24	
	44	20,5	
	44	16,5	
	44	16	
	44	15,5	
	44	16	
Reizung desselben äußeren Astes, Rollenabstand 8 cm			
	56		Zusammenfließende Herzwellen
Die Elektroden werden von diesem Ast auf den Hauptherzast übertragen			
Steigt auf	58	30	
Ende der Reizung			
	60	**29**	
	57	27	
	54	23,5	
	54	22	
	54	19,5	
	51	19,5	
	48	18	
	46	17	
	45	16,5	
	44	16	
	44	16	

Genau das gleiche wiederholt sich einige Male, sowohl in diesem als auch in anderen ähnlichen Versuchen. *(182)*

Auch danach noch anzunehmen, daß die den Druck erhöhenden Fasern (in unseren Versuchen) und die beschleunigenden Fasern identisch sind, ist nur möglich, wenn man vermutet, daß in dem Hauptast des Herzens irgendwelche besonderen Bedingungen für die Wirkung der beschleunigenden Fasern existieren, wie sie in den anderen Ästen nicht vorhanden sind. Wenn ich vor diesem Dilemma stehe, finde ich es weniger kühn und besser begründet, die Existenz besonderer Fasern anzuerkennen, die die Arbeit des Herzens vergrößern, als sich mit diesen unklaren Bedingungen zufriedenzugeben.

Schließlich kann man nicht umhin, besonders auf die Fälle hinzuweisen, wo sich die durch den Hauptast hervorgerufene Erhöhung mit einer Verlangsamung kombiniert. Offensichtlich kann diese Kombination künstlich neugebildet werden, und sie würde eine der überzeugendsten Versuchsformen darstellen.

Die eine Erhöhung begleitende Beschleunigung hängt augenscheinlich von dem Anteil an beschleunigenden Fasern ab. Dies tritt besonders klar in denjenigen Versuchen hervor, in denen sich an Stelle eines Hauptastes zwei Ästchen befinden. Dann beschleunigt eines von ihnen sehr stark und erhöht gleichzeitig. Das andere dagegen erhöht vor allem, wobei der Rhythmus entweder unverändert bleibt oder sich nur leicht beschleunigt.

Es muß zugegeben werden, daß die verstärkenden Fasern lokalen Charakter besitzen, d.h., daß sie getrennt zu den einzelnen Herzkammern ziehen. Sehr oft beobachtet man, daß einige der äußeren beschleunigenden Äste nicht nur den Herzschlag beschleunigen, sondern gleichzeitig auch die Kontraktion der Vorhöfe verstärken (besonders des rechten), während gleichzeitig die Kontraktionen der Herzkammern sehr oberflächlich, wenn auch von gleicher Frequenz sind (?). Diese Tatsache wird auch durch die anatomischen Befunde unterstützt. Der Hauptast des Herzens innerviert vorzugsweise die Herzkammern, die äußeren beschleunigenden Äste dagegen ziehen offensichtlich zu den Vorhöfen und verlieren sich für das Auge oft schon in der Wand der oberen Hohlvene. Eine weitere Bestätigung für die dargelegte Annahme finden wir später in den Versuchen an herausgeschnittenen Herzen. Es ist anzunehmen, daß darin, zumindest zum Teil, die Ursache begründet liegt, weswegen manchmal auch einige der äußeren beschleunigenden Ästchen den Druck zu erhöhen beginnen; das wird gewöhnlich am Schluß eines sich sehr in die Länge ziehenden Versuchs beobachtet, wenn sich die Tätigkeit des Herzens sichtlich sehr abschwächt. Wahrscheinlich kann sich bei geschwächtem Herzen auch der verstärkende Impuls, *(183)* der den Vorhöfen durch ihre Nerven vermittelt wird, auf die Herzkammern günstig auswirken.

Betreffs der verstärkenden Fasern bemerken wir noch zum Schluß, daß sich ihre Wirkung manchmal (selten) in der Entstehung von Wellen dritter Art äußert. Dies scheint dann einzutreten, wenn entweder die Erregbarkeit der verstärkenden Fasern sehr verringert ist oder wenn das Herz in bedeutendem Maße erschöpft ist.

Alle oben angeführten Versuche bringen uns zu der Schlußfolgerung, daß *die Arbeit des Herzens von vier zentrifugalen Nerven gelenkt wird: von dem hemmenden, dem beschleunigenden, dem abschwächenden und dem verstärkenden Nerven.*

Was die gegenseitige Beziehung der neuen Herzfasern betrifft, so ist sie von uns noch nicht speziell untersucht worden. Das wenige, worüber wir im Augenblick verfügen, ist nebenbei beobachtet worden. Die Sache wird sich ein wenig in denjenigen Versuchen klären, in denen beide Faserarten in einem anatomischen Strang, in dem gleichen Hauptast, vermischt sind. Wir bringen den dritten Versuch dieses Kapitels in Erinnerung. Anfangs bringt unser Ast zusammen mit zwei anderen inneren Ästen das Herz zum Stillstand. Nach Atropin senkt er den Druck bei zweimaliger Reizung, wobei er den Rhythmus ein wenig beschleunigt, während andere hemmende Äste jetzt ohne jede Wirkung bleiben. Bei der nächsten Reizung des Hauptastes erfährt das Druckniveau überhaupt keine Veränderung. Bei weiteren Reizungen steigt schließlich der Druck jedesmal an. Bei Wiederholung der Reizungen wird der Strom immer verstärkt. Nachdem sich jedoch der pressorische Effekt völlig entwickelt hatte, führte auch die ursprüngliche Stromstärke zu einer deutlichen Erhöhung. Am natürlichsten können diese Tatsachen auf folgende Weise erklärt werden. Diesmal sind im Hauptast des Herzens sowohl verstärkende als auch abschwächende Fasern enthalten. Bei den ersten Reizungen nach Atropin sind die abschwächenden noch genügend erregbar, und da sie stärker als der Antagonist sind, treten auch nur sie in Erscheinung. Bald ermüden sie jedoch, und deswegen wird bei der Wiederholung und Verstärkung der Reizung die depressorische Wirkung schwächer, die pressorische dagegen tritt immer mehr und mehr in den Vordergrund. Diese Verhältnisse erinnern offensichtlich an die gefäßverengernden und gefäßerweiternden Fasern. In den andern Versuchen jedoch nimmt der Kampf der Antagonisten einen unregelmäßigeren, mehr zufälligen Charakter an. Zum Beispiel: *(184)* Obwohl er im ganzen ansteigt, senkt sich der Druck zeitweilig bald zu Beginn der Reizung, bald nach ihrem Aufhören oder aber in beiden Zeitpunkten. Manchmal wird dies nur bei den ersten Reizungen beobachtet, und in anderen Fällen dauert der unbestimmte Wechsel von Anstieg und Absinken unter dem Einfluß der Reizung bis zum Schluß des Versuchs an."

Danach beginnt im russischen Text das Kapitel V mit den Worten:

V.

„Wenn ich bisher von den verstärkenden und den abschwächenden Fasern des Herzens gesprochen habe, so bin ich dabei ganz in den Grenzen des beobachteten Materials geblieben. Jetzt ist aber der Zeitpunkt gekommen, diese Tatsache selbst tiefer zu analysieren, d.h. die Fragen zu beantworten."

Danach folgt der deutsche Text auf S. 119 ab „Wie soll man sich die Natur..."

Die vier im deutschen Text dazwischenliegenden Absätze von „Gewöhnlich wurden die Herzen..." auf S. 118 bis „... vollständig identisch sind" auf S. 119 folgen erst nach der Tabelle auf S. 122. Ihre genaue Anordnung ist aus der redaktionellen Bemerkung Zi. 54 (s. S. 183) ersichtlich.

[48] Dieser Satz lautet im russischen Text:

„Unter unseren Versuchsbedingungen sind offensichtlich zwei Ansichten möglich."

[49] Der Text bis zur nächsten Tabelle lautet in der Dissertation folgendermaßen:

„Obwohl unsere Untersuchungen in dieser Richtung erst begonnen haben, so berechtigt trotzdem das vorhandene bruchstückartige Material ebenso wie die verschiedenen theoretischen Hinweise mit einer sehr großen Wahrscheinlichkeit für die Richtigkeit der Wahl, den zweiten Gesichtspunkt vorzuziehen.

Was würde dafür sprechen, daß unsre Nerven Gefäßnerven sind? Erstens die Einfachheit einer solchen Erklärung der Tatsachen. Daß Unterschiede der Ernährung einen starken Einfluß auf die Herztätigkeit haben, stellt heute eine hervorragend gesicherte Annahme dar. Somit würde man mit der Annahme einer vasomotorischen Natur unserer Nerven überhaupt kein neues Prinzip einführen, alles würde sich auf Grund bekannter genauer Tatsachen erklären lassen. Zweitens gibt die durch uns beobachtete Beziehung zwischen den abschwächenden und verstärkenden Fasern die Beziehung zwischen den gefäßverengernden und gefäßerweiternden Fasern wieder, und schließlich verlaufen drittens die verstärkenden Nerven in der Nähe der Koronargefäße.

Alle diese Begründungen besitzen jedoch einen gemeinsamen Zug: Keine von ihnen enthält eine wirklich zwingende Beweiskraft. Gegen *(185)* den ersten kann man einwenden, daß schon oft einfache Erklärungen komplizierteren weichen mußten (die Opposition von Goltz und Bezold in der Frage der beschleunigenden Nerven, Heidenhains Lehre von den sekretorischen und trophischen Nerven). Gegen den zweiten kann man nicht umhin, den Hinweis herauszustellen, daß die gleiche Beziehung zwischen den hemmenden und den beschleunigenden Nerven herrscht und daß dies eine allgemeine Beziehung antagonistischer Fasern überhaupt ist. Der dritte aber ist an und für sich augenscheinlich nur ein sehr oberflächlicher Grund.

Ganz anders verhält es sich mit dem entgegengesetzten Gesichtspunkt. Vor allen Dingen besitzen wir eine Reihe von Tatsachen (wenn auch bruchstückhafte, nicht bearbeitete), die fast unbedingt für eine Spezifität unserer Nerven sprechen."

So hatten wir folgenden Versuch:

[50] Statt „12
12"
steht im russischen Text
„19
19"

[51] Statt „22" steht im russischen Text
„19".

[52] Statt „12" steht im russischen Text
„?".

[53] Die Tabelle schließt im russischen Text mit dem Satz:
„Mit größeren oder geringeren Unregelmäßigkeiten dauern die Herzschläge weiterhin noch sehr lange an."

[54] Statt des ganzen weiteren Textes heißt es in der Originalarbeit der Dissertation:

„Die Ursache dafür muß höchstwahrscheinlich in abweichenden Eigenschaften derjenigen Konvallariadosis gesucht werden, die diesmal bei der Verdünnung mit Wasser nicht wie die andern zu opaleszieren begann. Zweitens ist es der einzige Versuch. Wir haben es noch nicht unternommen, ihn zu wiederholen. Infolgedessen kann man sich auf den beschriebenen Versuch nicht sicher stützen. Eines ist jedoch klar: Wenn er sich als beständig erweisen würde, wäre die uns interessierende Frage endgültig gelöst. Wir haben in ihm den beschleunigenden und den verstärkenden Nerven getrennt, und als das Herz zum Stillstand gekommen war, konnte nur der verstärkende Nerv den Herzschlag wieder anregen. Da aber die Wirkung des Nerven während einer Zeit in Erscheinung trat, als der Blutkreislauf unterbrochen war, so liegt es auf der Hand, daß unser Nerv ein spezifischer Nerv ist.

An die vollständige Lösung der Frage glaube ich durch Versuche an herausgeschnittenen und blutleeren Herzen heranzukommen. Bisher haben wir nur Probeversuche, sozusagen Hausversuche, ohne jegliche graphische Vorrichtungen.

Hiernach folgen die Absätze von „Gewöhnlich wurden die Herzen..." auf S. 118 bis „... vollständig identisch sind." auf S. 119. Dann heißt es im russischen Text bis zum Ende der Dissertation:

„Es liegt kein Grund zu der Annahme vor, daß die letzteren beschleunigende Fasern sind. Die äußeren Äste, die sowohl auf die Vorhöfe als auch auf die Kammern viel stärker beschleunigend wirken als der Hauptast, stehen ihr in der motorischen Funktion in bezug auf die Kammern am herausgeschnittenen Herzen entschieden nach.[1])

Den letzten, sehr starken Beweis für die Spezifität unserer Nerven werden wir weiter unten aus der Analogie der Ergebnisse unserer Versuche mit den Ergebnissen der Versuche an blutleeren Froschherzen entnehmen. *(191)*

VI.

Ich glaube, daß die Anerkennung der neuen Herznerven die einfache Lösung vieler Rätsel ist, die sich in der Frage nach der äußeren Herzinnervation angehäuft haben. Sie stellt einen leichten Ausweg aus der schwierigen Situation dar, in der sich viele Autoren bei der Erklärung des vorhandenen Materials befinden. Wenn die gegenwärtige Theorie dieser Innervation ausreichend wäre, müßte sie alles umfassen, alle befriedigen, und das kann ungeachtet dessen, daß sie als die herrschende Theorie wohl oder übel die Beobachter für sich einnimmt, nicht behauptet werden.

---

[1]) Die Versuche mit den verstärkenden Nerven am unverletzten Tier und am herausgeschnittenen Herzen sind den Professoren BOTKIN, KOSCHLAKOW, OWSJANNIKOW, SETSCHENOW und TARCHANOW demonstriert worden.

Die zu unserm Gegenstand in Beziehung stehenden wissenschaftlichen Hauptergebnisse ordne ich in vier Gruppen.

Zur ersten Gruppe rechne ich die Ergebnisse über den Einfluß des peripheren Endes des n. vagus (der infolge dieser oder jener Vergiftung die Herzschläge schwach oder überhaupt nicht hemmt) auf den Blutdruck, Ergebnisse, die sich mit der ersten Reihe unsrer Versuche berühren.

Ein Absinken des Drucks bei der peripheren Reizung des n. vagus ohne entsprechende Verlangsamung wird bei AUBERT[1]) angeführt, und soweit ich die pharmakologische Literatur kenne, auch nur bei ihm. Die Erscheinung ist bei der Koffeinvergiftung beobachtet worden. Diese Tatsache ist, wie es den Anschein hat, von dem Autor wenig bearbeitet worden und bildete für ihn eine der Grundlagen für die Hypothese eines besonderen kardiotonischen Nervensystems, die ich in der vorliegenden Abhandlung vertrete. Wie verwandt auch die allgemeinen Überlegungen AUBERTS den meinen sind, so muß man jedoch zugeben, daß die Beweise mit Ausnahme des angeführten so schwach sind, daß es sich darüber augenblicklich nicht einmal zu sprechen lohnt. Ja sogar dieser Beweis ist in der Form, wie er bei dem Autor wiedergegeben ist, bei weitem nicht überzeugend. In unseren Versuchen ist diese Tatsache zum ersten Male soweit bearbeitet worden, daß sie eine der wichtigen Grundlagen der Theorie neuer Herzfasern darstellt.

Bekannter sind die entgegengesetzten Fälle, in denen bei der peripheren Reizung des n. vagus eine Blutdruckerhöhung erhalten wird. *(192)* Mir scheint, daß die von den Autoren gegebene Erklärung nicht alle Besonderheiten der Erscheinung umfaßt und vieles unverständlich und eigentümlich bleibt. Die Eigentümlichkeit verschwindet, wenn ich diese Tatsache mit meinen Tatsachen in Verbindung bringe. Eine Erhöhung bei der peripheren Reizung des n. vagus ist zuerst von BOEHM und WARTMANN[2]) bei der Akonitinvergiftung beobachtet worden, danach von ROSSBACH[3]) bei Atropin, und schließlich von BOEHM[4]) allein bei Kurare. Lediglich ROSSBACH analysierte die Tatsache. Nach Ansicht dieses Autors handelt es sich um gefäßverengernde Nerven der Bauchgefäße, die ein Bestandteil des n. vagus sind. Ist diese Erklärung aber befriedigend? Alle Autoren erklären einstimmig, daß die beschriebene Tatsache launisch sei. Bei anderen Tieren kann sie auf gar keine Weise hervorgerufen werden. Aber auch dort, wo sie beobachtet wird, erscheint sie einmal und verschwindet dann wieder. Das ist die erste Ungereimtheit. Die bekannten gefäßverengernden Nerven verfügen überhaupt nicht über derartige Eigenschaften. Und weiter: Wenn das Fehlen des pressorischen Effekts von der Lähmung gefäßverengernder Fasern abhängig wäre, so müßte es parallel mit dem Absinken des allgemeinen Blutdrucks

[1]) AUBERT, PFLÜGERS Archiv, Bd. 5, [1872, S. 589—628].

[2]) BOEHM und WARTMANN, Verhandl. d. phys.-med. Gesellschaft in Würzburg, N. F., Bd. 3, 1872, [S. 62—110].

[3]) ROSSBACH, PFLÜGERS Archiv, Bd. 10, [1875, S. 383—464].

[4]) BOEHM, Archiv f. exp. Path. u. Pharm., Bd. 4, [1875, S. 351—386].

gehen. In den Protokollen der Autoren ist nichts derartiges zu finden. Umgekehrt findet man bei ihnen oft Fälle, bei denen der n. vagus nicht mehr pressorisch wirkt und der Druck sogar höher ist als derjenige, bei dem er früher wirkte. Nach den Autoren würde dies bedeuten, daß die Erregbarkeit des übrigen vasokonstriktorischen Systems erhöht ist, wenn die Erregbarkeit des vasomotorischen Systems im n. vagus völlig aufgehoben ist. Infolgedessen kann man der Analyse von ROSSBACH kein volles Zutrauen entgegenbringen, um so mehr, da die einwandfreie Form der Kontrolle, die Prüfung der nn. vagi nach ihrer zweiten Durchschneidung über dem Diaphragma, offensichtlich unbefriedigend ausgeführt wurde. Der Autor, der im allgemeinen mit Protokollen nicht sparsam ist, teilt nur das negative Ergebnis einer Reizung nach tiefer Durchschneidung mit. Solche Mangelhaftigkeit der Analyse findet ihre einfache Erklärung in der natürlichen Voreingenommenheit, zu der der Autor neigte, nachdem er gefäßverengernde Fasern im Brustabschnitt des n. vagus fand, und da er *(193)* zu seiner Zeit keine Hinweise für die Existenz eines anderen Nervensystems des Herzens als des rhythmischen hatte. Wir sind jetzt in einer anderen Lage, wir haben bedeutsame Gründe für die Annahme einer besonderen dynamischen Herzinnervation und sind natürlich bestrebt, aus der Sphäre anderer Erklärungen den Teil der Tatsachen herauszusuchen, der von unsrer Anschauung aus verständlicher ist.

In der Tat muß man die große Ähnlichkeit zwischen den Einzelheiten unserer und der untersuchten Fälle zugeben. Bei der Durchsicht der Protokolle von BOEHM sehen wir, wie man oft nach der Kurarevergiftung, als schon die Lähmung der hemmenden Fasern eingetreten war, den n. vagus einige Male mit ein und demselben Strom reizen muß, damit schließlich eine pressorische Wirkung in Erscheinung tritt. In dieser Beziehung ist die Gegenüberstellung des ersten BOEHMschen Versuchs mit unserem dritten des IV. Kapitels besonders lehrreich. Die Ähnlichkeit besteht darin, daß in beiden Versuchsreihen die Erhöhung in der Regel von einer Beschleunigung begleitet wird, d.h. die Erregbarkeit der Beschleuniger, die sich in dem n. vagus befinden, und der erhöhenden Fasern ist unter verschiedenen Bedingungen die gleiche. Jedoch verbindet sich auch hier, wie in unseren Versuchen, selten die Erhöhung mit einer Verlangsamung.

Schließlich ist von BOEHM und WARTMANN bei den Akonitinversuchen vermerkt worden, daß der bei der Reizung eintretende Anstieg im Augenblick der Reizunterbrechung durch ein bedeutendes, vorübergehendes Absinken unterbrochen wird. Dieser Erscheinung begegnet man oft auch in unseren Versuchen an den Ästchen. Ebenso wie in unseren Versuchen ist man gezwungen, hierbei an einen Kampf antagonistischer Fasern zu denken. Es ist verständlich, daß wir bei dieser theoretischen Annäherung nicht stehengeblieben sind und uns sofort entschlossen haben, uns auf experimentellem Wege von der Richtigkeit unserer Vermutungen zu überzeugen. Wie groß war unsere Verwunderung und unser Bedauern, als wir bei der Vergiftung mit Atropin die Tatsache selbst auf keine Weise reproduzieren konnten. Mit welchen Dosen wir auch die Tiere vergifteten, wir nahmen kurarisierte, morphinisierte und normale Tiere, es ist uns kein einziges Mal gelungen, bei peripherer Reizung des n. vagus eine Druckerhöhung zu bekommen. Im Gegenteil, einige Male ist, wie schon oben erwähnt, eine deutliche Erniedrigung ohne Rhythmusveränderung eingetreten, wie bei der Konvallariavergiftung. Um den Verdacht zu beseitigen, daß die ROSSBACHschen Fasern irgendwie zu stark vergiftet werden, *(194)* verglichen wir den Umfang der reflektorischen Druckerhöhung vor und nach der allmählichen Vergiftung mit Atropin und haben niemals irgendeinen Unterschied sehen können. Wir waren hartnäckig bestrebt, eine Tatsache zu erhalten, wir benötigten sie, wir sparten nicht an Material (durch fruchtlose Versuche verloren wir 5 bis 7 Hunde), und trotzdem hatten wir ein negatives Ergebnis. Das ist um so verwunderlicher, da wir diese Erscheinung selbst früher bei anderen Versuchen wiederholt beobachten konnten. Wir sind entschieden im Zweifel, was dies bedeuten könnte. Es bleibt nur eine Annahme übrig: Ob dies nicht in Verbindung mit der Jahreszeit stehen könnte?

Auf die zweite Gruppe beziehen sich die Aussagen der Autoren über die Veränderungen des Blutdrucks bei Reizung verschiedener Herzästchen. Von allen Autoren wird erklärt, daß sich mit der Beschleunigung der Druck nach allen Richtungen verändern kann. Hieraus schließt man, daß diese Veränderungen keine Beziehungen zu den Herzästchen besitzen. Eine oft sehr bedeutende Erhöhung wird bei BOEHM[1]) vermerkt. Bei SCHMIEDEBERG[2]) wird auf eine der Beschleunigung nicht parallele Erhöhung bei Reizung des peripheren Endes des n. laryngeus inferior und anderer Herzäste aufmerksam gemacht. Beide haben dabei die vasomotorische Wirkung im Auge. Keiner der Autoren hat jedoch diese Erscheinungen einer grundlegenden Prüfung unterzogen. Wir stehen infolgedessen vor einem Chaos wenig beurteilter Erscheinungen, in die unsere Versuche Ordnung und gehöriges Licht hineinbringen. Bei aufmerksamer Erforschung hat sich herausgestellt, daß bestimmte Herzästchen über eine bedeutende und bestimmte Wirkung auf den Druck verfügen, eine Wirkung, die durch diese oder jene Veränderung der Herztätigkeit bedingt ist.

Zur dritten Gruppe gehören die Versuche am Froschherzen derjenigen Autoren, die auf eine Veränderung der Kontraktionskraft bei Reizung des n. vagus aufmerksam machten. Das sind die schon zu Beginn unserer Darlegung erwähnten Autoren. Für die Identität der Erscheinungen, mit denen wir uns beschäftigt haben, d.h. der Druckerhöhung und -erniedrigung mit Veränderungen der Kontraktionskraft, die von den genannten Autoren untersucht wurden, spricht trotz allem übrigen *(195)* die völlige Übereinstimmung in der Beziehung der einen wie auch der anderen zu den verlangsamenden und beschleunigenden Effekten. In diesem Sinne ist die folgende Stelle aus der Abhandlung von LÖWIT ganz besonders lehrreich: „Man kann solche

[1]) BOEHM, Arch. f. exp. Path. u. Pharm., Bd. 4, [1875, S. 351—386]
[2]) SCHMIEDEBERG, LUDWIGS Arbeiten, 1870—1871, [S. 41—52]

Stromstärken wählen, daß lediglich eine Pulsvergrößerung erhalten wird ohne Beschleunigung, oder daß gleichzeitig auch eine Beschleunigung erreicht wird. Verstärkt man jetzt plötzlich den Strom, so erhält man auch in diesem Stadium, gleichzeitig mit dieser starken Beschleunigung im Gegensatz zu den vorherigen vergrößerten Pulsschlägen eine deutliche Verkleinerung der einzelnen Pulsschläge. In anderen Fällen gelingt es nicht, die Vergrößerung während der Beschleunigung zu demonstrieren, sie tritt dann ständig nach Ablauf der ersten, mehr oder weniger beschleunigten oder verkleinerten Pulsschläge auf, um allmählich wieder zu verschwinden."[1]) In genau der gleichen Weise konnte man auch bei uns entweder eine Erhöhung ohne jede Beschleunigung zu Beginn der Reizung oder eine anhaltende Erhöhung nach dem Erlöschen der Beschleunigung beobachten.

Von allen Autoren spricht sich nur Nuël für die Berechtigung der Annahme besonderer Nerven aus, die einen Einfluß auf die Erregbarkeit des Muskels ausüben. Die übrigen Autoren lehnen entweder diesen Gesichtspunkt ab oder sie ignorieren ihn. Wir sprachen darüber schon am Anfang. Wir begnügen uns hier mit dem Hinweis auf die Schwierigkeiten, auf die einige Autoren durch die Beharrlichkeit in ihrer Ansicht stoßen. Besonders will ich mich mit der Frage nach der Beschleunigung und Verstärkung der Kontraktionen beschäftigen. Schmiedeberg zeigte, daß bei Reizung der beschleunigenden Nerven des Frosches der Puls kleiner wird, wobei „die Spannung des sich in der Diastole befindlichen Herzens zunimmt". Umgekehrt zeigte Heidenhain, daß sich mit der Beschleunigung ständig der Umfang der Systole vergrößert, und er glaubte, den Unterschied zwischen seinen Hinweisen und denen von Schmiedeberg durch die unterschiedlichen Methoden erklären zu können. Löwit jedoch fand mit derselben Methode wie Heidenhain, daß in der Regel bei der Beschleunigung in Wirklichkeit eine Verkleinerung der Systole beobachtet wird und unter besonderen Ausnahmebedingungen eine Vergrößerung. Der letzte Autor lehnt es ab, wenigstens irgendeine Erklärung für die Vergrößerung der Systole zu geben und konzentriert seine Aufmerksamkeit auf die übrigen drei gemeinsamen Erscheinungen: die Beschleunigung, die Verkleinerung *(196)* der Systole und die Systolie der Herzkammern, d.h. auf den besonderen Kontraktionszustand der Kammern. Löwit gibt zu, daß zum Teil infolge einer Beschleunigung auch die Systolie und die Verkleinerung der Systole entstehen können, d.h. infolge der Unmöglichkeit für die Diastole, sich wegen der Kürze der Pause völlig zu entwickeln, hält jedoch diese eine Erklärung nicht für ausreichend, da sowohl die Systole, als auch der Umfang der Systole nicht parallel zu der Beschleunigung gehen. Letzten Endes zieht der Autor die Schlußfolgerung, daß die beschleunigenden Nerven in den motorischen Herzzentren Prozesse auslösen, die sich bei schwachen Reizungen ausschließlich in einer Beschleunigung der Herztätigkeit bemerkbar machen, bei starken gleichzeitig mit der Beschleunigung auch noch in denjenigen

[1]) Löwit, Ludwigs Arbeiten, 1870.

Prozessen, welche die Herzmuskulatur zu einem verstärkten systolischen Zustand anregen. Die Unsicherheit der Behauptung des Autors ist augenscheinlich, wenn er bei der Ausarbeitung seiner Schlußfolgerungen gezwungen ist, willkürlich einen Teil der Tatsachen fallen zu lassen. Wie verändert sich dagegen das Bild der Sache, wenn wir an sie mit der Annahme einer besonderen rhythmischen und einer besonderen dynamischen Innervation herantreten! Wie einfach und natürlich läßt sich dann alles verstehen! Wenn die verstärkenden Fasern allein gereizt werden, wird allein nur eine Verstärkung auftreten. Dieser Fall liegt selbstverständlich vollkommen im Bereich des Möglichen; denn die Erregbarkeit der verstärkenden und die Erregbarkeit der beschleunigenden Fasern können sich bei verschiedenen Bedingungen verschieden verhalten. Wenn eine bedeutende Beschleunigung hinzukommt, so wird die beginnende Systole natürlich infolge der Kürze der Pause verschiedenen Umfang aufweisen und sich nicht zu der Beschleunigung parallel verändern, je nachdem wann und in welchem Maß die Reizung der verstärkenden Nerven vor sich gegangen ist. Die gleiche Betrachtung ist auch auf den Umfang der Systole anwendbar. Davon, in welchem Maß sich die Reizung der beschleunigenden und der verstärkenden Fasern untereinander kombiniert, wird es abhängen, ob wir das Normale übersteigende Größen der Systolen oder minimale Größen erhalten.

Zur vierten Gruppe zähle ich all die zahlreichen verstreuten unsystematisierten Fälle, wo ein geschwächtes oder sogar stehengebliebenes Herz des Froschs oder eines Säugetiers durch Reizung des n. vagus zu neuer und verstärkter Tätigkeit angeregt wurde (Schiff, Budge, Valentin, Panum, Schelske, Boehm, Löwit, Hoffmann, Gianuzzi, Tarchanow, Onimus u. a.), Fälle, die den Anlaß zu verschiedenen Theorien gaben. Bestimmt *(197)* würden viele von ihnen, wenn nicht alle, durch die von uns angenommenen neuen Herzfasern eine einfache Erklärung finden.

Ich gab diese flüchtige Übersicht, um die Hauptpunkte zu vermerken, auf die sich die weitere Forschung richten muß.

Ich will gern zugeben, daß ich in meiner Arbeit vieles ausgelassen habe. Teils hatte das seine Ursache in der Bescheidenheit der Mittel des Laboratoriums, in dem diese Arbeit erfolgte, teils im Mangel an Zeit. Deswegen betrachte ich die vorliegende Untersuchung als eine vorläufige und führe die Bearbeitung des Gegenstands weiter fort.

Die Idee der Untersuchung und ihre Verwirklichung gehen ausschließlich von mir aus. Ich war jedoch umgeben von den klinischen Ideen Prof. Botkins, und mit herzlicher Dankbarkeit erkenne ich den fruchtbaren Einfluß dieses tiefen und breiten, den experimentellen Angaben oft zuvorkommenden Nervismus[1]) sowohl auf diese Arbeit, als auch überhaupt auf mein physiologisches Denken an, der meiner Ansicht nach ein wichtiges Verdienst von Sergei Petrowitsch für die Physiologie darstellt.

---

[1]) Unter Nervismus verstehe ich die physiologische Richtung, die bestrebt ist, den Einfluß des Nervensystems auf möglichst viele Funktionen des Organismus auszudehnen.

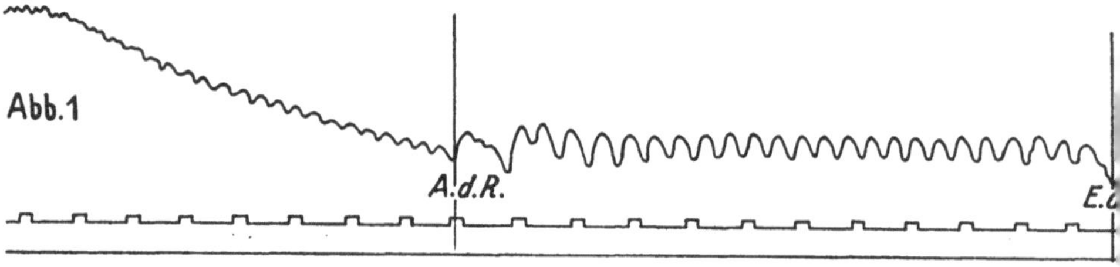

Abb.1

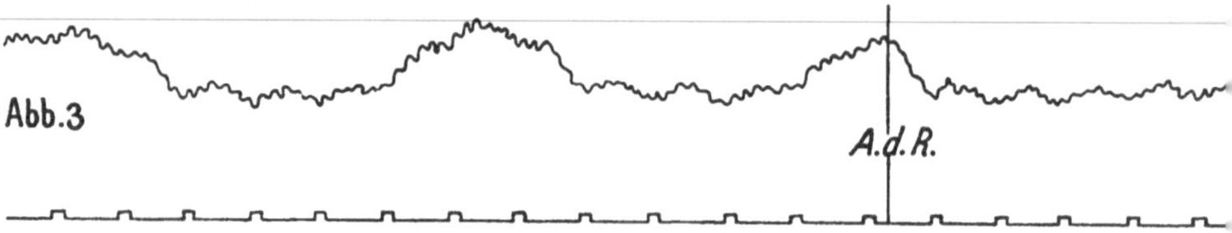

Abb.3

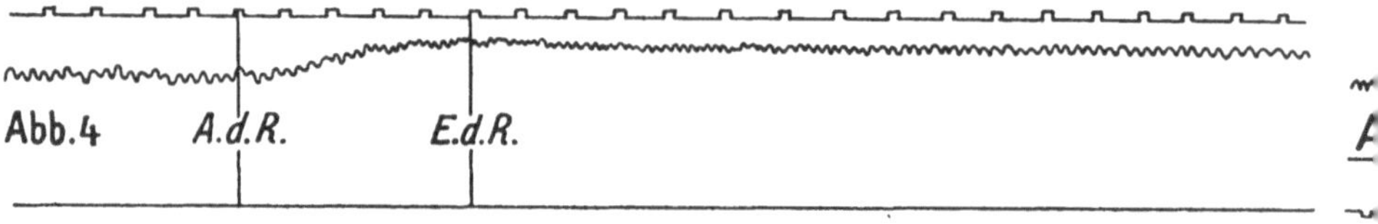

Abb.4

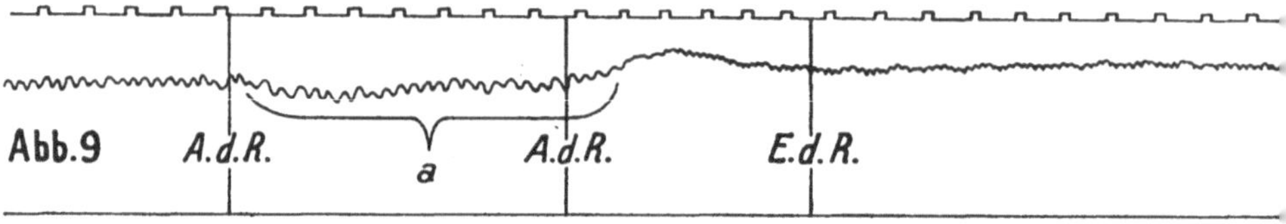

Abb.9

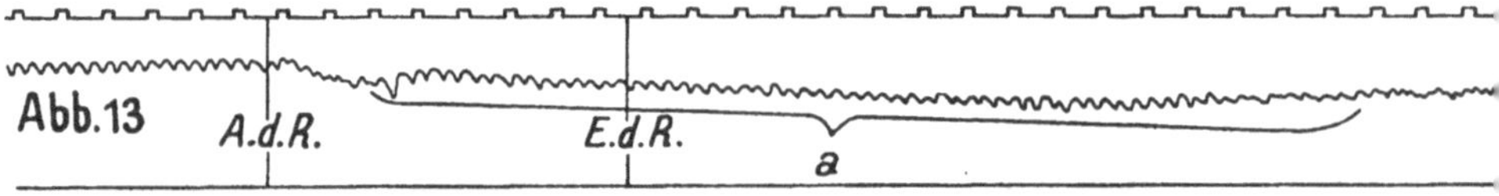

Abb.13

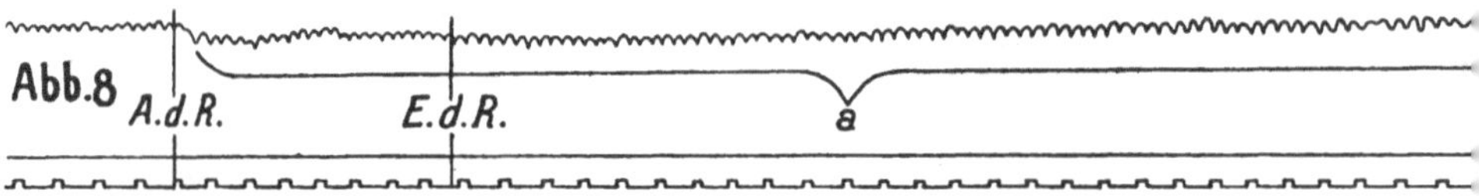

Abb.8

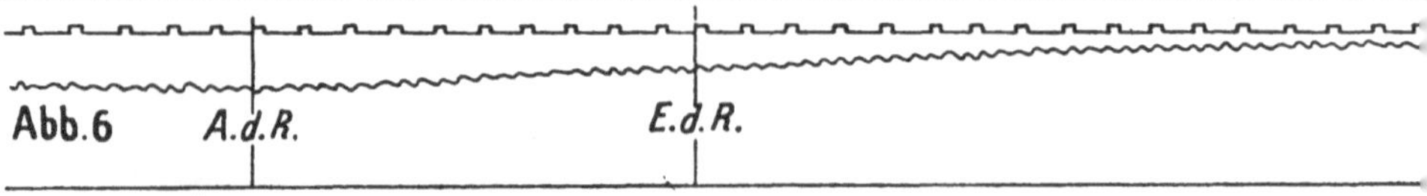

Abb.6

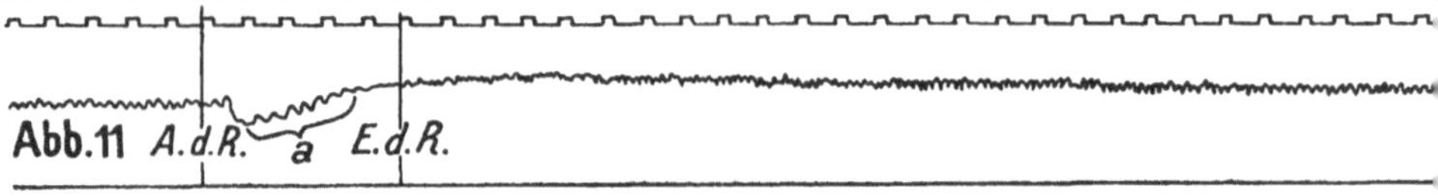

Abb.11

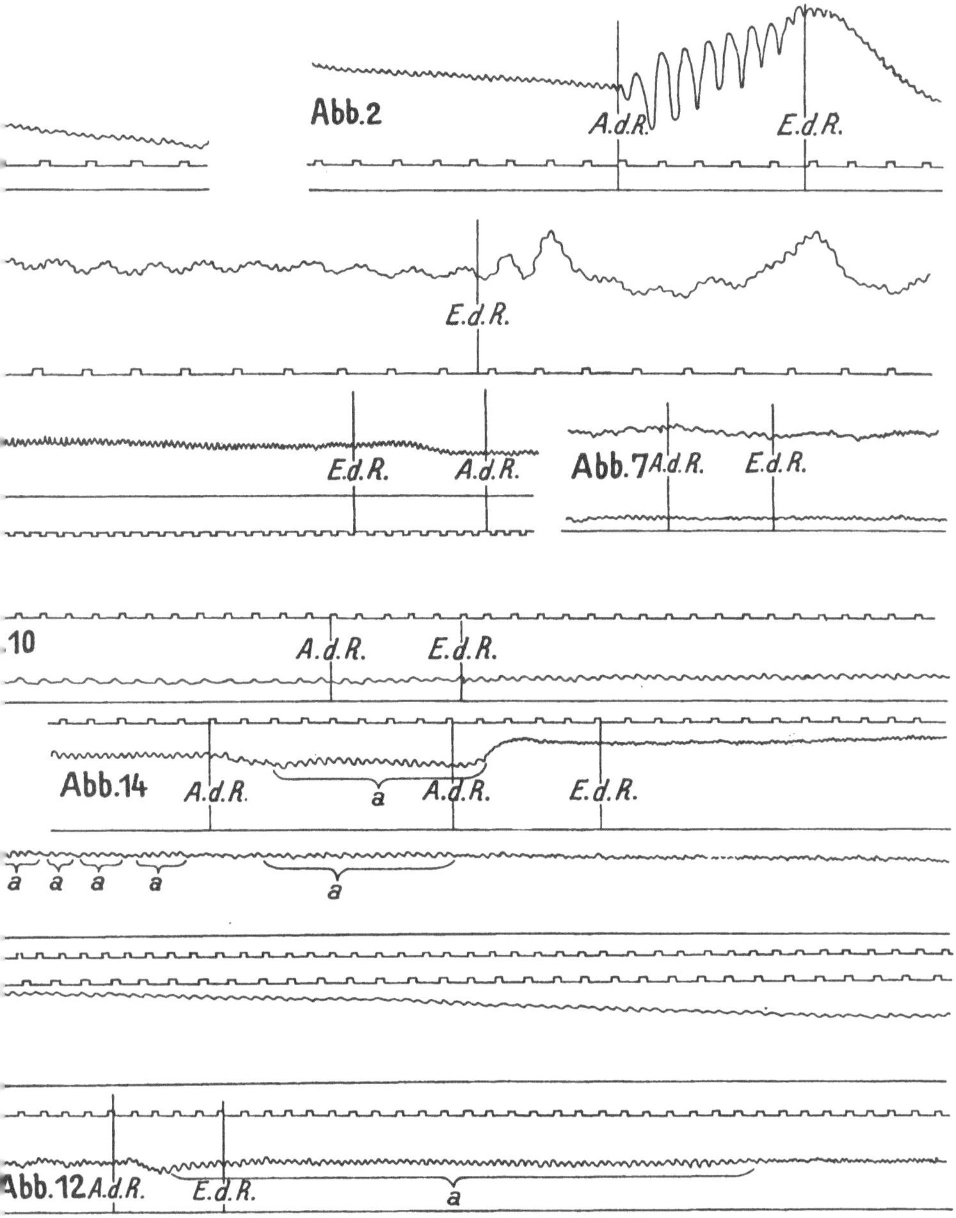
Abb.2
A.d.R.
E.d.R.
E.d.R.
E.d.R.
A.d.R.
Abb.7
A.d.R.
E.d.R.
10
A.d.R.
E.d.R.
Abb.14
A.d.R.
a
A.d.R.
E.d.R.
a
a
a
a
a
Abb.12
A.d.R.
E.d.R.
a

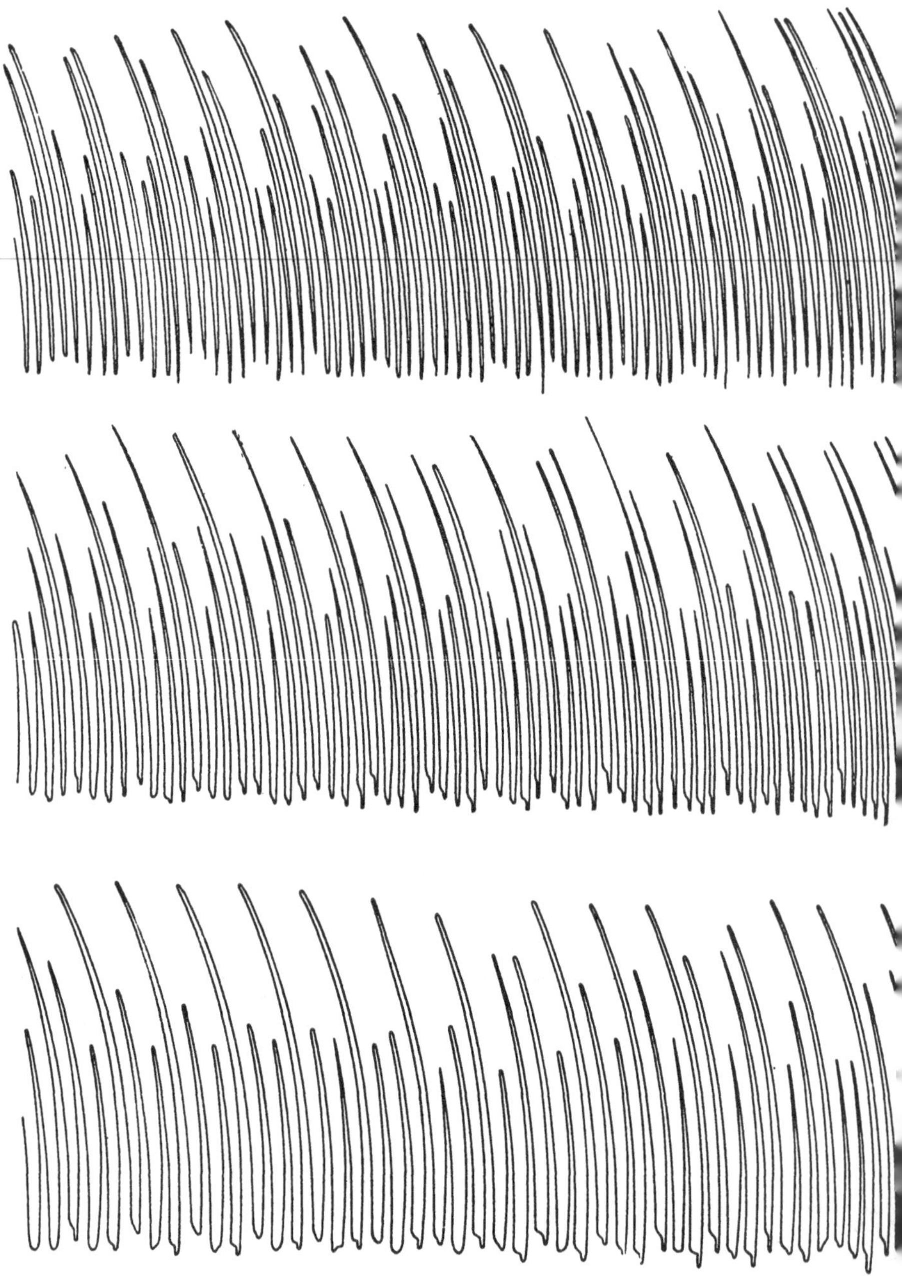

7

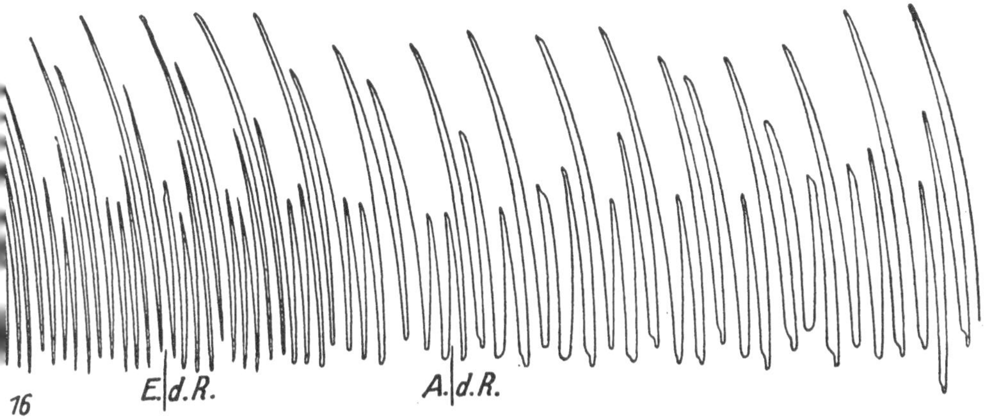

16

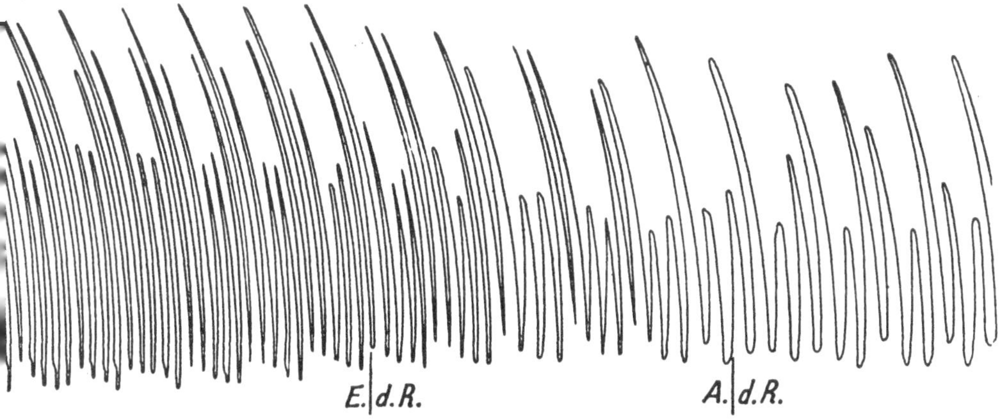

.15

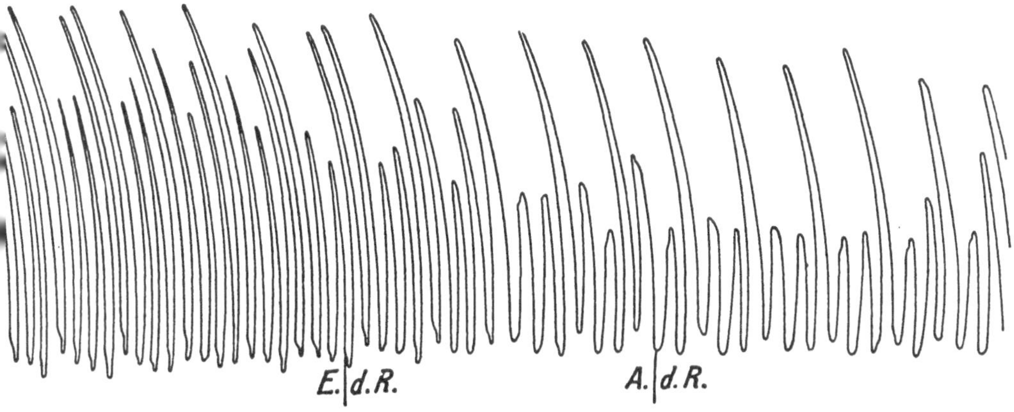

THESEN

1. Die Tätigkeit des Herzens wird von vier zentrifugalen Nerven gelenkt: von einem hemmenden, einem beschleunigenden, einem abschwächenden und einem verstärkenden Nerven.

2. Die Vorhöfe werden von den Kammern getrennt innerviert.

3. Die Unversehrtheit der n. vagi ist eine wesentliche (wenn auch nicht die ausschließliche) Bedingung der Beständigkeit des Blutdrucks bei bedeutenden Graden von Dyspnoe, Apnoe, bei Aderlaß und Transfusion.

4. Die Methode der „physiologischen Durchschneidung" der Nerven, d.h. einer zeitweiligen Unterbrechung der Leitungsfähigkeit des Nerven, ist das wichtigste Mittel zur Synthese der normalen Nerventätigkeit.

5. Die beste Methode bei der experimentellen Untersuchung der Harnabsonderung ist die Dauerfistel der Harnblase. *(198)*

6. Die Bearbeitung der Physiologie der peripheren Endigungen aller zentripetalen Nerven (die jetzt fast garnicht mehr vorgenommen wird) stellt eine dringende Aufgabe dar, an welcher der Arzt ganz besonders interessiert ist."

[55] Die Abbildungen fehlen im russischen Text.

ZUSATZ ZUR DRITTEN SEITE DER DISSERTATION[1])

b) GASKELL sagt in einer weiteren Mitteilung über die Innervation des Herzens (Journal of Physiology, ed. by FOSTER, Bd. 3), daß er auch in dem oben zitierten Aufsatz schon die rhythmische Innervation von der Innervation der Kraft getrennt habe. In seinem Auszug jedoch (der zitierte Aufsatz stellt praktisch einen Extrakt aus einem in der Gesellschaft verlesenen Aufsatz dar) wird dies nirgendwo direkt ausgesprochen, und der letzte Satz ist eher geeignet, den gegenteiligen Eindruck zu hinterlassen. Man muß annehmen, daß der Aufsatz auch bei anderen späteren Autoren im Hinblick auf diesen Punkt den gleichen Eindruck hinterlassen hat; wenigstens erwähnen HEIDENHAIN und LÖWIT (die Aufsätze von beiden sind oben zitiert) mit keinem Wort die Schlußfolgerungen GASKELLS über die zwei verschiedenen Innervationen. Sie wären aber gewiß darauf eingegangen, wenn sie tatsächlich diese Schlußfolgerungen in seinen Aufsätzen gefunden hätten. Wahrscheinlich gibt der veröffentlichte Extrakt die Schlußfolgerungen des Aufsatzes von GASKELL, der in der Gesellschaft verlesen wurde, nicht ganz genau wieder. Meine Dissertation wurde geschrieben, bevor ich mit der den Extrakt erläuternden Mitteilung bekannt wurde. *(251)*

---

[1]) Siehe „Handschriftliches Material I. P. Pawlows im Archiv der Akademie der Wissenschaften der UdSSR, Wissenschaftliche Beschreibung." Тр. Архива *(Abhandlungen des Archivs)*, Folge 8, Ausg. d. Akad. d. Wiss. d. UdSSR, 1949. Vermutliches Datum der Niederschrift: 1884. — Red.

ÜBER DIE ZENTRIFUGALEN NERVEN DES HERZENS
(Zweiter Beitrag[1])

(Aus dem klinischen Laboratorium von Prof. S. P. BOTKIN)

In meiner Dissertation habe ich Tatsachen mitgeteilt, die mich zu der Schlußfolgerung über die Existenz zweier neuer zentrifugaler Herznerven geführt haben, eines abschwächenden und eines verstärkenden. Nachdem ich einen Hund mit Konballariatinktur vergiftet hatte, sah ich, daß der von allen Abzweigungen

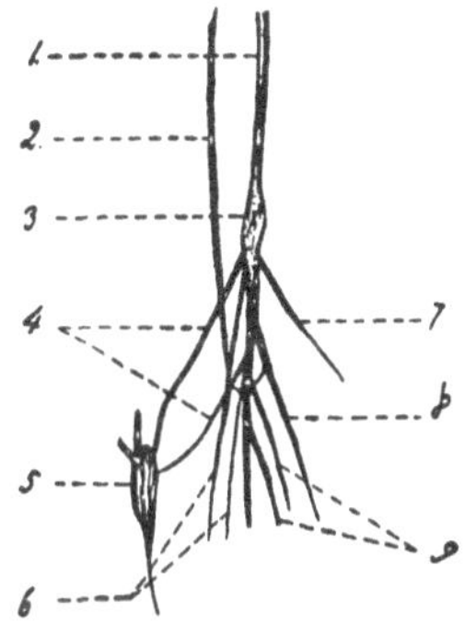

Beschreibung der Abbildung: Herzäste des rechten n. vagus beim Hund: 1. n. vagosympathicus; 2. n. laryngeus inferior; 3. ganglion cervicale inferius; 4. ansa Vieussenii; 5. ganglion stellatum; 6. rami cardiaci externi superior et inferior; 7. r. cardiacus internus superior; 8. r. cardiacus principalis und 9. rr. cardiaci interni inferiores.

außer den kardialen befreite n. vagosympathicus des Halses bei Reizung seines peripheren Endes, ohne einen Einfluß auf den Rhythmus der Herzschläge zu zeigen, *den Druck erniedrigte.* Andererseits hat ein bestimmter Herzast des n. vagus *den Druck dauernd erhöht* und auf den Rhythmus nur unbeständig und in den einzelnen Versuchen unterschiedlich eingewirkt. Somit war die zweifache Wirkung

[1]) Siehe meine Dissertation „Über die zentrifugalen Nerven des Herzens" (St. Petersburg, 1883). (Siehe: „Handschriftliches Material I. P. PAWLOWS im Archiv der Akademie der Wissenschaften der UdSSR, Wissenschaftliche Beschreibung." Тр. Архива *[Abhandlungen]*, Folge 8, Verlag d. Akademie d. Wissenschaften d. UdSSR, 1949. Wahrscheinliches Datum der Niederschrift 1884. — Red.)

der Nerven auf die Kontraktionskraft (jegliche andere Bedeutung dieser Druckveränderungen war auf experimentellem Weg ausgeschlossen) entweder pharmakologisch oder anatomisch von der Nervenwirkung auf den Rhythmus isoliert.

Jedoch stand das Studium eines so wichtigen und neuen Problems mit den angeführten Versuchen erst am Anfang; es waren weitere Untersuchungen notwendig, und der vorliegende Aufsatz enthält neue Angaben, *(252)* die seit der Veröffentlichung der Dissertation von uns erhalten wurden[1]). Die vorliegenden Mitteilungen beziehen sich in der Hauptsache auf eine weitere Charakterisierung der verstärkenden Nerven und auf die Frage nach ihrem Verlauf in Richtung zum Zentralnervensystem.

Ich halte es für notwendig, mit einer Skizze der Herzäste des n. vagus und Hinweisen auf ihre Funktionen zu beginnen.

Bezüglich der Variationen verweise ich auf meine Dissertation (S. 22 und 23). Die Vorsilbe „Haupt-" wende ich im anatomischen Sinn an, sie bezieht sich auf den dicksten, vor allen Dingen auffallenden Ast.

Über bestimmte Funktionen verfügt die Mehrzahl der auf der Abbildung vermerkten Ästchen *immer*, über andere nur gelegentlich. Die verstärkenden Fasern der Kammern sind *ständig* und oft ausschließlich im Hauptast lokalisiert (d. h., sie sind alle nur in ihm enthalten). Ihnen schließen sich getrennt oder gemeinsam auch alle übrigen zentrifugalen Herzfasern an. Am häufigsten und am bedeutendsten ist der Anteil der beschleunigenden Nerven. Die hemmenden Fasern befinden sich *ständig* und in großer Zahl in dem nächstunteren inneren Ast, in dem manchmal auch beschleunigende Fasern vorkommen. Eine *ständige* und sehr starke beschleunigende Wirkung, die fast immer von einigen bemerkenswerten *(253)* Besonderheiten begleitet ist, entsteht durch die äußeren Äste. Nur in seltenen Fällen mischen sich den oberen auch noch verstärkende Fasern bei, wobei der Ast dann mehr nach vorn liegt. Der obere innere Ast enthält, falls er vorhanden ist, gewöhnlich beschleunigende Fasern, entweder nur beschleunigende oder (seltener) mit einem kleinen Anteil verstärkender. In dem untersten inneren Ast kommen einmal hemmende, ein anderes Mal beschleunigende oder die einen und die anderen Äste zusammen vor. Die abschwächenden Fasern verteilen sich unbestimmt auf die inneren Ästchen, am häufigsten sind sie jedoch im Hauptast anzutreffen.

Das Studium der bemerkenswerten Besonderheiten, die gewöhnlich eine Reizung der äußeren Äste begleiten, wird uns vor allen Dingen beschäftigen.

Fast seit unseren allerersten Versuchen über die Herzinnervation wurde unsere Aufmerksamkeit auf die Tatsache gelenkt, daß bei Reizung dieser Äste auf der Kurve Herzwellen registriert wurden, die nicht dem entsprachen, was das Auge am Herzen (eigentlich am rechten Vorhof) in der offenen Brust sah: In der Zeit, wo die Vorhöfe sehr schnell zu schlagen anfingen, hat das Manometer die Wellen nicht öfter registriert, sondern in der Regel seltener als in der Norm. Derartige Wellen wurden in unserer Dissertation mit dem Wort „zusammenfließend"

[1]) Diese Versuche sind im vorigen Winter auf einigen Sitzungen der Zoologischen Abteilung der Naturforschergesellschaft an der St. Petersburger Universität mitgeteilt worden.

bezeichnet. Ehe wir die Tatsache vollständig und richtig verstanden, sind uns viele Fehler unterlaufen. Anfangs haben wir diese seltsamen Wellen auf unser grobes Manometer von alter Konstruktion zurückgeführt und blieben bei dieser Erklärung so lange, bis wir mit vollkommeneren Manometern zu arbeiten begannen, über die niemals und von niemandem behauptet wurde, daß sie eine Beschleunigung, die bei Reizung der beschleunigenden Nerven eintritt, nicht wiedergeben könnten. Da die „zusammenfließenden" Wellen auch jetzt zu sehen waren, so standen wir vor der Notwendigkeit, die Frage am Herzen selbst zu prüfen. Und in der Tat! Durch das Anlegen eines Fingers an die Arterien und unmittelbar an das Herz, in der Hauptsache an die linke Kammer, konnten wir uns leicht davon überzeugen, daß unsere Wellen wirklich vom Herzen kommen und hinsichtlich ihrer Anzahl vom Manometer völlig richtig wiedergegeben werden[1]. *(254)* Da jedoch der Gedanke, daß man auf physiologischem Weg zeitweise und nach Wunsch die Tätigkeit beider Kammern voneinander trennen könne, schwer einleuchtend war, kam es noch zu einem weiteren Irrtum unsererseits. Wir stellten uns die Erscheinung als eine Dissoziation zwischen den Vorhöfen einerseits und den Kammern andererseits vor. Erst unter dem Druck weiterer Beobachtungen entdeckten wir schließlich die volle Wahrheit. Als wir zu kardiographischen Versuchen übergingen, sahen wir in einigen von ihnen, daß die Bewegungen der rechten Kammer, an der gewöhnlich das die Bewegungen aufnehmende Instrument angelegt war, auch bei Reizung der äußeren Äste mit den Bewegungen der Vorhöfe zusammenfielen. Jetzt erst erinnerten wir uns, daß bei Befühlung des Herzens im Fall einer Dissoziation die seltenen Kontraktionen immer öfter und deutlicher wahrnehmbar wurden, wenn der Finger unmittelbar bis zur linken Kammer vordrang, und erkannten schließlich, daß die Unstimmigkeit auch tiefer gehen kann, so daß beide Kammern getrennt schlagen. Während das ganze Herz, mit Ausnahme der linken Kammer, sehr oft zu schlagen beginnt, führt die linke Kammer seltene selbständige Bewegungen aus. Die Erscheinung der Dissoziation zwischen den Kammern konnte exakt wiedergegeben werden, als wir auf einem Papierstreifen zwei Manometer schreiben ließen, von denen eines mit der art. carotis und das andere mit einem Ast der Lungenarterie verbunden war, der dem Oberlappen der rechten Lunge angehört. Diese letzten Versuche haben eben erst begonnen. Soweit man nach ihnen urteilen kann, tritt am leichtesten die linke Kammer in Dissoziation zu den Vorhöfen, die rechte dagegen schlägt weiterhin gleichzeitig mit ihnen. Das tritt entweder bei kurz dauernden Reizen oder beim Beginn länger dauernder Reize ein. Späterhin weicht auch die rechte Kammer vom Vorhofrhythmus ab und kontrahiert sich gleichzeitig mit der linken.

Bei unserer weiteren Beschreibung werden ausschließlich Kurven in Betracht gezogen, die nur die Bewegungen der linken Kammer darstellen, wobei die entsprechenden Bewegungen der Vorhöfe laut von einem Assistenten abgelesen werden. Auf diese Weise wurde die Dissoziation festgestellt.

---

[1]) Eine vorläufige Mitteilung hierüber erschien in der Еженед. клин. газ. *[Klinische Wochenzeitung]* (Mai 1883; dritte Mitteilung). *(Siehe diesen Bd., S. 232 — Dt. Red.)*

Die Dissoziation tritt bei Reizung der starken, beschleunigenden Äste[1]) ein, wenn sie keine verstärkenden Fasern enthalten. *(255)* Als fast ständige Vertreter solcher Äste sind die äußeren zu betrachten. Wie der Eintritt der Dissoziation während der Reizung, so geht auch die Unterordnung der linken Kammer unter den Vorhof nach Schluß der Reizung in den einzelnen Versuchen in ziemlich verschiedener Weise vor sich. Manchmal tritt mit Einsetzen der Stromwirkung die volle Dissoziation in Erscheinung, ein anderes Mal zeigt sich zuerst eine Beschleunigung der Bewegungen des ganzen Herzens, und erst, nachdem sich die Beschleunigung bis zu einem gewissen Grad verstärkt hat, beginnt die linke Kammer mit ihren isolierten seltenen Kontraktionen. Die seltenen Wellen auf der Kurve sind in diesem Fall entweder voll ausgebildet, oder es werden anfangs einige an der Spitze aufgesplitterte Wellen registriert. Das Wiedereinsetzen der Harmonie zwischen Vorhof und Kammer geht nach Schluß der Reizung auf noch verschiedenartigere Weise vor sich. Manchmal geht der seltene und selbständige Puls der linken Kammer sofort in den frequenten und allgemeinen Puls des ganzen Herzens über. Gewöhnlich ist jedoch zwischen diesen Perioden der Kammertätigkeit ein Abschnitt von an der Spitze aufgesplitterten Wellen eingeschoben, die sich immer tiefer spalten, bis ein mit dem übrigen Herzen gemeinsamer Puls eintritt. Schließlich wird in einem vollkommeneren (seltenen) Fall folgende Reihenfolge der Erscheinungen beobachtet: Nach seltenen, selbständigen Schlägen tritt eine Periodizität ein; es wechseln mehrmals Abschnitte mit seltenem, selbständigem Puls und Abschnitte mit frequentem, dem ganzen Herzen gemeinsamem Puls miteinander ab, wobei der Übergang vom seltenen in den frequenten Puls und umgekehrt allmählich vor sich geht, d.h. über gespaltene Wellen. Danach folgt eine lange Reihe aufgesplitterter Wellen, die sich immer mehr und mehr spalten, bis schließlich eine etwas beschleunigte harmonische Tätigkeit des ganzen Herzens eintritt. Bei welcher Frequenz der Herzschläge die Dissoziation eintritt oder verschwindet, hängt von der nicht genau vorauszusagenden Individualität jedes Versuchs ab. Im allgemeinen ist es, wie schon erwähnt, richtig, *(256)* zu sagen: Je größer die Beschleunigung ist, um so mehr Aussicht besteht, eine Dissoziation zu erhalten. Diese Regel ist in jedem einzelnen Versuch für die verschiedenen beschleunigenden Ästchen vollkommen exakt. In den verschiedenen Versuchen geht jedoch die Dissoziation das eine Mal sofort in einen allgemeinen, noch sehr beschleunigten Puls über, ein anderes Mal aber unmittelbar in einen fast normalen Puls. Unsere gleichzeitigen Pulsaufzeichnungen der rechten und linken Kammer zeigen, daß im Fall einer Kammerdissoziation die linke Kammer genau zweimal

[1]) Es kann kein Zweifel darüber bestehen, daß die Dissoziation in unseren Versuchen eine Folge der Reizung der beschleunigenden Fasern und nicht irgendwelcher anderer ist, der abschwächenden, wie man annehmen könnte. Alle Äste, welche die Dissoziation ergeben, beschleunigen beständig die Bewegungen der Vorhöfe sehr stark und in verschieden starkem Ausmaß auch die Bewegungen der Kammern. Je stärker die beschleunigende Funktion des Astes ist, mit um so größerer Sicherheit tritt bei seiner Reizung eine Dissoziation ein und dauert, wenn sie einmal begonnen hat, längere Zeit an. Mit der Abschwächung oder dem Verschwinden der beschleunigenden Wirkung, z.B. infolge von häufig wiederholten Reizungen, wird auch die Dissoziation geringer und hört schließlich ganz auf.

seltener schlägt als die rechte. Das gleiche Verhältnis ist mehrmals bei einer Dissoziation zwischen den Vorhöfen und der linken Kammer beobachtet worden. In Zukunft werden wir die beschriebenen, mit dem übrigen Herzen nicht harmonisierenden Kontraktionen der linken Kammer mit dem Wort „summarisch" bezeichnen. Die Dissoziation wird gewöhnlich, jedoch nicht immer von einem manchmal sehr bedeutenden Absinken des Drucks begleitet, z. B. wird bei einem Niveau von 100 mm ein Absinken auf 50 mm beobachtet. Im Fall eines niedrigen Anfangsdrucks erfolgt ein Absinken bis zum Nullpunkt (Kurve 1 u. 2[1]).

Kurve 1

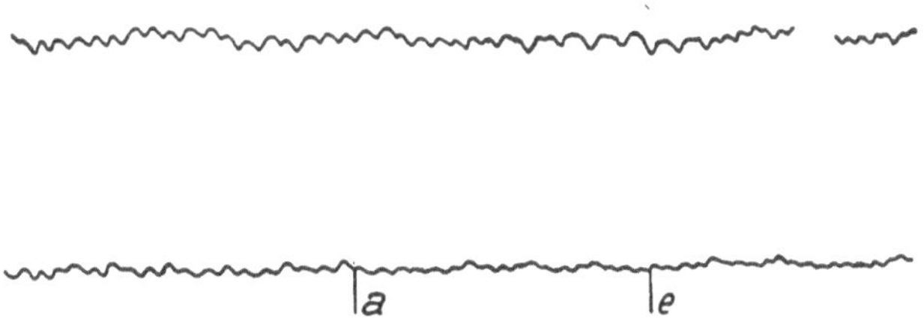

Kurve 2

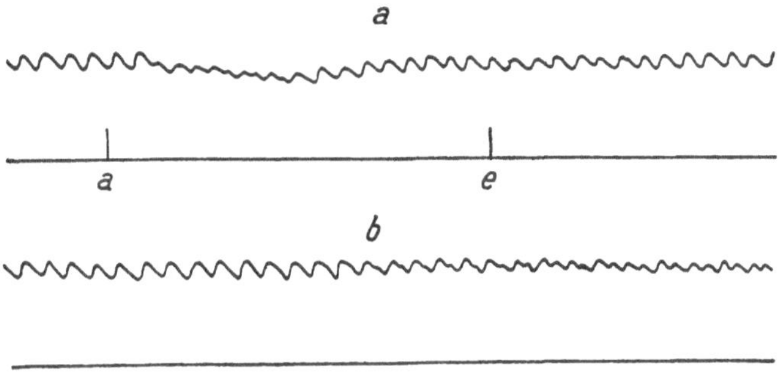

Die Kurve 1 besteht aus zwei Teilen: einem oberen, der von einem mit der art. carotis verbundenen Manometer aufgezeichnet ist und einem unteren, der von einem mit einem Ast der Lungenarterie verbundenen Manometer aufgezeichnet ist. Die Schreibfedern beider Manometer befinden sich auf derselben Vertikalen. Es wird der äußere tiefe Ast gereizt.

Kurve 2 ist von einem, mit der art. cruralis verbundenen Manometer aufgezeichnet Es wird der äußere obere Ast gereizt; b ist die unmittelbare Fortsetzung von a.

Die Erscheinung der Dissoziation ist eine sehr beständige und leicht zu reproduzierende Tatsache. Daß sie bis jetzt noch nicht bekannt war, läßt sich meines

[1]) Alle manometrischen Kurven müssen von links nach rechts gelesen werden, die Kardiogramme umgekehrt. a bedeutet in allen Kurven den Anfang, e das Ende der Reizung. Es muß bemerkt werden, daß hier bei weitem nicht die besten Kurven gebracht sind; die besten werden für die zu druckenden russischen und deutschen Aufsätze zurückbehalten.

Erachtens nur dadurch erklären, daß unsere Vorgänger nicht die entsprechenden Äste gereizt haben. Als beliebte Stelle zur Reizung der beschleunigenden Fasern dienten fast ständig die Äste, welche die ansa Vieussenii bilden. Unter bestimmten Bedingungen kann auch die Ansa bei Reizung eine langwährende Dissoziation ergeben; diese Bedingungen waren jedoch bei den anderen Forschern gewöhnlich nicht gegeben; die ausführliche *(257)* Erklärung erfolgt später. Genauso kann auch von dem Hauptast, der ebenfalls von den Untersuchern oft gereizt wurde, nur selten und wiederum nur bei ganz besonderem Vorgehen, eine Dissoziation erhalten werden; die Erklärung folgt anschließend.

Die zweite ständige Eigenschaft — nach einer Druckerhöhung, die im einzelnen in der Dissertation beschrieben wurde — der verstärkenden Herznerven ist ihre Fähigkeit, die eben beschriebene Dissoziation aufzuheben, die harmonische Herztätigkeit wiederherzustellen. Kommt zur Reizung der oberflächlichen Äste, wenn der Druck gefallen ist und auf der Kurve summarische Wellen der linken Kammer aufgezeichnet werden, eine Reizung des Hauptastes hinzu, so beginnt nach 2 bis 3 Sekunden der Druck steil bis über die Norm anzusteigen, und gleichzeitig weichen die summarischen seltenen Wellen *(258)* den für das ganze Herz gemeinsamen frequenten Wellen. Wenn zuerst der Hauptast gereizt und ein Druckanstieg mit geringer Beschleunigung erhalten wird, so wird ebenso durch Reizung der äußeren Äste lediglich die Beschleunigung vergrößert; es treten jedoch weder eine Druckerniedrigung noch summarische Wellen auf. Jetzt wird verständlich, warum der Hauptast, wieviele beschleunigende Fasern er manchmal auch enthalten mag, niemals eine langwährende Dissoziation hervorruft; zu Beginn der Reizung kommt eine vorübergehende Dissoziation vor, die offensichtlich dadurch hervorgerufen wird, daß die Periode der latenten Reizung der verstärkenden Fasern wesentlich länger ist als die der beschleunigenden Fasern. Damit sich die in dem Hauptast enthaltenen beschleunigenden Fasern ebenso verhalten wie die in den äußeren Ästen, müssen seine verstärkenden Fasern gelähmt werden. Dank dem anatomischen Verlauf beider Faserarten ist auch das möglich. Es genügt, den Hauptast an seinem Übergang zu den Kammern — auf der Lungenarterie, wie dies schon in der Dissertation erwähnt wurde — zu durchschneiden, und er wirkt ebenso wie die äußeren Äste, d. h., er ruft eine Dissoziation hervor, natürlich nur, wenn in ihm viele beschleunigende Fasern enthalten sind. Die Ursache liegt offensichtlich darin, daß sich die beschleunigenden Fasern schon ziemlich weit oben von dem Ast trennen und zu den Vorhöfen ziehen, während die verstärkenden Fasern in die Herzkammern eindringen.

Hierauf bezügliche Protokolle und Kurven werden später bei anderen Versuchen angeführt werden. Eines der Beispiele für die Beseitigung einer Dissoziation mittels einer Reizung des Hauptastes wurde schon in meiner Dissertation beschrieben. (S. 62[1])

Die dritte ständige Eigenschaft der verstärkenden Nerven ist ihr tiefgreifender Einfluß auf den Ablauf der Herzkontraktion. Schon bei unseren ersten Versuchen

---

[1]) *Die Seitenangabe bezieht sich auf die Originalausgabe der Dissertation. (Dt. Red.)*

wurde bemerkt, daß sich bei Reizung des Hauptastes das Herz heftiger, schneller und unabhängig von einer Rhythmusveränderung zu kontrahieren beginnt.[1]) Verständlicherweise aber konnte die Tatsache erst dann unbestreitbar festgestellt werden, als wir uns den kardiographischen Versuchen zuwandten. Der Versuch begann auch hier *(259)* mit den bei uns üblichen Operationen: Durchschneidung des Rückenmarks usw. Danach entfernten wir die gesamte vordere Wand des Brustkorbs. Der Herzbeutel wurde längs aufgeschnitten und mit einigen Nähten beiderseits am Rand der künstlichen Brustöffnung befestigt. Auf das Herz (auf die rechte Kammer an der vorderen Längsfurche) stellten wir einen leichten, hohlen Glasapparat, der aus zwei nicht allzu großen, miteinander durch ein Röhrchen verbundenen Halbkugeln bestand. Die obere Halbkugel wurde mit Wachs am Knopf einer MAREYschen Trommel befestigt, wie sie zur Befestigung an Arterien des Menschen bestimmt ist. Damit war in der üblichen Anordnung noch eine Registriertrommel verbunden. Der mittlere Teil des Glasapparats wurde (zur Vermeidung seitlicher Abweichungen) mit Hilfe eines Geflechts aus Glasstäbchen oder Metalldrähten eingestellt. Die Empfangstrommel mit dem gläsernen Zusatzapparat stellte man in einer solchen Höhe auf, daß die untere Halbkugel nicht abstand und sich in die Muskelmasse bei den Herzbewegungen nicht zu sehr eindrückte.

Bei Reizung des Hauptastes (des verstärkenden) wurde ein ständiger Effekt erhalten, wie er durch das beiliegende Kardiogramm wiedergegeben ist (Kurve 3).

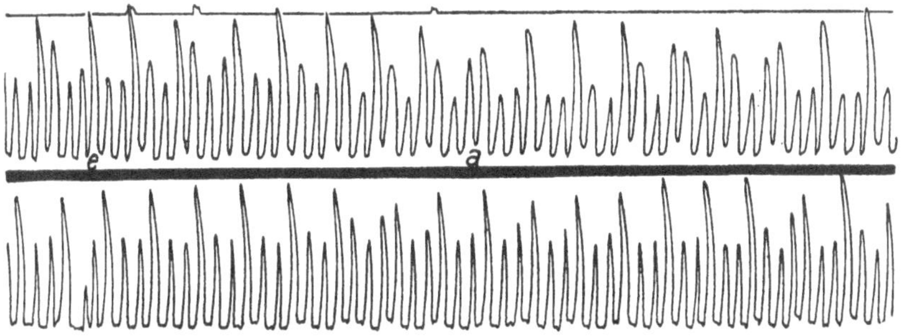

Kurve 3

Der zweite Streifen ist die unmittelbare Fortsetzung des ersten.

Wir erhalten ansteigende Wellen. Der aufsteigende Wellenteil entspricht annähernd der Systole (systolische Linie), *(260)* der absteigende der Diastole (diastolische Linie), der Abschnitt zwischen zwei benachbarten Wellen der Pause. Wir wollen vereinbaren, daß wir die mehr oder weniger gerade Linie, die diesen Abschnitt darstellt, als Pausenlinie bezeichnen, und die gedachte Gerade, die

---

[1]) Der Hinweis auf eine heftigere Kontraktion ist schon in unserer zweiten vorläufigen Mitteilung in der Еженед. клин. газ. *[Klinische Wochenzeitung]* (Dezember 1882) enthalten. *(Siehe diesen Band, S. 63. — Dt. Red.)*

den Abstand zwischen der systolischen und diastolischen Linie an der Wellenbasis ausdrückt, als Kontraktionslinie. Daß die Aufzeichnung die Wirklichkeit nicht genau wiedergibt, ist offensichtlich. Die Einwirkung des Registrierapparates ist jedoch mehr oder weniger in Betracht gezogen. Es ist klar, daß die am Ende der Diastole durch Abfall der diastolischen Linie unter die Pausenlinie gebildete Zacke ein Ausdruck der Beschleunigung ist, die der sich bewegende Teil des Apparats bei der Rückkehr zur Norm besitzt. Es folgt daraus, daß man auch der Wellenhöhe keine objektive Bedeutung zuschreiben kann. In bezug auf die Veränderung des Kontraktionsprozesses bei Reizung des Hauptastes kann jedoch gar kein Zweifel bestehen. Während die Pausenlinie vor der Reizung gewöhnlich kleiner als die Kontraktionslinie war, ist sie jetzt bei der Reizung im Gegensatz dazu entweder gleich lang oder sogar länger als die Kontraktionslinie, obwohl überhaupt keine Verlangsamung, anfangs eher eine Beschleunigung besteht. Folglich geht die Verlängerung der Pausenlinie auf Kosten der sich verkürzenden Kontraktionslinie. Weder der verkürzte Abstand zwischen der systolischen und diastolischen Linie noch die Verlängerung der Pausenlinie können anders vor sich gehen als durch einen tatsächlich schnelleren Ablauf der Herzkontraktion. Wie könnte eine gerade Pausenlinie aufgezeichnet werden, wenn das Herz so oder anders fortfahren würde, sich zu bewegen? Die Frage darüber, was sich eigentlich verkürzt, die Systole oder die Diastole oder beide gemeinsam, kann auf Grund der uns zur Verfügung stehenden Kardiogramme z. T. deswegen nicht genau gelöst werden, weil infolge der langsamen Trommelrotation die Linien der Systole und Diastole einander sehr nahe liegen und vor allem deswegen, weil der Beginn der Diastole infolge der erwähnten Ursache nicht mit Sicherheit bestimmt werden kann. Läßt jedoch die Wellenhöhe keinen genauen Schluß zu, so kann meines Erachtens aus dem Betrachten der Wellenbasis die Überzeugung gewonnen werden, daß die Diastole an dieser Verkürzung des Kontraktionsprozesses zweifellos teilnimmt. Es fällt auf, daß die Neigung, mit der die diastolische Linie *(261)* gewöhnlich endet, an der Kontraktionswelle verschwunden ist. Auf den wenigen vorhandenen Kardiogrammen bei schneller Trommelrotation tritt das letztere noch deutlicher hervor.

Folglich besteht der kardiographische Effekt des Hauptastes in einer Verkürzung des Prozesses der Herzkontraktion.

Über die Entstehung dieser Verkürzung können außer der spezifischen Wirkung des gegebenen Astes noch zwei Vermutungen angestellt werden. Beruht nicht die Wirkung des Hauptastes vielleicht darauf, daß in ihm beschleunigende Fasern vorhanden sind, von denen bekanntlich Baxt[1]) in Ludwigs Laboratorium gezeigt hat, daß sie die Systolendauer verkürzen? Ich stelle die vollständige Besprechung dieser Frage bis zum zweiten Punkt unserer Darlegung zurück und will jetzt nur noch auf den krassen Unterschied hinweisen, der in unseren Versuchen hinsichtlich der Wirkung der äußeren, rein beschleunigenden Äste und des Hauptastes auf den Kontraktionsprozeß besteht. Erstens: Bei Reizung des Hauptastes tritt als

[1]) Du Bois-Reymonds Archiv, 1878.

ständige Tatsache auf, daß die Verkürzung erst nach Schluß der Reizung in ihrer deutlichsten Form auftritt und dann, wenn die die Reizung gewöhnlich begleitende Beschleunigung vollkommen verschwindet. Überhaupt ist die Verkürzung absolut unabhängig von dem Grad der Beschleunigung bei der Reizung. Ganz anders verhält es sich bei Reizung der äußeren Äste. Wenn schon eine Verkürzung beobachtet wird, dann nur bei Beschleunigung. Es kommt niemals vor, daß die Verkürzung allein ohne Beschleunigung auftritt. Zweitens: Während die Verkürzung des Kontraktionsprozesses ein sehr beständiger und stets deutlicher Effekt des Hauptastes ist, beschränken die äußeren Äste ihre ganze beschleunigende Wirkung auf die Herztätigkeit oft auf das Aufheben der Pause, der Kontraktionsprozeß wird jedoch nicht merklich verändert (Kurve 4).

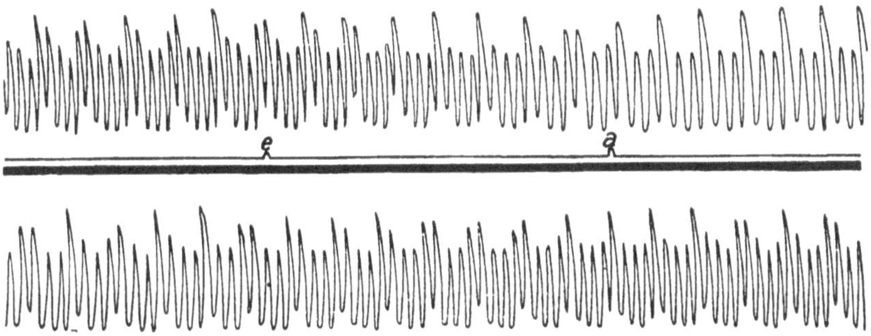

Kurve 4

Kardiogramm. Der zweite Streifen stellt die unmittelbare Fortsetzung des ersten dar. Es wird der äußere tiefe Ast gereizt.

Die zweite Vermutung über die Entstehung der untersuchten Verkürzung besteht in folgendem: Ist diese Veränderung vielleicht ein Nebenergebnis der Reizung des Hauptastes? Wie wir schon wissen, erhöht dieser den Blutdruck. Ist die Verkürzung vielleicht eine Folge dieser Blutdruckerhöhung? Einfache Kontrollversuche widerlegen jedoch vollkommen eine solche Deutung der Tatsachen. Ein Druck auf die Aorta verändert das Bild der Herzkontraktionen eher in umgekehrter Richtung *(262)*, d.h. vergrößert, wie aus der angeführten Kurve (Kurve 5) ersichtlich ist, die Kontraktionslinie.

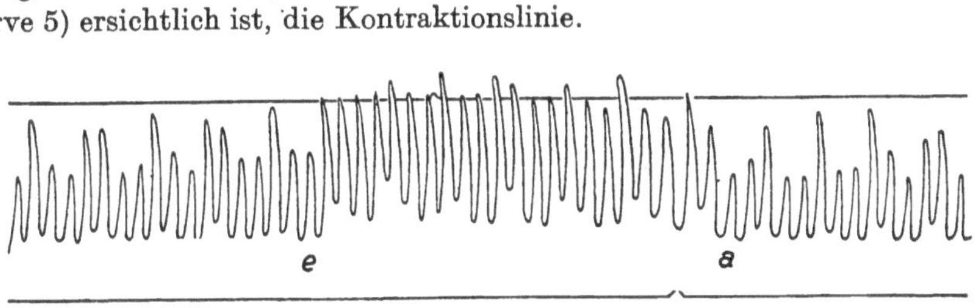

Kurve 5

Kardiogramm. Die aorta thoracica wird zusammengedrückt, wobei der durch ein Manometer in der art. carotis gemessene Druck sich fast verdoppelt.

Zu den eben angeführten Versuchen, die eine Charakterisierung der verstärkenden Nerven geben, füge ich noch einige ergänzende hinzu.

Unsere Versuche an den verstärkenden Nerven sind offensichtlich unter Bedinguugen angestellt, die in bezug auf das Herz von den normalen stark abweichen: Das Herz kühlt sich sehr stark ab und arbeitet lange Zeit bei sehr niedrigem Blutdruck. Deshalb ist der Einwand denkbar, ob nicht die ganze Erscheinung einer Verstärkung der Herztätigkeit unter dem Einfluß der Nerven nur unter diesen Bedingungen existiert. Dieser Einwand ist durchaus nicht erdacht. Er findet sich *(263)* in der physiologischen Literatur und ist aus Anlaß analoger Versuche an Fröschen erhoben worden. Bekanntlich zeigten GASKELL und HEIDENHAIN, daß durch eine Reizung des n. vagus bei Fröschen unter bestimmten Bedingungen nicht nur eine Beschleunigung, sondern auch eine Verstärkung der Kontraktionen erreicht werden kann. LÖWIT[1]), der später mit der gleichen Methode wie HEIDENHAIN arbeitete, nur daß er in stärkerem Maß die normale Ernährung des Herzens aufrechterhielt, fand umgekehrt als ständige Erscheinung eine Beschleunigung mit Verkleinerung der Größe einzelner Kontraktionen. Eine Verstärkung trat bei ihm jedoch nur in seltenen Fällen und bei vorsätzlich ungünstigen Bedingungen auf: bei starker Erschöpfung und bei Nahrungsmangel. Aus diesem Grund faßt der Autor die ganze Erscheinung als eine Abnormität auf und bezieht sie sogar nicht einmal in seine Erklärung der beschleunigenden Nervenwirkung mit ein. Ohne natürlich eine solche Einstellung zu dieser Erscheinung als berechtigt anzuerkennen, haben wir es dennoch für lehrreich erachtet, eine Verstärkung der Herztätigkeit unter Nerveneinfluß auch unter normaleren Bedingungen zu reproduzieren. Dies zu erreichen, hat sich gar nicht als schwierig erwiesen. Bei einem in üblicher Weise durch Durchschneidung des Rückenmarks ohne jede vorhergehende Narkose unbeweglich gemachten Hund, kann man mit Leichtigkeit den Hauptast freipräparieren, ohne die Brusthöhle eröffnen zu müssen. Durch einen Schnitt, der vom Brustbein beginnt und 2 bis 3 cm nach oben zum Kopf hin entlang dem äußeren Rand des m. sternocleidomastoideus zieht, dringen wir bis zur art. carotis und dem mit ihm verbundenen n. vagosympathicus durch. An letzterem gehen wir nach unten, durchtrennen das lockere Bindegewebe und erreichen bald den Hauptast, wobei es angebracht ist, auch den n. vagosympathicus leicht nach oben zu ziehen. Somit erhalten wir die Möglichkeit, verstärkend auf ein völlig normales Herz zu wirken, was man allein schon aus dem bei diesen Versuchen beobachteten hohen Blutdruckniveau schließen kann.

Blutdruck während 10 sec	Herzfrequenz in 10 sec
133	29
134	29 *(264)*
134	29
134	29
134	29
Reizung des Hauptastes (seines peripheren Endes), Rollenabstand 9 cm	
Steigt auf 150	28

[1]) LÖWIT, PFLÜGERS Archiv, Bd. 29.

	Ende der Reizung	
	150	29
	150	29
	146	29
	140	29
	137	—
	135	—
	120	28
	120	28
	Reizung gleicher Stärke	
Steigt auf	140	29
	Ende der Reizung	
	142	28
	145	28
	142	28
	130	28
	127	28
	128	28
	126	28
	124	27
	115	27
	115	27
	Reizung des Hauptastes, Rollenabstand 8,5 cm	
Steigt auf	132	26
	Ende der Reizung	
	134	27
	140	27
	140	26
	134	25
	129	26 *(265)*
	125	26
	121	26

Ich führe diesen Versuch hauptsächlich deswegen an, weil wir in ihm eine rein verstärkende Wirkung ohne die geringste Beschleunigung haben. In einem ähnlichen Versuch bestand die Möglichkeit, auf besonders leichte Weise auch die zweite Eigenschaft des Hauptastes, das Aufheben der Dissoziation, zu zeigen. Dies lag daran, daß in diesem Fall in dem n. vagus am Hals eine so große Anzahl beschleunigender Fasern enthalten war, daß er wie die äußeren Äste wirkte, d. h. summarische Wellen ergab. Bei Reizung des Hauptastes verschwanden diese Wellen sofort und wurden von gewöhnlichen beschleunigten abgelöst. Diese Tatsache war bei weitem nicht überflüssig, da ohne Eröffnung des Brustkorbs und folglich ohne jede vorbeugenden Durchschneidungen mit Recht die Einmischung irgendwelcher vasomotorischen Effekte befürchtet werden kann. In einigen Versuchen dieser Reihe reizten wir aus dem gleichen Grund verschiedene sensible Nerven, wie z. B. das Schultergeflecht, den n. ischiadicus usw., um uns zu überzeugen, daß unsere Erscheinung nicht auf die Entstehung irgendeines Reflexes zurückzuführen ist. Diese Proben ergaben negative Resultate. Es kam entweder zu Unregelmäßigkeiten in der Druckkurve in Verbindung mit Bewegungen des Tieres, oder es wurden eher, besonders vom Schultergeflecht aus, regelrechte Erniedrigungen beobachtet.

In der Absicht, eine vollständige Begründung der verstärkenden Fasern als ständige Tatsache zu erhalten, haben wir uns einem anderen Tier, der Katze, zugewandt. Zufälligerweise haben unsere ersten Versuche an diesem Tier unsere Hoffnung voll und ganz gerechtfertigt, so daß wir es sehr bedauerten, unsere Arbeit über die Funktionen der Herzäste nicht an Katzen begonnen zu haben. Der leicht aufzufindende Ast des n. vagus ergab einen sehr bedeutenden Druckanstieg, fast oder überhaupt ohne jede irgendwie geartete Rhythmusveränderung. Bei weiteren Versuchen wurden wir jedoch in gewissem Maße wieder von den Verhältnissen bei der Katze enttäuscht. Manchmal sind in dem dicken, dem Hauptast beim Hund entsprechenden Ast des n. vagus genügend beschleunigende Fasern enthalten, manchmal dagegen ist er gar nicht aufzufinden. Es muß angenommen werden, daß die verstärkenden Fasern in diesem Fall zusammen mit den beschleunigenden Fasern direkt vom ganglion stellatum zum Herzen abgehen. Ich führe einen der besten Versuche an. *(266)*

Völlig die gleichen Versuchsbedingungen wie in den ähnlichen Versuchen an Hunden. Der oberhalb aller anderen dünnen Äste von der Innenseite abgehende dickste Ast des n. vagus wird abpräpariert und durchschnitten.

Blutdruck während 10 sec	Herzfrequenz in 10 sec
64	12,5
66	12,5
66	12,5
65	12,5
65	12,5
Reizung des verstärkenden Astes, Rollenabstand 9 cm	
70	12
80	12,5
Ende der Reizung	
91	12
94	12,5
94	12,5
92	12
89	12
84	12
77	12
72	12
68	11
66	11,5
66	12
68	11,5
71	12
72	12
72	12
73	12
72	12

72	11,5
72	12
71	12
71	12
Reizung des verstärkenden Astes, Rollenabstand 9 cm	
76	12,5
86	12,5 *(267)*
Ende der Reizung	
90	13
84	12
81	12
82	12,5 usw.
63	10,5
63	10,5
63	10,5
64	11
64	10,5
64	11
64	11
Reizung gleicher Stärke	
70	10,5
75	11
Ende der Reizung	
82	11
88	11
88	11
86	11
84	10
82	10,5
78	10,5
74	10,5
70	10,5
68	10
68	10
67	10 usw.

Während dieser Pause werden leicht und schnell die Nerven an der Lungenarterie in Nähe der Herzkammer durchschnitten, wie es in den Versuchen an Hunden beschrieben ist. Die Präparierung am herausgeschnittenen Herzen hat in der Folge erwiesen, daß der von uns gereizte Ast in völlig gleicher Weise wie der Hauptast des Hundes verläuft, und daß er während des Versuchs von uns zum zweiten Male in Kammernähe durchschnitten wurde.

60	11,5
58	12
58	11,5 *(268)*
57	11,5
57	11,5
Reizung des verstärkenden Astes, Rollenabstand 9 cm	
57	12
56	11,5
Ende der Reizung	

56	—
55	—
42	10,5
42	10,5
42	10
42	10
Reizung des verstärkenden Astes, Rollenabstand 8,5 cm	
42	10,5
42	10,5
Ende der Reizung	
42	10
42	9,5
40	9,5
40	10
39	9,5
40	10
39	9,5
40	9,5
Reizung des verstärkenden Astes, Rollenabstand 8 cm	
39	9
39	9,5
Ende der Reizung	
40	9,5
40	9,5
39	9,5
39	9 usw. *(269)*

Wenn alle angeführten Versuche zweifellos darin überzeugen, daß sich der Hauptast im Vergleich mit anderen beschleunigenden Ästen in einer besonderen Beziehung zum Herzen befindet, so können doch einige von ihnen, und zwar die Versuche mit der Dissoziation und ihrer Beseitigung bei manchem Leser folgende Frage über die Wirkung all dieser Äste aufkommen lassen: Sind in den verschiedenen beschleunigenden Ästen vielleicht beschleunigende Fasern verschiedener Herzteile enthalten, in dem Hauptast Fasern für die Kammern, in den äußeren Ästen Fasern für die Vorhöfe? Schon ein aufmerksames Ordnen der mitgeteilten Tatsachen beseitigt jedoch völlig diese Vermutung. Die Beschleunigung und die Verstärkung der Kammerkontraktionen sind unstreitig zwei gänzlich verschiedene Dinge. Wir sehen in den in der Dissertation angeführten Protokollen, daß man auch von den äußeren Ästen fast stets die gleiche Beschleunigung der Kammerkontraktionen erhalten kann, wie von dem Hauptast, nur verbunden mit einer Druckerniedrigung. Umgekehrt beschleunigt oft zu Beginn des Versuchs der Hauptast selbst die Kammerbewegungen, ohne daß dabei eine Druckerhöhung oder eine Verstärkung der Kontraktionen auftritt. Weiterhin verfügen wir über Versuche (s. Dissertation S. 60, 61), bei denen nach tiefer Durchschneidung des Hauptastes seine beschleunigende Funktion im ursprünglichen Maß bestehen bleibt, die Druckerhöhung jedoch verschwindet. Außerdem haben wir im Augenblick schon genügend Versuche, in denen die Reizung des Hauptastes rein beschleunigend wirkt, und zwar in sehr starkem Maße und ständig. Schließlich kann man sich auf eine Arbeit von WOOLDRIDGE[1]) aus LUDWIGS Laboratorium berufen, in der durch exakte Versuchsreihen bewiesen ist, daß die Kammernerven — unsere verstärkenden — über keine Wirkung auf den Rhythmus der Herzschläge verfügen.

Die nächste Frage, mit der wir uns auf experimentellem Weg befaßten, war die Frage nach dem Verlauf der verstärkenden Nerven in Richtung zum Zentralnervensystem. Bis zu unseren speziellen Versuchen waren Gründe vorhanden, an beide möglichen Wege zu denken, sowohl über den n. vagosympathicus als auch über die ansa Vieussenii. Einerseits haben zahlreiche Forscher behauptet, daß auch bei Säugetieren, wenn das Herz infolge irgendwelcher *(270)* Umstände selten und schwach schlägt, der n. vagus eine Belebung und Verstärkung der Herztätigkeit bewirken kann. Ich selbst berichtete in meiner Dissertation über die Tatsache, daß sich das während einer Erstickung erschöpfende Herz unter dem Einfluß einer Reizung des n. vagus im Halsgebiet gleichsam erholt. Unlängst hat WEDENSKI[2]) mit Hilfe des Telephons im Halsvagus des Hundes Herzfasern mit dem Charakter gewöhnlicher motorischer Fasern nachgewiesen. Andererseits aber wird in der Arbeit von WEINZWEIG[3]) berichtet, daß bei einer Muskarinvergiftung von der ansa Vieussenii manchmal nicht nur eine Beschleunigung, sondern auch eine Verstärkung der Herzkontraktionen erhalten wird. Folglich waren tatsächlich neue vorsätzliche Versuche nötig.

Wir begannen unsere Versuche mit einer Prüfung der ansa Vieussenii.

Hier der erste von uns in dieser Richtung angestellte Versuch.

Die üblichen Versuchsbedingungen: Durchschneidung des Halsmarks ohne jede Vergiftung, Unterbindung und Durchschneidung der großen Blutgefäße der oberen Brustöffnung auf der rechten Seite, Durchschneidung beider nn. vagi am Hals, des rechten Vagus außerdem in der Brusthöhle über dem Abgang der Lungenäste, beider nn. laryngei inferiores und beider ansae Vieussenii. Der obere und der untere Ast der Ansa werden vor und nach der Durchschneidung des Hauptastes abpräpariert und gereizt, vergleichsweise auch der obere innere und der Hauptast. Wir beschränken uns auf eine Anführung des mittleren Versuchsabschnitts. Entsprechende Reizungen ergaben bei vielfachen Wiederholungen immer das gleiche Resultat.

Blutdruck während 10 sec	Herzfrequenz in 10 sec
55	13,5
55	13,5
55	13,5

Reizung des oberen Astes der ansa, Rollenabstand 8,5 cm. Der Druck sinkt sofort bis 55 mm ab, wobei seltene summarische Wellen registriert werden; darauf folgen einige gespaltene, und schließlich steigt in den letzten 10 Sekunden der 15 Sekunden dauernden Reizperiode der Druck auf 68 mm bei einer Frequenz von 25 gewöhnlichen Schlägen in 10 Sekunden.

Ende der Reizung

67	25
66	24

[1]) WOOLDRIDGE, Archiv f. Anat. u. Physiol., 1883.

[2]) Centralbl. f. d. med. Wissensch., Nr. 1, 1884.

[3]) WEINZWEIG, DU BOIS-REYMONDS Archiv, 1882.

63	21	
63	18 *(271)*	
66	17	
64	16	
62	15,5	
60	15	

Gleiche Reizung des unteren Astes der Ansa. Das gleiche Absinken, die gleichen summarischen und später gespaltenen Wellen und am Schluß der 15 Sekunden währenden Reizperiode ein Druckanstieg bis 75 mm bei einer Frequenz von 27 gewöhnlichen Schlägen in 10 Sekunden.

Ende der Reizung		
75	27	
75	26	
70	25	
67	22	
70	19	
70	18	
68	17	
66	17	
62	17	
61	16	
58	16	
Reizung des oberen inneren Astes, Rollenabstand 8,5 cm		
53	11	Summarische Herzwellen
Ende der Reizung		
56	12	Geteilte Herzwellen
56	23	Normale Herzwellen
58	20,5	
58	18	
59	16,5	
58	15	
58	15	
58	15 *(272)*	
Der Hauptast wird unterbunden		
58	14	
57	14	
57	14	
58	14	
57	14	
Reizung des unteren Ansaastes, Rollenabstand 8,5 cm		
50	10	Summarische Herzwellen
58	12	
56	13	
Ende der Reizung		
58	13	Summarische Herzwellen
58	12	
58	11	
56	17,5	Von hier ab normale Herzwellen
56	16	

58	15,5	
57	15	
56	15	
Gleichstarke Reizung des oberen Ansaastes		
52	10	Summarische Herzwellen
50	13	
50	13	
Ende der Reizung		
54	11	Geteilte Wellen
55	18	Von hier ab normale Wellen *(273)*
56	16	
56	14,5	
57	14,5	

Reizung des Hauptastes, Rollenabstand 8,5 cm. Der Druck fällt sofort auf 55 mm, wobei summarische Wellen registriert werden, nach ihnen einige gespaltene, und in der achten Sekunde der 15 Sekunden dauernden Reizperiode steigt der Druck schon auf 68 mm an. Auf diesem Niveau bleibt er für einige Sekunden bei einer Frequenz von 26 gewöhnlichen Schlägen in 10 Sekunden.

Ende der Reizung	
70	27
74	26
75	24
78	22,5
82	20,5
78	20
73	19
70	18 usw.

Es ist offensichtlich, daß beide Äste der Ansa genau die gleiche Wirkung auf die Herztätigkeit ausüben, wie der Hauptast, d. h., daß sie ebenso den Druck erhöhen und die infolge einer starken Beschleunigung aufgetretene Dissoziation beseitigen, jedoch nur, solange der Hauptast nicht durchschnitten ist. Folglich gehen die den Druck erhöhenden und die Dissoziation beseitigenden Elemente aus der ansa Vieussenii in den Hauptast über.

Um den Versuch noch überzeugender zu gestalten, habe ich die anatomische Unterbrechung des Hauptastes durch eine „physiologische" ersetzt, d. h. durch eine zeitweilige Ausschaltung der Leitfähigkeit. Zu diesem Zweck habe ich, wie schon in einer anderen Arbeit[1]), einen bestimmten Nerventeil in Schnee eingebettet oder auf Eis gelegt. Nach längerer oder kürzerer Zeit wurde der Schnee entfernt, der in das Gewebe versenkte Nerv erwärmte sich, und seine Leitfähigkeit stellte sich wieder her.

Hier ein Versuch dieser Art.

Die übliche Vorbereitung zu dem Versuch. Gereizt werden die beiden durchschnittenen Äste der ansa Vieussenii und folgende unbeschädigte: der obere innere Ast, der Hauptast

[1]) „Über den Vagus als Regulator des allgemeinen Blutdrucks", Еженед. клин. газ. *[Klinische Wochenzeitung]*, 1883, November/Dezember. - *Siehe diesen Band S. 245 - (dt. Red.)*

und *(274)* der untere innere Ast. Da der Hauptast diesmal viele hemmende Fasern enthält, wurde das Tier mit Atropin vergiftet.

Ich beginne sofort mit der letzten Reizung der Äste vor dem Einbetten des Hauptastes in Schnee. Die vorherigen Reizungen ergaben genau das gleiche Resultat.

Blutdruck während 10 sec	Herzfrequenz in 10 sec
60	17
60	17
Reizung des oberen inneren Astes. Rollenabstand 8 cm	
58	22
Ende der Reizung	
60	25
60	25
60	21
60	19

Die gleiche Reizung des Hauptastes. Der Druck sinkt sofort auf 55 mm, wobei summarische Wellen registriert werden, nach ihnen zwei bis drei gespaltene Wellen. In der 7. Sekunde der 10 Sekunden dauernden Reizung steigt der Druck auf 70 mm bei einer Frequenz von 32 gewöhnlichen Herzschlägen in 10 Sekunden.

Ende der Reizung	
69	32
66	30,5
66	27
65	25
63	23
62	23
62	21,5
60	21,5
Gleichstarke Reizung des unteren inneren Astes	
57	23 *(275)*
Ende der Reizung	
57	25
57	25
57	23,5
59	21,5
59	21,5
60	20,5
60	20

Gleiche Reizung des unteren Astes der Ansa. Der Druck fällt sofort auf 47 mm und beginnt danach zu steigen. Anfangs werden summarische Wellen registriert, nach ihnen einige gespaltene und schließlich gewöhnliche Wellen; zu diesem Zeitpunkt (7. Sekunde der Reizung) erreicht der Druck schon eine Höhe von 70 mm. Nach weiteren 3 Sekunden Ende der Reizung.

73	33
69	31
67	29
66	25,5
64	23

62	22,5	
61	22	
60	21,5	

Gleiche Reizung des oberen Astes der Ansa. In 2 Sekunden sinkt der Druck auf 55 mm und steigt dann, anfangs bei summarischen Wellen (5 in 4 Sekunden), dann 2—3 gespaltenen und schließlich bei gewöhnlichen Wellen. In der 8. Sekunde erreicht er 70 mm. Nach zwei Sekunden Ende der Reizung.

68	33	
67	31	
66	29	
65	26	
64	24	
62	23	
61	22	
60	22	
Der Hauptast wird in Schnee gelegt		
57	18	
57	17,5	
57	18	
57	17,5	*(276)*

Gleiche Reizung des unteren Astes der Ansa. Der Druck sinkt rasch auf 48 mm und steigt dann wieder auf 53 mm bei summarischen Wellen.

54	14	Summarische Wellen
Ende der Reizung		
56	16	Summarische Wellen
56	15	
56	14	
Der Schnee wird entfernt und der Nerv in das Gewebe gelegt		
54	13	Summarische und geteilte Wellen
57	23	Von hier ab normale Wellen
57	20,5	
57	20	
58	19	
58	18	
58	19	
58	18	
57	17	
57	17	

Gleiche Reizung des unteren Astes der Ansa. Der Druck sinkt rasch auf 50 mm und beginnt dann allmählich zu steigen, anfangs bei summarischen, später bei gespaltenen und schließlich bei gewöhnlichen Wellen. In der 10. Sekunde der Reizung erreicht er 65 mm.

64	31

64	31
Ende der Reizung	
64	32
61	28
60	25
60	23,5 *(277)*
59	20
58	21
56	21
56	20
54	19

Gleiche Reizung des oberen Astes der Ansa. Der Druck sinkt rasch auf 47 mm und steigt dann allmählich bei summarischen, gespaltenen und schließlich gewöhnlichen Wellen. In der 10. Sekunde der Reizung erreicht er 62 mm.

62	31
Ende der Reizung	
61	29
60	28
60	25
60	22
59	20,5
58	20
56	19,5
56	18,5
55	19
54	18
Der Hauptast wird erneut in Schnee gelegt	
55	18
54	18
55	18

Gleiche Reizung des oberen Astes der Ansa. Der Druck sinkt rasch auf 45 mm, um danach bei summarischen Wellen allmählich anzusteigen. In der 10. Sekunde der Reizung erreicht er 53 mm.

53	15,5	Summarische Wellen
Ende der Reizung		
54	15,5	
Der Schnee wird entfernt		*(278)*
54	13	Geteilte Wellen
55	24	Von hier ab normale Wellen
56	21,5	
54	21	
56	21	
56	20	
55	19,5	
55	19,5	
53	19	
52	18	
50	18	
50	18	

Reizung des unteren Astes der Ansa, Rollenabstand 7,5 cm. Der Druck sinkt rasch auf 47 mm und steigt dann allmählich bei gespaltenen und gewöhnlichen Wellen. In der 10. Sekunde der Reizung hat er eine Höhe von 58 mm.

58	23
Ende der Reizung	
58	26
57	25
56	23
55	21,5
55	20
53	19
53	18
52	18
50	18

Gleiche Reizung des oberen Astes der Ansa. Der Druck sinkt rasch auf 47 mm und steigt dann allmählich bei gespaltenen und gewöhnlichen Wellen. In der 10. Sekunde der Reizung steigt er bis auf 57 mm.

57	25
Ende der Reizung	
57	27
55	25
53	23
52	21
52	19 *(279)*
52	17,5
53	17
51	17
50	17
Der Hauptast wird durchschnitten	
49	17
50	17
50	17
49	16
48	16
49	16

Gleiche Reizung des unteren Astes der Ansa. Der Druck sinkt rasch auf 42 mm und steigt dann allmählich bei summarischen Wellen. In der 10. Sekunde der Reizung steigt er bis auf 49 mm.

49	14	Summarische Wellen
Ende der Reizung		
50	14	
50	12	Geteilte Wellen
48	21	Von hier ab normale Wellen
47	19	
47	18	

Gleiche Reizung des oberen Astes der Ansa. Der Druck sinkt rasch auf 42 mm und steigt dann allmählich bei gespaltenen Wellen in der 10. Sekunde der Reizung bis auf 46 mm.

47	12 Geteilte Wellen
Ende der Reizung	
48	11 Geteilte Wellen *(280)*
47	20 Von hier ab normale Wellen
47	18
48	16
47	16

Gleiche Reizung des Hauptastes. Der Druck sinkt rasch auf 43 mm und steigt dann allmählich bei gewöhnlichen Wellen in der 10. Sekunde der Reizung bis auf 54 mm.

54	25
Ende der Reizung	
54	26
55	26
54	24
52	21
51	19
50	19 usw.

Zur Veranschaulichung füge ich Kurven über die Wirkung der ansa Vieussenii vor und nach Durchschneidung des Hauptastes bei, außerdem zum Vergleich eine Kurve der Wirkung des Hauptastes (Kurven 6, 7 und 8).

Die Kurve 6 wurde bei Reizung des Hauptastes erhalten, die Kurve 7 bei Reizung der Ansa vor Durchschneidung des Hauptastes und die Kurve 8 bei Reizung der Ansa nach Durchschneidung des Hauptastes.

In beiden angeführten Fällen haben die verstärkenden Fasern der ansa Vieussenii die von den ebenfalls in ihr enthaltenen beschleunigenden Fasern hervorgerufene Dissoziation beseitigt. Der Versuch kann jedoch auch in der Weise ausgeführt werden, daß die Ansa eine durch Reizung anderer Äste hervorgerufene Dissoziation beseitigt. Am einfachsten ist es deswegen, eine Reizung der äußeren Äste und der Ansa zu kombinieren.

Hier ein in dieser Weise ausgeführter Versuch.

Die übliche Versuchsvorbereitung. Der Hund ist mit Atropin vergiftet, da der Versuch gleichzeitig einer Untersuchung des Halsvagus auf das Vorhandensein verstärkender Fasern dient. *(281)*

Blutdruck während 10 sec	Herzfrequenz in 10 sec
85	17
85	17
Reizung des rechten n. vagus, Rollenabstand 8,5 cm	
85	22

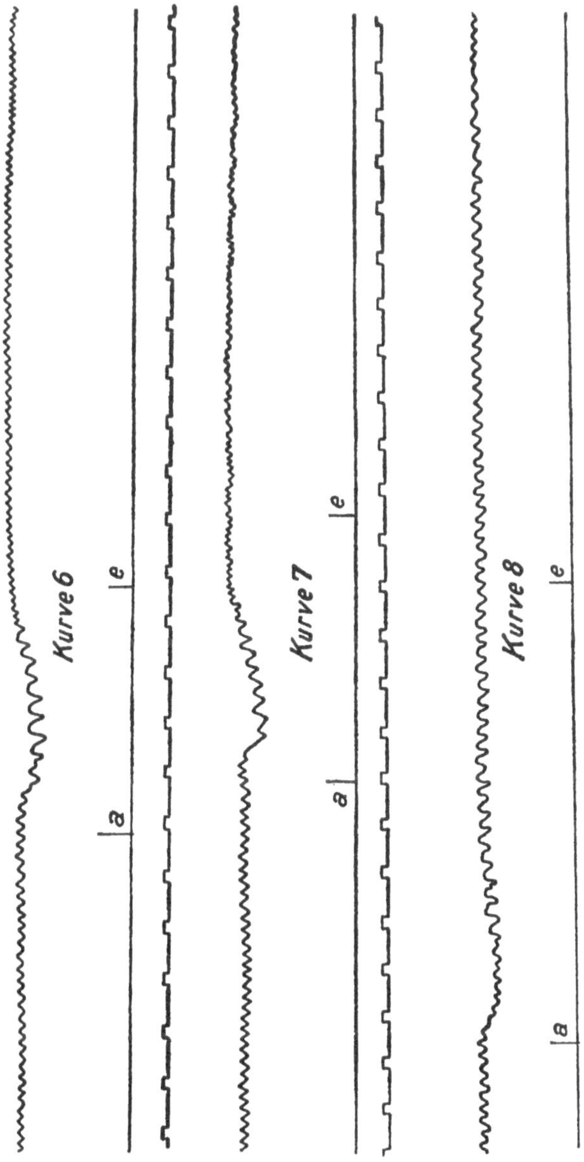

Manometrische Kurven 6, 7 und 8

Ende der Reizung

86	20
86	18
86	17,5
86	18

Reizung des (durchschnittenen) Hauptastes, Rollenabstand 8,5 cm

96	28

Ende der Reizung

97	30
94	25
94	21
91	20
81	18
81	18

Gleichzeitige Reizung beider Äste, Rollenabstand 8,5 cm. Der Druck sinkt rasch bei gespaltenen Wellen auf 70 mm und steigt sofort bei gewöhnlichen Herzschlägen, wobei er am Ende der Reizung 95 mm erreicht.

Ende der Reizung

91	32
95	27,5
95	25
92	23
87	21
74	16
74	16
74	16 *(283)*

Reizung des äußeren unteren Astes, Rollenabstand 8,5 cm. Der Druck sinkt rasch bei summarischen Wellen auf 60 mm und kehrt dann bald zum ursprünglichen Niveau zurück.

Ende der Reizung

	64	16	Summarische Wellen
	64	15	
	76	25	Von hier ab normale Wellen
	76	23	
Es trat eine unbeabsichtigte Erstickung ein	108	16	
	106	16	
	104	16	

Reizung des rechten n. vagus, Rollenabstand 8,5 cm

103	20
100	19

Ende der Reizung

97	17
94	16
77	15,5
76	15,5
75	15,5

Reizung des unteren äußeren Astes, Rollenabstand 8,5 cm. Der Druck sinkt rasch auf 60 mm, anfangs bei frequenteren gewöhnlichen, dann bei gespaltenen Wellen.

64	14,5	Summarische Wellen
Es kommt eine Reizung des n. vagus von gleicher Stärke hinzu		
58	15	Summarische Wellen
Ende beider Reizungen		
50	15	Summarische Wellen *(284)*
56		Anfangs summarische, dann geteilte und schließlich normale Wellen
60	23	
64	21	
67	19	
71	18	
74	18	
73	17,5	
72	17,5	
70	17	
68	17	
67	16,5	
66	17	

Reizung des äußeren unteren Astes, Rollenabstand 8 cm. Der Druck fällt sofort auf 54 mm.

60	14	Summarische Wellen

Es kommt eine Reizung der Ansa hinzu, Rollenabstand 8 cm. Nach 2—3 Sekunden steigt der Druck rasch auf 80 mm an, und an Stelle von summarischen erscheinen gewöhnliche Herzschläge.

73	30
Ende beider Reizungen	
78	31
84	28
88	26,5
85	24
82	22
77	21
72	20
60	15,5
60	15,5
60	15,5

Reizung des äußeren unteren Astes, Rollenabstand 8 cm. Bei beschleunigenden gewöhnlichen Wellen sinkt der Druck rasch auf 50 mm und steigt dann bei summarischen Wellen bis auf 60 mm. *(285)*

60	13	Summarische Wellen

Es kommt eine gleich starke Reizung der Ansa hinzu. Der Druck steigt rasch bis auf 72 mm an, wobei die summarischen Wellen durch gewöhnliche beschleunigte ersetzt werden.

68	30	
Ende beider Reizungen		
64	28	
68	30	
77	26	
80	24	
79	22	
74	20,5	
69	19	
67	18,5	
64	18	
60	17	

Reizung des oberflächlichen Astes, Rollenabstand 8 cm. Der Druck fällt rasch auf 52 mm.

52	13,5	Summarische Wellen
Es kommt eine Reizung des n.vagus von gleicher Stärke hinzu		
51	15	Summarische Wellen
Ende beider Reizungen		
50		Summarische, geteilte und schließlich normale Wellen
50	27	
54	24	
57	22	
58	19	
55	15	
55	15	*(286)*

Reizung des äußeren Astes, Rollenabstand 7,5 cm. Der Druck sinkt bei summarischen Wellen auf 49 mm.

Es kommt eine gleichstarke Reizung der Ansa hinzu. Nach 3—4 Sekunden steigt der Druck bis auf 66 mm, wobei die summarischen Wellen gewöhnlichen weichen.

65	30
Ende beider Reizungen	
60	27
60	27
61	24
60	21
60	19
56	17,5
55	17
54	16
52	17
50	15
48	15

Reizung des oberflächlichen unteren Astes, Rollenabstand 7,5 cm

43		Geteilte und summarische Wellen
Es kommt eine Reizung des n. vagus von gleicher Stärke hinzu		
43	13,5	Summarische Wellen
43	14,5	Summarische und geteilte Wellen
Ende beider Reizungen		
44		Geteilte und dann normale Wellen
48	23	
49	20	
48	18	
47	16,5	
47	16	

Zur Veranschaulichung füge ich einige Kurvenabschnitte des angeführten Versuches bei (Kurven 9 u. 10). *(287)*

Alle drei angeführten Versuche beseitigen jeden Zweifel darüber, daß die den Druck erhöhenden und die die Dissoziation beseitigenden (verstärkenden) Fasern aus dem Zentralnervensystem über die ansa Vieussenii verlaufen. Folglich ist die Ansa ein zusammengesetzter Nerv: Sie enthält sowohl beschleunigende als auch verstärkende Fasern. Die beschleunigenden Fasern aus der Ansa erreichen das Herz hauptsächlich über die äußeren Herzäste (teilweise über viele andere), während die verstärkenden es ausschließlich (in vielen Versuchen, jedoch nicht in allen) über den Hauptast erreichen.

Nur bei Durchschneidung des Hauptastes wirkt, wenn in ihm alle verstärkenden Fasern enthalten sind, die Ansa somit als rein beschleunigender Nerv. Das zu Beginn einer Reizung der Ansa und manchmal sogar einer Reizung des Hauptastes selbst vorkommende, kurzdauernde Absinken des Drucks mit summarischen Wellen, hat offensichtlich seinen Grund darin, daß die Periode der latenten Reizung der beschleunigenden Nerven viel kürzer ist als die entsprechende Periode der verstärkenden Nerven, so daß die Beschleunigung und als deren Folge die Dissoziation eher eintreten als die verstärkende Wirkung in Erscheinung zu treten vermag.

Jeder der drei angeführten Versuche war in seiner Serie der erste. Schon allein daraus kann man mit Recht auf die Beständigkeit und Ausdrücklichkeit des Ergebnisses schließen. Man darf jedoch nicht glauben, daß ausnahmslos alle Versuche in gleichem Maße gelungen wären. Es kommen Fälle vor, wo nicht alle verstärkenden Fasern im Hauptast enthalten sind. Dann werden sie mit Leichtigkeit entweder in irgendeinem Nachbarast entdeckt, oder aber sie sind so verstreut, daß es schwierig ist, sie alle zu durchschneiden.

Im letzten Versuch lernten wir auch die negative Seite der These über den Verlauf der verstärkenden Fasern kennen: Im n. vagosympathicus des Halses

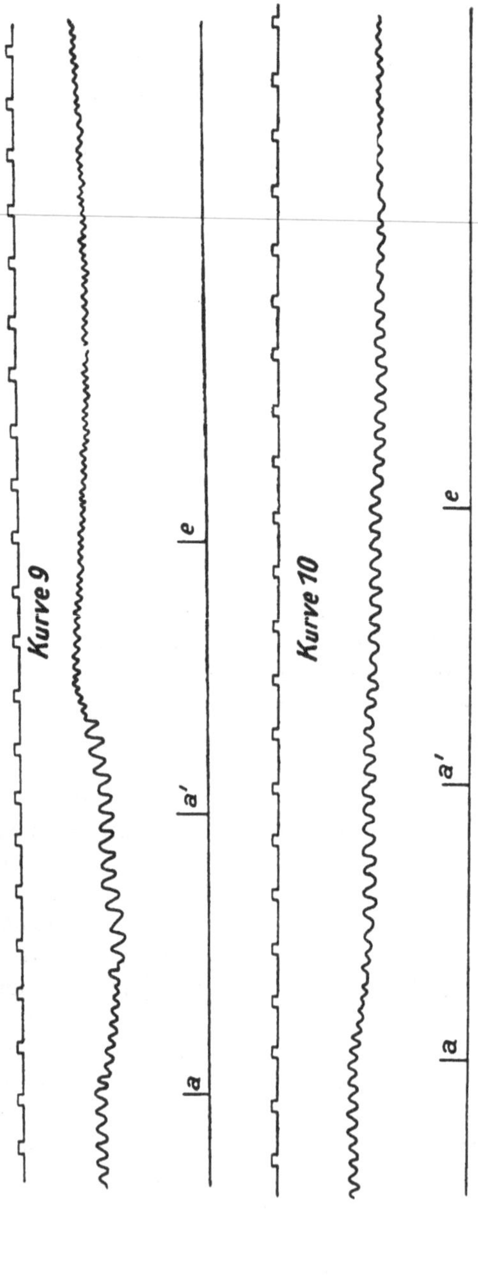

Kurven 9 und 10

Manometrische Kurven. a bezeichnet in beiden Kurven den Beginn der Reizung des oberflächlichen unteren Astes; a' in Kurve 9 den Beginn der Reizung der Ansa, in Kurve 10 den Beginn der Reizung des n. vagus; e in beiden Kurven das Ende der Reizung.

sind sie nicht enthalten. Wie oft wir auch bei Hunden, an denen diese Versuche gerade erst durchgeführt worden sind, das periphere Ende des Halsvagus reizten, sahen wir weder jemals eine Druckerhöhung, noch eine Beseitigung der durch die reinen, stark beschleunigenden Äste hervorgerufenen Dissoziation.

Zu derselben Schlußfolgerung über den Verlauf der verstärkenden Nerven brachten uns Versuche über den Einfluß der ansa Vieussenii und des Halsvagus auf den Kontraktionsprozeß des Herzens. *(289)* Was den n. vagus betrifft, so haben wir bei seiner Reizung, natürlich nach Atropinvergiftung, wieder in keinem einzigen Versuch irgend etwas sehen können, was an die charakteristische Kontraktionsveränderung erinnert, wie sie bei Reizung des verstärkenden Astes beobachtet wird. Umgekehrt ergibt die ansa Vieussenii eine Kontraktionskurve, die der vom Hauptast erhaltenen ähnlich ist.

Um dies zu veranschaulichen, führe ich einige, sich hierauf beziehende Kurven an (Kurve 11 und 12.). Auf Kurve 11 wurde die obere Wellenreihe bei Reizung des

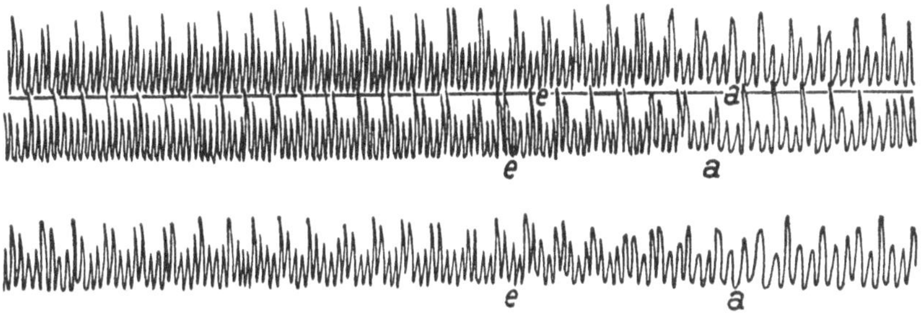

Kurven 11 und 12. Kardiogramme.

oberen Astes der Ansa erhalten, die untere bei Reizung des unteren Astes der Ansa, in beiden Fällen vor Durchschneidung des Hauptastes. Die Kurve 12 wurde bei Reizung des unteren Astes der Ansa erhalten, jedoch nach Durchschneidung des Hauptastes.

Es ist unschwer zu bemerken, daß bei fehlender Beschädigung des Hauptastes ein wesentlicher Unterschied zwischen den bei Reizung der Ansa und des äußeren Astes erhaltenen Kurven besteht (siehe Kurve 4). Während vor allem in der letzteren für lange Zeit die Pausenlinie verschwindet, ist in der ersteren trotz gleicher Beschleunigung die Pause die ganze Zeit über deutlich sichtbar. Folglich tritt bei der Ansa eine solche Verkürzung des Kontraktionsprozesses ein, wie sie beim äußeren Ast nicht der Fall ist. Sobald die Ansa nach Durchschneidung des Hauptastes gereizt wird, verschwindet der erwähnte Unterschied. Das führt natürlich zu dem Schluß, daß besondere, den Kontraktionsprozeß verkürzende Fasern von der ansa Vieussenii über den Hauptast zum Herzen verlaufen. *(290)*

Nachdem wir jetzt wissen, daß die verstärkenden Fasern über die Ansa zum Herzen verlaufen, kann die oben entstandene Frage, ob die verkürzende Wirkung des verstärkenden Astes nicht auf den in ihm enthaltenen beschleunigenden Fasern beruht, mit Recht in die Frage umgewandelt werden, ob den beschleunigenden Fasern nicht irrtümlicherweise eine Funktion zugeschrieben wurde, die eigentlich den verstärkenden zukommt. Obwohl nach allem Mitgeteilten eine bestätigende Antwort auf die letzte Frage wahrscheinlich ist, können wir leider aus mehreren Gründen im Augenblick keine genaue Entscheidung treffen. Vor allem ist es uns, streng genommen, nicht möglich, unsere Ergebnisse den Ergebnissen von Baxt gegenüberzustellen, da zwischen ihnen ein Unterschied besteht (bei ihm besteht nur eine Verkürzung der Systole, bei unseren Beobachtungen mit Sicherheit auch eine Verkürzung der Diastole). Es ist möglich, daß dieser Unterschied auf einer gewissen Verschiedenheit der Methoden beruht. Das zweite und wichtigste ist, daß unser eigenes Material in dieser Beziehung keinen Anspruch auf Vollständigkeit und Vollkommenheit erheben kann. Nicht immer fehlt bei Reizung der äußeren Äste eine Verkürzung des Kontraktionsprozesses, die der bei Reizung des Hauptastes beobachteten ähnlich ist, und genauso verschwindet sie nicht immer aus dem Wirkungsbereich der Ansa nach Durchschneidung des Hauptastes. Es gibt natürlich genügend vollkommen befriedigende Erklärungen für solche Fälle. Wahrscheinlich und sogar sicher waren in einem Teil der Fälle in dem äußeren oberen Ast verstärkende Fasern enthalten, wir haben dies jedoch nicht mit manometrischen Versuchen kontrolliert. Genauso war es bei Durchschneidung des Hauptastes nicht durch andere Anzeichen bestätigt, daß diesmal wirklich alle beschleunigenden Fasern im Hauptast vereinigt waren. Jedenfalls ist selbst die wahrscheinlichste Erklärung keine Tatsache, und wir sind gezwungen, auf ein endgültiges Urteil in dieser Frage zu verzichten. Ich glaube, daß die genaueste und schnellste Lösung dieser Frage durch Kardiographie besonders der linken Kammer erhalten werden kann. Wahrscheinlich würde sich herausstellen, daß die linke Kammer ihre summarischen Kontraktionen gerade dann beginnt, wenn die durch die beschleunigenden Nerven hervorgerufene Beschleunigung größer wird, als es durch alleiniges Verschwinden der Pausen und jegliche Veränderung des Kontraktionsprozesses möglich ist. Daß die verstärkenden Fasern im n. vagus des Halses nicht enthalten waren, *(291)* war für uns unerwartet. Im Anfang unserer Arbeit, bei Untersuchung des Einflusses zentraler Herzfasern eines normalen (d.h. nicht vergifteten) n. vagus des Halses unter verschiedenen Bedingungen auf das Blutdruckniveau beobachteten wir unter anderem die Tatsache[1]), daß eine Reizung des n. vagus das Absinken des Drucks stoppt, das am Ende einer Erstickung nach maximalem Niveau eintritt. Wir waren damals geneigt, diese wie auch einige andere Tatsachen, auf die verstärkenden Fasern des n. vagus zurückzuführen. Jetzt hat uns die weitere experimentelle Analyse gezwungen, diese früheren Anschauungen fallenzulassen. Man mußte für diese Tatsachen andere Ursachen suchen, und sie waren bald gefunden. In neuen, diese Fragen betreffenden Versuchen hat sich vor allem herausgestellt, daß der am Ende einer Erstickung absinkende Druck bei Reizung des n. vagus (seines peripheren Endes) nicht nur zu sinken aufhört, sondern manchmal sogar stark ansteigen kann.

Ich führe eine Kurve an, die sich hierauf bezieht (Kurve 13).

---

[1]) Siehe unsere Dissertation, S. 10 (*s. diesen Band, S. 71-72. — Dt. Red.*).

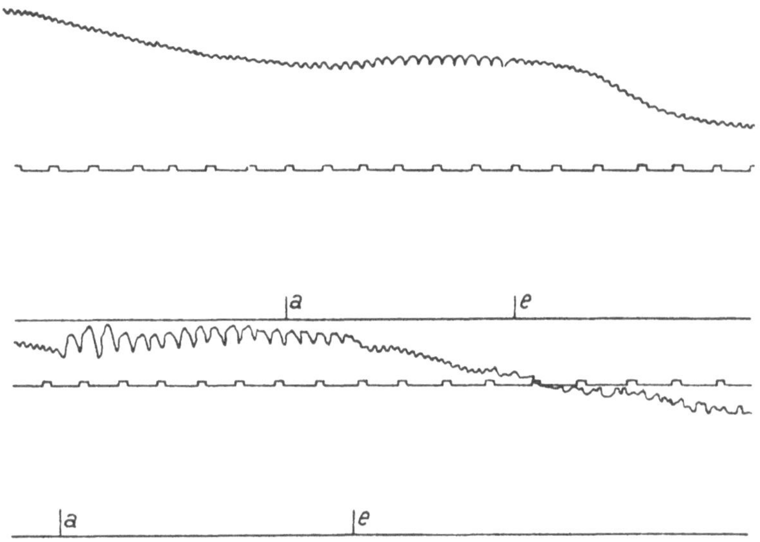

Kurve 13

Manometrische Kurve. Der untere Streifen ist die unmittelbare Fortsetzung des oberen. Bei der ersten Reizung des n. vagus beträgt der Rollenabstand 12 cm, bei der zweiten 11,5 cm.

Was ist das somit für eine Erscheinung? Die Lösung dieser Frage ließ sich durch Vergiftung eines Tieres mit Atropin leicht erhalten. Die Erscheinung dauert nur so lange an, bis bei Reizung des n. vagus eine Verlangsamung eintritt. Folglich ist die Verbesserung der Herzarbeit bei Reizung des n. vagus ein Ergebnis der Pausenverlängerung. Das ist auch verständlich. Das Herz arbeitet unter ungünstigen Bedingungen; seine Ernährung ist spärlich und die Arbeitsanforderung sehr groß.

Deswegen hat es während seiner kurzen Erholungszeit, der Pause, keine Möglichkeit, sich genügend aufzufrischen und ermüdet natürlich schnell. Wenn wir die Pause vergrößern, d. h., die Erholungsperiode des Herzens verlängern, ermöglichen wir damit dem Herzen, auch unter schlechten Bedingungen, wieder einen Normalzustand zu erreichen: Es kann die schädlichen Produkte besser entfernen und nimmt mehr Nährstoffe auf. Hieraus ergibt sich natürlich auch die größere Stärke der nachfolgenden Kontraktion. Bei einer solchen Betrachtung der Sache könnte die physiologische Rolle der verlangsamenden Fasern überhaupt am leichtesten verständlich sein. Diese Fasern sind somit Regulatoren der Herzerholung. Von diesem Gesichtspunkt aus ist es vollkommen *(292)* verständlich, warum im Nervensystem eine Mechanik existiert, bei der sich der Druckanstieg gewöhnlich mit einer Verlangsamung verbindet. Es ist offensichtlich, daß nach jeder stärkeren Kontraktion auch eine größere Erschöpfung eintritt, und deswegen ist auch eine ausreichendere Erholung notwendig. Ebenso wäre auch die Annahme sehr lehrreich und experimentell begründet, daß bei der Wirkung verschiedener Herzmittel im Fall einer Herzdekompensation ein guter Teil der Nutzwirkung dieser Mittel auf die ihre Einnahme gewöhnlich begleitende Pulsverlangsamung infolge einer Reizung des kranialen Endes des n. vagus zurückgeführt werden muß, wie experimentelle Untersuchungen gezeigt haben.

Ich halte es für vernünftiger, bevor ich mich einigen Schlußfolgerungen und theoretischen Überlegungen zuwende, *(293)* meine Ergebnisse mit den Ergebnissen anderer Forscher gegenüberzustellen und zu vergleichen. Am Schluß meiner Dissertation habe ich vor allem die Literatur zusammengestellt, die sozusagen Andeutungen über unser Thema enthält. Jetzt gibt es auch schon eine richtige Literatur. Gleichzeitig mit meinen Berichten oder danach erschien eine Reihe von Arbeiten oder vorläufigen Mitteilungen, die sich mit genau dem gleichen Thema befassen; offensichtlich ist das Thema reif geworden. Somit haben wir die Möglichkeit einer gegenseitigen Kontrolle der einzelnen Forscher untereinander. Einerseits werden einige Tatsachen infolge der Übereinstimmung zwischen den verschiedenen Autoren als unzweifelhaft bestätigt, andererseits treten Widersprüche auf, die geklärt und beseitigt werden müssen.

Die Entdeckung neuer Herznerven, d.h. die anatomische Abtrennung der nervalen dynamischen Effekte auf das Herz von den rhythmischen, stellt ein Beispiel für die nicht selten vorkommende, in der Wissenschaft immer geschätzte Übereinstimmung zweier unabhängiger Autoren dar. Als meine Dissertation schon gedruckt war, wurde ich zum ersten Male mit einer vorläufigen Mitteilung des englischen Physiologen Gaskell über Versuche an Herznerven der Schildkröte bekannt, die fast die gleichen Resultate ergaben und zu denselben Schlußfolgerungen führten wie meine Versuche an Hunden. Auf die dokumentarische Seite der Angelegenheit gehe ich in einer Anmerkung ein[1]), hier gebe ich unmittelbar die Versuche Gaskells wieder, *(294)* die mit nur geringen Änderungen in den

[1]) Der vorläufige Bericht Gaskells ist in dem Band des „Journal of Physiol., edit. by Foster" vom August 1882 veröffentlicht worden. Mein erster vorläufiger Bericht über Versuche mit Konvallariavergiftung erschien in der Nummer der „*Klinischen Wochenzeitung*" (Еженед. клин. газ.) vom 26. September 1882. Ich ziehe darin aus den mitgeteilten Versuchen die Schlußfolgerung über die Existenz besonderer Herznerven, die ohne Rhythmusveränderung einen Einfluß auf das Herz haben und spreche die Überzeugung aus, daß für diese neuen Herzfasern ein Antagonist existiert. Am 30. Oktober habe ich mich in der Sitzung der Zoologischen Abteilung der Gesellschaft der Naturforscher an der St. Petersburger Universität direkt für eine besondere dynamische Innervation neben der rhythmischen ausgesprochen, die ebenfalls aus zwei antagonistischen Nerven besteht. Dabei zeigte ich den Anwesenden auf Kurven sowohl das Absinken des Drucks vom peripheren Ende des n. vagosympathicus des Halses bei einer Konvallariavergiftung als auch das Ansteigen des Drucks vom Hauptast, das eine wie das andere ohne Rhythmusveränderung. Am 3. Dezember 1882 und am 15. Januar 1883 gab ich in derselben Abteilung der Gesellschaft weitere Berichte über die neue Innervation. Keiner der auf diesen drei Sitzungen Anwesenden machte auf die Existenz der Gaskellschen Mitteilung aufmerksam. Daraus muß man schließen, daß sie bis dahin in den physiologischen Kreisen von St. Petersburg unbekannt war. Bei der Verspätung, mit der die periodischen ausländischen Veröffentlichungen, die durch Komissionäre an die Bibliotheken en gros geliefert werden, eintreffen, ist das auch verständlich. Und in bezug auf das „Journal of Physiology" ist besonders von Bedeutung, daß es unregelmäßig, je nach Anfallen des Stoffs, erscheint und folglich vom Leser gewöhnlich nicht angefordert wird, wie es bei anderen, regelmäßig erscheinenden Ausgaben der Fall ist.

Kurven in einem ausführlichen Aufsatz des Autors, der ein Jahr nach der vorläufigen Mitteilung erschien[1]), reproduziert und demonstriert wurden. Die Bewegungen des herausgeschnittenen und am Stativ — mit Hilfe der zusammen mit dem Herzen herausgeschnittenen Speiseröhre — befestigten Herzens wurden durch zwei horizontale Hebel aufgezeichnet, von denen der untere durch einen Faden mit der Kammerspitze verbunden war und der obere mit den Vorhöfen. GASKELL fand bei der testudo graeca, daß der rechte n. vagus in üblicher Weise den Rhythmus sowohl im Sinne einer Verlangsamung als auch einer Beschleunigung stark beeinflußt, während der linke auf den Rhythmus manchmal überhaupt keine Wirkung zeigt oder nur eine schwache. Dafür verfügt er aber über die ständige Eigenschaft, die Kontraktionskraft sowohl nach der positiven als auch nach der negativen Seite zu verändern. Somit war der anatomische Beweis erbracht, daß die den Rhythmus regelnden Fasern von denen, die die Kontraktionskraft beherrschen, getrennt sind. Der Autor hat sich jedoch nicht auf die bei dieser Versuchsanordnung vorhandene Genauigkeit beschränkt. Es handelt sich darum, daß auch der rechte n. vagus gleichzeitig mit dem rhythmischen Einfluß über eine Wirkung auf die Kontraktionskraft verfügt, und andererseits sind, wie schon oben erwähnt, die rhythmischen Fasern zum großen Teil auch im linken enthalten. Die Suche des Autors nach einer genaueren Abtrennung war von vollem Erfolg gekrönt. Rein dynamische, d.h. die Kontraktionskraft beeinflussende Fasern fand er in dem vom Sinusganglion zu den Kammerganglien ziehenden Nerven. Der Autor macht den Vorschlag, ihn n. coronarius zu nennen. Da dieser Nerv nicht innerhalb des Herzens wie beim Frosch, sondern außerhalb liegt und gemeinsam mit der Koronarvene zur Kammer zieht, kann er leicht freipräpariert werden. Eine Reizung des peripheren Endes des n. coronarius beeinflußt lediglich die Kontraktionskraft, verändert aber den Rhythmus nicht im geringsten. *(295)* Genauso verlor der rechte n. vagus fast oder völlig jede Wirkung auf die Kraft und behielt lediglich die rhythmische Wirkung bei, sobald der n. coronarius durchschnitten wurde. Die Wirkung des Nerven auf die Kontraktionskraft ist zweifach: sowohl abschwächend als auch verstärkend. Der eine oder andere Effekt tritt nach folgender Regel in Erscheinung. Bei den ersten Reizungen im Anfang des Versuchs wird während der ganzen Reizungsdauer eine Abschwächung der Kontraktion beobachtet, und erst nach Aufhören der Reizung tritt als Nachwirkung eine Vergrößerung der Kontraktion auf. Mit Fortsetzung des Versuchs erscheint bei weiteren Reizungen die Verstärkung auch schon am Schluß der Reizung, die Periode der Abschwächung jedoch verkleinert sich immer mehr, bis schließlich bei weiteren Reizungen die Verstärkung zum einzigen und unmittelbaren Reizungseffekt wird. Die Wirkung des n. coronarius tritt auch in anderer Weise in Erscheinung. Schon früher[2]) zeigte der Autor an Fröschen folgendes: Wenn man das Herz mit verschiedener Kraft zusammendrückt, dann kann in den Herzteilen, die oberhalb und unterhalb der zusammengedrückten Stelle liegen,

[1]) GASKELL, The Journal of Physiol., 1883.

[2]) GASKELL, Proceed. of the Royal Soc., Nr. 217, 1881.

eine Dissoziation des Rhythmus hervorgerufen werden. Während der obere Teil normal weiterschlägt, schlägt der untere je nach dem Grad des Zusammendrückens nur mit jedem zweiten, dritten usw. Schlag des oberen. Das Zusammendrücken kann mit gleichem Effekt durch ein tieferes oder weniger tiefes Anschneiden des Herzens ersetzt werden. Auf die gleiche Weise erhält man eine Dissoziation bei der Schildkröte. Reizt man den n. coronarius, so wird in seiner ersten Wirkungsphase eine Dissoziation hervorgerufen oder verstärkt, umgekehrt beseitigt oder verkleinert der Nerv in der zweiten Phase die Dissoziation. Genauso besitzen die dynamischen Fasern die Fähigkeit, eine Ungleichmäßigkeit der Herschläge entweder zu beseitigen oder hervorzurufen. Wenn man die Theorie des Autors vorläufig beiseite läßt, so muß man ohne weiteres zugeben, daß zwischen meinen Tatsachen und den Tatsachen von GASKELL eine fast vollkommene Übereinstimmung mit Ausnahme eines Punktes besteht. Ich habe die Wirkung der dynamischen Nerven auf die Kammern festgestellt und untersucht, obwohl an den Vorhöfen die Kraftveränderungen schon durch direkte Beobachtung sichtbar sind, sind sie von mir nicht einer absichtlichen Untersuchung unterzogen worden, während GASKELL diese Wirkung bei Schildkröten nur an den Vorhöfen sah. Diesem Unterschied kann jedoch *(296)* keine grundsätzliche Bedeutung beigemessen werden. Selbst GASKELL konnte bei Fröschen beobachten, daß sich unter dem Nerveneinfluß sowohl die Kontraktionskraft der Vorhöfe als auch der Kammern verändert. Es besteht Grund zu der Annahme, daß die Ursache für den Unterschied zwischen den an zwei sehr nahe verwandten Tieren erhaltenen Ergebnissen irgendeine rein äußerliche und zufällige ist. Wie GASKELL in bezug auf die Schildkröte, so behauptete NUËL[1]) in bezug auf den Frosch, daß sich bei ihm unter dem Einfluß des n. vagus in direkter Weise nur die Kontraktionskraft der Vorhöfe verändert, der Kammerumfang ändere sich jedoch lediglich in Abhängigkeit vom Rhythmus. Abgesehen von diesem Unterschied sind meine Versuche mit denen von GASKELL fast identisch. Die gleichen Eigenschaften der verstärkenden Nerven, dieselbe zeitliche Reihenfolge der abschwächenden und verstärkenden Effekte — zuerst eine Abschwächung, dann eine vom Hauptast hervorgerufene Verstärkung; siehe Dissertation —, dieselbe Beziehung der dynamischen Fasern zu den rhythmischen, die abschwächende Wirkung ist in der Regel mit einer gleichzeitigen Verlangsamung verbunden, die Verstärkung mit einer Beschleunigung. Eine solche Übereinstimmung von Tatsachen, die von zwei unabhängigen Autoren an phylogenetisch weit voneinander entfernten Tieren erhalten wurden, ist die beste Garantie für die Richtigkeit dieser Tatsachen.

Dagegen schien es, daß eine Unstimmigkeit dort aufgetreten ist, wo sie überhaupt nicht erwartet wurde. Gleichzeitig mit mir hat sich WOOLDRIDGE[2]) in LUDWIGS Laboratorium mit dem gleichen Objekt beschäftigt, nämlich mit den Kammernerven, wie er sie nennt, bei Hunden und kam, was die ihnen von mir zugeschriebenen dynamischen Wirkungen auf das Herz betrifft, zu einem negativen Ergebnis

---

[1]) NUËL, PFLÜGERS Archiv, Bd. 9.

[2]) WOOLDRIDGE, DU BOIS-REYMONDS Archiv, 1883.

Hier der genaue Inhalt der Arbeit von WOOLDRIDGE. Nach Durchschneidung aller Kammernerven bleibt sowohl die Wirkung des n. vagus als auch die des n. accelerans auf den Rhythmus genau die gleiche wie vor der Durchschneidung. Andererseits kann nach einer Herzligatur an der Grenze zwischen den Vorhöfen und den Kammern hinter den großen Arterien und den vorderen Kammernerven weder vom n. vagus noch vom n. accelerans eine rhythmische Wirkung erhalten werden. Schließlich ist bei Reizung des peripheren Endes des hinteren Kammernerven an 3 von 15 Tieren *(297)* eine Verlangsamung beobachtet worden, an zweien eine Beschleunigung, und an den 10 übrigen war überhaupt keine Wirkung auf den Rhythmus zu sehen. Somit ist bewiesen, daß die Kammernerven über keine zentrifugale rhythmische Funktion verfügen. Zentripetal dagegen beeinflussen diese Nerven sowohl den Druck als auch den Rhythmus in beiden Richtungen. Bezüglich des von uns behaupteten Druckanstiegs bei Reizung des peripheren Endes der Kammernerven, verhält es sich folgendermaßen: Auch WOOLDRIDGE sah bei Reizung des peripheren Endes des hinteren Kammernerven in 2 von 10 Versuchen einen heftigen Druckanstieg. Obwohl er dafür keinerlei befriedigende Erklärung fand, hat er dem, der Seltenheit der Erscheinung wegen, keine Beachtung geschenkt. Als im Januar des vergangenen Jahres meine vorläufige Mitteilung über die neue Funktion der Herznerven in deutscher Sprache[1]) erschien, opferte WOOLDRIDGE drei weitere Tiere, um meine Tatsachen festzustellen; er ist jedoch wiederum zu einem negativen Resultat gekommen. Was hat das zu bedeuten? Daß ich tatsächlich recht habe, darüber kann kein Zweifel bestehen. Ich habe meine Versuche in vielen physiologischen Laboratorien in Anwesenheit vieler Spezialisten durchgeführt und wurde kein einziges Mal durch ein Mißlingen enttäuscht. Das ist das eine. Andererseits verfüge ich nicht über eine pressorische Wirkung, die jederzeit auf beliebige, nicht zu fassende, unkontrollierbare Nebenumstände zurückgeführt werden könnte. Ich habe eine Beseitigung der Dissoziation, und ich habe eine charakteristische Veränderung des Kontraktionsprozesses. Folglich ist es jetzt unsere Aufgabe, eine befriedigende Erklärung über das negative Ergebnis dieser Arbeit zu finden, die aus einem erstklassigen Laboratorium stammt. Und wie ich glaube, ist das nicht schwierig. Bis zur Durchführung der erwähnten zusätzlichen Versuche versuchte der Autor den Unterschied zu mir damit zu erklären, daß er nur den hinteren Kammernerven gereizt hat und ich ständig mit dem vorderen arbeitete. Es ist denkbar, daß die auf die Herzkraft einwirkenden Fasern in den hinteren Nerven selten vorkommen, um so mehr, da die Kammernerven über eine in jedem Fall bedeutende zentripetale Funktion verfügen. Die Vermutung ist vollkommen begründet, und es bleibt nur zu bedauern, daß der Autor auch *(298)* in den zusätzlichen Versuchen wieder denselben hinteren und nicht den vorderen Nerven gereizt hat. Das ist das eine. Sehr wahrscheinlich ist aber auch noch etwas anderes. Es verhält sich bei WOOLDRIDGE mit dem hinteren Nerven genauso, wie es bei uns mit dem vorderen im Anfang der Arbeit war. Es war genauso in einem von drei bis vier Versuchen ein Effekt vorhanden, in

[1]) Centralbl. f. d. med. Wissensch., Nr. 4 u. 5, 1883. *(Siehe diesen Band, S. 277. — Dt. Red.)*

den übrigen nicht und wiederum nicht. Als wir den Gedanken von den Antagonisten aufgriffen und Maßnahmen gegen eine maskierende Wirkung zu ergreifen begannen, hat sich alles grundlegend verändert. Nur wenn man daran dachte, konnte man 3- bis 5mal einen Nerven erfolglos reizen, ohne den wie es schien negativen Versuch aufzugeben (siehe die Dissertation). Indem wir geduldig dort, wo es notwendig war, zahlreiche Reizungen ausführten und außerdem das Tier mit Atropin vergifteten, haben wir schließlich eine Beständigkeit in unseren Ergebnissen erreicht. Schließlich muß man noch auf folgendes hinweisen: Es schien uns, daß die verstärkende Wirkung in den Winterversuchen langsamer und schwächer auftritt als in den Sommerversuchen, und die Versuche von Wooldridge wurden höchstwahrscheinlich im Winter ausgeführt.

Somit besteht eigentlich kein direkter Widerspruch zwischen mir und Wooldridge, da wir verschiedene Nerven gereizt haben. Wenn man ihn jedoch auch annehmen würde, so findet er eine völlig ausreichende Erklärung.

Pohl-Pincus[1]), der nächste Autor, der sich mit unserem Thema befaßt hat, veröffentlichte bis jetzt lediglich das Protokoll eines im Dezember 1882 in der Berliner Physiologischen Gesellschaft gegebenen Berichts. Die Versuche wurden an Fröschen angestellt. Zu den bekannten Wirkungen des n. vagus fügt Pohl-Pincus zwei weitere hinzu: Erstens den beschleunigten Charakter der Diastole und zweitens die Erweiterung der Spalten (Gefäße) des Herzens. Bezüglich des letzteren muß erwähnt werden, daß der Autor im Froschherzen zwei Arten von Muskulatur gefunden hat, von denen die eine, indem sie Spalten bildet, die Rolle von Herzgefäßen spielt. In Übereinstimmung mit Heidenhain und Löwit erkennt der Autor auch beschleunigende Fasern im n. vagus an, er trennt jedoch von ihnen die verstärkenden, d. h. die Verstärkung der Kontraktion bedingenden, als spezifische ab, indem er sie mit denen identifiziert, die einen beschleunigten Charakter der Diastole und Erweiterung der Spalten hervorrufen. Zum Schluß wird die Veränderung der Kontraktionskraft unter dem Einfluß einer Vagusreizung auf eine Veränderung der Ernährung infolge eines unterschiedlichen Spaltenzustandes zurückgeführt. *(299)* Da ich vor dem Erscheinen einer ausführlichen Arbeit keine Möglichkeit habe, ein volles Urteil über die Versuche des Autors abzugeben, will ich nur darauf aufmerksam machen, daß der Hinweis des Autors auf einen beschleunigten Charakter der Diastole unter dem Einfluß einer Vagusreizung mit dem übereinstimmt, was wir auf unseren Kardiogrammen bei Reizung des Hauptastes gesehen haben. Wir werden weiter unten noch einmal auf diesen Autor zurückkommen.

Am Ende des Jahres 1882 erschien im letzten Band des Du Bois-Reymondschen Archivs eine Arbeit von Weinzweig über den Einfluß von Muskarin auf die Herznerven. Bei diesen Versuchen benutzte er Quecksilber- und Federmanometer. Der Autor erhielt eine Reihe von Tatsachen, die völlig übereinstimmend, man könnte sagen identisch, mit einem Teil der unseren sind. Erstens: Bei Vergiftung mit Muskarin verkleinert in einer bestimmten Phase die Reizung des Halsvagus,

[1]) Pohl-Pincus, Du Bois-Reymonds Archiv, 1883, S. 262.

fast ohne den Rhythmus zu beeinflussen, die Kontraktionskraft stark. Zweitens: Bei Reizung der ansa Vieussenii werden die Pulsschläge manchmal nicht nur beschleunigt, sondern auch verstärkt. Schließlich drittens: Als das Herz in einem Versuch infolge einer starken Muskarinvergiftung zum Stillstand gekommen war, konnte man es durch Reizung der Ansa zum Schlagen bringen, wobei sich das einige Male wiederholte.

Schließlich ist in der ersten Nummer des laufenden Jahres im „Centralblatt für die medicinischen Wissenschaften" ein vorläufiger Bericht von N. Wedenski über telefonische Erscheinungen am Herzen veröffentlicht worden. Der Autor beschreibt folgende an Hunden erhaltene Tatsachen. Bei Reizung des peripheren Endes des Halsvagus mit schwachen Strömen, und zwar so, daß kein Herzstillstand hervorgerufen wird, hörte er im Telefon, dessen Enden in die Herzmuskulatur eingeführt waren, einen „künstlichen Muskelton" von gleicher Höhe wie der Ton des reizenden Induktors. Nach Vergiftung des Tieres mit Atropin war dieser Ton ständig bei allen Stromstärken in deutlicherer Form zu hören. Umgekehrt verschwand er vollkommen, sobald das Tier stark mit Kurare vergiftet wurde. Der Autor bringt diese Versuche mit Versuchen von Gaskell, Heidenhain und meinen Versuchen in Verbindung und deutet sie im Sinn einer Existenz neuer Herzfasern im Halsteil des n. vagus, die den Charakter gewöhnlicher motorischer Fasern besitzen. Da ich nur die vorläufige Mitteilung des Autors vor mir habe und selbst keine telefonischen Versuche durchführte, kann ich natürlich kein endgültiges *(300)* Urteil abgeben. Wenn diese Versuche völlig richtig wären, würden sie unstreitig die Frage nach neuen motorischen Herznerven völlig lösen. Die Hauptanzeichen der üblichen motorischen Nerven sind vorhanden! Leider gibt es einen Grund, die richtige Beobachtung der Erscheinungen anzuzweifeln. Unsere oben angeführten Versuche über die Art der verstärkenden Nerven stehen im krassen Widerspruch zu diesen telefonischen Ergebnissen, wenn man Wedenskis Herznerven, wie er es selbst tut, mit unseren verstärkenden Nerven identifiziert. Es ist von uns durch einige deutliche Anzeichen mit verschiedenen Methoden festgestellt worden, daß im Halsvagus des Hundes keine verstärkenden Fasern enthalten sind, während man sie in der Ansa mit Leichtigkeit entdeckt. Aber selbst wenn man annimmt, daß die durch das Telefon entdeckten Nerven andere sind als die verstärkenden Nerven, so würde es auch dann seltsam erscheinen, daß die heftigen und ständigen telefonischen Erscheinungen nicht von irgendwelchen merklichen Veränderungen in der mechanischen Herzarbeit begleitet werden, d.h., man hat den Eindruck, als ob die Nerven nur für das Telephon existieren würden. Wir können keine befriedigende Erkärung für die Beobachtungen von Wedenski geben und warten mit lebhaftem Interesse sowohl auf das Erscheinen der ausführlichen Arbeit des Autors als auch auf ihre Wiederholung durch andere Forscher.

Ich glaube, daß auch diese Literaturübersicht ihrerseits nur die Überzeugung bestärken kann, daß die neue Erweiterung der äußeren Herzinnervation ein Recht auf volle Anerkennung in der Physiologie beanspruchen kann, da sie auf Tatsachen begründet ist, die an verschiedenen Tieren mit Hilfe verschiedener

Methoden und von mehreren Autoren unabhängig voneinander erhalten wurden. Die bestehenden Widersprüche sind im Wesen fast alle keine direkten Widersprüche und finden zum Teil eine ausreichende Erklärung.

Da ich mich im Augenblick, wo so schnell und man kann sagen so unerwartet neues Material über die Herzinnervation anwächst, nicht berechtigt fühle, irgendeine Theorie über diese Innervation aufzustellen, beschränke ich mich auf einige partielle Schlußfolgerungen und Überlegungen über das vorhandene Material.

Während ich in der Dissertation ganz klar vier einzelne zentrifugale Herznerven unterschieden habe: den hemmenden, *(301)* den beschleunigenden, den abschwächenden und den verstärkenden, schreibt GASKELL in seiner vorläufigen Mitteilung ein jedes Paar antagonistischer Effekte (Verlangsamung und Beschleunigung, Abschwächung und Verstärkung) ein und derselben Faserart zu und führt in seiner ausführlichen Abhandlung alle Nervenwirkungen auf das Herz auf eine (trophische) Nervenart zurück. Er erklärt den Unterschied in ihrer Wirkung durch die Verschiedenheit der Teile des Herzmuskelgewebes, in dem sie enden. Was das letztere anbelangt, so ist klar, daß diese Schlußfolgerung auf einer reinen Vermutung beruht und meiner Meinung nach für das Verständnis der Sache keinen besonderen Nutzen bringt. Die Tatsache von GASKELL bleibt jedoch bestehen: Bei der Schildkröte sind die auf den Rhythmus wirkenden Nerven von denen, die die Kraft beeinflussen, anatomisch getrennt. Welche Vorstellung soll man sich von den zwei gegensätzlichen Seiten der Wirkung eines jeden dieser Nerven machen? GASKELL glaubt, daß ein und derselbe Nerv in verschiedenen Phasen oder unter verschiedenen Umständen entgegengesetzt wirkt. Der Hauptgrund für diesen Schluß ist natürlich, daß bei der Schildkröte jedes Paar der antagonistischen Wirkungen anatomisch nicht zu trennen ist. Man kann jedoch dagegen einwenden, daß bei den Säugetieren die hemmenden und beschleunigenden Fasern unbestreitbar getrennt sind und alle Rhythmuserscheinungen bei Reizung des n. vagus beim Frosch oder bei der Schildkröte buchstäblich durch ihre künstliche Kombination hervorgerufen werden. Nichtsdestoweniger verschanzt sich GASKELL in Anbetracht dessen hinter der Überlegung, daß die Differenzierung der Nervenfasern bei niederen Tieren nicht so weit fortgeschritten sein kann wie bei höheren. Zugegeben, daß man in einem solchen Fall zur endgültigen Lösung der Frage auf irgendein niederes Tier warten muß, bei dem die anatomische Trennung der Nervenfasern weiter fortgeschritten ist als bei der Schildkröte, so stellen wir uns jedoch die Frage, wieweit die Trennung der abschwächenden Nerven von den verstärkenden bei Säugetieren zutrifft. In meiner Dissertation habe ich diese Trennung in der Hauptsache auf Grund der sozusagen physiologischen Symmetrie angenommen. Wenn beide Seiten der rhythmischen Innervation jede von einem besonderen Nerv vertreten werden, so war es natürlich, dasselbe auch von der dynamischen Innervation anzunehmen. Infolge der Versuche über den Verlauf der verstärkenden Nerven hat man jetzt für diese Frage eine exakte Lösung gefunden. Beim Hund verlaufen die abschwächenden Fasern, *(302)* wie meine Versuche mit Konvallariavergiftung und die Versuche von WEINZWEIG mit Muskarinvergiftung zeigen, zusammen mit den hemmenden im n. vagus des Halses, die verstärkenden jedoch kommen zusammen mit den beschleunigenden über die ansa Vieussenii. Somit verläuft die anatomische Trennungslinie beim Hund in der Hauptsache zwischen den hemmenden und abschwächenden Nerven einerseits und den beschleunigenden und verstärkenden Nerven andererseits; bei der Schildkröte trennt diese Linie vorzugsweise die rhythmischen Nerven von den dynamischen. Wenn wir diese Linien aufeinanderlegen, erhalten wir vier anatomisch völlig getrennte Nervenwirkungen auf das Herz:

Abschwächung	Hemmung	beim Hund
Verstärkung	Beschleunigung	
bei der Schildkröte		

Ich glaube, wir können mit Recht annehmen, daß die neuen Nerven nicht in irgendeinem Punkt oder Teil des Herzens angehäuft sind, wie das bei den rhythmischen Nerven sehr wahrscheinlich ist, sondern daß sie sich über das ganze Organ ausbreiten und mit ihren einzelnen Ästchen die verschiedenen Herzabschnitte innervieren. Ich habe das in meiner Dissertation schon beiläufig erwähnt. Leider hat sich unser Tatsachenmaterial seit der Zeit in dieser Richtung überhaupt nicht vergrößert, da wir diese Frage immer noch nicht unmittelbar in den Kreis unserer experimentellen Untersuchung einbezogen haben. Die ganze Zeit erforschten wir im Grunde genommen die neue Innervation der Kammern. Aus den Beobachtungen anderer Autoren (NUËL an Kaninchen und Fröschen, GASKELL an Fröschen und Schildkröten usw.) muß man jedoch schließen, daß eine gleiche Innervation auch für die Vorhöfe existiert. Weiter. Schon auf Grund dessen, daß bei verschiedenen Autoren in Versuchen an ein und denselben Tieren oder bei ein und demselben Autor, aber in Versuchen an verschiedenen, wenn auch sehr nahe verwandten Tieren die Veränderung der Kontraktionskraft unter Nerveneinfluß einmal auf den einen, dann auf den anderen Teil des Herzens beschränkt bleibt, muß man annehmen, daß die Innervierung der Kontraktionskraft in den verschiedenen Herzteilen mehr oder weniger isoliert ist. Auch unsere eigenen, wenn auch bruchstückartigen, nebenbei und ohne Unterstützung irgendwelcher Instrumente angestellten Beobachtungen, sprechen eher für als gegen diese Annahme. *(303)* Während der Reizung des Hauptastes haben wir, wenn sich die Kammern für das Auge sichtbar sehr energisch und schnell zu kontrahieren beginnen, gar keine entsprechende Veränderung in den Bewegungen der Vorhöfe beobachten können. Im Gegenteil. Wenn bei Reizung der äußeren Äste die Kammern kräftig, jedoch oberflächlich schlagen, haben sich die Vorhöfe offensichtlich verstärkt und heftig kontrahiert. Das harmoniert aber vollkommen mit den anatomischen Befunden. Die äußeren Äste verlieren sich schon in den Vorhöfen, während der Hauptast mit seinem Hauptteil am Vorhof vorbeizieht, die Kammern erreicht und sich hier in Gestalt zahlreicher Verzweigungen über ihre ganze Oberfläche verteilt. Entsprechend ist auch bei Reizung verschiedener Äste, wenn sie direkt oder nach verschiedenen Vergiftungen in abschwächender Weise wirken, aufgefallen, daß die sichtbaren Veränderungen am Vorhof den Druckschwankungen am Manometer nicht parallel gehen: Manchmal macht sich ein durch Abschwächung der Kammerkontraktion bedingtes, sehr großes Absinken am Manometer, da der Rhythmus unverändert bleibt, in keiner Weise in der durch das Auge beobachteten Tätigkeit der Vorhöfe bemerkbar; ein anderes Mal läßt sich das Eintreten sehr schlaffer und schwacher Bewegungen der Vorhöfe (infolge einer Reizung) am Manometer, d.h. an der Kammertätigkeit, nur wenig oder gar nicht feststellen. In den erwähnten Fällen ist natürlich bei diesen Erscheinungen die verschiedene Blutfüllung der Herzteile wesentlich beteiligt. Die angeführten Fälle, in denen sich die Kontraktionskraft nicht parallel verändert, sind jedoch in den verschiedenen Herzabschnitten auch bei Reizung verschiedener Ästchen an fast blutleeren Herzen am Schluß sehr langdauernder Versuche manchmal noch völlig deutlich beobachtet worden. Die größte Stütze für unsere Hypothese liefern offensichtlich die in der Dissertation beschriebenen Versuche an herausgeschnittenen Herzen. Leider sind diese Versuche, was die Wirkung der Kammernerven betrifft, recht launenhaft. Wären sie beständig, so würde unsere Frage natürlich gelöst sein. Man kann sich meines Erachtens am leichtesten eine Vorstellung über die Dissoziation und ihre Beseitigung machen, mit denen wir im Anfang dieser Abhandlung bekannt wurden, wenn wir von der besprochenen These ausgehen. Die Vorhöfe können deswegen bei Reizung der äußeren Äste beliebig oft schlagen, weil die frequenten, wenn auch nicht großen Impulse, die infolge einer Reizung *(304)* der beschleunigenden Fasern auftreten, einen Muskel treffen, der gleichzeitig infolge einer gleichzeitigen Reizung seiner verstärkenden Nerven eine große Erregbarkeit besitzt. Die Kammern dagegen weichen deswegen ab, weil für sie dabei die zweite Bedingung nicht gegeben ist; ihre verstärkenden Fasern verlaufen in anderen Ästen. Bei der gewöhnlich (unter unseren Versuchsbedingungen) niedrigen Erregbarkeit des Herzmuskels können sich die beschleunigten motorischen Impulse infolge ihrer Frequenz oder Schwäche nicht in die entsprechende Kontraktionszahl auflösen, und es tritt deswegen eine Summierung, ein Zusammenfließen der Impulse ein. Übrigens ist noch eine andere Entstehung der Dissoziation denkbar oder wenigstens die Beteiligung eines anderen Elements: Die verschiedene Erregbarkeit verschiedener Herzabschnitte kann schon von Anfang an gegeben sein und auch ohne die Einmischung verstärkender Nerven nur infolge der verschiedenen Eigenschaften in den verschiedenen Punkten der Herzmuskulatur bestehen, worauf von vielen Autoren hingewiesen wird.

Zum Schluß einige Worte zur Frage nach der Natur der neuen Nerven. Erstens: Es kann in gewissem Maße als Widerspruch erscheinen, daß die verstärkenden Nerven am normalen Herzen nicht auf den Rhythmus einwirken, d.h. von selbst keine Bewegungen auslösen und lediglich die Erregbarkeit des Herzmuskels beeinflussen, während sie am herausgeschnittenen Herzen gleichsam als motorische Nerven wirken, indem sie Bewegungen hervorrufen. Es ist jedoch nicht schwer, auch die Tatsachen am herausgeschnittenen Herzen vom Gesichtspunkt der Erregbarkeitsveränderung aus zu verstehen. Die Bewegungsimpulse können auch jetzt irgendwo von Nebenwegen (von den Vorhöfen) herkommen oder sie befinden sich an Ort und Stelle, jedoch nicht in den Nerven, sondern in irgend etwas anderem (in den Gewebe-, Nähr- und anderen Stoffen). Infolge der niedrigen Erregbarkeitsstufe des Gewebes können sie jedoch ohne Auswirkung bleiben und sich nicht in Bewegungen ausdrücken. Indem wir die Erregbarkeit durch spezifische Nerven erhöhen, geben wir den früher unwirksamen Impulsen die Möglichkeit, sich zu zeigen. Als einer solchen Deutung günstig erachte ich den Umstand, daß der äußere Ast die Bewegung am Vorhof mit größerer Sicherheit auslöst als die Kammernerven in entsprechenden Bereichen. Im ersten Fall besteht eine Kombination von Fasern, die eine enge Beziehung zur Auslösung der (beschleunigenden) Impulse aufweisen und von Fasern, welche die Erregbarkeit erhöhen. Im zweiten Fall werden *(305)* nur die letzteren allein gereizt, wobei das Bestehen von Bewegungsimpulsen sozusagen dem Zufall überlassen bleibt. Zweitens: Von den zwei möglichen Vorstellungen über die Natur der neuen Nerven, der Gefäßnatur und der spezifischen Natur, neigen wir zur letzteren Annahme, allerdings nur deswegen, weil in unseren Versuchen die Nervenfunktion auch dann existiert, wenn im Herzen der Blutkreislauf unterbrochen ist. POHL-PINCUS jedoch nimmt, obwohl auch er wußte, daß die Veränderung der Kontraktionskraft unter Einfluß der Herznerven auch an herausgeschnittenen Herzen bestehen kann, trotzdem eine Gefäßnatur dieser Nerven an. Was für ein Grund besteht für eine solche Annahme? Es wird offensichtlich vermutet, daß der Einfluß eines Gefäßnerven auf irgendwelche Weise auch dann noch fortwirkt, wenn der Blutkreislauf unterbrochen ist. In letzter Zeit haben wir noch ein anderes Beispiel für eine solche Vorstellung. In seinem Aufsatz über pseudomotorische Wirkungen hat HEIDENHAIN[1]) die sonderbare motorische Funktion des n. lingualis nach Lähmung des n. hypoglossus (Beobachtung von VULPIAN) auf eine Gefäßerweiterung bezogen und sich auch dann nicht verpflichtet gefühlt, diese Vorstellung aufzugeben, als sich herausstellte, daß die Erscheinung auch nach Unterbrechung der Blutzirkulation in der Zunge weiter existiert. Der Grund hierfür ist wieder derselbe, wie wir ihn eben schon herausgestellt haben. Derartige Annahmen verändern jedoch, wie ich glaube, völlig die bisher verbreitete Vorstellung von der Wirkungsart der gefäßerweiternden Nerven und sind so unklar und willkürlich, daß sie uns das Recht geben, die Hypothese von einer spezifischen Natur der neuen Herznerven zu unterstützen.

Am Ende dieser Arbeit erkennen wir noch genauer als am Schluß unserer Dissertation die ganze Unvollkommenheit unserer Forschung und gleichzeitig die dringende Notwendigkeit, auf diesem gewaltigen Gebiet, das sich in der erwähnten Richtung eröffnet, immer weiter zu arbeiten. *(306)*

---

[1]) HEIDENHAIN, DU BOIS-REYMONDS Archiv, 1883, Jubiläumsband.

ZUR HERZINNERVATION BEIM HUND[1])

(Dritte vorläufige Mitteilung)

(Klinisches Laboratorium von Prof. S. P. Botkin*)*

Bei Reizung gewisser äußerer rami cardiaci tritt ständig eine krasse Dissoziation im Rhythmus zwischen den Vorhöfen und den Kammern ein. Während der rechte Vorhof (er wurde meistens allein beobachtet) so oft zu schlagen beginnt, daß ein Zählen fast unmöglich ist, werden auf der Kurve eines mit der art. cruralis verbundenen Manometers die Herzwellen nicht öfter, als es die Norm ist, aufgezeichnet, sondern in der Regel seltener. Das Fühlen des Pulses an der anderen art. cruralis und der linken Kammer selbst überzeugt davon, daß diese Wellen wirklich den Kammerkontraktionen entsprechen. Wenn nach Aufhören der Reizung die Beschleunigung des Vorhofs etwas schwächer wird, beginnt sich die Kammer an den Vorhof anzupassen, jedoch auf eine besondere und allmähliche Weise. Die vollständigste Aufeinanderfolge der Erscheinungen stellt sich in folgender Form dar: Nach den seltenen Pulsschlägen erscheint zuerst ein regelmäßiger Wechsel von Gruppen seltener und frequenter Herzschläge, danach werden die seltenen Pulse zweizackig, und erst zum Schluß wird die Übereinstimmung zwischen den Bewegungen der Vorhöfe und den manometrischen Herzwellen wiederhergestellt.

Wenn eine Reizung dieser Äste zur Reizung des Hauptastes des Herzens hinzukommt, der den Druck erhöht und ein wenig *(307)* beschleunigt, so wird die Beschleunigung erhöht, es tritt jedoch keine Dissoziation zwischen Vorhof und Kammer ein.

Genauso verhält es sich, wenn auf eine Reizung der äußeren Äste sofort eine Reizung des Hauptastes folgt. Die seltenen Pulse weichen nach 2 bis 5 Sekunden frequenten, den Kontraktionen des Vorhofs entsprechenden Pulsen. *(308)*

---

1) Еженед. клин. газета *[Klinische Wochenzeitung]*, Nr. 21, 1883, S. 324.

ÜBER DEN VAGUS
ALS REGULATOR DES ALLGEMEINEN BLUTDRUCKS[1])

Soweit mir bekannt ist, hat CLAUDE BERNARD[2]) als erster deutlich zwischen dem allgemeinen, in den großen arteriellen Bahnen gemessenen Blutdruck und dem örtlichen Druck in den Kapillaren und kleinen Venen unterschieden, wobei unter normalen Bedingungen der arterielle Druck sehr beständig ist, während der zweite je nach dem physiologischen Zustand des Organs in breiten Grenzen schwankt. Nach BERNARD gehört der allgemeine Blutdruck zu genau den gleichen konstanten Größen des warmblütigen Organismus wie zum Beispiel seine Temperatur. Und in der Tat, die Physiologie verdankt der LUDWIGschen Schule[3]) den tatsächlichen Beweis der Fähigkeit des Blutgefäßsystems, die Norm des allgemeinen Blutdrucks im Fall bedeutender Veränderungen der Blutmenge in dem einen oder anderen Sinn, bei Aderlaß oder Transfusionen, aufrecht zu erhalten. Ich habe an diese Arbeiten angeknüpft[4]) und gezeigt, daß der Druck sich bei normalem Lebensablauf während langer Zeitabschnitte und bei sehr verschiedenartigen Bedingungen wie übermäßigem Trinken, trockenem Essen usw. beharrlich auf einem bestimmten Niveau hält. Was den inneren Mechanismus dieser von uns analysierten *(309)* Fähigkeit betrifft, so hat MÜLLER ebenfalls im LUDWIGschen Laboratorium bewiesen, daß er wenigstens zum Teil nervaler Natur ist. Einen weiteren großen Schritt in unserer Frage stellt die Arbeit von LATSCHENBERGER und DEAHNA[5]) dar. Von ihnen ist erstens festgestellt worden, daß sogar die übliche sensible Reizung nur eine vorübergehende Erhöhung bewirkt, da der Druck sich bereits während der Reizung allmählich der Norm zu nähern beginnt und, wenn er sie erreicht, auf ihr stehen bleibt. Ebenso tritt auch die Erhöhung bei Anreicherung von Kohlensäure im Blut in Form einer Welle auf, d.h., sie kehrt ebenfalls noch während der Erstickung zum normalen Niveau zurück. Zweitens zeigten sie bezüglich der sensiblen Reizung, daß das

---

[1]) Еженед. клин. газ. *[Klinische Wochenzeitung]*, 1883, S. 489.

[2]) CLAUDE BERNARD, Rapport sur les progrès et la marche de la physiol. génér. en France, 1867, [237 pp.].

[3]) TAPPEINER, WORM-MÜLLER, LESSER, LUDWIGS Arbeiten 1873—1874, 1875.

[4]) PFLÜGERS Archiv, Bd. 16 und 20.

[5]) JOH. LATSCHENBERGER und A. DEAHNA, PFLÜGERS Archiv, Bd. 12, [1876, S. 157—204].

beschriebene Bild ihrer Wirkung nur solange bestehen bleibt, wie die nn. vagi unbeschädigt sind. Nach ihrer Durchschneidung hält sich der Druck während der ganzen Zeit der Reizung auf einem hohen Niveau. Schließlich ist drittens als weiteres Nervensubstrat für die Regulierung des Blutdrucks ein neues System von Nervenfasern experimentell aufgefunden worden, die an den Blutgefäßen beginnen; es sind Fasern, die den schon lange bekannten pressorischen und depressorischen Herznerven analog sind. Somit hat diese Arbeit die Anzahl der Möglichkeiten, den Druck zu regulieren, erhöht und hat zu der Lehre über ihren inneren Mechanismus bedeutendes Material hinzugefügt.

Indem sie umfangreiches Material liefert, hat diese Arbeit natürlich eine große Anzahl von Fragen aufgeworfen und zum Teil zu Mißverständnissen geführt. Hier einige davon: Bei sensibler Reizung wird die vorübergehende wellenartige Erhöhung nur bei unversehrten nn. vagi beobachtet, während nach Ansicht der Autoren eine Erstickung ohne diese Bedingung nur eine vorübergehende Erhöhung bedingt. Wenn in diesem Fall die Rückkehr des Drucks zur Norm trotz immer mehr zunehmender Reizung durch Vasodepressoren hervorgerufen wurde, warum erwiesen diese sich dann im ersten Fall als machtlos? Warum zeigte sich bei Reizung des Herzdepressors nicht auch nur eine vorübergehende wellenartige Erniedrigung (sondern eine andauernde), obwohl es so viele pressorische Gefäßfasern gibt und obwohl sie, nach dem gewöhnlichen Reizungseffekt der sensiblen Nerven zu urteilen, *(310)* stärker sind als die depressorischen, usw.? Offensichtlich besteht die Hauptursache der Unklarheit in der Arbeit von Latschenberger und Deahna darin, daß sie die Gebiete der Regulationstätigkeit des Nervensystems des Herzens und der Blutgefäße nicht abgegrenzt haben. Infolgedessen stellt ihre ganze Arbeit keine systematische Überprüfung des Gegenstands dar, sondern eine Sammlung von Bruchstücken. Der wissenschaftliche Plan der weiteren Forschung über den nervalen Mechanismus der Druckregulierung stellt sich klar in folgender Form dar. Zuerst muß man als einfachsten Fall die regulierende Tätigkeit der nn. vagi bei allen möglichen Bedingungen untersuchen, die die Tendenz haben, den Druck nach oben oder unten zu verändern, d.h., man muß bestimmen, welche Druckeffekte bei Unversehrtheit und bei Lähmung dieser Nerven erreicht werden. Dann muß man den Einfluß, den der n. vagus aufweisen wird, vollkommen analysieren, um danach erst zur Frage nach den pressorischen und depressorischen Gefäßfasern und ihrem Wirkungsbereich überzugehen.

Die vorliegende Arbeit stellt nur den Anfang zur Durchführung dieses Planes dar.

Über die allgemeine Arbeitsmethode ist folgendes zu sagen. In Anbetracht bestimmter Wirkungen von Kurare und Morphium auf die vasomotorische Innervation erschien es von Anfang an ungünstig, sie bei der Bearbeitung der Frage nach der normalen und komplizierten Arbeitsweise des Blutgefäßsystems zu benutzen. Dabei wurde unsere Aufmerksamkeit ganz besonders auf die folgende Beobachtung von Heidenhain und Grützner[1]) gelenkt: Bei kurarisierten Kanin-

---

[1]) Heidenhain und Grützner, Pflügers Archiv, Bd. 12.

chen erhöht sich bei einem bestimmten Narkosegrad der Blutdruck beim Blasen auf die Haut sehr bedeutend und hält sich lange auf diesem hohen Niveau, während die Erhöhung bei normalen Kaninchen viel kleiner und von kürzerer Dauer ist. Es ist offensichtlich, daß Kurare den Regulationsmechanismus lähmt, der den normalen Blutdruck lenkt. Auch unsere eigenen weiteren Versuche haben uns wiederholt davon überzeugt. Deswegen erwies es sich für unsere Versuche als nützlich, völlig normale Tiere zu verwenden. Die Hauptschwierigkeit bestand in der für unsere Versuche wesentlichen Durchschneidung der nn. vagi, die eine starke Atemstörung nach sich zieht. Es ist klar, daß man die Atmung *(311)* des Tieres in die eigene Hand nehmen, d.h. bei einem normalen Tier künstliche Atmung anwenden mußte. Auf diese Weise wird die Erstickung beseitigt, die willkürlichen Bewegungen bleiben jedoch. Die ideale Lösung dieser Schwierigkeiten hängt ausschließlich und endlich von der Individualität des Tieres, von seinem Charakter ab. Von 3 bis 4 Tieren ist immer eines gefügig, daß es sich gleich beim ersten Male beherrschen läßt, keinen einzigen Ton von sich gibt und keine einzige Bewegung ausführt. Sobald das Atemgerät zu arbeiten beginnt, hören sogar die eigenen Atembewegungen auf, so daß Sie allem Anschein nach gleichsam ein kurarisiertes Tier vor sich haben. Wiederholt kam dabei der Gedanke auf, ob das Tier nicht etwa hypnotisiert war. An solchen Tieren läßt sich die Situation am unstreitigsten klären. Aus Versuchen an unruhigen Tieren wurden nur vorsichtige Schlüsse gezogen und lediglich in bestimmten Versuchsreihen; in anderen Versuchsreihen aber mußten solche Tiere direkt als ungeeignet zurückgestellt werden. Näheres darüber bei den einzelnen Versuchen. Durch eine entsprechende vorhergehende Dressur erhöht sich die Zahl der geeigneten ruhigen Tiere bedeutend.

In unserer Arbeit benutzen wir ausschließlich Hunde und fast ausnahmslos kleine, von etwa 4 bis 6 kg Gewicht, nach Möglichkeit erwachsene. Sie müssen hungrig sein, d.h., sie dürfen ungefähr seit 24 Stunden nichts gefressen haben. Dies ist deswegen nötig, um immer die gleiche und einfachste Art der Blutverteilung im Organismus vor sich zu haben.

Der Druck wurde mit Hilfe des alten Ludwigschen Kymographions bestimmt, das eine Lauftrommel zur endlosen Schreibung besitzt. Die Zeit unter der Druckkurve wurde durch einen Elektromagneten mit Metronom aufgezeichnet. Das Aufblasen der Blasebälge wurde ebenfalls über ein Metronom durchgeführt.

Ich beginne mit einem Umstand, der im Verlauf der Arbeit von selbst auf sich aufmerksam machte. Obwohl er nur eine unbedeutende Variante der schon von Latschenberger und Deahna beschriebenen Tatsache darstellt, verdient er nichtsdestoweniger in Anbetracht seiner methodischen Bedeutung besondere Erwähnung. Das ist der krasse Unterschied im Einfluß der Bewegungen eines Tieres auf den Druck vor und nach Durchschneidung der nn. vagi. Vor der Durchschneidung ergibt die Bewegung ein Ansteigen, das sofort in ein fast entsprechendes Absinken übergeht; danach kehrt die Kurve *(312)* zur Norm zurück. Dies alles dauert einige Sekunden. Nach der Durchschneidung zieht die gleiche Bewegung ein viel größeres Ansteigen nach sich, das manchmal 5 bis 10 Minuten andauert. Aus den vielen Messungen des normalen Blutdrucks, die bei einem großen Teil unserer Versuche zu Beginn durchgeführt wurden, kann als Regel abgeleitet werden, daß vor einer Durchschneidung der nn. vagi im Durchschnitt in einer 10-Minuten-Periode der Druck nicht stärker schwankt als um 10 mm (wobei planimetrische Zahlen des 20-Sekunden-Kurvenabschnitts verglichen werden). Nach der Durchschneidung aber, und wenn der Druck schon zur Norm zurückgekehrt ist, sind Druckerhöhungen um 20 bis 30 mm, die einige Minuten andauern, durchaus nicht selten. Offensichtlich ist dies ein klares Beispiel für die regulierende Bedeutung der nn. vagi. Diese Tatsache ist außerordentlich wichtig bei Beurteilung derjenigen unserer Versuche, bei denen es um den Einfluß pressorischer Bedingungen vor und nach Durchschneidung der nn. vagi geht.

Vor allen Dingen beschäftigen wir uns mit der Untersuchung des Einflusses der Blutgase auf den Blutdruck, einmal bei unverletzten und dann bei gelähmten nn. vagi. Dieser Einfluß ist so unzweifelhaft und die Schwankungen in der Gasmenge treten auch bei normalem Lebensablauf so häufig auf, daß es als ganz besonders interessant erschien, die Frage exakt zu untersuchen, ob und in welchem Maße die nn. vagi die normale Druckhöhe bei diesen Schwankungen aufrechterhalten.

Wir begannen unsere Versuche mit Apnoe und wurden in der ersten Zeit durch die erhaltenen krassen Ergebnisse in Staunen versetzt. Beim normalen Tier wurde eine Erniedrigung durch die Apnoe nur bei durchschnittenen nn. vagi beobachtet, wenigstens bei dem Grad von Apnoe, den wir in unseren Versuchen erreichten. Es erschien sonderbar, daß diejenigen, die den Einfluß der Blutgase auf den Druck untersuchten, eine so sichtbare Tatsache übersehen konnten. Als wir uns TRAUBE zuwandten, fanden wir in der Tat bei ihm eine kurze Beschreibung der Tatsache. Hier ist sie: „Werden ohne vorhergegangene Durchschneidung der nn. vagi bei mittelhoher Pulsfrequenz und etwa mittelhohem Druck (statt der gewöhnlichen 15) 30 bis 60 Einblasungen in der Minute gemacht, dann beobachtet man stets und sehr bald eine beträchliche Zunahme der Pulsfrequenz und gewöhnlich auch eine, aber verhältnismäßig geringe Abnahme des mittleren Drucks. *(313)* In einzelnen Fällen wird derselbe sogar etwas erhöht.“[1] Bei Tieren mit durchschnittenen nn. vagi kann jedoch nach früheren Versuchen von TRAUBE bei 60 Einblasungen in der Minute der Druck um mehr als die Hälfte absinken[2]. Weder TRAUBE noch andere Autoren schenkten jedoch dieser Tatsache die nötige Aufmerksamkeit. Sie ist von der Wissenschaft gleichsam ignoriert worden, und gerade diejenigen, die an ihr am meisten interessiert waren, kannten sie offensichtlich nicht. Diese Erscheinung stellte ein krasses Beispiel für die Druckregulation dar und wies direkt auf ihren Mechanismus hin; sie ist aber weder bei LATSCHENBERGER und DEAHNA erwähnt, noch bei ZUNTZ[3]), dessen Abhandlung sich ausschließlich mit der Wirkung der Atmung auf den Blutkreislauf befaßt.

---

[1]) TRAUBE, Gesammelte Beiträge z. Pathol. u. Physiol. Bd. 1, S. 330.

[2]) LATSCHENBERGER und DEAHNA, a. a. O., S. 312.

[3]) ZUNTZ, PFLÜGERS Archiv, Bd. 17, [1878, S. 374—412].

Somit habe ich, obwohl ich nur eine schon bekannte Tatsache reproduzierte, sie am ausführlichsten und genauesten erforscht.

Die Mehrzahl unserer Versuche mit Apnoe wurden an normalen Tieren, einige aber auch an kurarisierten angestellt.

Hier ein Versuch mit Kurare.

Versuch I. 28. Oktober 1881. Das Tier ist um 6 Uhr abends am Operationstisch festgeschnallt worden; 6 Uhr 15 Minuten Kurarevergiftung und Beginn der künstlichen Atmung. „Normale" Atmung im Protokoll bedeutet 30 Einblasungen in der Minute, „frequente" Atmung 60 Einblasungen. Der Druck wird durch planimetrische Zahlen im Mittel vom 20-Sekunden-Abschnitt der Kurve ausgedrückt.

	Zeit	Blutdruck		Herzfrequenz in 10 sec
	6 h 22′	160		18
		161		19
		160		19
		161		19 *(314)*
I.	6 h 24′		Frequente Atmung	
		157		26
		145		35
		165		27
		170		25
		168		23
		168		25
	6 h 26′		Normale Atmung	
		169		20
		173		17
		171		17
. . .	. . .	. . .	. . .	. . .
	6 h 29′	172		19
		174		20
			Das Blut ist geronnen; Säuberung des Manometers	
	6 h 38′	179		20
		178		22
		176		22
II.	6 h 39′		Frequente Atmung	
		161		31
		201		20
		191		17
		194		17
		197		—
	6 h 41′		Normale Atmung	
		189		14
		185		12
	6h 45′	178		—
		176		—
		175		20
III.	6 h 46′		Frequente Atmung	
		173		24
		155		34
		173		25

		178		19
		155		15 *(315)*
		140		21
		150		34
		171		27
		176		20
	6 h 49′		Normale Atmung	
		174		20
		178		17

. . . .

	6 h 51′	180		14
		170		23
IV.	6 h 52′		Frequente Atmung	
		166		—
		140		34
		153		—
		162		—
		164		25
		161		—
		158		—
	6 h 54′ 30″		Normale Atmung	
		159		22
		165		17

. . . .

	6 h 58′	150		—
		173		12
		168		—
		160		16
V.	6 h 50′ 30″		Frequente Atmung	
		149		27
		136		25
		147		—
		148		—
		145		—
	7 h 01′ 30″		Normale Atmung	
		144		—
		160		18
		156		17
		147		—
	7 h 05′	—		—
		144		—
		144		28 *(316)*
VI.	7 h 06′		Frequente Atmung	
		133		—
		114		—
		132		—
		141		—
		139		—
		137		30
		135		—
		137		—

	7 h 09′	Normale Atmung
		140
		146
		146
		146
	7 h 13′	155
		157
VII.	7 h 14′	Frequente Atmung
		151
		138
		139
		144
		150
	7 h 16′	Normale Atmung
		153
		164
		162
. . .	. . .	. . .
	7 h 20′	162
		160
		165
VIII.	7 h 21′	Frequente Atmung
		150
		138
		149
		151
		151
	7 h 23′	Normale Atmung
		160 *(317)*
. . .	. . .	. . .
	7 h 53′	151
		150
		157
		156
		150
IX.	7 h 55′	Frequente Atmung
		145
		135
		132
		134
		134
	7 h 57′	136
		146
		151
		159
	7 h 58′ 30″	Durchschneidung beider nn. vagi
		202 } Hohe TRAUBEsche Wellen mit steilem Anstieg und allmählichem Abfall
		180
		200
		179
		157

8 h 04′	196	Die gleichen Wellen
	184	
	183	
	185	
	182	
I. 8 h 06′	Frequente Atmung	
	156	
	161	
	171	
	151	
	132	
	119	
	112	
	107	
	109	
	106 *(318)*	
8 h 09′ 30″	Normale Atmung	
	119	
	130	
	154	
	183	

. . . .

8 h 15′	168	
	196	
	169	Die gleichen Wellen
	179	
II. 8 h 16′ 30″	Frequente Atmung	
	172	
	165	
	157	
	153	
	131	
	141	
	129	
	125	
	126	
	118	
	116	
	115	
	115	
	116	
8 h 21′	144	
	153	
	148	
	132	
	139	

. . . .

184
184
169
165

185 } Die gleichen Wellen
161 }
171
192
187
186 *(319)*

III. 8 h 26′ Frequente Atmung

169
169
179
172
172
161
150
126
105
84

121
145
146
143
140
137
136
137
134

8 h 32′ Normale Atmung

148
152
153
177
166
167
167
191 }
179 } Die gleichen Wellen
204 }
198 }

IV. 8 h 36′ Frequente Atmung

184
176
171
167
192
166 *(320)*
157
157
157
159

8 h 39′ Normale Atmung

166

181
167
188
188
191

Trotz einiger Mängel habe ich diesen Versuch seiner besonderen Vollkommenheit wegen anderen Versuchen vorgezogen. Die Versuchsanalyse werden wir abschnittsweise vornehmen, um so mehr, da bei verschiedener Dauer der Apnoe ein vollständiger Vergleich ihrer Effekte nicht für den gesamten Versuch durchgeführt werden kann. Zuerst eine Reihe von Apnoefällen vor der Durchschneidung, wobei wir sie immer auf zwei Minuten beschränken. Der Kurvenverlauf stellt sich bei jeder Apnoe in einer bestimmten Form dar, die wir durch die Zahlen kennzeichnen wollen, welche die Höhe der Wendepunkte des Drucks vor jeder Apnoe wiedergeben.

Es bietet sich folgendes Bild:

I.	—15 + 9	VI.	—30 — 3
II.	—17 +23	VII.	—18 — 6
III.	—21 0 —36	VIII.	—24 —11
IV.	—35 —11	IX.	—21 —19
V.	—28 —16		

Zu Beginn der frequenten Atmung tritt überall ein Absinken des Drucks ein, die weiteren Erscheinungen sind jedoch in den verschiedenen Versuchen in quantitativer Hinsicht höchst verschieden. In den ersten beiden Versuchen geht *(321)* das Absinken fast in einen entsprechenden, die Norm übersteigenden Anstieg über. Bei den nächsten folgt auf das Absinken ein Ausgleichen des Drucks, Rückkehr zum normalen Niveau und danach wiederum ein Absinken. In den übrigen tritt zwar nach dem anfänglichen Absinken ein Ausgleich ein, aber kein vollständiger; der Druck nähert sich nur annähernd der Norm, erreicht sie jedoch nicht. Schließlich kann bezüglich des letzteren Falls bemerkt werden, daß nach anfänglichem Absinken fast niemals ein Ausgleich stattfindet. Es ist klar, daß sich der den normalen Druck lenkende Regulationsmechanismus mit der häufigen, beträchtlichen Beanspruchung allmählich abschwächt. Anfangs wirkt er sogar noch stärker als es notwendig ist. Im weiteren Verlauf nimmt seine Tätigkeit einen rhythmischen Charakter an, wobei er nur in bestimmten Momenten fähig ist, den Druck zur Norm zu erhöhen. Noch später kann er nur einen Teil des depressorischen Einflusses der frequenten Atmung ausgleichen. Jetzt wird es verständlich, in welchen Fällen bei TRAUBE ein Anstieg bei Apnoe vorgekommen war. Das sind offensichtlich diejenigen Fälle, wo Kurare den Regulationsmechanismus nur wenig schädigte. Dafür erniedrigt in anderen Versuchen mit Kurare — und es ist bei uns die Mehrzahl der Fälle — die Apnoe den Blutdruck von Anfang an sehr stark und fast ohne jeden nachträglichen Ausgleich. Um die Sache klarer zu gestalten, haben wir in besonderen Versuchen die Tiere allmählich mit Kurare vergiftet und konnten jedesmal beobachten, wie sich mit Steigerung der Dosis der depressorische Effekt der Apnoe vergrößerte. Es muß bemerkt werden, daß die lähmende Wirkung von Kurare auf den Regulationsmechanismus anscheinend nicht nur auf einer Schwächung der gefäßverengernden Nerven beruht, da der Druck bei Kurare oft nicht unter die Norm absinkt, sondern sogar höher ist.

An den angeführten Fällen von frequenter Atmung kann man sich überzeugen, daß die fragliche Regulation nicht in einer Veränderung der Anzahl der Herzschläge besteht, d. h. in einer Frequenzsteigerung, denn diese Steigerung fehlt in den Momenten, wo die Regulation am stärksten ist. Besonders lehrreich ist in dieser Hinsicht der Fall III, wo sich das Druckniveau offensichtlich unabhängig vom Herzschlag verändert und dieser letztere sich eher dem Druck unterordnet.

Jetzt die zweite Hälfte des Versuchs. Vergleicht man die erste Apnoe nach Durchschneidung der nn. vagi mit der letzten vor der Durchschneidung (dazwischen *(322)* liegt ein Abschnitt von nur 10 Minuten), so sieht man einen gewaltigen Unterschied. Der Druck sinkt jetzt viel mehr und dabei konstant bis zum Schluß der frequenten Atmung. Wenn wir uns zum genaueren Vergleich auf zwei Minuten beschränken, so beträgt der Abfall nach Durchschneidung 68 mm, vorher 20 mm. Ungeachtet dessen, daß hier der Ausgangsdruck um 30 mm höher ist als dort, sinkt er 16 mm unter das Minimum bei Apnoe vor der Durchschneidung. Dort wird während der ganzen zweiten Minute nur das schon in der 17. Minute erreichte Minimum erhalten, hier wird vom Beginn der frequenten Atmung bis zur 3,5. Minute, solange sie andauerte, ein fortschreitendes Absinken beobachtet. Die zweiten und dritten Zahlen in der dieses Absinken darstellenden Zahlenreihe sind offensichtlich nur eine Ausnahme. Die Kurve vor der Apnoe stellt sehr auseinandergezogene, hohe Traubesche Wellen dar.

Auch auf dem planimetrischen Abschnitt, von dem die Zahl erhalten wird, kommen bald die oberen Wellenabschnitte, bald die unteren vor. Auf der Kurve selbst sieht man ein ganz allmähliches Absinken. Somit ist die regulierende Bedeutung der nn. vagi ganz offensichtlich. Verfolgen wir jedoch den Versuch weiter: Die 1. Apnoe nach Durchschneidung nach 3,5 Minuten ergab ein Absinken um 78 mm, die zweite ebenfalls ein unentwegtes Absinken nach 4,5 Minuten um 60 mm. Bei der 3. Apnoe fiel der Druck gleichfalls bis zum Beginn der 4. Minute, sogar schneller als in den vorigen. Nachdem aber der Druck um 100 mm gefallen war, stieg er trotz der andauernden Apnoe rasch nach oben. Innerhalb einer Minute stieg er um 60 mm und sank dann wieder langsam (in zwei Minuten um 10 mm), so daß am Ende der 6 Minuten dauernden frequenten Atmung das Absinken des Drucks 50 mm betrug. Entweder existierte diese Fähigkeit zum

Ansteigen schon früher, trat jedoch infolge der Kürze der vorhergehenden Apnoeperiode nicht in Erscheinung, oder es ist eine neue Erscheinung, die sich erst jetzt entwickelt hat. Es besteht Anlaß, das letztere zu glauben. Der Effekt der folgenden Apnoe berechtigt zu der Schlußfolgerung, daß im Verhalten des Drucks bei Apnoe wirklich eine Umwandlung vor sich gegangen ist, da sich der Druck jetzt in drei Minuten nur um 35 mm gesenkt hat und sich die letzte dritte Minute ohne Änderung hielt. Somit bemerken wir in der Reihe von Apnoe nach Durchschneidung der nn. vagi etwas, was völlig dem entgegengesetzt ist, was vor der Durchschneidung war. *(323)* Jetzt wird mit der Wiederholung der depressorische Apnoe-Effekt immer schwächer, wie er dort immer seltener wurde. Die Erscheinung wiederholt sich auch in anderen Versuchen. Was hat sie zu bedeuten? Wir können augenblicklich nur Vermutungen aussprechen, da die vollständige Lösung dieser Frage plangemäß die Aufgabe zukünftiger Versuche sein muß. Die Gesamtheit der Tatsachen des angeführten Versuchs ist am einfachsten in den folgenden Vorstellungen zu erfassen. Normalerweise werden gewöhnlich die Druckschwankungen in Abhängigkeit von einer Apnoe vom n. vagus reguliert. Infolge häufiger Wiederholung schwächt sich seine Tätigkeit, wie wir gesehen haben, ab. Mit der Durchschneidung hört die normale Regulation gänzlich auf, und es herrscht vollkommen die Apnoe, sie entfaltet ihre volle Wirkung. Aber wie in vielen Fällen löst auch hier eine zu große Abweichung von der Norm sekundäre Reservemechanismen aus, und es entwickelt sich wiederum allmählich ein bestimmter Regulationsgrad. Dies könnten die pressorischen Gefäßfasern sein.

Im Grunde genommen stellen die Versuche an normalen Tieren dasselbe dar. Sie unterscheiden sich in der Hauptsache durch eine genauere Druckregulierung bei Apnoe vor der Durchschneidung und durch eine größere Konstanz bei Wiederholung. Das sehr unruhige Temperament einiger Hunde, das einen bestimmten Prozentsatz der Versuche untauglich macht, kann jedoch kein Grund zur Täuschung sein, da uns nach der Durchschneidung, selbst wenn die Bewegungen den Druck stark beeinflussen, das Absinken und nicht der Anstieg interessiert.

Alle Versuche des angeführten Typs leiden jedoch an einem wichtigen Fehler. Wie wir gesehen haben, schwächt sich die Regulationskraft in der Apnoe von selbst ab. Deswegen kann ein Skeptiker das Ergebnis einer Durchschneidung der nn. vagi sozusagen als Ergebnis einer Versuchsverlängerung betrachten. Diese Bemerkung kann sich übrigens mit gleichem Recht auf viele andere physiologische Versuche beziehen, bei denen eine Nervendurchschneidung vorgenommen wird. Es ist offensichtlich, daß die Beweiskraft der Versuche mit Durchschneidung im Vergleich zu den Versuchen, bei denen eine Reizung angewandt wird, viel geringer ist, da man ein und denselben Nerv mehrere Male reizen, d.h. gleichsam mehrere Male vom Ende des Versuchs zu seinem Anfang zurückkehren kann. Der Wunsch, auch die Durchschneidung so zu gestalten, war natürlich. Bei der jetzt üblichen Durchschneidungsmethode ist das nicht möglich. *(324)* Ist der Nerv einmal durchschnitten, so hat man keine Möglichkeit, ihn sofort wieder zum Zusammenwachsen zu bringen. Es ist offensichtlich, daß hierfür die anatomische Unterbrechung durch eine physiologische, d.h. durch eine vorübergehende Unterbrechung der Nervenleitfähigkeit, ersetzt werden muß. Es gibt in der Wissenschaft bereits Angaben über diese Methode. Es ist bekannt, daß Abkühlung und viele Stoffe die Leitfähigkeit nur für die Zeit ihrer Wirkungsdauer aufheben; nach ihrer Entfernung erholt sich der Nerv jedoch vollkommen. Wir haben für unseren Versuch die Abkühlung angewandt, und zwar das Einbetten des Nerven in Schnee, wobei der Nerv in einer kleinen trogartigen Vorrichtung aus Kork mit einem Loch zum Abfluß des sich bildenden Wassers untergebracht wird. Probeversuche an den pressorischen Fasern des n. ischiadicus sind günstig ausgefallen.

Hier ein nach dieser Methode ausgeführter Versuch.

Versuch II. 2. Dezember 1881. Künstliche Atmung mit 30 Einblasungen in der Minute

Zeit	Blutdruck	Anzahl der Herzschläge in 10 sec	Bemerkungen
1 h 21′	147	13	
	150		Etwas hastig
	147	14	
	151	13	
	150		
	149	13	Atmet zusammen mit dem Blasebalg
	150		
	152		
1 h 24′	Frequente Atmung (60 Einblasungen in der Minute)		
	154	21	
	149	19	
	149	19	
	149 } 148 }	21	Eigene Atmung von derselben Art *(325)*
	148		
	147	21	
	147	21	
	147	20	
	148	20	
	147	21	
	147	21	
	145	21	
	146		
1 h 29′	Die künstliche Atmung wird unterbrochen		
	141	14	Frequente oberflächliche Atmung
	142	13	
1 h 29′ 30″	Erneut seltene künstliche Atmung		
	148	15	
	147		

	147		14	Atmet etwas hastig zusammen mit dem Blasebalg
	145		14	
	143		12	
	145		13	
	148		13	
	146		13	
	144		13	
	144		13	
	Der rechte n. vagus wird in Schnee gelegt			
	157		17	
	161			
	Der linke n. vagus wird in Schnee gelegt			
	117		32	
	186			Vollführt allgemeine, ziemlich starke Bewegungen.
	177			
	178		36	Beruhigt sich, atmet dabei tief und selten *(326)*
	191		36	
	190		35	Atmet nur mit dem Blasebalg
	185		37	
	178		37	
	175		37	
	173		35	
	169			
	168		38	Atmet tief und selten. Die Kurve zeigt sehr große, den Atembewegungen entsprechende Wellen
	181	(minimal 160)		
	176	(minimal 160)	36	
	164	(minimal 160)		
	176	(minimal 160)	38	
	188	(minimal 160)		
1 h 41′	Frequente Atmung			
	152			
	134			
	134		38	
	134			
	131		40	
	128		41	
	130		39	Atmet nur mit dem Blasebalg
	127		39	
	129			
	126		39	
	124		40	
	125			
	121			
1 h 46′	Die künstliche Atmung wird unterbrochen			
	139			
	156			

1 h 46′ 45″	Die erste eigene Atembewegung Erneut seltene künstliche Atmung		
	169		
	146	38	Atmet nur mit dem Blasebalg. Das Blut gerinnt *(327)*
	150	39	
	148		
	151		
	143		
	140		
1 h 50′	Säuberung des Manometers. Die Nerven sind aus dem Schnee herausgenommen und in die Wunde unter das Gewebe gelegt worden.		
1 h 55′	135	18	
	133		
	130		
	137	16	Atmet zusammen mit dem Blasebalg
	135	15	
	138	16	
	138		
	134	16	
1 h 59′	Frequente Atmung		
	131		
	132	20	
	132	21	
	134		
	134	21	
	132		
	135	23	Atmet nur mit dem Blasebalg
	133	22	
	134		
	132	23	
	132		
	134		
	133	22	
2 h 04′	Die künstliche Atmung wird unterbrochen		
	134	16	
	140	14	
2h 04′ 50″	Die erste eigene Atembewegung Erneut langsame künstliche Atmung		
	138		
	143		
	143		
	141	16	
	140		*(328)*
	136		
	139		
	136	17	

2 h 20′	Beim Aufhören der künstlichen Atmung macht das Tier 5 bis 6 tiefe Atembewegungen in der Minute		
2 h 25′	142	20	
	144	20	
	143		
	142		
	141	18	
2 h 27′	Frequente Atmung		
	143	25	Starke Bewegung
	145	26	
	143		
	147		Ist sehr unruhig,
	141 }		atmet hastig
	142 }		zusammen mit dem
	134		Blasebalg
	139	24 }	Atmet fast nur mit dem Blasebalg
	140	25 }	
	139	24 }	
	140	25 }	
2 h 32′	Unterbrechung der künstlichen Atmung		
	144	19	
	147	16	
2 h 32′ 55″	Die erste eigene Atembewegung Erneut seltene künstliche Atmung		
	144	19	
	145	19	
	143	17	Atmet nur mit dem Blasebalg
	144		*(329)*
	Beide nn. vagi werden in Schnee gelegt		
	154	28 }	Atmet nur mit dem Blasebalg
	155	33 }	
	156	}	
	167		Ist sehr unruhig
	152	}	Atmet nur mit dem Blasebalg
	153	}	
	160	33 }	
2 h 43′	Säuberung des Manometers		
	180 (minimal 149)	39 }	Atmet tief und selten — Große Wellen, die den eigenen Atembewegungen des Tieres entsprechen
	168 (minimal 140)	}	
	171 (minimal 140)	38 }	
	173 (minimal 145)	}	
	166 (minimal 140)	}	

2 h 45′	Frequente Atmung		
	149		
	127	39	
	119	40	
	111	41	
	115		
	114		
	113	39	Atmet nur mit dem Blasebalg
	110		
	109		
	107	39	
	105		
	104		
	104		
2 h 50′	Unterbrechung der künstlichen Atmung		
	122	40	
2 h 50′ 35″	Die erste eigene Atembewegung		
	Erneut seltene künstliche Atmung		
	157		Ist sehr unruhig
	135		
	135	36	
	132		Atmet nur mit dem Blasebalg
	135		
	134	36	
	136	38	*(330)*
2 h 53′	Frequente Atmung		
	125		
	120	38	
	121		
	121		
	121	39	
	118		
	116	40	Atmet nur mit dem Blasebalg
	119		
	132[1])		
	120		
	125		
	117		
	119		
	113		
	113		
2 h 58′	Seltene Atmung		
	116		
	122		
	125		
	125	39	
	126		Atmet nur mit dem Blasebalg
	126		
	128	38	
	149[2])		
	153		

[1]) Starke Bewegung
[2]) Ist sehr unruhig

3 h 02'	Die Nerven werden in die Wunde unter das Gewebe gelegt		
	141	13	Eigene starke Atembewegungen
	154	17	
	139		Atmet nur mit dem Blasebalg
	146		
	146	17	
	149		
	147	17	
	145		
	141		
	140		
	138		*(331)*
3 h 06'	Frequente Atmung		
	132		Atmet nur mit dem Blasebalg
	134		
	130		
	131		
	133	21	
	132		
	131	23	
	132		
	129	23	
	130	23	
	131		
	130	22	
3 h 11'	Geringe Atmung		
	134	21	Atmet nur mit dem Blasebalg
	135	20	
	137	19	
	138	21	
	150		Eigene starke Atembewegungen
	141		
	152		Ist sehr unruhig
	139		

Das Ergebnis des Versuchs ist offensichtlich, und ich werde mich deshalb nur auf einige Bemerkungen beschränken. Der Versuch verdient besondere Beachtung deswegen, weil wir in ihm ein objektives Maß für die wirklichen Veränderungen des Gehalts an Blutgasen bei künstlicher Atmung mit gesteigerter Frequenz haben, d.h. eine Unterbrechung der eigenen Atmung des Tieres für eine bestimmte Zeit. Ohne dieses Maß könnte man immer sagen, daß die Apnoe selbst, d.h., daß die Ventilierung des Bluts vor und nach Durchschneidung der nn. vagi verschieden leicht vor sich gehen kann, um so mehr, da in der Literatur Hinweise auf solche Unterschiede zu finden sind. Unser Versuch läßt keinen Zweifel darüber zu, daß der Unterschied in der Wirkung der frequenten Atmung auf den Druck vor und nach Lähmung der nn. vagi nicht aus dem Unterschied der Blutgase selbst herkommen kann, da in allen Fällen das nach der frequenten künstlichen Atmung sich selbst überlassene Tier ungefähr ebensolange nicht atmet, es wird sogar eher bei funktionsfähigen Nerven eine größere Blutventilierung erreicht als bei gelähmten. Der Anfang *(332)* und das Ende des Versuchs haben die allgemeine Ordnung des ganzen Versuchs etwas gestört. Die erste frequente Atmung hat aus irgendeinem Grund (vielleicht deshalb, weil jetzt die das Atemzentrum beeinflussenden Lungenfasern der nn. vagi völlig funktionsfähig sind, während sie später für den ganzen Verlauf des Versuchs mehr oder weniger gelähmt sind) keinen vollkommenen Stillstand der eigenen Atmung des Tieres hervorgerufen wie alle folgenden. Drei Apnoen waren bei abgekühlten Nerven offensichtlich deswegen von einer kleineren Druckerniedrigung begleitet, weil die Kurve durch eine zufällige heftige Bewegung des Tieres in der Mitte der Apnoe-Periode gehoben wurde. Schließlich wurde bei der letzten Apnoe des Versuchs, wenn man sie mit den entsprechenden vorhergehenden vergleicht, ein größeres Absinken beobachtet, wahrscheinlich teils infolge einer Erschöpfung durch die Wiederholung, teils infolge einer gewissen Lähmung der regulierenden Fasern nach wiederholter Abkühlung.

Es ist noch ein Nebenumstand erwähnenswert. Aus dem Versuch ist ersichtlich, daß die Abkühlung auf die hemmenden Herzfasern völlig vorübergehend wirkt, während die Atmungsfasern auch während der Erwärmung stark gelähmt bleiben, wenn auch immerhin nicht völlig, da das Tier während der Abkühlung noch viel seltener und tiefer atmet.

Somit sind wir berechtigt, die Schlußfolgerung zu ziehen: Die nn. vagi erhalten den allgemeinen Blutdruck gegen die depressorische Apnoewirkung aufrecht.

Haben die nn. vagi einen Einfluß auf die pressorische Dyspnoewirkung? Während wir die ersten Versuche auch an normalen Tieren anstellen konnten, waren wir bei diesen wohl oder übel gezwungen, mit Kurare zu arbeiten. Glücklicherweise bestanden hier weniger Gründe, eine schädliche Wirkung dieses Giftes zu befürchten. Während in den oben angeführten Versuchen, wenn man alles auf einen Reflex im Gebiet der vasomotorischen Innervation bezieht, eine normale Erregbarkeit der pressorischen Fasern nötig war, ist für die jetzigen Versuche die Unversehrtheit der depressorischen Fasern wichtig. Es ist aber bekannt, daß Kurare die pressorischen Fasern recht bedeutend lähmt, während es die depressorischen unversehrt läßt. Jedoch müssen auch hier außer den Fasern noch ihre peripheren Endigungen und deren mögliche Lähmung in Betracht gezogen werden. Wie soll die Erstickung durchgeführt werden? Es hat sich als ungünstig erwiesen, dafür den vollen Atemstillstand anzuwenden. Bei der fortschreitenden und raschen Veränderung *(333)* des Gehalts an Blutgasen könnten zu große Abweichungen in der normalen Erregbarkeit verschiedener Teile des Nervenapparats vor sich gehen, und es könnte außerdem zur Entfaltung der vollen Kohlensäurewirkung direkt auf die Gefäße kommen; kurz gesagt, es mußte eine mehr oder weniger physiologische Erstickung untersucht werden. Folglich beschränkten wir uns auf eine Einschränkung, eine Verminderung der Atmung. In welchem Umfang jedoch? Selbstverständlich war es am natürlichsten, die

Sache empirisch zu lösen, was wir auch getan haben. Gewöhnlich haben wir zur Erstickung mehrere Arten von Atmung angewandt. Normalerweise wurden dem Tier 30 Einblasungen in einer Minute gemacht, bei Erstickung einmal 12, das andere Mal 6. Und in verschiedenen Versuchen hat einmal die eine, ein anderes Mal die andere Abwandlung der seltenen Atmung ein günstiges Resultat geliefert. Am Schluß des Versuchs wurde beobachtet, daß manchmal auch 6 Einblasungen in einer Minute eine völlig ausreichende Atmung ergaben und keine Venosität des Bluts zulassen, was auch bei der Wirkung, die Kurare auf den Gasaustausch ausübt, verständlich ist. Eine zusätzliche Vergiftung des Tieres mit Kurare im Verlauf einiger Versuche konnte keinen schädlichen Einfluß haben, konnte den Versuch nicht sozusagen zu unseren Gunsten umwandeln, d.h. zugunsten einer regulierenden Bedeutung der nn.vagi; es zeigte sich eher das Umgekehrte. Es ist verständlich, daß eine stärkere Vergiftung den Gasaustausch noch beträchtlicher beschränkte, und deswegen hat ein zusätzliches Vergiften nach Durchschneidung der Nerven eher zu einer Verminderung als zu einer Vergrößerung des pressorischen Effektes einer unvollkommenen Erstickung bei gleichem Atemtyp geführt.

Versuch III. 17. Februar 1882. Das Tier ist mit Kurare und Atropin vergiftet (von letzterem 0,5 cm³ einer ¼prozentigen Lösung), es wurde künstliche Atmung von 30 Einblasungen in der Minute durchgeführt.

Zeit	Blutdruck	Anzahl der Herzschläge in 10 sec	Bemerkungen
12 h 16′	144		
	138		
	149		
12 h 17′	6 Einblasungen in 1 Minute		
	147		
	140		
	147		(334)
	148		
	163		Nicht die geringste Bewegung
	158		
	160		
12 h 20′	Die übliche künstliche Atmung		
. . .	. . .	. . .	. . .
12 h 26′	129		
	131		
12 h 27′	12 Einblasungen in 1 Minute		
	131		
	134		
	131		
	134		
	134		
	133		
	134		

12 h 30′		Die übliche künstliche Atmung		
. . . . . .				
12 h 35′	142			
	147			
12 h 36′		6 Einblasungen in 1 Minute		
	146			
	147			Nicht die geringste Bewegung
	145			
	155			
	151			
	149			
12 h 39′		Die übliche künstliche Atmung		
. . . . . .				
12 h 44′	144			
	142			
	143			(335)
12 h 45′		12 Einblasungen in 1 Minute		
	145			
	144			
	143			
	142			
	141			
	156			
	159			
	149			
12 h 48′		Die übliche künstliche Atmung		
12 h 49′		Durchschneidung der nn. vagi		
. . . . . .				
12 h 52′	145			
	156		36	
. . . . . .				
12 h 55′	142			
	144			
	137		36	
12 h 56′		6 Einblasungen in 1 Minute		
	152			
	147			
	150			Am Schluß der seltenen Atmung sehr geringe örtliche krampfartige Bewegungen
	167			
	171			
	170			
	185			
	191			
12 h 59′		Die übliche künstliche Atmung		
. . . . . .				
1 h 02′	127			
	126			
	131			(336)

1 h 03′		12 Einblasungen in 1 Minute
	139	
	139	
	139	
	146	
	154	Nicht die geringste Bewegung
	138	
	139	
	137	
1 h 06′		Die übliche künstliche Atmung
. . . . . .	. . . . . .	. . . . . .
1 h 10′	138	
	141	
1 h 11′		6 Einblasungen in 1 Minute
	155	
	149	
	156	
	167	Am Schluß ziemlich starke Krämpfe
	166	
	176	
	199	
	202	
1 h 14′		Die übliche künstliche Atmung
1 h 15′		Kurare wird eingespritzt
1 h 16′	95	
. . . . . .	. . . . . .	. . . . . .
1 h 19′	115	
. . . . . .	. . . . . .	. . . . . .
1 h 21′	120	
. . . . . .	. . . . . .	. . . . . .
1 h 23′	122	
	124	
	123	
1 h 24′		6 Einblasungen in 1 Minute
	141	
	141	
	152	Nicht die geringste Bewegung
	156	
	168	
	171	
	183	
	188	*(337)*
1 h 27′		Die übliche künstliche Atmung
. . . . . .	. . . . . .	. . . . . .
1 h 30′	134	
	132	
	132	

1 h 31′		12 Einblasungen in 1 Minute	
	141		
	139		
	141		
	138		
	138		
	137		
	139		
	135		
1 h 34′		Die übliche künstliche Atmung	
. . . . .	. . . . .	. . . . .	. . . . .
1 h 36′	135		
	131		
1 h 37′		6 Einblasungen in 1 Minute	
	153		
	167		Nicht die geringste Bewegung
	167		
	172		
	175		
	177		
	195		
	208		
1 h 40′		Die übliche künstliche Atmung	
. . . . .	. . . . .	. . . . .	. . . . .
1 h 43′	134		
	138		
	133		
1 h 44′		Völliger Atemstillstand	
	146		
	180		
1 h 45′	260		
1 h 46′	214[1])		
1 h 47′	110		
1 h 48′	40		
1 h 49′	20		*(338)*

Das Versuchsergebnis stellt sich gekürzt in folgender Form dar: Vor der Durchschneidung im Mittel bei 6 Einblasungen in der Minute eine Erhöhung um 15 mm, bei 12 Einblasungen um 10 mm; nach der Durchschneidung bei 6 Einblasungen eine Erhöhung um 63 mm, bei 12 Einblasungen um 17 mm. Es ist klar, daß im vorliegenden Versuch der gewünschte Erstickungsgrad erst bei 6 Einblasungen in der Minute erhalten wird. Bei 12 Einblasungen ist der Atemumfang wahrscheinlich völlig ausreichend für den betreffenden Chemismus des Tieres, da der sich bei diesem Typ der herabgesetzten Atmung ergebende Unterschied in der Druckerhöhung vor und nach Durchschneidung der nn. vagi geringfügig ist und nicht in Betracht kommen kann. Beim aufmerksamen

[1]) Da von der 45. Minute ab der Druck allmählich sinkt, zeigen die weiteren Zahlen den Druckstand nur jede Minute an.

Betrachten des Versuchs entdeckt man jedoch einen Umstand, der den Druckzahlen bei beiden Typen herabgesetzter Atmung Bedeutung verleihen kann. Das ist die unmittelbare Druckveränderung beim Übergang von der gewöhnlichen Atmung zu der einen oder anderen Form der herabgesetzten Atmung. Man kann sagen, daß sich in allen Fällen von seltener Atmung der Druck vor der Durchschneidung in der ersten Minute überhaupt nicht verändert oder bestenfalls um 2 bis 3 mm erhöht. Nach der Durchschneidung ist jedoch überall ein Ansteigen von annähernd 10 mm zu beobachten. Der Anstieg ist bei beiden Versuchen mit herabgesetzter Atmung gleich und nimmt bei 12 Einblasungen bei Fortsetzung dieser Atmung nicht zu. Bekanntlich tritt mit Aufhören der künstlichen Atmung bei kurarisierten Tieren sofort eine geringe Erhöhung ein. Diese Erhöhung, die bis jetzt noch keine allgemein anerkannte Erklärung gefunden hat, wird vorwiegend auf mechanische Ursachen zurückgeführt. Es ist offensichtlich, daß bei unseren Typen der herabgesetzten Atmung zum Teil das gleiche auftreten muß, da auf jede Einblasung eine mehr oder weniger bedeutende Pause kommt. Aus unserem Versuch ist ersichtlich, daß die unmittelbare Erhöhung nur nach Durchschneidung der nn. vagi bedeutend ist. Ob diese Erhöhung von den nn. vagi reguliert wird oder ob die mechanischen Bedingungen selbst sich mit Durchschneidung dieser Nerven verändern, versuchen wir nicht zu lösen. Analysieren wir jedoch weiter das Grundresultat des Versuchs. In diesem Versuch ist das Tier mit Atropin vergiftet. Einige Versuche wurden auch ohne diese Vergiftung angestellt. In diesen tritt ebenfalls, sogar noch krasser (worauf auch von Traube und anderen Autoren hingewiesen wurde), die regulierende Bedeutung der nn. vagi in Erscheinung. Bekanntlich reizt jedoch Kohlensäure das Zentrum der hemmenden Herzfasern, *(339)* so daß es natürlich wäre, die Erhaltung des normalen Druckniveaus bei Erstickung ohne Durchschneidung der nn. vagi auf die fortschreitende Verlangsamung und die allmähliche Anreicherung von Kohlensäure zurückzuführen. Unsere Versuche mit Atropin schließen diese auf den ersten Blick natürlich erscheinende Erklärung entschieden aus und weisen beharrlich auf einen anderen Regulationsmechanismus hin. Die Verlangsamung der Herzschläge hat wahrscheinlich nur einen geringen Anteil, weil ohne Atropin während der herabgesetzten Atmung und der allmählichen Verlangsamung der Herzschläge oft sogar eine Erniedrigung gegenüber der Norm beobachtet wird. Jedoch kann auch dieser Umstand nicht ganz sicher nur auf die Verlangsamung zurückgeführt werden. Sein Fehlen an atropinisierten Tieren läßt sich durch die lähmende Wirkung erklären, die, wie es scheint, Atropin auf den Regulationsmechanismus ausübt. Erlebten wir doch einige Male mißlungene Versuche, und dabei waren es gerade die ersten, wo wir Atropin auch in stärkeren Dosen angewandt haben. Ja, wir finden auch bei den Pharmakologen Hinweise auf eine Lähmung peripherer Endigungen der depressorischen Fasern infolge Atropinisierung. Man muß annehmen, daß man auch in anderen Fällen, wenn man sich nur auf das Ergebnis einer Durchschneidung der nn. vagi stützt, die Tätigkeit der verlangsamenden Herzfasern mit anderen sich ebenfalls in diesen Nerven befindenden regulierenden Fasern verwechselt. Nachdem wir uns überzeugt haben, daß die Regulation in unseren Versuchen in der Hauptsache nicht von den verlangsamenden Herzfasern kommt, haben die Versuche an nicht atropinisierten Tieren den besonderen Vorteil geboten, daß wir in ihrer ersten Hälfte, vor Durchschneidung der Nerven, in der fortschreitenden Verlangsamung der Herzschläge ein sicheres objektives Maß der sich entwickelnden Erstickung hatten, was ohnedies bei der Unveränderlichkeit des Drucks schwer zu beurteilen wäre. Das muß man aber unbedingt wissen. Andernfalls könnte die vorliegende Versuchsreihe dieselbe erste Reihe sein, lediglich mit dem Unterschied, daß dort der Druck während der Apnoe beobachtet wurde, hier dagegen nach der Apnoe. Das heißt, man kann sich vorstellen, daß ich jetzt, indem ich bei dem vergifteten Tier künstliche Atmung anwende, bei ihm eine Apnoe hervorrufe und dann durch eine unvollständige Erstickung das Blut nur wieder auf seinen normalen Bestand an Blutgasen bringe. Somit wäre unsere Erhöhung lediglich ein Anstieg *(340)* vom Apnoeniveau zum normalen. Folglich müssen immer Anzeichen einer tatsächlichen Dyspnoe, einer tatsächlichen Venosität des Bluts vorhanden sein. Und sie sind bei uns vorhanden. Wir sehen sie am Grad der Herzschlagverlangsamung, an der Farbe des Bluts, am Niveau des Blutdrucks und schließlich in bestimmtem Umfang an Krämpfen, wenn die Kurarevergiftung nicht vollständig war. Wir sind also berechtigt zu sagen: Die nn. vagi neutralisieren den pressorischen Effekt eines bedeutenden Grades von Dyspnoe.

Was wäre über den Versuch von LATSCHENBERGER und DEAHNA zu sagen, in dem sich bei einem Tier mit durchschnittenen nn. vagi Kohlensäure angereichert hat, wobei sich der Druck nur für kurze Zeit erhöhte und danach zur Norm zurückkehrte. Bei Hunden tritt in unseren Versuchen bei vollständiger Erstickung nach Durchschneidung fast durchweg nach Erreichung des Maximums ein langsamer, aber völlig regelmäßiger Abfall bis zum Nullpunkt ein. Nur in ausgesprochenen Ausnahmefällen wird in der absinkenden Kurve ein kleiner Abschnitt bemerkt, wo der Druck für eine gewisse Zeit gleichsam stehenbleibt. Der Unterschied zwischen unseren Ergebnissen liegt vielleicht in der Art der Tiere. Wir benutzten ausschließlich Hunde, LATSCHENBERGER und DEAHNA in der Mehrzahl der Fälle Kaninchen, bei denen bisher nur depressorische Fasern außerhalb der nn. vagi bewiesen sind. Jedenfalls ist auch in unseren Versuchen ein Hinweis auf eine Regulation des Drucks bei Anreicherung von Kohlensäure ohne die nn. vagi, wenn auch in sehr geringem Maße, vorhanden.

Ich gehe zu den beiden anderen Bedingungen über, die die Tendenz haben, das Niveau des Blutdrucks aus seinen normalen Grenzen herauszubringen, zur Blutentnahme und zur Bluttransfusion.

Die Zusammenhänge beim Aderlaß wurden, obwohl dafür die meiste Zeit und die meisten Tiere verwendet wurden, bis zum Schluß nicht vollkommen klar. Das Wichtigste und Grundlegende dieser Versuchsreihe unterliegt kaum einem Zweifel, es erfordern jedoch noch viele Einzelheiten eine Erklärung.

Alle diese Versuche sind ohne Ausnahme an völlig normalen Tieren angestellt worden, d. h. ohne jede Vergiftung, jedoch mit künstlicher Atmung. Und hier, ich wiederhole es noch einmal, kann der Versuch nur an einigen Hunden, von drei bis vier an einem, als einwandfrei gelten. Die übrigen werden — unangenehm für den Experimentator und schädlich für die Sache — durch Bewegungen der Tiere kompliziert, obwohl hier *(341)* die Bewegungen eigentlich eher gegen das gesuchte Resultat als dafür (ebenso wie in den Versuchen mit Apnoe) und deshalb nicht so gefährlich sind. Es wurde in allen Versuchen eine Blutmenge von 1,5% des Körpergewichts abgelassen, eine Größe, von der behauptet wird, daß sie sich trotz ihres Ausmaßes fast überhaupt nicht auf den Druck auswirkt, d.h., die völlig in den Grenzen der Akkomodationsfähigkeit liegt. Von mehreren möglichen Versuchsformen wurde als Grundform eine mit zwei Aderlässen genommen, einer vor und der andere nach der Durchschneidung der nn. vagi, wobei natürlich nach dem ersten Aderlaß das defibrinierte Blut dem Tier wieder injiziert wird.

Hier einer dieser Versuche.

Versuch IV. 18. Dezember 1881. Gewicht des Hundes 6800 g. Der Hund ist um 11 Uhr 25 Minuten an den Operationstisch festgeschnallt worden. Künstliche Atmung ist eingeleitet. Das Tier verhält sich ruhig, atmet jedoch selbst frequenter, als mit dem Atmungsgerät geblasen wird.

Zeit	Blutdruck	Anzahl der Herzschläge in 10 Sekunden	Bemerkungen
11 h 34′	174	19	
	177		
	178	17	
. . .	. . .	. . .	. . .
11 h 38′	185	15	
	185	15	
	184	16	
	181	16	
11 h 40′	Während 10 Minuten ließ man aus dem zentralen Ende der art. cruralis 105 cm³ Blut ab; am Schluß des Aderlasses fiel der Druck bis auf 100 mm		
	161	26	Ziemlich starke Bewegungen
	165	25	
	162		
	161		
	162		Hat sich beruhigt
	163		
	162		
	164	22	
	162		
	162		*(342)*
	161	23	
	161		
	164	21	
. . .	. . .	. . .	. . .
11 h 46′	165		
. . .	. . .	. . .	. . .
11 h 55′	164		
	164		

11 h 56′	In das zentrale Ende der v. cruralis werden aus einem Trichter unter einem Druck von 10 bis 15 mm Hg 95 cm³ defibriniertes und bis auf 38⁰ angewärmtes Blut reinjiziert		
	161	21	
	154	21	
	146		
	145	22	
	136		
12 h 00′	Ende der Transfusion und Durchschneidung beider nn. vagi		
	184		Starke Bewegungen
	241	41	Hat sich beruhigt
	243		
	237	34	Atmet tief und selten
. . . . .	. . . . .	. . . . .	. . . . .
12 h 02′	198		
	190	28	Das gleiche
. . . . .	. . . . .	. . . . .	. . . . .
12 h 05′	184	29	
	153	31	Das gleiche
	Säuberung des Manometers		
12 h 15′	146 }	32	Atmet nur mit dem Blasebalg
	144 }		
	154	33	
. . . . .	. . . . .	. . . . .	. . . . .
12 h 19′	155		
	158	34	Nur mit dem Blasebalg
	158		*(343)*
12 h 20′	Während 15 Sekunden ließ man 95 cm³ Blut ab; gegen Schluß des Aderlasses fiel der Druck bis auf 60 mm		
	89	36	Hastige und frequente Atembewegungen, die von allgem. Bewegungen begleitet werden.
	87		
	94		
	93	37	
	67 (sinkt allmählich auf 55 mm)		Hat sich beruhigt
	70	35	Die gleichen Atembewegungen
	67		Hat sich beruhigt
	67		
	83		
	79		Die gleichen Atembewegungen
	89		
	87		
	74	34	Hat sich beruhigt
	92		Die gleichen Atembewegungen

	98	
	79	Hat sich beruhigt
	98	Die gleichen Atembewegungen
	89	
. . .	. . .	. . .
12 h 28′	94	Das gleiche
. . .	. . .	. . .
12 h 31′	90	Das gleiche
	110	
. . .	. . .	. . .
12 h 35′	93	
	93	Das gleiche
12 h 37′	85	
	101	
	100	Anfangs ruhige, dann
	99	die gleiche Atmung
	106	

Jedesmal wenn sich das Tier beruhigt, beginnt der Druck regelmäßig und allmählich zu sinken und erreicht in solchen Momenten, *(344)* sogar 15 Minuten nach dem Aderlaß, 60 mm. Bevor jedoch der Druck auf das Minimum abfällt, beginnt das Tier offensichtlich unangenehme Empfindungen zu erleiden und wirft sich umher. Dadurch erhöht sich der Druck wieder.

In Anbetracht der großen Schwankungen zwischen den Zahlen der einzelnen Versuche haben wir es als notwendig erachtet, Mittelwerte aus einer Reihe von Versuchen zu benutzen. Der Mittelwert für eine Gruppe wurde aus 6 Versuchen erhalten. Die Zahlen weiterer Gruppen liefern den unstreitigen Beweis dafür, daß Gruppen von solchem Umfang völlig ausreichend sind, da in den verschiedenen Gruppen für entsprechende Größen ständig fast identische Zahlen erhalten werden. Folglich gleichen sich im Rahmen einer Gruppe von 6 Versuchen die einzelnen Abweichungen wirklich ganz aus.

In der Gruppe, deren Vertreter oben angeführt ist, ist der allgemeine Kurvenverlauf bei dem ersten Aderlaß mit einer Ausnahme der folgende: Am Schluß des Aderlasses ein sehr großer Abfall. Sobald die Arterie geschlossen wird, ein rasches, annähernd 0,5 Minuten andauerndes Ansteigen. Danach ein sehr allmähliches, fast unmerkliches Absinken, das 15 Minuten nach dem Aderlaß durch eine Reinjektion des Bluts unterbrochen wird. Nur in einem Fall näherte sich der Druck vom niedrigen Niveau am Schluß des Aderlasses langsam einige Minuten lang der normalen Größe. Das erste Absinken bezeichnen wir mit dem Ausdruck „Anfangssturz". Der Anstieg erhält keine besondere Bezeichnung. Das zweite langsame Absinken heißt bei uns „endgültiges Absinken". Die Mittelwerte für diese mit dem normalen Niveau verglichenen Druckgrößen sind wie folgt: Anfangssturz 63 mm, Anstieg 10 mm, endgültiges Absinken 15 mm (Mittel aus 28, 20, 15, 13, 8, 7). Der Kurvenverlauf beim zweiten Aderlaß, der nach Durchschneidung der nn. vagi vorgenommen wird, ist folgender. Am Schluß des Aderlasses der größte Abfall (Anfangssturz) ebenso wie bei dem ersten. Danach verhält sich jedoch der Druck in den einzelnen Versuchen ziemlich verschieden. Entweder bleibt der Druck für einige Zeit auf einem dem Anfangssturz nahegelegenem Niveau stehen und steigt dann bis zum Schluß des Versuchs allmählich an; dies ist viermal der Fall. Oder der Druck steigt sofort auf eine beträchtliche Höhe an und sinkt dann mehr oder *(345)* weniger schnell bis zum Ende des Versuchs; so ist es in den übrigen 2 Versuchen. Zum Vergleich mit dem endgültigen Absinken beim ersten Aderlaß wird hier ebenfalls das Druckniveau in der 15. Minute nach dem Aderlaß in Betracht gezogen, das verabredungsgemäß ebenfalls „endgültiges Absinken" genannt wird. Hier die Mittelwerte[1]): Anfangssturz 103 mm, endgültiges Absinken 45 mm (Mittel aus 65, 47, 45, 43, 35, 30).

Der Druck vor dem zweiten Aderlaß war im Mittel um 10 mm niedriger als der normale. Normaler Druck im Mittel — 166, Druck vor dem zweiten Aderlaß — 156.

Beim Vergleich des Anfangssturzes mit dem endgültigen Absinken bei beiden Aderlassen sehen wir einen krassen Unterschied im Sinne einer großen, von der gleichen Ursache kommenden Druckveränderlichkeit nach der Durchschneidung der nn. vagi. Dieses Ergebnis darf jedoch nicht direkt genommen werden; in seiner jetzigen Form braucht es gar keine unmittelbare Beziehung zur Durchschneidung der nn. vagi zu haben. Es ist vollkommen denkbar, daß der große Druckabfall bei dem 2. Aderlaß von der Erschöpfung des Akkomodationsapparats im Verlauf der ersten Versuchshälfte abhängt. Dafür würde auch das allmähliche Absinken nach dem 1. Aderlaß und die, mit dem normalen verglichene Erniedrigung des Niveaus vor dem 2. Aderlaß sprechen. Der zweite wichtige Umstand ist der, daß dem Tier vor dem 2. Aderlaß defribiniertes Blut injiziert wird, das entweder irgendeine Wirkung auf die Gefäße, ihre Muskeln und Nervenelemente haben konnte oder das sich selbst nicht so verhalten hat wie normales Blut.

Als Antwort auf diese Fragen dient die folgende Reihe von 6 Versuchen, die 2. Gruppe. Hier wurden drei Aderlässe gemacht: zwei vor der Durchschneidung der nn. vagi und einer danach.

Als Vertreter dieser Gruppe kann folgender Versuch dienen.

Versuch V. 13. Januar 1882. Es wird künstliche Atmung ausgeführt. Das Tier atmet ruhig im Takt mit dem Blasebalg. *(346)*

Zeit	Blutdruck	Anzahl der Herzschläge in 10 sec	Bemerkungen
1 h 12′	156	13	
. . . . .	. . . . .	. . . . .	. . . . .
1 h 15′	156	11	
. . . . .	. . . . .	. . . . .	. . . . .

[1]) Die Zahlen sind durch Vergleich des Druckniveaus nach dem Aderlaß mit dem Niveau vor diesem zweiten Aderlaß und nicht mit dem am Anfang des Versuchs bestehenden normalen erhalten worden.

1 h 18′	159	15	Ist unruhig
	157	13	
	161		Ist unruhig
	161	13	
1 h 20′	Während 10 sec werden 105 cm^3 Blut aus dem zentralen Ende der art. cruralis abgelassen. Gegen Ende des Aderlasses sinkt der Druck auf 120 mm		
	148		Starke Bewegungen,
	157 } 157 }		Atmet verstärkt und oft
	154	15	
	152		Starke Bewegungen
	155	15	
	154	14	
	157		
	154	14	
	154	13	
. . . . .	. . . . .	. . .	. . . . .
1 h 27′	163		Atmet hastig
1 h 30′	153		Ist ruhig
1 h 33′	153		
1 h 34′	Rücktransfusion von defibriniertem Blut wie im vorhergehenden Versuch. Der Druck steigt allmählich auf 164 mm		
1 h 47′	162	13	
. . . . .	. . . . .	. . .	. . . . .
1 h 50′	160	14	Ist ruhig
1 h 53′	162		
1 h 54′	Während 10 sec ließ man 94 cm^3 Blut ab; gegen Ende des Aderlasses sinkt der Druck auf 108 mm		*(347)*
	144		
	148		
	156 } 157 }	15	Ist ruhig, atmet im Takt mit dem Blasebalg
	159 } 158 }	19	Atmet hastig, öfter als der Blasebalg
	155		
	150		
. . . . .	. . . . .	. . .	. . . . .
			Atmet nur mit dem Blasebalg
2 h 02′	149	19	Ist ruhig

2 h 06′	149	21	Atmet hastig
2 h 07′	Rücktransfusion von defibriniertem Blut; der Druck steigt allmählich auf 158 mm		
2 h 11′	157		Ist ruhig
	159	15	
2 h 14′	141		
	143		Ist ruhig
…	…	…	…
2 h 18′	143		
…	…	…	…
2 h 21′	144		
2 h 22′	Durchschneidung beider nn. vagi		
	174		Starke Bewegungen
	222		
	228		
…	…	…	Hat sich beruhigt
2 h 26′	180 }	33	Ist ruhig, atmet tief und selten
	175 }		
	167		*(348)*
…	…	…	…
2 h 29′	150		Ist ruhig, atmet nur mit dem Blasebalg
	140	35	
	143		
…	…	…	…
2 h 34′	164	35	Das gleiche
	156		
…	…	…	…
2 h 38′	151		Das gleiche
	148		
2 h 39′	Während 13 sec ließ man 90 cm³ Blut ab; gegen Ende des Aderlasses sinkt der Druck auf 58 mm		
	79		Starke Bewegungen
	84		Hat sich beruhigt
	108		
	112		
	104	36	
	105		
	103		
	100		
	102 }		Ist ruhig; atmet tief und selten
	103 }		
	93		
	91		
	103		

2 h 51′	57 56 54	34	Das gleiche
. . . . .	. . . . .	. . . . .	. . . . .
	82 71		Das gleiche
. . . . .	. . . . .	. . . . .	. . . . .
2 h 57′	78		Das gleiche

Der Kurvenverlauf bei dem ersten Aderlaß in dieser Gruppe ähnelt vollkommen dem Verlauf in der ersten Gruppe, und es besteht für ihn auch keine Ursache, anders zu sein. Das gleiche muß auch über den zweiten Aderlaß gesagt werden, der uns hier in der Hauptsache interessiert. Schließlich ergibt der dritte Aderlaß *(349)* ein beträchtliches, einige Minuten anhaltendes Absinken, das in einen ständigen ziemlich bedeutenden Anstieg — in der Mehrzahl der Fälle bis zum Versuchsende — übergeht. Ich führe die Mittelwerte an. Bei dem ersten Aderlaß: Anfangssturz 71 mm, endgültiges Absinken 18 mm (Mittel aus 28, 26, 21, 17, 10, 6). Die letzte Größe ist für die letzten 5 bis 7 Minuten ein und dieselbe, da sich der Druck fast überhaupt nicht veränderte. Wir nehmen die Größen in der 13. Minute nach dem Aderlaß. Bei dem zweiten Aderlaß: Anfangssturz 71 mm, endgültiges Absinken 24 mm (Mittel aus 36, 30, 27, 22, 15, 13), für die 12. Minute nach dem Aderlaß bestimmt. Bei dem dritten Aderlaß: Anfangssturz 102 mm, endgültiges Absinken 73 mm (Mittel aus 115, 72, 66, 60, 56), für die 15. Minute nach dem Aderlaß bestimmt.

Der Druck vor dem Aderlaß beträgt nacheinander: 167, 161, 156 [mm].

Das Ergebnis ist ganz eindeutig. Erstens stellt sich heraus, daß die entsprechenden Zahlen bei den ersten Aderlässen in beiden Gruppen fast gleich sind. Daraus folgt, daß unsere Gruppen für die Mittelwerte wirklich repräsentativ sind. Zweitens wird tatsächlich ein Einfluß des vorhergehenden Aderlasses und der Transfusion auf die Erhaltung des Drucks beim nächsten Aderlaß beobachtet. Nach dem ersten Aderlaß ist dieser Einfluß jedoch sehr unbedeutend, und deswegen kann der große Druckabfall bei dem Aderlaß nach Durchschneidung der nn. vagi in der ersten Gruppe dadurch nicht erklärt werden. Drittens nimmt jedoch dieser Einfluß offensichtlich mit Wiederholung des Aderlasses und der Transfusion zu, denn in der zweiten Gruppe sank der Druck beim Aderlaß nach Durchschneidung bei weitem tiefer als beim entsprechenden Aderlaß in der ersten Gruppe. Es ist klar, daß in unseren Versuchen der Einfluß der vorhergehenden Aderlässe und Transfusionen gemeinsam bestimmt wurde, so daß wir nicht sagen können, was eigentlich wirksam war; der Aderlaß oder die Transfusion oder das eine und das andere zusammen.

Somit kann man nach diesen beiden Gruppen mit gutem Grund behaupten, daß die Unversehrtheit der nn. vagi in bedeutendem Maß das Absinken des Drucks beim Aderlaß verhindert. *(350)*

Nichtsdestoweniger haben wir, eingedenk der physiologischen Hauptregel, die Formen ein und desselben Versuchs so weit als möglich zu variieren, unsere

Frage auf die verschiedenartigste Weise geprüft. Einige dieser Versuche wurden nur oberflächlich geprüft. Das waren Versuche mit Abkühlung der Nerven und Versuche mit Durchschneidung einige Zeit nach dem Aderlaß, jedoch ohne Transfusion. Beide Formen haben nicht sofort ein klares Resultat ergeben, wir blieben aber nicht bei ihnen, wiederholten sie nicht, und sie können deswegen nicht in Betracht gezogen werden. Ausführlich wurde der Versuch bearbeitet, in dem von Anfang an eine Durchschneidung der nn. vagi vorgenommen und danach nur der erste Aderlaß durchgeführt wurde. Es ging folglich um den Vergleich von zwei Wirkungen des gleichen Aderlasses vor und nach Durchschneidung an verschiedenen Tieren. Dieser Vergleich hatte Aussicht auf Erfolg in Anbetracht der Konstanz der Werte, die wir in unseren Gruppen gesehen haben. Wir haben auch hier eine Gruppe aus 6 Versuchen.

Versuch VI. 21. Januar 1882. Gewicht des Hundes 5700 g. Es wird künstliche Atmung angewandt; der Hund verhält sich ruhig; er atmet im Takt mit dem Blasebalg.

Zeit	Blutdruck	Anzahl der Herzschläge in 10 sec	Bemerkungen
9 h 55′	184		
. . . . . .			
9 h 58′	182		
	190		
. . . . . .			
10 h 02′	188	17	
	186	18	
10 h 03′	Durchschneidung beider nn. vagi		
	230		Starke Bewegungen
	239		Hat sich beruhigt
. . . . . .			
10 h 06′	224 }		Ist ruhig; atmet tief
	218 }	37	und selten *(351)*
. . . . . .			
10 h 09′	202		
	198 }	37	Ist ruhig; atmet tief
	194 }		und selten
. . . . . .			
10 h 12′	196	37	
	191		Das gleiche
. . . . . .			
10 h 15′	192	38	
	194		Das gleiche
. . . . . .			
10 h 18′	197		
	194		
	195	38 }	Das gleiche
	197		
	195		

10 h 20′	Während 10 sec ließ man 87 cm³ Blut ab. Gegen Ende des Aderlasses sank der Druck auf 100 mm		
	146		
	149		
	144	39	
	158		
	159		
	155	40	Ist ruhig; atmet tief und selten
	157		
	158		
	159		
	160		
	169		
	172		
	172		
	Säuberung des Manometers		
10 h 34′	153		
	152		Das gleiche
	155		
. . .	. . .	. . .	. . .
10 h 40′	154		Ist ruhig; atmet tief und selten *(352)*
	146		
. . .	. . .	. . .	. . .
10 h 45′	143		Das gleiche
	139		
	141		
	138		

Der allgemeine Verlauf der Druckkurve nach dem Aderlaß ist in der Mehrzahl der Fälle folgender: Rasches Absinken während des Aderlasses. Nach Verschluß der Arterie zuerst für einige Sekunden ein schneller Anstieg, dann für einige Minuten ein weiterer zusätzlicher Anstieg und danach ein allmähliches Absinken bis zum Ende des Versuchs. In einem Fall hält sich der Druck nach Verschluß der Arterie für eine gewisse Zeit auf niedrigem Niveau, und danach beginnt ein allmählicher, bis zum Ende des Versuchs andauernder Anstieg. Wie ersichtlich, erinnert die Kurve der meisten Versuche an die Kurve beim ersten Aderlaß in den vorhergehenden Gruppen, der Unterschied liegt nur in dem zusätzlichen Anstieg und dem größeren endgültigen Abfall. Hier die Mittelwerte: Anfangssturz 103 mm, endgültiges Absinken 46 mm (Mittel aus 70, 56, 46, 43, 42, 40), wenn man mit dem Druck vergleicht, der unmittelbar vor dem Aderlaß beobachtet wird, oder 38 mm, wenn man mit dem normalen Druck vergleicht. Das endgültige Absinken ist für die 15. Minute nach dem Aderlaß bestimmt worden.

Normaler Druck 169 mm; Druck unmittelbar vor dem Aderlaß 177 mm.

Vergleichen wir den Anfangssturz und das endgültige Absinken dieser Gruppe mit den entsprechenden Größen der vorhergehenden Gruppen, so sehen wir, daß der Anfangssturz in allen drei Gruppen nach Durchschneidung der nn.vagi identisch ist. Genauso stehen auch die Größen des endgültigen Absinkens sehr nahe beieinander mit Ausnahme der zweiten Gruppe, wo das Absinken besonders groß ist. Übrigens ist auch hier, in der dritten Gruppe, die oben angeführte Zahl für das endgültige Absinken eine willkürliche Zahl. Es wurde deshalb der Wert der 15. Minute nach dem Aderlaß genommen, um die Möglichkeit eines genaueren Vergleichs zu haben. Der Abfall dauert auch späterhin an; so beträgt er schon in der 27. Minute 48 mm und 55 mm, entsprechend dem oben angeführten. Somit sprechen auch die bloßen Zahlen der dritten Gruppe wieder für unsere Annahme.

Im Verlauf der Druckkurve dieser Gruppe beim Aderlaß besteht jedoch, wie schon oben erwähnt, ein Unterschied gegenüber entsprechenden Aderlässen *(353)* der ersten beiden Gruppen. Während sich in diesen letzteren in der Regel nach dem Aderlaß eine gewisse Zeitlang, einige Minuten, das minimale Niveau hält und dann ein allmählicher, bis zum Ende des Versuchs anhaltender Anstieg beginnt, haben wir hier umgekehrt bald nach dem Aderlaß ein ziemlich bedeutendes Niveau, das dann bis zum Ende des Versuchs ziemlich schnell absinkt. Diesen Unterschied kann man unmöglich übersehen. Der Kurvenverlauf in der dritten Gruppe gibt zu folgender Vermutung über die ganze Erscheinung Anlaß. Vielleicht bedingt eine Durchschneidung der nn. vagi auch ohne Aderlaß von selbst in der Folge das allmähliche Absinken des Drucks, das sich in unseren Versuchen mit dem Druckabfall nach dem Aderlaß kombiniert und die Größe des endgültigen Absinkens ausmacht. Diese Annahme bewährt sich jedoch nicht, denn in vielen Versuchen ist im Verlauf dieser Arbeit und besonders in ihrem nächsten Abschnitt, in denen eine Durchschneidung bei normaler Blutmenge vorgenommen wurde, zu sehen, daß der Druck danach 40 bis 50 Minuten lang, so lange die Beobachtung dauerte, unter die Norm fiel. Folglich ist auch in der dritten Gruppe die Größe des endgültigen Absinkens, obwohl es sich langsam entwickelt, ihrer Entstehung nach ausschließlich auf den Aderlaß zurückzuführen.

Was hat der eben von uns beschriebene Unterschied in der Kurve zu bedeuten? Woher kommt er? Das zwingt uns, alle drei Gruppen noch einmal einer allgemeinen Betrachtung zu unterziehen. In allen unseren Versuchen haben wir nach dem Aderlaß in der Hauptsache drei Kurventypen: Erstens hohes Druckniveau, das sofort nach dem Aderlaß erreicht wird und dann im Laufe der Zeit nur sehr wenig absinkt; zweitens sehr niedriger Druck, der sich einige Minuten nach dem Aderlaß hält und dann bis zum Ende des Versuchs in einen allmählichen Anstieg übergeht; schließlich drittens einigermaßen hohes Niveau, das sich einige Minuten nach dem Aderlaß hält und danach bis zum Ende des Versuchs ziemlich schnell absinkt. Der erste Kurventyp ist charakteristisch, er bildet die Regel beim ersten Aderlaß der ersten Gruppe und der beiden ersten der zweiten Gruppe; der zweite tritt bei Aderlässen nach Durchschneidung der nn. vagi in den beiden ersten Gruppen auf; schließlich ist *(354)* der dritte für die dritte Gruppe charakteristisch. Diese drei verschiedenen Typen können von folgendem gemeinsamen Gesichtspunkt aus betrachtet werden: Bei Aderlässen vor Durchschneidung der nn. vagi, d. h. beim ersten Typ, ist die ganze Regulationskraft des Organismus vorhanden. Deswegen kompensiert sich der infolge des Aderlasses entstandene

Druckabfall sofort fast vollständig, und es macht sich im Laufe der Zeit nur eine sehr geringe Erschöpfung bemerkbar. Bei dem zweiten Typ, d. h. bei mehreren Aderlässen nach Durchschneidung der nn. vagi, fehlt in den beiden ersten Gruppen die Regulation vollkommen. Eine gewisse Zeitlang, einige Minuten, erhebt sich der Druck fast überhaupt nicht über jenes niedrige Niveau, das er am Ende des Aderlasses hat, und erst danach beginnt er allmählich anzusteigen. Diesem allmählichen, nicht sofort beginnenden Anstieg liegen offensichtlich physikalische Ursachen zugrunde: Am wahrscheinlichsten ist ein vermehrtes Übertreten von Flüssigkeit aus dem Gewebe und aus den Lymphgefäßen in das Blut, was die heftigen Bewegungen des Tieres begünstigen würde, die größtenteils ein starkes Absinken des Blutdrucks begleiten. Aus der Gegenüberstellung dieser zwei Typen würde sich zeigen, daß die Regulationskraft *ausschließlich* in den nn. vagi liegt. Der dritte Typ zeigt uns jedoch, daß diese Schlußfolgerung falsch ist. Und um später alles zu erfassen, muß man eine Existenz von Regulationsmechanismen auch außerhalb der nn. vagi annehmen. Diese beiden Teile des Regulationsapparats halten nur gemeinsam trotz des Aderlasses den Druck annähernd in der Norm aufrecht. Bei Aderlässen nach Durchschneidung macht sich natürlich in den ersten zwei Gruppen, wenn der eine Teil des Regulationsapparats, und zwar der in den nn. vagi enthaltene, direkt durch einen operativen Eingriff gelähmt und der andere teilweise durch die vorausgegangene Arbeit bei dem ersten Aderlaß, teilweise vielleicht durch die schädliche Wirkung des defibrinierten Bluts geschwächt ist, ein Fehlen der Regulation bemerkbar. Bei dem dritten Typ, bei dem nach Durchschneidung der nn. vagi derselbe Teil des Regulationsapparats jedoch völlig unversehrt bleibt und nicht angerührt wird, kann der Druck, wenn auch langsam, bis auf eine ziemlich bedeutende Höhe ansteigen und von da nur langsam absinken, immerhin viel schneller als bei unverletzten nn. vagi. *(355)* Dieser andere Teil des Regulationsmechanismus könnten die von Latschenberger und Deahna vorgeschlagenen pressorischen Gefäßfasern sein. Da die relative Kraft dieser Teile des Regulationsmechanismus, ihr Erschöpfungsgrad, den Umfang schädlicher Einflüsse in den verschiedenen Versuchen unbestimmt variiert, ist es verständlich, daß Kurven der gleichen Aderlässe in dieser Gruppe etwas unterschiedlich sein werden. Gehen wir die einzelnen Fälle durch. In den ersten zwei Gruppen haben wir Versuche (Minderzahl), in denen sich beim Aderlaß nach Durchschneidung der Druck wie beim ersten Typ verhält. Wir glauben aber, daß das einfach dadurch erklärt wird, daß in diesen Versuchen der außerhalb der nn. vagi befindliche Teil des Regulationsapparats noch genügend stark ist, um allein das ziemlich hohe Druckniveau zu halten. Umgekehrt ist in der dritten Gruppe ein Versuch, bei dem der Druck nach Aderlaß den zweiten Typ repräsentierte. Das ist aber offensichtlich ein Fall, bei dem die Regulationskraft von Anfang an nicht besonders groß ist, weshalb nach Lähmung des stärkeren Teils die volle Störung eintritt. Solche Fälle kommen, wenn auch selten, auch bei den ersten Aderlässen in den beiden ersten Gruppen vor; der Druck sinkt sehr tief und nähert sich dann nur langsam mehr oder weniger dem normalen Niveau. Es ist verständlich, daß der Druck bei solchen Tieren nach Durchschneidung besonders tief absinkt und in der Folge nur sehr wenig ansteigt. Niemals wurde jedoch bei einem Aderlaß vor der Durchschneidung ein so großes und andauerndes Absinken erhalten, wie es einige Male in den Versuchen beobachtet wurde, bei denen der erste Aderlaß erst nach Lähmung der nn. vagi ausgeführt wurde. Übrigens muß man einen Vorbehalt machen. Man darf nicht alles und in allen Fällen nur auf die eine oder andere Stärke des Regulationsmechanismus zurückführen. Es ist mit dem gleichen Recht denkbar, daß die besprochenen Unterschiede von der verschiedenen Blutmenge herrühren könnten, die in unseren Tieren enthalten war, das heißt z. B., die beobachtete Schwäche der Regulation brauchte nicht auf einer Schwäche des Regulationsmechanismus zu beruhen, sondern auf der übermäßigen Beanspruchung, die bei unserem Aderlaß auf ihn entfallen war, als in dem Blutgefäßsystem ohnedies schon wenig Blut war. Darauf weist, glaube ich, der Umstand hin, daß das Fehlen jeglicher Regulation beim Aderlaß *(356)* bei den Tieren beobachtet wird, bei denen nach alleiniger Durchschneidung der nn. vagi ohne jeden vorhergehenden Aderlaß ein Absinken des Blutdrucks gegenüber der Norm stattfand. Das sieht so aus, als ob schon die unverletzten nn. vagi den Druck regeln, d. h., ihn bei einer geringen Menge vorhandenen Bluts zur Norm erheben würden. Diese letzten Überlegungen berechtigen zu der Hoffnung, daß man bei Anwendung eines größeren Aderlasses, als wir ihn benutzten, bei diesen Versuchen unser Resultat bezüglich der regulierenden Bedeutung der nn. vagi bei Aderlässen in einer noch krasseren Form erhalten kann.

Schließlich der letzte Fall mit Transfusion.

Die Versuche sind ausnahmslos an normalen Tieren angestellt worden. Dieser Umstand verdient besondere Beachtung. Bei dem Fall mit Transfusion liegen die Dinge nämlich so, daß die Bewegungen des Tieres am ehesten zu falschen Schlüssen führen könnten. Auf Grund der in der vorliegenden Untersuchung herrschenden Annahme wird bei der Transfusion nach Durchschneidung der nn. vagi ein großer Druckanstieg erwartet. Zu Beginn der Versuche ist aber schon gesagt worden, daß jede spontane Bewegung des Tieres, bei dem die nn. vagi durchschnitten sind, von einem sowohl dem Umfang als auch der Dauer nach großen Anstieg begleitet wird. Deshalb können jetzt nur absolut ruhige Tiere verwertet werden, und sogar bei diesen kann die Kurve nur solange in Betracht gezogen werden, solange das Tier auch nicht die kleinste Bewegung macht. In Anbetracht dessen wurde das Tier für die ganze Versuchsdauer der strengsten Kontrolle unterzogen; jede kleinste Bewegung wurde unbedingt vermerkt.

Für die Transfusion ist wieder eine Menge von 1,5% des Körpergewichts gewählt worden, da sie den normalen physiologischen Verhältnissen am meisten entspricht.

Es versteht sich von selbst, daß die Transfusionsbedingungen vor und nach Durchschneidung der nn. vagi nach Möglichkeit gleich gehalten wurden. Das defibrinierte Blut hatte eine bestimmte Temperatur und floß aus einer bestimmten Höhe durch die gleichen Schläuche und Kanülen. Es wurde entweder in das periphere Ende der art. cruralis aus einer Höhe von 140 mm Hg eingeführt oder in das zentrale Ende *(357)* der v. cruralis mit einem Druck, der in den einzelnen Versuchen zwischen 14 und 20 mm Hg variierte.

In der Hauptsache verglichen wir die Effekte der Transfusion auf den Druck vor und nach Durchschneidung der nn. vagi an den gleichen Tieren. Der Versuch verlief in diesen Fällen in folgender Weise. Zuerst bestimmten wir den Druck an einem vollkommen normalen Tier und machten anschließend die Transfusion. Gewöhnlich 5 Minuten nach der Transfusion wurde dem Tier eine der zugeführten gleiche Menge Blut abgelassen. Der Hund wurde abgeschnallt und für eine gewisse Zeit sich selbst überlassen. Nach 1 bis 2 Stunden wurde er wieder angeschnallt. Als erstes wurde der Blutdruck bestimmt. Wenn er sich als normal herausstellte, wurde eine Tracheotomie vorgenommen und künstliche Atmung durchgeführt. Dann wurden die nn. vagi durchschnitten. Der Druck stieg wie gewöhnlich an. In besseren Versuchen wurde jener Augenblick abgewartet, wo der Druck absinkt und auf dem normalen Niveau stehenbleibt; dann wurde erst die zweite Transfusion durchgeführt.

Wir haben den Versuch mit zwei Transfusionen an ein und demselben Tier bevorzugt, weil diese Form keine Fehlerquellen in sich bergen konnte und das von uns erwartete Resultat eher ungünstig beeinflußte. Die erste Transfusion mit defibriniertem Blut konnte, wie im vorhergehenden Abschnitt gezeigt, die Erregbarkeit der Gefäßwand abschwächen und den Tonus des Gefäßsystems erniedrigen, so daß die zweite Transfusion weniger Aussicht hatte, den Druck auf ein bedeutendes Niveau zu heben.

9. März 1882. Gewicht des Hundes 7200 g. Der Hund hungerte 24 Stunden; verhält sich ruhig.

Zeit	Mittlerer Druck in 20 sec	Anzahl der Herzschläge in 10 sec	Bemerkungen
12 h 51′	151	11	
	154	10	
	154	10	
	157	10,5	
	156	10	
12 h 59′	156	10,5	Ist ruhig *(358)*
1 h 01′	In das zentrale Ende der v. cruralis wird unter einem Druck von 20 mm Blut von 37° transfundiert		
	159	10	
	169	9	
	181	10,5	
	184	10,5	
	184	10	
	187	9	
	192	8	
	197	7,5	
	197	8	

1 h 03′	Schluß der Transfusion		
	Im ganzen wurden 110 cm³ transfundiert		
	199	7,5	
	195	7	
. . . . .	. . . . .	. . . . .	. . . . .
	175	8,5	
	172	7,5	
	175	8	
	177	8	
1 h 07′	Schluß der Registrierung		

Dem Hund werden 100 cm³ Blut abgelassen. Das Tier wird abgeschnallt und freigelassen. Nach einer Stunde wird es von neuem angeschnallt. Es wird eine Tracheotomie durchgeführt.

2 h 18′	158	13	
	156	13	
	Es beginnt die künstliche Atmung		
	158	13	
	159	13	
2 h 22′	Durchschneidung der nn. vagi		
Innerhalb von 0,5 Min. steigt der Druck auf	260	—	Starke Bewegungen
2 h 28′	220	—	*(359)*
2 h 40′	200	—	
2 h 53′	178	42	
3 h 05′	180	40	
3 h 10′	176	40	
3 h 13′	154	39	
	145	—	
3 h 15′	162	39	
	160	39	
	160		
3 h 16′	Es wird Blut von 37° unter einem Druck von 20 mm in das zentrale Ende der v. cruralis transfundiert		
Steigt auf	170	38	
	197	38	
	225	38	
. . . . .	. . . . .	. . . . .	Geringe Bewegungen
	238	36	Ist ruhig
. . . . .	. . . . .	. . . . .	. . . . .
. . . . .	. . . . .	. . . . .	. . . . .
	260	36	
3 h 19′	Schluß der Transfusion.		
	Im ganzen wurden 100 cm³ transfundiert		
3 h 23′	193		
	194	38	
3 h 27′	188	—	
3 h 30′	174	39	

10. März 1882. Gewicht des Hundes 6300 g. Er hat nichts gefressen.

11 h 35′	158		Winselt leise
11 h 40′	154		
11 h 44′	151	14	
	152	14	
11 h 45′	Es wird unter einem Druck von 18 mm Blut von 37⁰ in das zentrale Ende der v. cruralis transfundiert		
	154	14	
	160	15	*(360)*
	153	31	Bewegung
	133	42	
	167	20	
11 h 47′ 30″	Schluß der Transfusion Im ganzen wurden 100 cm³ transfundiert		
	177	14	
	171	12	
	168	13	
	163	13	
	160	12	
	151	13	
	157	12	
	156	13	
	156	13	

Es werden 100 cm³ Blut abgelassen. Das Tier wird vom Tisch abgebunden und sich selbst überlassen.

Nach einer Stunde wird es erneut angebunden; es wird eine Tracheotomie und künstliche Atmung durchgeführt.

1 h 11′	140		Atmet nur mit dem Blasebalg
1 h 15′	138	27	
1 h 18′	139	20	
	Durchschneidung beider nn. vagi		
	165		Der Hund bleibt während der ganzen Zeit ruhig, atmet nur mit dem Blasebalg
	143		
	151		
1 h 25′	149	40	
	152	40	
1 h 26′	Es wird unter einem Druck von 18 mm Blut von 37⁰ in das zentrale Ende des v. cruralis transfundiert		
Der Druck erhöht sich allmählich auf	175	40	
	215	39,5	
	214	37	Er beginnt von selbst tief und stark unter allgemeinen Bewegungen zu atmen
	214	37	
	220	36,5	
	—		
	220	37	*(361)*

1 h 29′	Schluß der Transfusion Im ganzen wurden 95 cm^3 transfundiert	
	212	37
. . . . .	. . . . .	. . . . .
. . . . .	. . . . .	. . . . .
	177	37
	174	37,5
	166	37,5
. . . . .	. . . . .	. . . . .
	160	37
	159	36
	154	38
	155	38
	159	38
	156	—
	161	37
	160	
1 h 35′	Ende des Versuchs.	

Da im Protokoll der angeführten Versuche während der Transfusion sowohl vor als auch nach Durchschneidung der nn. vagi Bewegungen des Tieres, wenn auch unbedeutende vermerkt sind (die auf den Druck vor und nach Durchschneidung in entgegengesetzter Richtung wirken: depressorisch im ersten Fall und pressorisch im zweiten), so muß zum Vergleich der Kurvenabschnitt vor dem Einsetzen dieser Bewegungen genommen werden. Im ersten angeführten Versuch, bei dem wir uns deswegen auf 60 Sekunden nach Beginn der Transfusion beschränkten, sehen wir, daß der Druck vor Durchschneidung zu diesem Zeitpunkt um 25 mm angestiegen ist, nach Durchschneidung um 65 mm. In dem zweiten Versuch nehmen wir die 40. Sekunde nach Transfusionsbeginn und sehen vor Durchschneidung einen Anstieg um 8 mm, danach einen Anstieg um 65 mm.

Ziehen wir auch die endgültigen Maxima in Betracht, so haben wir im ersten Versuch einen Anstieg um 43 mm vor der Durchschneidung und 100 mm nach ihr; im zweiten vor der Durchschneidung um 26 und nach ihr um 70 mm. Folglich ist das Ergebnis ganz kraß: Eine vor Durchschneidung der nn. vagi bei völliger Identität der Versuchsverhältnisse vorgenommene Transfusion der gleichen Menge Blut bewirkt einen viel geringeren Druckanstieg, als eine nach der Durchschneidung vorgenommene Transfusion. Auch dieses Ergebnis darf jedoch nicht direkt genommen und *(362)* auf die regulierende Bedeutung der nn. vagi bezogen werden. Es entsteht natürlich die Vermutung, ob nicht die Veränderungen der Blutwege in den Lungen infolge dieses oder jenes Atemmechanismus oder durch eine mögliche Lähmung der (immer noch manchmal angenommenen) Gefäßnerven der Lungen die Ursache unserer Erscheinung sind? Werden nicht, infolge der erwähnten Ursachen, die Lungengefäße weiter, so daß jetzt das zugeführte Blut aus dem Venensystem schneller und deshalb in der Zeiteinheit in größerer Menge in die Aorta gelangt als früher? Durch eine aufmerksame Betrachtung der Versuche werden jedoch Umstände entdeckt, die eine solche Vermutung ausschließen. In der zweiten Hälfte unseres ersten Versuchs registrieren wir anfangs den Druck bei normaler Atmung und führen erst später die künstliche Atmung ein. Es stellt sich heraus, daß die künstliche Atmung keinerlei Druckunterschied nach sich zieht. Ein zweiter noch unstreitigerer Hinweis besteht in folgendem: In beiden Versuchen geht die Infusion des Blutes nach Durchschneidung der Nerven langsamer als früher vor sich, obwohl jetzt die zugeführte Menge sogar geringer ist. Da der Druck, unter dem das Blut infundiert wird, ein und derselbe ist, ist es offensichtlich, daß die Transfusionsverlängerung nur auf eine Vergrößerung der dem Blut auf dem Weg zum linken Herzen entgegenstehenden Hindernisse zurückgeführt werden kann, d.h., der Blutweg in den Lungen ist auf jeden Fall nicht breiter geworden.

Danach sind wir zu der Schlußfolgerung berechtigt, daß *die nn. vagi die Drucknorm vor bedeutenden Schwankungen nach oben bei der Transfusion bewahren.*

Es ist jedoch wahrscheinlich, daß diese Aufgabe nicht allein den nn. vagi obliegt, da der bei einer Transfusion nach Durchschneidung der nn. vagi sehr hoch ansteigende Druck trotzdem nach einiger Zeit mehr oder weniger zur Norm zurückkehrt. Es müssen deshalb auch noch nervale Regulationsmechanismen angenommen werden, die sich außerhalb der nn. vagi befinden.

Verbindet man alle in unserer Untersuchung angeführten Versuche, so kann man sagen, daß *der n. vagus tatsächlich ein Regulator des allgemeinen Blutdrucks ist*, jedoch nicht der einzige, da bei allen von uns untersuchten Fällen die Regulation in einem gewissen Maß auch noch nach Durchschneidung der nn. vagi existierte. Aus der Gesamtheit der Tatsachen *(363)* kann mit einigem Recht angenommen werden, daß der Blutdruck im Organismus gewöhnlich mehr durch die nn. vagi reguliert wird, während der übrige Regulationsmechanismus gleichsam einen Reservemechanismus darstellt.

Eine weitere Frage: Welchen Fasern der nn. vagi muß die von uns untersuchte Regulationsfunktion zugeschrieben werden?

Aus dem vorliegenden Material ist schon klar, daß die Hauptbedeutung nicht in den hemmenden Fasern liegt. In den Versuchen mit Apnoe haben wir gesehen, daß es gerade in den Momenten, wo die Regulation am stärksten ist, keine Rhythmusveränderung gibt. Bei der Dyspnoe ist die Regulation auch an atropinisierten Tieren beobachtet worden, d.h. bei gelähmten hemmenden Fasern. Beim Aderlaß tritt die Beschleunigung (die ein Absinken des Drucks kompensieren könnte) nur zu Beginn auf, wenn der Druck schnell und beträchtlich absinkt, in der Periode der Rückkehr des Druckes fast zur Norm ist der Rhythmus jedoch entweder normal oder nur um 1 bis 2 Schläge in 10 Sekunden seltener. Genauso wird aber der Puls auch etwas infolge eines Aderlasses beschleunigt, der nach Durchschneidung der nn. vagi vorgenommen wird. Schließlich haben wir auch bei der Transfusion, wenn die Druckregulation schon in Erscheinung tritt, noch keine Veränderungen im Rhythmus, und sie (die Verlangsamungen) treten zuerst dann auf, wenn der Druck schon etwas ansteigen konnte. Die allgemeine Schlußfolgerung aus diesem Vergleich ist die, daß sich der Rhythmus, der keinen unmittelbaren Einfluß auf das Druckniveau hat, eher selbst dem Niveau anpaßt, indem er sich im allgemeinen an die Regel hält: je höher das Niveau, um so seltener die

Herzschläge und umgekehrt. Dies ist vollkommen deutlich bei unverletzten nn. vagi, wird jedoch auch bei durchschnittenen beobachtet.

Die eben angeführte Überlegung gab uns natürlich Anlaß, vorsätzlich und ausführlich zu untersuchen, welchen Einfluß auf das Druckniveau eine Verlangsamung hat, die durch Reizung des peripheren Endes des (natürlich von allen seitlichen Verzweigungen befreiten) n. vagus verursacht wird. Diese Untersuchung zeigte (wie ich schon an anderer Stelle erklärte[1]), daß die Erniedrigung des Niveaus durchaus *(364)* nicht eine ständige Begleiterscheinung der Verlangsamung ist, oft bleibt eine sehr große Verlangsamung ohne jede Erniedrigung und umgekehrt. Die Analyse dieser Tatsachen führte zur Aufstellung neuer zentrifugaler Nerven des Herzens, die die Kraft seiner Kontraktionen regeln und somit den Blutdruck stark beeinflussen. Mit dieser Entdeckung hat sich die Analyse der von uns in dieser Arbeit untersuchten Regulationsfunktion der nn. vagi bedeutend kompliziert. Da wir fanden, daß die Rhythmusveränderungen diese Funktion nicht erklären konnten, mußten wir vor der Entdeckung alles auf die Tätigkeit von reflektorischen Gefäßnerven, pressorischen und depressorischen, zurückführen. Im Augenblick ist jedoch auch eine Beteiligung neuer Nerven an der Regulation denkbar. Die dargelegten Versuche ermöglichen es nicht, diese Frage zu lösen. Dazu sind neue, recht schwierige Versuche notwendig. Es gibt noch keine ganz spezifischen pharmakologischen Mittel zur Isolierung der neuen Fasern, die anatomische Methode ist aber vielleicht ganz unanwendbar.

Zum Abschluß halte ich es für angebracht, einige Tatsachen mitzuteilen, die eine nahe, unmittelbare Beziehung zum Gegenstand der vorliegenden Arbeit aufweisen und gleichzeitig mit größerer Überzeugungskraft diejenige Schlußfolgerung bestätigen, die ich aus früheren, bis jetzt nur in Form eines vorläufigen Berichts veröffentlichten Versuchen gezogen habe[2]). Ich fand damals, daß der Druck bei kurarisiertem und atropinisiertem Tier nach Durchschneidung der nn. vagi nur dann anhaltend ansteigt, wenn das vorherige Niveau sehr hoch war; bei einer mittleren Höhe des Niveaus steigt der Druck nach Durchschneidung nur für kurze Zeit an. Dies muß als eine Reizerscheinung durch Durchschneidung des zentralen Endes der nn. vagi betrachtet werden. Bei niedrigem Niveau schließlich sinkt der Druck sogar ab. Aus diesen Tatsachen wurde die Schlußfolgerung über eine regulierende Funktion (im Sinne dieser Arbeit) des n. vagus gezogen, und das Ganze stellte sich in folgender Form dar: Dort, wo der Druck dank irgendwelcher Umstände die Tendenz zeigt, größer zu werden, laufen über die nn. vagi depressorische Einflüsse, und der Druck steigt deshalb mit Durchschneidung der nn. vagi, d. h. mit Beseitigung dieser Einflüsse, natürlich noch mehr an. Wo der Druck an sich schon niedrig ist, *(365)* bleibt eine Durchschneidung der nn. vagi ohne Erfolg, weil jetzt ihr regulierender Apparat inaktiv war. Wo aber schließlich der Druck sehr niedrig ist (starke Vergiftung usw.), kann ein im Vagus wirkender pressorischer Apparat

---

[1]) „Über die zentrifugalen Nerven des Herzens" (Dissertation, 1883). (Siehe diesen Band, S. 66. — Red.)

[2]) Pflügers Archiv, Bd. 20. (Siehe diesen Band, S. 55. — Red.)

vermutet werden, weswegen der Druck nach Durchschneidung noch weiter absinkt. Ein Nachteil dieser Versuche bestand darin, daß die Druckniveaus verschiedener Tiere größenmäßig verglichen wurden, deren Normaldrucke bereits verschieden sein konnten. Im Verlauf der in der vorliegenden Arbeit dargelegten Versuche gelang es, dank der Methode der „physiologischen Durchschneidung", die von uns bemerkte Regel auch am Einzeltier bestätigt zu finden. Hier einer dieser Versuche in gekürzter Form. Vor jeglicher Vergiftung betrug der (normale) Druck 117 mm. Nach Vergiftung mit Kurare und Atropin betrug er 130 mm. Das Einbetten der nn. vagi in Eis ergab einen lange Zeit anhaltenden Anstieg bis 150 mm. Als in der Folge noch eine weitere Vergiftung mit Kurare unternommen wurde und der Druck bis 70 mm gefallen war, bedingte ein nochmaliges Einbetten der Nerven in Eis umgekehrt ein schroffes Absinken bis 30 mm, das die ganze Zeit, wo sich die Nerven im Eise befanden, anhielt. Vorsätzliche Versuche mit Anlegen von Eis an das zentrale Ende des n. vagus zeigten, daß die beschriebenen Resultate keine Reizungseffekte sind. *(366)*

ZUR FRAGE DER HERZINNERVATION BEIM HUND[1])

(Vorläufige Mitteilung)

(Klinisches Laboratorium von Prof. S. P. Botkin*)*

Der Ausgangspunkt der vorliegenden Untersuchung war die Bestimmung der genauen Beziehungen zwischen dem Grad der Verlangsamung der Herzkontraktionen infolge Vagusreizung und der Blutdruckhöhe. Gewöhnlich wurde der rechtsseitige n. vagus am Hals gereizt, nachdem vorher auf der gleichen Seite die ansa Vieussenii, der n. laryngeus inferior und der n. vagus selbst noch einmal in der Brusthöhle oberhalb der Abgangsstelle der Lungenäste durchschnitten wurden. Wider Erwarten konnte man eine Vielzahl verschiedenartiger Erscheinungen beobachten, von denen ich nur die folgenden anführen will. Bei schwacher Reizung sah ich bei unverändertem Rhythmus am häufigsten eine unbedeutende Senkung der Kurve und ein Ausgleichen der bisher ständig ungleichmäßigen Wellen. In anderen Fällen zeigte eine bedeutende Verlangsamung keinen sichtbaren Einfluß auf das Druckniveau. Schließlich hielt bei Erdrosselung des Versuchstiers, nachdem der Druck nach einem maximalen Anstieg zu sinken begann, eine Reizung des n. vagus den Druck auf beliebiger Höhe, so daß man bei wiederholter Reizung terrassenartige Stufen erhalten konnte. Unvermeidlich drängte sich die Frage verschiedener Wirkungsarten des n. vagus auf das Herz auf (Heidenhain, Gaskell). Ich begann die Untersuchung mit der Kontrolle und Analyse einer Tatsache, *(367)* auf die G. N. Bogojawlenski in unserem Laboratorium bei einem seiner Versuche über die pharmakologische Wirkung der Blätter von convallaria majalis auf das Herz gestoßen war (diese Tatsache wird in der Dissertation nicht erwähnt, da sie die einzige und unerklärbar blieb).

Und zwar hat eine Reizung des n. vagus in einer bestimmten Vergiftungsphase sogar bei starken Strömen nur einen Ausgleich der bis dahin sehr ungleichmäßigen Blutdruckkurve hervorgerufen. Dies erinnerte außergewöhnlich an diejenigen Erscheinungen, die ich in meinen Versuchen mit schwacher Reizung des n. vagus beobachtet habe. Bei Wiederholung des Versuchs an Tieren, die wie oben beschrieben operiert waren, entdeckte ich in der Tat in ausnahmslos allen Fällen, daß eine Reizung des n. vagus mit verschiedenen Stromstärken in einer bestimmten Periode der Konvallariavergiftung nur ein größeres oder geringeres

[1]) Centralbl. f. d. med. Wissensch. Nr. 4 und 5, 1883.

Absinken des Blutdrucks mit Ausgleichung der Kurve ohne die geringste Verlangsamung der Pulsfrequenz hervorruft, wobei in verschiedenen Versuchen einmal das Absinken des Niveaus, ein andermal das Ausgleichen der Kurve vorherrschte. Dabei verschwanden nicht nur die ungleichmäßigen Schwankungen, sondern auch die sehr deutlich ausgeprägten TRAUBEschen Wellen. Das gleiche Resultat ergaben auch die Versuche mit Durchschneidung des Rückenmarks.

Von dem Gedanken ausgehend, daß besondere Äste des n. vagus existieren, die die Arbeit des Herzens beeinflussen, ohne dabei den Rhythmus zu verändern, habe ich mich der Untersuchung einzelner Nervenästchen zugewandt. In diesen Versuchen wurde das Tier fast immer vermittels einer Rückenmarkdurchschneidung in Halshöhe in einen unbeweglichen Zustand versetzt. Nach einer vorhergehenden Unterbindung der rechtsseitigen großen Gefäße der oberen Thoraxapertur ist dann der Brustkorb in Höhe der fünften und sechsten Rippe eröffnet und der Verdauungstrakt vom Diaphragma fast bis zum Kehlkopf exstirpiert worden. Dabei wurden folgende Nervenstränge durchschnitten: beide nn. vagi und der n. laryngeus inferior am Hals, der rechte n. vagus noch einmal in der Brusthöhle über dem Abgang der Lungenäste und die rechte ansa Vieussenii. Schließlich präparierte und durchschnitt ich die rami cardiaci der rechten Seite und versah sie mit numerierten Fäden. Manchmal sammeln sich letzten Endes 10 und mehr einzelne Ästchen an. Danach hielt sich der Blutdruck gewöhnlich bei 80 bis 50 mm, in seltenen Fällen sogar bei 100 mm. Die Reizung der Nervenfasern *(368)* wurde mit speziell für diese Versuche konstruierten Elektroden ausgeführt. Dabei sind folgende Erscheinungen beobachtet worden.

Zusammen mit hemmenden und beschleunigenden Fasern kommen auch Ästchen vor, die lediglich den Blutdruck verringern (im Maximum um 15%), ohne dabei den Rhythmus zu verändern. In anderen Versuchen haben einige hemmende Äste den Blutdruck nach einer Atropin- oder Konvallariavergiftung erniedrigt oder ausgeglichen; andere zeigten umgekehrt absolut keine Wirkung. Beim Absinken des Drucks sind in einigen Fällen verschiedene Störungen der Herzfunktion aufgetreten.

Außer diesen Ästen kommen auch solche vor, die den Blutdruck erhöhen (im Maximum um 25%), ohne den Rhythmus zu verändern, oder ihn wenigstens nicht ständig und regelmäßig ändern. Es ist sogar gelungen, diesen Effekt genau zu lokalisieren. Die ständige, den Blutdruck erhöhende Wirkung, ist auf den Hauptstrang zurückzuführen, den dicksten ramus cardiacus, der vom n. vagus von der Innenseite unterhalb des Halsganglions abzweigt. Diesen Ast kann man am anatomischen Präparat trotz der seitlichen Verzweigungen und Anastomosen unmittelbar bis zu seinem Eintritt in das Herz verfolgen; dieser Eintritt befindet sich zum Teil im Sulkus zwischen der rechten und linken Kammer an der vorderen Herzseite, zum Teil am Rand des rechten Vorhofs. Um mit Sicherheit dem Einfluß einiger Abzweigungen dieses Astes, die möglicherweise den Lungen angehören und anatomisch nicht ganz kontrolliert werden können, zu entgehen, bemühe ich mich, von vorn beginnend und nach innen eindringend, diesen Ast mit Elektroden zu verfolgen, indem ich von oben nach unten immer tiefer und tiefer bis zu der Stelle gleite, wo er ausschließlich und zweifellos zum Herzen gehört. Im Augenblick reize ich ihn innerhalb des Herzbeutels und hoffe, bald bis zu seinen letzten Endigungen vorzudringen. Auf diese Weise hoffe ich, ohne das zweifelhafte Operieren am herausgeschnittenen und künstlich ernährten Herzen (das ich anfangs beabsichtigte) auszukommen. Dieser Ast ergibt fast ständig neben einer Erhöhung des Blutdrucks auch eine Beschleunigung, auf keinen Fall wird jedoch eine Parallelität dieser Erscheinungen beobachtet. Der Druckanstieg geht am Anfang der Reizung größtenteils ohne Rhythmusveränderung vor sich; *(369)* auf einer höheren Anstiegsstufe kommt die Beschleunigung hinzu. Diese Beschleunigung verschwindet bald nach Schluß der Reizung, umgekehrt hält sich der Druck dagegen noch lange auf hohem Niveau. Oft steigt er noch weiter an, sobald die Beschleunigung verschwindet. Schließlich kann auch folgendes Verhältnis eintreten: Der Druck beginnt zu steigen, solange der Rhythmus noch normal ist; sobald aber die Beschleunigung eintritt, sinkt der Druck bis zur Norm oder annähernd zur Norm ab und bleibt während der ganzen Zeit niedrig, solange die Beschleunigung andauert. Mit ihrem Verschwinden nach der Reizung steigt der Druck wiederum an und hält sich jetzt danach lange auf hohem Niveau. Außerdem zeigt eine sofort ausgeführte Reizung von Ästen rein beschleunigenden Charakters, daß eine entsprechende Beschleunigung von selbst keinen Anstieg bedingt. Somit muß nach all dem Gesagten für den Druckeffekt ein selbständiger Ursprung anerkannt werden. Es bleibt jedoch von allen Versuchen der Eindruck, daß die Beschleunigung an sich nur eine Art Nebenwirkung des Vorgangs ist, der sich in der Hauptsache im Druckanstieg äußert.

Die Lokalisation der den Druck erniedrigenden Effekte ist weniger vollkommen, sie kommen jedoch sehr oft zusammen mit den den Druck erhöhenden Effekten in ein und demselben Stamm vor. In diesem Fall ist eine unmittelbare Möglichkeit gegeben, die Kraft, Erregbarkeit und Lebensfähigkeit dieser antagonistischen Fasern zu vergleichen. Bei derartiger Vermengung der letzteren wird zu Beginn der Reizung ein Absinken des Drucks beobachtet, danach tritt bei Wiederholung und Verstärkung der Reizungen immer mehr eine Erhöhung hervor, wobei oft zu Beginn einer Reizung vor dem Anstieg ein Absinken eintritt, usw. Überhaupt erinnern diese Verhältnisse vollkommen an die Versuche mit Nervenstämmen, in denen gefäßverengernde und gefäßerweiternde Fasern vermischt sind, wobei sich unsere, den Druck erniedrigenden Fasern analog den Vasokonstriktoren verhalten und umgekehrt die den Druck erhöhenden analog den Dilatatoren. Was die den Druck erhöhenden Fasern betrifft, so müssen folgende Einzelerscheinungen erwähnt werden. Einmal sah ich, daß diese Fasern, nach einer Reihe von Reizungen schließlich nur stark ausgeprägte TRAUBEsche Wellen ohne Veränderung des mittleren Blutdrucks *(370)* hervorriefen. Nach der Reizung wurden diese Wellen allmählich kürzer und flacher, bis sie schließlich und endlich überhaupt aufhörten. Auf jede Reizung folgten neue Wellen. Ein andermal, als infolge einer starken Konvallariavergiftung das Herz aufhörte, sich zu kontrahieren, hatte ich ebenfalls die Möglichkeit zu sehen, wie jede Reizung eines Astes, der früher den Druck ohne Rhythmusveränderung erhöhte, jetzt eine lange Reihe von Herzkontraktionen in Form einer Nachwirkung hervorrief. Eine Reizung der beschleunigenden und hemmenden Äste zeigte umgekehrt gar keine Wirkung. Die letzte Tatsache habe ich vorläufig noch nicht speziell untersucht.

Bei Prüfung des vorliegenden Materials können zwei Möglichkeiten angenommen werden, und zwar entweder ein indirekter Einfluß auf die Herzarbeit seitens unserer Nervenäste über die Herzgefäße oder ihr (der Äste) direkter Einfluß auf die Herzmuskulatur.

Zum Abschluß möchte ich auf eine bei diesen Versuchen immer wieder vorkommende Tatsache aufmerksam machen, nämlich, daß auf eine starke Reizung der beschleunigenden Nerven ein Absinken des Drucks, und zwar ein sehr starkes, sogar bis zur vollkommenen Unterbrechung der künstlichen Herzarbeit, d.h. bis zum Nullpunkt, erfolgt.

Die oben angeführten Versuche einschließlich des Experiments am n. vagus des Halses bei einer Konvallariavergiftung, sind schon am 26. September 1882 in russischer Sprache in der „Klinischen Wochenzeitung" veröffentlicht worden. Über die Versuche, die die Nervenäste mit den Druck erhöhender und den Druck erniedrigender Wirkung betreffen, ist am 30. Oktober des vorigen Jahres in der Sitzung der Zoologischen Abteilung der Gesellschaft der Naturforscher an der St. Petersburger Universität berichtet worden. Schließlich sind die Versuche mit Lokalisation dieser Effekte und ihrer Wechselbeziehungen am 3. Dezember in der Sitzung der gleichen Gesellschaft mitgeteilt worden.

Das Recht zur weiteren Untersuchung dieses Themas behalte ich mir vor. *(371)*

ZUR INNERVATION DES HERZENS[1])

(Vierte Mitteilung)

(Klinisches Laboratorium von Prof. S. P. BOTKIN*)*

In den vorhergehenden Berichten habe ich Tatsachen beschrieben, die die Existenz zweier neuer zentrifugaler Herznerven, des verstärkenden und des abschwächenden, beweisen. Die Wirkung der verstärkenden Fasern wurde erstens (auf Grund manometrischer Ergebnisse) durch einen Blutdruckanstieg charakterisiert, zweitens durch die Beseitigung der Dissoziation zwischen Vorhof- und Kammerbewegungen, die bei Reizung starker, rein beschleunigender Äste (äußere Herzäste) eintritt. Indem ich mich auf kardiographische Versuche stütze, kann ich im Augenblick eine dritte Eigenschaft zu dieser Charakteristik hinzufügen: Bei Reizung verstärkender Fasern verläuft der Kontraktionsprozeß des Herzens (die Systole zusammen mit der Diastole) viel schneller, so daß, wenn z. B. vor der Reizung die Systole mit der Diastole zwei Drittel des Herzschlags ausmachte und die Pause ein Drittel dauert, jetzt die Pause umgekehrt zwei Drittel der Zeit, der Kontraktionsprozeß nur ein Drittel ausmacht. Die Reizung rein beschleunigender Nerven weist eine solche Wirkung nicht auf. Versuche haben gezeigt, daß der durch Zusammendrücken der Aorta hervorgerufene Druckanstieg eine solche Veränderung des Kontraktionsprozesses nicht bedingt. Die Fülle so charakteristischer Merkmale der verstärkenden Nerven stellt die Frage *(372)* ihrer Existenz außer jeden Zweifel, weswegen der unlängst aus dem LUDWIGschen Laboratorium herausgekommenen halbnegativen Arbeit von WOOLDRIDGE[2]), der lediglich eine Messung des Drucks vorgenommen hat und gar keine Maßnahmen gegen die maskierende Wirkung des Antagonisten ergriff, keine Bedeutung für unser Problem beigemessen werden kann. Was den weiteren Verlauf der verstärkenden Fasern in Richtung zum Zentralnervensystem betrifft, so haben verschiedenartige Versuche übereinstimmend bewiesen, daß ein Druckanstieg, die Beseitigung der Dissoziation und Verkürzung des Kontraktionsprozesses, bei Reizung der ansa Vieussenii ebenso sicher erhalten werden kann, wie von dem (verstärkenden) Hauptast des Herzens, jedoch in keiner Weise und niemals vom Halsteil des n. vagus. Diese Wirkung der Ansa verschwindet (es bleibt allein die beschleuni-

---

[1]) Еженед. клин. газета *[Klinische Wochenzeitung]*, Nr. 12, 1884.

[2]) WOOLDRIDGE, DU BOIS-REYMONDS Archiv, Physiol. Abtl., 1883, [S. 522—541].

gende Funktion), sobald der Hauptast (oder die ihn zusammensetzenden Ästchen) anatomisch oder physiologisch (durch Einlegen in Eis) unterbrochen wird. Somit ist die Schlußfolgerung WEDENSKIS[1]) aus seinen telefonischen Beobachtungen über die Anwesenheit neuer motorischer Herzfasern im Halsteil des n. vagus durch unsere Versuche entschieden widerlegt. Es ist klar, daß die früheren Forscher einen Fehler in der Schlußfolgerung machten, als sie die ganze Wirkung der Ansa auf beschleunigende Fasern zurückführten, z. B. BAXT[2]) in der Frage über den Einfluß beschleunigender Nerven auf den Kontraktionsprozeß des Herzens. Da die abschwächenden Fasern über den n. vagus des Halses zum Herzen verlaufen (wie dies aus unseren früheren Versuchen mit Konvallaria- und Atropinvergiftung folgt), wird durch unsere jetzigen Versuche zum erstenmal der anatomische Beweis der Getrenntheit der verstärkenden und abschwächenden Herznerven geliefert. Druckerhöhung bei Reizung des (verstärkenden) Hauptastes des Herzens tritt auch dann ein, wenn die Reizung bei nicht eröffneter Brusthöhle vorgenommen wird, was dank der hohen Lage dieser Äste sehr leicht gelingt. Somit wird der Gedanke beseitigt, der von einigen Physiologen ausgesprochen wird, daß die verstärkende Wirkung der Herznerven sich nur an unnormalen, *(373)* sehr geschwächten Herzen bemerkbar macht. Einige Versuche an Katzen zeigten, daß auch hier die verstärkenden Fasern größtenteils in dem dicksten, von der Innenseite des n. vagus abgehenden Aste enthalten sind, wobei sie in besseren Fällen von den rhythmischen Fasern mehr isoliert sind als beim Hund. Von mir ist früher erklärt worden, daß am Schluß der Erstickung, wenn der Druck vom hohen Niveau schnell zu fallen beginnt, eine Reizung des n. vagus des Halses dieses Absinken gleichzeitig mit einer Verlangsamung stoppt; der Druck bleibt während der ganzen Dauer der Reizung auf diesem Niveau, wo die Reizung ihn erreichte. Bei meinen neuen Versuchen stellte sich heraus, daß der Druck dabei in anderen Fällen sogar stark ansteigen kann und die Erscheinung solange besteht, wie der n. vagus eine Verlangsamung hervorruft. Mit der Atropinvergiftung hört die Erscheinung auf. Folglich ist diese nützliche Wirkung des n. vagus auf das geschwächte Herz das Ergebnis seiner hemmenden Funktion (und keiner anderen). Das ist ein deutlicher Fall, der klar auf die physiologische Bedeutung der hemmenden Fasern, wie des die Erholung des Herzens lenkenden Nerven hinweist. *(374)*

---

[1]) WEDENSKI, Centralbl. f. d. med. Wissensch. Nr. 1, 1884, [S. 1—3].

[2]) N. BAXT, DU BOIS-REYMONDS Archiv, Physiol. Abtlg., 1878, [S. 122—136].

ÜBER DEN EINFLUSS DES VAGUS AUF DIE ARBEIT DER LINKEN HERZKAMMER[1])

(Aus dem Physiologischen Institut zu Leipzig.)

In einer früheren Untersuchung, deren Ergebnisse teils russisch, teils deutsch[2]) veröffentlicht wurden, hatte ich gefunden, daß sich der Druck in der arteria carotis unabhängig von der Schlagfolge des Herzens durch Reizung gewisser zu den Ventrikeln gehender Zweige des Brustvagus erhöhen ließ. Obwohl die Bedingungen des Versuchs schon damals derart gewählt waren, daß das Anwachsen des Drucks nur auf ein vermehrtes Zuströmen des Blutes vom Herzen aus, also auf eine gesteigerte Tätigkeit des letzteren zu beziehen war, fehlte doch zum vollen Beweis noch die Messung der mit jeder Systole ausgeworfenen Blutmenge. Durch den Aortenmesser, welchen mir Herr Prof. C. Ludwig in verbesserter Gestalt zur Verfügung stellte, ließ sich, wie aus der folgenden Mitteilung ersichtlich, der Mangel ergänzen.

Von dem Apparat, mit dem Stolnikow die Stärke des Aortenstroms gemessen hatte, unterschied sich der neue in zwei Richtungen. Die Umschaltung der Stromrichtung von den Blut- zu den Eichgefäßen, die früher der Hand überlassen war, wurde einem automatisch wirkenden Hebel anvertraut, und zudem war der Strom, der von dem linken Herzen her zu den Eichröhren ging, *(375)* in unmittelbare Verbindung gesetzt mit dem, der von dort zum rechten Herzen zurückfloß, so daß der Apparat stets ebensoviel Blut hergab, als er empfangen hatte.

Damit die Menge des abfließenden Blutes gleich der des zufließenden werden mußte, waren die Eichgefäße an ihren oberen Enden luftdicht verschlossen und beide durch ein engeres Rohr miteinander verbunden, so daß nun dieser Teil des Apparats der älteren Stromuhr ähnlich wurde.

Einen größeren Aufwand von Mitteln erforderte die Selbstwendung der Stromrichtung, weil sie jedesmal nur dann erfolgen durfte, wenn sich das eine der beiden Eichgefäße gefüllt und demgemäß das andere entleert hatte. Der veränderlichen Zeit wegen, nach deren Verlauf die Wendung des Blutstroms stattfinden sollte, mußten, insofern man sie auf elektromagnetischem Weg aus-

---

1) Du Bois-Reymonds Archiv, Physiol. Abtlg., 1887, S. 452 bis 468.

2) Centralblatt für die medicinischen Wissenschaften, 1883 und 1885. (Siehe diesen Band, S. 277 — Red.)

führen wollte, zwei galvanische Stromkreise aufgestellt werden. Die Verdeutlichung des Verfahrens wird deshalb nur mit Hilfe einer schematischen Zeichnung gelingen (Abb. 1.).

A und *B* sind die Eichgefäße, von jedem derselben gehen zwei Röhren aus, *a* und *a'* von *A*, *b* und *b'* von *B*. Nachdem sich die Röhren gekreuzt haben, münden *a* und *b* in eine mit *Lv*, *a'* und *b'* in die mit *Rv* bezeichnete Kanüle. Auf ihrem Weg sind die Röhren *a a' b b'* teils aus Glas, teils aus Gummi hergestellt, da wo letzteres eingeschaltet, *a'* neben *b* und *b'* neben *a* gelegen ist, laufen beiderseits je zwei der Röhren übereinander vor einer unverrücklich feststehenden eisernen Platte *p p* vorbei. Der eisernen Platte gegenüber liegt ein eiserner Doppelkeil derart, daß die Röhren zwischen den beiden Eisenstücken der Platte und einem Keilende hindurchlaufen. An dieser Stelle können je nach der Stellung, die dem Doppelkeil gegeben wird, zwei auf derselben Seite liegende Kautschukröhren verschlossen werden, indes die beiden auf der entgegengesetzten Seite befindlichen offen bleiben. Um den Verschluß bald rechts, bald links zu bewirken und ihn an jedem Ort solange festzuhalten, bis sich das Eichgefäß *A* vom linken Ventrikel aus gefüllt, das Eichgefäß *B* dagegen nach der Vene hin entleert hatte, mußten zwei voneinander getrennte elektrische Batterien aufgestellt werden. *(376)*

Die erste derselben, *I*, die den Doppelkeil *k* regieren und mit ihm die Gummischläuche verschließen soll, kann ihren Strom durch zwei Leitungen, *I, II, III, IV, V* oder *I, II', III', IV', V'*, ergießen, doch niemals gleichzeitig durch beide, denn jeder der Zweige ist an einem Ort *IV* und *IV'* zu unterbrechen, und die beiden Bruchstellen stehen an den Enden eines doppelarmigen Hebels *V* und *V'*, so daß die Verbindung in der einen Bahn unterbrochen sein muß, wenn die an der anderen hergestellt ist. Das Spiel der geschilderten Einrichtung ist durchsichtig. Gesetzt, die Leitung *II, III, IV, V* sei wegsam, so wird der jenseits *III* eingeschaltete Magnet wirksam. Er zieht den Stiel des Doppelkeils an sich; weil sich aber der Stiel um die Achse *x* dreht, so wird der Doppelkeil selbst die Gummischläuche *a' b* verschließen, *a b'* dagegen unbehelligt lassen.

In der Lage, die ihm einer der Zweige des Sperrkreises erteilt hat, soll der Doppelkeil solange verharren, bis sich das bis zu einer gewissen Höhe mit Blut gefüllte Eichgefäß *B* durch die Vene entleert hat und das vordem leere Eichgefäß *A* von der Aorta her gespeist ist, dann aber soll sich der Keil augenblicklich umlegen, so daß das Gefäß, das soeben noch mit der Arterie in Verbindung stand, in die Vene mündet und das Umgekehrte mit dem anderen Gefäß geschieht.

Damit dies zur richtigen Zeit eintritt, dafür sorgt der in der Batterie 1 entspringende Strom, dem ebenfalls zwei Wege zur Verfügung stehen: 2, 3, 4, 5 und 2', 3', 4', 5'. Auch in diesem zweiten Kreis, der die Umschaltung des ersten bewirkt, hat jeder Zweig eine Lücke, die beide niemals zugleich überbrückt werden, stets ist die eine Verbindung unterbrochen, wenn die andere hergestellt ist, zudem dauert der Schluß nur kurze Zeit. Er wird durch den Schwimmer hervorgebracht, der vom Blut gehoben wird, das aus dem linken Ventrikel einströmt. Wenn beispielsweise der im Eichgefäß *A* emporgehobene Schwimmer das Plättchen an

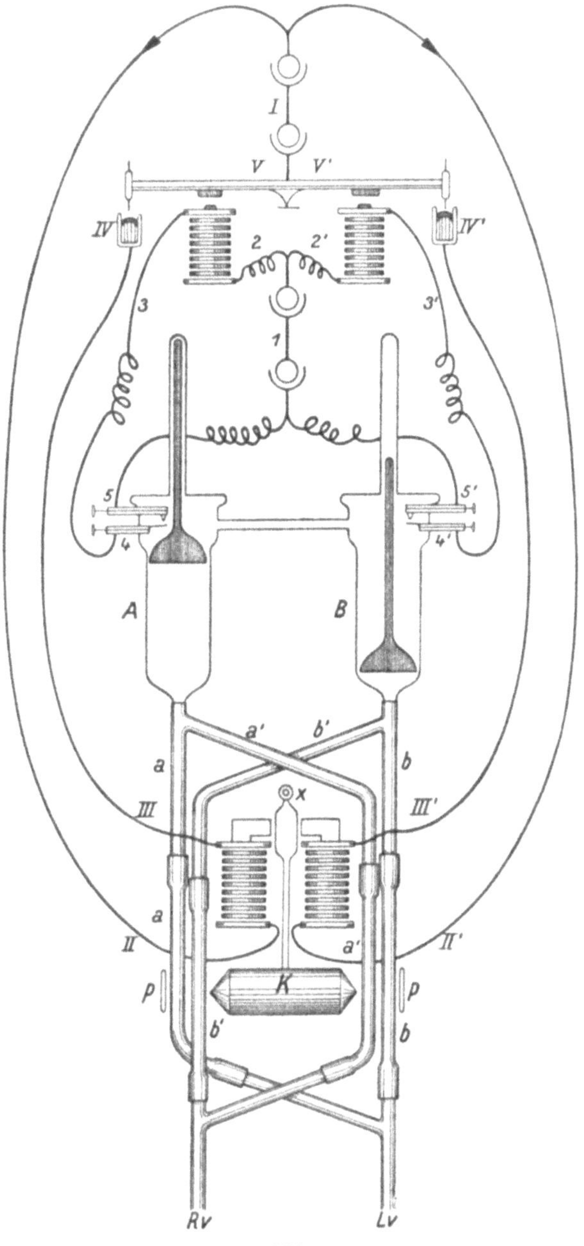

Abb. 1

der Klemme 4 zu dem Stift bei 5 angedrückt hat, wird der Strom in dem Zweig 2 bis 5 kreisen und den von ihm umzogenen Eisenkern zum Magneten umformen. Sogleich wird der Magnet den Hebelarm *V* herabziehen, wodurch im Sperrkreis *a b'* der Zweig geschlossen wird, der den Doppelkeil nach der Seite des arteriellen Zuflusses zu *A* hin bewegt. *(378)* Mit dem Verschluß des Zuflusses öffnet sich das Abflußrohr, der Schwimmer folgt der sinkenden Flüssigkeit und die soeben noch leitungsfähige Bahn wird wieder unwegsam.

Das gleiche darf im Stromzweig *I*, *II*, *V* nicht stattfinden. Er muß, wie schon gesagt, bis zur Entleerung von *A* bzw. zur Füllung von *B* leitungsfähig bleiben, eine Bedingung, die sich erfüllt, wenn die Unterstützung des Hebels *V V'* über dem Schwerpunkt liegt. In der Lage, die ihm gegeben war, verharrt er solange, bis er durch den anderseitigen Magneten in eine neue gebracht wird.

Weil die Gummischläuche, die das Blut den Eichgefäßen zubringen und entnehmen, wechselweise zu öffnen und zu verschließen sind, so muß sich der Doppelkeil *K* ausgiebig bewegen, zugleich aber hat er einen kräftigen Druck zu üben, wenn er die durch ihren Inhalt ausgespannten Wandungen aneinander pressen soll. Hierzu sind die neben *III* und *III'* angebrachten Elektromagneten befähigt, weil sie nicht unmittelbar den Doppelkeil, sondern je einen Anker anziehen, der ihren Polen sehr nahe liegt. Anker und Doppelkeil bilden die Enden eines Hebels, dessen ungleich lange Arme sich um Achse *x* drehen. Den gegebenen Maßen entsprechend wird der von dem Anker durchmessene Weg fünfmal vergrößert vom Doppelkeil zurückgelegt.

Zahlenmäßige Bestimmung der Stromstärke. — Mit dem Wegfall der federtragenden Schwimmer, die in dem früheren Apparat das Steigen und Sinken der Blutsäule auf das vorüberziehende Papier einzeichneten, mußte auf eine anderweitige Notierung der Stromstärke Bedacht genommen werden. Zu einer solchen eignete sich die Ermittlung der Blutmenge, welche die Arterie zur Füllung eines der beiden Eichgefäße zu liefern hatte, und die Kenntnis der hierzu nötigen Zeit.

Erfordernisse zur Bestimmung des in den Apparat eingetretenen arteriellen Bluts sind folgende: Die beiden Eichgefäße müssen möglichst einander gleich, kalibriert und auf ihrer Außenfläche mit je einer Millimeterteilung versehen sein. Damit der Versuch ohne Störung beginnen kann, muß das mit der Vene verbundene Eichgefäß mindestens soviel defibriniertes Blut enthalten, *(379)* wie notwendig ist, um von der Arterie aus das zweite Gefäß bis oben hin zu füllen, denn es muß, dem Bau des Apparats entsprechend, aus ihm stets gerade soviel abfließen als ihm zufloß.

Die untere Grenze der Blutmenge, die in den Apparat vor dem Beginn des Versuchs eingeführt werden muß, liegt also bei der Hälfte seines gesamten Inhalts. Indes kann die vorläufige Füllung über diesen geringsten Wert hinausgehen, woraus der Vorteil erwächst, daß das zur Füllung des Gefäßes nötige arterielle Blutvolumen weniger als den halben Inhalt des messenden Apparats betragen darf. Immer aber muß der Anteil des Gesamtraums beider Eichgefäße bekannt sein, der vor dem Beginn des Versuchs mit Luft erfüllt war, da seinem Umfang das aus dem Herzen kommende, von dem Apparat zu fassende Blutvolumen entspricht.

Die zur Füllung des verfügbaren Raums nötige Zeit wird am sichersten graphisch bestimmt. Sooft eines der Eichgefäße vollkommen gefüllt ist, wird der Hebel *V V'* bewegt, durch ihn läßt sich also auf dem vorübergeführten Papierstreifen eine Marke aufzeichnen.

Sowie die zur Füllung des verfügbaren Raumes nötigen Blutmengen und Zeiten bekannt sind und außerdem, was leicht geschehen kann, die in jene Zeit gefallene Anzahl der Herzschläge, läßt sich in Mittelwerten die von einer Systole oder die in einer Sekunde gelieferte Blutmenge angeben. Da man aber der automatisch bewirkten Umschaltung wegen die Füllungszeit bis auf wenige Sekunden hin ohne Beeinträchtigung der Genauigkeit herabdrücken kann, wird in der Regel durch die Ziehung des Mittels eine mit der Zeit veränderliche Stromstärke nicht verdeckt werden.

Empfehlenswert sind öftere Prüfungen des Apparats auf seinen luftdichten Zustand und auf die Leistungsfähigkeit des Doppelkeils. Ob die erstere gewahrt ist, ist aus der Unveränderlichkeit des Luftvolumens im Apparat vor dem Beginn und nach dem Ende eines Versuchs zu erkennen.

Ob der Keil den Verschluß der Gummischläuche sicher besorgt, läßt sich ersehen, wenn man vor die Arterienkanüle einen unveränderlichen Wasserdruck anbringt, die Venenkanüle in ein Gefäß mit konstantem Wasserspiegel eintaucht und außerdem noch *(380)* ein empfindliches Manometer unmittelbar vor die Arterienkanüle setzt. Dem stets gleichen Druckunterschied des Wassers gemäß müssen die Zeitmarken, die von dem Apparat beim Spiel der Elektromagneten aufgezeichnet werden, gleichlang sein, ohnedies würde sich entweder einerseits der Gummischlauch nicht genügend öffnen und das Abfließen hindern, oder der Keil würde auf einer Seite fester als auf der anderen schließen, so daß ein Teil des eintretenden Wassers, ohne in das Eichgefäß überzugehen, nach der Vene hin abflösse. Entscheidend für die beiden Möglichkeiten sind die Angaben des Manometers. Im letzteren Fall bleibt sein Stand unverändert, ob das erste oder zweite Gefäß mit der Arterie verbunden ist; wenn dagegen aus einem der beiden Gefäße der Abfluß in die Venenkanüle gehemmt wäre, würde der Druck im Manometer wachsen.

Vorbereitung des Tieres. Als Betäubungsmittel wurden Morphium, Kurare und, insofern die pulsverzögernde Wirkung des n. vagus vermieden werden mußte, zugleich Atropin benutzt. Je nach der damit verbundenen Absicht war der Versuch bei offener oder geschlossener Brusthöhle auszuführen. Im letzteren Fall verlief die Vorbereitung genau nach der Vorschrift Stolnikows. Sooft aber die Wirkungen der einzelnen, zum Herzen hinziehenden Nervenzweige festzustellen waren, mußte künstliche Atmung eingeleitet und zur Eröffnung der Brusthöhle geschritten werden.

Unter dieser Voraussetzung ließ sich die dauernde Unterbindung auf die beiden Karotiden und auf die Äste der a. subclavia dext. beschränken, weil sich oberhalb des Ursprungs der a. subclavia sinist. eine Schlinge um die Aorta legen läßt, die auf einem Ligaturstab festzuschnüren ist.

Ausgeschlossen wurden in allen Versuchen die direkten und reflektorischen Nebenwirkungen des n. vagus. Stets waren die Stämme des Nerven am Hals und oberhalb des Zwerchfells durchschnitten und die Elektroden am peripheren Halsstumpf angelegt. Wenn die Reizung der Lungenäste vermieden werden sollte, wurde der Nerv oberhalb ihrer Abzweigung durchtrennt. Sollte die Leistungsfähigkeit *(381)* einzelner Herzzweige geprüft werden, wurde verschiedenartig verfahren. Entweder wurden sämtliche zum Herzen verlaufenden Äste isoliert, an ihrem Abgangsort durchschnitten und mit Marken versehen, so daß nach dem Tod des Tiers durch eine vorgenommene Sektion ihr anatomisches Verhalten aufgeklärt werden konnte; am abgeschnittenen Ende wurde die Reizung vorgenommen. Andere Male wurden statt aller nur einzelne Herzäste durchschnitten, und dann der n. vagus am Hals elektrisiert. Beide Arten des Versuchs ergänzen sich gegenseitig. Wurden die Schleifenschenkel der Ansa zwischen die Elektroden gefaßt, so wurde vorher ihr dem Grenzstrang zugewendetes Ende durchschnitten. Die größere Anzahl der Reizungen ist auf der rechten Seite ausgeführt worden.

Auswahl der Herzäste für die Reizung. In der Reihenfolge ihres Ursprungs aus dem Vagosympathikus zeigen die nach ihrer Wirkung gleichartigen Herzäste von Tier zu Tier mannigfache Verschiedenheiten. Deswegen sind bei der vorläufigen Auswahl voraussichtlich übereinstimmend wirkender Äste Willkürlichkeiten nicht zu umgehen, trotzdem gelingt es meist, bei verschiedenen Individuen das Gleichartige herauszufinden. Namentlich lassen sich als eigentümlich funktionierend folgende Äste bezeichnen.

Das Nachstehende gilt für den rechten Vagosympathikus.

1. Der große vordere Kammernerv — nach der Bezeichnung von WOOLDRIDGE[1]) — entspringt nie über dem r. recurrens. Entweder geht er mit dem r. recurrens gleichzeitig aus dem Stamm hervor oder etwas unterhalb desselben, und wenn das letztere geschieht, so empfängt er oft einen Zuwachs aus dem Bogen des r. recurrens. Da er von den mehrfachen Faserbündeln, die nahe unterhalb des r. recurrens aus dem Nervenstamm hervorkommen und nach der Mittellinie hin verlaufen, der stärkste zu sein pflegt, so nenne ich ihn den *inneren starken Ast*, eine Bezeichnung, die ich wähle, um den Anschein zu vermeiden, als hätte ich jedesmal den gereizten Nerven bis zu den Wurzeln der großen Arterien hin präpariert. *(382)*

2. und 3. Innere untere Nerven nenne ich zwei feinere Fäden, die unterhalb des eben genannten Astes entspringen und auf selbständiger Bahn in die Vorhöfe eindringen.

4. Äußere Äste, die aus der von der Mittellinie abgewandten Seite des Nervenstamms hervorgehen und durch ihren Ursprung wie durch ihre Verbindungen auf ihre Zugehörigkeit zu dem n. sympathicus schließen lassen.

---

[1]) L. WOOLDRIDGE, DU BOIS-REYMONDS Archiv, Physiol. Abtlg., 1883, S. 523.

I. P. Pawlow 1885

Aufhebung der Gerinnbarkeit des Blutes. Daß der Versuch von der Gerinnung des Blutes keine Störung erfährt, hat schon STOLNIKOW hervorgehoben. Die Ursache hiervon darf jedoch nicht ausschließlich in der kurzen Aufenthaltsdauer des Blutes außerhalb der lebendigen Gefäße gesucht werden, weil, wenn auch die größte Masse der Flüssigkeit schon wenige Sekunden nach ihrem Übergang in das arterielle Eichrohr zur Vene zurückkehrt, doch immer kleine Reste derselben an dem Schwimmer und dem Metallkontakt zurückbleiben. Würde sich in diesen kleineren Mengen die Gerinnung vollziehen, so müßte die Beweglichkeit des Schwimmers und die Reinheit des Kontakts aufgehoben, damit aber der glatte Ablauf des Versuchs getrübt werden. Hiervon ist auch während Stunden andauernder Beobachtung nichts zu bemerken. Stets tritt dagegen die Gerinnung zuweilen sogar recht rasch ein, wenn der Apparat in verkleinertem Maßstab innerhalb der arteria carotis und vena jugularis spielt, entgegen der Annahme, daß sich das Blut wegen seiner kurzdauernden Abwesenheit aus den Gefäßen flüssig erhalte.

Sonach bleibt nur die Annahme übrig, daß das Blut, das mit Umgehung anderer Gewebe durch das Herz und die Lunge fließt, seine Gerinnbarkeit verliere. Zu ihrer Bestätigung dient, daß das Blut, das nach einem länger dauernden Versuch aus dem Apparat oder dem Herzen in ein Glasgefäß aufgefangen wurde, auch nach tagelanger Aufbewahrung bis zur beginnenden Fäulnis hin keine Spur eines Gerinnsels ausscheidet. Wie lange das Blut, bis es auf diese Stufe gelangt ist, durch den Rest der natürlichen Strombahn geflossen sein muß, ist mir unbekannt; doch weiß ich, was von vornherein wahrscheinlich war, daß sich die Fähigkeit, ungerinnbar zu werden, allmählich ausbildet. So traten in dem Blut, nachdem der Versuch 15 Minuten hindurch gedauert hatte, zwar noch Gerinnsel auf, *(383)* aber spät. Erst 3 bis 4 Stunden nach der Entfernung desselben aus dem Tier begann die Koagulation.

Unzweifelhaft hat das Gebiet des Herzmuskels die Veränderung des Bluts nicht zu verantworten, denn warum sollte sich in ihm das kreisende Blut anders als in den übrigen Muskeln verhalten; und da das Blut außer dem Herzen nur noch die Lunge durchsetzt, so wird vermutlich auf ihre Einwirkung die Einbuße der Gerinnbarkeit zurückzuführen sein.

Den Ursachen nachzuspüren, von denen die Änderung des Blutes abhängt, war verlockend. Liegen sie im Gewebe der Lunge, so wird der in diesem Organ ablaufende Stoffumsatz uns in einem anderen Licht als bisher erscheinen. Und wenn man die von WOOLDRIDGE entdeckte koagulierende Kraft des Extrakts der Thymus, des Hodens usw. mit der entgegengesetzt wirkenden des kleinen Kreislaufs in Vergleich stellt, so würde sich vermuten lassen, daß der für gewöhnlich im Blut vorhandene Zustand als das Ergebnis mehrfacher, sich gegenseitig regelnder, aus verschiedenen Organen stammender Einflüsse anzusehen sei. Doch für dieses Mal mußte ich mich auf meine nächste Aufgabe beschränken.

Nachdem feststand, daß das Fehlen der Gerinnung nicht vom Apparat selbst bedingt war, hätte die Entfernung der beweglichen Schwimmer als Verbesserung des Verfahrens gelten können; doch mit Unrecht, denn mit ihrem Wegfall bildet sich, wie ich gesehen habe, auf der Oberfläche der in die Eichröhren steigenden Blutmassen ein Schaum, der jede Messung unmöglich macht.

Reizung des starken inneren Nerven. — An sieben verschiedenen Hunden ist die Ausführung von jedesmal mehrfachen Reizungen des starken inneren Astes, soweit ich sehe, fehlerlos ausführbar gewesen. Solange der Nerv reizbar blieb, war der Erfolg zwar stets derselbe, die Stromstärke der Aorta war gewachsen, aber in verschiedenen Beobachtungen in ungleichem Grad. Durch je ein Beispiel, das als der Vertreter anderer gleichartiger zu gelten hat, sollen die Verschiedenheiten der Erscheinungen veranschaulicht werden. *(384)*

1. An dem Tier, das die nachfolgenden Zahlen und Kurven geliefert hat, waren nach Vollendung der nötigen Operationen — Eröffnung der Brusthöhle, Durchschneidung des rechten Vagus am Hals und über dem Zwerchfell, und nach Abtrennung aller vom rechten Brustvagus zum Herzen gehender Zweige — rechts wiederholt das periphere Ende des Halsvagus und der Ansa gereizt worden, um über die Abhängigkeit Aufschluß zu erhalten, in der der Blutstrom der Lunge von den Ästen des n. vagus steht.

Der anfangs kräftige Herzschlag wurde 30 Minuten nach dem Beginn der Messungen schwächer und seltener. Erst nachdem die Leistungsfähigkeit des Herzens sich sehr merklich herabgemindert zeigte, wurde der bis dahin geschonte starke innere Zweig wiederholt mit Hilfe des Schlitteninduktoriums gereizt. Vor, während und unmittelbar nach dem Ende der Reizung lieferte das Federmanometer die obenstehende Pulskurve (Abb. 2).

Den Angaben des Federmanometers entsprechen die der Eichgefäße. In der Tabelle bezieht sich die Überschrift „Füllungszeit“[1]) auf denselben Zeitraum, für den die in derselben Reihe folgende Zahlen gelten; „Schlagdauer“ bedeutet die zur Vollendung je einer Systole und Diastole gehörige Zeit, Schlagvolumen gibt das mit einem Herzschlag, Sekundenvolumen das während einer Sekunde aus dem linken Herzen ausgeworfene Blutvolumen.

Füllungszeit in sec	Schlagdauer in sec	Schlagvolumen in cm^3	Sekundenvolumen in cm^3	Reizung
55	0,714	3,5	4,9	Ohne
21,3	0,497	9,1	18,2	Während
90,3	0,526	13,2	25,1	Ohne *(385)*

Zweihundert und fünfzig Sekunden nach der Beendigung der ersten Reizung des inneren starken Astes wurde, als die Höhe des Pulses merklich geringer geworden, eine zweite angewendet, deren Ergebnisse durch die umstehenden Zahlen und Kurven (Abb. 3) ausgedrückt sind. Da sich an die zweite eine

[1]) Das Wort „Füllungszeit“ soll darauf hinweisen, daß es sich um den Zeitabschnitt handelt, während dessen sich die Eichröhren mit Blut füllten. Der eingeschriebene Zeitwert ist somit nicht willkürlich abgegrenzt, sondern durch den Versuch bestimmt.

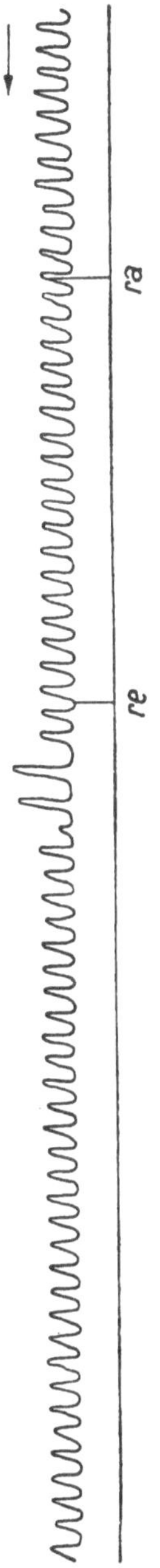

Abb. 2

ra bedeutet Anfang, re Ende der Reizung

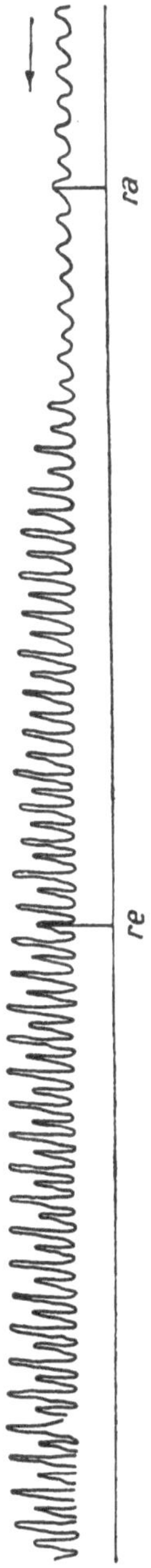

Abb. 3

ra bedeutet Anfang, re Ende der Reizung

dritte und vierte Reizung anschloß, ist der Erfolg derselben fortlaufend in die Tabelle aufgenommen worden.

Nummer der Reizung	Füllungszeit in sec	Schlagdauer in sec	Schlagvolumen in cm³	Sekundenvolumen in cm³	Reizung
	43,9	0,623	7,8	12,6	Ohne
2	17,6	0,530	9,9	18,7	Während
	5,6	0,427	10,2	24,0	
	40,7	0,454	12,4	27,4	
	35,7	0,556	13,0	23,3	
	27,1	0,600	12,3	20,5	
	40,8	0,643	11,4	17,8	
	29,3	0,687	9,7	14,1	
3	16,4	0,565	11,0	19,4	Während
	10,3	0,429	11,5	26,8	
	29,9	0,447	12,4	27,8	
	40,2	0,508	12,1	23,9	
	16,2	0,673	6,3	9,3	
4	20,5	0,506	11,2	22,2	Während
	22,4	0,477	12,4	26,0	
	29,3	0,582	13,7	23,7	

Die jetzt folgenden Zahlen sind nicht wie die vorhergehenden Tieren entnommen, deren Herzschlag schon dem Erlöschen nahe war; im Gegenteil arbeitete das Herz mit voller Kraft.

Die folgenden, von drei verschiedenen Tieren gelieferten Beispiele zeigen, daß sich während der Reizung des Nerven die Schlagdauer zu verkürzen, zu verlängern oder gleichzubleiben vermag, ohne daß sich damit der Erfolg ändert, den die Reizung des Nerven für die Stromstärke besitzt. *(387)*

I.

Nr. der Reizung	Füllungszeit in sec	Schlagdauer in sec	Schlagvolumen in cm³	Sekundenvolumen in cm³	Reizung
	26,0	0,241	8,6	35,6	Ohne
2	23,7	0,236	9,4	39,8	Während
	26,3	0,238	8,2	34,2	Ohne
	26,3	0,241	8,3	34,4	Ohne
3	39,4	0,240	8,7	36,2	Während
	27,5	0,241	7,5	31,1	Ohne

II.

Nr. der Reizung	Füllungs-zeit in sec	Schlag-dauer in sec	Schlag-volumen in cm^3	Sekunden-volumen in cm^3	Reizung
	15,1	0,402	12,2	30,5	Ohne
1	18,0	0,386	13,2	34,2	Während
	16,8	0,343	12,4	36,3	Ohne
	14,3	0,275	11,8	42,9	Ohne
2	20,7	0,295	13,5	45,7	Während
	18,4	0,315	13,3	42,2	Ohne
3	9,9	0,333	16,4	49,2	Während
	7,9	0,267	18,6	39,7	Ohne
4	15,3	0,267	10,9	40,7	Während
	26,4	0,283	11,4	40,4	Ohne
5	26,2	0,298	12,4	41,7	Während
	22,3	0,309	12,9	41,8	Ohne
	17,0	0,329	12,0	36,6	Ohne
6	16,9	0,337	12,4	36,8	Während
	29,8	—	—	36,0	Ohne

III.

Nr. der Reizung	Füllungs-zeit in sec	Schlag-dauer in sec	Schlag-volumen in cm^3	Sekunden-volumen in cm^3	Reizung
	54,9	0,436	12,3	28,1	Ohne
1 {	14,6	0,378	10,2	27,1 }	Während
	16,3	0,331	10,5	31,8 }	
	64,4	0,403	12,0	29,8	Ohne
2 {	14,5	0,347	9,4	27,1 }	Während
	4,1	0,306	9,7	31,8 }	
	12,5	0,324	10,6	32,7	Ohne
	12,4	0,403	9,6	32,8	Ohne *(388)*

Aus den Zahlen ergibt sich, daß ausnahmslos die Stromstärke in der Aorta, das Sekundenvolumen, infolge der Reizung unseres Zweiges anwuchs. Insofern hiermit auch eine Beschleunigung der Pulsfolge zusammentraf, könnte man dieser die Verantwortung für das Ansteigen des Blutstroms zuschieben, eine Annahme, die zum Beweis für ihre Berechtigung die Beobachtungen vorführen könnte, in denen mit der Zunahme der Pulszahl die durch eine Systole ausgeworfene Blutmenge, das Schlagvolumen, abgenommen hat. Gegen eine solche Beweisführung würde jedoch sogleich einzuwenden sein, daß mit der wachsenden Beschleunigung des Herzschlags auch die Dauer der Diastolen verringert sein muß. Nun wird aber der Ventrikel nur in der letzteren Zeit mit Blut gespeist, woraus unmittelbar folgt, daß unter sonst gleichen Bedingungen in die Kammern um so weniger Blut eindringen wird, je rascher der diastolische Zustand vorübergeht.

Einem gleichen Einwand sind die Beobachtungen enthoben, in denen ohne eine Steigerung der Pulsfrequenz die Stromstärke hochging. Unter dieser Bedingung konnte das Sekundenvolumen nur dadurch wachsen, daß die mit einer Systole entleerte Blutmenge (das Schlagvolumen) zugenommen hatte. Und mit noch viel größerer Deutlichkeit tritt der Anteil, den die erhöhte Leistung des Herzens an der Zunahme der Stromstärke gewinnt, dann hervor, wenn sich die von einer Systole ausgepreßte Blutmenge vermehrt hat, obwohl die Schlagdauer abgesunken ist. Denn nun hätte man der kürzer dauernden Diastole wegen erwarten dürfen, daß jede Systole bei einer geringeren Füllung der Kammerhöhle begonnen habe und darum auch nicht imstande gewesen sei, soviel Blut wie sonst zu entleeren.

Aus der Zusammenstellung der verschiedenen Ergebnisse des Versuchs geht demnach hervor, daß die zunehmende Stromstärke in der gesteigerten Leistung des Ventrikels selbst begründet sein muß.

Die Größe des Zuwachses, die der Stromstärke durch die Reizung des Nerven zuteil wird, fällt, wie die Beobachtungen lehren, sehr verschieden aus. Von vornherein war eine um so geringere Steigerung durch die Reizung zu erwarten, je größer die Stromstärke schon während der Nervenruhe gewesen ist, denn die Leistungsfähigkeit des Herzens *(389)* wird der allgemeingültigen Regel unterworfen sein, wonach die Muskelwirkungen eine gewisse obere Grenze nicht zu überschreiten vermögen. Einer derartigen Annahme entspricht der tatsächliche Befund; der Zuwachs erweist sich als gering, zuweilen bis in den Bereich unvermeidlicher Beobachtungsfehler fallend, wenn der Ventrikel schon vor der Reizung kräftig arbeitete. Solche Reizungen, die einen nur unbedeutenden Ausschlag hervorrufen, verdienen nur deshalb Beachtung, weil sie bei mehrfacher Wiederholung stets den gleichen Erfolg erzielten. Sehr mächtig dagegen gestaltete sich der Zuwachs, wenn der gereizte Nerv auf ein schwach arbeitendes Herz wirkte. Aber auch dann stieg die Leistung des Herzens nicht merklich über den Wert, der zu der Zeit vorhanden war, als das Herz auch während der Ruhe des Nerven noch kräftig schlug.

Genauere Aufschlüsse über den zeitlichen Verlauf des Vorgangs, den die Reizungen unseres Vagusastes auslösen, dürften schwer zu gewinnen sein. Überall da, wo der Zuwachs der Stromstärke gering ist, bleibt man unsicher über den Anfang der Wirkung, wo dagegen wie am ermüdeten Herzen der Anfang der Wirkung deutlich hervortritt, ist zu vermuten, daß ihr Ende durch die von seiten des kräftigen Blutstroms gesteigerte Herztätigkeit verdeckt wird. Offenbar wird der Blutstrom, der infolge der Nervenerregung kräftiger geworden ist, die Tätigkeit des Herzens auch über die Zeit hinaus beleben, während der die unmittelbare Wirkung des Nerven auf das Herz andauert.

Den Angaben des Federmanometers gemäß erscheinen die sichtbaren Folgen der Reizung erst nach Verlauf einer Anzahl von Herzschlägen, noch später machen sich dieselben in dem Wachstum der Stromstärke geltend. Einmal in der Zunahme begriffen, fährt die letztere damit auch nach der Beendigung einer über 20 bis 30 Sekunden hin andauernden Reizung fort, und meist erreicht, wie aus den vorstehenden Zahlen zu ersehen ist, die Stromstärke erst 30 und mehr Sekunden nach dem Austritt des Nerven aus dem Induktionsstrom ihren höchsten Wert. Wenn später die Stromstärke, das Sekundenvolumen, wieder herabgeht, so ist dies keineswegs immer mit der von einem Herzschlag ausgeworfenen Blutmenge der Fall. Wenn nämlich *(390)* durch die Reizung auch die Schlagfolge beschleunigt war, so ereignet es sich gewöhnlich, daß nach der Ausschaltung des Nerven aus dem Induktionsstrom die Wirkung auf die Pulszahl rascher und stärker abnimmt als auf die Stromstärke, mit anderen Worten, das Schlagvolumen ist noch im Wachstum begriffen, wenn das Sekundenvolumen schon abgefallen ist.

Der Größe des Anspruchs, den unser Nerv auf seine physiologische Anerkennung zu erheben hat, kommt die lange Nachdauer einer vorausgegangenen Reizung jedenfalls zugute, mag die erhöhte Stärke der Strömung eine mittel- oder unmittelbare Folge seiner Erregung sein. Denn vorübergehende, die Herzleistung herabmindernde Einflüsse und deren Folgen können von dem erregten Nerven um so sicherer bekämpft werden, je länger seine Wirkung andauert.

Über die Herkunft der Fasern, die der verstärkend wirkende Nervenzweig dem Herzen zuführt, mußte ich nach meinen früheren Beobachtungen[1]) der Meinung sein, daß sie aus dem Rückenmark hervorgehen, denn die Reizung des Halsvagus brachte nach vorgängiger Vergiftung mit Atropin keine Erhöhung des Karotidendrucks hervor.

In der neuen Versuchsreihe steigerte an zwei Tieren die Reizung des Halsvagus die Stromstärke. Häufiger allerdings blieb nach dieser Richtung hin der n. vagus unwirksam.

In dem ersten der folgenden Versuche war das Tier wiederholt mit Atropin vergiftet, beide nn. vagi waren am Hals und oberhalb der Lungenwurzel durchschnitten. Außerdem war rechts der obere innere Zweig abgelöst, auf der linken Seite war er dagegen unversehrt geblieben. Trotz der Vergiftung mit Atropin wurde der Herzschlag in der 19. Minute nach Beginn des Versuchs erst vorübergehend und dann von der 21. Minute an dauernd seltener trotz der wiederholt vorgenommenen Gabe von Atropin. Auf das Sekundenvolumen wirkte, wie man beachten mag, die Änderung der Schlagdauer weniger ein als auf das Schlagvolumen. *(391)*

Nummer der Reizung	Füllungszeit in sec	Schlagdauer in sec	Schlagvolumen in cm³	Sekundenvolumen in cm³	Reizung
	27,2	0,311	9,6	30,9	Ohne
4	71,5	0,285	7,9	27,6	Rechter n. vagus
	77,4	0,273	8,1	29,7	Ohne
	29,4	—	—	26,6	Ohne

[1]) Medicinisches Centralblatt, 1885, S. 67.

Nummer der Reizung	Füllungs-zeit in sec	Schlag-dauer in sec	Schlag-volumen in cm³	Sekunden-volumen in cm³	Reizung
5	64,8	0,291	8,8	30,3	Beide nn. vagi
	16,9	0,299	2,6	28,8	Ohne
6	37,1	0,282	10,5	36,6	Linker n. vagus
	71,6	—	—	29,8	Ohne
	23,7	—	—	26,4	Ohne
7	36,8	0,651	16,8	25,8	Rechter n. vagus
	70,2	0,610	18,4	30,1	Ohne[1])
8	15,4	—	—	31,5	Linker n. vagus
	49,5	0,577	14,8	25,7	Ohne
9	32,6	0,584	20,5	35,1	Linker n. vagus
	66,9	0,612	17,4	28,4	Ohne
10	57,5	0,630	17,7	28,1	Rechter n. vagus
	23,0	0,598	17,0	28,4	Ohne
	43,5	0,618	19,1	31,0	Ohne
11	14,3	0,591	21,3	36,1	Linker n. vagus
11	17,8	0,574	22,4	39,0	Linker n. vagus
	41,6	0,617	18,3	29,7	Ohne
	21,7	—	—	43,5	Ohne
12	27,4	—	—	44,5	Linker n. vagus
	74,1	—	—	43,1	Ohne
13	32,3	—	—	36,5	Rechter n. vagus
	76,6	—	—	44,1	Ohne
14	33,6	—	—	45,3	Linker n. vagus
	34,5	—	—	43,8	Ohne
15	22,9	—	—	48,5	Linker n. vagus
	23,9	—	—	45,8	

(392)

Unabhängig davon, ob die Reizung des n. vagus in dem ersten oder in dem zweiten mit wiederholter Vergiftung beginnendem Abschnitt stattfand, blieben die Ergebnisse gleich. Vom linken Vagus aus wurden Schlag- und Sekundenvolumen vergrößert. Der Angriff auf den rechten Nervenstamm erwies sich wechselnd entweder wirkungslos, oder er brachte eine geringe Minderung der Stromstärke hervor.

Zu dem Mitgeteilten füge ich noch die Ergebnisse eines zweiten Versuchs, der allerdings weniger als der erste beweist. Das Tier war mit Morphium und Atropin vergiftet, die nn. vagi beiderseits am Hals und unter dem Zwerchfell durchschnitten. Da die Brusthöhle nicht eröffnet wurde, so blieben außer denen des Herzens auch die Äste der Lunge mit dem Stamm des n. vagus in Verbindung. Man kann demnach den Einwand nicht für beseitigt halten, daß die Steigerung der Stromstärke, welche die Reizung der Halsvagi hervorrief, von einer Änderung in den Lungengefäßen bedingt sei.

---

[1]) Atropineinspritzung wiederholt.

Nummer der Reizung	Füllungs-zeit in sec	Schlag-dauer in sec	Schlag-volumen in cm³	Sekunden-volumen in cm³	Reizung
	25,0	0,244	9,8	40,2	Ohne
1	54,6	0,240	9,7	40,3	Rechter n. vagus R.-A. 13
	24,7	0,241	9,5	39,2	Ohne
	26,0	0,240	8,5	35,6	Ohne
2	23,7	0,236	9,4	39,8	Rechter n. vagus R.-A. 12
	26,3	0,238	8,1	34,2	Ohne
	26,3	0,240	8,0	33,4	Ohne
3	39,4	0,240	8,7	36,2	Beide nn. vagi
	27,5	0,240	7,5	31,1	Ohne

Nachdem durch die vorstehenden Beobachtungen sichergestellt ist, daß unser Vagusast auf eigentümliche Art in den Blutkreislauf eingreift, erwacht der Wunsch *(393)* nach der Einsicht in die Mechanik seiner Wirkung. Ihn zu erfüllen, dazu genügen die bisherigen Versuche nicht, denn der Ventrikel kann auf zweierlei Weise die Stromstärke heben: Er kann in der Diastole mehr Blut aufnehmen oder in der Systole mehr als gewöhnlich auswerfen. Und gesetzt, durch den tatsächlichen Befund sei entschieden, daß entweder das eine oder andere stattfindet, so ist damit die Frage noch nicht endgültig erledigt. Denn wenn wir auch wüßten, daß der Ventrikel deshalb mehr Blut liefert, weil er sich in der Systole kräftiger zusammenzieht, so würde es zweifelhaft bleiben, ob die inneren Herzreize oder die Reizbarkeit der Muskeln gesteigert worden sind oder ob der Eintritt der verschiedenen Fasern des Herzmuskels in die Zusammenziehung in kürzeren zeitlichen Abständen, gleichmäßiger als sonst, erfolgt ist. Oder wären wir andererseits davon überzeugt worden, daß sich trotz unveränderter Energie der Kammersystole die zur Aorta fließende Blutmenge vermehrt habe, so könnte dies geschehen sein, weil die Wand des Ventrikels weicher geworden ist und darum dem eintretenden Blut weniger Widerstand leistet oder auch weil die Systole einen rascheren Ablauf genommen hat, so daß nun die Diastolen, d. h. die Füllungszeit der Kammerhöhle, gewachsen sind, ohne daß sich die Schlagdauer geändert hat. *(394)*

DIE INNERVATION DER KRAFT DER HERZKONTRAKTIONEN[1])

Das Herz ist eine Druckpumpe und nach Meinung einiger Physiologen gleichzeitig auch eine Saugpumpe. Der Arbeitsumfang einer Wasserpumpe z.B. hängt jedoch, wie jedem verständlich ist, sowohl von der Rhythmusfrequenz, von Druck und Ansaugen, als auch von der Kraft, der Tiefe, ab. Schon aus diesem einfachen Grund wäre es natürlich zu erwarten, daß das Herz eine seiner Unaufhörlichkeit und Genauigkeit nach einzigartige Pumpe ist, die bei äußerst verschiedenen Bedingungen des Organismus ideal genau arbeitet und ebenfalls den Umständen nach einmal seine Frequenz, dann seine Kraft variieren wird. Da die Tätigkeit des Herzens, wie auch fast aller anderen Organe, durch das Zentralnervensystem reguliert wird, sind nach unserer oben angeführten Überlegung sowohl den Rhythmus lenkende Nerven als auch auf die Kraft der Herzkontraktion wirkende Nerven denkbar. Die physiologischen Lehrbücher jedoch und die speziellen physiologischen Arbeiten haben bis zur jüngsten Zeit fast ausschließlich nur die Rhythmusveränderungen unter dem Einfluß der Nerven beurteilt und untersucht. Warum? Gab die Wirklichkeit etwa ein negatives Resultat auf eine solche natürliche Vermutung über die Innervation der Kraft der Herzkontraktionen? Existieren vielleicht in dem wissenschaftlichen Material überhaupt keine dafür sprechenden Tatsachen? Das ist es ja eben, daß sie existieren — alte und ausgeprägte — und trotzdem gab erst die letzte Zeit der Lehre über eine besondere Innervation der Herzkraft eine feste Grundlage, das Recht der Anerkennung. *(395)*

Soweit man es übersehen kann, waren zwei Umstände die Ursache für eine so späte Wertschätzung einer teilweise lange bekannten und so wichtigen Seite des Gegenstands. Das erste sind die großen Schwierigkeiten seitens der Methode, die Veränderungen in der Stärke der Herzkontraktion im Vergleich zu den Rhythmusveränderungen unzweifelhaft festzustellen. Während die Volumenveränderungen des nicht herausgeschnittenen Herzens auf das engste mit der Füllung des Herzens verbunden sind, können die Veränderungen des Druckniveaus sowohl von den Rhythmusveränderungen als auch von der Einmischung der vasomotorischen

[1]) Aus den Vorlesungen des Privatdozenten der Militär-Medizinischen Akademie I. P. Pawlow (Monatszeitschrift Практическая медицина *[Praktische Medizin]*, Nr. 5, Mai 1887, S. 77 bis 93. — Red.)

Innervation usw. abhängen, so daß sich nicht gleich eine taugliche Methode zur Entdeckung von Veränderungen in der Kontraktionskraft ergibt. Die Rhythmusveränderungen werden am unstreitigsten bei den einfachsten Bedingungen beobachtet. Deswegen ist es ganz natürlich, daß die Aufmerksamkeit der Mehrzahl der Forscher darauf gelenkt wird, was einfach und ständig beobachtet wird, und daß diese Forscher mehr oder weniger ignorieren, was als komplizierte Erscheinung vorkommt. Diese verhältnismäßig sehr ungünstige Beobachtung der Kraftveränderungen von Herzkontraktionen verband sich mit einem anderen wichtigen Umstand und störte die sorgfältige und rechzeitige Erforschung der uns beschäftigenden Erscheinungen. Dieser zweite Umstand ist die nicht wohlwollende Einstellung der Experimentatoren einer Komplizierung gegenüber, auf die man manchmal in der Wissenschaft auf dem Weg zu neuen Tatsachen trifft. Es gibt viele Beispiele dafür. Erinnern wir uns allein an die Opposition von GOLTZ gegenüber BEZOLD, als dieser letztere die Lehre von den beschleunigenden Herznerven aufstellte. GOLTZ verlachte ihn. Er sagte, daß er denjenigen als dumm bezeichnen würde, dem es einfiele, einen Wagen durch entgegenwirkende Kräfte vorwärtszubringen, durch zwei an entgegengesetzten Seiten angespannte Pferde. Ebenso unsinnig sei die Annahme zweier Arten von Herznerven mit entgegengesetzten Funktionen; die Beschleunigung könne einfach durch eine Tätigkeitsverminderung des hemmenden Nerven entstehen. Was ist dies anders, wenn nicht das Streben zur gewaltsamen Vereinfachung? Und trotzdem behielt nicht GOLTZ, sondern BEZOLD recht. Es ist verständlich, daß die Forscher um so mehr jetzt, wo man schon über zwei Rhythmusveränderungen hervorrufende Herznerven verfügt, bemüht sein werden, alles aus dieser Veränderung zu erklären, sich in jeder Weise auf sie zu beschränken und nicht durch selbständige Kraftveränderungen und um so mehr durch neue, diese Veränderungen regulierende Nerven die Sache noch mehr zu komplizieren. *(396)* In der weiteren Darlegung werden wir oft sehen, bis zu welchem Grad beide erwähnten Ursachen seinerzeit der nötigen Klärung der uns beschäftigenden Innervation entgegenwirkten.

Da von den (zentrifugalen) Herznerven als erster der hemmende Nerv bekannt wurde, wurden auch die Veränderungen in der Kontraktionskraft zuerst gleichzeitig mit der Hemmung bei Reizung dieses Nerven festgestellt. Anfangs waren die Forscher geneigt anzunehmen, daß die Herzkontraktionen zwar seltener, dafür aber stärker werden. Diese Schlußfolgerung wurde in der Hauptsache auf Grund von manometrischen Kurven gezogen. Wer von den Hörern der Physiologie hat diese großen, jedoch seltenen Federschwingungen auf der Druckkurve nicht gesehen, wenn der n. vagus durch nicht sehr starke Ströme gereizt wird, so daß nicht ein Herzstillstand, sondern nur eine Verlangsamung der Schläge hervorgerufen wird. Dieses Bild aber erzeugte bei den früheren Forschern die Überzeugung von einer Kontraktionsverstärkung, wie sich das auch heute noch jeder Lernende vorstellt, wenn er zum ersten Mal eine solche Kurve sieht. Nach einiger Überlegung ist jedoch klar, daß eine solche Schlußfolgerung verfrüht ist. Infolge der längeren Pause vermag sich das Herz mehr als gewöhnlich zu füllen; das arterielle System dagegen leert sich umgekehrt stärker als bei frequenten Herzschlägen. Daher wirft jeder seltene Herzschlag einen relativ großen Bruchteil seines ganzen Blutinhaltes in das arterielle System und bedingt folglich größere Druckschwankungen, was sich auch in der sehr großen Höhe der Herzwellen ausdrückt. Trotzdem hat diese Vorstellung von seltenen, jedoch starken Pulsen durch die nicht einmal besonders alten Lehrbücher eine solche Verbreitung gefunden, daß es Ihnen heutzutage fast jeder Arzt sagen wird.

In der Wissenschaft existierten jedoch schon lange auch im entgegengesetzten Sinne Hinweise, die in methodischer Beziehung sogar noch einwandfreier sind. Ein solcher Hinweis stammt schon aus dem Jahre 1865 und ist von PFLÜGER[1]) gemacht worden. Indem er mit dem Hebel seines Myographen einen an der Spitze des freigelegten Kaninchenherzens befestigten Haken verband, zwang er auf diese Weise den Hebel, die Herzbewegungen auf einer rotierenden *(397)* Trommel aufzuzeichnen. Der Autor beobachtete folgende Tatsachen: 1. Bei Herzstillstand infolge Reizung des n. vagus wurde der untere Punkt der Diastole tiefer aufgezeichnet als bei normaler Diastole. 2. Bei stärkeren Strömen erscheinen nach Stillstand des Herzens sehr niedrige Wellen, die sehr schwachen Systolen entsprechen. 3. Bei mittleren und schwachen Strömen, wenn die Reizung nur eine Verlangsamung hervorruft, sind die Wellen umgekehrt oft größer. Nur den letzteren Fall ist auch der Autor selbst nicht abgeneigt, auf Mängel seiner Beobachtungsmethode zurückzuführen. Die zweite und die erste Tatsache jedoch betrachtet er als real und den wirklichen Verhältnissen entsprechend, d. h., daß *während der gewöhnlichen Diastole das Herz noch nicht völlig erschlafft*, wie es bei Herzstillstand der Fall ist, und daß bei bestimmter Reizung des n. vagus *die Systolen kleiner werden, das Herz sich schwächer kontrahiert.* Obwohl sich diese Tatsachen später in Versuchen mit besten, völlig einwandfreien Methoden als richtig erwiesen haben, blieben sie nichtsdestoweniger zu ihrer Zeit unbemerkt, teilweise vielleicht deswegen, weil sie in den Inhalt einer Arbeit eingingen, die in der Hauptsache auf einen damals aktuellen Gegenstand gerichtet war, die Polemik zwischen SCHIFF und den übrigen Physiologen bezüglich der Theorie des hemmenden Nerven. Zum Teil konnte man auch bei diesen Versuchen fragen, ob sich hier nicht entweder die große Blutfüllung des Herzens oder die Lokomotion, die Veränderung der Herzlage, oder das eine gleichzeitig mit dem anderen in das Ergebnis einmischte.

Die Versuche PFLÜGERS sind nicht nur unbemerkt geblieben, vielmehr hat man sie ganz einfach vergessen. Deswegen wird die Beobachtung der Tatsache einer Veränderung der Kraft der Herzkontraktionen unter Nerveneinfluß gewöhnlich dem im LUDWIGschen Laboratorium arbeitenden COATS zugeschrieben. Seine Arbeit wurde im Jahre 1869 veröffentlicht[2]). Der Autor wußte nichts von PFLÜGERS Versuchen und ist auf die Tatsache ganz unerwartet gestoßen, ohne sie vorher zu vermuten. Der hauptsächlichste Vorzug der Untersuchungen von COATS, der mit Recht seine Arbeit an die Spitze der Lehre von den Kraftveränderungen

---

[1]) PFLÜGER, Untersuch. aus d. physiol. Laborat. zu Bonn, 1865.

[2]) J. COATS, LUDWIGS Arbeiten, 1868—1869, [S, 176—207].

der Herzkontraktionen unter nervalem Einfluß stellt, ist die ganz vollkommene, gar keine Einwände zulassende Methodik. Hier ist sie. Das herausgeschnittene Froschherz hat zwei Kanülen, *(398)* eine im Vorhof, eingeführt durch die untere Hohlvene, und die andere in der Kammer, eingeführt durch eine der Aorten. Die Vorhofkanüle wird durch einen Gummischlauch mit einem kleinen, Kaninchenserum enthaltenden Gefäß vereinigt. Die Kanüle der Kammer wird mit einem Quecksilbermanometer verbunden, das sein Niveau mit einer Feder auf einer rotierenden Trommel aufzeichnet. Auf diese Weise wird der Systolenumfang genau durch die Wellenhöhe wiedergegeben. Offensichtlich sind alle Nebenumstände, die genaue Beobachtungen bei den früheren Autoren erschwerten, ausgeschlossen. Die auf diese strenge Weise ausgeführten Versuche ergaben folgendes: 1. *wird bei Reizung des n. vagus, wenn sich die Herzschläge entweder verlangsamen oder wenn sie zum Stillstand kommen, der untere Punkt der Diastole tiefer als gewöhnlich aufgezeichnet*, d. h., daß das Herz jetzt durch das Serum mehr ausgedehnt wird. 2. *wird die Wellenhöhe kleiner als die normale, d. h., daß sich das Herz schwächer kontrahiert*, weniger leert. Sowohl das eine als auch das andere stimmt mit der oben angeführten Pflügerschen Beobachtung deutlich überein. Coats ging jedoch weiter. Er wies auf die Unabhängigkeit der Veränderungen der Kraft der Herzkontraktionen von den Rhythmusveränderungen hin. Wie bei Pflüger, so wird auch hier die Hemmung nicht immer von einer solchen Abschwächung begleitet; im zweiten Teil der Versuche jedoch *tritt auch die Kontraktionsabschwächung allein ohne jede Rhythmusveränderung als primärer Effekt einer Reizung des n. vagus ein.* Bezüglich der Bedingungen, bei denen eine Abschwächung der Systole eintritt, spricht sich der Autor nur mit Vorbehalt aus. Trotz der Individualität scheint es, daß eine tetanische Reizung leichter eine Wellenerniedrigung ergibt, als eine Reizung durch einzelne Induktionsstöße und bei wiederholten Reizungen mit größerer Sicherheit die späteren Reizungen. Andererseits wird in der gleichen Arbeit von Coats darauf hingewiesen, *daß nach Reizung des n. vagus die Systolen manchmal stärker als normal* bei verschiedenartigem Rhythmus (normalem, beschleunigten oder verlangsamten) auftraten. Außerdem *können nach Reizung des n. vagus die Schläge nicht nur stärker werden, sondern auch regelmäßiger, gleichmäßiger*, wenn das Herz vor der Reizung stockend und nicht gleichzeitig mit allen seinen Höhlen arbeitete. Das Schicksal dieser Arbeit veranschaulicht sehr gut die Situation, die wir am Anfang hinsichtlich der Ablehnung der Experimentatoren *(399)* Komplikationen gegenüber erklärt haben. Das sind keine zufälligen Versuche mehr wie bei Pflüger. Hier ist eine vollständige Arbeit, eine ganze Anzahl neuer, fester Tatsachen, und dennoch wird die Arbeit auch später im Verlauf vieler Jahre fast ignoriert, während Untersuchungen über Rhythmusveränderungen unter dem Einfluß von Nerven fast täglich fortgesetzt werden.

Machen wir uns diese Pause zunutze, verlassen wir für eine Zeit die Kraftveränderungen, die eine Reizung der hemmenden Fasern begleiten, und sehen wir nach, was zur gleichen Zeit bezüglich der Kraft bei Reizung der beschleunigenden Fasern gefunden wurde. Hier begegnen wir vor allen Dingen den Schlußfolgerungen von BEZOLD[1]), da er beim Reizen des peripheren Endes des am Hals durchschnittenen Rückenmarks, als er gleichzeitig mit einem Anstieg des Blutdrucks eine Beschleunigung beobachtete, den Schluß zog, daß Herznerven existieren, die nicht nur beschleunigen, sondern auch die Herzkontraktionen verstärken und somit diesen Anstieg bedingen. Die bald darauf folgende Arbeit von LUDWIG und THIRY[2]) hat unzweifelhaft bewiesen, daß der Druckanstieg in BEZOLDS Versuchen seine Hauptursache in einer Reizung der gefäßverengernden Nerven hatte. Obwohl die Arbeit der Brüder CYON und von BEZOLD im Jahre 1887 wirklich das Vorhandensein der beschleunigenden Nerven feststellten, zeigten sie jedoch gleichzeitig, daß diese Nerven nur beschleunigen, nicht aber verstärken, sondern eher die Herzkontraktionen abschwächen. Sie schlossen dies daraus, daß sich bei isolierter Reizung der beschleunigenden Nerven der Blutdruck nicht vergrößert. Im Jahre 1870 wurde der gleiche Gegenstand von SCHMIEDEBERG[3]) in LUDWIGS Laboratorium am Frosch bei völlig gleichen Bedingungen untersucht, wie sie oben bei den Versuchen von COATS beschrieben sind. Die Versuche wurden an mit Atropin oder Nikotin vergifteten Tieren ausgeführt, so daß jetzt der n. vagus bei der Reizung eine Beschleunigung der Herzschläge ergab, folglich als beschleunigender Nerv wirkte. Wie bekannt, befinden sich im n. vagus des Froschs sowohl hemmende als auch beschleunigende Fasern, und Atropin und Nikotin lähmen die ersten, die letzteren lassen sie unberührt. In Übereinstimmung *(400)* mit den Ergebnissen der Brüder CYON an warmblütigen Tieren hatte sich herausgestellt, daß dabei die Wellen kleiner werden, jedoch nicht deswegen, weil die Systolen schwächer sind und ihre Gipfel tiefer liegen, sondern deswegen, weil während der kurzen Diastolen das Herz nur wenig erschlafft, d.h., daß sich die Welle wenig senkt, der Diastolenpunkt sehr hoch ist und somit die Menge der bei jeder einzelnen Kontraktion ausgeworfenen Flüssigkeit kleiner wird.

Unabhängig von diesem langsamen Fortschritt der experimentellen Forschung ist im Jahr 1872 eine Hypothese über ein besonderes kardiotonisches Nervensystem des Herzens aufgestellt worden, die zum Teil der heutigen Lehre über eine besondere Innervation der Kraft der Herzkontraktionen zuvorgekommen ist. Wir sprechen von der Hypothese von AUBERT[4]). Nach dem Autor soll man annehmen, daß außer den bekannten, den Rhythmus lenkenden Nerven noch auf den Tonus, auf die Spannung der Herzwände einwirkende Nerven existieren, ähnlich den bekannten Nerven der Blutgefäße. Die Tatsachen der obenerwähnten Autoren erwähnt AUBERT nicht, sondern führt zur Verteidigung der Hypothese einige seiner Tatsachen an wie auch eine Reihe von Beobachtungen und Eindrücken. Bei einem mit Koffein vergifteten Tier bedingt eine Reizung des peripheren Endes des n. vagus trotz der nur geringen Verlangsamung (die hemmenden Fasern sind durch Koffein zum Teil gelähmt) ein starkes Absinken des Blut-

[1]) A. BEZOLD, Untersuchungen über die Innervation des Herzens, 1863, [Leipzig, 328 S.].

[2]) C. LUDWIG und L. THIRY, Sitzungsberichte der Wiener Akademie, Bd. 49, 1864 [S. 421—454].

[3]) O. SCHMIEDEBERG, LUDWIGS Arbeiten, 1870 [—71, S. 41—52].

[4]) H. AUBERT, PFLÜGERS Archiv, 1872, [Bd. 5, S. 589—628]

drucks. Der Autor bezieht das auf eine Reizung besonderer abschwächender Herznerven. Erstens trat jedoch bei der Reizung immer noch eine Verlangsamung auf, und man mußte durch besondere Versuche feststellen, daß sie nicht genügte, um das beobachtete Absinken des Drucks zu verursachen. Zweitens reizte der Autor den n. vagus am Hals und ließ alle seine Äste (Lungen- und Bauchäste) undurchschnitten, weswegen er keinen festen Grund hatte, diese Erscheinung als nur vom Herzen abhängig zu betrachten. Die neuesten Versuche, die später angeführt werden, werden jedoch zeigen, daß die Schlußfolgerung von Aubert richtig war. Weiterhin hat der Autor seine Aufmerksamkeit darauf gerichtet, daß unter verschiedenen Bedingungen das freigelegte Herz verschieden ausgedehnt erscheint. Während einer Reizung des n. vagus z. B. ist das erschlaffte Herz sehr groß, nach der Reizung jedoch wird es immer kleiner und kleiner. Der Autor möchte *(401)* gern in allen diesen Fällen wenigstens zum Teil das Spiel eines besonderen kardiotonischen Nervensystems sehen. Der Autor ist jedoch von der Analogie zwischen der Innervation des Herzens und der Gefäße so stark eingenommen, daß er zu offensichtlich erzwungenen, unwahren Erklärungen kommt. Nehmen wir z. B. die Tatsache des Druckabsinkens bei Herzstillstand infolge starker Reizung des n. vagus. Der Autor nimmt an, daß dieses Absinken teilweise auf eine Abschwächung der Wände infolge einer Wirkung der den Herztonus erniedrigenden Nerven zurückgeführt werden könnte. Offensichtlich eine widersinnige Erklärung. Wenn das Herz nicht schlägt, sinkt der Druck deswegen, weil das Blut ständig in die Venen abströmt, in die Aorta jedoch kein neues Blut vom Herzen gelangt. Was könnte hier neben dem Herzstillstand eine Abschwächung seiner Wände ausmachen?! Somit hat der Autor wenig tatsächlich neues Material geliefert, und, was das wichtigste ist, er hat dieses Material ohne eine genaue Analyse gelassen, während er mit der Hypothese sehr mutig hervortrat. Wahrscheinlich muß darin zum Teil die Ursache gesehen werden, daß diese Hypothese nicht den geringsten Widerhall in der physiologischen Welt gefunden hat und daß sogar der Autor selbst trotz seines Versprechens in seiner weiteren physiologischen Tätigkeit zu ihr nicht mehr zurückgekehrt ist.

Das Tatsachenmaterial zu diesem Thema sammelte sich nur langsam an und größtenteils nur zufällig. Ausgehend von einem anderen Thema findet Nuël im Jahre 1875 im Laboratorium von Donders hierhergehörige Tatsachen. Seine Versuche wurden größtenteils an Fröschen angestellt. Das Präparat wurde auf folgende Weise vorbereitet. Das Rückenmark wurde zerstört, das Sternum und die Extremitäten entfernt, das Herz vom Perikard entblößt. Zwei kleine Hebel, der eine auf den Vorhof gelegt, der andere auf die Kammern, registrierten auf dem Kymographion getrennt den Verlauf der Systolen. In der Hauptsache werden die Tatsachen von Coats mit einigen Ergänzungen erhalten. Bei Nuël *verlaufen die Erscheinungen bei Reizung des n. vagus an den Vorhöfen und an der Kammer in verschiedener Weise.* An den Vorhöfen bedingt die Reizung des n. vagus nicht nur eine Verlangsamung, sondern auch eine Abschwächung. *Beide Erscheinungen verhalten sich den Perioden nach vollkommen verschieden: der Latenzperiode, der Periode der zunehmenden und der abnehmenden Energie.* Oft existiert auch allein eine Abschwächung ohne jede Verlangsamung. Die Kammer jedoch schwächt ihre Bewegungen nur ab, und zwar unbedeutend, wenn eine große Verlangsamung hervorgerufen wird. Der Autor versucht, *(402)* das verschiedene Verhalten der Vorhöfe und der Kammern mit der verschiedenen Erregbarkeit des Muskelgewebes dieser beiden Teile zu erklären. Für den Fall jedoch, daß sich die Vermutung nicht bewahrheiten sollte, erklärt der Autor, daß *die angeführten Tatsachen eine besondere, in Erniedrigung ihrer Erregbarkeit bestehende, direkte Wirkung des n. vagus auf die Herzmuskulatur beweisen würden.* Die Tatsache der Abschwächung ist auch an den Vorhöfen des Kaninchens festgestellt worden. Bei Nuël wird als seltene Tatsache außerdem erwähnt, daß die Kammer bei anderen Reizungen sich von Beginn an bei bestimmter Verlangsamung stärker als normal kontrahiert[1]).

Danach schläft gleichsam unser Gegenstand für ganze 6 Jahre ein. Mit dem Jahr 1881 tritt er in eine neue Phase, um schließlich und endlich in Form einer vollständigen und wichtigen Lehre über die besondere dynamische Herzinnervation hervorzutreten. Deswegen erachte ich es für angebracht, kurz das vorhergegangene Material zusammenzufassen.

Es ist unzweifelhaft, daß man am Herzen unter Einfluß der Nerven eine Kontraktionsabschwächung erhalten kann, manchmal als primäre, von gar keiner Rhythmusveränderung begleitete Wirkung des Nerven. Vom Nerven wird ebenfalls manchmal eine Kontraktionsverstärkung beobachtet. Sie tritt jedoch gewöhnlich in der Periode der Nachwirkung ein und nur sehr selten während der Reizung, jedoch auch hier mit einer Verlangsamung. Außerdem breitet sich die Abschwächung nicht gleichmäßig auf das ganze Herz aus, sondern verläuft in den einzelnen Teilen verschieden.

Das Verdienst, die Frage weiter vorangebracht zu haben, gehört dem jungen englischen Physiologen Gaskell. Einerseits hat er die früheren Versuche noch eindringlicher gestaltet, andererseits hat er das Beobachtungsfeld ganz bedeutend erweitert.

Die Arbeit von Gaskell wurde am 22. Dezember 1881 in den Sitzungen der Kgl. Gesellschaft in London verlesen und zuerst in Form eines Auszugs in den Arbeiten dieser Gesellschaft gedruckt[1]). Die zu uns eine unmittelbare Beziehung aufweisenden Tatsachen machen eigentlich die zweite Hälfte des Auszugs aus, deren Inhalt wir hier wiedergeben. *(403)*

Der Autor benutzte folgende Methode: Das Froschherz wird mit einem Teil der Speiseröhre herausgeschnitten. Ein Faden wird ganz an die Spitze der Kammer angebunden, ein anderer an das freie Gewebeblatt, das bei Entfernung beider Aortenstränge an der Verbindungsstelle der beiden Vorhöfe erscheint. Die Speiseröhre wird vertikal an ein entsprechendes Stativ befestigt und das Herz zwischen zwei horizontalen Hebeln untergebracht, die mit den obenerwähnten Fäden verbunden werden. Auf der Höhe des Herzens wird ebenfalls horizontal eine Pinzette

---

[1]) Nuël, Pflügers Archiv, [Bd. 9, 1874, S. 83—108].

[2]) W.H. Gaskell, Proceed. of the Royal Soc., Nr. 217, 1881—1882, [p. 199—203].

befestigt, die zwischen ihren Blättern das Herz auf dieser oder jener Höhe mit der gewünschten Kraft zusammendrücken kann. Somit werden, wenn die Pinzette das Herz in der Furche zwischen der Kammer und den Vorhöfen stark zusammendrückt, die Bewegungen der einen wie der anderen getrennt aufgezeichnet: Die Kontraktionen des Vorhofs ziehen die Enden des oberen Hebels nach unten, die Kontraktionen der Kammer das Ende des unteren nach oben.

Der Autor berichtet, daß die Reizung des n. vagus beim Frosch eine sehr bedeutende Wirkung auf die Kontraktionskraft sowohl der Vorhöfe als auch der Kammern völlig unabhängig von jeder beliebigen Rhythmusveränderung ausübt. Die von ihm erhaltenen Kurven könnte man in folgende drei Typen einteilen:

1. Der vollkommene Stillstand von Kammer und Vorhöfen, auf den anfangs kaum sichtbare Kontraktionen folgen, die jedoch schnell an Umfang zunehmen, bis sie schließlich im Maximum etwas größer als normal werden. Von diesem Maximum aus werden sie allmählich kleiner, bis sie vollkommen normal werden.

2. Während der Reizung gar kein Stillstand, sondern lediglich eine Verkleinerung der Kontraktionsgröße, auf die eine schnelle und bedeutende Vergrößerung über die Norm folgt und danach eine allmähliche Rückkehr zur Norm.

3. Gar keine ursprüngliche Verkleinerung, sondern die Kontraktionen *nehmen gleich von Beginn der Reizung an zu* und kehren nach einer gewissen Zeit zur Norm zurück.

Natürlich kommen zwischen den drei angeführten Typen alle möglichen Übergänge vor.

An den gleichen Kurven konnte man sich davon überzeugen, daß ein vollkommener Herzstillstand nur infolge einer allmählichen *(404)* Verkleinerung der Kontraktionskraft entstehen kann, und ebenfalls auch davon, daß Kammerstillstand dieser Art sogar dann eintreten kann, wenn die Vorhöfe im beschleunigten oder unveränderten Rhythmus schlagen oder wenn sogar vom Beginn der Erregung an die Kraft der Vorhofskontraktionen vergrößert ist.

Die obenerwähnte Reihenfolge sowohl der Wirkung als auch des Resultats der Reizung des n. vagus kann auch im Verlauf jedes einzelnen Versuchs mehr oder weniger beobachtet werden.

Die Tatsache der Unterbrechung der Herzschläge infolge einer allmählichen Verkleinerung der Kontraktionskraft unter Einfluß einer Reizung des n. vagus kommt zu bestimmten Jahreszeiten öfter vor und hält länger an als in anderen. Daraus zieht der Autor die Schlußfolgerung, daß die Variationen in der Wirkung des n. vagus auf die Kontraktionskraft wesentlich von den Bedingungen der Herzernährung abhängen.

Die Wirkung des n. vagus auf das Herz macht sich nicht nur in Veränderungen der Kontraktionskraft bemerkbar, sondern auch im Einfluß auf die Erregbarkeit und den Tonus der Kammermuskulatur.

Wenn infolge der queren Zusammendrückung des Herzens mit Hilfe der Pinzette die Kammer nur mit jeder zweiten Kontraktion der Vorhöfe zu schlagen beginnt, kann eine Reizung des n. vagus sie dazu bringen, daß sie mit jeder dritten, vierten usw. schlägt.

Die gleiche Veränderung unter Einfluß einer Reizung des n. vagus wird auch dann im Verhalten des Rhythmus oberhalb und unterhalb der Pinzette beobachtet, wenn sich die Pinzette auf der Kammermitte befindet, d.h., wenn der obere und untere Kammerteil in verschiedenem Rhythmus schlagen.

Umgekehrt kann man vermittels einer Reizung desselben n. vagus die Kammer, wenn sie infolge des Zusammenpressens durch die Pinzette oder infolge von nur auf die Vorhöfe wirkender Wärme entweder überhaupt nicht oder seltener schlägt als die Vorhöfe, für eine bestimmte Zeit in Harmonie mit den Vorhöfen bringen.

Diese beiden entgegengesetzten Wirkungen des n. vagus erklären sich aus der Vermutung, daß der n. vagus die Erregbarkeit des Muskelgewebes einmal verringert, ein andermal vergrößert und daß diese Perioden verschiedener Wirkungen auf die Erregbarkeit mit entsprechenden Perioden in der Wirkung auf die Kontraktionskraft zusammenfallen. *(405)*

Die Wirkung des n. vagus auf das Muskelgewebe der Kammer zeigt sich weiterhin in seiner Fähigkeit, entweder die Ungleichmäßigkeit in der Kraft der Kammerkontraktionen zu beseitigen oder sie hervorzurufen, wiederum abhängig davon, wie er im gegebenen Moment auf die Kontraktionskraft wirkt.

Die Wirkung des n. vagus auf den Tonus (den Tonus beurteilte der Autor nach Aufzeichnungen eines besonderen, sehr genauen Instruments) drückt sich darin aus, daß bei bestimmter Reizung des n. vagus die Vergrößerung der diastolischen Erschlaffung auch dann auftritt, wenn noch keine Verlangsamung besteht.

Die endgültige Schlußfolgerung des Autors ist die, daß der n. vagus auf das Muskelgewebe der Kammer wirkt, indem er entweder seine Erregbarkeit verringert und den Tonus herabsetzt, wenn er die Kontraktionskraft verringert, oder indem er seine Erregbarkeit vergrößert und wahrscheinlich den Tonus erhöht, wenn er die Kontraktionskraft steigert.

Atropin beseitigt jegliche Wirkung des n. vagus.

Es versteht sich, daß das Verdienst GASKELLS neben der Feststellung neuer Tatsachen darin besteht, daß die schon vor ihm existierenden, bruchstückartigen Angaben in seiner Arbeit große Klarheit, Vollständigkeit, Unstreitigkeit und ein System gewannen. Als neue kommen hinzu: *das richtige* Auftreten der primären Kontraktionsverstärkung bei bestimmten Bedingungen und *eine Vergrößerung der diastolischen Erschlaffung, die nicht von einer Verlangsamung begleitet wird.* Auf diesem Fundament von Tatsachen errichtet er nun das Gebäude seiner Theorie, die Vorstellung vom direkten Einfluß des n. vagus auf das Muskelgewebe und seine Merkmale. Der Autor spricht jedoch fast gar nicht von Rhythmusveränderungen, obwohl sie zweifellos die von ihm beschriebenen Veränderungen der Kontraktionskraft begleiteten. Und darin besteht die unklare Seite des Aufsatzes. Es wird für den Leser nicht klar, ob die motorischen Impulse selbst, ihre Kraft, ihre Frequenz, irgendeine Bedeutung für die den Autor beschäftigenden Erscheinungen haben. Da der Autor diese natürliche Seite des Gegenstands fast gar nicht berührt, hat er damit seinen Hauptgedanken über eine besondere Kraftinnervation verschleiert und abgeschwächt.

Da der Aufsatz GASKELLS anfangs in Form des angeführten Auszugs ohne eine genaue Darlegung des theoretischen Teils und ohne dokumentarische Angaben in Form *(406)* von Kurven im Druck erschien, haben die gleich auf GASKELL folgenden, sich mit derselben Frage beschäftigenden Autoren seine Schlüsse nicht in Betracht gezogen.

Diese Autoren sind HEIDENHAIN und LÖWIT.

Die Methode von HEIDENHAIN ist die gleiche wie die von NUËL. HEIDENHAIN[1]) kam unabhängig von GASKELL fast gleichzeitig mit ihm zur Feststellung derselben Tatsachen. Aus den seiner Arbeit beigefügten Kurven sehen Sie, daß bei Reizung des n. vagus die Herzkontraktionen einmal allmählich immer kleiner und kleiner werden fast bis zum völligen Verschwinden ohne die geringste Rhythmusveränderung; ein andermal jedoch unter Einfluß einer Reizung des gleichen n. vagus direkt vergrößerte Kontraktionen auftreten, die ebenfalls von keinen Rhythmusschwankungen begleitet werden.

Was die Bedingungen betrifft, bei denen bei einer Reizung des n. vagus entweder eine Verlangsamung oder eine Abschwächung der Kontraktionen erhalten wird, so sind nach dem Autor zur Erhaltung der alleinigen Abschwächung etwas erschöpfte Herzen am günstigsten, und was den Reiz betrifft, etwas schwächere Induktionsstöße, dafür jedoch öftere.

Eine Verstärkung der Kontraktionen hat der Autor entweder nach einer Vergiftung mit Nikotin oder Atropin beobachtet oder in Form einer Nachwirkung bei Reizung des normalen n. vagus oder schließlich in einigen wenigen Fällen auch direkt als erste Wirkung einer Reizung des normalen Nerven, besonders bei chemischer Reizung. Eine Verstärkung ist nur selten ohne Rhythmusveränderung aufgetreten, gewöhnlich war sie jedoch mit der Beschleunigung verbunden.

Beim Zusammenfassen seiner Ergebnisse unterscheidet der Autor schließlich sozusagen zwei Gruppen direkter Nervenwirkungen auf das Herz, Verlangsamung, Vergrößerung der diastolischen Erschlaffung, Verkleinerung der systolischen Kontraktion und Verringerung des Systolenumfangs einerseits, andererseits umgekehrt Frequenzsteigerung, Verkleinerung der diastolischen Erschlaffung, Vergrößerung der systolischen Kontraktion und Vergrößerung des Systolenumfangs. Alle diese Wirkungen schreibt er jedoch zwei Faserarten zu: Die erste Gruppe bezieht er auf hemmende Fasern, die zweite *(407)* auf beschleunigende, die er vorschlägt, als verstärkende zu bezeichnen, da nach seinen Versuchen die Verstärkung das beständigste Glied dieser zweiten Gruppe ist. Bezüglich der Möglichkeit einer besonderen vom Rhythmus getrennten Kraftinnervation finden wir nur einen verständnislosen Satz.

Ich halte es für angebracht, hier noch zwei andere Autoren anzuführen, obwohl ich chronologisch schon von der zweiten Arbeit GASKELLS sprechen müßte, da ihre Aufsätze dem Charakter nach (augenscheinlich kannten sie diese zweite Arbeit nicht) sozusagen zur alten Periode der Frage gehören.

---

[1]) HEIDENHAIN, PFLÜGERS Archiv, Bd. 26, 1882.

Löwit[1]) arbeitete an Fröschen fast gleichzeitig mit Heidenhain. Die Methode ist bei beiden die gleiche; der Unterschied besteht nur darin, daß Löwit den Hebel nicht wie Heidenhain an ein blutleeres Herz anlegte. Was die erste, bei Reizung des n. vagus auftretende Erscheinungsgruppe betrifft, so werden vollkommen die Tatsachen der beiden vorhergehenden Autoren bestätigt. Was die zweite betrifft, so konnte Löwit nicht alle Hinweise Heidenhains voll bestätigen. Als ständige Erscheinungen vermerkt er in ihr: Steigerung der Rhythmusfrequenz, Verkleinerung der Systolengröße und *Systolie.* Die letzte macht sich darin bemerkbar, daß die Kammermuskulatur, die bei normalem Herzschlag eine dunkelrote Farbe aufweist, bei Beschleunigung infolge der Reizung blaßgelb aussieht. Dabei hat man den entschiedenen Eindruck, als ob während der starken Beschleunigung *das ganze Herz einen durch die Kontraktion der Kammermuskulatur bedingten kleineren Umfang annimmt.* Da diese Muskulatur beim Frosch keine geschlossenen Blutgefäße besitzt, so ist das Ausdrücken des Bluts aus den offenen, sich zwischen den Muskelbündeln der Kammer befindenden Bluträumen und das dadurch bedingte Erblassen, ebenso wie die Verringerung des Kammerumfangs während der Beschleunigung *auf einen verstärkten Kontraktionszustand der Kammermuskulatur* zurückzuführen. Der Autor findet es richtig, diese Systolie (Tonusvergrößerung, wie Gaskell annahm) als eine selbständige Erscheinung zu betrachten, weil sie nicht streng genau mit der Beschleunigung verbunden ist; manchmal hielt sie sich lange, manchmal jedoch verschwand sie schon, während die Beschleunigung noch anhielt *(408)* oder sich noch vergrößerte. Die Vergrößerung der Kontraktionskraft hat Löwit in der Hauptsache in der Periode der Nachwirkung beobachtet und erklärt sie mit verschiedenen Nebenursachen. Die Vergrößerung als erste Wirkung einer Reizung mit Beschleunigung oder ohne diese fand der Autor als eine sehr seltene und nur bei besonderen Bedingungen, nämlich an sehr erschöpften Herzen, auftretende Erscheinung. Er lehnt es völlig ab, irgendeine Erklärung für diese Vergrößerung zu geben und befaßt sich lediglich mit der Deutung der drei oben angeführten Erscheinungen. Seine Schlußfolgerung darüber besagt das folgende: Es ist wahrscheinlich, daß die beschleunigenden Herznerven (es ist verständlich, daß er auf Grund seiner Ergebnisse den alten Terminus wieder einführt) in den intrakardialen Ganglienzellen (motorisches Herzzentrum) Prozesse auslösen, die sich bei schwachen Reizungen ausschließlich in einer Beschleunigung der Herztätigkeit bemerkbar machen, bei starken Reizungen neben der Beschleunigung auch noch in Prozessen, die die Herzmuskulatur zu einem verstärkten systolischen Kontraktionszustand anregen. Während sich durch gereizte hemmende Fasern der Tonus der Herzmuskulatur erniedrigt, kann er sich somit durch gereizte beschleunigende Fasern erhöhen. Folglich ist an eine besondere Muskelinnervation nicht einmal zu denken.

Eine im Jahre 1883 herausgekommene Arbeit von Weinzweig[2]) zeigt, daß bei einer Muskarinvergiftung der Säugetiere in einer bestimmten Phase vom n. vagus

---

[1]) M. Löwit, Pflügers Archiv, Bd. 29, 1882, [S. 469—505].

[2]) Weinzweig, Archiv f. Anat. und Physiol., 1883.

eine Verkleinerung der Herzwellen (auf einem Quecksilber- und Federmanometer) ohne Rhythmusveränderung erhalten wird (eine Tatsache, die mit der Tatsache von AUBERT bezüglich des Koffeins identisch ist) und von den beschleunigenden Fasern nicht nur eine Beschleunigung, sondern auch eine Verstärkung einzelner Kontraktionen. Über die Möglichkeit einer besonderen Innervation dieser Kraftveränderungen ist wiederum kein einziges Wort zu finden.

Sieht man das ganze dargelegte Material noch einmal durch, so muß man erstens die Beständigkeit der Grundtatsachen und zweitens ihre gegenseitige Harmonie zugeben, obwohl einige Autoren gleichsam irgendwelche Widersprüche hineinbringen. Diese Widersprüche können jedoch leicht beseitigt werden. Sie beziehen sich erstens auf die selbständige *(409)* und ursprüngliche Verstärkung und zweitens auf die verschiedene Wirkung des n. vagus auf die einzelnen Abschnitte des Herzens.

Übereinstimmend wird eine selbständige und primäre Verkleinerung der Kontraktionskraft bestätigt. In der gleichen Weise wird von allem auch eine Vergrößerung der Kontraktionen festgestellt. Alle geben eine Verkleinerung und Vergrößerung des Herztonus unter nervalem Einfluß zu. Schließlich wird von allen die Tatsache des Wiedereinsetzens einer regelmäßigen Herztätigkeit unter Einfluß der Nerven anerkannt, wenn vor der Reizung entweder verschiedene Herzteile in verschiedenem Rhythmus schlugen oder wenn die Herzschläge nicht gleich stark oder die Pausen zwischen den Herzschlägen verschieden waren. Daß die Kontraktionsverstärkung bei den gegebenen Bedingungen nicht immer leicht bemerkt wird, darf gar nicht verwundern, weil wir im Fall des n.vagus des Froschs keine isolierten Wirkungen haben, sondern eine Kombination von Wirkungen, von sich aus untereinander verwickelnden und gegenseitig maskierenden Erscheinungen. Bei jedem Autor können unbedeutende, oft nicht zu erfassende Unterschiede im Experiment vorkommen (Froschart, Jahreszeit, Besonderheiten der Reizbarkeit, Dauer des Versuchs usw.), von denen auch Unterschiede im Ergebnis herrühren. Wie es auch sein mag, hat LÖWIT trotzdem die primäre Verstärkung gesehen, obwohl sich bei ihm die Beschleunigung in der Regel mit einer Verkleinerung der Systole verband. Die Beschleunigung war bei ihm jedoch, wie er es auch selbst zeigt, viel größer als in den Versuchen von HEIDENHAIN, und eine starke Beschleunigung wird natürlich ein starkes Hindernis für die Feststellung der Systolenvergrößerung sein, weil das Herz während der kurzen Pausen nicht erschlaffen kann; folglich wird auch der Unterschied im Umfang eines kontrahierten und erschlafften Herzens kleiner sein. Folglich müssen solche Bedingungen gesucht werden, wo eine Kontraktionsvergrößerung nicht von einer solchen Beschleunigung begleitet wird; und solche Bedingungen waren offensichtlich bei GASKELL und HEIDENHAIN gegeben. Wie man aber erraten kann (was auch LÖWIT nicht entgangen war), bestehen diese Bedingungen darin, daß bei den ersten Autoren die Herzen blutleer waren, bei LÖWIT dagegen mit Blut gefüllt. Als jedoch LÖWIT die Herzen blutleer machte, erhielt auch er bei Reizung des n.vagus ebenfalls eine Kontraktionsvergrößerung bei geringer Beschleunigung oder sogar ganz ohne diese. Die neuen Erscheinungen werden erst erfaßt, und man darf deswegen nicht diese oder jene Bedingungen vorschreiben, sondern muß geeignete *(410)* suchen, was jedoch Löwit nicht tut. Sonderbar jedoch! Sogar nachdem er diese Bedingungen gefunden hat, will der Autor immer noch Heidenhains Resultate mit einem Fehler in der Beobachtung erklären, mit der Vermutung, daß der die Beobachtung störende Umstand die Herzlokomotion war, d h. die Veränderung der Herzlage, von der die Rhythmusveränderung begleitet wird. Wie kann jedoch auf diese Weise der Fall erklärt werden, wo die Verstärkung primär ohne jede Rhythmusveränderung auftritt?! Somit sind Sie berechtigt, zu sagen, daß zwischen Löwit und den anderen Autoren tatsächlich kein Widerspruch besteht. Die Sache ist unter verschiedenen Bedingungen einfach. Ungefähr das gleiche muß man auch über den Unterschied in den Aussagen der Autoren bezüglich einer Veränderung der Kontraktionskraft in verschiedenen Herzabschnitten sagen. Nuël sagt, daß bei Reizung des n.vagus bei Fröschen die Kontraktionsverkleinerung in der Regel nur an den Vorhöfen beobachtet wird. An der Kammer kommt sie seltener vor und ist schwächer ausgeprägt. Heidenhain, der ebenfalls an Fröschen und mit völlig der gleichen Methode arbeitete, sagt nichts darüber, folglich bemerkte er den Unterschied nicht. Aber auch darin ist wiederum nichts Sonderbares und Widersprechendes. Es ist vollkommen natürlich, daß die der Masse nach und wahrscheinlich auch zum Teil den Eigenschaften nach so verschiedenen Muskelgewebe der Vorhöfe und der Kammern sich ständig bei diesen Bedingungen, bei denen an ihnen Versuche ausgeführt werden, verändern und somit verschieden verlaufende Veränderungen im Erregbarkeitsgrad darstellen werden, besonders wenn dazu noch die Nervenfasern der beiden Teile anatomisch verschieden sind. Und in der Tat hat Gaskell darauf hingewiesen, daß die Kammer bei bestimmten Bedingungen durch Reizung des n. vagus infolge einer Kontraktionsverkleinerung zum Stillstand kommt, während die Vorhöfe sich sogar noch stärker kontrahieren.

Was die Analyse der beschriebenen Erscheinungen betrifft, so beharren fast alle Autoren in der Überzeugung, daß diese Erscheinungen im Wesen das Ergebnis der Tätigkeit zweier bestimmter Herznerven sind, des hemmenden und des beschleunigenden. Lediglich Gaskell (wir sprechen nicht von der früheren und verschwommenen Hypothese von Aubert) spricht sich für eine besondere Kraftinnervation, für besondere, unmittelbar auf die Muskulatur und ihre besonderen Eigenschaften wirkenden Nerven aus. Die deutsche Physiologie ist jedoch offensichtlich im Unrecht. Es ist eine Sache, *(411)* bei dem beschriebenen Tatsachenmaterial eine von der rhythmischen getrennte Innervation für die Kontraktionskraft anzuerkennen oder nicht anzuerkennen. Diese Frage jedoch aufzustellen war angesichts dieser Tatsachen vollkommen logisch. Jedenfalls bestand die beharrliche und rechtmäßige Frage, warum der Nerv einmal nur Veränderungen in der Kontraktionskraft hervorruft, ein andermal nur eine Veränderung im Rhythmus. In der Antwort auf diese Frage mußte unbedingt unter anderem auch die Anschauung über verschiedene Fasern für die Kraft und den Rhythmus auftreten. Der Umstand, daß Veränderungen der Kraft und des Rhythmus durch ein und denselben Nerv hervorgerufen werden, kann natürlich gar keinen Wert als Beweis gegen eine Verschiedenartigkeit der Fasern besitzen. Verfügt denn die Nervenphysiologie auch nur über einen Nerv im Körper, in dem nicht die verschiedensten Arten von Nervenfasern vermischt sind?

Es ist ebenfalls verständlich, daß die endgültige Lösung der Frage, ob eine besondere dynamische Innervation existiert oder nicht existiert, nur vermittels der anatomischen Beweismethode erreicht werden konnte, d.h., wenn es gelingen würde, anatomisch besondere, auf die Kraft wirkende Nerven und besondere, auf den Rhythmus wirkende Nerven zu finden. Eine solche Lösung beseitigt alle Zweifel. Eine zweite gute Beweismethode, wenn auch von geringerer Beweiskraft, besteht in einer chemischen Isolierung der gesuchten Fasern.

Der anatomische Beweis ist gleichzeitig von GASKELL und von mir geliefert worden. Im August des Jahres 1882 erschien im „Journal of Physiology" ein Aufsatz GASKELLS unter dem Titel „Vorläufige Beobachtungen über die Innervation des Schildkrötenherzens".

In Anbetracht der Wichtigkeit des Aufsatzes und seines übersichtlichen Charakters werden wir es uns erlauben, ihn nach Möglichkeit originalgetreu wiederzugeben, um so mehr, da die nach einem Jahr veröffentlichte vollständige Arbeit des Autors zu dem uns interessierenden tatsächlichen Wesen der Sache nichts hinzufügte.

Das Herz der Schildkröte wurde zu dem Versuch genauso wie das Froschherz in der vorhergehenden Arbeit des Autors vorbereitet.

Schon vor diesem Autor fand sich in der Wissenschaft ein Hinweis, und zwar von MAYER, daß bei der Schildkrötenart emys lutaria nur der rechte n. vagus auf das Herz wirkt, d.h. es hemmt, der linke dagegen wirkungslos bleibt. Unser Autor findet, daß das im bedeutenden Maß auch auf die testudo graeca, an der er arbeitete, anwendbar ist. *(412)*

Nach dem Autor ruft eine Reizung des rechten n. vagus Stillstand oder Verlangsamung der Herzschläge hervor, auf die manchmal eine Beschleunigung folgt. Während der Reizung verringert sich die Kraft der Vorhofskontraktionen, nach der Reizung jedoch vergrößern sich diese Kontraktionen allmählich, und eine solche Nachwirkung der Reizung kann man als beständig bezeichnen. Die Reizung des linken n. vagus ruft die gleichen Wirkungen hervor, nur daß die Rhythmusveränderungen weniger bemerkbar sind oder manchmal sogar überhaupt fehlen; umgekehrt sind die Kraftveränderungen beständig und häufig bedeutender als von dem rechten n. vagus. Weder der rechte noch der linke n. vagus zeigen jedoch die geringste direkte Wirkung auf die Kraft der Kammerkontraktionen. Der Umfang der Kammerkontraktionen ist in voller Abhängigkeit vom Rhythmus: Wenn der Rhythmus langsam ist, sind die Kammerkontraktionen bedeutend und umgekehrt.

Somit stand vor dem Autor der Fall einer anatomischen Trennung der auf die Kontraktionskraft wirkenden Fasern von gewissen rhythmischen. GASKELL gab sich jedoch damit nicht zufrieden und suchte eine Möglichkeit, dem Ergebnis eine große Beständigkeit zu verleihen, was ihm auch vollkommen gelungen ist. Indem er den Verlauf der nn. vagi zum Herzen verfolgte, bemerkte er, daß sich der linke n. vagus auf der Höhe der Sinusganglien fast mit seiner ganzen Masse in den Nerv fortsetzt, der diese Ganglien mit den in der Furche zwischen den Vorhöfen und der Kammer liegenden Ganglien verbindet. Diesen Teil des Nerven bezeichnete der Autor als n. coronarius, da er auf der Oberfläche der hinteren Vorhofswand, von den Koronargefäßen bedeckt, verläuft. Die Versuche an diesem n. coronarius ergaben das gewünschte Resultat. Eine Durchschneidung des n. coronarius ruft überhaupt keine Veränderung, weder im Rhythmus noch in der Kontraktionskraft hervor. Eine Erregung seines peripheren Endes jedoch verursacht lediglich eine bedeutende Verkleinerung in der Kontraktionskraft der Vorhöfe, auf die eine Vergrößerung der Kontraktionskraft folgen kann. Gleichzeitig ruft eine Reizung des rechten n. vagus eine Verlangsamung und Stillstand hervor, ganz ebenso wie vor der Durchschneidung des n. coronarius. In einem Fall war die Isolierung der muskeltrophischen (so nennt der Autor Fasern, die auf die Kontraktionskraft einwirken) Fasern so vollkommen, daß nach Durchschneidung des n. coronarius der rechte n. vagus nur verlangsamt hat, indem er seinen früheren Einfluß auf die Kontraktionskraft der Vorhöfe verlor. Die Bedeutung der mit diesen letzteren Tatsachen *(413)* verbundenen Schlußfolgerung verpflichtete den Autor, sie möglichst einwandfrei festzustellen, sie außer alle Zweifel zu stellen. Um den Gedanken auszuschließen, ob nicht das Ergebnis der Reizung des peripheren Endes des n. coronarius infolge der Kürze des Nerven, durch den direkten Übergang des reizenden Stromes auf das Herz bedingt ist, ist von dem Autor der folgende, dem vorhergehenden entgegengesetzte Versuch angestellt worden. Der Sinus wird vom übrigen Herzen abgetrennt und bleibt mit ihm nur vermittels des n. coronarius in Verbindung. Nach einer gewissen Zeit beginnen die anfangs stehengebliebenen Vorhöfe und die Kammer von neuem zu schlagen, jedoch nun in einem vom *Sinus* vollkommen unabhängigen Rhythmus. Reizt man jetzt den rechten n. vagus am Hals, so wird eine sehr krasse Kraftverringerung der Vorhofskontraktion ohne die geringste Rhythmusveränderung bedingt, während der *Sinus* entweder langsam zu schlagen beginnt oder überhaupt seine Bewegungen unterbricht. Es ist klar, daß sich jetzt der wirkliche Nerveneinfluß aus dem n. vagus am Hals längs der Fasern des n. coronarius zur Furche zwischen den Vorhöfen und den Kammern ausbreiten kann und von da zu den Vorhöfen, ein Einfluß, der sich nur an den Merkmalen der Muskelkontraktion widerspiegelt und völlig unabhängig davon, auf welche Weise die rhythmischen Vorhofskontraktionen von der Kammer aus ausgelöst werden: durch die motorischen Sinusganglien oder durch die in der Furche zwischen den Vorhöfen und der Kammer liegenden Ganglien.

Die Wirkung des n. coronarius auf die Vorhöfe macht sich auch noch in einer anderen Form bemerkbar. Schneidet man den ganzen linken Vorhof und einen bedeutenden Teil des rechten durch, so bleibt der Rhythmus der Vorhöfe und der Kammer trotz allem der frühere. Erst wenn die enge Verbindung sehr klein wird, kommen der unten liegende Vorhofsteil und die Kammer zum Stillstand. Dieses Hindernis für die Kontraktionswelle ist jedoch unbeständig. Solange noch etwas unbeschädigtes Gewebe an der Enge ist, wird die Welle früher oder später das

Hindernis passieren und sich auf den unten liegenden Vorhofsteil und dann auch auf die Kammer ausbreiten. Wenn eine Welle die Enge passiert hat, beginnen die nächsten mit verschiedenen Intervallen sie zu durchlaufen, bis schließlich jede Kontraktion des oben liegenden Vorhofsteils durchgeht. Manchmal endet es damit, daß sich die Verhältnisse nicht weiter verändern; in anderen Versuchen jedoch verkleinert sich die Hinderniswirkung noch mehr, *(414)* so daß alle Herzteile schließlich synchron zu schlagen beginnen. Ein neuer weiterer Schnitt ruft wieder die gleiche Erscheinungsreihe hervor, bis die Enge so schmal wird, daß keine einzige Welle fähig ist, sie zu passieren. Eine Reizung des n. vagus beseitigt das Hindernis und ermöglicht den Durchgang für jede einzelne Kontraktionswelle. Diese Nervenwirkung tritt immer erst nach Beendigung der Reizung in Erscheinung und ähnelt völlig dem, was im Fall des Frosches beschrieben wurde, als der halbe Kammerrhythmus durch ein Zusammenpressen der Furche zwischen den Vorhöfen und der Kammer hervorgerufen wurde. Die gleiche Wirkung wird auch durch die Erregung des peripheren Endes des n. coronarius hervorgerufen.

Gleichzeitig mit Gaskell und von ihm vollkommen unabhängig bin ich[1]) in Versuchen an Hunden zu völlig gleichen Ergebnissen gekommen. Als Anlaß zu dieser Arbeit dienten vorsätzlich unternommene Beobachtungen über den Einfluß einer auf dem Wege einer Reizung des n. vagus auf das Druckniveau ausgeübten Verlangsamung. Es hat sich herausgestellt, daß man keine Regel für diese Verbindung aufstellen kann. Es war auch am Hund offensichtlich, daß sich die Kraft und der Rhythmus unter Einfluß einer Reizung des n. vagus sehr ungleichmäßig verändern. Deswegen habe ich mir auch direkt zur Aufgabe gestellt, die Frage zu lösen, ob man diese verschiedenen Wirkungen nicht isolieren kann. Vor allen Dingen prüfte ich den pharmakologischen Weg, wobei ich mir die Beobachtung von Bogojawlenski zunutze machte, daß in einer bestimmten Phase der Konvallariavergiftung der n. vagus, ohne auf den Rhythmus zu wirken, trotzdem den Blutdruck erniedrigt. Die Tatsache ähnelt offensichtlich den obenerwähnten Tatsachen von Aubert bezüglich des Koffeins und von Weinzweig bezüglich des Muskarins. Ich habe diese Tatsache analysiert. Nachdem ich den n. vagus am Hals nach Möglichkeit von allen Nebenästen außer den kardialen befreit habe, fand ich in der Tat, daß der Druck bei seiner Reizung ungeachtet der vollen Rhythmusunveränderlichkeit absinkt. In Anbetracht seiner Bedingungen mußte aus dem Versuch die Schlußfolgerung gezogen werden, daß sich im n. vagus außer den den Rhythmus verlangsamenden Fasern noch Fasern befinden, die die Kraft beeinflussen, *(415)* und zwar vermindern. Die Reizung konnte manchmal viele Male und mit verschiedener Stärke wiederholt werden, ohne daß sich die Erscheinung veränderte. Infolgedessen konnte man nicht glauben, daß dies ein Rest

---

[1]) Vorläufige Mitteilungen in der „Klinischen Wochenzeitung" [Еженед. клин. газ.], (1882), Dissertation, 1883, Mitteilungen in der „Klinischen Wochenzeitung" [Еженед. клин. газета] in den Jahren 1883 und 1884 und vorläufige Mitteilungen im „Centralblatt für die medicinischen Wissenschaften" (1883 und 1885).

der Erregbarkeit ist, ein Teil der verbliebenen Wirkung der gleichen hemmenden Fasern; die Beständigkeit und Dauerhaftigkeit dieses Zwischenzustands des Nerven wäre unverständlich. Die Richtigkeit des aus dieser Tatsache gezogenen Schlusses erreichte in Versuchen, die an Herzästchen des n. vagus durchgeführt wurden, ihre volle Glaubwürdigkeit.

Man nahm einige hemmende Herzästchen, und das Tier wurde danach mit Konvallaria oder Atropin vergiftet. Jetzt verschwand die hemmende Wirkung aller Äste, während bei einigen von ihnen eine deutliche, oft sehr bedeutende erniedrigende Wirkung auf den Druck bestehen blieb. Es kann jetzt nicht mehr gesagt werden, daß die übriggebliebene depressorische Wirkung sozusagen ein Ausdruck einer teilweisen Lähmung der hemmenden Fasern ist. Warum besteht sie nur bei den einen und bei anderen nicht? Ja sogar noch mehr. Die übriggebliebene erniedrigende Wirkung bewirkt gerade der vor der Vergiftung kaum hemmende Ast. Es bleibt danach nichts anderes übrig, als die Schlußfolgerung zu ziehen, daß sich in den einen Ästen nur hemmende Fasern befinden, während in anderen die hemmenden mit abschwächenden Fasern vermischt sind. Die abschwächenden Fasern sind in der Hauptsache im dicksten Herzast vereint, der von der Innenseite des (rechten) n. vagus 1 bis 1,5 cm unter dem unteren sympathischen Halsganglion abgeht. Dieser Ast, wenigstens sein Hauptteil, kann leicht bis zur Kammeroberfläche verfolgt werden, auf der seine letzten Verzweigungen sogar unter der Kammermitte sichtbar sind. Er verläuft hinter der oberen Hohlvene, durchdringt das Perikard, versenkt sich nach unten, wobei er sich nahe an die Wand der aufsteigenden Aorta hält, überkreuzt danach die Lungenarterie, verläuft unter ihr, biegt um ihre Basis von der hinteren Seite und erscheint auf der vorderen Oberfläche der rechten und der linken Kammer. In diesem Ast haben weitere Versuche Fasern entdeckt, die in umgekehrter Weise wirken, d.h., die den Druck unabhängig vom Rhythmus erhöhen. Es versteht sich, daß auch hier die Anwesenheit von Antagonisten die Untersuchung stark behinderte. Der Antagonist mußte auf diese oder jene Weise beseitigt werden. *(416)* Als ein solches Mittel erwiesen sich zum Teil die Atropinisierung des Tieres, zum Teil Wiederholung und Verstärkung der Reizung, so daß das Ästchen zu guter Letzt den Blutdruck jedesmal wieder pünktlich zu erhöhen beginnt. Die in diesen Ästchen enthaltenen Fasern sind besondere Herzfasern. Obwohl das Ästchen zum großen Teil auch in beschleunigender Weise wirkt, können es keine beschleunigenden Fasern sein. Es kommt manchmal eine vollständige Getrenntheit dieser Fasern vor, so daß unser Ast ungeachtet der zahlreichen, verschieden starken Reizungen nicht im geringsten beschleunigend wirkt. Daneben findet sich in keinem Versuch die Spur einer Parallele zwischen Beschleunigung und Druckerhöhung. Von den rein beschleunigenden Ästen kann in keinem Moment des Versuchs, und bei keiner Stromstärke eine Druckerhöhung erreicht werden, eher ist eine Druckerniedrigung der Begleiter einer reinen und bedeutenden Beschleunigung. Wenn der Ast sowohl pressorisch als auch beschleunigend wirkt, so lohnt es bei seinem Übergang auf die Kammern, den Ast noch einmal tiefer zu durchschneiden, damit die Druckerhöhung verschwindet, die Beschleunigung jedoch unverändert bleibt. Somit sehen wir die Tatsache der Existenz besonderer zentrifugaler Nerven, die eine Verstärkung der Herzarbeit bedingen und denen deswegen die Bezeichnung verstärkende Nerven vollkommen zukommt.

Ich habe auch auf andere Eigenschaften und andere Funktionsäußerungen dieser neuen Nerven hingewiesen.

Werden die Bewegungen des freigelegten Herzens durch irgendeine kardiographische, direkt auf dem Herzen aufgestellte Vorrichtung aufgezeichnet, so kann man sich überzeugen, daß durch Reizung des oben beschriebenen verstärkenden Astes nicht nur eine Kontraktionsverstärkung erreicht wird, sondern auch ein schnellerer Ablauf des Kontraktionsprozesses, so daß ungeachtet der Rhythmusunveränderlichkeit die Pausen zwischen den Kontraktionswellen viel länger werden. Diese Tatsache ist schon von N. J. Baxt im Ludwigschen Laboratorium beobachtet worden, irrtümlicherweise jedoch von ihm auf die Funktion beschleunigender Nerven bezogen worden, da Baxt die ansa Vieussenii gereizt hat, wo nach meinen Versuchen in großer Anzahl sowohl die beschleunigenden als auch die verstärkenden Fasern vermischt sind.

Weiterhin habe ich gefunden, daß bei Reizung rein beschleunigender Äste oft eine Dissoziation im Rhythmus zwischen den Vorhöfen und den Kammern eintritt: Während die Vorhöfe sehr oft zu schlagen *(417)* beginnen, kontrahieren sich die Kammern um die Hälfte seltener als die Vorhöfe. Eine Reizung des verstärkenden Nerven beseitigt diese Dissoziation, die Kammern treten in Harmonie zu den Vorhöfen.

Genauso ist es, wenn das Herz von selbst ungleichmäßig schlägt, wenn z. B. einmal ein schwacher, dann ein starker Schlag miteinander abwechseln usw., dann führt die Reizung des verstärkenden Nerven sofort für längere oder kürzere Zeit wieder zu gleicher Schlagfolge.

Es ist klar, daß diese Nervenwirkungen völlig den in der Hauptsache von Gaskell an niederen Tieren gezeigten Wirkungen entsprechen.

Um den Tatsachenteil unseres Themas abzuschließen, bleiben noch der Bericht von Pohl-Pincus[1]) in der Berliner physiologischen Gesellschaft im Dezember des Jahrs 1882, die im Jahre 1883 aus Ludwigs Laboratorium herausgekommene Arbeit von Wooldridge und die vorläufige Mitteilung von N. Wedenski zu erwähnen.

Pohl-Pincus fügt zu den bekannten Wirkungen des n. vagus beim Frosch noch zwei hinzu: 1. den beschleunigenden Charakter der Diastole und 2. eine Erweiterung bestimmter Spalten im Herzgewebe. Bezüglich der letzteren muß bemerkt werden, daß der Autor im Froschherzen zwei Muskulaturarten fand, von denen die eine, die die Spalten bildet, die Rolle von Herzgefäßen spielt. Der Autor macht den Vorschlag, von den beschleunigenden Nerven als eine besondere Art die verstärkenden abzutrennen, d. h. solche, die eine Kontraktionsverstärkung bedingen, und stellt sie denen gleich, die der Diastole einen beschleunigenden Charakter und eine Spaltenerweiterung verleihen.

---

[1]) Pohl-Pincus, Archiv für Anat. und Physiol., 1883, [S. 261—263].

WOOLDRIDGE[1]) befaßte sich mit dem gleichen Objekt wie ich, nämlich mit den Kammernerven (wie er sie nennt) beim Hund und kam bezüglich ihrer verstärkenden Funktion eher zu einem negativen Resultat. Der Widerspruch zwischen uns ist jedoch nicht kraß und findet eine befriedigende Erklärung. Auch WOOLDRIDGE sah in zwei Versuchen von dreizehn bei Reizung des peripheren Endes des hinteren Kammernerven einen Druckanstieg. Weshalb hat er ihn nicht öfters gesehen? Erstens konnte das der Fall sein, was auch WOOLDRIDGE selbst annimmt, nämlich das die verstärkenden Fasern in dem hinteren Kammernerven nicht so oft wie im vorderen, an dem ich allein experimentiert habe, *(418)* vorkommen. Zweitens hat WOOLDRIDGE keine Maßnahmen getroffen, um den Antagonisten zu lähmen und ohnedies ist auch in meinen Versuchen ein positives Resultat fast ebenso selten wie von WOOLDRIDGE erhalten worden[2]).

Schließlich ist im Jahre 1884[3]) von N. WEDENSKI ein vorläufiger Bericht über telefonische Erscheinungen am Herzen des Hundes veröffentlicht worden. Beim Reizen des n. vagus am Hals mit schwachen Strömen (um keinen Stillstand hervorzurufen) hörte der Autor in dem mit dem Herzen verbundenen Telefon einen künstlichen Muskelton von gleicher Höhe mit dem Ton des der Reizerregung dienenden Induktionsapparats. Nach einer Atropinvergiftung ist der Ton bei Reizung mit jeglichen Stromstärken gehört worden. Bei Kurarisierung verschwand der Ton. Der Autor deutet seine Resultate im Sinne einer Anwesenheit besonderer Herznerven im n. vagus mit dem Charakter gewöhnlicher motorischer Nerven. Die Resultate von WEDENSKI stehen jedoch im Widerspruch zu meinen Versuchen, die beweisen, daß sich die verstärkenden Nerven nicht im n. vagus, sondern in der ansa Vieussenii befinden.

Was jedoch die Theorie der Wirkung der verstärkenden und abschwächenden Nerven anbelangt, so ist diese Frage noch so wenig experimentell bearbeitet worden, daß ihre Darlegung im Augenblick kaum lehrreich sein kann. Es wird entweder eine direkte Wirkung auf die Muskulatur oder über die Herzgefäße in Betracht gezogen. Im letzteren Fall wären die neuen Herznerven demnach der gefäßverengernde und gefäßerweiternde der Kranzgefäße.

Somit stellt sich das gemeinsame Resultat der dargelegten physiologischen Arbeiten folgendermaßen dar: Außer den schon lange bekannten Nerven, die den Rhythmus und die Anzahl der Herzschläge regeln, dem hemmenden und dem beschleunigenden, existieren noch zwei auf die qualitative Seite des Pulses wirkende Nerven, die die Lebenseigenschaften des Herzmuskels entweder vergrößern oder verkleinern: der verstärkende und der abschwächende Nerv. *(419)*

---

[1]) L. WOOLDRIDGE, Archiv für Anat. und Physiol., 1883, [S. 522—541].

[2]) In der letzten Zeit habe ich meine Versuche an den verstärkenden Nerven in dem gleichen LUDWIGschen Laboratorium mit einer Vorrichtung, die die vom Herzen ausgeworfene Blutmenge mißt, durchgeführt und erhielt vollkommen beständige und positive Resultate, die bald veröffentlicht werden.

[3]) N. WEDENSKI, Centralblatt für die medicinischen Wissenschaften, 1884, [Nr. 1, S. 1—3].

DER VERSTÄRKENDE NERV DES HERZENS[1])

In meiner Doktorarbeit („Zentrifugale Nerven des Herzens", 1883) habe ich eine Reihe von Tatsachen beschrieben, die mich zu der Schlußfolgerung brachten, daß außer den bekannten, sozusagen rhythmischen Nerven des Herzens (dem hemmenden und dem beschleunigenden) zwei weitere ebenfalls antagonistisch wirkende Nerven existieren, die die Kraft der Herzkontraktion beeinflussen: ein abschwächender und ein verstärkender Nerv. Seit dieser Zeit habe ich diese Untersuchung fortgesetzt (zum Teil im Laboratorium von Prof. BOTKIN, zum Teil im Laboratorium von Prof. LUDWIG in Leipzig), die verschiedenartigsten Beobachtungsmethoden angewandt und mich in die Einzelheiten dieses neuen Gebietes vertieft. Diese späteren Versuche bezogen sich fast ausschließlich auf den verstärkenden Nerven.

In meinen alten Versuchen machte sich die Wirkung der neuen Nerven dadurch bemerkbar, daß sie das Blutdruckniveau ohne Rhythmusänderung oder wenigstens ohne jede Beziehung zu den Rhythmusschwankungen veränderten: Der abschwächende Nerv erniedrigte und der verstärkende Nerv erhöhte den Blutdruck.

Auf meinen mit Hilfe eines Quecksilberkymographen erhaltenen Kurven konnte man keine Verstärkung der einzelnen Herzschläge sehen, wie man sie nach der Zunahme des Bruttoergebnisses der Herzarbeit vermuten mußte. Die Quecksilbermanometer eignen sich überhaupt wenig zur Demonstrierung von Veränderungen der Stärke einzelner Herzkontraktionen und unser Manometer (alter Konstruktion mit großer Quecksilbermenge) noch weniger. *(420)*

Im Leipziger Laboratorium habe ich die Versuche mit einem Federkymographen angestellt. Nunmehr konnte man in der Tat bei Reizung des verstärkenden Nerven auf der Kurve nicht nur eine Blutdruckerhöhung sehen, sondern auch eine Vergrößerung jeder einzelnen Herzwelle. Das letztere trat dann besonders kraß auf, wenn der verstärkende Nerv keinen Anteil beschleunigender Fasern enthielt. Das ist auch verständlich, da die Beschleunigung ihrerseits die Herzwellen kleiner und feiner macht. Im übrigen gibt es Fälle, wo auch bei einer sehr starken

---

[1]) Еженед. клин. газ. *[Klinische Wochenzeitung]*, 1888, S. 469.

Beschleunigung die Herzwellen infolge Reizung des gemischten beschleunigend-verstärkenden Nerven sehr vergrößert erscheinen. Das sind Fälle mit sehr geschwächtem, dem Tode nahen Herzen, wo das Herz sehr selten und sehr schwach schlägt. Bei Reizung des Nerven erholt sich die Lebensfunktion des Herzens sowohl in bezug auf die Anzahl als auch in bezug auf die Kraft der Herzkontraktionen (Abb. 1 und 2).

Dem Leipziger Laboratorium verdanke ich die Möglichkeit, die Funktion des verstärkenden Nerven auf vollkommen andere Weise zu untersuchen, nämlich nicht den Druck, sondern die Blutmenge selbst zu messen, die vom Herzen ohne und mit Reizung dieses Nerven in die Aorta ausgetrieben wird.

Im Jahre 1886 ist von STOLNIKOW[1]) eine von ihm im Leipziger Laboratorium konstruierte Vorrichtung beschrieben worden, bei der auf Laufpapier die durch die Aorta eines Hundes hindurchfließende Blutmenge registriert wird. Eine ähnliche Vorrichtung, nur mit einigen von Prof. LUDWIG vorgeschlagenen Änderungen, stand auch mir zur Verfügung. Ich erachte es nicht als überflüssig, diese der Idee nach sehr wertvolle und bequeme, der Ausführung nach leistungsfähige Vorrichtung ausführlicher zu beschreiben, da sie zweifellos in das gewöhnliche Instrumentarium der physiologischen Laboratorien aufgenommen werden sollte.

Dem Apparat liegt eigentlich das gleiche Prinzip zugrunde wie der bekannten sogenannten LUDWIGschen Uhr zur Bestimmung des Blutstroms, der Stromuhr. Im Lumen eines Blutgefäßes wird, dieses völlig unterbrechend, d. h. seinen ganzen Querschnitt einnehmend, ein Apparat angebracht, der eine bestimmte Blutmenge von der Zuflußseite aufnimmt, *(421)* sie mißt und in das entgegengesetzte Gefäßende überführt. Dies wiederholt sich ständig. Das wird dadurch erreicht, daß der aus zwei Hälften bestehende Apparat, dessen Höhlen sich im oberen Teil miteinander verbinden, seine Verbindung mit den Blutgefäßenden rhythmisch ändert. Wenn sich die mit dem Gefäßende, aus dem die Flüssigkeit kommt, verbundene Hälfte des Apparats bis zu einer bestimmten Grenze gefüllt hat, so wird diese Hälfte rasch mit dem Ende in Verbindung gebracht, in das die Flüssigkeit abfließt, und eine neue, in die leere Hälfte eintretende Blutmenge preßt jetzt die vorige aus dem Apparat heraus. Es versteht sich von selbst, daß anfangs in die Hälfte, die sich das erste Mal entleeren muß, irgendeine indifferente Flüssigkeit eingeführt wird. Damit die in den Apparat eintretende Blutmenge sich darin nicht mit der ausströmenden Menge vermischt (eine Bedingung, bei der natürlich nur die Menge des einströmenden Bluts gemessen werden kann), werden diese Mengen durch irgendeinen zusätzlichen Stoff voneinander getrennt; durch Öl (in der alten LUDWIGschen Uhr) oder Luft (in dem neuen Apparat), der dauernd den Verbindungsteil zwischen beiden Apparathälften füllt und rhythmisch einmal in die eine und dann in die andere Hälfte übergeht.

In der Stromuhr ist die Hauptaufgabe des Apparats bei weitem nicht befriedigend erfüllt. Erstens vermischt sich das Öl sehr bald mit dem Blut, weshalb ein genaues Abmessen der zufließenden Blutmenge immer schwieriger wird. Zweitens

---

[1]) [STOLNIKOW], DU BOIS-REYMONDS Archiv, Physiol. Abteil., [1886, S. 1—66 — Red.]

Abb. 1

Abb. 2

wird das Auswechseln der Verbindungen der Apparathälften mit den Enden des Blutgefäßes mit der Hand ausgeführt. Drittens muß man die Anzahl dieser Verbindungen selbst zählen. Auf diese Weise besteht gar keine Automatie! Daraus entspringt auch die große Anzahl von Ungenauigkeiten und Unbequemlichkeiten des Apparats.

An dem Apparat, mit dem STOLNIKOW arbeitete, waren viele der erwähnten Unbequemlichkeiten beseitigt. Der trennende Stoff zwischen den Blutportionen war Luft. Die zufließende Blutmenge wurde automatisch auf Laufpapier registriert. Das Auswechseln der Verbindungen jedoch wurde auch hier mit der Hand ausgeführt. Es muß übrigens bemerkt werden, daß STOLNIKOWS Apparat eine gewisse Abweichung von der allgemeinen Idee der beschriebenen Apparate aufweist. Durch den Umstand, daß bei STOLNIKOW beide Hälften des Apparats nach oben offen waren, ging das Einströmen und Ausströmen des Bluts aus dem Apparat nicht in der gleichen Menge *(423)* vor sich (Zufluß gleich Abfluß), sondern konnte unterschiedlich sein.

In dem Apparat, den ich benutzte, ist auch dieser letzte Nachteil beseitigt. Er ist voll automatisiert und in dieser Form wirklich ein Sieg dieser sozusagen instrumentellen Tendenz in der Physiologie, der das LUDWIGsche Laboratorium immer so unermüdlich gedient hat und noch dient. Der Apparat verdient vollkommen die Bezeichnung automatischer Meßapparat oder Bestimmungsapparat der Blutströmung.

Nach diesen allgemeinen Darlegungen werden auch die Einzelheiten unseres Apparats leicht und schnell verständlich werden.

An einem Gestell mit dem Mechanismus für das Laufpapier eines gewöhnlichen Kymographen sind (an Stelle eines Manometers) zwei vertikal stehende kalibrierte Glaszylinder befestigt. Ihre oberen Öffnungen sind hermetisch durch Metallfassungen verschlossen. Von einer Fassung zur anderen zieht ein hohles Metallrohr, das auf diese Weise den Hohlraum beider Zylinder miteinander verbindet. Die untere Öffnung jedes Zylinders wird vermittels halbierter Glasröhrchen, die durch Gummischläuche verbunden sind, *mit jedem Ende des Blutgefäßes verbunden*, so daß zwischen den Zylinderöffnungen und den Enden des Blutgefäßes in dem mittleren Verbindungsteil vier Gummischläuche vorhanden sind. Diese Schläuche an den verschiedenen Zylindern oder, was dasselbe ist, den verschiedenen Gefäßenden liegen je paarweise zusammen. Wird ein Paar der Gummischläuche zusammengedrückt, so wird z.B. der rechte Zylinder in Verbindung mit dem zentralen Gefäßende bleiben, der linke dagegen mit dem peripheren; drücken wir das zweite Paar zu und lassen das erste frei, so erreichen wir die umgekehrte Verbindung der Zylinder mit den Enden des Gefäßes. Dieses abwechselnde Zusammendrücken einmal des einen, dann des anderen Paars der Gummischläuche wird durch ein Metallhämmerchen ausgeführt, das zur rechten Zeit durch zwei Elektromagneten in Bewegung gesetzt wird. Die Tätigkeit dieser Elektromagneten steht in folgender Weise mit der Füllung der Zylinder in Verbindung: In den Zylindern befinden sich hohle halbkugelförmige Glasschwimmer. Sie schwimmen auf dem in den Zylindern ansteigenden Blut und rufen in einer bestimmten Höhe die Schließung eines galvanischen Stromkreises hervor, die schließlich (vermittels *(424)* von vier Elektromagneten und zwei Einzelbatterien) die Stellungsänderung des obenerwähnten Hämmerchens bedingt. Es besteht keine Notwendigkeit, in eine ausführliche Beschreibung der Verbindungen zwischen galvanischem Kreis und Apparat einzugehen. Es genügt, noch zu sagen, daß in den Augenblicken, wo das Blut in den Zylindern eine bestimmte Höhe erreicht und die Schließung des galvanischen Stromkreises vor sich geht, nicht nur ein Umschlagen des Hämmerchens stattfindet, sondern durch besondere Elektromagneten auch ein kleiner Hebel mit einer Feder an seinem Ende, der diesen Zeitpunkt auf dem Laufpapier vermerkt, in Bewegung gebracht wird.

Wollen wir uns noch einmal diesen Apparat während der Arbeit vorstellen: Nehmen wir an, der Apparat ist mit dem zentralen Ende einer Arterie und dem peripheren Ende einer Vene verbunden, d. h., daß er das Blut aus einer Arterie in eine Vene überführt. Möge das Hämmerchen dasjenige Paar von Gummischläuchen zusammendrücken, daß das Blut aus der Arterie in den rechten Zylinder eintreten und aus dem linken Zylinder in die Vene austreten kann. Das Blut steigt im rechten Zylinder bis zu einer bestimmten Höhe (diese Höhe muß ein für allemal für den ganzen Versuch vermerkt werden), und hier schließt der Schwimmer den Stromkreis. Infolgedessen macht der Hebel mit der Feder eine Marke auf dem Laufpapier, das Hämmerchen drückt das entgegengesetzte Paar der Gummischläuche zusammen und läßt gleichzeitig dasjenige frei, das es erst zusammendrückte. Somit ist für den gefüllten Zylinder jetzt nur noch der Weg zur Vene frei, und der leere (der linke) Zylinder ist mit der Arterie verbunden. Der gleiche Vorgang wiederholt sich. Der linke Zylinder füllt sich, und sein Schwimmer schließt ebenfalls in einem bestimmten Augenblick den Stromkreis; infolgedessen wird der Augenblick seiner Füllung registriert, und die Stellung des Hämmerchens wechselt wieder usw. Somit zeichnen sich auf dem laufenden Papierstreifen (auf dem gewöhnlich auch die Zeit registriert wird) von selbst die Mengen des durch den Apparat fließenden Bluts ohne die geringste Beteiligung des Beobachters auf.

In unseren Versuchen über den Einfluß der verstärkenden Nerven auf den Blutstrom in der Aorta wurde das Tier für die Verbindung mit dem Apparat in folgender Weise vorbereitet.

Die Unbeweglichkeit des Tieres wurde gewöhnlich auf dem Weg einer Kurarevergiftung erreicht (ein Umstand, dessen wir uns späterhin bei Überlegungen über die Natur des verstärkenden Nerven bedienen werden). Danach wurden alle Äste der arteria innominata unterbunden. *(425)* In die arteria subclavia dextra (zur Verbindung mit dem Blutstrommesser) und in irgendeine der aa. carotes (zur Verbindung mit einem Federmanometer, das die Herzwellen ebenfalls auf Laufpapier registrieren sollte) wird eine Glaskanüle eingebunden. Genauso werden alle Äste der oberen Hohlvene unterbunden und in die rechte v. jugularis eine Kanüle eingesetzt. Auf die Aorta (selbstverständlich bei eröffneter Brusthöhle) werden in dem Zwischenraum zwischen dem Abgang der a. innominata und der linken a. subclavia wie auch auf der unteren Hohlvene bestimmte Ligaturschlingen mit

Stäbchen angelegt. Wenn das Tier vermittels der obenerwähnten Kanülen mit dem Apparat verbunden wird, so ziehen sich die Schlingen zu, und das Blut erhält freien Lauf zum Apparat. Jetzt gelangt das ganze Blut aus der Aorta über die a. subclavia dextra in den Blutstrommesser und kehrt von da über die rechte v. jugularis in das rechte Herz zurück, wobei es den übrigen großen Blutkreislauf vollkommen vermeidet.

Ein Umstand aus den Bedingungen dieser Versuche verdient besondere Beachtung. In dem Versuch muß das Blut des normalen Tiers ständig durch künstliche Gefäße fließen. Wird eine Blutgerinnung dem Gelingen der dargelegten Versuche nicht außerordentlich schädlich sein? Es ist bekannt, daß eine in die Arterien oder Venenwege eingebaute Stromuhr gerade durch diesen Umstand außerordentlich viel an Wert verliert. Bei unseren Versuchen ist dieses Übel der Blutgerinnung glücklicherweise fast ausgeschlossen. Die Ursache liegt darin, daß das Blut, das nur über das Herz zu den Lungen strömt, aus irgendeinem Grund seine Gerinnungseigenschaft verliert, und zwar in um so stärkerem Maß, je länger es unter diesen Bedingungen strömt. Diese Tatsache verdient eine genaue Untersuchung.

Auf diese Weise werden während des Versuchs auf dem Laufpapier untereinander registriert: die Zeit (in Sekunden), die Menge des vom Herzen ausgeworfenen Bluts, die Herzschläge und der Rhythmus.

Auf Grund dieser Tatsachen werden durch einfache Berechnung sowohl die bei einer Herzkontraktion ausgeworfene Blutmenge als auch die pro Sekunde ausgeworfene Blutmenge bestimmt. Aus den Versuchskurven sind durch Messung und Zählung die unten angeführten Tabellen zusammengestellt worden. *(426)*

Diese Tabellen enthalten sechs Zahlenspalten: 1. „Zeit vom Beginn der Tätigkeit des Blutstrommessers in Minuten"; 2. „Zeit für die Auffüllung beider Zylinder nacheinander in Sekunden"; 3. „Anzahl der Herzschläge während der Füllungszeit beider Zylinder"; 4. „Dauer eines Herzschlags in Sekunden"; 5. „Bei einem Herzschlag ausgetriebene Blutmenge in cm^3", und 6. „In einer Sekunde ausgetriebene Blutmenge".

Versuch 1. Ein Hund von 13 kg Gewicht. Rechts sind durchschnitten: am Hals der n. vagus und der n. laryngeus inferior, in der Brusthöhle die ansa Vieussenii und noch einmal der rechte n. vagus vor dem Abgang der Lungenäste, links am Hals der n. vagus und der n. laryngeus inferior. Es wird der rein verstärkende Ast gereizt (der dickste innere Ast des n. vagus) und der rein beschleunigende (einer der äußeren Äste, und zwar der untere).

Wir führen den mittleren Teil des Versuchs als den demonstrativsten an.

Zeit vom Beginn der Tätigkeit des Blutdruckmessers in Minuten	Zeit dür die Auffüllung beider Zylinder nacheinander in Sekunden	Anzahl der Herzschläge während der Füllungszeit beider Zylinder	Dauer eines Herzschlags in Sekunden	Bei einem Herzschlag ausgetriebene Blutmenge in cm^3	In 1 Sek. ausgetriebene Blutmenge
	5,70	15,5	0,368	8,46	23,02
	5,80	15,8	0,367	8,30	22,59

Zeit vom Beginn der Tätigkeit des Blutdruckmessers in Minuten	Zeit für die Auffüllung beider Zylinder nacheinander in Sekunden	Anzahl der Herzschläge während der Füllungszeit beider Zylinder	Dauer eines Herzschlags in Sekunden	Bei einem Herzschlag ausgetriebene Blutmenge in cm³	In 1 Sek. ausgetriebene Blutmenge
	5,85	15,6	0,375	8,41	22,43
	5,95	—	0,370	—	22,05
			Reizung des verstärkenden Astes		
	5,90	—	0,381	—	22,24
15	5,80	—	0,388	—	22,59
	5,35	13,6	0,393	9,65	24,52
	5,30	13,2	0,402	9,94	24,75
	5,25	13,4	0,392	9,79	24,99
			Ende der Reizung		(427)
	5,55	13,2 (?)	0,420 (?)	9,94 (?)	23,64 (?)
	5,40	13,6	0,397	9,55	24,30
	5,55	13,7	0,405	9,58	23,64
	5,55	13,7	0,405	9,58	23,64
	5,75	14,0	0,411	9,37	22,82
	5,70	13,8	0,413	9,51	23,62
16	5,90	14,0	0,421	9,37	22,24
	6,00	14,1	0,426	9,30	21,87
			Reizung des beschleunigenden Astes		
	6,15	14,9	0,413	8,81	21,33
	6,75	17,6	0,384	7,45	19,43
	7,05	19,2	0,367	6,83	18,61
			Ende der Reizung		
	7,15	19,4	0,369	6,76	18,35
	7,20	19,5	0,369	6,73	18,22
			Reizung des verstärkenden Astes		
	7,10	19,0	0,372	6,91	18,48
	6,10	16,4	0,372	8,00	21,16
17	5,80	15,4	0,377	8,52	22,62
			Ende der Reizung		
	5,75	15,2	0,378	8,63	22,82
	6,00	15,7	0,382	8,36	21,87
	6,10	15,8	0,386	8,30	21,51
					(428)
	6,35	16,3	0,390	8,05	20,66
	6,35	16,0	0,397	8,20	20,66
	6,60	16,4	0,402	8,00	19,88
			Reizung des beschleunigenden Astes		
	7,10	—	—	—	18,48
	7,50	19,2	0,391	6,83	17,49
18	7,70	20,3	0,379	6,46	17,04
			Ende der Reizung		
	8,10	21,2	0,382	6,19	16,32

Zeit vom Beginn der Tätigkeit des Blutdruckmessers in Minuten	Zeit für die Auffüllung beider Zylinder nacheinander in Sekunden	Anzahl der Herzschläge während der Füllungszeit beider Zylinder	Dauer eines Herzschlags in Sekunden	Bei einem Herzschlag ausgetriebene Blutmenge in cm³	In 1 Sek. ausgetriebene Blutmenge
			Reizung des verstärkenden Astes		
	7,70	20,0	0,385	6,56	17,04
	6,50	16,9	0,385	7,76	20,18
	6,20	16,0	0,388	8,20	21,16
			Ende der Reizung		
	6,35	16,0	0,397	8,20	20,66
	6,40	16,2	0,395	8,10	20,50
19	6,35	15,7	0,404	8,36	20,66
	6,60	16,0	0,413	8,20	19,88
	6,80	16,5	0,412	7,95	19,29
	6,85	16,5	0,415	7,95	19,15
					(429)
			Reizung des beschleunigenden Astes		
20	7,80	17,8	0,410	7,37	17,97
	7,90	20,1	0,393	6,52	16,61
	8,20	21,6	0,380	6,07	16,00
			Ende der Reizung		
	8,70	22,3	0,390	5,89	15,08
			Reizung des verstärkenden Astes		
	8,30	21,2	0,392	6,19	15,81
20	7,60	19,0	0,400	6,91	17,26
	7,55	—	—	—	17,38
			Ende der Reizung		
	7,85	19,2	0,409	6,83	16,71
	8,10	19,6	0,413	6,70	16,20
	8,45	19,8	0,422	6,63	15,53
	8,40	19,5	0,431	6,73	15,62
	8,65	19,7	0,439	6,66	15,17
	8,80	19,7	0,447	6,66	14,91
			Reizung des verstärkenden Astes		
21	8,45	18,4	0,459	7,13	15,53
	7,90	16,6	0,476	7,90	16,61
	7,70	16,2	0,475	8,10	17,01
			Ende der Reizung		
	8,10	16,6	0,488	7,90	16,32
					(430)

Versuch 2. Ein Hund von 25 kg Gewicht. Anfangs wurden verschiedene Lungennerven gereizt, um irgendeinen Einfluß von ihrer Seite auf die Lungengefäße zu erhalten. Zum Schluß, als die Herztätigkeit außergewöhnlich schwach wurde, wurde der verstärkende Herznerv geprüft. Dieser letzte Teil des Versuchs wird hier angeführt. Nervendurchschneidungen wie im ersten Versuch.

Zeit vom Beginn der Tätigkeit des Blutdruckmessers in Minuten	Zeit für die Auffüllung beider Zylinder nacheinander in Sekunden	Anzahl der Herzschläge während der Füllungszeit beider Zylinder	Dauer eines Herzschlags in Sekunden	Bei einem Herzschlag ausgetriebene Blutmenge in cm³	In 1 Sek. ausgetriebene Blutmenge
30	17,75	28,9	0,614	4,54	7,39
	19,20	30,5	0,630	4,30	6,84
	20,95	31,7	0,661	4,14	6,26
31	24,75	35,8	0,691	3,66	5,30
	30,20	41,0	0,737	3,20	4,34
	Reizung des verstärkenden Astes (der außerdem noch beschleunigend wirkt).				
	13,95	24,7	0,565	5,31	9,41
32	7,30	17,0	0,429	7,72	17,97
	Ende der Reizung				
	6,30	15,0	0,420	8,75	20,83
	5,90	13,8	0,428	9,51	22,24
	5,70	12,6	0,452	10,41	23,02
	5,20	11,2	0,464	11,71	25,23
	4,95	10,2	0,485	12,86	26,51
	5,10	10,0	0,510	13,12	25,73
	5,05	9,2	0,549	14,26	25,98
	5,20	9,4	0,553	13,96	25,23
35	5,10	9,2	0,554	14,26	25,73
	5,50	9,7	0,567	13,53	23,85
	5,60	9,7	0,577	13,53[1])	23,43[1])
					(431)
	10,40	16,0	0,650	8,20	12,62
	11,20	18,6	0,602	7,05	11,71
	11,05	17,7	0,636	7,41	11,87
	11,20	18,5	0,605	7,09	11,71
	Reizung des verstärkenden Astes				
	10,50	17,3	0,610	7,58	12,44
	7,05	14,0	0,504	9,37	18,61
36	5,60	13,1	0,427	10,01	23,43
	Ende der Reizung				
	5,40	13,0	0,415	10,09	24,29
	5,35	12,8	0,418	10,25	24,52
	5,25	12,1	0,434	10,84	24,99
	5.00	11,1	0,450	11,82	26,24
	4,90	10,7	0,458	12,26	26,78
	4,75	10,0	0,475	13,12	27,62
	4,85	9,7	0,500	13,53	27,05
	5,20	10,3	0,505	12,74	25,23
	5,60	11,0	0,509	11,93	23,43
	5,80	11,0	0,527	11,93	22,60
	6,00	11,3	0,531	11,61	21,87

[1]) Aus Gründen der Platzersparnis werden die Zahlen zweier Minuten fortgelassen, während deren der Blutstrom immer kleiner und kleiner wurde.

Genau das gleiche Resultat ergaben auch die nächsten Reizungen des verstärkenden Astes.

In beiden Versuchen vergrößert sich bei Reizung des verstärkenden Astes sowohl das Blutvolumen jedes einzelnen Schlages als auch das Sekundenvolumen in krasser Weise und zwar erhöhten sich im ersten Versuch beide Mengen um 33% der ursprünglichen Größe, im zweiten stieg das Schlagvolumen *(432)* um 440% und das Sekundenvolumen um 600% an. Der gewaltige Zahlenunterschied in der Wirkung des verstärkenden Nerven in beiden Versuchen hat seine Ursache darin, daß im ersten der verstärkende Nerv noch ziemlich stark auf das Herz wirkt (15. Minute, nachdem das Herz mit der Vorrichtung verbunden wurde), im zweiten aber ist das Herz äußerst geschwächt, es arbeitet, und erst in der 36. Minute, vom Augenblick der Verbindung des Herzens mit dem Apparat an, begannen die Nerven zu wirken. Es muß jedoch bemerkt werden, daß sich die mit dem Apparat verbundenen Herzen rasch erschöpfen. Wir konnten niemals sehen, daß sie länger als 40 bis 50 Minuten arbeiteten, wenn der verstärkende Nerv nicht gereizt wurde. Es versteht sich, daß sich der Effekt des verstärkenden Nerven am schwachen Herzen stärker ausdrückt als am stark schlagenden Herzen, weil im letzteren Fall das Herz der maximalen Arbeit näher ist und unter der Wirkung des verstärkenden Nerven natürlich nur einen kleineren Arbeitszuwachs aufweist.

Im ersten Versuch wird die Reizung des verstärkenden Nerven von gar keinen Rhythmusänderungen, die durch diese Reizung bedingt wären, begleitet. Der Rhythmus verändert sich von selbst und verlangsamt sich im Verlauf des Versuchs ständig. Im zweiten Versuch sind dem verstärkenden Nerv noch beschleunigende Nerven beigemischt. Hieraus werden in diesem letzteren Versuch der nicht parallele Verlauf und die verschiedenen Größen des Zuwachses bei dem Sekundenvolumen und dem Volumen jedes einzelnen Schlags verständlich. Da nicht nur das Volumen jedes einzelnen Schlags größer wurde, sondern auch die Anzahl der Schläge selbst sich vergrößerte, ist es natürlich, daß das Sekundenvolumen mehr angewachsen ist als das Schlagvolumen.

Eine reine, durch Reizung rein beschleunigender Äste bedingte Beschleunigung vergrößert jedoch, wie der erste Versuch zeigt, den Blutstrom nicht, sondern sie verkleinert ihn sogar und verringert die Arbeit des Herzens. Diese Tatsache hat sich fast ständig auch in unseren ersten, in der Dissertation beschriebenen manometrischen Versuchen wiederholt. Oft führte sogar in den alten wie in den neuen Versuchen eine Reizung rein beschleunigender Äste, besonders an geschwächten Herzen, zum endgültigen Herzstillstand. Kurz gesagt, der rein beschleunigende Nerv erschöpft das Herz. Umgekehrt zeigt der verstärkende Nerv nichts Ähnliches, was auf eine nachträgliche Erschöpfung des Herzens nach verstärkter Arbeitsperiode hinweist. Unser zweiter Versuch stellt ein klares Beispiel dafür dar. Das Herz, *(433)* das schnell dem Ende seiner Tätigkeit zustrebte, führte infolge Reizung des verstärkenden Nerven eine größere Anzahl von Schlägen von stark vergrößertem Umfang aus. Die Reizung wurde im Verlauf von 17 Minuten viermal wiederholt, wobei in den Zeitabschnitten zwischen den Reizungen der Blutstrom bei weitem nicht zu der Größe absank, die er vor der ersten Reizung des verstärkenden Nerven zeigte. Außerdem ist der Versuch von uns selbst in der Periode, als sich die Herztätigkeit völlig erholt hatte, und bei voller Funktion des verstärkenden Nerven abgebrochen worden.

Den beschriebenen Versuchen mit Messung des Blutstroms in der Aorta gebührt auch noch deswegen besondere Aufmerksamkeit, weil in ihnen der große Kreislauf vollkommen ausgeschaltet und folglich auch die Möglichkeit irgendeiner zufälligen Nebenwirkung des Zustands seiner Gefäße auf das Resultat unserer Versuche ausgeschlossen war.

Zur Abrundung dieser Versuche am verstärkenden Nerv bleibt noch die Wirkung des Nerven an völlig (von beiden Kreisläufen) isolierten Herzen von Warmblütern nach der Methode zu erproben, die nach meinem Vorschlag und unter meiner Anleitung im vorigen Jahr von Dr. Tschistowitsch ausgeführt wurde. Ich hoffe, diese Versuche bald beginnen zu können.

Die Leipziger Versuche waren für mich auch noch deswegen von besonderer Wichtigkeit, da ich auf diese Weise die Möglichkeit erhielt, Prof. Ludwig mit seinen eigenen Augen zu überzeugen, daß die frühere Arbeit von Wooldridge aus seinem Laboratorium, die zu einem negativen Ergebnis hinsichtlich der Existenz eines verstärkenden Nerven kam, einfach in ihrer Versuchsanordnung mißlungen war.

Alle übrigen unten angeführten Versuche sind im Laboratorium von Prof. S. P. Botkin ausgeführt worden.

Ich beende den Abschnitt über den Einfluß des verstärkenden Nerven auf den Druck und die Geschwindigkeit der Blutbewegung, will aber noch hinzufügen, daß ich auf dem Weg manometrischer Versuche die Wirkung des verstärkenden Nerven auch an Hunden mit nicht eröffneter Brusthöhle festgestellt habe, d. h., folglich an vollkommen normalen Herzen, und daß ich auch auf die Existenz eines verstärkenden Nerven bei Katzen hingewiesen habe. *(434)*

Ich gehe zu anderen Eigenschaften, anderen Erscheinungen des verstärkenden Nerven am Herzen über.

Schon in unseren ersten Versuchen zeigte uns die Beobachtung des freigelegten Herzens, daß das Herz bei Reizung des verstärkenden Nerven nicht nur stärker schlägt, sondern auch schneller, d. h., daß es den Kontraktionsprozeß schneller ausführt. Diese Tatsache erhielt ihre volle wissenschaftliche Bestätigung, als wir uns in der Folge kardiographischen Versuchen zuwandten. In diesen Versuchen wurde beim Tier die ganze vordere Wand des Brustkorbs entfernt. Das Perikard wurde längs aufgeschnitten und vermittels einiger Nähte beiderseits an die Ränder der künstlichen Brustöffnung befestigt. Auf das Herz stellte man einen leichten Glasapparat, der aus zwei miteinander durch ein dünnes Glasröhrchen verbundenen Halbkugeln bestand. Die obere dieser Halbkugeln wurde mit Wachs an den Knopf einer Mareyschen Trommel befestigt, wie sie zum Aufstellen auf menschliche Arterien benutzt wird. Mit dieser Kapsel wurde durch einen Gummischlauch eine andere Kapsel zum Registrieren auf der rotierenden Trommel verbunden. Der mittlere Teil des Glasapparats bewegte sich, um seitliche Abweichungen zu vermeiden, in einer Öffnung, die aus einem Geflecht gläserner Stäbchen oder Metalldrähte hergestellt war. Die die Bewegungen des Herzens aufnehmende Kapsel war zusammen mit dem Glasapparat so *(435)* im Stativ befestigt, daß die untere Halbkugel, die mit ihrem Durchschnitt dem Herzen zugewandt war, weder vom Herzen abstehen, noch sich zu sehr in dieses einpressen konnte.

Abb. 3

Bei Reizung des verstärkenden Astes wurde ein konstanter, im beigefügten Kardiogramm (Abb. 3) wiedergegebener Effekt erhalten. Dieses zeigt ansteigende Wellen. Der aufsteigende Teil jeder Welle entspricht ungefähr der Systole (systolische Linie), der absteigende der Diastole (diastolische Linie). Der zwischen zwei benachbarten Wellen liegende Teil entspricht der Pause. Wir wollen die letztere Linie die Pausenlinie nennen und die vorgestellte Linie, die an der Wellenbasis die systolische mit der diastolischen Wellenlinie verbindet, die Kontraktionslinie. Es ist klar, daß das Bild die wirklichen Verhältnisse nicht ganz genau wiedergibt. Der Einfluß des registrierenden Apparats kann jedoch annähernd geschätzt werden. Es ist offensichtlich, daß die Zacke am Schluß der Diastole, die infolge eines Absinkens der diastolischen Linie unter die Pausenlinie entsteht, seine Ursache in der Beschleunigung hat, die der Apparat bei seiner Rückkehr zur Norm nach Schluß des Herzstoßes besitzt. Daraus folgt, daß auch der Wellenhöhe keine objektive Bedeutung zugeschrieben werden darf. Über eine Veränderung des Kontraktionsprozesses unter Einfluß des verstärkenden Nerven können jedoch gar keine Zweifel bestehen. Während die Pausenlinie vor der Reizung auf unserem Kardiogramm kleiner als die Kontraktionslinie ist, wird sie nach der Reizung mit der anderen gleich oder sogar größer als diese, obwohl dabei gar keine Verlangsamung eintritt, sondern umgekehrt anfangs sogar eine Beschleunigung beobachtet wird. Die Verlängerung der Pausenlinie geht somit auf Kosten einer Verkürzung der Kontraktionslinie vor sich. Dies kann allein nur infolge des schnelleren Ablaufs des Herzkontraktionsprozesses geschehen. Die Frage, was eigentlich verkürzt wird, die Systole oder die Diastole oder beide zusammen, kann auf Grund unserer Kardiogramme z. T. deswegen nicht gelöst werden, weil infolge der langsamen Trommelrotation die systolische und die diastolische Linie einander sehr nahe sind und vor allem deswegen, weil das Ende der Systole nicht genau bestimmt werden kann. Ich glaube jedoch, daß die Diastole zweifellos an der allgemeinen Verkürzung des Herzschlags beteiligt ist. Es ist augenfällig, daß aus der Welle *(436)* der Herzkontraktion die Neigung verschwindet, mit der normalerweise die diastolische Linie endet.

Über die Entstehung der beschriebenen Verkürzung des Kontraktionsprozesses sind außer der spezifischen Wirkung des verstärkenden Nerven noch zwei Annahmen denkbar. Vielleicht ist diese Wirkung des verstärkenden Nerven auf die ihm gewöhnlich beigemischten Fasern zurückzuführen, die nach Baxt[1]) die Systolendauer verkürzen? Da ich auf diese Frage später noch einmal zurückkommen muß, beschränke ich mich hier auf folgendes: Bei Reizung des verstärkenden Nerven tritt als konstante Tatsache auf, daß die Verkürzung am krassesten nach der Reizung ist, wenn die Beschleunigung, die diese Reizung oft begleitet, schon völlig verschwunden ist. Die Verkürzung tritt also völlig unabhängig vom Beschleunigungsgrad auf. Ganz anders verhält es sich mit rein beschleunigenden Ästen. Bei ihnen wird niemals eine Verkürzung nach Aufhören der Beschleunigung beobachtet. Und jene Verkürzung, die in unseren Kardiogrammen in Erscheinung tritt, war dabei, verglichen mit der Verkürzung vom verstärkenden Nerven, sehr unbedeutend. Außerdem muß man hinzufügen, daß sie von uns in denjenigen Fällen beobachtet wurde, wo infolge einer sehr langsamen Rotation unserer Trommel zwischen den Wellen an der Basis überhaupt kein Zwischenraum blieb. Man könnte deswegen glauben, daß sich bei einer schnelleren Trommelrotation die Verkürzung durch die beschleunigenden Fasern gar nicht zeigen würde.

Die zweite mögliche Vermutung über die Entstehung der Verkürzung besteht in folgendem: Wie wir wissen, erhöht der verstärkende Ast den Blutdruck. Ist die Verkürzung nicht einfach eine Folge dieses Umstands? Kontrollversuche mit Zusammendrücken der Aorta zeigten jedoch, daß hoher Druck allein umgekehrt die Kontraktionslinie verlängert und den Kontraktionsprozeß in die Länge zieht.

Eine genaue Betrachtung des angeführten Kardiogramms deckt noch eine weitere Besonderheit am Herzen unter dem Einfluß des verstärkenden Nerven auf, der man eine gewisse Bedeutung zuschreiben muß. *(437)*

Verbindet man die einzelnen Pausenlinien der Wellen vor der Reizung durch eine Gerade und verlängert man diese Gerade entlang des ganzen Kardiogramms, so kann nicht unbemerkt bleiben, daß diese Linie im Kardiogrammabschnitt nach der Reizung die systolischen und diastolischen Linien überschneidet, d. h., daß sie sich über der Pausenlinie der entsprechenden Wellen befindet. Mit anderen Worten, nach der Reizung ist die Herzoberfläche, auf der der registrierende Apparat steht, etwas gesenkt, d. h., das Herz hat seinen Tiefendurchmesser etwas verkleinert. Da aber kein Anlaß besteht, nur die Veränderung eines Durchmessers anzunehmen, muß man folglich eine Verkleinerung des ganzen Herzumfangs während der Pause als Folge der Reizung des verstärkenden Nerven anerkennen. Wir müssen also vom verstärkenden Nerven weiter feststellen, daß er den Tonus der Herzwände erhöht, über den sie auch in den Pausen zwischen den Kontraktionen verfügen.

---

[1]) N. Baxt, Du Bois-Reymonds Archiv, Physiol. Abteil., 1878, [S. 122—136. — Red.]

Bevor wir zur nächsten Eigenschaft der Wirkung des verstärkenden Nerven übergehen, müssen wir uns vorher mit den außergewöhnlichen Besonderheiten der Herztätigkeit bekannt machen, die bei Reizung einiger Herzäste des n. vagus beobachtet werden.

Seit unseren ersten Versuchen mit Vergiftung verschiedener Herzäste des n. vagus ist unsere Aufmerksamkeit auf die Tatsache gelenkt worden, daß bei Reizung der äußeren Äste von dem mit der arteria femoralis verbundenen Manometer Herzwellen registriert wurden, die nicht dem entsprachen, was das Auge am Herzen sah (eigentlich am rechten Vorhof). Während der Vorhof sehr frequent zu schlagen begann, verzeichnete das Manometer keine frequenteren Wellen, sondern vielmehr seltenere. Anfangs waren wir geneigt, diesen Umstand auf die Unvollkommenheit und Trägheit unseres Manometers alter Konstruktion zurückzuführen, aber das Befühlen der Arterie direkt am Herzen (eigentlich an der linken Kammer) hat uns unzweifelhaft davon überzeugt, daß das Manometer die Kontraktionszahl der linken Kammer richtig wiedergab. Es mußte die Entstehung einer Dissoziation zwischen den Vorhofsbewegungen und den Bewegungen der Kammer zugegeben werden. Weitere genaue Untersuchungen zeigten, daß die infolge einer Reizung der erwähnten Äste entstehende Dissoziation manchmal auch tiefer geht. Zwei Manometer (das eine mit der a. femoralis, das andere *(438)* mit einem der Lungenäste verbunden), die ihre Aufzeichnungen auf dem gleichen Papierstreifen untereinander registrierten, stellten die Tatsache außer jeden Zweifel, daß unter dem Einfluß bestimmter Äste auch beide Kammern in verschiedenem Rhythmus schlagen können.

Die Nervenäste, die in unseren Versuchen eine Dissoziation hervorriefen, waren starke, rein beschleunigende Äste. Der Eintritt einer Dissoziation bei Reizung und die Rückkehr des Herzens nach der Reizung zur normalen Tätigkeit geht in folgender Weise vor sich: Wenn man einerseits auf die Kurve sieht, die vom Manometer aufgezeichnet wird und einen Assistenten beauftragt, die Bewegungen des Vorhofs zu verfolgen und sie laut zu zählen, so zeigt sich folgendes: Gewöhnlich registriert das Manometer zu Beginn der Reizung einige beschleunigte und verkleinerte Herzwellen, deren Zahl den Bewegungen der Vorhöfe entspricht, danach einige etwas größere Wellen mit gespaltenem Gipfel und schließlich vollkommen ausgebildete große Wellen. Sowohl von den gespaltenen, als auch von den vollständig ausgebildeten großen Wellen kommen je eine auf zwei Kontraktionen der Vorhöfe.

Deswegen ist es verständlich: Wenn die Beschleunigung der Vorhofskontraktionen um das Doppelte geringer ist, so schreibt das Manometer während der Reizung seltenere Wellen auf als vor der Reizung. Unwillkürlich bekommt man den Eindruck einer Paradoxie, wenn man zum ersten Male sieht, wie bei Reizung des beschleunigenden Nerven eine Verlangsamung der Herzschläge eintritt! Genauso, nur in umgekehrter Reihenfolge, geht auch die Rückkehr des Herzens nach der Reizung zur Norm vor sich. Die seltenen großen Wellen beginnen sich anfangs an ihrem Gipfel leicht zu spalten, diese Spaltung geht allmählich immer tiefer, bis die ursprüngliche Welle schließlich in zwei kleinere synchrone

Wellen zerfällt, mit noch etwas beschleunigten Vorhofskontraktionen gegenüber der Norm.

Den Mechanismus der beschriebenen kuriosen Herztätigkeit könnte man in folgender Weise darstellen. Im Gebiet der Vorhöfe entstehen unter Einfluß der Reizung frequentere und gleichzeitig etwas abgeschwächte, einzelne reizauslösende Impulse. Diese Impulse können das Vorhofsgewebe auf die entsprechende Anzahl von Kontraktionen bringen. Das Gewebe der Kammer jedoch ist nach dem Zustand seiner Erregbarkeit bei den gegebenen Versuchsbedingungen entweder zu solchen raschen Kontraktionen nicht fähig oder nicht für jeden einzelnen dieser *(439)* abgeschwächten Impulse erregbar und antwortet mit einer summarischen Kontraktion auf je zwei Impulse. Mit dieser Bezeichnung werden wir auch in der weiteren Darlegung die besonderen Kammerwellen, die bei Reizung rein beschleunigender Fasern auftreten und zahlenmäßig mit den Vorhofskontraktionen nicht übereinstimmen, benennen.

Ich habe die Tatsache der Dissoziation nur flüchtig gestreift, um die folgende Darlegung verständlich zu machen, da dieser Vorgang außerhalb der Grenzen dieses Aufsatzes liegt, der den verstärkenden Nerv beschreibt.

Der verstärkende Nerv verfügt über die Fähigkeit, die beschriebene Dissoziation zu beseitigen und die normale Herztätigkeit wieder herzustellen. Reizt man den verstärkenden Nerv, nachdem infolge einer Reizung der beschleunigenden Äste der Blutdruck abgesunken ist und die Kurve summarische Kammerwellen darstellt, so beginnt der Druck nach zwei bis drei Sekunden anzusteigen, übersteigt die Norm, und die seltenen summarischen Wellen werden durch gewöhnliche beschleunigte, den Vorhofskontraktionen zahlenmäßig entsprechende Wellen ersetzt. Wird umgekehrt zuerst der verstärkende Nerv gereizt, wobei der Druck ansteigt, so bedingt eine nachträgliche Reizung des beschleunigenden Astes nur ein Wiederauftreten der Herzwellen, es werden jedoch weder ein Absinken des Druckes noch summarische Wellen beobachtet.

Schließlich können als Ergänzung zur angeführten Charakteristik des verstärkenden Nerven noch die folgenden, ziemlich seltenen und zufälligen Versuche erwähnt werden. Manchmal tritt von selbst eine Ungleichmäßigkeit des Pulses ein: Einmal wechseln ein starker und ein schwacher Schlag miteinander ab, ein anderes Mal folgt auf einen starken Schlag eine Reihe schwacher, darauf wieder ein starker usw. In solchen Fällen bedingt eine Reizung des verstärkenden Nerven das Eintreten gleichmäßiger Pulse sowohl während der Reizung als auch lange Zeit danach.

Unsere weiteren Versuche befaßten sich mit der Frage: Auf welchen Wegen erreichen die verstärkenden Fasern aus dem Zentralnervensystem die letzten Verzweigungen des n. vagus, wo wir sie in den vorhergegangenen Versuchen gereizt haben?

Um der Klarheit der weiteren Darlegung willen halte ich es für notwendig, in einigen Zügen die anatomische Seite des Vorgangs in Erinnerung zu bringen.

Beim Hund verläuft der n. vagus bis zum unteren Halsganglion des Sympathikus (ungefähr auf der Höhe der oberen Brustöffnung) *(440)* zusammen mit dem sympathischen Nerven in einem gemeinsamen Stamm. Unterhalb dieses Ganglions trennt sich der n. sympathicus vom n. vagus in Form zweier kleiner Stränge, die die sogenannte ansa Vieussenii bilden und sich im ganglion stellatum verbinden, um dann weiter als der Bruststrang des n. sympathicus zu verlaufen. Vom unteren Halsganglion an gibt der n. vagus eine große Anzahl von Ästen ab. Verweilen wir bei den kardialen. Diese entspringen in einer Ausdehnung von 3 bis 5 cm unterhalb des Ganglions und können in zwei Gruppen eingeteilt werden, die innere und die äußere Gruppe. Von diesen Ästen ist der dickste innere (1 bis 1,5 cm unter dem Ganglion) der verstärkende Nerv; in ihm kommen jedoch sowohl hemmende (seltener) als auch beschleunigende (fast konstant) Fasern vor. Andere innere, tiefer liegende Äste bestehen größtenteils aus hemmenden Fasern, denen sich recht oft auch beschleunigende beimischen. Eine beliebte Lokalisation der letzteren sind die äußeren Äste, von denen die etwas tieferen immer nur beschleunigende Fasern enthalten und keine anderen. Die verstärkenden Fasern kommen außer in dem dicksten inneren Ast manchmal auch in anderen inneren und auch in äußeren, weiter oben abgehenden Ästen vor.

Bekanntlich verlaufen die hemmenden Fasern vom Zentralnervensystem zum Herzen im n. vagus fast auf direktem Weg; die beschleunigenden dagegen schlagen einen ziemlich abweichenden Weg ein. Aus dem verlängerten Mark treten sie über das Rückenmark in den Bruststrang des n. sympathicus ein und gelangen über die ansa Vieussenii, eine große Biegung bildend, zu den letzten Verzweigungen der Herznerven, und zwar mit der Hauptmenge zu den obenerwähnten äußeren Ästen. Wir stehen vor der Frage: Welchen von diesen Wegen wählen die verstärkenden Fasern?

Zuerst wurde die ansa Vieussenii einer Untersuchung auf die Anwesenheit verstärkender Fasern unterworfen.

Die Versuche ergaben ein übereinstimmendes Resultat. Hier ein solcher Versuch.

Das Tier ist vermittels einer Durchschneidung des Rückenmarks unbeweglich gemacht worden. Zur Erleichterung der Operation an den kardialen Nervenästen ist die Brusthöhle eröffnet. Die ansa Vieussenii ist in der Nähe des ganglion stellatum durchschnitten, und die Kopfenden der beiden sie bildenden Stränge sind abpräpariert. Der verstärkende Ast ist ebenfalls freipräpariert, jedoch nicht durchschnitten. Die a. femoralis ist mit einem Manometer verbunden. *(441)*

Blutdruck während 10 sec	Zahl der Herzschläge in 10 sec
60	21
60	20

Reizung des verstärkenden Astes, Rollenabstand 8 cm

Ende der Reizung

Rasches Absinken bis 55 mm, danach Ansteigen des Drucks, wobei auf der Kurve anfangs summarische, danach gespaltene und schließlich normale Wellen registriert werden; bis zur 7. Sekunde der 10 Sekunden dauernden Reizperiode steigt der Druck weiterhin bis 70 mm an, bei einer Frequenz von 32 normalen Pulsschlägen in 10 Sekunden.

Ende der Reizung

69	32
66	30,5
66	27
65	25
63	23
62	23
62	21,5
60	21,5
. . .	. . .
60	20,5
60	20

Reizung des Hauptendes des tiefen Stammes der ansa Vieussenii, Rollenabstand 8 cm

Rasches Absinken des Drucks bis 47 mm, gleich darauf Ansteigen, wobei anfangs summarische, darauf gespaltene und schließlich normale Wellen aufgezeichnet werden; bis zur 7. Sekunde der Reizung erreicht der Druck eine Höhe von 70 mm.

Ende der Reizung

73	33
69	31
67	29
66	25,5
64	23
62	22,5
61	22
60	21,5 *(442)*

Reizung des Hauptendes des oberflächlichen Stammes der ansa Vieussenii, Rollenabstand 8 cm

Rasches Absinken des Drucks bis zu 55 mm, danach Ansteigen, anfangs bei summarischen, danach gespaltenen und schließlich normalen Herzwellen; bis zur 8. Sekunde der Reizung erreicht der Druck 70 mm.

Ende der Reizung

68	33
67	31
66	29
65	26
64	24
62	23
61	22
60	22

Der verstärkende Ast wird in Schnee gelegt

57	18
57	17,5
57	18
57	17

Reizung des Hauptendes des tiefen Stammes der ansa Vieussenii, Rollenabstand 8 cm

Rasches Absinken des Drucks bis 48 mm, danach steigt der Druck bei summarischen Wellen bis 53 mm an.

Ende der Reizung

56	16	Summarische Wellen
56	15	
56	14	

Ende der Reizung

Der Schnee wird entfernt und der Nerv in die Wunde gelegt

54	13	Summarische und dann geteilte Wellen *(443)*
57	23	Von hier ab normale Wellen
57	20,5	
58	20	
57	19	
58	18	
58	19	
58	18	
57	17	
57	17	

Reizung des Hauptendes des tiefen Stammes der ansa Vieussenii, Rollenabstand 8 cm

Rasches Absinken des Drucks bis 50 mm, danach allmähliches Ansteigen anfangs bei summarischen, dann gespaltenen und schließlich bei normalen Wellen. In der 10. Sekunde der Reizung erreicht der Druck 65 mm.

Ende der Reizung

64	32
61	28
60	25
60	23,5
59	20
58	21
56	21
56	20
54	19

Reizung des Hauptastes des oberflächlichen Stammes der ansa Vieussenii, Rollenabstand 8 cm

Rasches Absinken des Drucks bis 47 mm, dann steigt der Druck allmählich, anfangs bei summarischen, dann bei gespaltenen und schließlich bei normalen Herzwellen bis 62 mm an (in der 10. Sekunde der Reizung).

62	31

Ende der Reizung

61	29
60	28
60	25
60	22
59	20,5
58	20
56	19,5
56	18,5
55	19
54	18 *(444)*

Der verstärkende Ast wird erneut in Schnee gelegt

55	18	
54	18	
55	18	

Reizung des Hauptendes des oberflächlichen Stammes der ansa Vieussenii, Rollenabstand 8 cm

Rasches Absinken des Drucks bis 45 mm, danach ein allmähliches Ansteigen bis 53 mm bei summarischen Wellen.

53	15,5	Summarische Wellen
	Ende der Reizung	
54	15,5	Summarische Wellen
	Der Schnee wird entfernt und der Nerv in die Wunde gelegt	
54	13	Summarische Wellen
55	24	Geteilte und nach ihnen normale Wellen
56	21,5	
54	21	
. . .	. . .	. . .
50	18	
50	18	

Reizung des Hauptendes des tiefen Stammes der ansa Vieussenii, Rollenabstand 7,5 cm

Rasches Absinken des Drucks bis 47 mm, danach allmählicher Anstieg, zuerst bei gespaltenen, dann bei normalen Herzwellen bis 58 mm.

58	23	
	Ende der Reizung	
58	26	
57	25	
56	23	
55	21,5	
55	20	*(445)*
53	19	
53	18	
52	18	
50	18	

Reizung des Hauptastes des oberflächlichen Stammes der ansa Vieussenii, Rollenabstand 7,5 cm

Rasches Absinken des Drucks bis 46 mm, danach ein allmähliches Ansteigen bei gespaltenen und dann bei normalen Wellen bis 57 mm.

57	25
	Ende der Reizung
57	27
55	25
53	23
52	21
52	19
52	17,5
53	17
51	17
50	17

Der verstärkende Ast wird durchschnitten

49	17
50	17
50	16,5
49	16
48	16
49	16

Reizung des Hauptendes des tiefen Stammes der ansa Vieussenii, Rollenabstand 7,5 cm

Rasches Absinken des Drucks bis 42 mm, danach Ansteigen bei summarischen Wellen bis 49 mm.

49	14	Summarische Wellen
Ende der Reizung		
50	14	Summarische Wellen
50	12	Geteilte Wellen *(446)*
48	21	Normale Wellen
47	19	
47	18	

Reizung des Hauptendes des oberflächlichen Stammes der ansa Vieussenii, Rollenabstand 7,5 cm

Rasches Absinken des Drucks bis 42 mm, danach allmähliches Ansteigen bis 46 mm bei gespaltenen Wellen.

47	12	Geteilte Wellen
Ende der Reizung		
48	11	Geteilte Wellen
47	20	Von hier ab normale Wellen
47	18	
48	16	
47	16	

Reizung des peripheren Endes des durchschnittenen verstärkenden Astes, Rollenabstand 7,5 cm

Rasches Absinken des Drucks bis 43 mm, danach allmähliches Ansteigen bis 54 mm bei normalen Wellen.

54	25
Ende der Reizung	
54	26
55	26
54	24
52	21
51	19
50	19

Der Versuch ist sehr lehrreich und verdient sorgfältige Betrachtung.

Beide Stränge der ansa Vieussenii bedingen bei ihrer Reizung im Endresultat einen bedeutenden und anhaltenden *(447)* Anstieg des Blutdrucks über die Norm, d. h., sie wirken ebenso wie der verstärkende Ast. Dies ist jedoch nur unter der Bedingung der Fall, daß die Erregbarkeit des verstärkenden Astes unversehrt ist, im entgegengesetzten Fall tritt kein Druckanstieg ein. Weiterhin tritt bei Reizung der Ansa zuerst eine Dissoziation auf (summarische und gespaltene Wellen). Trotz der starken Beschleunigung der Herzschläge verschwindet sie jedoch, sobald die Erregbarkeit des verstärkenden Nerven wieder vollkommen hergestellt

der Ansa zuerst eine Dissoziation auf (summarische und gespaltene Wellen). Trotz der starken Beschleunigung der Herzschläge verschwindet sie jedoch, sobald die Erregbarkeit des verstärkenden Nerven wieder vollkommen hergestellt ist; andernfalls bleibt die Dissoziation für die ganze Dauer der Reizung und lange Zeit danach bestehen.

Der Sinn der Tatsachen ist klar. Die Ansa enthält sowohl beschleunigende als auch *verstärkende* Fasern. Daher rührt der Druckanstieg und die rasche Beseitigung der Dissoziation, die infolge der beträchtlichen Beschleunigung beginnt. Es ist offensichtlich, daß der Eintritt des Effekts von den verstärkenden Fasern der ansa Vieussenii später einsetzt als der Effekt ihrer beschleunigenden Fasern. Anfangs kann eine Dissoziation über die beschleunigenden Fasern eintreten, die danach von dem später in Erscheinung tretenden verstärkenden Nerv beseitigt wird. Die Veränderung des Effekts einer Reizung der ansa Vieussenii, nachdem der verstärkende Ast ausgeschaltet wurde, macht es offensichtlich, daß die beschleunigenden und verstärkenden Fasern der Ansa sich weiter in Richtung zum Herzen auf verschiedene Äste verteilen. Die verstärkenden Fasern gehen in den verstärkenden Nerv über, die beschleunigenden Fasern dagegen gelangen, wie uns schon bekannt ist, zum größten Teil in die äußeren Herzäste. Wenn der verstärkende Ast unerregbar gemacht wurde, d. h., wenn der Weg der verstärkenden Fasern der Ansa zum Herzen durchschnitten wurde, dann funktionierte die Ansa nur als starker, rein beschleunigender Nerv, d. h., sie senkte den Druck und bedingte eine langwährende Dissoziation.

In diesem Versuch ist, um die Funktion des verstärkenden Nerven zu beseitigen, nicht nur, wie am Schluß des Versuchs, eine gewöhnliche Nervendurchschneidung vorgenommen worden, sondern im Laufe des Versuchs wurde einige Male eine vorübergehende Funktionsunterbrechung des Nerven durch Abkühlung durchgeführt. Mit anderen Worten, wir benutzten neben der mechanischen Unterbrechung auch eine „physiologisch funktionelle". Ich glaube, daß diese Methode in ähnlichen Versuchen unbedingt angewandt werden muß. Da Sie ohne sie nicht die Möglichkeit haben, nach der mechanischen Unterbrechung zur Ausgangslage zurückzukehren, liefern Sie Ihre Versuche einem berechtigten Vorwurf, nämlich dem Verdacht aus, *(448)* daß die Entstehung des Effekts nach der Durchschneidung einfach auf die Dauer des Versuchs zurückzuführen ist. Bei der „physiologischen Unterbrechung" können Sie die Unterbrechung jedoch in einem Versuch ebensooft wiederholen, wie das jetzt ständig um der Überzeugungskraft willen mit der Reizung gemacht wird.

Der Versuch mit der ansa Vieussenii kann auch in folgender Weise abgeändert werden. Die durchschnittenen äußeren Äste werden gereizt und ein Absinken des Drucks mit einer Dissoziation erhalten. Sobald eine Reizung der Ansa hinzukommt, wird die Dissoziation beseitigt, und der Druck steigt über die Norm an.

Zu völlig gleichen Schlußfolgerungen in bezug auf die Anwesenheit verstärkender Fasern in der Ansa führen auch die kardiographischen Versuche. Die Kardiogramme von rein beschleunigenden Nerven, den äußeren Ästen, und von der Ansa unterscheiden sich scharf voneinander. Während unter dem Einfluß der ersteren die Pausenlinie für lange Zeit ganz verschwindet, bleibt sie bei Reizung der Ansa die ganze Zeit über trotz gleichgroßer Beschleunigung bestehen. Dieser Unterschied verschwindet, sobald der verstärkende Ast durchschnitten wird.

Jetzt wird verständlich, warum BAXT den beschleunigenden Nerven das zugeschrieben hat, was eigentlich dem verstärkenden Nerven zukommt. Er hat in seinen Versuchen immer nur die Ansa gereizt, die damals als rein beschleunigender Nerv galt.

Kommen die verstärkenden Fasern auch auf dem Weg über die nn. vagi aus dem Zentralnervensystem?

In den hiesigen Versuchen haben wir kein einziges Mal gesehen, daß nach Durchschneidung *aller Nebenäste* des n. vagus ein Druckanstieg bei Reizung des peripheren Endes des n. vagus eintritt. Genauso hat dieser Nerv auch niemals eine durch die beschleunigenden Äste hervorgerufene Dissoziation beseitigt, sondern eher verstärkt. Schließlich ist auch die charakteristische Verkürzung des Prozesses der Herzkontraktion niemals als Ergebnis einer Reizung des n. vagus aufgetreten. In den Leipziger Versuchen war ein Versuch mit einwandfreien Bedingungen, wo bei Reizung des linken n. vagus jedesmal eine Verstärkung des Blutstroms in der Aorta beobachtet wurde.

Verbinden wir die Ergebnisse all unserer Versuche, so müssen wir sagen, daß die verstärkenden Fasern aus dem Zentralnervensystem das Herz *stets* über die ansa Vieussenii erreichen, und nur *(449)* in *Ausnahmefällen* (einem unter Dutzenden) können sie im n. vagus vorkommen.

Damit erschöpft sich das Tatsachenmaterial meiner späteren Versuche über den verstärkenden Nerven, die noch nicht in der Dissertation enthalten sind.

Bevor ich zu Überlegungen über die Natur der dynamischen Herznerven übergehe, halte ich es für notwendig, die Arbeiten anderer Forscher auf diesem Gebiet anzuführen.

Meine Versuche stehen in voller Übereinstimmung mit den Versuchen des jungen englischen Physiologen GASKELL[1]). Dieser Forscher fand, daß bei der Schildkröte der von den Sinusganglien (an der Außenseite der Vorhöfe, zusammen mit den Koronargefäßen, deswegen die Bezeichnung „Koronarnerv" durch den Autor) zu den Kammerganglien verlaufende Nerv bei Reizung fast ausschließlich auf die *Kraft* der Vorhofskontraktionen wirkt, wobei er bei den ersten Reizungen die Kontraktion verringert, sie aber bei späteren gegenüber der Norm verstärkt.

[1]) Die ersten Versuche über die Existenz besonderer dynamischer Herznerven gehen auf das Jahr 1882 zurück und sind fast gleichzeitig von GASKELL und mir ausgeführt worden. Ein vorläufiger Bericht GASKELLS erschien in der Augustnummer des „Journal of Physiology" 1882, mein erster Bericht in der letzten Septembernummer der Еженед. клин. газ. *[Klinische Wochenzeitung]* und der zweite im Protokoll der hiesigen Gesellschaft der Naturforscher im Oktober des gleichen Jahres. Meine Versuche über die Veränderungen des Blutdrucks unter dem Einfluß des abschwächenden und verstärkenden Nerven sind ausführlich in meiner im Frühjahr 1883 herausgekommenen Doktordissertation veröffentlicht. Die ausführliche Arbeit von GASKELL ist in der Augustnummer des „Journal of Physiology" des Jahres 1883 abgedruckt. Über einen Teil der Versuche, die in der vorliegenden Arbeit enthalten sind, wurde von mir in der Еженед. клин. газ. *[Klinische Wochenzeitung]* schon im Jahre 1883 berichtet.

Dieser n. coronarius macht seine Wirkung auch in anderer Weise bemerkbar. Wird das Herz in einer bestimmten Höhe leicht zusammengedrückt, so tritt eine Dissoziation im Rhythmus derjenigen Teile ein, die oberhalb und unterhalb des Druckpunkts liegen, und zwar schlägt jetzt der untere Teil seltener (um ein bis zwei usw. Schläge) als der obere Teil. Eine Reizung des n. coronarius verstärkt in der ersten Phase seiner Wirkung diese Dissoziation, umgekehrt vermindert er sie in der zweiten oder beseitigt sie sogar vollkommen. Außerdem ist der n. coronarius in der Lage, in der zweiten Phase auch verschiedene andere Unregelmäßigkeiten in der Herztätigkeit auszugleichen, wenn solche *(450)* existieren. Auch erhöht er den Tonus der Herzwände und vergrößert die Muskelleitfähigkeit.

Im Dezember des Jahres 1882 legte POHL-PINCUS[1]) in der Berliner Physiologischen Gesellschaft einen Bericht vor, daß der n. vagus beim Frosch außer seinen schon bekannten Wirkungen auf das Herz noch einen beschleunigten Ablauf der Diastole und eine Erweiterung besonderer Spalten (Gefäße) in den Herzwänden verursache. Der Autor nimmt die Existenz besonderer verstärkender Nerven an, auf die er außer der Verstärkung sowohl den beschleunigten Ablauf der Diastole als auch die Spaltenerweiterung zurückführt.

WEINZWEIG[2]) zeigte, daß am muskarinisierten Tier die ansa Vieussenii nicht nur eine Beschleunigung, sondern gleichzeitig auch eine Verstärkung der Herzschläge hervorruft (Versuche am Federmanometer) und auch fähig ist, das stehengebliebene Herz zum Schlagen zu bringen.

WOOLDRIDGE[3]), den wir schon früher erwähnt haben, reizte Äste des n. vagus beim Hund, die zu den Herzkammern verlaufen, die Kammernerven, wie er sie nennt. Dies sind aber die gleichen, die wir in unserer Arbeit den verstärkenden Nerven genannt haben. Auch er hat in zwei von dreizehn Versuchen bei Reizung einen bedeutenden Blutdruckanstieg beobachtet, dieser Erscheinung jedoch keine Bedeutung beigemessen, und er ließ sie ohne eine befriedigende Erklärung.

WEDENSKI[4]) führt in einem vorläufigen Bericht folgende, von ihm an Hunden erhaltene Tatsachen an. Bei Reizung des n. vagus mit schwachen Strömen hört man in einem mit dem Herzen verbundenen Telefon während der Systole einen Ton, der ebenso hoch ist wie der Ton des Induktors. Nach einer Atropinvergiftung gelingt das bei allen Stromstärken; umgekehrt verschwindet der Ton nach einer Kurarevergiftung. Der Autor kommt zu dem Schluß, daß der n. vagus des Hundes echte motorische Herznerven enthält und identifiziert sie mit den von GASKELL und mir gefundenen Nerven. Über diesen Bericht später. *(451)*

Schließlich hat DOBROKLONSKI[5]) in seinen kardiographischen Versuchen auch die Tatsache der Existenz abschwächender und verstärkender Nerven bestätigt.

---

[1]) POHL-PINCUS, DU BOIS-REYMONDS Archiv, Physiol. Abteil., 1883, [S. 272—273. - Red.]

[2]) WEINZWEIG, a. a. O., 1882, [S. 527—539].

[3]) WOOLDRIDGE, a. a. O., 1883, [S 522—541. — Red.]

[4]) [N. WEDENSKI], Centralbl. f. d. med. Wissensch., 1884, [Nr. 1, S. 1—3. — Red.]

[5]) [DOBROKLONSKI], Еженед. клин. газ. *[Klinische Wochenzeitung]*, 1886, [2. Dez. 1886, Nr. 34, S. 669—673].

Somit besteht zwischen mir und den übrigen Autoren, ausgenommen zum Teil Wedenski, in den Grundtatsachen Übereinstimmung.

Jetzt können wir auf Grund der von mir und den anderen Autoren erhaltenen Unterlagen auch die Frage nach der Natur der neuen Herznerven und im besonderen des verstärkenden Herznerven aufwerfen. Von Beginn an jedoch müssen wir erwarten, daß diese Frage zwar aufgeworfen werden kann, daß wir sie erwägen, aber nicht endgültig lösen können. Wir kennen den hemmenden Nerv fast 50 Jahre, und wo bleibt eine allgemein anerkannte oder wenigstens irgendwie begründete Theorie?

Ich beginne mit den negativen Verhältnissen. Ich glaube, daß die Behauptung, daß die verstärkenden Nerven dem Wesen nach motorische Nerven seien, das Ergebnis eines Mißverständnisses ist und verworfen werden muß.

Die in dieser Frage entscheidenden, oben angeführten Telefonversuche von Wedenski könnten von uns scheinbar vollkommen unberücksichtigt gelassen werden, da sie keine Beziehungen zu unseren Nerven aufweisen. Nach Wedenski befinden sich seine motorischen Herznerven bei den Hunden immer im n. vagus und werden durch Kurare gelähmt. Nach unseren Versuchen kommen die verstärkenden Fasern im n. vagus des Halses nur in seltenen Ausnahmefällen vor, und Kurare zeigt auf sie gar keine Wirkung. Wenn also Wedenski irgend etwas in der Hand hatte, dann etwas anderes als wir. Die Versuche von Wedenski verdienen jedoch, daß man etwas bei ihnen verweilt. Wenn seine Tatsachen richtig sind, so müßte man außer den jetzt bekannten vier Herznerven: dem hemmenden, beschleunigenden, abschwächenden und verstärkenden, die Existenz eines fünften, wahrhaft motorischen Herznerven anerkennen. Seine Charakterisierung nach Wedenski ist zwar völlig bestimmt, und dennoch ist seine Existenz direkt unwahrscheinlich. Die Existenz eines solchen motorischen Herznerven kann vernünftigerweise nicht angenommen werden, der ungeachtet aller möglichen Stärken des reizenden Stroms nicht die geringsten Veränderungen in der mechanischen Herzarbeit *(452)* hervorrufen würde. Man müßte annehmen, daß ein solcher Nerv ausschließlich für die Versuche mit Abhören des Herzens im Telefon existiert. Zieht man dies alles in Betracht, so kann wohl kaum bezweifelt werden, daß das ganze System der telefonischen Erscheinungen von Wedenski eine Folge von Beobachtungsfehlern ist.

Gaskell nimmt an, daß alle bekannten Herznerven direkt, ohne Vermittlung der Ganglien, im Muskelgewebe endigen und daß sie in zwei Gruppen geteilt werden können: die hemmenden, zu denen eigentlich sowohl der hemmende als auch der abschwächende Nerv gehört und die motorischen, wozu der beschleunigende und der verstärkende Nerv gehören. Die zweite Nervenart bedingt nach dem Autor die funktionelle Herzarbeit, hebt sie auf und vernichtet den sich in ihnen befindenden Stoffvorrat. Umgekehrt regeneriert die erste, indem sie die funktionelle Tätigkeit entweder unterbricht oder beschränkt, das Organ in bezug auf neues Material. Den Beweis dieser Hypothese sieht Gaskell[1]) in folgendem:

---

[1]) W. H. Gaskell, Journ. of Physiol., vol. 7, [1886, S. 1—76. — Red.]

Nach dem Autor ist der sekundäre und lange Zeit verbleibende Reizungseffekt aller Herznerven ihrem primären Effekt entgegengesetzt, d.h. auf die Reizung der motorischen Gruppe folgt eine Erschöpfung; nach einer Reizung der hemmenden tritt folglich umgekehrt eine Funktionszunahme auf. Somit ist nach GASKELL die Herzerschöpfung nach Reizung des verstärkenden Nerven ebenso wie beim beschleunigenden Nerv eine Grundtatsache, welche die motorische Natur des verstärkenden Nerven beweist. Leider ist diese Tatsache bei GASKELL in einer unbegründeten Form wiedergegeben, ohne Tabelle oder Bilder, so daß der Leser keine Möglichkeit hat, sich eine ausführliche und reale Vorstellung vom Gegenstand zu machen.

Unsere Versuche widersprechen den Versuchen von GASKELL im Hinblick auf diese letzte Tatsache entschieden. Während eine Reizung rein beschleunigender Nerven in der Tat fast ständig (siehe unseren ersten Versuch) eine Verringerung der Herzarbeit, manchmal sogar den endgültigen Stillstand des geschwächten Herzens nach sich zieht, ruft der verstärkende Nerv bei mehrfacher Reizung die Erholung eines schon vor dem Stillstand stehenden Herzens *(453)* für viele Minuten und sogar Stunden hervor. In sehr vielen unserer Versuche (die vielleicht in die Hunderte gehen) haben wir kein einziges Mal irgend etwas sehen können, was auf eine schnellere Herzerschöpfung nach Reizung des verstärkenden Nerven hinweisen würde. Wieviele Male und mit welchen Strömen der verstärkende Nerv auch gereizt wurde, jedesmal wird lediglich ein gewaltiges Plus an Herzarbeit erhalten, solange sich der Nerv nicht erschöpft; mit Erschöpfung des Nerven jedoch verkleinert sich alles, und schließlich verschwindet die verstärkende Wirkung ganz. Es macht sich jedoch niemals eine Erschöpfung des Herzens während oder nach der Reizung bemerkbar. Somit müssen wir auf Grund unserer Versuche einen grundsätzlichen Unterschied zwischen den beschleunigenden und den verstärkenden Nerven feststellen. Wenn man die ersteren in gewisser Beziehung als motorisch betrachten könnte, so dient bei den zweiten das Fehlen der nachträglichen Erschöpfung als unbestreitbarer Beweis dafür, daß ihnen nicht die Natur gewöhnlicher motorischer Nerven eigen ist.

In der Folge werden wir auf die Erklärung der von unseren Beobachtungen abweichenden Beobachtungen von GASKELL zurückkehren. Jetzt wollen wir die theoretische Betrachtung unserer Frage fortführen.

Der Versuch, die Betrachtung des verstärkenden Nerven als motorischen ernstlich durchzusetzen, trifft bei der ausführlichen Erklärung verschiedener Wirkungsseiten des verstärkenden Nerven auf viele Schwierigkeiten. Zwar reize ich einen Nerv, der zweifellos in die Kammermuskulatur eintritt, d.h. einen verstärkenden Nerv. Wenn man ihn als motorischen Nerv anerkennt, auf welche Weise kann dann bei seiner Reizung der Rhythmus unverändert bleiben? Wir wissen, daß jeder Strom, der von außen in die Kammermuskulatur geleitet wird, diese oder jene rhythmische Tätigkeit in Abhängigkeit von der Stromstärke und der Anzahl seiner Unterbrechungen auslöst. Nehmen wir ein anderes Beispiel, nämlich die Beseitigung der Dissoziation in der Herztätigkeit unter dem Einfluß des verstärkenden Nerven. Bei Reizung rein beschleunigender Äste beginnen die

Vorhöfe schnell zu schlagen, die Kammern *genau* zweimal langsamer. Ich reize den verstärkenden Nerven, und die Kammern passen sich sofort an die Vorhöfe an. Wenn unser verstärkender Nerv ein motorischer Kammernerv wäre (zu den Vorhöfen hat er gar keine anatomische Beziehung), *(454)* weshalb äußert sich dann seine Reizung darin, daß die Kammer mit den Vorhöfen im gleichen Rhythmus zu schlagen beginnt? Die Reizung wird in den einzelnen Versuchen mit einem Strom verschiedener Stärke und verschiedener Frequenz durchgeführt. Der Reizungseffekt jedoch weist eine konstante zahlenmäßige Beziehung zur Tätigkeit anderer Herzteile auf, auf die ich mit Strom gar nicht eingewirkt habe.

Wollen wir uns auf Tatsachen gestützt ausdrücken, so müssen wir unseren verstärkenden Nerven als einen Nerven charakterisieren, der überhaupt alle Lebenseigenschaften der Kammermuskulatur erhöht. Unter diesem Gesichtspunkt wird alles, was jetzt bezüglich der Funktion des verstärkenden Nerven bekannt ist, leicht und einfach zusammengefaßt. Die Muskulatur hat sowohl an Erregbarkeit, wie auch an Leitfähigkeit zugenommen. Es ist vollkommen natürlich, daß die früheren, einen bestimmten Rhythmus bedingenden Impulse, wenn sie auf eine leichter erregbare Muskulatur einwirken, jetzt stärkere Kontraktionen jedoch vom gleichen Rhythmus hervorrufen. Ebenso einfach ist auch der Vorgang der Dissoziation zu verstehen. Bei starker Beschleunigung kann die Kammer dem Zustand ihrer Erregbarkeit und Leitfähigkeit nach auf die beschleunigten Impulse nicht mit einer Kontraktion antworten, wie es der Vorhof tut, und summiert zwei Impulse zu einer Kontraktion; hieraus folgt die regelmäßige, wenn man sich so ausdrücken kann, Dissoziation zwischen Vorhof und Kammer. Durch Reizung des verstärkenden Nerven erhöhen sich die Lebenseigenschaften der Kammer, vergrößert sich sowohl ihre Erregbarkeit als auch ihre Leitfähigkeit, und jetzt ist sie imstande, sich unter dem Einfluß ausnahmslos jedes Impulses, d.h. im gleichen Rhythmus mit den Vorhöfen, zu kontrahieren. Ebenso natürlich sind auch die übrigen Wirkungsarten des verstärkenden Nerven zu verstehen.

Ich glaube, daß auch die in meiner Dissertation beschriebene Tatsache, daß der verstärkende Nerv auch an herausgeschnittenen, unbeweglichen Herzen Bewegungen auslösen kann, keinen unumstößlichen Einwand gegen den verteidigten Standpunkt darstellt. Niemand kann bekräftigen und genau sagen, weshalb das Säugetierherz nach dem Herausschneiden so rasch zum Stillstand kommt: infolge des schnellen Verschwindens oder Abschwächens der Kontraktionsimpulse oder infolge einer beträchtlichen Erniedrigung der Erregbarkeit und Leitfähigkeit des Muskels. Wenn der Herzstillstand wenigstens zum Teil *(455)* vom letzteren Moment abhängt, so ist die Erscheinung von unserem Standpunkt aus sehr leicht und eigentlich von selbst zu verstehen.

Wie soll man sich die Zunahme der Lebenseigenschaften der Herzmuskulatur unter dem Einfluß dieses Nerven vorstellen? Was ist das für ein Nerv?

Es ist entweder ein besonderer trophischer Herznerv von der Art, wie sie solange und so beharrlich besonders von den Ärzten gefordert wird, oder ein einfacher gefäßerweiternder Nerv der Kranzgefäße des Herzens.

Es ist ganz selbstverständlich, daß nach dieser Vorstellung der verstärkende Nerv natürlich ein gefäßerweiternder und der abschwächende Nerv ein gefäßverengernder Nerv der Herzkranzgefäße wäre.

Schon allein die Regel, einfachere Erklärungen vorzuziehen, zwingt uns, uns der Auffassung einer Gefäßnatur dieser Nerven zuzuneigen, um so mehr, da nach neuesten Forschungen, von denen weiter unten berichtet wird, die Grenze zwischen den gefäßerweiternden und den trophischen Nerven fast verschwindet.

Vor allen Dingen werden mit Anerkennung einer Gefäßnatur der neuen Herznerven alle Wirkungsseiten dieser Nerven vollkommen und ohne die geringste Übertreibung erklärt. Aus den Versuchen der Schüler LUDWIGS und KRONECKERS wie auch vieler anderer Autoren wissen wir vom herausgeschnittenen Froschherzen, wie sehr es gegenüber der Ernährung empfindlich ist und daß sich mit Zugabe oder Erneuerung der Nährflüssigkeit seine Kontraktionskraft sofort vergrößert. Der Kontraktionsprozeß geht jetzt schneller vor sich, verschiedene Unregelmäßigkeiten in der Herztätigkeit werden jetzt, wenn sie eingetreten waren, beseitigt usw., mit einem Wort, es zeigt sich völlig das gleiche, als ob wir den verstärkenden Nerv reizen würden. Weiter besteht eine Reihe von anderen Umständen, die die Vorstellung, die neuen dynamischen Herznerven seien Gefäßnerven, unterstützen. Die verstärkenden Nerven verfügen über eine sehr lange Latenzperiode, die gewöhnlich mehrere Sekunden dauert, so daß es völlig der Sachlage entspricht, anzunehmen, daß sie nicht nur direkt, sondern auch indirekt auf das Herzgewebe wirken. Die Beziehungen zwischen den abschwächenden und verstärkenden Nerven sind dieselben, wie wir sie bei gefäßverengernden und gefäßerweiternden Nerven *(456)* kennen. Die abschwächenden und verstärkenden Fasern kommen beim Hund oft in ein und demselben Nerven vor, nämlich in dem dicksten inneren Ast des n. vagus. Wir finden weiter, daß zu Beginn des Versuchs ein Absinken des Drucks beobachtet wird, d. h., daß der abschwächende Nerv das Übergewicht hat; mit Wiederholung der Reizung wird jedoch das Absinken des Drucks immer kleiner, und schließlich wird es durch ein Ansteigen des Drucks ersetzt, d. h., die Tätigkeit des verstärkenden Nerven gibt sich zu erkennen. Dies ist vollkommen die gleiche Reihenfolge der Erscheinungen, wie sie bei Reizung von Nerven beobachtet wird, die beide Arten von Gefäßnerven enthalten. Eine gewisse Bedeutung hat auch die Tatsache, daß der verstärkende Nerv und seine Verzweigungen sich über die Kammern, sozusagen Hand in Hand mit den Blutgefäßen, ausbreiten.

Es könnte jedoch scheinen, daß auch schwerwiegende Einwände gegen die Anschauung existieren, daß diese neuen Herznerven Gefäßnerven sind. Sowohl in den Versuchen von GASKELL und WEINZWEIG als auch in meinen wirkten die verstärkenden Nerven auch dann, wenn der normale Blutkreislauf im Herzen auf irgendeine Weise unterbrochen war. Der Nerv erwies sich auch dann wirksam, wenn sich in den Gefäßen des herausgeschnittenen Herzens nur eine minimale Blutmenge befand.

Unlängst noch hätten solche Versuche diese Frage noch unwiderruflich in dem Sinne gelöst, daß überhaupt nicht die Rede davon sein könne, die neuen Nerven seien ihrem Wesen nach Gefäßnerven. Jetzt verhält es sich jedoch anders. Im HEIDENHAINschen Laboratorium[1]) ist unzweifelhaft bewiesen worden, daß die paradoxe motorische Wirkung des n. lingualis nach vorhergehender Durchschneidung und Verpflanzung des n. hypoglossus von den gefäßerweiternden Fasern des ersteren Nerven herrührt. Trotzdem macht sich diese Wirkung auch an der herausgeschnittenen blutleeren Zunge bemerkbar. Folglich müssen zwischen dem sogenannten gefäßerweiternden Nerv und dem zugehörigen Gewebe viel intimere Beziehungen bestehen. Ich glaube, daß dies ein Problem von sehr großer Bedeutung ist. Es ist klar, daß unsere früheren, etwas groben mechanischen Vorstellungen über die gefäßerweiternden Nerven nicht genügen. In der oben angeführten Tatsache der motorischen Wirkung *(457)* von gefäßerweiternden Fasern an der herausgeschnittenen Zunge kann man mit Recht schon eine trophische Wirkung sehen.

Somit erübrigt sich die Lösung des soeben aufgezeigten Dilemmas.

Zum Schluß geben wir die versprochene Erklärung von GASKELLS Ergebnissen über die Erschöpfung nach Reizung des verstärkenden Nerven. Zwischen seinen und unseren Versuchen besteht ein wesentlicher Unterschied in den Versuchsbedingungen. Wir haben an Herzen in situ experimentiert, die über einen sehr großen Vorrat an Nährstoffen verfügen. GASKELL führte seine Versuche an herausgeschnittenen, blutleeren Herzen aus. Folglich stand seinen Herzen nur ein beschränkter, sehr geringer Vorrat an Nährstoffen zur Verfügung. Stellen wir uns den Verlauf der Ernährung des Herzens im Versuch von GASKELL vor. Das Herz schlägt von selbst mit einer bestimmten Kraft, d. h., es saugt die Stoffe mit einer bestimmten Geschwindigkeit aus dem umgebenden Milieu auf, verbraucht sie ständig und nähert sich allmählich seiner Erschöpfung. Wenn jetzt der verstärkende Nerv, nach uns der gefäßerweiternde, gereizt wird, so wird er einen sofortigen Übergang großer Stoffmengen in die Muskelzellen bedingen. Durch diesen Vorgang werden sich die früheren Impulse in stärkere Kontraktionen auflösen, die dieses Material rasch vertilgen. Es ist natürlich, daß nach Reizung des verstärkenden Nerven die Ernährung des Gewebes viel spärlicher wird, da sich die Vorräte des umgebenden Milieus sofort verkleinern — daher die schwächeren Kontraktionen. Es ist verständlich, daß bei unbestimmt großem Stoffvorrat in der ernährenden Umgebung etwas Ähnliches nicht vorkommen kann. Der verstärkende Nerv wird als ein Nerv, der den Übergang großer Stoffmengen in das Gewebe aus der Umgebung, die sich nicht schnell erschöpfen kann, vermittelt, lediglich jedesmal bei seiner Reizung die Herzarbeit verstärken, ohne nach der Reizung Anlaß zu einer Verringerung dieser Arbeit unter die Norm zu geben, da die Vorräte des umgebenden Milieus sich dadurch nicht wesentlich verändert haben. Ich glaube, daß eine solche Deutung für beide Versuchsreihen, die von GASKELL und die meinen, befriedigend ist und sie vollkommen in Übereinstimmung bringt. *(458)*

---

[1]) DU BOIS-REYMONDS Archiv, Physiol. Abteil., 1887. — PFLÜGERS Archiv, Bd. 36.

ZUR FRAGE DER THERMISCHEN REIZUNG VON NERVEN[1])

In dem Aufsatz „Über verschiedene Arten der Nervenerregung"[2]) stellt Dr. GRÜTZNER die besondere Tatsache fest, daß „Wärme (konstante von 50° Celsius) von allen zentrifugalen Nerven nur die gefäßerweiternden Nerven der Haut reizt, während die gefäßerweiternden Nerven der Drüsen oder anderer Organe (Zunge) durch dieses Agens nicht erregt werden konnten". Diese Tatsache besitzt natürlich großes Interesse sowohl in theoretischer, als auch in praktischer methodischer Beziehung. Einerseits ist die Vorstellung, die sich über das Fehlen spezieller Eigenschaften einzelner Nervenstränge gebildet hat, durch diese allgemeinen nervalen Reize auf einen wichtigen Einwand gestoßen; andererseits bot sich in ihr ein bequemes Mittel zur Analyse gemischter Nervenstränge. Was den Unterschied aber zwischen den gefäßerweiternden Nerven und allen übrigen Arten zentrifugaler Nerven hinsichtlich der Wärmereizung betrifft, so kommen beim Lesen der Abhandlung gar keine Zweifel an der Wahrheit der Tatsache auf. Die Sache erscheint nur in dem Punkt eigenartig, daß von den gefäßerweiternden Nerven nicht alle gereizt werden, sondern nur einige. Obwohl man nicht sagen kann, daß dieser Teil der Tatsache vollkommen ohne Analogie ist (nach CLAUDE BERNARD werden bei Vergiftung des Tiers mit Kurare verschiedene Muskelgruppen in verschiedenen Vergiftungsstadien gelähmt, woraus man auf einen gewissen Unterschied *(459)* zwischen den verschiedenen motorischen Nerven schließen kann), so zwang trotzdem eine gewisse (in dem erwähnten Beispiel der motorischen Nerven ging es um einen graduellen Unterschied, in dem hier erwähnten Fall ist der Unterschied qualitativ) Besonderheit der Tatsache, in der Deutung der Versuchsergebnisse vorsichtig zu sein. Indessen ist in der Arbeit von GRÜTZNER ein Punkt, der seiner Ungeklärtheit wegen die Aufmerksamkeit auf sich lenkt. GRÜTZNER hat seine Versuche in folgender Weise ausgeführt. Bei der einen Versuchsreihe hat man zwischen die Zehen der hinteren Extremitäten des Hundes

---

[1]) Gleichzeitig mit Dr. STOLNIKOW im Jahre 1879 in der Physiol. Abteilung des 6. Kongresses der Naturforscher vorgelegter Bericht (Арх. клиники внутр. болезней проф. С. П. Боткина) *[Archiv der Klinik für innere Krankheiten von Prof.* S.P. BOTKIN*]*, Bd. 6, 1880, S. 298 bis 305).

[2]) GRÜTZNER, PFLÜGERS Archiv, Bd. 17., H. 5 und 6, [1878, S. 215—254].

ein Thermometer eingebunden und das periphere Ende des durchschnittenen n. ischiadicus mit Hilfe eines besonderen, vom Autor konstruierten, sehr bequemen Apparats durch Wärme gereizt. In anderen Versuchen hat man bei der Wärmereizung des n. lingualis eine Zungenverfärbung[1]) beobachtet und ein schnelles Ausströmen des Blutes aus der angeschnittenen Vene der glandula submandibularis. An den Extremitäten wurde bei Reizung eine Temperaturerhöhung beobachtet. An der Zunge und an der Drüse stellte man gar keine Veränderung fest. Hieraus wurde die Schlußfolgerung gezogen, daß Wärme nur die gefäßerweiternden Hautnerven reizt und auf die gleichen Nerven der Zunge und der Drüse nicht wirkt. Eine solche Schlußfolgerung erscheint jedoch bei einiger Aufmerksamkeit als verfrüht. Man kann nicht umhin zu bemerken, daß in den beiden angeführten Versuchsreihen zwei verschiedene Methoden angewandt worden sind; vielleicht beruhte der Unterschied der Ergebnisse auf einer Verschiedenheit der Beobachtungsmethoden Deswegen hielten wir es für notwendig, die Beobachtungsbedingungen in allen Fällen gleich zu gestalten, und bis jetzt haben wir das für die Zunge verwirklicht. Genau wie GRÜTZNER haben wir die Temperatur der Extremitäten und die Temperatur der Zunge gemessen, wozu das Thermometer in die Zunge gewickelt und hier durch einige schwach zusammengezogene Fäden festgehalten wurde.

Hier die eindrucksvollsten unserer Versuche.

16. April 1879. Der Hund ist mit Kurare vergiftet. Beide nn. linguales sind abpräpariert und durchschnitten. In die Zunge ist ein Thermometer mit 50 Teilstrichen eingewickelt und durch Fäden angebunden. Der Quecksilberstand wird jede Minute vermerkt. *(460)*

36,10
36,04
36,02
35,96
36,92
36,88

Reizung beider nn. linguales mit einer Temperatur von 48° bis 53°. Es wird eine Vorrichtung von genau der gleichen Konstruktion wie bei GRÜTZNER benutzt mit dem Unterschied, daß die GRÜTZNERsche aus Metall war, unsere dagegen aus Glas ist. Bevor die Nerven auf die Vorrichtung gelegt wurden, sind sie durch das Loch eines, einige Male zusammengelegten Tuches hindurchgezogen worden, so daß sich zwischen der Wunde und der reizenden Vorrichtung dieses Tuch befand.

36,86
36,82
36,90
36,88
36,00
36,10
36,20

---

[1]) Obwohl bei der Darlegung der Reizungsresultate des n. lingualis nicht direkt von der Beobachtung einer Zungenverfärbung gesprochen wird, so muß man jedoch aus der Stelle darauf schließen, wo mitgeteilt wird, daß bei Wärmereizung des n. hypoglossus kein Erbleichen beobachtet wurde; folglich ist bei der Arbeit die Methode der Verfärbung angewandt worden.

36,30
37,00
37,54
37,54

Die Nerven sind von der Vorrichtung heruntergenommen; das Gerät bleibt jedoch auf seinem Platz liegen, wobei in ihm die alte Temperatur aufrechterhalten wird.

37,36
37,12
36,84
Das Gerät wird entfernt
36,66
36,52
36,38
36,28
36,16
36,10
36,06
35,94
Kalorische Reizung wie vorhin
35,84
35,82
35,80 *(461)*
35,80
35,80
35,82
36,00
36,04

Die Reizung ist unterbrochen, weil das warme Wasser sich als zu wenig erwiesen hat und es schließlich gar nicht mehr in den Apparat floß. Eine Zeitlang wird die Zungentemperatur nicht vermerkt. Danach mißt man von neuem.

35,70
Erneut kalorische Reizung
35,64
35,70
35,78
35,74
36,00
36,24
37,00
Das Gerät zum Reizen ist weggestellt
36,60

Eine Zeitlang wird die Zungentemperatur nicht vermerkt. Dann wird sie von neuem gemessen.

35,70
Kalorische Reizung
35,72
35,54 } Die Vergiftung schwindet.
35,64 } Der Hund bewegt sich etwas.
36,14
36,50
36,56

36,62
37,10
37,12

Die Nerven sind entfernt; das sich erwärmende Gerät bleibt am alten Platz liegen.

37,18
36,96
36,86
36,68
36,50 *(462)*

Die Temperatur wird eine Zeitlang nicht vermerkt, danach

36,10

Die Nerven dehnen sich direkt etwas aus, sie ahmen das nach, was passiert, wenn die Nerven auf dem der Reizung dienenden Gerät gehalten werden.

36,00
35,94
35,86
35,76
35,58

7. Mai 1879. Der Hund ist vollkommen mit Kurare vergiftet; im Verlauf von drei Stunden Versuchsdauer war nicht die geringste Bewegung zu bemerken. Beide nn. linguales sind abpräpariert und durchschnitten. Bei Wärmereizung (etwa 50° C) des peripheren Endes einmal des einen, dann des anderen Nerven, ist sowohl von uns als auch von Fremden eine gewisse Rötung der entsprechenden Zungenhälfte beobachtet worden. Danach brachte man in der Zunge das Thermometer an.

Der Quecksilberstand wurde jede Minute vermerkt.

30,31
30,20
29,90
29,45
29,00
Kalorische Reizung
28,92
29,45
30,50
31,90
32,50

Das Gerät ist entfernt. Es scheint, daß die Temperatur das Maximum erreicht hat, weil sie sich in der zweiten Hälfte der letzten Minute nicht mehr erhöhte. Danach wird für die Dauer von 20 Minuten die Temperatur nicht vermerkt. Jetzt liest man wiederum ab.

27,80
27,76
27,66
Kalorische Reizung
27,54
29,08 } Es fließt kein warmes Wasser
29,30 } mehr in das Gerät
29,20 } *(463)*

Es wird aus den angeführten Beispielen klar, daß sich bei Auflegen der peripheren Enden der nn. linguales auf die Wärmevorrichtung die Temperatur der Zunge erhöht. Bevor man jedoch daraus die Schlußfolgerung über eine Wärmereizung der Nerven zog, mußten einige andere möglichen Deutungen des erhaltenen Resultats beseitigt werden. Vor allen Dingen konnte die Zungenerwärmung auch auf rein physikalischem Weg vor sich gehen: infolge einer Wärmeüberleitung aus dem erwärmten Gerät, da dieses Gerät entweder direkt auf der Zunge gelegen hat oder aber im geringen Abstand von ihr gehalten wurde. Diese Annahme wird jedoch sowohl durch den Inhalt der angeführten Versuche als auch durch die Resultate anderer Versuche, die hier nicht angeführt werden, entschieden ausgeschlossen. Anfangs haben wir in Anbetracht dieser Annahme aus Vorsicht zwischen die Zunge und die reizerregende Vorrichtung ein einige Male zusammengelegtes Tuch, wie es zu Beginn unseres ersten Versuches beschrieben wurde, gelegt.

Verschiedene Kontrollversuche zeigten jedoch bald, daß die Befürchtungen unbegründet und die erwähnte Vorsichtsmaßregel unnötig waren. Wir legten die bis zur üblichen Temperatur erwärmte Vorrichtung auf die Zunge, entfernten seitwärts die Nerven, und dies hatte nicht den geringsten Einfluß auf die Zungentemperatur. Außerdem haben wir, wie aus den angeführten Beispielen ersichtlich ist, viele Male, nachdem die Zungentemperatur sich während des Liegens der Nerven auf der Vorrichtung erhöhte, die Nerven weggenommen und ließen die Vorrichtung mit ursprünglicher Temperatur an seinem Platz. Wäre die Erhöhung der Zungentemperatur von der physikalischen Erwärmung durch die Vorrichtung abhängig, so müßte sie auch jetzt, nach Herunternehmen der Nerven, entweder andauern oder aber, wenn ein Temperaturmaximum erreicht war, stationär werden, während in Wirklichkeit eine fortschreitende Erniedrigung beobachtet wird. Weiterhin tritt in den Versuchen, wo die Erwärmung des Nerven selbst nicht zu lange dauerte (2 Minuten), gewöhnlich nach Herunternehmen des Nerven, eine weitere Erhöhung ein — eine Tatsache, die in keiner Weise mit der Vorstellung von einer physikalischen Erwärmung der Zunge zu vereinbaren ist. Schließlich kamen unter den Versuchen auch solche vor, wo trotz der scheinbar völlig gleichen Versuchsbedingungen keine Temperaturerhöhungen in der Zunge beobachtet werden konnten. Wäre die Erwärmung der Zunge in unseren positiven Versuchen *(464)* eine einfache physikalische Erwärmung, dürfte dieses Resultat nicht unbeständig sein. Man könnte schließlich glauben, daß hier zwar wirklich eine Reizung der Nerven vor sich ging, jedoch keine thermische, sondern eine mechanische oder chemische, weil die Nerven beim Auflegen und Festhalten auf dem Apparat einer mechanischen Reizung unterliegen konnten und das Befeuchten der Nerven mit Speichel während ihres Liegens auf dem Gerät, um eine Austrocknung zu vermeiden, als chemische Reizung wirken konnte. Auch hier jedoch haben einfache Kontrollversuche diese Annahme nicht bestätigt. Danach blieb kein Zweifel mehr übrig, daß die Temperaturerhöhung der Zunge in unseren Versuchen infolge einer Wärmereizung der nn. linguales entsteht, die sich in zentrifugaler Richtung ausbreitet.

Das erwähnte Ergebnis ist jedoch, wie schon oben erwähnt, nicht konstant. In einigen Versuchen blieb die Wärmereizung der nn. linguales ohne Einfluß auf die Zungentemperatur. Die Erklärung solcher abweichender Versuche stellte jedoch keine großen Schwierigkeiten dar. Es kam die natürliche Vermutung auf, daß in diesen Fällen die uns interessierenden Nerven durch die großen Kuraredosen gelähmt sein konnten. Betrachtet man sie als gefäßerweiternde, so paßt hierauf die Feststellung CLAUDE BERNARDS, daß eine starke Kurarevergiftung die Erregbarkeit der Gefäßerweiterer aufhebt. Und in der Tat, auch in unseren negativen Versuchen hat eine elektrische Reizung der nn. linguales die Zungentemperatur ebenfalls nicht verändert; folglich waren die gefäßerweiternden Fasern der nn. linguales bestimmt gelähmt.

Somit sind wir berechtigt zu behaupten, daß bei Wärmereizung entsprechender Nerven kein Unterschied in den Erscheinungen zwischen der Zunge und den Extremitäten besteht, wies es GRÜTZNER behauptet.

Weiterhin hätten wir zur Temperaturmessung der glandula submandibularis in Abhängigkeit von der Wärmereizung der chorda tympani übergehen müssen, aus Mangel an Zeit konnte sie jedoch nicht durchgeführt werden.

Es bleibt noch ein Umstand, dessen Herausstellung wir zum Schluß nicht für überflüssig erachten. *(465)*

Worin liegt die Ursache, daß GRÜTZNER eine unrichtige Schlußfolgerung machte? Wenn in unseren Versuchen die Zungenerwärmung infolge einer Wärmereizung der gefäßerweiternden Fasern vor sich ging, warum ist dann die Erweiterung der Zungengefäße der Beobachtung GRÜTZNERS entgangen? Die Annahme, daß er durch einen Zufall getäuscht wurde, daß er bei Reizung der nn. linguales nur mit überkurarisierten Tieren zu tun hatte, ist angesichts der großen Autorität des Laboratoriums, aus dem diese Arbeit gekommen ist und der Kompetenz des Autors selbst, zu kühn; um so mehr da von dem Autor direkt erklärt wird, daß in den Zeitabschnitten zwischen den Wärmereizungen, elektrische Reizungen gesetzt wurden und diese sich als wirksam erwiesen. In unserem ersten angeführten Versuch, wo in der Folge bei Wärmereizung eine sehr bedeutende Temperaturerhöhung der Zunge erhalten wurde, ist zwar bei den ersten Wärmereizungen von uns eine Rötung der Zunge festgestellt worden; wir halten uns jedoch allein auf Grund dessen nicht für berechtigt, allen Behauptungen von GRÜTZNER entschieden zu widersprechen, da diese Rötung ganz unbedeutend war und wir leider nur einmal im Verlauf aller unserer Versuche auf die Zungenverfärbung geachtet haben. Somit bleiben, wenn GRÜTZNER eine Rötung der Zunge nicht aufgefallen ist, obwohl nach unseren Versuchen bei der untersuchten Bedingung eine starke Erwärmung der Zunge besteht, zwei Möglichkeiten, unsere einander widersprechenden Resultate in Übereinstimmung zu bringen: Entweder ist die Methode, aus der Temperatur auf den Gefäßzustand zu schließen feiner als die Methode einer unmittelbaren Beobachtung der Gefäße, oder die bei einer Wärmereizung der nn. linguales beobachtete Temperatur ist primär und in der Hauptsache durch eine Erregung von bei den gegebenen Bedingungen noch nicht ganz abgestorbenen thermischen Fasern bedingt. Eigentlich hat auch die Hoffnung auf diese Möglichkeiten, und besonders auf die zweite, die beschriebenen Versuche angeregt. *(466)*

WIE DIE MUSCHEL IHRE SCHALE ÖFFNET[1])

Versuche und Fragen zur allgemeinen Muskel- und Nervenphysiologie

(Aus dem Physiologischen Institut zu Breslau)

VORBEMERKUNGEN

Die Untersuchung, deren Ergebnisse ich im Folgenden mitteile, war auf Anregung von Prof. HEIDENHAIN ursprünglich unternommen worden, um an dem Schließmuskel von Anodonta thermophysiologische Beobachtungen anzustellen, die bis jetzt an glatten Muskeln vollständig fehlen. Allein, ich bin auf dem ursprünglich betretenen Wege nur so weit vorgeschritten, um feststellen zu können, daß bei der Zusammenziehung dieses Muskels merkliche Wärmeentwicklung stattfindet. Zur Ermittlung ihrer Gesetze mußte, wie sich bald herausstellte, eine Voruntersuchung über die verwickelten Innervationsverhältnisse des Muskels durchgeführt werden, die meine gesamte verfügbare Zeit in Anspruch nahm, so daß die Weiterverfolgung der myothermischen Erscheinungen vorbehalten bleiben muß.

Zu den mitzuteilenden Versuchen wurden große Exemplare von anodonta cygnea verwandt, im Semptember gefangen und in hölzernen Wannen auf Sandboden unter mäßig tiefer Wasserschicht den Winter über in einem ungeheizten Korridor des Instituts aufbewahrt. Zur Verhütung von Verlusten ist täglicher Wasserwechsel erforderlich, dessen Vernachlässigung besonders dann schnell verderblich wirkt, wenn viele Tiere in demselben Behälter aufbewahrt werden. Bei sorgsamer Behandlung *(467)* war kein wesentlicher Unterschied in dem Verhalten frisch eingefangener und lange aufbewahrter Exemplare bemerkbar. Um bei der Beschreibung der Versuche die Gegenden des Tiers kurz bezeichnen zu können, bemerke ich folgendes: Die Seite des Tieres, an der die beiden Schalen durch das Schloßband verbunden sind, nenne ich die Rückenseite, die entgegengesetzte, an der die Schalen auseinanderklappen, die Bauchseite; das Mundende des Tieres das vordere, das entgegengesetzte Ende das hintere, dementsprechend die beiden Schließmuskeln, den vorderen und den hinteren.

Im Vorderteil des Tieres, 6 bis 8 mm von dem vorderen Schließmuskel entfernt, liegt jederseits unter dem Mantel ein Ganglion, das mehrere Nervenzweige abgibt: zu dem andersseitigen Ganglion, zu dem Muskel, zu dem Mantel, zu dem Ganglion des Fußes und endlich zu dem hinteren, auf der Bauchseite des hinteren

---

[1]) PFLÜGERS Archiv, Bd. 37, 1885, S. 36.

Schließmuskels gelegenen Ganglion. Letzteres steht also mit jedem der beiden vorderen Ganglien durch einen Nerv in Verbindung. Beide Nerven liegen in der Mitte ihres Verlaufs nahe aneinander. Ich werde sie als Verbindungsnerven bezeichnen. Das hintere Ganglion gibt außerdem Zweige zu dem hinteren Muskel, die aber, weil es demselben unmittelbar anliegt, sehr kurz sind, zum Mantel, zu den Kiemen usw.

Die Präparation der Verbindungsnerven geschieht in folgender Weise. Nachdem ein ausreichender Teil derjenigen Schale, die bei den Versuchen nach oben gekehrt sein soll, mit Hilfe von Knochenzangen entfernt worden ist, sieht man nach der Rückenseite des Tieres hin das Herz pulsieren. Nach Entfernung des Mantels und des Perikardiums wird das Herz exstirpiert und dadurch das schwarz pigmentierte Bojanussche Organ freigelegt. Zwischen den Schläuchen verlaufen die beiden Verbindungsnerven als weiße Fäden, die sich unschwer auf eine lange Strecke herauspräparieren, mittels eines Fadens unterbinden und durchschneiden lassen, so daß sie vollkommen isoliert, nur zum Schutze gegen Austrocknung von ein wenig Gewebe eingehüllt, gereizt werden können.

Die Beobachtungen über die Bewegungsvorgänge an den Schließmuskeln wurden zum allergrößten Teil mittels eines einfachen graphischen Apparates angestellt, ähnlich demjenigen, den vor mehr als 20 Jahren *(468)* A. Fick benutzte[1]). Auf einem Grundbrett steht eine vertikale Messinghülse, in der eine Stahlstange verschiebbar ist. Letztere trägt einen sehr leichten zweiarmigen Hebel. Unterhalb seines kürzeren Armes wurde die Muschel in eine passend geformte Aushöhlung des Brettes horizontal so gelagert, daß eine Schale derselben in der Aushöhlung durch eine eiserne Klammer befestigt war, während die nach oben gekehrte freie Schale mittels einer Seidenschnur mit dem kurzen Hebelarm in Verbindung stand. Der längere Hebelarm zeichnete mittels einer beweglich an ihm aufgehängten Schreibnadel die Hebungen und Senkungen der Muschelschale auf einem langsam rotierenden Baltzarschen Kymographion auf. Nahe der Drehachse war dieser Hebelarm mit einem in allen Versuchen gleichen, geringen Gewicht belastet. Die unten zu beschreibenden Präparate der Muschel wurden durch die bei der Präparation reichlich ausfließende und in die fixierte Schale geflossene Gewebsflüssigkeit feucht erhalten, und das Schloßband durch einen nassen Fließpapierbausch vor Austrocknung geschützt. In einer Anzahl von Versuchen wurde das Schloßband durch ein Messingscharnier ersetzt.

§ 1. EINIGE BEOBACHTUNGEN AM UNVERSEHRTEN TIER

Die unversehrte Muschel, längere Zeit im Wasser beobachtet, läßt in der Regel zeitweise spontane Bewegungen sehen: Die Schalen werden langsam ein wenig geöffnet und schneller wieder geschlossen. Mitunter treten die Bewegungen in fast regelmäßigen Pausen ein. Außerhalb des Wassers verkürzen sich die Intervalle. In einem Fall z.B. zählten wir zwischen den einzelnen Kontraktionen an der Luft 8—9—7—6,5—5,5—3,5—3 Minuten.

[1]) A. Fick, Beiträge zur vergleichenden Physiologie der irritabeln Substanzen. Braunschweig 1863, [685 S.].

Diese Beschleunigung scheint dyspnoischer Natur zu sein. Wenigstens werden die Schalenbewegungen auch innerhalb des Wassers häufiger, wenn Bedingungen einwirken, welche die Sauerstoffaufnahme von außen beschränken (z.B. wenn das Wasser ausgekocht oder mit Kohlensäure gesättigt ist) oder den Sauerstoffkonsum im Körper steigern (z.B. bei höherer Temperatur des Wassers). So betrugen bei einem Exemplar *(469)* die Pausen zwischen den Bewegungen der Schale: in gewöhnlichem Wasser (14 bis 15° C) 5—7—8,5—5,5 Minuten, in gekochtem und wieder abgekühltem Wasser 3—3—2,5—1—3—3 Minuten, darauf in gewöhnlichem Wasser 7,5—6,5—6—4—6—6 Minuten, im Wasser von 18° C 1—2—2—2—1—1,5—2 Minuten, in gewöhnlichem Wasser 5—6—5 usw. Minuten.

In warmem Wasser werden die Schalen nicht nur häufiger, sondern auch weiter geöffnet als in kühlem. Bei längerem Aufenthalt in der Wärme sinkt die Frequenz der Bewegungen wieder.

Es kam nun darauf an, die Zentren und Nerven ausfindig zu machen, von denen die Schließung bzw. Öffnung der Schalen abhängt. Zu diesem Zweck mußten die beiden Schließmuskeln mit den zugehörigen Ganglien getrennt untersucht werden.

§ 2. DER HINTERE SCHLIESSMUSKEL MIT DEM ZUGEHÖRIGEN GANGLION

Zum Zweck der folgenden Beobachtungen wurde ein Präparat hergestellt, welches aus dem hinteren Schließmuskel mit den zugehörigen Stücken der beiden Schalen und des Schloßbandes, dem hinteren Ganglion mit den Verbindungsnerven und einem Stück des Mantels besteht, das von dem Ganglion aus sensible Nervenfasern erhält. Die Anfertigung dieses Präparats stößt für gewöhnlich auf Schwierigkeiten, weil mit dem Beginn der Präparation infolge der unvermeidlichen sensiblen Reizungen der Schließmuskel sich fester und fester reflektorisch kontrahiert und nach Fertigstellung des Präparats außerordentlich lange, selbst tagelang kontrahiert bleibt. In diesem Zustand sind Versuche an dem Muskel natürlich unmöglich, wenn man nicht Mittel findet, die Kontraktion zu lösen.

Ein derartiges Mittel besteht in der vor Anfertigung des Präparats herbeizuführenden Narkose des Tieres durch Morphium. Nach Injektion von 4 bis 6 cm^3 einer zweiprozentigen Lösung von salzsaurem Morphium in den Fuß lassen sich die Schalen in 10 bis 20 Minuten leichter öffnen. Noch später öffnen sie sich von selbst, und zwar in viel weiterem Umfange als bei den oben besprochenen spontanen Bewegungen. Injektion von Kochsalzlösung statt des Morphiums hat keinen Einfluß, so daß es sich zweifellos um Narkose durch das Alkaloid, *(470)* nicht etwa um mechanische Einwirkung der injizierten Flüssigkeit handelt. Haben sich die Schalen geöffnet, so läßt sich das oben besprochene Präparat viel leichter anfertigen als ohne vorherige Narkose. Kontrolliert man jetzt das Verhalten des Muskels mittels des graphischen Apparats, so stellt sich folgendes heraus.

Der Muskel macht periodische Kontraktionen, deren Kurve (vgl. Abb. 1[1]) an Gestalt der Zuckungskurve eines quergestreiften Muskels ähnlich ist: Der absteigende Teil derselben erstreckt sich über ein sehr viel größeres Abzissenstück

---

[1]) *Die Abbildungen siehe auf den Falttafeln nach S. 368 (dt. Red.)*

als der aufsteigende und schließt sich der Abzisse asymptotisch an. Die Zeitdauer der Kurven beträgt mindestens 30 Sekunden. Sie kann sich aber auf 1 Minute und mehr verlängern.

Die Pausen zwischen den einzelnen Kontraktionen sind sehr wechselnd, von 2 bis 3 Minuten bis 15 Minuten.

In manchen Versuchen sind die aufeinanderfolgenden Kurven von nahezu gleicher Höhe und Gestalt, ebenso ihre Intervalle nahezu gleich (Abb. 2). Meistenteils aber schwanken im Verlauf derselben Beobachtung Form, Höhe und Frequenz der Kontraktion erheblich (Abb. 4). Unmittelbar nach der Präparation pflegt die Frequenz größer zu sein und allmählich zu sinken.

In einzelnen Fällen verläuft die Zusammenziehung nicht kontinuierlich, sondern in Absätzen, die ihren Ausdruck in kleineren, über die Kurve hinlaufenden Wellen finden (Abb. 3, 4). Sie treten bald in kleinerer, bald in größerer Anzahl auf, 2 bis 5 und mehr. Diese zusammengesetzten Kurven haben meist eine größere Zeitdauer als die einfachen.

Die Anregung zu diesen spontanen Kontraktionen geht von dem hinteren Ganglion aus, denn sie verschwinden nach dessen Exstirpation. Indessen will ich nicht unerwähnt lassen, daß ich bei einer mit 12 cm³ Morphiumlösung narkotisierten Muschel auch noch nach Ausrottung des Ganglions Kontraktionen gesehen habe. Was in diesem Fall den Anlaß zur Reizung des Muskels gegeben hat, ob die Überflutung mit Wasser oder mit Morphium, kann ich nicht sagen. Vielleicht war ein kleines Stück des Ganglions stehen geblieben. Jedenfalls läßt die überaus große Mehrzahl meiner Beobachtungen keinen Zweifel, daß von dem Ganglion periodische Bewegungsimpulse für den Muskel ausgehen. *(471)*

Wenn zwischen zwei Impulsen nicht ausreichende Zeit verfließt, um den Muskel nach seiner Zusammenziehung sich wieder maximal ausdehnen zu lassen, so bleibt derselbe in größerem oder geringerem Grade dauernd verkürzt: Die Verkürzung steigt nach jedem Impuls und nimmt in den Pausen zwischen je zwei Erregungen wieder ab. Der gewöhnlichen physiologischen Ausdrucksweise folgend, könnte man sagen, der Muskel besitze einen Tonus von periodisch wechselnder Stärke. Die tonische Kontraktion setzt hier nicht eine andauernde Erregung seitens des Ganglions voraus, sondern sie wird durch einzelne, in Intervallen erfolgende Erregungen unterhalten. Je größer das Intervall zwischen zwei Erregungen, desto mehr sinkt der Tonus in der Pause.

Von dem Mantel aus lassen sich jederzeit reflektorische Kontraktionen des Muskels erzielen, vermittelt durch das Ganglion, das somit nicht nur als automatisches (periodisch tätiges), sondern auch als reflektorisches Zentrum fungiert.

Anders als an morphinisierten Muscheln verhält sich unser Präparat, wenn es nichtnarkotisierten Tieren entnommen ist. Nach vollendeter Anfertigung bleibt der Muskel im Zustand maximaler Zusammenziehung. Der Zeichenhebel schreibt nur äußerst kleine, rhythmische Bewegungen der Schale an. Diese Kontraktion kann mehrere Tage andauern. Wir haben sie in einem Fall fünf Tage andauern sehen.

Nach Exstirpation des Ganglions tritt Erschlaffung ein, aber der Tonus weicht nur außerordentlich langsam, so daß Stunden vergehen können, bis die Erschlaffung vollständig ist. Über die Art, wie sie erfolgt, wird unten im § 6 ausführlicher gehandelt werden.

§ 3. DER VORDERE SCHLIESSMUSKEL UND SEINE GANGLIEN

Wenn man von dem vorderen Schließmuskel ein ähnliches Präparat herrichtet wie von dem hinteren, indem man ihn in Zusammenhang mit den zugehörigen Schalenstücken nebst Schloßband und den beiden vorderen Ganglien läßt, fällt von vornherein ein Unterschied des Verhaltens gegenüber dem des hinteren Schließmuskels auf: Der letztere hielt die Schale dauernd geschlossen, solange er sich im Besitz seines Ganglions befindet, der erstere läßt sie zeitweise sich öffnen. *(472)*

Diese Verschiedenheit könnte auf der Natur der beiden Muskeln selbst oder der mit ihnen verbundenen Ganglienapparate beruhen. Es wäre denkbar, daß das hintere Ganglion auf seinen Muskel nur im Sinne der Zusammenziehung, die vorderen Ganglien auf den Muskel nicht nur im Sinne der Kontraktion, sondern auch im Sinne der Erschlaffung zu wirken vermöchten. Da nun aber bei der intakten Muschel eine Schalenöffnung nur bei gleichzeitiger Erschlaffung beider Schließmuskeln möglich ist, würde die Erschlaffung des hinteren Muskels ebenfalls von den vorderen Ganglien aus vermittels des Verbindungsnerven eingeleitet werden müssen.

In der Tat, fertigt man ein Präparat des hinteren Schließmuskels in der oben beschriebenen Weise an, aber so, daß dasselbe durch die Verbindungsnerven in Zusammenhang mit der vorderen Hälfte des Tiers bleibt, so sind jetzt die Erscheinungen wesentlich andere, als nach Durchtrennung jener Nerven. Abb.23 illustriert das Verhalten. Der hintere Muskel macht eine Reihe von Zusammenziehungen; auf jede folgt eine mit beschleunigter Geschwindigkeit fortschreitende Erschlaffung. Die Verlängerungen werden allmählich bedeutender als die Verkürzungen, so daß der Muskel in hohem Grade erschlafft. Bei dem Zeichen + wurden die Verbindungsnerven durchschnitten. Jetzt stellt sich die tonische Kontraktion des Schließmuskels wieder her, indem er sich wiederholt zusammenzieht, aber nach jeder Verkürzung sich nur verhältnismäßig wenig wieder verlängert. Der Unterschied der Gestalt der Kontraktionskurven vor und nach der Durchschneidung der Verbindungsnerven verdient durchgehende Beachtung. Vor der Durchschneidung fällt jede Kurve, nachdem sie ihr Maximum erreicht hat, konkav nach der Abszisse hin ab, bis sie bei einer neuen Zusammenziehung plötzlich wieder neu ansteigt. Nach der Durchschneidung zeigt einen ähnlichen Verlauf nur der Anfangsteil der ersten Kurve. Bei den späteren Kurven wendet sich der absteigende Schenkel sehr bald konvex zur Abszisse und nähert sich derselben überaus langsam. Diese augenfällige Verschiedenheit wird nur dadurch erklärlich, daß von dem hinteren Ganglion aus dem Muskel Impulse zugeführt werden, die Verkürzungen hervorrufen, von den vorderen Ganglien aus aber demselben nicht nur Erregungen zufließen, die ihn zur Verkürzung, sondern auch solche, die ihn zur Erschlaffung veranlassen. Daß diese beiden *(473)* in entgegengesetztem Sinne wirksamen Erregungen durch zwei verschiedene Klassen von Nervenfasern vermittelt werden, sei hier vorläufig als Hypothese vorangestellt, für die im Laufe der Untersuchung die Beweise beigebracht werden sollen.

Reizung der von den vorderen Ganglien ausgehenden erschlaffenden Fasern scheint durch Dyspnoe herbeigeführt zu werden. Wenn man die obere Schale in ihrer Mitte durch einen bis zum Schloßbande reichenden Querschlitz in zwei Hälften teilt, um die Zustände des hinteren Muskels unabhängig von denen des vorderen beobachten zu können, so öffnet sich außerhalb des Wassers die hintere Schalenhälfte jedesmal in kurzer Zeit. Sie schließt sich wieder, wenn man das Tier in das Wasser zurückbringt.

Wenn nun die mitgeteilten Beobachtungen mit Wahrscheinlichkeit dartun, daß von den vorderen Ganglien durch die Verbindungsnerven zum hinteren Schließmuskel teils solche Fasern gehen, deren Erregung ihn in Tätigkeit, teils solche, deren Erregung ihn außer Tätigkeit versetzt, so wurde es nunmehr Aufgabe, jene beiden in den Verbindungsnerven enthaltenen Faserklassen genauer zu studieren.

§ 4. VERSUCHE AN DEN VERBINDUNGSNERVEN

Bei allen folgenden Beobachtungen wurde das oben beschriebene Präparat des hinteren Schließmuskels verwandt, an welchem ein möglichst langes Stück der Verbindungsnerven geblieben war, zu dem Zweck, an demselben Reizversuche anstellen zu können. Zur Reizung dienten konstante Ströme, deren Stärke und Dauer je nach Umständen wechselte. Von eingehender Untersuchung rein neurophysiologischer Fragen, wie z.B. des Erregungsgesetzes des Muschelnerven, mußten wir wegen Zeitbeschränkung absehen, da unser nächstes Ziel nur die Beibringung von Beweisen für die Existenz besonderer, den Muskel erschlaffender Nerven war.

Im allgemeinen, doch nicht ausnahmslos, folgt auf eine wirksame Reizung der Verbindungsnerven zuerst eine Verkürzung des Muskels. An diese schließt sich nicht immer eine Wiederverlängerung an. Wo sie eintritt, ist sie unter bestimmten Bedingungen *(474)* nur sehr gering und langsam, unter anderen Bedingungen dagegen sehr erheblich, bedeutender als die voraufgehende Verkürzung und schnell. Im ersteren Fall bleibt nach erfolgter Verkürzung der Muskel im Zustande stärkerer tonischer Kontraktion als vor derselben, wenn auch der Tonus sich allmählich ein wenig verringert. Im zweiten Fall verlängert der Muskel sich nach erfolgter Kontraktion schnell über seine ursprüngliche Länge, sein Tonus nimmt also ab, es tritt mehr oder weniger hochgradige Erschlaffung ein.

Ob das eine oder das andere geschieht, hängt allerdings einerseits von den unbekannten inneren Zuständen des Nerven- und Muskelapparates ab, die man unter der Bezeichnung ihrer Erregbarkeit zusammenfaßt. Andererseits haben Stärke und Dauer der zur Nervenreizung verwandten Ströme einen entscheidenden Einfluß. Trotz mannigfacher, nicht zu umgehender, weil in der verschiedenen Erregbarkeit der verschiedenen Präparate begründeter Schwankungen läßt sich etwa folgendes sagen:

1. Zur Hervorrufung merklicher Zusammenziehung bedarf es eines Stromschlusses von nicht zu geringer Dauer. Bei schwächeren Strömen ist oft eine

einmalige Schließung von $^1/_8$ Sekunde noch unwirksam. Wiederholung solcher unwirksamer Stromschließungen in nicht zu langen Intervallen kann zu einer Wirkung führen, wo die einzelne Stromschließung diese versagt. Die Pause zwischen den einzelnen Schließungen kann, wenn eine solche Summationswirkung eintreten soll, je nach der Stromstärke bis zu 5 Sekunden steigen. Bei Intervallen von 10 Sekunden und mehr haben wir keinen Effekt mehr erzielt. Man vergleiche hierzu Abb. 7.

2. Im allgemeinen steigt bei gleicher Stromdauer die Größe der Zusammenziehung mit der Stromstärke (vgl. Abb.8). Doch ist die Abhängigkeit keine so entschiedene wie bei den motorischen Nerven quergestreifter Muskeln.

3. Läßt man mehrere wirksame kurze Stromschließungen in Pausen von 2 Sekunden und mehr aufeinanderfolgen, so steigt die Kurve treppenartig an. Jede spätere Stufe der Treppe ist niedriger als die frühere, bis die Zusammenziehung eine gewisse Höhe erreicht hat. Von da ab treten in der der Abszisse nahezu parallel gehenden Kurve nur noch kleine Undulationen auf (vgl. Abb. 9). *(475)*

Sind die Reizungspausen kürzer, so entspricht nicht mehr jedem Einzelreiz eine Einzelkontraktion: Die Zahl der Treppenstufen wird geringer als die Zahl der Reize (vgl. Abb. 11).

An die Zusammenziehung als in der Regel erste Folge der Reizung der Verbindungsnerven schließt sich nun, wie bereits oben bemerkt, unter Umständen eine schnelle Wiederverlängerung an, und zwar auf diejenige Länge, die der Muskel vor der Verkürzung besaß. Während in Versuchen, wie sie die Kurven 8 bis 11 zeigen, nach der Verkürzung eine tonische Kontraktion des Muskels zurückbleibt, wird in den jetzt zu besprechenden Versuchen nach der Verkürzung der Tonus des Muskels herabgesetzt, d.h., es tritt Erschlaffung ein.

1. Am leichtesten erhält man diese sekundäre Erschlaffung, wenn man nicht zu kurze Stromschließungen (1 Sekunde) in ebenfalls nicht zu kurzen Intervallen (1 Sekunde) aufeinanderfolgen läßt. In Kurve 12 z.B. fallen auf die Zeiteinheit der Abszisse (15 Sekunden) bei *a* 8 Stromschließungen, durch 7 Pausen getrennt: Der Erfolg ist nach anfänglicher geringer Zusammenziehung eine überaus starke Erschlaffung. Als darauf Stromschließungen derselben Stärke und Dauer in größeren Intervallen angewandt wurden, stieg die Kurve treppenartig an und blieb nach jeder Verkürzung auf konstanter Höhe. Die Pausen zwischen den Einzelschließungen können mitunter bis auf 15 Sekunden verlängert werden, ohne daß die erschlaffende Wirkung ausbleibt (vgl. Kurve 14 und 15: bei *a* einzelne, bei *b* mehrere Stromschließungen).

2. Während eine einzelne kürzere Schließung nur Verkürzung herbeiführt, kann längere Schließung desselben Stromes sekundäre Erschlaffung zur Folge haben. Man vergleiche in Abb.13 die Wirkung der kürzeren Schließungen bei *a* mit dem Erfolg der längeren Schließungen bei *b*.

Wenn eine längere Stromschließung eine stärkere Erschlaffung herbeiführt, kann man dieselbe oft erzielen, wenn man in derselben Zeit, welche jene Schließung in Anspruch nahm, mehrere kürzere Schließungen aufeinanderfolgen läßt. In

Kurve 16 wird der Nerv bei *a* 30 Sekunden durchströmt, der Muskel dehnt sich nach der Verkürzung nur ungefähr *(476)* bis zu der ursprünglichen Länge aus. Bei *b* wird der Strom innerhalb 30 Sekunden fünfzehn Mal je 1 Sekunde lang geschlossen: Die Folge ist eine erheblich stärkere Erschlaffung.

4. Primäre Verlängerung ohne merkliche voraufgehende Verkürzung tritt nicht selten bei chemischer Reizung der Verbindungsnerven (Kochsalz in Lösung oder in Kristallen, Glyzerin usw.) auf. Ein derartiges Beispiel wird später gegeben werden.

Es ist oben erwähnt worden, daß ein frisch angefertigtes Präparat des hinteren Schließmuskels mit seinem Nervenapparat, wenn es sich selbst überlassen wird, sehr lange, oft Tage hindurch, in nahezu maximal kontrahiertem Zustand verharrt. Der Muskel befindet sich, um den Ausdruck der allgemeinen Muskelphysiologie zu brauchen, im Zustand eines hochentwickelten Tonus. Durch passende Reizung des Verbindungsnerven, wie sie eben besprochen worden ist, läßt sich diese tonische Kontraktion mindern und beseitigen. Mitunter genügt schon einmalige Reizung durch einige sekundenlange, in gleichen Pausen (von 1 Sekunde) erfolgende Stromschließungen, um eine Verlängerung des Muskels herbeizuführen, welche nach wenigen Wiederholungen der Reizung in Intervallen von 2 bis 3 Minuten wächst, so daß 10 bis 15 Minuten ausreichen, um maximale Öffnung der Schalen herbeizuführen. In anderen Fällen schwindet der Tonus schwieriger. Es bedarf zur Herstellung vollständiger Atonie des Muskels zehnmaliger und noch häufigerer Reizung. Die ersten Reizungen haben dann scheinbar gar keine, die nächsten geringe Wirkung, die mit der Zahl der Reizungen mehr und mehr wächst. In extremen Fällen kann bis zu maximaler Erschlaffung eine Stunde und mehr vergehen.

So überaus langsam weicht der Tonus namentlich dann, wenn die unvermeidlich mit sensiblen Reizungen verknüpfte Herstellung des Präparates lange dauerte, so daß sehr starke reflektorische Einwirkung auf den Muskel stattfand.

Ist der Muskel erst einmal erschlafft gewesen und dann (auf eine der später zu besprechenden Methoden) wieder in den kontrahierten Zustand zurückgeführt worden, so erschlafft er zum zweiten Male unter Einwirkung der gleichen Reize auf den Verbindungsnerven viel leichter als das erste Mal.

In der Periode fortschreitender schneller Erschlaffung treten *(477)* mitunter spontane Muskelkontraktionen von eigentümlichem Charakter auf, sehr abweichend von denjenigen, die man beobachtet, wenn der erschlaffte Muskel in den Zustand tonischer Kontraktion zurückkehrt. In Kurve 17 z.B. wird der Nerv durch eine Stromschließung von 15 Sekunden (bei *a*) gereizt: Es tritt eine Schließungs- und eine kleinere Öffnungskontraktion auf. Unmittelbar darauf erschlafft der Muskel mit beschleunigter Geschwindigkeit. Seine Wiederverlängerung aber wird durch spontane Zusammenziehungen (bei *b*) unterbrochen, deren Kurve im absteigenden Schenkel wiederum konkav zur Abszisse verläuft. Bei dem erschlaffenden Muskel hebt also eine einzelne Zusammenziehung, auch wenn sie kräftig ist, die Atonie nicht auf, der zusammengezogene Muskel bleibt nicht zusammengezogen, sondern erschlafft schnell von Neuem. Über die Ursache der spontanen Zusammenziehungen sind bestimmte Aussagen nicht möglich.

Ganz anders als die während der Periode der fortschreitenden Erschlaffung auftretenden Kontraktionskurven fallen solche aus, welche in dem Zeitraum der Wiederherstellung des Tonus aufgezeichnet werden. Ist nämlich der Muskel durch passende Reizung des Verbindungsnerven in hochgradige Erschlaffung versetzt worden, so kehrt der Tonus im Laufe der Zeit von selbst wieder zurück, oft noch an mehrere Tage alten Präparaten. Bei der Wiederherstellung des Tonus steigt die Kurve nur selten kontinuierlich an. Meist wird das Ansteigen durch Kontraktionen unterbrochen, auf welche aber keine Wiederverlängerung folgt, so daß die Kurve ein treppenartiges Aussehen gewinnt: Jeder Zusammenziehung entspricht eine Treppenstufe. In Kurve 18 z.B. wird durch mehrmalige Reizung der Verbindungsnerven (bei *a*) mittels einer Folge von Stromschließungen der Muskel hochgradig erschlafft. Bald darauf verkürzt er sich (bei *b*), ohne sich wieder zu verlängern, und solcher Verkürzungen folgen mehrere aufeinander, bis der ursprüngliche Zustand nahezu wieder erreicht ist. Wiederholung (vgl. *a* und *b*) führt zu demselben Ergebnis. Die aufsteigende Treppe ist in diesem Kurvenbeispiel wenig regelmäßig; in anderen Fällen gestaltet sie sich viel regelmäßiger, z.B. in Kurve 19, wo bei *a* durch Reizungen der Verbindungsnerven Erschlaffung herbeigeführt wird, welche der Zeit zweier Trommelumläufe bedarf, um sich in einer treppenartigen Kurve wieder auszugleichen. — Ähnliche Treppenkurven, *(478)* wie sie hier bei spontaner Wiederherstellung des Tonus auftreten, lassen sich beliebig durch gewisse, weiter unten zu besprechende Erregungsarten herstellen.

Die obigen beiden Kurvenbeispiele zeigen, daß die zur Wiederherstellung des Tonus erforderliche Zeit sehr verschieden sein kann. In Kurve 19 ist sie sehr viel länger als in Kurve 18.

§ 5. DIE ERSCHLAFFUNG DES MUSKELS BEI REIZUNG DER VERBINDUNGSNERVEN RÜHRT NICHT VON IHRER ERMÜDUNG HER

Die Reihe der bisher vorgelegten Beobachtungen hat zu folgenden Ergebnissen geführt.

Der hintere Schließmuskel befindet sich, wenn er in Verbindung mit dem hinteren Ganglion, aber außer Verbindung mit den vorderen Ganglien steht, in der Regel in einem Zustand tonischer Kontraktion, welche sehr lange, oft tagelang anhält.

Nach Exzision des Ganglions schwindet der Tonus allmählich, aber überaus langsam.

Steht dagegen der Muskel noch durch die Verbindungsnerven in Zusammenhang mit den vorderen Ganglien, so tritt zeitweise eine schnelle Erschlaffung des Muskels ein.

Dasselbe ist der Fall bei gewissen Reizungsweisen der Verbindungsnerven. Der Erschlaffung geht hier meist, doch nicht immer, eine Zusammenziehung des Muskels voraus. Wo sie vorhanden ist, könnte man in der Erschlaffung die Folge einer Ermüdung des Muskels durch die voraufgehende Kontraktion sehen.

Gegen die letztere Deutung spricht aber eine große Reihe von Tatsachen.

Zunächst: Das sich selbst überlassene Präparat bleibt ermüdungslos tagelang im Zustande maximaler Verkürzung. Angesichts dieser Ausdauer ist es im höchsten Grade unwahrscheinlich, daß eine durch Reizung des Verbindungsnerven eingeleitete vorübergehende und oft sehr unbedeutende Verkürzung eine so hochgradige Ermüdung herbeiführen sollte.

Sodann gelingt es, wie schon oben bemerkt, nicht selten, durch chemische Reizung des Verbindungsnerven Erschlaffung ohne voraufgehende Zusammenziehung herbeizuführen. *(479)*

Wäre ferner die Arbeitsleistung des Muskels bei der Zusammenziehung ausreichender Grund für die nachfolgende Erschlaffung, so müßte jede Verkürzung gleicher Größe auch gleichgroße Erschlaffung herbeiführen. Die Erfahrung lehrt, daß dies keineswegs der Fall ist. Denn erstens gibt es Reizungsweisen des Verbindungsnerven, bei denen die Verkürzung des Muskels nicht von Erschlaffung gefolgt ist (vgl. § 4 und Kurve 8 bis 12).

Zweitens läßt sich durch Reizung des Mantels eine reflektorische Zusammenziehung des Muskels erzielen, an die sich niemals eine Erschlaffung anschließt, wenn die Zusammenziehung auch von derselben Größe war, wie die durch Reizung des Verbindungsnerven erzeugte. Den großen Unterschied des Einflusses, den beide Reizungen auf den Muskel ausüben, zeigen in schlagender Weise Abb. 20 und 21.

In Abb. 20 wird der Verbindungsnerv bei *a* durch eine Reihe von Stromschließungen gereizt: Auf eine geringe Kontraktion folgt erhebliche Erschlaffung. Bei *b* Reizung des Mantels durch einzelne Schließungen: Jedesmal Zusammenziehung ohne Erschlaffung. Jede Kontraktion steigert den Tonus des Muskels. Den Unterschied des Reizerfolges bei diesem Versuche könnte man davon ableiten wollen, daß der Verbindungsnerv durch eine Reihe von Stromschließungen, der Mantel jedesmal durch eine einzelne Stromschließung gereizt würde. Aber in dem in Abb.21 dargestellten Versuch geschahen beide Reizungen in gleicher Weise durch eine Reihe von Schließungen, die Wirkungen sind trotzdem ganz verschieden: Die Reizung des Verbindungsnerven (*a*) setzt den Tonus herab, die Mantelreizung (b) verstärkt ihn.

Man könnte noch den Einwand erheben, daß die sensiblen Fasern des Mantelnerven vielleicht mit peripheren Endorganen ausgerüstet seien, welche die eigenartige Wirkung veranlassen. Um diesen Gedanken zu prüfen, haben wir wiederholt das Stämmchen des Mantelnerven selbst gereizt. Die Präparation zur Isolierung desselben ist nicht ohne Schwierigkeit. Man bricht das hintere Stück der nach oben gekehrten Schale bis zum Schließmuskel fort, so daß dieser nach Entfernung der beiderseitigen Kiemen an seiner hinteren und seiner Bauchseite *(480)* freigelegt ist. Dadurch werden zwei vom hinteren Ganglion ausgehende und nach hinten stark divergierende Fäden sichtbar, die Mantelnerven der beiden Seiten. Bei ihrer außerordentlichen Feinheit mißlingt leicht ganz schonende Isolierung, doch ist sie uns einige Male geglückt. Die Reizung des Stämmchens hat dann genau dieselben Folgen wie die Reizung des Mantels: Sie führt (s. Abb. 22 bei *c*) zur Verkürzung mit nur äußerst geringer allmählicher Wiederverlängerung, während gleiche Reizung des Verbindungsnerven (bei *a*) das erste Mal gar keine, das zweite Mal geringe Verkürzung, beide Male erhebliche Verlängerung zur Folge hat.

Ebenso wie durch Reizung des Mantels kann auch durch Reizung der Kiemen eine Verkürzung ohne nachfolgende Erschlaffung bewirkt werden.

Somit kann es als vollkommen sichergestellt gelten, daß die Reizung des Verbindungsnerven ganz andere Folgen für den hinteren Schließmuskel hat als eine Reizung des Mantelnerven: Hier eine Verkürzung mit dauernder Steigerung, dort Verkürzung mit nachfolgender Herabsetzung des Tonus oder auch letztere allein.

Es ist nicht ohne Interesse, daß der vordere Schließmuskel durch die Verbindungsnerven in ganz anderer Weise beeinflußt wird als der hintere Schließmuskel: Sein Tonus wird durch sie nicht herabgesetzt; Reizung des Verbindungsnerven wie des Mantels hat gleiche Folgen, nämlich bleibende Verkürzung. Da aber, wenn das Tier seine Schalen öffnet, mit dem hinteren auch der vordere Muskel erschlafft, ergibt sich, daß letzterer seine detonisierenden Fasern nicht aus dem Verbindungsnerv, sondern aus anderer Quelle beziehen muß. Da ferner bei beiden Muskeln gleichzeitige Erschlaffung stattfindet, läßt sich vermuten, daß für beide die detonisierenden Fasern aus demselben Zentrum stammen, nämlich aus den vorderen Ganglien, welche dem vorderen Muskel die detonisierenden Fasern auf dem Wege der kurzen, von ihnen zu dem Muskel gehenden Nerven, dem hinteren auf dem längeren Wege der Verbindungsnerven zuführen. Daß diese Annahme richtig ist, wird im folgenden Paragraphen bewiesen werden. *(481)*

§ 6. ÜBER DEN ANGRIFFSPUNKT DER NERVENFASERN, WELCHE DIE ERSCHLAFFUNG DER SCHLIESSMUSKELN HERBEIFÜHREN

Durch Reizung des Verbindungsnerven kann, so sahen wir, die tonische Kontraktion, in der sich der hintere Schließmuskel nach Herstellung des von uns benutzten Präparats befindet, aufgehoben und der Muskel in den Zustand der Atonie übergeführt werden. Nach der heutigen Terminologie der Physiologie würde man die hierbei in Betracht kommenden Fasern der Verbindungsnerven als Hemmungsfasern bezeichnen müssen.

Eine noch heute trotz manchen Einspruchs weit verbreitete Vorstellung nimmt an, daß hemmende Fasern nicht in direkter Verbindung mit den Muskeln stehen, deren Tätigkeit sie verringern oder aufheben, sondern sich zunächst in Zusammenhang mit ganglionären Zentren setzen, aus welchen die motorischen Fasern der betreffenden Muskeln entspringen. Durch die Hemmungsfasern werde unmittelbar die Tätigkeit nicht der Muskeln, sondern der Zentren unterdrückt, von welchen jene ihre motorischen Impulse erhalten.

Wenn man diese Anschauungsweise auf den Schließmuskel anwenden will, so wird man annehmen müssen, daß das hintere Ganglion sein motorisches Zentrum sei und daß die Verbindungsnerven zwei Klassen von Fasern enthalten, von denen die eine die Aufgabe hat, die Tätigkeit jenes Zentrums zu verstärken, die andere, sie zu schwächen oder zu unterdrücken. Bei dem Schließmuskel liegen die

Verhältnisse nun sehr günstig, um jene Auffassung auf ihre Brauchbarkeit zu prüfen. Denn während bei anderen muskulären Apparaten, bei welchen Hemmungsvorgänge zu beobachten sind (Herz, Darm, Blutgefäße) die nachgewiesenen oder doch angenommenen Ganglienapparate im Innern jener Apparate selbst liegen, so daß sie nicht exstirpiert werden können, ohne den Zusammenhang aller Teile zu stören, hat das Ganglion des Schließmuskels außerhalb desselben an leicht zugänglicher Stelle seinen Sitz. Im Innern des Muskels habe ich auf hunderten von Schnitten, die mit Karmin oder Hämatoxylin gefärbt worden waren, keine Ganglienzellen finden können.

Wenn nun die Hemmungs- oder, wie ich sie lieber nennen möchte, die detonisierenden Fasern dadurch Erschlaffung des Muskels herbeiführen, *(482)* daß sie sein motorisches Ganglion außer Tätigkeit setzen, so muß vollends eine schnelle Erschlaffung eintreten, wenn das Ganglion exstirpiert wird. Daß dem nicht so ist, wurde bereits oben in § 2 erwähnt. Hier ist der Ort, genauer auf die Folgen der Entfernung des Ganglions einzugehen. Geschieht sie, während der Muskel sich im Zustand vollständiger Kontraktion befindet, so daß die Schalen vollkommen geschlossen sind, so bleibt der Schalenschluß mitunter zunächst unverändert, der Muskel also kontrahiert, begreiflicherweise, denn die Exstirpation des Ganglions ist ohne mechanische Reizung, deren Wirkung vorübergehen muß, nicht ausführbar. In anderen Fällen wird bald eine Dehnung des Muskels merklich, aber sie schreitet enorm langsam fort, so daß lange Zeit, mitunter Stunden, vergehen, ehe der Muskel seine maximale Länge erreicht. Vor uns liegt z.B. eine der Raumersparnis wegen nicht mit abgebildete Dehnungskurve vom 6. November 1884, die sich, bis der Muskel seine maximale Länge erreicht, über fünf Trommelumgänge des Baltzarschen Kymographions erstreckt, obschon jeder Umgang 40 Minuten dauert.

Ganz anders bei der Reizung des Verbindungsnerven, welche die Erschlaffung überaus viel schneller herbeiführt, als sie nach Exstirpation des Ganglions eintritt. Am prägnantesten tritt der Unterschied in Versuchen hervor, wie sie in Kurve 24 dargestellt sind. Die bei *a* durch eine Reihe von Stromschließungen herbeigeführte Reizung der Verbindungsnerven hat eine geringe Zusammenziehung und unmittelbar anschließend maximale Erschlaffung zur Folge. Um den aufgehobenen Tonus wiederherzustellen, wird (bei *b*) der Mantel wiederholt mechanisch gereizt. Man sieht sehr deutlich, wie die nach jeder Zusammenziehung folgende Wiederverlängerung des Muskels mit der Anzahl der Reizungen träger und träger wird, bis sich der Tonus in hohem Grad wiederhergestellt hat. Nun wird bei *c* das Ganglion exstirpiert. Die Dehnungskurve des Muskels fällt vollständig anders aus als nach Reizung des Verbindungsnerven. Nach geringer anfänglicher Senkung nähert sie sich der Abszisse nur sehr allmählich, es tritt also nur eine überaus langsame Abnahme des Tonus ein[1]).

Aus derartigen vielfach wiederholten Beobachtungen ergibt sich mit Notwendigkeit der Schluß, daß die Reizung *(483)* des Verbindungsnerven nicht

[1]) Bei + wurde der Zeichenhebel zufällig etwas verrückt.

dadurch Erschlaffung des Muskels herbeiführt, daß sie das Ganglion außer Funktion setzt. Die hier in Betracht kommenden Nervenfasern müssen vielmehr direkt auf den Muskel einwirken, indem sie durch ihre Tätigkeit in ihm einen Vorgang einleiten, der zu schneller Abnahme des Tonus führt[1]).

Wenn dieser Schluß richtig ist, so müssen die fraglichen Fasern auch noch jenseits des Ganglions, zwischen diesem und dem Muskel oder in diesem selbst anzutreffen sein. Es galt, sie daselbst aufzusuchen.

Zunächst versuchten wir die elektrische Reizung des ganzen Muskels, indem wir an seine beiden Enden halbkreisförmig umgebogene Platinelektroden legten. Es gelang, durch eine Folge kurz (1 Sekunde) dauernder Stromschließungen ähnlich wie bei der gleichen Reizung der Verbindungsnerven Erschlaffung herbeizuführen, doch war sie in der Regel nicht so erheblich und trat nicht so schnell nach dem Schluß der Reizung ein wie bei der Nervenerregung. Einzelne Stromschließungen von längerer Dauer (40 bis 45 Sekunden) verstärkten den Tonus. Bei diesen Versuchen ist in Betracht zu ziehen, daß gleichzeitig die Muskelsubstanz mit den intramuskulären Nervenenden gereizt wird, was die Ergebnisse komplizierter und die Beurteilung schwieriger macht.

Einfachere Resultate erhält man, wenn man die von dem Ganglion aus in den Schließmuskel eintretenden Nervenstämmchen an ihrer Eintrittsstelle in denselben direkt reizt. Isolieren lassen sich dieselben freilich nicht, aber man kann zwei sehr feine und einander sehr genäherte Platindrähte als Elektroden auf die Nerveneintrittsstelle aufsetzen. Wendet man dabei diejenigen Reizungsweisen an, welche von den Verbindungsnerven aus Erschlaffung bewirkten, so gelangt man hier zu dem gleichen Ergebnis. Wir waren öfters imstande, auf diese Weise den maximal ausgebildeten Tonus des Muskels in maximale Atonie umzuwandeln. Daß hierbei *(484)* die unvermeidliche gleichzeitige Reizung der Muskelsubstanz an eng begrenzter Stelle keine Rolle spielt, beweist ein sehr einfacher Kontrollversuch. Werden nämlich dieselben Elektroden auf die der Nerveneintrittsstelle gegenüberliegende Seite des Muskels gesetzt, so gelingt es nicht, eine Erschlaffung herbeizuführen.

Die in den Muskel eintretenden Nervenfasern sind teils erregende, teils erschlaffende. Löwit[2]) ist es gelungen, durch Einwirkung gewisser Salze auf den Froschvagus die in ihm enthaltenen beschleunigenden und hemmenden Fasern funktionell für die elektrische Reizung zu isolieren. In Erinnerung an diese Versuche bepinselten wir die Nerveneintrittsstelle des hinteren Schließmuskels mit einer Lösung von 0,2% salpetersaurem Kali und 0,6% Kochsalz. Nach 10 bis 15 Minuten führte die elektrische Reizung schnelle und starke Verlängerung des Muskels herbei, obschon die ihn dehnenden Kräfte dadurch sehr verringert worden

[1]) Überläßt man den Muskel, wenn er nach Exzision des Ganglions sich allmählich ausgedehnt hat, in einem feuchten Raum sich selbst, so kann es vorkommen, daß man ihn nach längerer Zeit wieder mehr oder weniger kontrahiert findet. Die Bedingungen, unter denen sich ohne Mithilfe des Ganglions der Tonus wiederherstellt, haben wir nicht genauer untersucht. Die Fähigkeit dazu kann nach 2 Tagen noch vorhanden sein; meist schwindet sie früher.

[2]) Löwit, Beiträge zur Innervation des Herzens, Pflügers Archiv, Bd. 29, S. 402.

waren, daß er nach Entfernung des Schloßbands und Ersatz desselben durch ein Messingscharnier nur mit einem sehr geringen Gewicht belastet wurde. Kurve 25 und 26 geben derartige Versuchsbeispiele: In der ersteren geht der Erschlaffung eine mäßige Zusammenziehung voraus, in der letzteren folgt die Erschlaffung unmittelbar auf die Reizung. So beweisend die Versuche für die Annahme erscheinen, daß die detonisierenden Nervenfasern direkt auf die Muskeln einwirken, so schien immerhin eine isolierte Reizung jener ohne jede gleichzeitige Reizung der Muskelsubstanz zur völligen Sicherung wünschenswert. Was sich am hinteren Schließmuskel nicht durchführen ließ, war an dem vorderen erreichbar. Denn die vorderen Ganglien liegen diesem nicht unmittelbar an; sie senden ihm, freilich überaus feine, Nervenfädchen von etwa 8 mm Länge zu, die sich in folgender Weise zur Reizung präparieren lassen. Die bei dem Versuch nach oben zugekehrte Schale wird in einiger Entfernung von dem Vorderende der Muschel bis gegen das Schloßband, aber nicht bis ganz an dasselbe heran, vorsichtig abgebrochen. Ungefähr auf der Verbindungslinie des hinteren und des vorderen Muskels, in etwa 8 mm Entfernung *(485)* von dem letzteren, schimmert durch den dünnen Mantel das Ganglion als kleiner gelber Körper hindurch. Nach vorsichtiger Zerreißung des Mantels über dem Ganglion präpariert man die aus ihm tretenden Nervchen in einer schmalen Brücke des sie umgebenden Gewebes nach dem Muskel hin frei, schnürt den Gewebsstrang mit einem feinen Faden von dem Ganglion ab und legt ihn auf passende Elektroden. Das andersseitige Ganglion muß vor Beginn des Versuchs exstirpiert werden.

Bei der Reizung des Nervchens zeigen sich nun dieselben Erscheinungen am vorderen Muskel wie bei Reizung der Verbindungsnerven am hinteren Muskel. Einmalige kurze (1 Sekunde) Stromschließung steigert den Tonus, eine Folge solcher Schließungen setzt ihn (nach vorheriger Verkürzung) herab (vgl. Kurve 28). Daß es sich dabei nicht um Stromschleifen handelt, die den Muskel selbst durchsetzen, kann vielfach dargetan werden. Unterbindung der Nerven zwischen den Elektroden und dem Muskel hebt die Reizerfolge auf. Direkte Reizung des Muskels auf der dem Nerveneintritt entgegengesetzten Seite führt keine Erschlaffung herbei.

Chemische Reizung (Kochsalzkristall) des Nervenstämmchens ruft hier viel beständiger als bei dem Verbindungsnerven Erschlaffung des Muskels hervor, und zwar oft ohne sichtbare primäre Zusammenziehung. Indessen ist bezüglich des letzteren Punkts zu bedenken, daß das Schloßband einem schwachen Kontraktionsbestreben erheblichen Widerstand entgegensetzt. Um zu entscheiden, ob die primäre Zusammenziehung wirklich vollständig fehle, wurde in einer Reihe von Versuchen das Schloßband durch ein Messingscharnier ersetzt und der Schreibhebel nur schwach belastet (30 g). Unter diesen Umständen wurde in der Tat mit wenigen Ausnahmen vor der Erschlaffung eine primäre Zusammenziehung sichtbar. Bei Behandlung der Nerven mit Salpeterlösung (s. oben) trat oft ohne weiteres schnelle primäre Erschlaffung ein, wie sie z. B. Kurve 29 zeigt.

Gegen die Beweiskraft des Versuchs an dem Nervenstämmchen könnte noch der Einwand erhoben werden, daß vielleicht im Verlauf des Nerven zwischen dem großen Ganglion und dem Muskel mikroskopische Ganglienzellen lägen, fähig den Tonus zu unterhalten. *(486)* Die mikroskopische Untersuchung ergibt dafür keine Anhaltspunkte.

Außerdem widerlegt der folgende Versuch jene Vermutung: Nachdem das Präparat in der oben erörterten Weise hergestellt und der Nerv dicht an dem Ganglion durchschnitten worden ist, so daß er in Länge von etwa 8 mm mit dem Muskel in Verbindung steht, wird die sich überaus langsam senkende Dehnungskurve des Muskels gezeichnet. Nach einiger Zeit wird der Nerv unmittelbar an dem Muskel durch einen schnellen Scherenschnitt durchtrennt: Die Kurve ändert aber ihren Verlauf nicht im mindesten. Wären längs des Nerven „tonisierende" Ganglienzellen vorhanden, so müßte die Kurve nach Abtrennung des Nerven schneller sinken als vorher, was nicht der Fall ist.

§ 7. SCHLUSSBEMERKUNGEN

Die mitgeteilten Versuche führen auf ein schwieriges und bis jetzt dunkles Gebiet der allgemeinen Muskel- und Nervenphysiologie. Der unmittelbare Inhalt der Beobachtungen freilich ist klar, nicht so die Einreihung der berichteten Tatsachen unter die geläufigen Anschauungen der Wissenschaft.

Zu den Schließmuskeln gehen zwei Klassen von Nervenfasern, die einen sind motorische, die Verkürzung des Muskels veranlassen, die anderen, wie man heute wohl sagen würde, hemmende, die den verkürzten Zustand des Muskels aufheben und Erschlaffung desselben herbeiführen. Die motorischen Nerven entspringen für jeden der beiden Muskeln aus dem zunächst gelegenen Ganglion; die hemmenden oder erschlaffenden Fasern gehen insgesamt aus den vorderen Ganglien hervor. Sie werden dem vorderen Schließmuskel durch die kurzen, ihm von den vorderen Ganglien zugesandten Nervenstämmchen, dem hinteren Schließmuskel durch die Verbindungsnerven zugeführt.

Das hintere Ganglion fungiert für den hinteren Schließmuskel als motorisches Zentrum, die vorderen Ganglien spielen dieselbe Rolle gegenüber dem vorderen Schließmuskel. Die motorischen Zellen der beiderseitigen Ganglien können sowohl von peripheren Nervenfasern (des Mantels, der Kiemen) als auch durch gewisse Fasern des Verbindungsnerven in Tätigkeit versetzt werden. Die vorderen Ganglien sind überdies *(487)* imstande, in beiden Schließmuskeln Erschlaffung herbeizuführen.

Die Schließmuskeln können selbst nach ihrer Trennung von den zugehörigen Ganglien aus dem Zustand des Tonus in der der Erschlaffung übergehen und aus diesem in den Zustand des Tonus zurückkehren. Aber beiderlei Veränderungen treten an den sich selbst überlassenen Muskeln überaus langsam ein und erfordern Stunden.

Schneller läßt sich der eine Zustand in den anderen unter Vermittlung der Nerven herbeiführen. Doch haben wir stets beobachtet, daß voll entwickelter Tonus auch bei passender Erregung der Nerven nur allmählich der Erschlaffung weicht. Leichter ist schon die Umwandlung der Atonie in den Tonus, obschon auch hier meist erst wiederholte Nervenerregung vollständig zum Ziele führt.

Soweit ist alles klar und verständlich. Die Schwierigkeit liegt aber in der Definition der erschlaffenden Nerven und des Erschlaffungszustands. Indessen liegen doch bekannte Tatsachen vor, an die sich die unsrigen anreihen.

Bei der Zusammenziehung und Erschlaffung des Schließmuskels handelt es sich offenbar um denselben Vorgang, wie bei der Verengerung und Erweiterung der Blutgefäße. Wenn man im Anschluß an eine früher allgemein geteilte Auffassung der sogenannten Hemmungsvorgänge die Hypothese aufstellte, daß die Gefäße periphere motorische Zentren besäßen, welche die Ringmuskulatur der Gefäße in tonische Tätigkeit versetzen, und daß die Verengerungsnerven diese Zentren zu verstärkter Tätigkeit veranlassen, die Erweiterungsnerven ihre Aktion beschränken, so stützte sich diese Hypothese wohl hauptsächlich auf den histologischen Befund von Ganglienzellen in den Speicheldrüsen, an deren Gefäßen bekanntlich durch Cl. Bernard die Entdeckung von Erweiterungsnerven gemacht wurde. Indes entzogen interessante Beobachtungen von M. von Frey[1]) jener Anschauung jede Wahrscheinlichkeit.

Wenn nämlich die Verengerungs- und Erweiterungsnerven an demselben Punkt des motorischen Mechanismus in entgegengesetztem Sinne angreifen, so muß wohl das Ergebnis einer gleichzeitigen Erregung *(488)* beider Nervenklassen die algebraische Summe ihrer Einzelwirkungen sein, sofern jede Klasse die Wirkung der anderen unmittelbar beeinträchtigt. Aber in Wirklichkeit liegen die Dinge viel verwickelter. Denn von Frey sah bei gleichzeitiger maximaler Reizung des Sympathikus und der Chorda den Blutstrom in der Drüsenvene ebenso stocken, wie bei Reizung des Sympathikus allein. Wenn aber die Doppelreizung aufgehoben wurde, beschleunigte der Strom sich ebenso, als ob die Chorda allein gereizt worden wäre. Wurde ferner zuerst die Chorda bis zu maximaler Beschleunigung des Blutstromes gereizt, dann nach Schluß dieser Reizung durch Sympathikusreizung der Strom zum Versiegen gebracht, so schwoll er nach Aufhebung der Sympathikusreizung wieder zu der durch die Chordareizung bedingten Höhe an. Diese und ähnliche Beobachtungen von Freys beweisen, daß die Verengerungs- und die Erweiterungsnerven der Gefäße nicht in dem Sinne unmittelbar gegeneinander wirken, daß die einen die durch die anderen gesetzten Veränderungen verringerten oder rückgängig machten. Der Sympathikus vielmehr läßt die durch die Chorda hervorgerufenen Veränderungen der Gefäßmuskulatur fortbestehen. Er unterdrückt nur die Äußerungen derselben. Beide Nerven müssen demnach ihre Einwirkung offenbar auf verschiedene Teile des motorischen Apparats der Gefäße richten.

Auf welche Teile aber, darüber geben jene wichtigen Untersuchungen keinen Aufschluß. Denkbar wäre vielerlei, z.B., daß die einen Nerven auf ganglionäre Zentren, die anderen direkt auf die Muskulatur wirken, oder auch, daß der Sympathikus die größeren in die Drüse eintretenden Arterien verengert, die Chorda die kleineren, die Kapillaren speisenden Arterien erweitert usw. Der Schließ-

---

[1]) Max von Frey, Über die Wirkungsweise der erschlaffenden Gefäßnerven. Arbeiten aus der Physiologischen Anstalt zu Leipzig, 11. Jahrgang, 1876, Leipzig 1877, S. 89.

muskel der Anodonta ist nun ein ungleich günstigeres Objekt, um den nächsten Angriffspunkt der beiderlei Nervenklassen zu ermitteln. Da die von den Ganglien zu den Muskeln gehenden Nervenstämmchen beide Fasergattungen enthalten und im Innern der Muskeln Ganglienzellen nicht vorhanden sind, müssen sowohl die motorischen als auch die erschlaffenden Fasern direkt auf die Muskelfasern selbst einwirken. Das ist ein nach unseren Beobachtungen unvermeidlicher Schluß. *(489)*

Die Tatsachen drängen aber ferner zu der Annahme, daß das, was wir als Erschlaffung bezeichneten, nicht nur Aufhebung derjenigen inneren Veränderungen in der Muskelfaser ist, welche die Verkürzung bedingen, und daß der innere Vorgang der Verkürzung nicht ohne weiteres diejenigen Veränderungen im Innern der Muskelfasern aufhebt, welche die Erschlaffung herstellen. Wäre dies der Fall, so dürfte der erschlaffte Muskel nach einmaliger Zusammenziehung nicht wieder in den erschlafften Zustand zurücksinken. Aber Kurven, wie z.B. Nr.17, die wir durch viele ähnliche vermehren könnten, zeigen, daß die Verhältnisse anders liegen. Durch die Reizung *a* wird der verkürzte Muskel nach kurzer Steigerung der Verkürzung erschlafft. Die spontanen Kontraktionen bei *b* bringen ihn auf seinen ursprünglichen Verkürzungsgrad zurück, aber er ist nicht wie vor der Reizung *a* imstande, denselben längere Zeit zu erhalten, sondern er erschlafft nach jeder Kontraktion immer von neuem, gerade wie die durch Chordareizung erschlafften Speicheldrüsengefäße sich auch nach vorübergehender Verengerung (durch Sympathikusreizung) von neuem erweitern. Es müssen also wohl besondere Teile im Innern der Muskelfasern sein, auf denen die Verkürzung, und besondere, auf denen das, was wir Erschlaffung nannten, beruht.

Über die nähere Natur des letzteren Zustands kann nach den bisherigen Erfahrungen vorläufig nichts Fruchtbares ausgesagt werden. Untersuchungen von BIEDERMANN haben so viel gezeigt, daß der Muskel sich in erschlafftem Zustand bei direkter elektrischer Reizung ganz anders verhält, als im kontrahierten Zustand. Für die genauere Kenntnis des erschlafften Zustands bedürfte es zunächst einer besonderen Untersuchung darüber, ob bei der mit der Reizung der erschlafften Nerven verbundenen Verlängerung des Muskels positive Arbeit geleistet werden kann, d.h., ob die Verlängerung auf aktiver Streckung beruht. GRÜNHAGEN und SAMKOWY[1]), welche den ausgeschnittenen sphincter pupillae des Katzenauges bei direkter elektrischer Reizung sich verlängern sehen, schreiben demselben ein Vermögen der „Elongation" *(490)* oder „aktiven Erschlaffung" zu. Aber der Sphinkter war mit einem Zeichenhebel belastet, die Verlängerung bedeutet also vielleicht nur vergrößerte Dehnbarkeit, womit noch nicht der Beweis für die Befähigung zu positiver Arbeitsleistung während der Verlängerung gegeben ist. Soll der Ausdruck „aktive Erschlaffung" oder „aktive Verlängerung" nur sagen, daß dieselbe auf einer aktiven Einwirkung gewisser Nerven beruht, so ist dagegen nichts einzuwenden. Der Beweis dafür, daß die Verlängerung auf einer Leistung der Muskeln beruht, bei der äußere Arbeit geleistet werden kann, dieser Beweis

[1]) GRÜNHAGEN und SAMKOWY, Über das Verhalten isolierter glatter Muskeln bei elektrischer Reizung. PFLÜGERS Archiv, Bd. 10, 165, 1875.

steht aus. Einige Forscher, wie AUERBACH[1]) und GASKELL[2]) haben an die Möglichkeit gedacht, daß die kontraktilen Faserzellen einerseits durch Kontraktion in der Längsrichtung sich zu verkürzen, andererseits durch Kontraktion in der Querrichtung sich zu verlängern imstande seien. Die Richtigkeit dieser Hypothese vorausgesetzt, würde die Verlängerung in der Tat eine aktive Streckung sein. Aber es liegt doch eben nur eine Hypothese vor, über deren Richtigkeit die Zukunft zu entscheiden haben wird. Die Entscheidung aber wird teils durch eingehendere experimentelle Analyse der mechanischen Bedingungen des Erschlaffungsvorgangs, teils durch Kontrolle des thermischen Verhaltens des Muskels während seiner Verlängerung gesucht werden können. Leider machte es mir das Ende meines Aufenthalts in Breslau unmöglich, die Untersuchung in der bezeichneten Richtung weiter zu verfolgen.

ERKLÄRUNG DER KURVEN AUF DER TAFEL

Alle Kurven sind von links nach rechts zu lesen. Die Vergrößerung der Kontraktionen durch den Schreibhebel ist für die ersten fünf Kurven 1:1,5, für die Kurven 28 und 29 beträgt sie 1:2, für alle übrigen 1:3. — Die Abszisseneinheiten sind für die Kurven 1, 5 und 6 gleich 1 Sek., für alle übrigen 15 Sek. — Auf der unteren Horizontallinie sind die zur Reizung verwendeten Stromschließungen angegeben. Wenn letztere nur 1 Sek. dauern und in Pausen gleicher Länge aufeinanderfolgen, sieht man nur einzelne, nahe aneinandergedrängte vertikale Striche auf der Reizungslinie. — Die Ströme wurden in der Regel aus dem Kreise zweier GROVEscher Elemente mittels des Rheochords abgezweigt. Bei den meisten Versuchen *(491)* betrug der Rheochordwiderstand 100 cm; Abweichungen davon sind besonders angegeben, ebenso, wenn statt der GROVEschen Elemente eine Zink-Kohle-Säule benutzt wurde.

Kurve 1—5 stammen von dem hinteren Schließmuskel morphinisierter Muscheln her, welcher in Verbindung mit seinem Ganglion gelassen war. Kurve 1: Spontane Kontraktion. Kurve 2: Regelmäßig wiederkehrende einfache spontane Zusammenziehungen. Kurve 3 und 4: Zusammengesetzte spontane Wellen. Kurve 5: Reizung des Verbindungsnerven. 4 Zink-Kohle-Elemente.

Kurve 6: Illustriert die Unwirksamkeit kürzerer *(a)* und die Wirksamkeit längerer *(b)* Stromschließungen für den Verbindungsnerv. 2 GROVE, ganzer Rheochord.

Kurve 7: Zeigt bei x, daß Reizungen, die einzeln unwirksam sind, durch Wiederholung in kürzeren Pausen wirksam werden können.

Kurve 8: Verschiedenheit der Wirkung verschieden starker Ströme. Bei *a* 1 cm, bei *b* 50 cm Rheochord.

Die beiden Kurven 7 und 8 stammen von demselben Präparat, von dem tags zuvor die Kurve 6 gewonnen worden war.

Kurve 9, 10 und 11: Steigerung des Tonus durch Stromschließungen gleicher Stärke bei Verschiedenheit der Pausen.

Kurve 12: Erschlaffung des Muskels bei Reizung *(a)* des Verbindungsnerven durch eine Folge von Stromschließungen von je 1 Sek. Pause von gleicher Dauer. — Wiederherstellung des Tonus durch vereinzelte Reizungen *(b)* von gleicher Stärke und Dauer.

Kurve 13: Reizung des Verbindungsnerven durch Stromschließungen von 1 Sek. *(a)* und von 5 Sek. *(b)*.

Kurve 14: Erschlaffung des Muskels bei Reizung des Verbindungsnerven durch Summierung *(b)*.

---

[1]) AUERBACH, Tageblatt der Naturforscherversammlung zu Graz. 1875.

[2]) GASKELL, On the nature of vascular dilatation, Journal of anatomy and physiology, t. 11, p. 745, 1877.

Im Botkinschen Laboratorium (vor 1890)

Von links nach rechts: G. A. Smirnow, W. W. Kudrewezki, I. P. Pawlow, B. W. Werchowski.
Hinten: Labordiener N. Charitonow, ?.

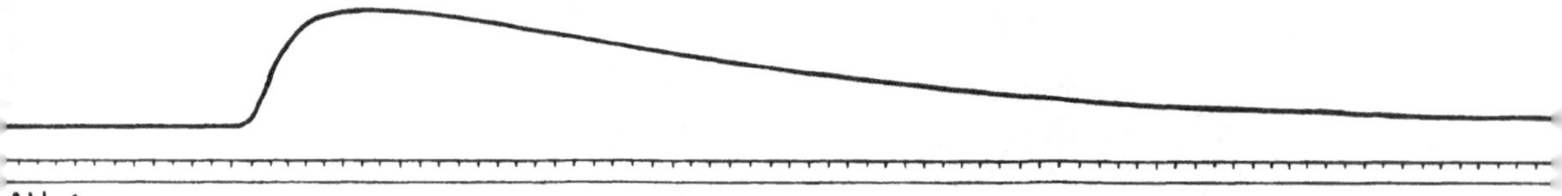

Abb.1

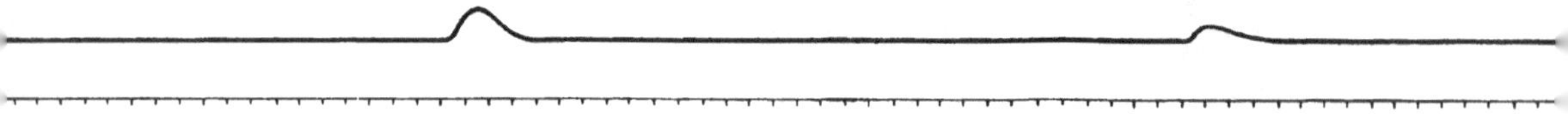

Abb.2

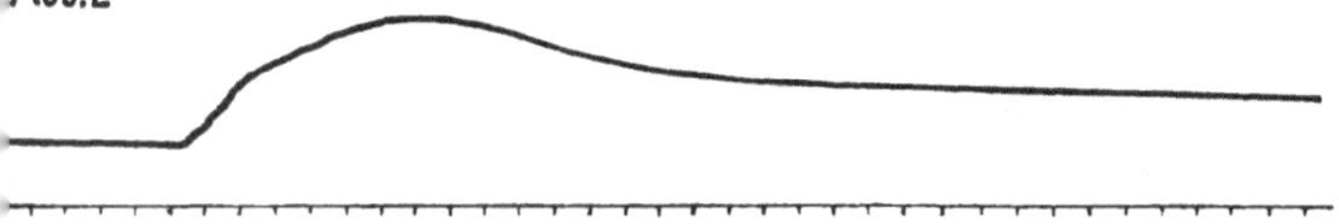

Abb.3

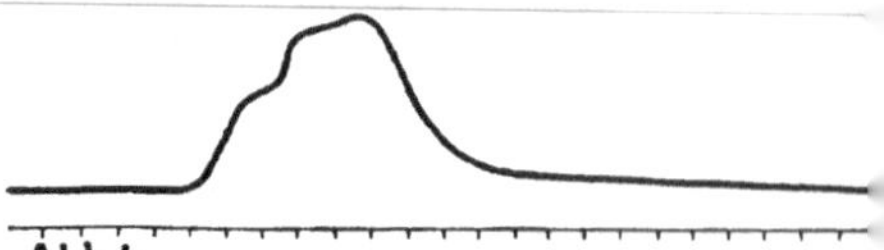

Abb.4

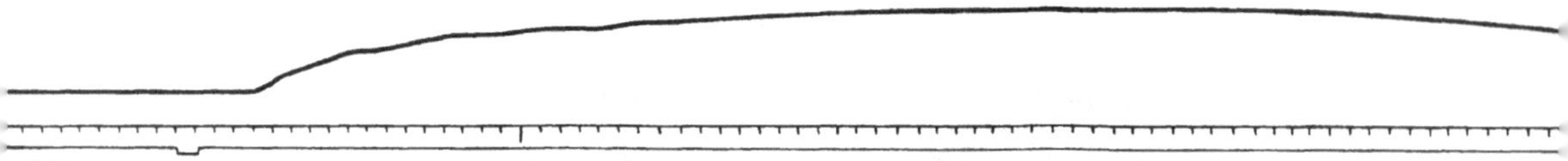

Abb.5

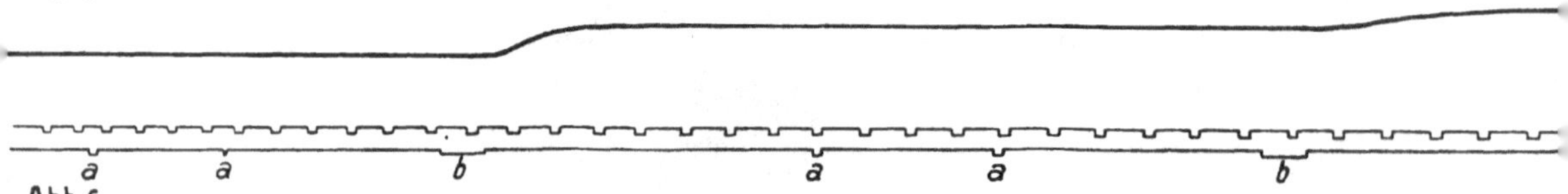

Abb.6

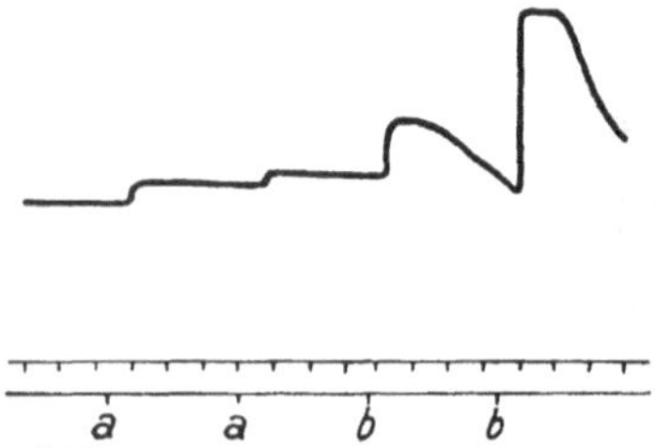

Abb.8

Abb.9

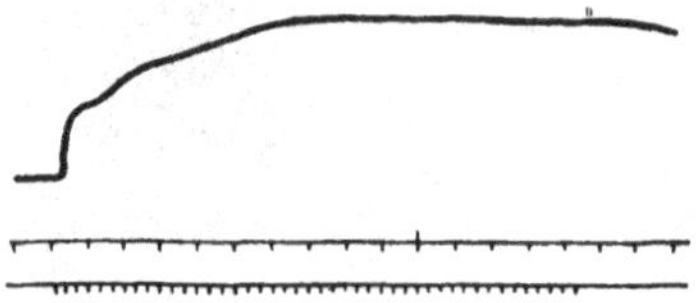

Abb.10

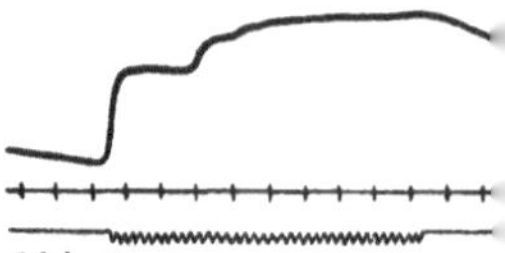

Abb.11

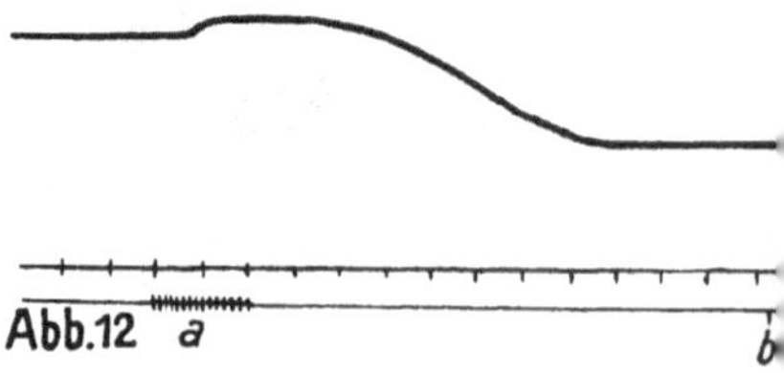

Abb.12

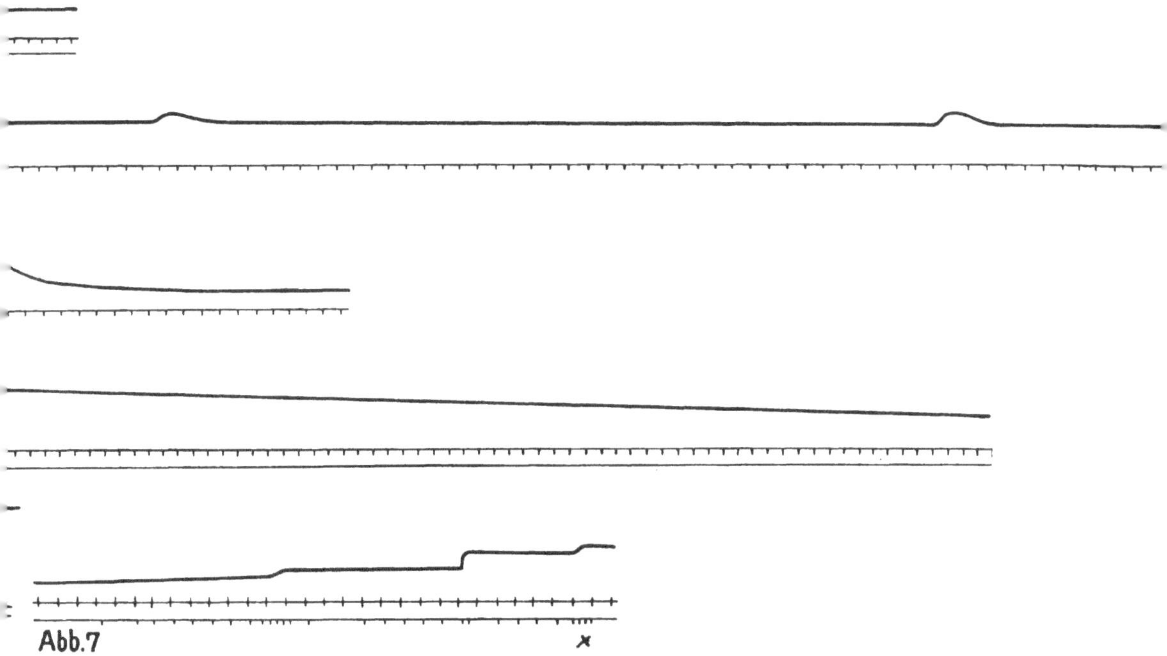

Abb.7

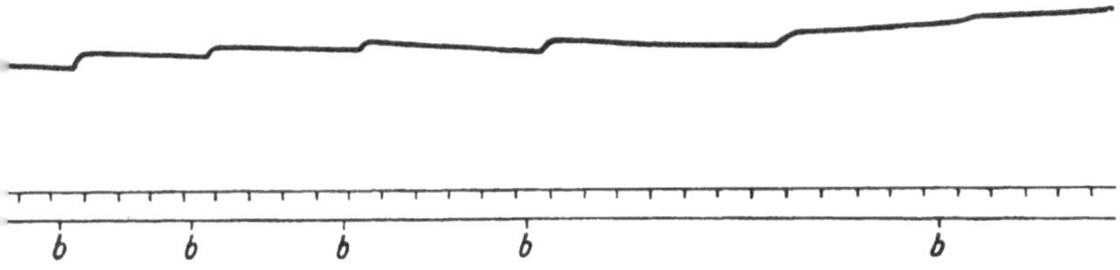

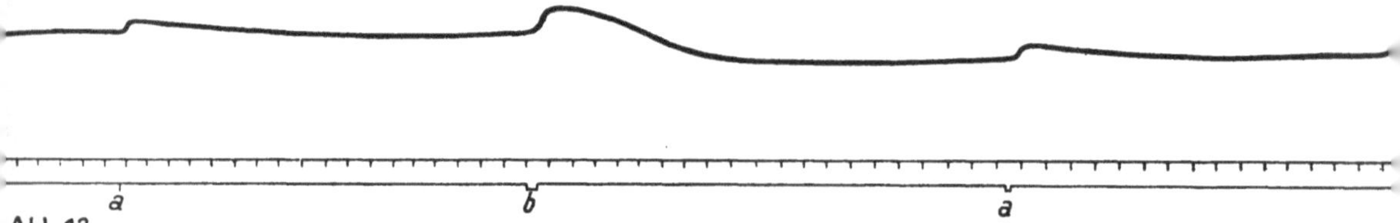

Abb. 13

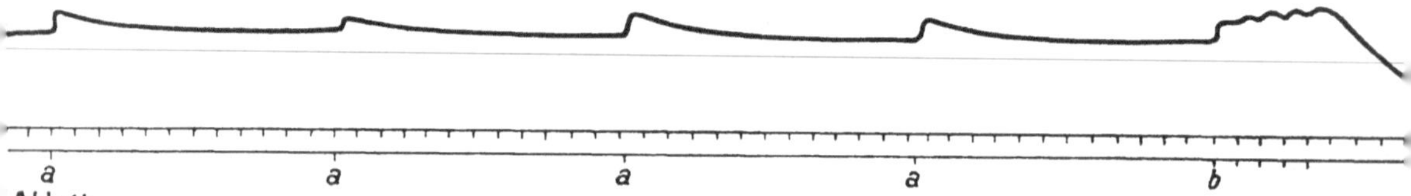

Abb. 14

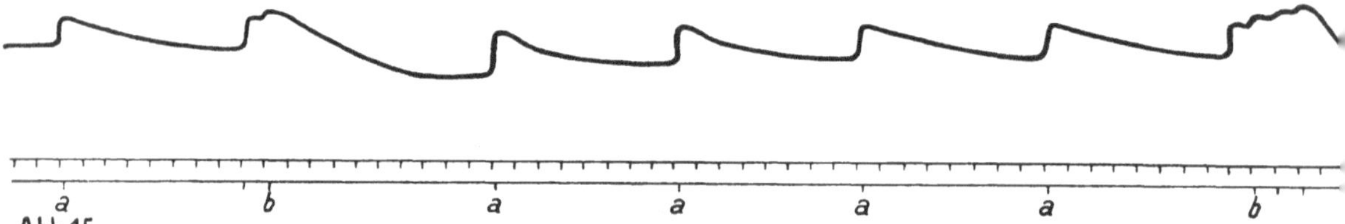

Abb. 15

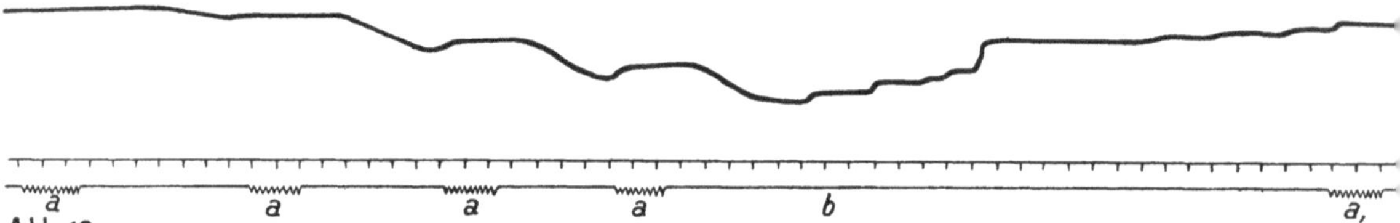

Abb. 18

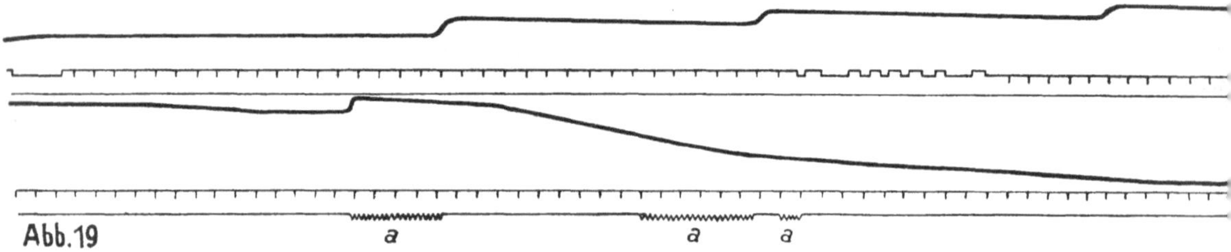

Abb. 19

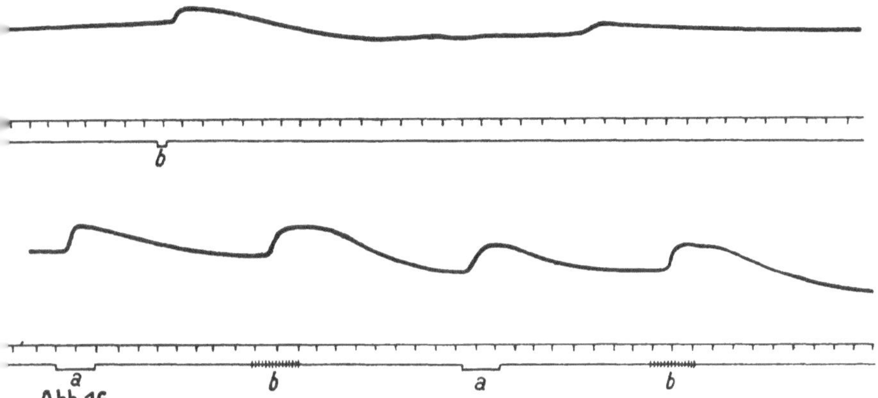

Abb. 16

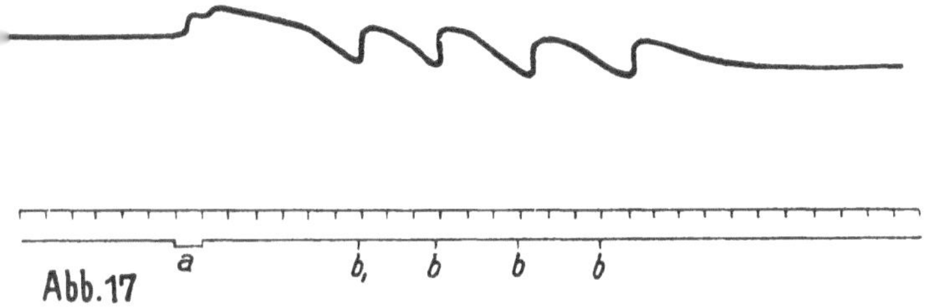

Abb. 17

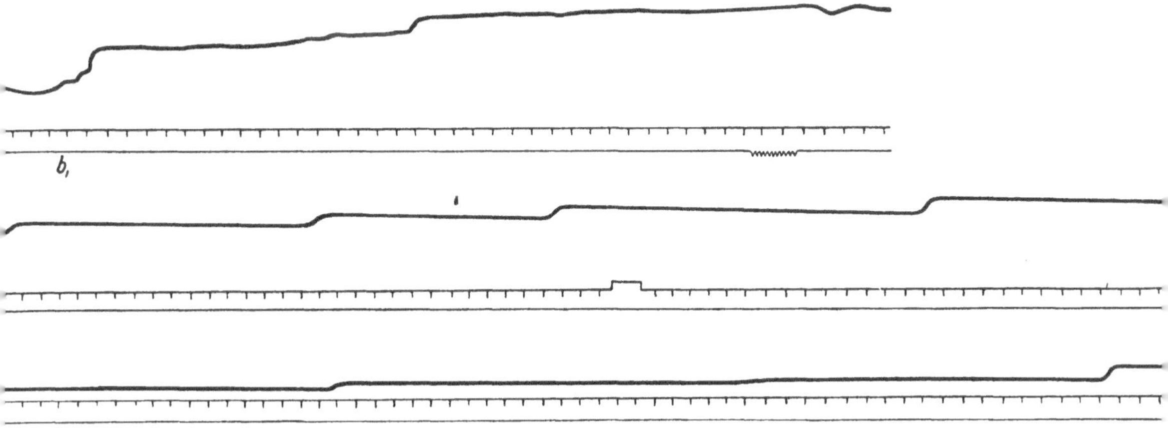

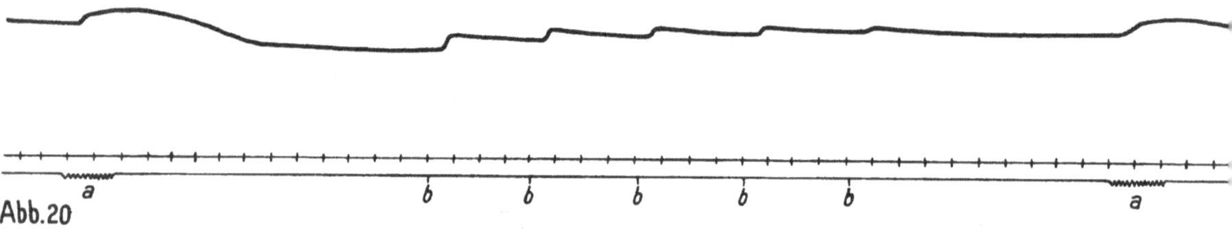

Abb.20

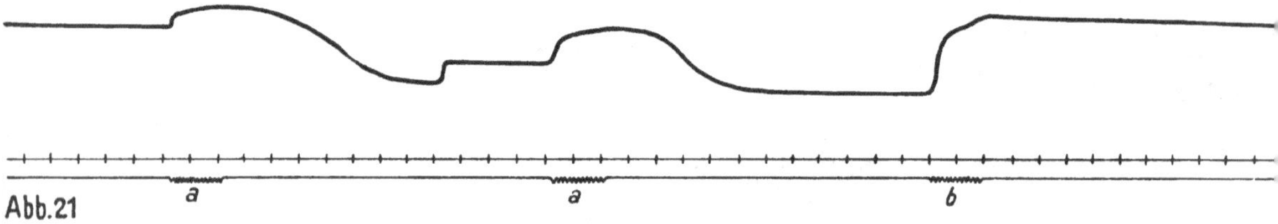

Abb.21

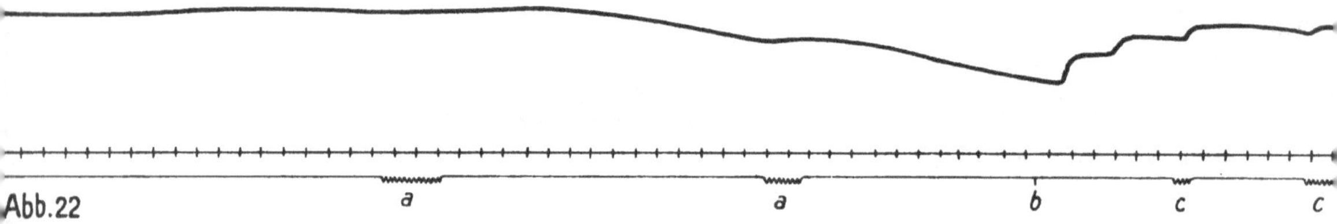

Abb.22

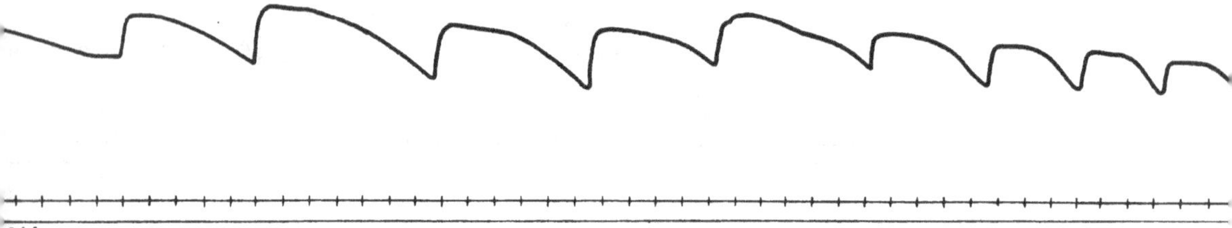

Abb.23

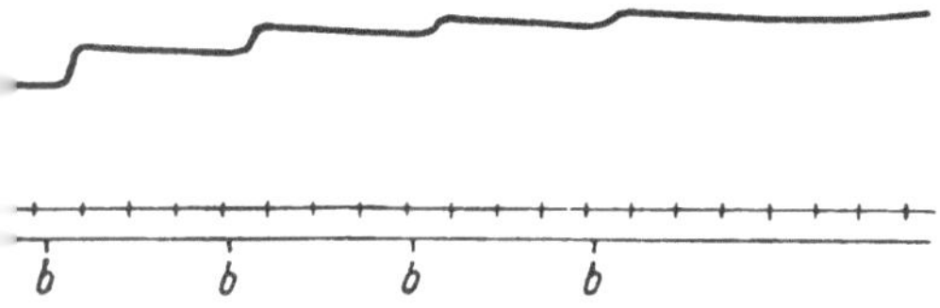
b b b b

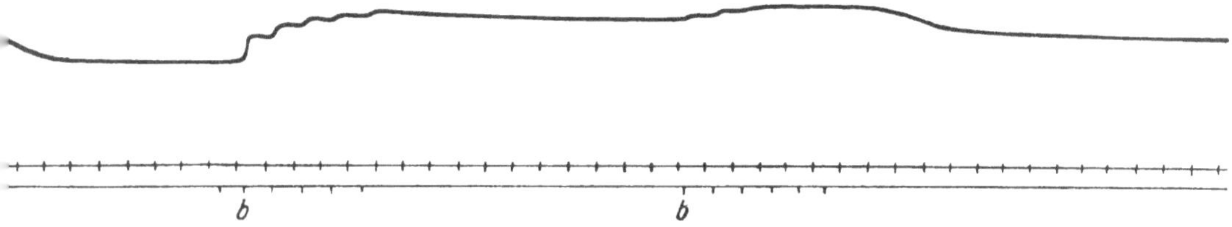
b b

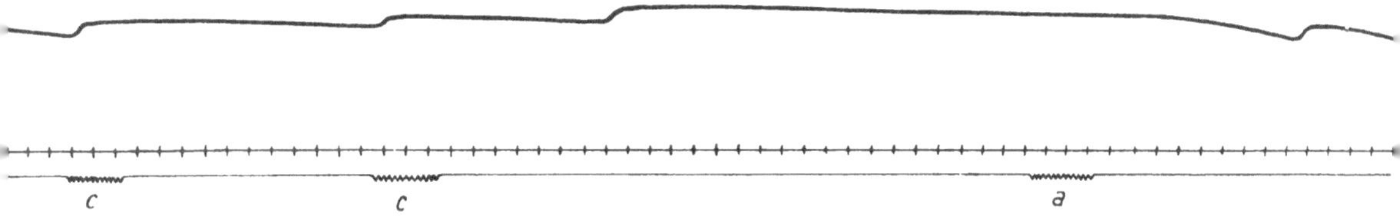
c c a

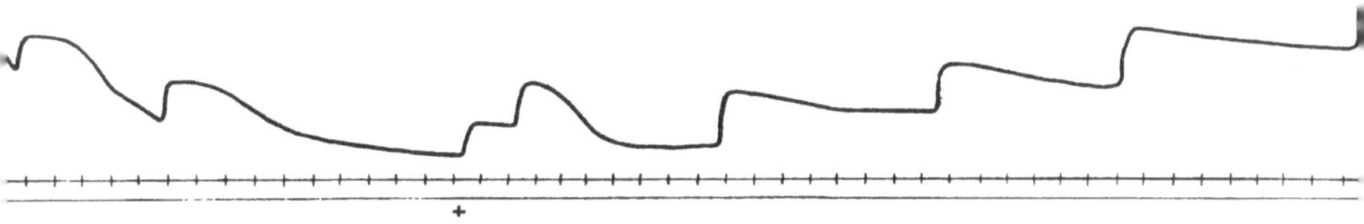
+

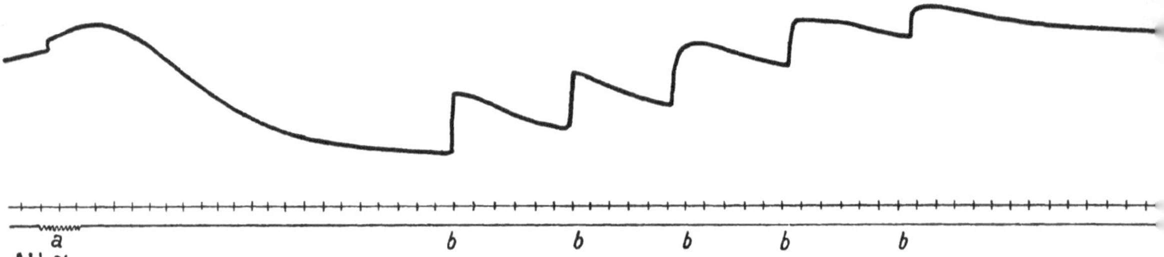

Abb. 24

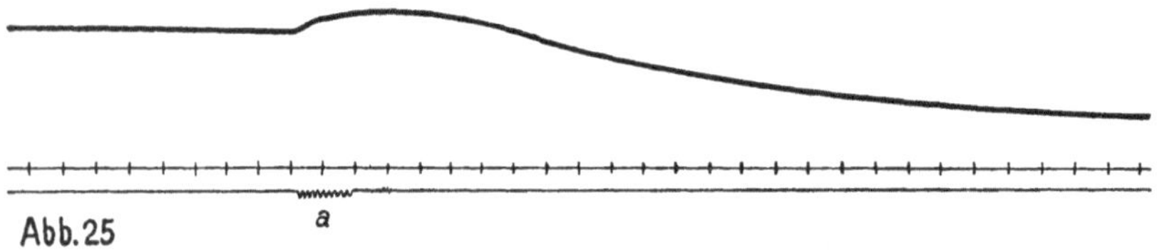

Abb. 25

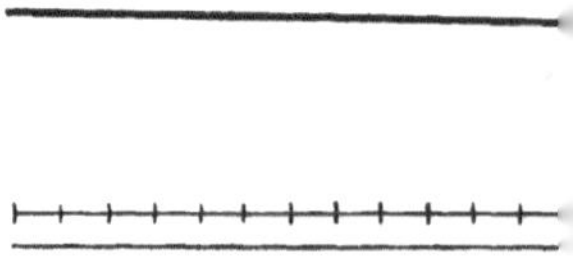

Abb. 26

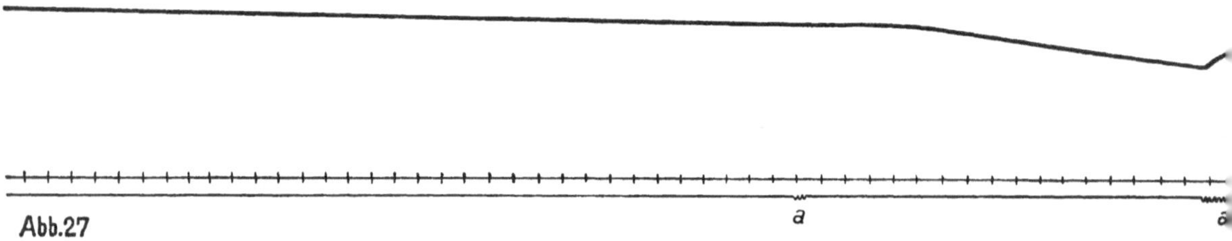

Abb. 27

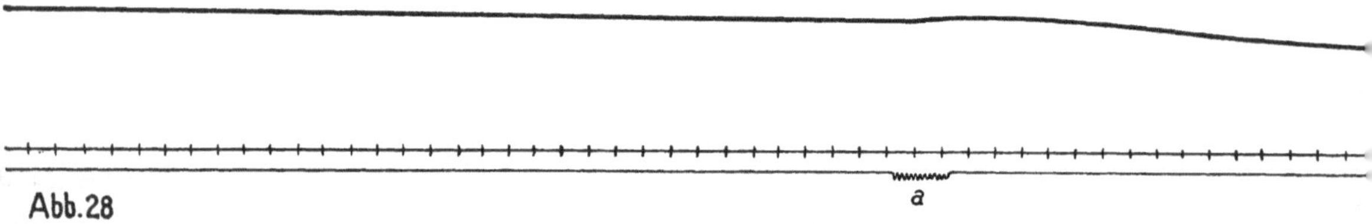

Abb. 28

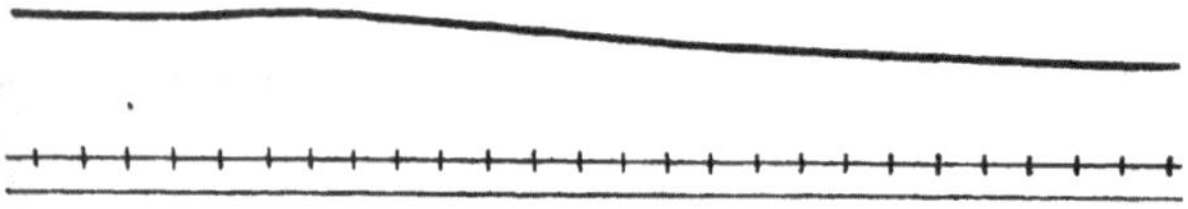

Abb. 29

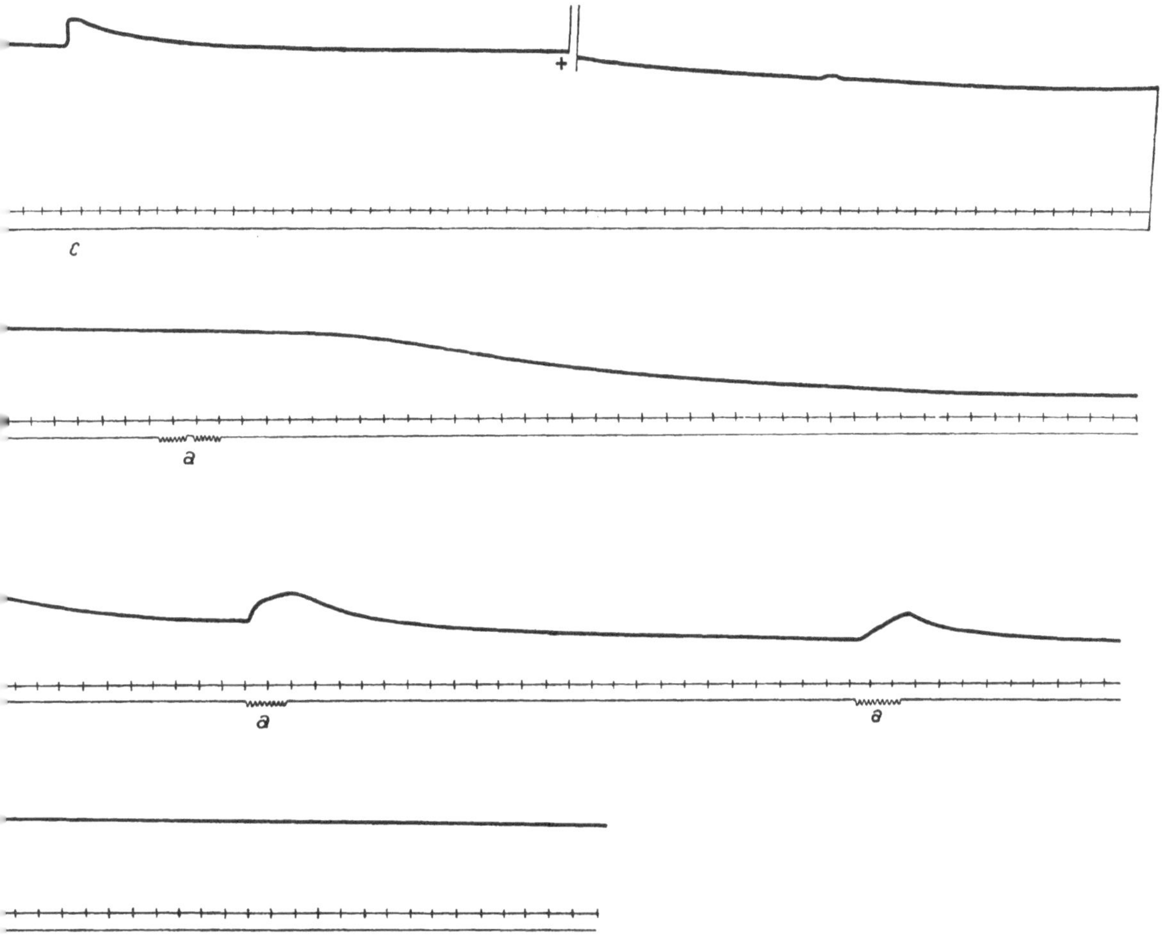
+
c
a
a
a

Kurve 15: Ebenfalls Summation *(b)* der Reizungen.

Kurve 16: Stromschließungen von 30 Sek. *(a)* führen nicht Erschlaffung herbei, wohl aber 15 Schließungen von je 1 Sek. *(b)*.

Kurve 17: Spontane Kontraktionen während schnell fortschreitender Erschlaffung.

Kurve 18: Erschlaffung durch Reizung *(a)* der Verbindungsnerven; spontane schnelle Wiederherstellung des Tonus.

Kurve 19: Das obere Stück der Kurve ist hier die Fortsetzung des unteren. Erschlaffung durch Reizung des Verbindungsnerven *(a)*. Sehr allmähliche Wiederherstellung des Tonus; ansteigende Treppe.

Kurve 20: Reizung des Verbindungsnerven *(a)* und des Mantels *(b)*.

Kurve 21: Ebenso.

Kurve 22: Bei *a* Reizung des Verbindungsnerven, *b* mechanische, *c* elektrische Reizung des Mantels.

Kurve 23: Einwirkung der vorderen Ganglien auf den hinteren Schließmuskel. Bei + Durchschneidung der Verbindungsnerven. *(492)*

Kurve 24. *a* Erschlaffung des hinteren Schließmuskels durch Reizung der Verbindungsnerven. — *b* sukzessive Wiederherstellung des Tonus durch mechanische Reizung des Mantels. — *c* Exstirpation des hinteren Ganglions.

Kurve 25: Reizung *(a)* der Eintrittsstelle des Nerven in den hinteren Schließmuskel.

Kurve 26: Ebenso. Erschlaffung ohne voraufgehende Kontraktion.

Kurve 27: Reizung (bei *a*) der Nerveneintrittsstelle am vorderen Schließmuskel.

Kurve 28: Reizung *(a)* des Nerven des vorderen Muskels zwischen diesem und dem Ganglion.

Kurve 29: Chemische Reizung des Nerven. Bei + wird auf denselben eine Lösung von salpetersaurem Kali (0,25%) und Kochsalz (0,6%) aufgetragen.

DIE NERVALEN WÄRMEZENTREN UND IHRE BETEILIGUNG AM FIEBER[1])

Das Leben ist ein komplizierter chemischer Prozeß. Da aber die Wärme einer der wesentlichen Agenzien der chemischen Reaktionen ist, so ist es selbstverständlich, daß auch der Ablauf, die Energie des Lebensprozesses im höchsten Maß von der Wärme abhängen müssen. Wer weiß nicht, wie sich alle Funktionen der Kaltblüter mit Erhöhung und Erniedrigung der Außentemperatur und folglich auch ihrer Eigentemperatur verstärken oder fast bis zum vollständigen Absterben abschwächen? Es besteht kein Grund anzunehmen, daß sich die lebende Materie der höheren Tiere anders verhält. Und in der Tat, durch PFLÜGER[2]) wissen wir ganz genau, daß die chemische und folglich auch die Lebenstätigkeit höherer Tiere (sobald der Einfluß des Zentralnervensystems ausgeschlossen ist) genau mit ihrer Temperatur zunimmt und absinkt. Deshalb ist die Konstanz der Körpertemperatur, die nicht wesentlich schwankende Eigentemperatur, eine unvermeidliche Voraussetzung für eine mehr oder weniger selbständige und unabhängige Existenz der höheren Tiere inmitten der sie umgebenden Natur. Ohne diese wäre ihre Lebensfunktion ein Spielzeug in den Händen äußerer Temperaturbedingungen.

Das Tier befindet sich gewöhnlich in einem Milieu, das weniger warm ist als es selbst. Zweifellos bedeutet das, daß der Organismus von selbst durch seine Tätigkeit, durch seine chemischen Prozesse *(495)* Wärme bildet. Andererseits ist es ebenfalls klar, daß ständig vom Körper Wärme nach außen verausgabt wird. Folglich wird die Konstanz der Körpertemperatur durch eine Koordination, eine Regulierung der Wärmebildung mit ihrer Abgabe, des Zuflusses und des Verbrauchs erreicht. Am vollkommensten kann dies natürlich durch Veränderung sowohl in dem einen als auch in dem anderen Sinn, je nach den äußeren und inneren Bedingungen, verwirklicht werden. In groben Zügen ist das bei einfacher Beobachtung der Menschen und der Tiere offensichtlich. Der Mensch

---

[1]) Aus den Vorlesungen des Privatdozenten der Militär-Medizinischen Akademie I. P. PAWLOW (Monatsschrift Практическая медицина *[Praktische Medizin]*, Nr. 8—9, 1887, Seite 115—134. — Red.)

[2]) PFLÜGER, PFLÜGERS Archiv, Bd. 18, 1878, [S. 247—380. — Red.]

verändert einerseits die Bedingungen des Wärmeverlusts (unterschiedliche Wohnverhältnisse und unterschiedliche Kleidung in den verschiedenen Klimaten und zu verschiedenen Jahreszeiten), andererseits paßt er sich deutlich der Außentemperatur und den Ernährungsbedingungen durch die gebildete Wärmemenge an. Es ist z.B. bekannt, daß die Einwohner der nördlichen Länder im ganzen mehr essen als die Südländer und besonders mehr Fett, das von allen Nahrungsstoffen bei seiner Verbrennung am meisten Wärme liefert.

Das gleiche gilt auch für Tiere. Einerseits haben z.B. die nördlichen Tiere überhaupt ein viel stärker entwickeltes Haarkleid als die südlichen, und andererseits ist bekannt, daß kleine Tiere, die infolge ihrer relativ großen Oberfläche der Abkühlung mehr unterworfen sind, im Verhältnis zu ihrem Gewicht mehr fressen als die großen Tiere.

Gehen wir von diesen größtenteils willkürlichen oder instinktiven Maßnahmen zu den maschinenartigen, physiologischen über. In sehr warmer Umgebung rötet sich die Haut, die Hautgefäße füllen sich stärker mit Blut, es beginnt eine verstärkte Schweißabsonderung und eine Beschleunigung der Atmung. Das alles sind Maßnahmen, die sich auf die Wärmeabgabe beziehen. Wir wollen uns beim Blutzufluß zur Körperperipherie ausführlicher aufhalten. Die Geschwindigkeit der Abkühlung eines jeden erwärmten Körpers in kalter Umgebung ist nach bestimmten physikalischen Regeln um so größer, je größer der Unterschied zwischen der Körpertemperatur und der Umwelt ist. Bei einer bestimmten Hauttemperatur des Tieres und der Umwelt entsteht eine besondere Situation. Es entsteht ein bestimmter Wärmeverlust des Körpers. Mag sich jetzt die Temperatur der Umwelt erhöhen und der Körpertemperatur angleichen. Der Unterschied zwischen den Temperaturen wird geringer, und entsprechend verringert sich der Wärmeverlust des Körpers. Es muß damit *(496)* (vorausgesetzt, daß eine unveränderte Wärmebildung im Körper stattfindet) eine Ansammlung von Wärme im Körper, eine Erhöhung seiner Temperatur vor sich gehen. Um dem vorzubeugen, tritt ein neuer physiologischer Umstand ein: Die Gefäße der Haut erweitern sich, zur Haut fließt eine größere Blutmenge. Da die Haut gewöhnlich einer Abkühlung unterworfen ist und deshalb das Körperinnere und das Blut viel wärmer sind als sie, führt ein größerer Zustrom von warmem Blut zur Haut zu ihrer Erwärmung. Auf diese Weise kann wieder der frühere Temperaturunterschied auftreten, so daß trotz Erhöhung der Außentemperatur die Abkühlung des Körpers im früheren, oder annähernd früheren Umfang vor sich gehen wird.

Im Fall einer kalten Umwelt wirkt unser Mechanismus umgekehrt. Somit ist der Blutkreislauf einer der wichtigsten Regulatoren der Abkühlung. Was die Veränderung der Atmung und Schweißabsonderung betrifft, so ist die Sache schon an sich klar, so daß wir uns hierbei nicht aufzuhalten brauchen. Jetzt erhebt sich eine wichtige Frage: Ob nicht entsprechend der Außentemperatur auch die Wärmebildung im Körper selbst variiert? Es ist natürlich anzunehmen, daß z.B. im Fall einer Erhöhung der Außentemperatur nicht nur Maßnahmen zur Wahrung des Verlusts im früheren Umfang wirksam sein werden, sondern daß auch die Wärmebildung selbst als eine jetzt überflüssige Kräftevergeudung eingeschränkt wird. LIEBERMEISTER[1]) kommt das Verdienst dieser Annahme und der ersten Versuche zu, sie experimentell bestätigt zu haben. LIEBERMEISTER und seine Mitarbeiter zeigten, daß unter dem Einfluß von Kälte, z.B. von kalten Bädern, die Körpertemperatur sich erhöht, eine größere Wärmemenge im Körper gebildet wird und die Menge der gebildeten Kohlensäure sich vergrößert. Was den letzten Punkt betrifft, so wurde er durch Untersuchungen von ZUNTZ und ROEHRIG[2]) bestätigt, die aus dem Laboratorium von PFLÜGER herausgekommen sind. Andere Angaben jedoch unterlagen einer mehr oder weniger berechtigten Kritik, da die vom Autor benutzten Meßmethoden unzureichend waren. In einer im Jahre 1872 erschienenen Arbeit von SENATOR[3]) wurde unsere Frage sogar im rein *(497)* negativen Sinn beantwortet. Untersuchungen mit einem Wasserkalorimeter zeigten dem Autor nicht eine Vergrößerung, sondern eine Verminderung der vom Körper bei niedriger Außentemperatur gebildeten Wärme. Die dabei gebildete Kohlensäure nimmt zwar nach SENATOR zu, jedoch nur unbedeutend. Trotz der Opposition von SENATOR kann jedoch die von uns analysierte These wohl kaum als nicht bewiesen angesehen werden. Nach seiner Untersuchung hat das PFLÜGERsche Laboratorium wahrlich alle Sorgfalt aufgewandt, um die Sache mit der Veränderung des *Gasaustauschs* unter dem Einfluß der Außenkälte zu klären. Und ihre Bemühungen sind von Erfolg gekrönt worden[4]). Es ist jetzt ganz genau bestimmt, daß sich nicht nur unter dem Einfluß experimentell angewandter Außenkälte, sondern auch einfach in der kalten Jahreszeit sowohl die Menge des aufgenommenen Sauerstoffs als auch die Menge der gebildeten Kohlensäure stark erhöht, im äußersten Fall kann die Vergrößerung sogar das Zweifache erreichen. Dabei ist als wichtige Einzelheit entdeckt worden, daß die Beziehung zwischen dem aufgenommenen Sauerstoff und der abgegebenen Kohlensäure bei allen Umwelttemperaturen mehr oder weniger konstant bleibt. Man kann daraus mit Recht schließen, daß sich auch alle intermediären chemischen Prozesse im Körper gleichsinnig verändern, d.h., sie verstärken sich, und folglich ist es wahrscheinlich, daß auch die Wärmebildung parallel dem Sauerstoffverbrauch und der Kohlensäureabgabe geht. Jedoch ist auch das negative kalorimetrische Ergebnis (von SENATOR) (obwohl kalorimetrische Angaben wegen der Unvollkommenheit dieser Methode überhaupt mit Vorsicht aufgenommen werden müssen, näheres darüber weiter unten) bis jetzt leider nicht von neuem nachkontrolliert worden, trifft aber in letzter Zeit in einigen zufällig angestellten Versuchen vieler Autoren auf direkten Widerspruch.

Somit wird es kaum ein Abweichen von der Wahrheit sein, wenn wir behaupten, daß die physiologische Regulation der tierischen Wärme auf zweierlei Weise vor sich geht: Je nach der Außentemperatur treten sofort der Mechanismus der

---

[1]) LIEBERMEISTER, Archiv f. Anatomie und Physiologie 1860, [S. 589—623], 1861, [S. 28—41] und viele andere Abhandlungen

[2]) ROEHRIG und ZUNTZ, PFLÜGERS Archiv, Bd. 4, 1871, S. 57—90.

[3]) SENATOR, Archiv f. Anatomie und Physiologie 1872, [S. 1—54].

[4]) E. PFLÜGER, PFLÜGERS Archiv, Bd. 15, [1877, S. 104—115. — Red.].

Wärmebildung wie auch der Mechanismus in Tätigkeit, der die Abgabe der Wärme lenkt. *(498)*

Es ist natürlich zu erwarten, daß dieser zweifache Mechanismus in letzter Instanz vom Nervensystem gelenkt wird, wie wir es in bezug auf andere und sogar einfachere physiologische Mechanismen genau wissen. Was den Mechanismus betrifft, der die Abgabe regelt, so ist seine Innervation offensichtlich einfach. Der Blutkreislauf, die Atmung und die Schweißabsonderung sind alles Funktionen des Organismus, die sich unter einer ständigen und strengen Nervenkontrolle befinden.

Einige exakte Tatsachen über die Bedeutung der Gefäßnerven bei der Wärmeregulation werden in den weiteren Darlegungen angeführt werden. Von besonderem Interesse war für den Forscher seit alters her die Bestimmung des Einflusses des Zentralnervensystems auf die Wärmebildung zum Zweck der Erhaltung der tierischen Wärme. Das macht auch den Hauptgegenstand unserer Darlegung aus.

Bevor wir uns jedoch der Erforschung dieses Einflusses widmen, ist es notwendig, wenigstens kurz die Methoden zu betrachten, die bei der Untersuchung unserer Frage angewandt werden und ihre Bedeutung für die Schlußfolgerungen abzuwägen.

Es gibt drei derartige Methoden: die thermometrische, die kalorimetrische und die chemische. Leider läßt keine von ihnen im Augenblick (entweder infolge ihrer eigenen Mängel oder infolge physiologischer Schwierigkeiten) für sich allein eine vollkommen absolute Schlußfolgerung zu, so daß sich die Garantie für einen richtigen Schluß nur aus der Übereinstimmung der Ergebnisse ergibt.

Beginnen wir mit der thermometrischen[1]) als der ihrer Ausführung nach einfachsten und üblichsten Methode. Nehmen wir an, daß das Instrument, physikalisch gesehen, vollkommen intakt ist. Sie messen jetzt die Temperatur einerseits innerhalb des Körpers, am besten im Rektum (es ist verständlich, daß bei vergleichenden Messungen das Instrument immer in die gleiche Tiefe gebracht werden muß), andererseits in der Peripherie, z.B. an der Haut zwischen den Zehen der Pfote. Dann können mehrere Fälle eintreten. Unter bestimmten physiologischen *(499)* Bedingungen erhöht oder erniedrigt sich die Temperatur an beiden Stellen gleichzeitig oder sie verändert sich in entgegengesetztem Sinn. Nehmen wir an, daß sie sich im Körperinnern erhöht, an der Körperoberfläche aber absinkt. Daraus wird man erstens schließen müssen, daß sich die Gefäße der Haut verengert haben, da weniger warmes Blut zur Peripherie fließt. Aus welchem Grund hat sich jedoch die Innentemperatur erhöht? Zum Teil hat dies ganz gewiß seinen Grund in der erwähnten Verengerung der Hautgefäße, in der Verringerung der Wärmeabgabe. Gleichzeitig kann jedoch auch eine erhöhte Wärmebildung bestehen, worüber man jedoch nichts mit Bestimmtheit sagen

[1]) Darunter verstehe ich auch die thermo-elektrische Temperaturmessung, da das Wesen der Sache bei beiden Messungen das gleiche ist und nicht darin besteht, die vom Körper gegebene Wärmemenge zu bestimmen, sondern seine Erwärmung als Ergebnis eines bestimmten Verhältnisses zwischen Wärmebildung und -abgabe.

kann, da man nicht berechnen kann, bis zu welcher Höhe die innere Temperatur allein infolge Verengerung der Hautgefäße ansteigen muß. Entsprechend verhält sich die Sache auch mit der umgekehrten Kombination: Erniedrigung der Innentemperatur und Erhöhung der äußeren. Daraus kann man mit Recht auf eine Erweiterung der Hautgefäße schließen. Ob jedoch die Erniedrigung der Innentemperatur nur durch eine Steigerung des Wärmeverlusts an der Peripherie (was unzweifelhaft der Fall ist) oder gleichzeitig auch durch verminderte Wärmebildung entsteht, bleibt wiederum unbestimmt. Der gleichartige Temperaturverlauf sowohl im Innern als auch außen gibt eher Anlaß zur Annahme einer Wärmebildung. Wenn sich die Temperatur gleichzeitig im Innern und an der Peripherie erhöht, so ist es offensichtlich, daß eine verstärkte Wärmebildung stattfindet, im umgekehrten Fall verständlicherweise das Gegenteil. Jedoch sind auch diese Schlußfolgerungen nicht einwandfrei. Gewöhnlich mißt man sowohl die innere als auch die äußere Temperatur nur an einem Punkt, die Temperaturschwankungen können jedoch an verschiedenen Stellen verschieden sein, und deswegen kann diese Methode niemals Anspruch auf eine strenge Beweiskraft erheben, und sie wird nur um so wertvoller sein, wenn an mehreren Punkten, besonders der Peripherie, gleichzeitig Messungen vorgenommen werden.

Somit ist die thermometrische Methode von der physikalischen Seite aus einwandfrei und äußerst einfach in der Anwendung, in der Frage über die Wärmebildung ist sie infolge rein technisch-physiologischer Schwierigkeiten verhältnismäßig wenig überzeugend.

Die kalorimetrische Methode befindet sich in der umgekehrten Lage. Als Vorrichtung, die die ganze, von irgendeinem Körper abgegebene Wärmemenge erfaßt und mißt, *(500)* muß sie alle physiologischen Schwierigkeiten überwinden.

Das ist ja aber der Grund dafür, daß sie bis heute als physikalisches Instrument hinsichtlich der Konstruktion für physiologische Zwecke trotz verschiedener Variationen sehr viel zu wünschen übrigläßt. Der kalorimetrische Befund ist eine Schlußfolgerung aus einer großen Anzahl von Messungen und Berechnungen und vereinigt dementsprechend viele Fehlerquellen in sich. Nehmen wir als Beispiel das Wasserkalorimeter, da es am häufigsten für physiologische Versuche angewandt wird. Die Wärme des Tieres wird dem Wasser, den Bestandteilen des Kalorimeters, der durch das Kalorimeter hindurchgehenden und zur Atmung des Tiers dienenden Luft und den Dämpfen, die vom Tier ausgeatmet werden, mitgeteilt. Das bedeutet, daß gemessen werden muß: die Menge der Luft und der Dämpfe und die Temperatur sowohl des Wassers als auch der Luft. Damit aber die Hauptmessung der Wassertemperatur genau ist, ist eine vollkommen gleichmäßige Durchmischung notwendig, was bei der Wassermenge, wie sie bei der physiologischen Kalorimetrie benutzt werden muß, fast undurchführbar ist. Die wesentlichste Schwierigkeit besteht aber darin, daß das Kalorimeter selbst sich abkühlt. Die Abkühlung des Kalorimeters ändert sich jedoch, und zwar wird sie um so größer, je größer der Unterschied zwischen seiner Temperatur und der Temperatur der umgebenden Medien ist; sie ändert sich bei großem Unterschied auf unregelmäßige, schlecht zu berechnende Weise. Außerdem müssen alle diese Zahlenangaben dann noch mit großen Zahlen multipliziert werden. Dazu muß man noch einen Fehler hinzurechnen, der seine Ursache im Tier hat. Das Tier selbst erwärmt oder kühlt sich während des (notwendigerweise langen) Versuchs ab, d. h., daß es zu seinem früheren Wärmevorrat etwas hinzufügt oder einen Teil davon abgibt. Um diese Wärmemenge genau zu berechnen, muß man einerseits die Veränderung der *allgemeinen* Körpertemperatur kennen, andererseits seine Wärmeaufnahmefähigkeit. Sowohl das eine wie das andere sind nur Näherungswerte. Es ist auf diese Weise klar, daß die kalorimetrischen Befunde mit Vorsicht aufgenommen werden müssen, besonders hinsichtlich absoluter Zahlen, und daß sie nur bei vergleichenden Untersuchungen, wo bei den Versuchsbedingungen keine großen physikalischen Unterschiede auftreten, Wert haben.

Schließlich die letzte Methode, die indirekt-chemische. Da die tierische Wärme von chemischen Prozessen des Körpers geliefert wird, so *(501)* ist es verständlich daß zwischen den Produkten der chemischen Körperarbeit und seiner Wärme eine Wechselbeziehung bestehen muß. Diese Wechselbeziehung ist aber bei der äußersten Kompliziertheit des Lebensprozesses manchmal sogar sehr verwirrend. Es wird darauf hingewiesen, daß das Ei während des Brütens in den ersten Tagen bei Aufnahme von Sauerstoff und Abgabe von Kohlensäure nicht nur keine Wärme abgibt, sondern sogar Wärme aufnimmt. Es gibt jedoch auch beim erwachsenen Organismus viele Fälle, bei denen die Wärmeentwicklung mit der Abgabe dieses oder jenes Produkts in diesem oder jenem Ausmaß nicht übereinstimmt. Deshalb sind für die Schlußfolgerung diejenigen Fälle besonders lehrreich, wo nicht nur in der Richtung, sondern auch im Ausmaß die Veränderung in den Abgabeprodukten, Kohlensäure und Stickstoff, und die Veränderung der Menge des unwillkürlich aufgenommenen wesentlichen Wirkstoffs des Lebens, des Sauerstoffs, übereinstimmen. Dabei muß noch in Betracht gezogen werden, daß die von uns gemessene Menge der Abgabeprodukte ein zufälliger Wert sein kann, der als Resultat dieser oder jener Bedingungen der *Abgabe* und nicht der Bildung auftritt. Sie können entweder zurückgehalten oder umgekehrt infolge dieser oder anderer Ursachen verstärkt aus dem Körper ausgeschieden werden. Dasselbe gilt natürlich auch für die Aufnahme von Sauerstoff.

Jetzt können wir zum Hauptgegenstand unserer Darlegung übergehen.

Es ist günstig, das ganze vorhandene Material bezüglich des Einflusses des Zentralnervensystems auf die Wärmebildung in vier Teile zu unterteilen, entsprechend den vier Gebieten (oder Punkten) des Nervensystems, auf die sich die Untersuchung richtete: Das ist der untere und obere Teil des Rückenmarks, die Grenze zwischen Brücke und verlängertem Mark und der frontale Abschnitt des Gehirns.

Der Einfluß von Beschädigungen des unteren Teils des Rückenmarks auf die Wärme hat die Aufmerksamkeit der Forscher nur wenig auf sich gezogen, so daß über diesen Gegenstand entweder nur bruchstückartige Hinweise oder isolierte Untersuchungen vorliegen. Die Ursache liegt wahrscheinlich darin, daß die Forscher es vorzogen, mit größeren Gebieten des Nervensystems zu arbeiten, in der Hoffnung, deutlichere Resultate zu erhalten. Nichtsdestoweniger bestätigen sich die vorhandenen Angaben, da sie miteinander übereinstimmen, gegenseitig. Schon in der früheren Arbeit von CHOSSAT (1822[1]) ist *(502)* das Protokoll eines Versuchs angeführt, wo beim Hund nach Durchschneidung des Rückenmarks im zwölften thorakalen Intervertebralraum die Temperatur im Rektum sich in der zwölften Stunde nach der Operation um 1,8° erhöhte. Genauso ist auch in der Untersuchung von SCHIFF (1855[2]) ein Versuch beschrieben, in dem beim Hund nach Durchschneidung sogar am achten Brustwirbel zwei Stunden nach der Operation bei normaler Temperatur der vorderen Körperoberfläche die Hauttemperatur der hinteren Hälfte und im Rektum erhöht war, in letzterem um 1,25°. Außerdem finden sich bei vielen Autoren, die sich mit Durchschneidung des Rückenmarks und ihrem Einfluß auf die tierische Wärme beschäftigt haben, Angaben, daß bei tiefen Durchschneidungen die Innentemperatur die Tendenz hat, sich zu erhöhen. Schließlich hat in letzter Zeit KOSTJURIN[3]) einige kalorimetrische Versuche, gleichzeitig mit Bestimmung der Kohlensäure, an Hunden angestellt, bei denen das Rückenmark zwischen dem zweiten und dritten Lendenwirbel durchschnitten war. In zwei langdauernden Versuchen (24 Stunden) und einem kurzen (vier Stunden) hat sich die Wärmebildung nach der Operation als beträchtlich erhöht erwiesen (im Maximum bis 34%), die Menge der Kohlensäure stieg noch mehr an (im Maximum bis 96%). In einem langen Versuch blieben jedoch beide Größen nach der Operation unverändert. Ein Kontrollversuch zeigte dem Autor, daß die die Durchschneidung des Rückenmarks begleitende Operation, einschließlich der Trepanation, die untersuchten Größen eher verkleinerte als vergrößerte. In bezug auf den negativen Versuch bemerkt der Autor, daß der Hund in der ersten Hälfte des Versuchs vor der Durchschneidung außergewöhnlich unruhig war; folglich konnten beide Größen über die Norm erhöht sein.

Somit stimmen die thermo-elektrischen, kalorimetrischen und chemischen Beobachtungen überein, und wir wären berechtigt (wenn nicht die Untersuchungen überhaupt sehr dürftig wären), es als Tatsache zu betrachten, daß die Wärmebildung im Körper bei einer derartigen Beschädigung des Rückenmarks ansteigt. Auf jeden Fall müssen wir *(503)* diese Tatsache einer Überlegung unterziehen. Was bedeutet sie? Es gibt in der Literatur keine Vermutungen gerade in bezug auf diesen Fall.

Allgemein gesprochen, kann das entweder eine Reizung (des peripheren oder zentralen Endes des Rückenmarks) oder eine Lähmung sein. Es ist denkbar, daß die Verletzung im peripheren Abschnitt des Rückenmarks irgendwelche zentrifugalen Fasern reizt, seien es gewöhnliche motorische oder andere spezifische, die die Wärmebildung in den Geweben lenken. In diesem Fall würde eine verstärkte Wärmebildung zuerst nur in der hinteren Körperhälfte angeregt werden. Oder aber, die gleiche Verletzung reizt das zentrale Ende des Rückenmarks und bedingt

---

[1]) CHOSSAT, MECKELS Archiv 1822, [Bd. 7, S. 281—324].

[2]) SCHIFF, Untersuchungen zur Physiologie des Nervensystems, 1855.

[3]) S. KOSTJURIN, Über den Einfluß des beschädigten unteren Teils des Rückenmarks auf den Stoffwechsel im Körper von Tieren. Dissertation 1884.

somit über verschiedene Nerven reflektorisch einen verstärkten chemischen Prozeß in der vorderen Körperhälfte. Schließlich ist auch folgende Deutung denkbar. Die höher gelegenen Gebiete des Nervensystems zeigen unter normalen Bedingungen einen ständigen mäßigenden Einfluß auf die Lebensprozesse der Gewebe, und nach der Durchschneidung gehen jetzt die von der Kontrolle befreiten Gewebe (von selbst oder unter Erregung des unteren Rückenmarkendes) zu einer erhöhten chemischen Tätigkeit über. Von diesen Vermutungen kann mit größerer Wahrscheinlichkeit die erste beiseite gelegt werden, da sich keine anderen Anzeichen für eine Reizung bemerkbar machen und umgekehrt deutlich Erscheinungen einer Lähmung auftreten. Für eine Reizung des zentralen Endes spricht die Tatsache, daß die sensiblen Nerven schwächeren Strömen überhaupt eher zugänglich sind und außerdem der Effekt dieser Reizung im gegebenen Fall in einen unruhigen Zustand des Tiers nach dieser Operation gesehen werden kann. Somit muß man zwischen der zweiten und dritten Vermutung wählen. Die Frage würde eine Lösung erhalten, wenn man bestimmen würde, in welcher Körperhälfte nach der Operation die verstärkte chemische Arbeit zuerst auftritt. Wir können auf eine Antwort von den weiteren Versuchen mit einer hohen Durchschneidung des Rückenmarks rechnen. Wenn die Vermutung über den hemmenden Einfluß richtig ist, so müßte bei einer hohen Durchschneidung die Verstärkung der Wärmebildung noch größer sein, da noch mehr Gewebe von der Kontrolle befreit würde. Durch ein umgekehrtes Ergebnis würde sich die Annahme bestätigen, daß die Erwärmung des Tieres *(504)* ein durch das Gehirn unter dem Einfluß einer reflektorischen Reizung vermittels der noch in seiner Kompetenz verbliebenen Organe zustande kommender Prozeß wäre.

In vollkommenem Gegensatz zu dem Schicksal der eben analysierten Operation ist die Operation mit Durchschneidung des Rückenmarks im oberen Anteil in ihrem Einfluß auf die Körpertemperatur seit Anfang des jetzigen Jahrhunderts von sehr vielen Experimentatoren untersucht worden. Am häufigsten wird diese Operation zwischen dem 5. und dem 6. Halswirbel unternommen, damit das Tier allein atmen kann. Über das Ergebnis dieser Operation herrscht vollkommene Übereinstimmung: Jedes Tier kühlt sich unter gewöhnlichen Bedingungen unweigerlich bis zum Tod ab, das im Rektum liegende Thermometer zeigt ein Absinken der Temperatur um 10° und mehr. Spätere Forscher fügten hinzu, daß sich gleichzeitig mit dem Beginn des Absinkens der Innentemperatur, die äußere Hauttemperatur erhöht. Deswegen erhielt die ganze Erscheinung folgende Deutung: Bekanntlich verlaufen im Rückenmark gefäßverengernde Nerven. Ein Durchschneiden des Rückenmarks führt zu ihrer Lähmung, deshalb unter anderem die Erweiterung der Hautgefäße, die Erwärmung der Haut. Die Erweiterung der Hautgefäße muß jedoch, wie oben erwähnt, einen verstärkten Wärmeverlust aus dem Körper nach sich ziehen und folglich auch eine Abkühlung des Körpers, eine Erniedrigung der Innentemperatur. Daß diese Erklärung zur Hälfte richtig ist, nämlich in bezug auf den verstärkten Wärmeverlust, ist offensichtlich und wird weiterhin vermittels anderer Untersuchungen bestätigt werden. Jedoch aus diesen Angaben irgendeine Schlußfolgerung über eine verringerte Wärmeproduktion zu ziehen, wie es einige getan haben, ist natürlich unbegründet. Über die Wärmeproduktion kann man sich nach diesen Angaben gar keine Vorstellung bilden. Sie konnte unverändert bleiben, konnte sich aber ebenfalls erhöhen wie auch erniedrigen. Und in der Tat, einige weitere Autoren haben nicht nur angenommen, sondern auch den Versuch gemacht, eine Vermehrung der Wärmebildung nach Durchschneidung des Rückenmarks zu beweisen. Dies sind vor allem NAUNYN und QUINCKE[1]). In ihrer Annahme wurden sie dank klinischer Fälle bestärkt. *(505)* Seit dem Jahre 1839, seit dem Fall von BRODIE, sind einige klinische Fälle von Rückenmarkerweichung im Halsabschnitt beschrieben worden, wobei sich nach einiger Zeit die Innentemperatur als erhöht erwiesen hat und nach 24 Stunden die gewaltige Höhe von 42 bis 43° erreichte. Aus diesen Fällen irgendwelche detaillierte physiologische Schlüsse zu ziehen, wäre gewagt, was auch einige, diese Fälle mitteilende Autoren, wie z.B. BILLROTH, einsehen. Erstens ist die Schädigung selbst unbestimmt. Es ist schwer, genau festzustellen, ob in diesen Fällen eine volle Abtrennung des Gehirns vom Rückenmark bestand oder nicht. Zweitens verfügt man natürlich nur über thermometrische Messungen, und diese sind nur an einer Stelle sehr dürftig ausgeführt.

QUINCKE und NAUNYN haben die klinische Tatsache, die Erhöhung der Temperatur, als ein Ergebnis der Abtrennung des Rückenmarks vom Gehirn und als Zeugnis für eine verstärkte Wärmebildung im Körper betrachtet. Sie wollten den Widerspruch mit dem Experiment durch die außergewöhnlich großen Wärmeverluste erklären, denen das Versuchstier, das im Vergleich zum Menschen sehr klein ist, unterliegt. Nach ihnen wird somit die verstärkte Wärmebildung im physiologischen Versuch durch eine unmäßig große Abkühlung von der Peripherie her durch Erweiterung der Hautgefäße infolge der Rückenmarkdurchschneidung maskiert. Folglich mußte man bei den Tieren Maßnahmen gegen eine anormal große Abkühlung ergreifen. Aus diesem Grund haben die Autoren das Tier in einem auf 30° angewärmten Raum untergebracht. Zu Experimenten dienten nur Hunde und möglichst große Tiere. Das Rückenmark war immer in Höhe des Halswirbels, mit Ausnahme eines Falls, zerquetscht und nicht durchschnitten worden. Die Temperatur wurde im Rektum gemessen. In allen Fällen trat gleich nach der Operation eine Temperaturerniedrigung ein, die auch im warmen Kasten eine gewisse Zeit anhielt, wonach eine Erhöhung einsetzte. Ungefähr 2 bis 6 Stunden nach der Operation kehrte die Temperatur zur Norm zurück, um 1½ bis 15 Stunden nach Beginn des Anstiegs die Norm um 2 bis 3° zu übersteigen. Die Autoren führten auch Kontrollversuche aus, wobei sie normale Tiere in warmen Kästen unterbrachten und fanden, daß diese keine Erhöhung der Innentemperatur zeigten. Aus diesem Grund glaubten sie zu der Schlußfolgerung berechtigt zu sein, daß die Durchschneidung eine verstärkte Wärmebildung nach sich zieht *(506)* und folglich durch eine Abtrennung des Rückenmarks eine Beseitigung des mäßigenden Einflusses des Gehirns auf die chemischen Prozesse in den Geweben erreicht wird. In einer zweiten Arbeit

[1]) NAUNYN und QUINCKE, Archiv für Anatomie und Physiologie, 1869, [S. 174—199.]

beschreiben die Autoren Versuche, in denen sie das Rückenmark bei sehr großen, von dichtem Fell bedeckten und in Watte eingewickelten Hunden abtrennten. Die Hunde lagen nicht in Kästen, jedoch in einem auf 19° erwärmten Zimmer. Auch hier wurde eine Erhöhung beobachtet, oder die Temperatur fiel wenigstens nicht ab[1]).

Diese Versuche sind übrigens von ROSENTHAL[2]) wiederholt worden, der gefunden hat, daß in einem warmen Kasten kein besonderer Unterschied zwischen einem Tier mit durchschnittenem und ganzem Rückenmark besteht, daß sich zwar bei 32° die Tiere mit durchschnittenem Rückenmark etwas erwärmen, daß aber bei den normalen Tieren bei derselben Temperatur die Erwärmung sogar noch größer ist.

Es sind Gründe vorhanden, im Hinblick auf das Resultat mehr ROSENTHAL als QUINCKE und NAUNYN zu vertrauen, da der erste den Einfluß hoher Temperaturen auf Tiere überhaupt untersuchte und folglich nicht weniger, sondern eher mehr Versuche an normalen Tieren als an Tieren mit durchschnittenem Rückenmark machte, während die beiden anderen Versuche am normalen Hund nur als Kontrollversuche und natürlich in beschränkter Zahl gemacht haben. Sollten sie jedoch auch in bezug auf die Tatsachen recht haben, so bewährt sich der von ihnen gemachte Schluß nicht. Man darf nicht bezweifeln, daß der tierische Organismus, solange das Tier lebt, auch wenn das Rückenmark durchschnitten ist, Wärme bildet. Wieviel, ist natürlich schwer zu sagen. Ebenfalls kann man nicht berechnen, wieviel dieses Versuchstier bei einem bestimmten Zustand seiner Hautgefäße und einer bestimmten Außentemperatur an Wärme verliert. Sowohl das eine als auch das andere muß in jedem Fall einzeln empirisch bestimmt werden. Folglich kann man in einem beliebigen Fall ohne diese Bestimmungen nicht entscheiden, bei welcher Außentemperatur der Wärmezuwachs das Übergewicht *(507)* über den Verlust erhalten wird und eine Erwärmung eintritt. Es ist denkbar (und dies ist in der Tat der Fall), daß bei 32° in einem Tier mit durchschnittenem Rückenmark trotz verkleinerter Wärmebildung im Körper die Wärmezunahme das Übergewicht über den Verlust erhält und eine Erwärmung eintritt. Wo sind die Angaben, um das Gegenteil zu bestätigen?

Mag sich ein normales Tier unter diesen Bedingungen nicht erwärmen. Was folgt daraus? Es ist deshalb normal, weil es Abweichungen der Temperatur von der Norm ausgleichen kann und zu diesem Zweck über Mittel verfügt, die ein Tier mit durchschnittenem Rückenmark nicht mehr besitzt. Wir haben oben erwähnt, daß ein normales Tier bei hoher Außentemperatur die Wärmebildung herabsetzt, was ein operiertes Tier nicht kann. Und außerdem ist offensichtlich, daß ein normales Tier die Wärmeabgabe beträchtlicher verstärken kann, als es beim Tier mit durchschnittenem Rückenmark möglich ist. Beim normalen Tier kann die Erweiterung der Hautgefäße als Antwort auf die hohe Außentemperatur

---

[1]) FISCHER (Centralblatt für die med. Wissensch., 1879) beschreibt ähnliche Versuche; in Anbetracht dessen jedoch, daß sie nur in einem vorläufigen Bericht wiedergegeben sind, können sie kaum in Betracht gezogen werden.

[2]) ROSENTHAL, Zur Kenntnis der Wärmeregulierung bei warmblütigen Tieren, 1872, [39 S.]

größer sein, da sie infolge einer Reizung der gefäßerweiternden Nerven vor sich geht und nicht durch die alleinige Lähmung der gefäßverengernden Nerven, wie bei Tieren mit durchschnittenem Rückenmark. Außerdem darf man nicht außer acht lassen, daß bei normalen Tieren der Druck hoch bleibt, die Blutzirkulation lebhaft und zur Peripherie eine große Menge Blut fließt, während beim Tier mit durchschnittenem Rückenmark der Druck niedrig ist, die Bewegung des Bluts träge, das Blut sich im Innern staut und wenig nach der Peripherie zu zirkuliert.

Die Versuche ohne Kasten und mit Einwickeln in Watte verändern das Wesen der Sache in keiner Weise. Unter der Watte bildet sich infolge der vom Körper abgegebenen Wärme der gleiche warme Kasten.

Somit haben die Kontrollversuche von Quincke und Naunyn keine Bedeutung. Schroff[1]) zeigte ebenfalls, daß ein kurarisiertes Tier sich im warmen Kasten ebenso erwärmt wie ein Tier mit durchschnittenem Rückenmark.

Die Fragestellung selbst bei Quincke und Naunyn, wie sich die Wärmebildung nach der Operation *(508)* am Rückenmark verhalten wird, war vollkommen richtig, ihre Lösung jedoch, wie wir sehen, falsch.

Die Frage hat indessen schon eine vollkommen befriedigende Lösung gefunden durch die Arbeiten des Amerikaners Bood und Pflüger.

Bood[2]) stellte kalorimetrische Versuche an, die ihm ein übereinstimmendes Ergebnis lieferten. Es wurde ein Wasserkalorimeter angewandt, als Versuchstier diente der Hund. Nach hoher Durchschneidung des Rückenmarks erhöht sich jedesmal die Wärmemenge, die vom Körper an das Kalorimeter abgegeben wird. Gleichzeitig kühlt sich aber auch das Tier ab, d. h., das Tier gibt dem Kalorimeter Wärme aus seinem ständigen Vorrat ab. Zieht man diese Wärmemenge von der dem Kalorimeter abgegebenen Gesamtmenge ab, so erhalten wir die wirkliche Größe der Wärmebildung. Diese Größe ist, mit der normalen verglichen, immer sehr stark (bis zu 50%) verkleinert. Folglich vergrößert die Abtrennung des Rückenmarks vom Gehirn wirklich die Abgabe, den Verlust der Wärme durch den Körper, vermindert jedoch gleichzeitig auch die Wärmebildung selbst. Hierbei spielt noch ein feines Detail eine Rolle, das auch Bood nicht entgangen ist. Es konnte so sein: Die Wärmeabgabe nach Durchschneidung des Rückenmarks ist so groß, daß die dann vielleicht eintretende verstärkte Wärmebildung ein Absinken der Innentemperatur nicht verhindern kann. Wenn aber einmal eine niedrige Temperatur eingetreten ist, so wird sie von selbst folgerichtig, wie wir es zu Anfang unserer Darlegung mitteilten, die Energie der chemischen Arbeit des Körpers und folglich auch die Wärmebildung dämpfen und erniedrigen. Daraus entstand die Forderung, die Wärmebildung bei einem Tier mit durchschnittenem Rückenmark, jedoch mit normaler Temperatur, zu messen. Zu diesem Zweck mußte das Tier in einem hoch angewärmten Kalorimeter untergebracht werden. Nach den Versuchen von Bood kühlte sich sein Kalorimeter bei großem Temperaturunterschied zwischen ihm und dem Zimmer so unregelmäßig ab, daß

[1]) Schroff, Sitzungsberichte der Wiener Akademie, Bd. 72, 1876.

[2]) Fever, A study in morbid and normal physiology, Washington City, 1880.

der Autor sich nicht berechtigt fühlte, die dabei erhaltenen Ergebnisse ernsthaft zu erwägen. Das Ergebnis bezüglich der uns interessierenden Frage erwies sich als schwankend. *(509)*

Das, was BOOD in seinen kalorimetrischen Versuchen nicht glückte, ist schon früher PFLÜGER[1]) in seinen Versuchen über den Gaswechsel vollkommen gelungen. PFLÜGER tauchte Kaninchen mit durchschnittenem Rückenmark in ein warmes Bad und erhielt auf diese Weise ihre Temperatur auf normaler Höhe. Trotzdem hat sich jedoch der Gaswechsel operierter Tiere, verglichen mit normalen, sehr stark erniedrigt, die Aufnahme von Sauerstoff sank im Mittel um 37,1%, die Abgabe von Kohlensäure um 29,92%.

Sogar PFLÜGER hält es auch jetzt noch für richtig, zu bemerken, daß der Versuch die rein *spezifische, direkte,* tonische Wirkung des Zentralnervensystems auf die Oxydationsprozesse nicht vollkommen beweist, da die Operation eine starke Störung des Blutkreislaufs nach sich zieht.

Wir werden später noch einmal auf diesen Punkt zurückkehren.

Der nächste Punkt des Zentralnervensystems, auf den sich eine Reihe von Untersuchungen bezieht, ist die Grenze zwischen der Brücke und dem verlängerten Mark.

Eine Reihe von Arbeiten über diese Frage hat TSCHESCHICHIN[2]) angeregt. Er zeigte als erster, daß bei Verletzung (Durchschneidung) der erwähnten Stelle eine sehr große und rasche Erhöhung der Innentemperatur beobachtet wird, auch wenn das Tier unbedeckt bleibt. In dem einzigen von dem Autor angeführten Versuch, stieg die Temperatur zwei Stunden nach der Operation von 39,4° auf 42,6°. Der Autor zieht den Schluß, daß man als Ergebnis seiner Operation eine vergrößerte Wärmeproduktion im Körper annehmen muß (obwohl nichts über den Zustand der Hautgefäße gesagt ist). Den Grund dafür findet er in der überhaupt gesteigerten Tätigkeit eines derart operierten Tieres: Bei diesem wird eine beschleunigte Atmung, eine gesteigerte Pulsfrequenz und eine erhöhte Reflextätigkeit beobachtet. Nach Meinung des Autors können alle diese Erscheinungen von einem allgemeinen Gesichtspunkt aus verstanden werden. Das Gehirn übt einen konstanten hemmenden Einfluß auf alle tiefer liegenden Rückenmarkzentren aus, und im besonderen befindet sich im Gehirn ein mäßigendes Wärmezentrum. *(510)*

Diese Arbeit ist bald von LEWIZKI[3]) im Laboratorium von HERING wiederholt worden. LEWIZKI kam eher zu negativen Ergebnissen. Bei Durchschneidung (bei vollkommener, bloße Verletzung nicht eingerechnet) des Rückenmarks an der erwähnten Stelle, wurde in der Regel ein allmähliches, beträchtliches Absinken der Temperatur beobachtet, und es trat nur in zwei Fällen, wo offensichtlich Reizungserscheinungen bestanden, die sich in tetanischen Bewegungen ausdrückten, eine Temperaturerhöhung ein.

---

[1]) E. PFLÜGER, PFLÜGERS Archiv, Bd. 18, [1878, S. 247 bis 380 — Red.]

[2]) TSCHESCHICHIN, Archiv für Anatomie und Physiologie, 1886.

[3]) Archiv für pathologische Anatomie, Bd. 45.

Die folgende Arbeit von Bruck und Günter[1]), die unter der Leitung von Heidenhain ausgeführt wurde, diente dem Zweck, den Widerspruch zwischen den angeführten Autoren zu klären. Der Eingriff wurde bei uneröffnetem Schädel vorgenommen. Zum Versuch dienten, wie schon bei früheren Untersuchern, Kaninchen. Die Ergebnisse der Autoren stellen sich folgendermaßen dar. Bei Durchschneidung des Rückenmarks zwischen dem pons Varolii und dem verlängerten Mark, bestand in zwei von sieben Versuchen eine starke Erhöhung der Innentemperatur, in vier Versuchen sank die Temperatur nach der Operation ständig, in einem blieb sie unverändert. Im Sinn einer Erhöhung der Temperatur erwies sich ein Einstich mit einer lanzettartigen Nadel als wirksamer (in fünf von elf Fällen). Am sichersten tritt eine Temperaturerhöhung ein, wenn die Nadel 1 mm vor dem tuberculum interparietale, beiderseits 2 mm seitlich der Mittellinie, eingeführt wird. Die Nadeln gehen dann durch den hinteren Teil der parietalen Großhirnteile oder die pedunculi cerebri zur Pons. Die Erhöhung tritt manchmal direkt auf, manchmal geht ihr für kurze Zeit eine Erniedrigung voraus. Entweder hält die Erhöhung bis zum Tod des Tieres an, oder die Temperatur beginnt nach einem bestimmten Maximum abzufallen, und ein zweiter Einstich kann dann wieder eine Erhöhung hervorrufen. Es erhöht sich nicht nur die Innentemperatur, sondern auch die Temperatur in der Peripherie. Die Autoren versuchten, die entsprechende Stelle elektrisch zu reizen und erhielten ebenfalls eine Temperaturerhöhung, die Reizung rief jedoch bei dem Tier auch gewisse Bewegungen hervor. Die Autoren kommen zu zwei Schlüssen. Erstens kann man annehmen, *(511)* daß bei der Operation wirklich eine Vermehrung der Wärmeproduktion besteht; zweitens, daß bei diesen Versuchen das Wesentliche nicht in der Abtrennung der einen Markteile von den anderen liegt, wie Tscheschichin annahm, sondern eher in der traumatischen Reizung

Die Tatsache bezüglich der Temperaturerhöhung bei Beschädigung des analysierten Gebiets wurde dann noch einmal von Schreiber[2]) bestätigt.

Schließlich befaßte sich im Jahre 1880 auch Bood[3]) mit derselben Frage Er fand, daß bei Hunden in der Mehrzahl der Fälle eine Durchtrennung des Gehirns an der uns interessierenden Stelle zu einer Erhöhung der Innentemperatur führt, wenn nicht die vasomotorischen Zentren auf irgendeine Weise beschädigt werden. An Kaninchen jedoch ergibt der Versuch nach Meinung des Autors deshalb so selten ein positives Resultat, weil beim Kaninchen zwischen der Schnittlinie und dem vasomotorischen Zentrum ein so kleiner Abstand ist, daß die Operation nur selten ohne Schädigung des letzteren vor sich gehen kann. Der Autor stellte jedoch gleichzeitig auch kalorimetrische Versuche an, die ihm zeigten, daß sich bei der Operation die vom Körper produzierte Wärmemenge stark erhöht. Wie ist die verstärkte Wärmeproduktion zu deuten? Bood tritt entschieden der Erklärung von Heidenhain entgegen, daß dies ein Effekt der Reizung sei und

---

[1]) Bruck und Günter, Pflügers Archiv Bd. 3, [1870, S. 578—584].

[2]) Schreiber, Pflügers Archiv, Bd. 8, [1874, S. 576—596].

[3]) Siehe oben (s. diesen Band, S. 380. — Red.)

verteidigt eifrig die Theorie der Abtrennungslähmung von TSCHESCHICHIN. Er sagt, daß er niemals eine Reizungserscheinung beobachtet habe (z.B. einen Spasmus der Blutgefäße); umgekehrt sah er oft eine Temperaturerhöhung, wenn der Schock so groß war, daß sogar die Atmung zum Stillstand kam. Die Temperaturerhöhung nach der Operation tritt allmählich und langsam ein; in einem Fall war das Maximum in der siebenten Stunde erreicht, und die erhöhte Temperatur hielt sich für die Dauer von 24 Stunden. Schon dies allein stimmt nach Meinung des Autors in keiner Weise mit dem Charakter einer Reizung überein.

Schließlich führt der Autor folgende Erwägungen und Versuche an. Wenn durch das verlängerte Mark Fasern ziehen, welche die Wärmeproduktion hemmen, so muß eine leichte Verletzung des verlängerten Marks das Umgekehrte ergeben, eine Reizung dieser Fasern muß die Temperatur *(512)* erniedrigen, und zwar vorübergehend. Nach dem Autor verhält es sich auch wirklich so. BOOD sieht nichts Widersinniges in der Annahme eines spezifischen hemmenden Wärmezentrums, nimmt jedoch seinerseits an, daß Gefäßzentren der Blutgefäße der Muskulatur oberhalb des Schnitts bleiben, so daß nach der Operation eine verstärkte Blutzirkulation in den Muskeln eintritt und folglich auch eine vergrößerte chemische Tätigkeit.

Verweilen wir bei der Kritik der Meinung von BOOD und HEIDENHAIN. Erstens konnte BOOD nur selten bei seinen Versuchen im streng anatomischen Sinn von einer Abtrennung des Gehirns vom verlängerten Mark sprechen, da in der Mehrzahl der von ihm angeführten Versuche die einen oder anderen Teile undurchschnitten blieben. Zweitens ist es ohne Zweifel, daß bei der behandelten Operation eine Menge von Bedingungen vorhanden sind, die als Reiz wirken können. Der Druck des in die Schädelhöhle einfließenden Blutes kann, selbst wenn er konstant bleibt, ein starker mechanischer Reiz sein. Außerdem kann er aber irgend etwas allmählich zerreißen und ausdehnen. Schließlich kann das Blut in verschiedener Weise aus den Gefäßen austreten. Die Gefäße können sich bald öffnen, bald schließen, entweder infolge Schwankungen des inneren Gefäßdrucks oder infolge allmählicher Eröffnung von Wegen durch die weiche Masse des Gehirns usw. Deswegen kann die Behauptung von BOOD, daß er bei der Operation niemals Reizerscheinungen gesehen habe, nicht als unvoreingenommen gelten. Wer diese Versuche gemacht hat, der weiß, wie oft die auf diese Operation folgenden Tetanuskrämpfe Stunden anhalten. Was die Dauer der Temperaturerhöhung betrifft, so wird in der folgenden Darlegung gezeigt werden, wie eine unzweifelhafte (elektrische) Reizung (wenn die Wirkung der Zerstörung bei Einführung der Elektroden verschwindet) bestimmter Teile des Gehirns einen thermischen Effekt hervorruft, der sich stundenlang entwickelt und nach Beendigung der Reizung andauert. Vorsätzlich leichte Verletzungen des verlängerten Marks, die ja nur aufs Geratewohl ausgeführt werden, sagen natürlich nichts, denn BRUCK und GÜNTER zeigten, daß nur Einstiche an einer bestimmten Stelle von einer Temperaturerhöhung begleitet werden. Die von BOOD beobachtete Temperaturerniedrigung bei diesen Verletzungen konnte ihren Grund in einer partiellen Zerstörung des vasomotorischen Zentrums haben. *(513)*

Es ist angebracht, hier einige wenige Versuche von Pflüger[1]) zu erwähnen (obwohl sie der Operationsstelle nach nicht hierher gehören), in denen bei Tieren mit durchschnittenen crura cerebri und bei normaler Körpertemperatur infolge Anwendung entsprechender Bäder der Gasaustausch gemessen wurde. Er blieb in normalen Grenzen, wenn er auch äußerst starke, die Untersuchung sehr erschwerende Schwankungen aufwies. Der Autor selbst erwähnt diese Versuche nur flüchtig und schreibt ihnen offensichtlich keine große Bedeutung zu.

Wenn man die soeben angeführten Versuche betrachtet, muß man folgendes zugeben: Erstens, daß die Ergebnisse der Operation an der behandelten Stelle unbeständig sind. Die Innentemperatur erhöht sich das eine Mal, dann erniedrigt sie sich wieder; zweitens, daß in Fällen einer Erhöhung eine Vergrößerung der Wärmeproduktion besteht (gleichzeitige Erhöhung außen und innen nach Bruck und Günter und die kalorimetrische Bestimmung von Bood) und drittens, daß die Frage, ob die vergrößerte Produktion das Ergebnis einer Reizung oder einer Lähmung ist, ungelöst bleiben muß.

Wir gehen zum letzten Gebiet des Zentralnervensystems über, dem frontalen Teil des Gehirns. Untersuchungen hierüber wurden fast ausschließlich in jüngster Zeit durchgeführt, und obwohl sie noch einige widersprechende Punkte aufweisen, geben sie im großen und ganzen die berechtigte Hoffnung, daß die sehr wichtige Frage nach der Innervation der Wärmebildung ihrer Lösung näher kommt.

Als erster machte hierauf bezügliche Beobachtungen der hier schon einige Male angeführte Bood[2]). Er ging von den Hinweisen von Ellenburg und Landois aus, daß eine Zerstörung des psychomotorischen Gebiets zur Erwärmung der Pfoten der gegenüberliegenden Seite führt, und stellte sich die Frage, ob dieses Gebiet nicht irgendeine Beziehung zur allgemeinen Körpertemperatur hat? Dreizehn von vierzehn kalorimetrischen Versuchen ergaben als konstantes Ergebnis, daß bei Zerstörung dieser Gebiete eine verstärkte Wärmebildung eintritt. Bei Zerstörung auf einer Seite beträgt sie 17% der Norm, bei gleichzeitiger Zerstörung auf beiden Seiten 47%. Kontrollversuche (im ganzen zwei) *(514)* gaben dem Autor das Recht anzunehmen, daß die Ursache hier nicht in einer Reizung, sondern in der Zerstörung zu suchen sei. Die Einwirkung mit Kochsalz auf die gleichen Stellen zeigte dem Autor die umgekehrte Wirkung.

Der nächste Autor, ebenfalls ein Amerikaner, J. Ott[3]) führte Schnitte durch das Großhirn, die von vorn nach hinten verliefen. Das Abschneiden des Riechlappens blieb ohne jeden Einfluß auf die Innentemperatur. In Versuchen, bei denen die Querdurchschneidung hinter dem corpus striatum durchgeführt wurde, stieg die Temperatur um 1 bis $4\,^7/_8$ F. an, und nur in einem Fall fiel sie um $^2/_8$ F. Bei einem Schnitt durch die Mitte des corpus striatum stieg die Temperatur in zwei Versuchen um 7 und $^5/_8$ F. und fiel in einem um $6\,^3/_8$ F. Wenn der Schnitt hinter dem corpus striatum verlief, blieb die Temperatur auch am anderen Tag

---

1) E. Pflüger, Pflügers Archiv, Bd. 18, [1878, S. 247—380].

2) Siehe oben (s. diesen Band S. 380. — Red.)

3) J. Ott, Journal of nervous and mental disease, 1884.

Dissertanten des Pharmakologischen Instituts der Militär-Medizinischen Akademie
(Leiter des Instituts I. P. Pawlow). Jahrgang 1891/1892

Sitzend (von links nach rechts): L. S. Ginsburg, I. P. Burshinski (Assistent), Prof. I. P. Pawlow, D. A. Kamenski (Assistent), I. M. Sabaschnikow (Psychiater). Stehend (von links nach rechts): W. I. Schulgin, G. S. Oswjanizki, D. L. Glinski

erhöht. Kontrollversuche überzeugten den Autor, daß die Temperaturerhöhung nicht durch eine Zerstörung der gyri, sondern des corpus striatum bedingt war.

Der Autor zieht aus seinen Versuchen folgenden Schluß: Diese Versuche führen zu der Annahme, daß es in der Nachbarschaft des corpus striatum Zentren gibt, die eine Beziehung zur Körpertemperatur haben. Der Autor will nicht entscheiden, worauf diese Erhöhung zurückzuführen ist, auf eine vergrößerte Wärmeproduktion oder eine verringerte Wärmeabgabe.

Besonderen Eindruck haben in der physiologischen Welt die Arbeiten von RICHET und ARONSOHN u. SACHS hervorgerufen, die fast gleichzeitig und jedenfalls unabhängig voneinander entstanden.

Die erste Mitteilung über die Versuche von RICHET wurde in der Pariser Akademie der Wissenschaften am 31. März 1884 gegeben und dann mehrfach in den Jahren 1884 und 1885. Eine vollständige Darlegung der Ergebnisse findet sich in einem umfangreichen Aufsatz, der im „Archiv de physiol. norm. et pathol." im Jahre 1885 abgedruckt ist und dessen Inhalt ich hier wiedergeben werde.

Vor allen Dingen führt der Autor eine Reihe von Versuchen mit Einstich und flächenhafter Ätzung der frontalen Teile des Gehirns vermittels Chloreisen und Phenol an.

Hier ein Beispiel:

3 h 00': Innentemperatur 39,0°, Einstich in die rechte Hirnhälfte;
5 h 00': Innentemperatur 40,0°. *(515)*
Am folgenden Tag:
2 h 00': Innentemperatur 39,2°, das Tier zeigt keine Veränderungen;
3 h 15': Innentemperatur 42,8°;
4 h 15': Innentemperatur 42,2°, neuer Einstich in die gleiche Stelle;
5 h 50': Innentemperatur 42,5°, das Tier läuft und frißt, in der Nacht stirbt es.

Der Autor stellt fest, daß jedesmal, wenn man eine oberflächliche traumatische Schädigung des Frontalhirns vornimmt, ohne daß die Schädigung das corpus striatum erreicht, schnell oder langsam eine langanhaltende oder rasch vorübergehende Hyperthermie eintritt. Der Autor bemerkt vollkommen richtig, daß sowohl die Geschwindigkeit der Erwärmung als auch die angewandten Reize den Gedanken an irgendein infektiöses Fieber ausschließen.

Gleichzeitig mit der Hyperthermie treten interessante Erregungserscheinungen auf. Kaninchen (eine besondere Art), die sich vorher kaum und nur faul bewegten, sind nach dem Einstich nicht wiederzuerkennen. Sie werden gleichsam wild, vollführen erstaunliche Sprünge, und die vorher herabhängenden Ohren sind jetzt ständig aufgerichtet. Ähnliches wird auch an Vögeln beobachtet.

Eine dritte interessante Erscheinung, die in diesen Versuchen auftritt, ist die, daß die Schädigung des Gehirns eine sehr intensive Gewichtsabnahme nach sich zieht, obwohl das Tier vollkommen richtig ernährt wird und keinerlei Störungen aufweist. In einem Fall z. B. hat ein Kaninchen in 24 Stunden $^1/_6$ seines Gewichts verloren.

Der Temperaturanstieg, die erhöhte psychische Erregbarkeit und die Gewichtsabnahme sind drei Erscheinungen, die Hand in Hand gehen.

Wenn der Einstich etwas tiefer lag oder wenn sich infolge wiederholter Einstiche ein Abszeß, eine Enzephalitis oder eine Zerstörung bestimmter Teile des corpus striatum bildet, so werden umgekehrte Erscheinungen beobachtet: die Temperatur sinkt ab, das Tier hört auf zu fressen und zu trinken, es sieht gleichsam nichts, hört nichts, und es tritt eine Art von komatösem Stupor ein.

Der Autor beschränkte sich nicht hierauf, sondern stellte auch noch kalorimetrische Versuche an. Dazu diente ihm eine selbstkonstruierte Vorrichtung. Das Tier war in der Mitte einer Kugel *(516)* mit doppelten Wänden untergebracht, zwischen denen sich Luft befand. Diese von dem Tier erwärmte Luft entwich durch entsprechende Röhren, und ihre Ausdehnung wurde bestimmt. Durch Vorversuche mit dem Apparat wurde bestimmt, wievielen Einheiten der dem Kalorimeter durch den Versuchskörper abgegebenen Wärme eine bestimmte Ausdehnung entspricht. Der Autor fand folgendes: Wenn man die vom normalen Kaninchen produzierte Wärmemenge gleich 100 setzt, so entwickeln diese Kaninchen nach dem Einstich 124 Einheiten.

Richet bemerkt, daß „das Nervensystem im erregten Zustand eine energischere chemische Verbrennung in den Geweben hervorruft und daß das Fieber nicht auf einen verringerten Verbrauch, sondern auf eine vergrößerte Wärmeproduktion zurückzuführen ist".

Aronsohn und Sachs[1]) haben ihre Arbeit im Laboratorium von Zuntz ausgeführt. Sie ist in vieler Beziehung noch ausführlicher als die eben mitgeteilte. Da zwischen diesen Arbeiten beträchtliche Widersprüche bestehen, sind wir zu einer ausführlichen Beschreibung der Versuchsbedingungen und ihrer Resultate verpflichtet.

Die Tiere wurden nicht eingewickelt, nicht in einem warmen Kasten untergebracht, nicht angeschnallt und nicht narkotisiert. Bei der Operation wurde strenge Asepsis gewahrt. Die Temperatur wurde nicht nur im Rektum, sondern auch in der Peripherie gemessen: an der Haut und in den Muskeln, in letzteren thermoelektrisch.

Die Tiere überstehen die Einstiche gut. Alle Versuche wurden außer an drei Hunden und drei Meerschweinchen an Kaninchen ausgeführt. Der Einstichkanal wurde sofort nach Tötung des Tieres untersucht, größtenteils jedoch nach Härtung in Spiritus.

Zuerst untersuchten die Autoren den Einfluß der vordersten Hirnabschnitte auf die Temperatur. Als sie z.B. in einem Versuch innerhalb von 7 Tagen von oben nach unten 21 Nadeln eingestochen und diese sogar im Gehirn belassen hatten, sahen sie keinerlei Veränderung in der Temperatur. Weiterhin haben die Autoren die Nadeln in horizontaler Richtung sowohl quer als auch längs eingestochen, z.B. die Nadel von einer Augenhöhle bis zur anderen durchgestochen. Wiederum ergab sich das gleiche negative Resultat in bezug auf die Temperatur. Auf Grund dessen glauben Aronsohn und Sachs zu der Behauptung berechtigt zu sein, *(517)* daß vom Großhirn, sowohl von seinem, vor den großen Ganglien

---

[1]) Aronsohn und Sachs, Pflügers Archiv, Bd. 37, 1885.

liegenden Teil, als auch von dem über diesen Ganglien gelegenen Teil durch dieses Verfahren kein wesentlicher Einfluß auf die Temperatur erreicht wird.

Die wirksame Stelle, die mit Sicherheit eine Temperaturerhöhung ergibt, wird gefunden, wenn man so trepaniert, daß die suturae sagittalis und coronalis die mittlere und hintere Grenze des Trepans bilden. Nach Eröffnung der dura mater, 1 mm seitwärts vom sinus longitudinalis, wird hinter oder zwischen den beiden in der Wunde sichtbaren und senkrecht zum sinus verlaufenden Gefäßen der Einstich gemacht. Der Einstich wird gewöhnlich mit einer Laboratoriumsnadel für Gehirneinstiche ausgeführt, deren größte Breite am Ende 3 mm beträgt oder durch ein dickes nagelartiges Instrument. Sofort nach dem Einstich wird die Nadel herausgezogen und ein antiseptischer Verband angelegt. Der Einstich wurde siebenmal an der Augenhöhle gemacht. Die Nadel wird von dem vorderen Augenwinkel unter dem Bulbus eingeführt, die knöcherne Orbita wird erreicht und nach einigen Drehungen der Nadel durchstoßen. Die Operation verläuft größtenteils ohne Blutverlust.

Beim Einstich in die wirksame Stelle machen sich beim Tier keinerlei sichtbare Störungen und speziell keine Abweichungen in der Innervation bemerkbar. Die Autoren führen 16 Protokolle an. Beim wirksamen Einstich erweist sich die Temperatur manchmal schon nach einer halben Stunde als erhöht (gleich nach der Operation tritt gewöhnlich eine kleine Erniedrigung ein), und nach 2 Stunden kann der Anstieg mehr als 2 Grade über die Norm erreichen. Das Maximum wird oft am zweiten Tag erreicht. Die Temperatur beginnt gewöhnlich am zweiten und dritten Tag zu fallen und kehrt am vierten Tag zur Norm zurück. Der Temperaturanstieg wird sowohl im Rektum als auch in der Haut und den Muskeln beobachtet. Nur in einem Versuch ist nach dem Einstich eine Hyperästhesie und in einem anderen Zittern vermerkt worden. Im allgemeinen fressen die Tiere, trinken sofort und zeigen überhaupt keinen krankhaften Zustand. Die Anzahl aller Einstiche mit sofortigem Temperaturanstieg beträgt in allen Versuchsreihen 58, ausgeführt wurden sie an 38 Exemplaren. Der wirksame thermogene Einstich geht durch die Hirnrindensubstanz, den Kopf des corpus striatum auf der der Mittellinie zugewandten Seite (in der Nähe des nodus cursorius NOTHNAGEL) und durch die Markschicht der Hirnbasis. Die Autoren haben auch jetzt noch wiederholt sorgfältige Versuche angestellt, *(518)* um zwischen diesen Schichten die richtige wirksame Schicht zu finden. Als Beispiel führen wir einen dieser Versuche an. Anfangs Einstich bis zur Hirnbasis: Es tritt der gewöhnliche Temperaturanstieg ein. Wenn die Temperatur zur Norm zurückgekehrt ist, wird die Rinde mit einem zur Weißglut gebrachten Platindraht ausgebrannt: nur ein unbedeutender Temperaturanstieg um einige Zehntel Grad. Danach wieder ein Einstich, jedoch nur bis zu einer Tiefe von 0,75 cm: kein Ergebnis. Schließlich wieder ein tiefer Einstich: und erst jetzt wieder ein Temperaturanstieg um 2 Grad. Während des letzten Einstichs hat das Kaninchen auf dem Tisch gesessen. Bei einigen Kaninchen wurde zuerst die Rinde herausgeschnitten und dann der Einstich gemacht. Der erste Eingriff blieb ohne Einfluß auf die Temperatur, der zweite hat sie wie immer stark erhöht. Folglich bedingt der Einstich in das corpus striatum den Temperaturanstieg. Besondere Versuche zeigten, daß Einstiche in den vorderen Teil des corpus striatum oder weit seitwärts vom Medianteil ebenfalls ohne Wirkung bleiben. Schließlich hat sich der Einstich als verschieden wirksam auf die Temperatur erwiesen, je nachdem in welcher Tiefe er durch das Corpus geht. Bei einem Einstich bis zum Schädelboden tritt ein rascher Temperaturanstieg ein, der in 2 bis 4 Stunden das Maximum erreicht. Bei einem weniger tiefen Einstich steigt die Temperatur ebenfalls hoch an, das Maximum wird jedoch erst nach 24 bis 70 Stunden erreicht.

Die nächste von den Autoren untersuchte Frage bestand darin: Was ist das für eine Erscheinung, ein Effekt der Reizung oder der Lähmung, der Zerstörung? Zur Reizung wandte man elektrischen Strom an, der hierfür am besten geeignet ist. Durch die Trepanationsöffnung wurden in das Gehirn in die entsprechende Tiefe zwei dünne Platindrähte eingeführt, die mit Ausnahme ihrer Enden von einem isolierenden Lack überzogen waren. Außen zogen die Drähte durch einen Korken, der am Kopf befestigt wurde. Wenn sich die Temperatur nach dem Einstich ausgeglichen hatte, verband man die Drähte mit einem Induktionsapparat und ließ Strom hindurch. Das Tier verhält sich den an ihm ausgeführten Operationen gegenüber vollkommen ruhig. Durch die Reizung wird ein verschieden großer Temperaturanstieg erreicht, wobei die Reizung mit Erfolg einige Male wiederholt werden kann. Es fällt auf, daß das Maximum des Temperaturanstiegs oft erst sehr lange nach Beendigung der Reizung erreicht wird und *(519)* daß überhaupt die Temperaturerhöhungen sehr lange, oft Stunden, nach Beendigung der Reizung anhalten.

Der letzte Abschnitt der Arbeit befaßt sich mit der Lösung der Frage, ob die beobachtete Temperaturerhöhung das Ergebnis einer verringerten Wärmeabgabe oder der Ausdruck einer verstärkten Wärmebildung ist. Schon die oben mitgeteilte Beobachtung, daß bei Einstichen nicht nur die Temperatur im Rektum, sondern auch in der Haut und den Muskeln, und zwar ungefähr in dem gleichen Ausmaß ansteigt, spricht für letztere Annahme. Die Autoren beschränkten sich nicht darauf und untersuchten die Veränderungen in der chemischen Funktion des Organismus nach dem Einstich. Sie bestimmten die Menge des aufgenommenen Sauerstoffs und der abgegebenen Kohlensäure und des Harnstoffs. Sowohl der Gasaustausch als auch der Stickstoffaustausch erwiesen sich als stark erhöht, in voller Übereinstimmung mit dem Temperaturanstieg nach dem Einstich.

Im Jahre 1886[1]) wurde eine Arbeit von GIRARD veröffentlicht, deren Aufgabe es war, die eben wiedergegebenen Versuche französischer und deutscher Forscher zu wiederholen. Sie kam aus dem Laboratorium eines Veteranen und eines der besten Experimentatoren der modernen Physiologie, aus dem Laboratorium von SCHIFF. Die Arbeit macht durch die, wie man sagen könnte, fotografische Ähnlichkeit, die sich zwischen ihr und der Arbeit von ARONSOHN und SACHS erweist, einen außergewöhnlichen guten Eindruck. Es ergibt sich eine schwerwiegende Garantie für die Echtheit der Resultate. Als Material dienten ebenfalls in der Hauptsache

[1]) GIRARD, Archiv d. physiol. norm. et pathol., 1886, [Bd. 8, S. 281—299].

Kaninchen. Der wirksame Einstich wurde genau an der gleichen Schädelstelle ausgeführt. Eine Hyperthermie trat nur dann ein, wenn der Einstich die mediane Seite des corpus striatum berührte. Beim Einstich vorn oder weiter seitlich, bei Durchstechen durch die Großhirnhemisphären über dem corpus striatum (von der einen Augenhöhle in die andere), war manchmal keine wahrnehmbare Temperaturerhöhung festzustellen. Beim wirksamen Einstich erhöhte sich fast immer proportional sowohl die Temperatur im Rektum als auch in der Haut und den Muskeln. Nach der Operation zeigte sich nichts Krankhaftes und Besonderes, außer einer großen Gefräßigkeit. Der Autor beobachtete die von Richet erwähnte psychische Erregbarkeit nicht. Die ebenso wie bei Aronsohn und Sachs angestellten Versuche mit elektrischen Reizen ergaben die gleichen, wenn nicht noch *(520)* stärkere, noch überzeugendere Resultate. Der Autor fand ebenso nach dem Einstich eine starke Zunahme des Harnstoffs: In 24 Stunden stieg er von 0,5964 auf 0,9676 g an. (Da der Autor die Nahrungszufuhr nicht genau kontrollierte, kann die Harnstoffbestimmung allein keinen sicheren Anhalt geben.)

Die letzten Angaben über die uns beschäftigende Frage sind in der soeben herausgekommenen Dissertation von Dr. Zawadowski[1]) enthalten. Er legte totale Querschnitte bei vollkommen normalen Hunden durch die Mitte des Gehirns, ungefähr zwischen dem thalamus opticus und dem corpus striatum. Besonders achtete der Autor darauf, daß der Schnitt wirklich durch das gesamte Gehirn verlief. Auf die Innentemperatur wirkte diese Operation verschiedenartig. Ganz allgemein konnte er feststellen: Je gelungener und öfter die Durchschneidung, um so sicherer war der folgende Versuchsablauf. Das Tier atmet nach der Operation genauso wie vor der Operation. Der Druck und der Puls bleiben ebenfalls unverändert, keine Bewegungserscheinungen. Das Tier liegt vollkommen unbeweglich; die Innentemperatur beginnt abzufallen, die Hauttemperatur ebenfalls, jedoch langsamer. Das Absinken dauert stundenlang an, und das Tier wird größtenteils in der sechsten bis siebenten Stunde bei einer ungefähren Innentemperatur von 30° getötet. Dieser Versuchsverlauf ist relativ selten. In der Mehrzahl der Fälle wird die Operation von heftigen Erscheinungen, tetanischen und klonischen Krämpfen sowie starken Unregelmäßigkeiten in der Atmung, im Blutdruck und im Herzschlag gefolgt. In diesen Fällen steigt die Temperatur meist an, und das Tier stirbt in der ersten oder zweiten Stunde nach der Operation von selbst. Bei der Eröffnung erweist sich in diesen Fällen meist irgendein Hirnteil als nicht ganz durchschnitten, und im allgemeinen findet sich eine grobe und unsachgemäße Verletzung des Gehirns mit starker Blutung. Es kamen jedoch auch, wenn auch nur vereinzelt, Versuche vor, bei denen trotz vollständiger Durchschneidung und ruhigen Verhaltens des Tieres die Innentemperatur sofort nach der Operation anstieg. Andere Ergebnisse dieser Dissertation, in der der Abschnitt über die Wärme nach meinem Plan und unter meiner Leitung bearbeitet wurde, werde ich später anführen. *(521)*

---

[1]) [I. G. Zawadowski], Über den Einfluß von Antipyrin auf den tierischen Organismus, 1887, [St. Petersburg, 10 S.]

Nach dem Operationsverfahren zerfallen die Arbeiten aller angeführten Autoren in zwei Gruppen: Eine leichte Verletzung des frontalen Gehirnabschnitts setzten Bood, Richet, Aronsohn u. Sachs und Girard; eine tiefere Durchschneidung oder eher ein Abschneiden des Frontalhirns führten Ott und Zawadowski durch.

Was die erste Gruppe betrifft, so haben alle Autoren bei der Verletzung eine verstärkte Wärmebildung beobachtet, wobei sie diese entweder direkt kalorimetrisch feststellten oder nach dem vermehrten Stoffwechsel oder dem Verhältnis zwischen Innen- und Außentemperatur auf sie schlossen. Fast alle, mit Ausnahme von Bood, haben die Wärmebildung als einen Reizungseffekt betrachtet (was einige auch mit Hilfe elektrischer Reizung bewiesen). Der Meinungsverschiedenheit mit Bood kann kaum große Bedeutung zugeschrieben werden, da er nur zwei Kontrollversuche anstellte, und zwar nicht mit elektrischer Reizung, sondern mit Kochsalz.

Der wesentlichste Unterschied in der Auffassung zwischen den Autoren beruht auf der Lokalisation der thermogenen Verletzung. Während Bood und Richet von einer oberflächlichen Verletzung, nämlich der Hirnrinde, sprechen, verneinen dies Aronsohn u. Sachs und Girard mit Bestimmtheit. Sie bezeichnen einen bestimmten Punkt des corpus striatum als wirksame Stelle. Eigentlich besteht nur zwischen Richet einerseits und Aronsohn u. Sachs und Girard andererseits ein vollkommener Widerspruch, da Bood auf die Tiefe der Verletzung keine besondere Aufmerksamkeit richtete. Sich vollkommen bestimmt zu dieser Meinungsverschiedenheit zu äußern, ist schwer. Es ist denkbar, daß es sich um mehrere thermogene Punkte handelt. Wenn aber unbedingt zwischen den Meinungen der Autoren gewählt werden muß, so kann man sich mit mehr Grund der Seite von Aronsohn und Sachs anschließen. Erstens deswegen, weil die Kontrollarbeit von Girard vollkommen für sie und gegen Richet spricht. Zweitens halten sich Aronsohn u. Sachs und Girard auf Grund vorsätzlicher Versuche für berechtigt, den thermogenen Punkt genau zu lokalisieren, während Richet schreibt: „Es wäre sehr wichtig, diejenigen Gehirnteile genau zu lokalisieren, die man berühren oder zerstören muß, um eine Vergrößerung oder Verkleinerung der Erregbarkeit hervorzurufen (und folglich eine verstärkte oder verminderte Wärmebildung). Bis jetzt verfügen wir jedoch über keine exakten Bestimmungen. *(522)* Man muß sich auf einige unbestimmte Hinweise beschränken: Ein oberflächlicher Einstich ruft eine Erregung, eine tiefe Zerstörung aber eine Lähmung hervor." Daß eine tiefe Zerstörung Lähmung hervorruft und die Wärmebildung herabsetzt, steht natürlich nicht im Widerspruch zur Behauptung von Aronsohn u. Sachs, da diese sich immer nur auf leichtere Verletzungen beschränken, d.h. eher auf eine mechanische Reizung bestimmter Punkte als auf ihre Zerstörung. Schließlich bleibt noch ein untergeordneter Punkt, in dem die Meinungen der französischen und deutschen Autoren auseinandergehen. Richet sah nach den Einstichen eine erhöhte Erregbarkeit, die deutschen Autoren und Girard haben diese nicht beobachtet. Das ist wohl kaum von Bedeutung. Die Erregbarkeit konnte bei verschiedenen Kaninchenarten im verschiedenen Ausmaß erhöht sein oder wenigstens nicht in gleich starker Form zum Ausdruck kommen. Vielleicht hat dies aber auch eine ernstere Ursache, wenn sich in der Folge herausstellen würde, daß in den Versuchen von Richet einerseits und Aronsohn u. Sachs und Girard andererseits verschiedene Punkte gereizt wurden.

Zwischen den Versuchen von Ott und Zawadowski kann leicht Übereinstimmung erzielt werden. Ott sagt selbst, daß er bemüht war, nur die Kerne zu durchschneiden und viele andere Teile des Gehirns unversehrt zu lassen. Deswegen ist es verständlich, daß bei ihm Fälle mit Temperaturanstieg überwogen ebenso wie bei Zawadowski, wenn die Schnitte nicht exakt waren. Andererseits führt aber auch Ott einen Fall mit starkem Absinken der Temperatur nach der Operation an. Er bezieht dies auf einen Schock, jedoch ohne jeglichen Grund, da keine anderen Anzeichen eines Schocks erwiesen sind. Ich glaube, daß als normales Ergebnis einer *vollständigen Querdurchschneidung* durch die Mitte des Großhirns ein Absinken der Körpertemperatur und eine Verringerung der Wärmeproduktion eintritt (da sowohl die Temperatur im Rektum als auch in der Peripherie absinkt). Wie soll man anders die Versuche erklären, bei denen nach dieser Operation ein Absinken der Temperatur eintritt? Durch einen Schock, eine Erschütterung des Nervensystems? Alle anderen Funktionen sind aber vollkommen normal, die Atmung und der Druck bleiben unverändert. Die Annahme ist natürlicher, daß sich in den abgeschnittenen Hirnteilen thermogene Punkte befinden, deren Entfernung nur zu einer Verringerung der Wärmeproduktion führt. Von diesem Gesichtspunkt aus wäre ein Fall *(523)* mit Temperaturanstieg bei diesen Operationen einfach mißlungen. Entweder war die Abtrennung unvollständig, wobei auf das thermogene Gebiet ein mechanischer Reiz ausgeübt wurde, oder wenn die Abtrennung vollständig war, so wurden durch verschiedenartige reizauslösende Bedingungen der Operation, die vom thermogenen Gebiet kommenden Leitungsbahnen gereizt.

Eine solche Erklärung der Versuche von Ott und Zawadowski würde am ehesten mit den Ergebnissen der Autoren der ersten Gruppe übereinstimmen.

Auf Grund aller bisher angeführten Versuche am Zentralnervensystem muß man die folgenden beiden Tatsachen unzweifelhaft anerkennen: Erstens: Nach Abtrennung des Gehirns vom Rückenmark findet im Körper eine verminderte Wärmebildung statt. Zweitens: Bei Reizung gewisser Punkte des Gehirns macht sich im Körper eine erhöhte Wärmebildung bemerkbar. Die Gegenüberstellung dieser Tatsachen führt zu der Schlußfolgerung, daß es im Gehirn ein Gebiet gibt, das die Wärmebildung im Körper regelt, ein Wärmezentrum.

Nun muß aber noch die Spezifität dieses Zentrums bewiesen werden. Vielleicht ist es ein Ganglion motorischer Nerven des Körpers? Und die Abgabe von Wärme bei seiner Reizung ist nur eine zufällige Nebenerscheinung?

Dies läßt sich beweisen, wenn wir finden, daß nach Entfernung bestimmter Gebiete des Gehirns diese spezifischen Anzeichen, die wir als wesentlich für das gesuchte Wärmezentrum betrachten, verschwinden.

Wir wissen: Erstens, daß der Organismus sich an die umgebende Außentemperatur vermittels dieser oder jener Wärmeproduktion anpaßt, und zweitens, daß der Organismus auf verschiedene pathogene Agenzien durch einen Temperaturanstieg, durch eine verstärkte Wärmeproduktion reagiert.

Wie verhält es sich mit diesen Eigenschaften des Organismus nach Abtrennung verschiedener Gebiete des Gehirns?

Dem Laboratorium von PFLÜGER kommt das Verdienst zu, den Beweis erbracht zu haben, daß der Organismus nach Abtrennung des Gehirns vom Rückenmark die Fähigkeit verliert, sich an die umgebende Temperatur anzupassen, um die feststehende Norm der tierischen Wärme aufrechtzuerhalten. Eine hohe Temperatur steigert dann immer den Gasaustausch des Tieres, eine niedrige verringert ihn, was den normalen Verhältnissen vollkommen entgegengesetzt ist. *(524)*

Andererseits zeigte ZAWADOWSKI in der schon erwähnten Arbeit, daß ein Tier mit einer Querdurchschneidung des Gehirns auf die intravenöse Einführung von septischem Blut nicht mit dem gewöhnlichen Temperaturanstieg antwortet. Ebenso sinkt, wenn man ein schon fieberndes Tier hat, nach Abtrennung der frontalen Gehirnteile seine Temperatur ebenso unaufhaltsam wie die eines normalen Tieres bei der gleichen Operation. Aus diesen Versuchen folgt unzweifelhaft, daß das Agens, welches Fieber hervorruft, nicht unmittelbar auf die Gewebe wirkt, sondern daß zur Realisierung seiner Wirkung die Vermittlung eines bestimmten Gebiets des Zentralnervensystems notwendig ist. In Analogie hierzu hat auch das Antipyrin als Mittel gegen das Fieber ebenfalls nach der erwähnten Gehirnoperation seine fieberherabsetzende Wirkung verloren. Leider sind diese der Idee nach so entscheidenden Versuche in der Frage über den Fiebermechanismus ausschließlich thermometrisch und verlieren deshalb bedeutend an Wert. *(525)*

ÜBER DIE UNVOLLKOMMENHEIT DER GEGENWÄRTIGEN PHYSIOLOGISCHEN ANALYSE DER ARZNEIMITTELWIRKUNG[1])

In Anbetracht dessen, daß sich die Sitzung sehr in die Länge gezogen hat, werde ich bemüht sein, mich nach Möglichkeit kurz zu fassen.

In dem riesigen Gebiet der medizinischen Wissenschaft stellt die Pharmakologie ein Grenzgebiet dar, wo ein besonders lebhafter gegenseitiger Austausch zwischen der naturwissenschaftlichen Grundlage der Medizin, der Physiologie, und der speziellen medizinischen Wissenschaft, der Therapie, vor sich geht und wo deshalb im besonderen ein großer gegenseitiger Nutzen der einen Wissenschaft für die andere fühlbar ist. Indem die Pharmakologie an Tieren die Wirkung der Arzneistoffe vermittels physiologischer Methoden untersucht, vervollkommnet sie offensichtlich die Therapie und stellt diese auf eine rationelle feste Basis. Andererseits führen die einer Laboratoriumsanalyse unterworfenen Hinweise der Therapie oft zur Entdeckung von seiten physiologischer Erscheinungen, die bei rein physiologischer Forschung lange unbemerkt geblieben wären. Die pharmakologische Arbeit ist jedoch oft ein Grund zu Streitigkeiten zwischen Theorie und Praxis in der Medizin. Der Pharmakologe, der auch bei sorgfältigem Suchen diese oder jene, auf Grund der Behauptungen der Therapie, zu erwartende physiologische Wirkung des gegebenen Arzneistoffes nicht findet, leitet davon für sich das Recht ab zu erklären, dieses Mittel sei therapeutisch nutzlos oder nicht richtig angewandt. Eine solche Skepsis breitet sich manchmal auf ein beträchtliches Gebiet *(526)* des pharmazeutischen Wissens aus. Andererseits beginnt der Kliniker, nachdem er sich an einzelnen Beispielen von der Nichtanwendbarkeit der Laboratoriumsergebnisse am kranken Menschen überzeugt hat, die physiologische Untersuchung der Arzneistoffe überhaupt gering zu schätzen und wenig zu benutzen. Nach nüchterner und objektiver Ansicht ist das natürlich nur ein trauriges Mißverständnis, und zwar ein beiderseitiges, obwohl die größere Schuld den Pharmakologen trifft. Denn die vollkommen einwandfreie Überprüfung des therapeutischen Empirismus im Laboratorium ist nach meiner Meinung sehr schwierig und jetzt in vielen Fällen sicherlich nicht zu verwirklichen. Im Laboratorium wird

---

[1]) Тр. V Счезда врачей в память Н. И. Пирогова *[Arbeiten des 5. Ärzte-Kongresses z. Gedenken an* N. I. Pirogow], Bd. 1, S. 216, 1894.

die Wirkung des Mittels natürlich nur in bezug auf diejenigen Funktionen des Organismus untersucht, die von der heutigen Physiologie mehr oder weniger erforscht sind. Die Medizin kann jedoch in den Händen des Therapeuten gerade infolge seiner Beziehung zu solchen Seiten des Lebensprozesses, die von der Physiologie noch nicht erfaßt oder geklärt sind, nutzbringend sein.

Somit leidet die physiologische Analyse der Wirkung von Arzneistoffen ständig unter ihrer Unvollständigkeit. Deswegen muß eines der wesentlichsten Ziele der pharmakologischen Tätigkeit die beständige Erweiterung des Rahmens der Analyse, die Einführung solcher Punkte in ihr ständiges System sein, die bis jetzt die Aufmerksamkeit der Physiologen immer noch wenig auf sich ziehen. Ich benutze die Gelegenheit und stütze mich vorwiegend auf die Ergebnisse der in meinem Laboratorium ausgeführten Untersuchungen und zum Teil auf die in unserer heutigen Sitzung berichteten Ergebnisse und will einige solche Punkte besonders anführen.

Wieviel sich die Pharmakologie auch mit dem Einfluß verschiedener Stoffe auf das Nervensystem beschäftigt, so läßt doch die Analyse dieses Einflusses noch viel, viel zu wünschen übrig. Als wichtigsten Fehler muß man die im Verhältnis zur Wichtigkeit des Gegenstands äußerst geringe Erforschung der Wirkung verschiedener Stoffe auf die peripheren Endigungen der *zentripetalen Nerven* betrachten. Es ist offensichtlich, daß im Leben des komplizierten Organismus der Reflex die wesentlichste und häufigste nervale Erscheinung ist. Mit seiner Hilfe entsteht die ständige, richtige und genaue Wechselbeziehung der Teile des Organismus untereinander und die Beziehung des ganzen Organismus zu den umgebenden Bedingungen. *(527)* Der Ausgangspunkt des Reflexes ist eine Reizung der peripheren Endigungen der zentripetalen Nerven. Von diesen Endigungen sind alle Organe und sämtlichen Gewebe durchdrungen. Diese Endigungen muß man sich unbedingt als äußerst verschiedenartige, spezifische, den Nervenendigungen der Sinnesorgane ähnliche, Vorrichtungen vorstellen, die alle an spezifische Reize mechanischen, physikalischen oder chemischen Charakters angepaßt sind. Durch das Ausmaß ihrer Arbeit wird in jedem gegebenen Moment der Umfang und die Kombination der Funktionen des Organismus bestimmt. Deswegen ist es verständlich, daß sehr viele in den Organismus eingeführte Stoffe infolge dieser oder jener Beziehungen zu den peripheren Endigungen als den vorwiegend empfindlichen, leicht reagierenden Teilen des Tierkörpers, sein Gleichgewicht stören. Die heutige Pharmakologie hat bei ihrer gewöhnlichen Analyse zwei bis drei Arten von peripheren Endigungen eingeführt und macht fast gar keine weiteren Versuche zur Erweiterung dieses Gebiets, während das Gebiet unendlich groß und fruchtbar ist, wie es die von Ihnen heute gehörten Berichte von Dr. Uschakow und Dr. Dolinski bestätigen können. Diese Berichte zeigen die Spezifität der Beziehungen zu bestimmten Stoffen von Endigungen depressorischer Nerven im Herzen und einiger zentripetaler Nerven des Verdauungskanals. Die Konzentrierung der pharmakologischen Analyse auf den erwähnten Gegenstand wird einerseits die Bekanntschaft mit dem Mechanismus der erstaunlichen Vorrichtungen des Organismus außergewöhnlich erweitern, andererseits die Wirkung vieler Arzneistoffe, die bis jetzt durch das Laboratorium sozusagen nicht gerechtfertigt wurden, mit Sicherheit verständlich machen.

Der nächste Punkt, der es verdient, unterstrichen zu werden, ist die Notwendigkeit der systematischen Erforschung des isolierten Einflusses von Stoffen auf das Zentralnervensystem als Ansammlung von Zentren, von Ganglien verschiedener zentrifugaler Nerven. Es ist klar, daß ohne dies keine wertvollen Resultate erzielt werden können. Da das Zentrum sich im peripheren Organ zu erkennen gibt, verliert sich bei dieser oder jener Veränderung dieses Organs unter Einfluß des eingeführten Stoffes schon die Basis für ein Urteil über die Wirkung dieses Stoffes auf das Zentrum; indessen häufen sich aber die aus solchen Versuchen gezogenen Schlüsse *(528)* immer mehr und vergrößern damit die Unbestimmtheit und Verwirrung im Bereich der Pharmakologie.

Außerdem fühlt man in der jetzigen Zeit eine dringliche Notwendigkeit nach einer auf Einzelheiten eingehenden experimentellen Gliederung des Zentralnervensystems bei Klärung und Individualisierung der Wirkung verschiedener Nervenstoffe. Es ist offensichtlich, daß der gegebene normale physiologische Zustand des Zentralnervensystems die Resultante verschiedenartigster Erscheinungen der Reizung und ihrer Unterdrückung in verschiedenen Gebieten des Zentralnervensystems ist. Deswegen stört jedes Nervenmittel, unabhängig von der speziellen Wirkungsart, vor allen Dingen dieses bewegliche Gleichgewicht. Das ist es, weswegen sogar entgegengesetzte Stoffgruppen, wie die Gruppe der das Nervensystem erregenden und lähmenden Stoffe, im Anfang ein sehr verwirrtes und unbestimmtes Bild ihrer allgemeinen Wirkung geben.

Oft erscheint es im höchsten Maß schwierig, eine genaue Vorstellung von den Angriffspunkten, der Wirkungsart und seiner Entwicklung und Ausbreitung zu erhalten. Nur eine systematische und ausführliche Gliederung des Zentralnervensystems wird die Möglichkeit geben, an die Lösung der erwähnten Fragen heranzutreten und den dichten Nebel, der augenblicklich die Pharmakologie und damit auch die Therapie des Zentralnervensystems einhüllt, zu zerstreuen.

Als der größte Mangel der heutigen physiologischen Analyse, in ihrer Ganzheit genommen, muß unstreitig der folgende Umstand gelten. Die moderne Physiologie ist fast ausschließlich eine Physiologie der Gewebszerstörung, da sie sich mit der Lebenstätigkeit der Gewebe und deren Bedingungen befaßt. Der Prozeß der Gewebsregeneration nach der Arbeit unterliegt nur wenig der Erforschung. Es ist verständlich, daß Stoffe, die Beziehung zu diesem Prozeß haben (und solche Stoffe muß es geben), bisher in ihrer therapeutischen Wirkung unverständlich sein müssen. Es liegt eine große Wahrscheinlichkeit darin, daß Arsen, Eisen, Quecksilber usw. hierher gehören. Auf den Prozeß der Gewebserneuerung muß sich eine energische pharmakologische Arbeit richten, und ich glaube, daß man die großen Aussichten dieser Bemühungen auf Erfolg nicht bezweifeln kann. Besonders könnten die verschiedenen Vertreter *(529)* des Drüsengewebes, dessen Arbeit sich im mikroskopischen Bild so deutlich widerspiegelt und genau in den Produkten und der Zusammensetzung des Organs ausdrückt, als Objekt für solche Untersuchungen dienen. Im Augenblick beziehen sich solche Untersuchungen fast ausschließlich auf das Muskelgewebe und befassen sich in der Hauptsache mit den Bedingungen des Verschwindens von Gefühlen der Ermüdung, Kraftlosigkeit und nicht mit dem Prozeß der Erneuerung der verbrauchten Stoffe des arbeitenden Muskels selbst. *(530)*

ÜBER DEN TOD VON TIEREN INFOLGE DURCHSCHNEIDUNG DER NN. VAGI[1])

Sehr verehrte Damen und Herren!

Es war schon lange bekannt, daß ein Tier, bei dem eine Durchschneidung der nn. vagi vorgenommen wurde, unbedingt stirbt. Wenn man die mythische Periode dieser Operation beiseite läßt, als keine Garantie bestand, daß alles so gemacht wurde, wie es sich gehört, so werden wir nicht eine einzige Beschreibung finden, wo der Hund nach dieser Operation am Leben bliebe. Es könnte scheinen, daß sogar sehr viele Gründe für diesen Tod bestanden. Wie bekannt, heißt der umherschweifende Nerv nicht umsonst der umherschweifende, da es fast kein einziges Organ in der Bauch- oder Brusthöhle gibt, das von ihm nicht innerviert wird. Deswegen wäre es erstaunlicher, wenn wir dem Umgekehrten begegnen würden, d. h., wenn eine solche große Funktionszerstörung im Körper spurlos vorübergehen, wenn eine Lebensmöglichkeit bestehen würde. Trotzdem hat dies die Physiologie während einiger Jahrzehnte nicht gehindert, die wahren Ursachen des eintretenden Todes zu suchen. Die bei diesen Operationen gestorbenen Tiere unterzog man einer pathologisch-anatomischen Untersuchung, wobei man sich von folgenden Veränderungen überzeugte: 1. wurde eine Schädigung des Herzens festgestellt, die sich in seiner fettigen Entartung ausdrückt; 2. fand man eine Pneumonie und 3. eine Reihe atrophischer Erscheinungen im Darmkanal. Besonders wurde dem zweiten Moment, dem Prozeß in den Lungen, Beachtung geschenkt. Da bald eine sogenannte Schluckpneumonie deutscher Autoren beschrieben wurde, die man mit einem Eindringen *(531)* verschiedener Nahrungsreste oder des Inhalts der Mundhöhle überhaupt in die Kehle infolge einer Störung der Schlundkehlkopfvorrichtung erklärte. Diese Frage ist ausführlich bearbeitet worden, und es wurde als unzweifelhaft anerkannt, daß in diesem Eindringen die Ursache der Pneumonie liegt, denn sobald das Eindringen beseitigt wurde, bestand auch keine Pneumonie. Trotzdem sind Tiere, bei denen die Pneumonie beseitigt war, bei Durchschneidung der nn. vagi gestorben; folglich war dieser Prozeß am Tod nur zum Teil oder überhaupt nicht beteiligt,

---

[1]) Тр. Общ. русск. врачей в СПб. *[Abhandlungen der Gesellschaft russischer Ärzte in St. Petersburg]*, Bd. 61, April 1895, S. 298 bis 302.

und der Tod hatte andere Ursachen. Dann richtete sich die Aufmerksamkeit auf das Herz. Im Herzen bestand zwar eine fettige Entartung, aber erstens eine unbedeutende, und außerdem war für das Herz der Grund anzuführen, daß das sterbende Tier beträchtlich abmagerte, so daß die fettige Entartung des Herzens der Ausdruck eines allgemeinen Prozesses im Körper war. Direkte Untersuchungen des Herzens zeigten, daß mit ihm nichts Besonderes geschieht, daß sich der Blutdruck in den Arterien nicht veränderte, der Rhythmus regelmäßig blieb. Mit einem Wort, es bestand kein Anlaß, die Todesursache der Tiere in einer Störung der Herzfunktion zu suchen. Danach sind zwar im Gebiet der Verdauungsorgane atrophische Erscheinungen gefunden worden, die Todesursache kann mit ihnen jedoch nicht erklärt werden, da das Tier starb, lange bevor es die Grenzen des Hungertodes erreichte, und die Frage blieb somit immer noch ungelöst. Vor zwei Jahren hat der von uns heute geehrte Physiologe, Carl Ludwig, im Alter von 77 Jahren seine Aufmerksamkeit auf diesen Gegenstand gerichtet, und es ist unter seiner unmittelbaren Leitung und mit seiner Unterstützung aus seinem Laboratorium eine Arbeit von Krehl herausgekommen.

Krehl und Ludwig begannen damit, daß sie die nn. vagi in verschiedenen Höhen durchschnitten, um allmählich zu den Ästen des n. vagus zu kommen, deren Durchschneidung einen tödlichen Operationsausgang bedingt. Zuerst durchschnitten sie den n. vagus gleich unter dem Diaphragma und überzeugten sich in Übereinstimmung mit den früheren Untersuchungen, daß dies nichts Besonderes nach sich zieht. Das Tier fährt fort, ein normales Leben zu führen. Jetzt war es interessant, einen Schritt weiter nach oben zu gehen, weshalb von Ludwig eine neue Operation zur Durchschneidung beider nn. vagi in der Brusthöhle vorgeschlagen wurde. Ludwig lehnte die alte Methode von Claude Bernard ab, blindlings mit Hilfe *(532)* des Fingers zu operieren; er führte künstliche Atmung durch und eröffnete die Brusthöhle, wonach die nn. vagi unter dem Abgang der Lungenäste durchschnitten wurden. Das Tier überstand die Operation gut und blieb am Leben. Folglich war es klar, daß bei Durchschneidung von Fasern des n. vagus, die zu den Bauchorganen ziehen, keine Gefahr besteht.

Danach gingen die Autoren noch höher, und zwar unternahmen sie eine Durchschneidung des rechten Nerven unter dem n. laryngeus inferior und des linken am Hals. Somit blieben bei dieser Durchschneidung die Herzäste auf der einen Seite unversehrt, auf der anderen dagegen war alles durchschnitten. Bei dieser Operation starben alle Tiere. Daraus folgt, daß die Grenze der notwendigen Äste des n. vagus sich unter dem Abgang des n. laryngeus inferior und über den Lungenästen befindet. Indem sie dieses Resultat ausführlich analysieren, behaupten Krehl und Ludwig, daß es entweder durch das Entnerven der Lungen bedingt sein kann oder durch Lähmung der Speiseröhre, denn bei dieser Durchschneidung leiden die Äste der Speiseröhre, oder daß es schließlich möglich ist, daß bestimmte Magenäste, die vom n. vagus in die Wände der Speiseröhre oberhalb der Lungenäste eintreten, durchschnitten werden. Beim Vergleich dieser Vermutungen mit dem Todesbild kommen Krehl und Ludwig zur Schlußfolgerung, daß die Ursache des tödlichen Ausgangs solcher Operationen mit sehr großer Wahrscheinlichkeit nicht in den Lungen liegt, sondern in der Funktionsschädigung des Verdauungskanals infolge einer Durchschneidung der Speiseröhrenäste und der hoch vom n. vagus abgehenden sekretorischen Nerven des Verdauungskanals. Dazu veranlaßte die Autoren eine sorgfältige Untersuchung der Verdauung im Magen solcher Hunde, bei denen eine sehr große Fistel angelegt wurde, die zu sehen erlaubte, wie lange die Nahrung im Magen bleibt, wie sich die Peristaltik verändert, die Reaktion des Inhalts usw. Dies alles führte zu der Überzeugung, daß die Todesursache in einer großen Störung der Funktion des Verdauungskanals liegt. Es ist kein einziges Mal gelungen, die Anwesenheit von Salzsäure festzustellen; in den Nahrungsmassen des Magens beobachtete man eine Fäulnis, so daß KREHL und LUDWIG schließlich entschieden, daß der Tod bei Durchschneidung der nn. vagi aller Wahrscheinlichkeit nach von einer Vergiftung mit Produkten des Fäulniszerfalls der Nahrung abhängt. *(533)*

Ich befinde mich jetzt in der glücklichen Lage, beweisen zu können, daß dieser Gedanke LUDWIGS vollkommen richtig war. Diese Möglichkeit ergab sich für mich deswegen, weil ich in der letzten Zeit bei Arbeiten über die Verdauung ziemlich tief in den Mechanismus der Verdauungsarbeit eindrang und alle in ihr vorkommenden Störungen bis zu einem bestimmten Ausmaß bewußt kompensieren konnte. Nachdem ich dies alles tat, erreichte ich, daß bei einer solchen Operation, wie sie KREHL und LUDWIG machten, der ihr unterworfene Hund am Leben blieb. Diesen Fall werde ich ausführlich beschreiben.

In der zweiten Woche des großen Fastens habe ich bei einer öffentlichen Vorlesung über die Verdauung zur Demonstrierung des sekretorischen Einflusses des n. vagus auf den Magen vor allen Dingen eine Magenfistel angelegt und den rechten n. vagus gleich unter der Abgangsstelle des n. laryngeus inferior durchschnitten. Bei einem solchen Hund ist dann die Ösophagotomie durchgeführt worden. An unserem Hund machte man in der Vorlesung einen Versuch mit sogenannter Scheinfütterung, und als Antwort auf eine Reizung floß nach bestimmter Zeit aus dem Magen Saft. Außerdem ist ebenfalls in der Vorlesung bei diesem Hund der linke n. vagus am Hals durchschnitten worden. Zwei bis drei Minuten nach der Operation wurde wieder eine Scheinfütterung durchgeführt, und jetzt wurde nicht ein Tropfen Magensaft abgesondert. Als der Hund das gleiche Bild wie bei KREHL und LUDWIG zeigte, faßte ich den Gedanken, sein Leben zu erhalten, da ich wie diese Autoren als wahrscheinliche Todesursache die eintretende Störung der Verdauung annahm. Infolgedessen wurde für den Hund die folgende Ordnung hergestellt: Der Hund erhielt zweimal täglich Nahrung. Jedesmal, bevor die Fütterung durch die Magenfistel unternommen wurde, machte man eine Spülung mit Wasser, wobei streng bestimmt war, nichts durch die Speiseröhre einzuführen, sondern nur durch die Magenfistel. Es besteht kein Zweifel, daß im Komplex der Verdauungsstörung die Störung der Kardiafunktion, die sich im Fehlen normaler Regulation dieses Mageneinganges bemerkbar macht, keine geringe Rolle spielt. Größtenteils besteht ein Kardiaschluß, weswegen die eingeführte Nahrung sich bei einer Verbindung mit der Mundhöhle, anstatt in den Magen zu gelangen, in den unteren Abschnitt der Speiseröhre staut und eine Ursache *(534)* für reflektorische Bewegungen abgibt: Es entsteht ein brechähnlicher Akt. Um piesem Nachteil zu entgehen, führten wir die Nahrung direkt in den Magen ein und umgingen auf diese Weise die Speiseröhre und die Kardia.

Somit begann jed. Fütterung mit einer Magenspülung. Da wir wissen, daß vom n. vagus die anfängliche Absonderung des Magensaftes abhängt, die Absonderung des „Zündsaftes", und sie folglich beim Fehlen des n. vagus nicht beginnen wird, so bemühten wir uns, diesen Mangel zu ersetzen und führten deswegen in den Magen eine Bouillon ein, von der wir wissen, daß sie ein chemischer Erreger des Magens ist, ein Erreger, der die Arbeit des Magens auslöst, wahrscheinlich mit Hilfe des n. sympathicus. Nach Einführung der Bouillon beließen wir sie für eine halbe Stunde, wobei wir mit Hilfe eines Gummischlauchs und eines Trichters bequem die Reaktion des Mageninhalts beobachteten und bemerken konnten, daß diese Bouillon allmählich sauer wurde und nach einer halben Stunde eine intensiv saure Reaktion ergab. Als es uns auf diese Weise gelungen war, die Schleimhaut zur Tätigkeit zu bringen, haben wir zur Ernährung bestimmte Stoffe eingeführt. Wir beachteten dabei den Umstand, daß die hauptsächlichen sekretorischen Nerven fehlten und versuchten, diesem Nachteil entgegenzutreten, indem wir nach 1½ bis 2 Stunden Magensaft von anderen Hunden eingossen, der mit Hilfe einer Scheinfütterung erhalten wurde. Nach 12 Stunden wiederholte sich der gleiche Vorgang, d.h. Leerung des Magens von Speiseresten, Eingießen der Bouillon zum Anreiz, Einführen des Futters und Zugeben des Magensaftes. Es ist ein Resultat erhalten worden, wie wir es erwartet haben: Der Hund ist mit seiner schwierigen Lage durchaus fertig geworden, und es sind schon zwei Monate vergangen, und er lebt noch. Während dieser Zeit haben wir kein einziges Mal im Mageninhalt Fäulnisgeruch entdecken können; die Verdauung war normal, die Nahrung wurde zur rechten Zeit verdaut, und es blieben nur kleine Reste. Das abschließende Eingießen des Magensaftes war nicht überflüssig, da sich ohne ihn die Menge der Nahrungsreste vergrößerte und das Gewicht des Tieres nicht so gut hielt. Zum Abschluß muß ich sagen, daß unser Hund nicht nur lebt, sondern sich sogar erholt. Nach der Operation war er stark abgemagert, jetzt aber hat er um 3 Pfund an Gewicht zugenommen. Ich glaube, daß die Zunahme noch weitergehen wird. Außerdem füge ich noch hinzu, daß unser Hund mit der Veränderung seiner Funktion unzweifelhaft beweist, *(535)* daß die Operation der Durchschneidung in der richtigen Weise vor sich gegangen ist: Im ganzen nur 4 Atemzüge, was auf eine Lähmung des Lungenteils des n. vagus hinweist; die sekretorischen Nerven des Magens sind unzweifelhaft gelähmt, da bei der Scheinfütterung nicht ein Tropfen Magensaft erhalten wird.

Somit glaube ich, daß dank einer der letzten Arbeiten des alten Ludwig die geheimnisvolle Frage über den Mechanismus des Todes infolge Durchschneidung der nn. vagi seine Lösung gefunden hat. *(536)*

Gruppe der ersten Praktikanten des Instituts für experimentelle Medizin, Mai 1893

Stehend (von links nach rechts): P. N. Konowalow, A. N. Mokejew, N. J. Kettscher, J. M. Jablonski, S. A. Ostrogorski, W. G. Uschakow. Sitzend (von links nach rechts): N. M. Becker, G. S. Schubenko, Prof. N. P. Simanowski, Prof. I. P. Pawlow, J. O. Schumowa-Simanowskaja, N. J. Tschistowitsch, W. W. Kudrewezki. Vorn sitzend (von links nach rechts): B. W. Werchowski, I. L. Dolinski, A. F. Samoilow.

ÜBER DAS WEITERLEBEN VON HUNDEN MIT DURCHSCHNITTENEN NN. VAGI[1])

Sehr verehrte Kolleginnen und Kollegen!

Wenn der Tod eines elementaren Organismus noch ein Geheimnis ist, so hört der Tod des komplizierten Organismus vom Gesichtspunkt der Naturwissenschaft aus schon auf, ein Geheimnis zu sein; hier gibt es viele verschiedene ungelöste Fragen, die einer Lösung harren, aber kein Geheimnis. Das Untersuchungsobjekt ist hier der Mechanismus des Todes, die Art, auf welche Weise der Tod vor sich gegangen ist; das ist der ständige Gegenstand der Untersuchung der Frage auf diesem Gebiet. Gewöhnlich bestimmen der Physiologe wie der Arzt den Bruch, der im gegebenen Moment im Organismus besteht, klären seine Bedeutung und bemühen sich, diesen Bruch zu beseitigen und zu ersetzen, dem geschwächten Organismus zu helfen oder seine Tätigkeit angesichts des nicht wiedergutzumachenden Bruchs zu beschränken. Es kann nicht unbemerkt bleiben, daß dieser Punkt einen Triumph der Naturwissenschaft darstellt, den Wert der Medizin und den Beweis der Richtigkeit der physikalisch-chemischen Anschauung des Lebens. Wir gehen weiter: Wenn in den höheren Lebensäußerungen die Praxis wie die Wissenschaft auf dem physikalisch-chemischen Standpunkt stehen, so besteht kein logischer Anlaß zu bezweifeln, oder es hat wenigstens jeder Mensch das Recht zu erwarten, daß sich das gleiche auch in den unteren Lebensäußerungen, in ihren tiefen Schichten, erweisen wird. Wenn wir das vorläufig über die Zellen und Zellteile nicht sagen können, so nur deshalb, weil hier unser Wissen noch sehr beschränkt ist. Als Illustration zu dieser allgemeinen Lage wird der heutige Bericht dienen, dessen Thema *(637)* der Mechanismus des Todes ist und folgerichtig das Vorbeugen des Todes derjenigen Tiere, bei denen der n. vagus durchschnitten ist. Diese Operation ist schon vor sehr langer Zeit ausgeführt worden, die wissenschaftliche Bearbeitung der Frage fällt jedoch auf den Beginn des jetzigen Jahrhunderts, und ich werde mich bemühen, eine kurze Übersicht der Arbeiten in dieser Zeit zu geben.

---

[1]) Тр. Общ. русских врачей в СПб. *[Abhandlungen der Gesellschaft russischer Ärzte in St. Petersburg]*, Bd. 63, März und Juni, 1896. — Больн. газета Боткина [Botkins *Klinische Zeitung]*, 1889, S. 45 — 60.

Da der n. vagus über ein gewaltiges Wirkungsgebiet im Organismus verfügt und die Rolle dieses Nerven sich mit jedem Jahr komplizierte, so ist es vollkommen verständlich, daß auch die Deutungen der Todesursache durch die Durchschneidung außergewöhnlich variierten, und man kann jetzt sagen: Wieviel Funktionen beim n. vagus, fast soviel Erklärungen für den Tod gibt es auch. Schließlich treffen wir jedoch in den letzten Abhandlungen und Lehrbüchern auf eine immer noch ungelöste Frage. Einerseits gibt es viele Autoren, die direkt behaupten, daß im Tod der Tiere nach Durchschneidung des n. vagus am Hals irgend etwas Geheimnisvolles sei wieviel Erklärungen für diesen Tod auch gegeben sein mögen. Andererseits werden Stimmen laut, daß es umgekehrt rätselhaft und geheimnisvoll wäre, wenn bei solcher Vernichtung der Funktionen im Körper des Tieres dieses am Leben bliebe. Dies ist wohl das letzte Wort in der Wissenschaft. In Wirklichkeit verhält es sich jedoch nicht so, und bei kaltblütiger Betrachtung des Stoffs muß man zu dem Schluß kommen, daß die Frage im Gegenteil geklärt ist und in unserer vollen Gewalt steht. Deswegen muß ich, wenn auch flüchtig, alle Erklärungen, die sich auf den Todesprozeß beziehen, durchgehen; andererseits sind von ihnen diejenigen herauszustellen, die am meisten begründet sind und die wirkliche Ursache des Todes mit der Möglichkeit, sie zu beseitigen, zeigen. Die Betrachtung der Ursachen werde ich in anatomischer Reihenfolge beginnen.

Das erste vom n. vagus innervierte Organ ist der Kehlkopf. Die Veränderungen, die bei Lähmung des n. vagus am Hals eintreten, werden erstens eine Verengerung der Stimmritze und eine mehr oder weniger fixierte Lage derselben sein, während sie normalerweise ihr Lumen ständig ändert, sich an die Atemphasen und andere Bedingungen anpaßt. Weiterhin tritt die Unmöglichkeit ein, diese Spalte beim Schlucken zu schließen. Damit die Nahrungsmengen nicht in die Atemwege gelangen, schließt sich die Stimmritze, und dadurch wird verhindert, daß Fremdkörper *(538)* in die Lungen gelangen. Deswegen behaupten einige, daß infolge einer Verengerung und einem Fehlen der Erweiterung der Stimmritze bei der Einatmung das Tier an Asphyxie durch Störung des normalen Gasaustauschs stirbt, andere richten die Aufmerksamkeit speziell darauf, daß sich die Stimmritze während des Schluckens nicht schließt und glauben, daß die Todesursache darauf beruht, daß aus der Mundhöhle in die Lunge Speichel und Nahrung gelangt, dort fault und infolgedessen eine Reizung des Gewebes und der tödliche pneumonische Prozeß entstehen. Weiterhin steht der n. vagus in anatomischer Beziehung zu den Lungen, und es gibt viele Autoren, die den Prozeß in den Lungen für den tödlichen Ausgang der operierten Hunde verantwortlich machen, um so mehr, weil die Lungen sich in einem pathologischen Zustand befinden. Eine große Anzahl von Autoren stellt dort einen pneumonischen Prozeß verschiedenen Charakters fest. Die einen glauben, daß die Lungenerkrankung nach Durchschneidung des n. vagus damit verbunden ist, daß eine große Dehnung der traumatisierten Lungen besteht. Es ist bekannt, daß nach Durchschneidung des n. vagus eine Verlangsamung der Atmung eintritt, daß sich der Typ der Atmung ändert, daß sie selten, jedoch außergewöhnlich tief wird. Weiterhin macht man darauf aufmerksam, daß bei Durchschneidung des n. vagus vielleicht der bronchiale n. vagus gelähmt wird, d.h. Nerven, die die Bronchialmuskulatur innervieren, und es deshalb zu einer Stauung der Luft und des Schleimes in den Lungenästen kommt und schließlich und endlich der Gasaustausch selbst gestört wird. Außerdem besteht die Anschauung, daß der n. vagus als vasomotorischer Nerv nach der Durchschneidung eine Hyperämie der Lungen hervorruft, die zu Verengerung des Lungenraums in den Alveolen, zu Exsudaten, zu einer äußerst leichten Verletzbarkeit und Reizbarkeit führt, was die örtliche Entstehungsursache pathologischer Prozesse ergibt. Schließlich gibt es noch einige Autoren, die glauben, daß der Tod durch Überanstrengung der Atemmuskeln eintritt.

Danach folgt das Herz. Der n. vagus steht zu ihm in einer völlig bestimmten Beziehung als hemmender Nerv. Nach seiner Durchschneidung schlägt das Herz schneller, und man stellte sich daher vor, daß der Tod durch eine Lähmung des Herzens entstehen konnte. Einige glaubten, daß im n. vagus trophische Herznerven enthalten sind, deren Durchschneidung eine Ursache zur Entartung oder Atrophie des Herzens ist. *(539)*

Weiterhin beschuldigte man am Tod die Störung des Verdauungskanals, weil der n. vagus in einer vollkommen bestimmten Beziehung zum Verdauungskanal steht, der motorische Nerv des Kehlkopfs, der Speiseröhre, des Magens und des Darmes ist, wobei die Autoren ihre Aufmerksamkeit darauf gerichtet haben, daß unter Einfluß einer Durchschneidung des n. vagus eine Lähmung der Magenöffnungen eintritt, z.B. ein halb geschlossener Zustand der Kardia, wodurch sich bei normalem Fressen die Nahrung in der Speiseröhre staut und der Tod durch Erschöpfung oder Erbrechen vor sich geht. Schließlich ist in der letzten Zeit genau die Funktion des n. vagus als des sekretorischen Nerven der Hauptdrüsen des Magens und der Bauchspeicheldrüse bestätigt worden, und man kann glauben, daß seine Durchschneidung den Verdauungsprozeß entweder zum Stillstand bringt oder entstellt, was sich auf die Gesundheit des Tieres entweder auf dem Weg einer Erschöpfung oder im Fehlen der normalen Saftmenge auswirkt. Infolge der Fäulnis der Nahrung bilden sich Fäulnisprodukte, die das Tier töten. Somit sehen Sie eine ganze Reihe Erklärungen für die Todesursache bei Durchschneidung des n. vagus. Es gibt hier natürlich begründete und unbegründete Ursachen. Sehen wir die Erklärungen noch einmal durch und verlangen für jede eine richtige Begründung. Beim Beweis für die Richtigkeit dieser oder jener Erklärung haben sich die Autoren natürlich aller Befunde bedient, sie achteten auf die Todesart des Tieres, auf das Bild des Todes und führten nach dem Tod pathologisch-anatomische Untersuchungen durch. Am häufigsten wurde eine Durchschneidung einzelner Äste dieses Nerven vorgenommen. Wir wollen unsere Betrachtungen wieder von oben beginnen. Das Schließen der Stimmritze ist eine Tatsache, die als genaue These der Physiologie angesehen wird, und der Tod ist auf Grund dieses Vorgangs vollkommen wahrscheinlich. Die Tiere, besonders junge, und z.B. Katzen, sterben in einer halben bis drei Stunden unter dem unstreitigen Bild einer Asphyxie infolge der Durchschneidung eines der nn. laryngei inferiores, so daß man dieses Moment als wirksames Moment betrachten muß.

Die nächste Tatsache, die Unfähigkeit der Ritze, sich während des Schluckens zu schließen, muß ebenfalls in Betracht gezogen werden. Seziert man ein Tier mit durchschnittenem n. vagus, so finden Sie in der Trachea und den Bronchien faulenden Speichel und Speisereste, was logischerweise einen pneumonischen Prozeß und den Tod bedingt. *(540)*

Die paralytische Hyperämie (auf der SCHIFF bestand) kann nicht als bewiesen betrachtet werden. Es handelt sich darum, daß die Frage ungelöst ist, ob der n. vagus der vasomotorische Lungennerv ist. Wenn jedoch der n. vagus wirklich ein vasomotorischer Nerv der Lungen wäre und die paralytische Hyperämie die Ursache zur Zusammenziehung der Trachea gäbe, so müßte man bei Durchschneidung eines n. vagus die gleiche Wirkung erwarten. Es ist jedoch bekannt, daß eine einseitige Durchschneidung fast gar keinen Einfluß hat.

Bezüglich des Herzens gehen die Meinungen ebenfalls ziemlich auseinander. Es gibt jedoch Tatsachen, die glauben machen, daß die Erhöhung der Herzfrequenz nach Durchschneidung nicht am Tod schuld ist. Was die trophische Wirkung betrifft, so hat scheinbar ihre Durchschneidung ebenso wie eine Durchschneidung der hemmenden Fasern keinen Einfluß. Nichtsdestoweniger gibt es Autoren, die behaupten, daß bei Durchschneidung des n. vagus im Herz Erscheinungen auftreten, die auf eine Störung seiner Ernährung oder auf eine fettige Entartung hinweisen, und einige stellten sogar einen degenerativen Prozeß fest, eine körnige Entartung usw.

Was die Todesursachen betrifft, die in einer Störung des Verdauungskanals liegen, so hat hier in letzter Zeit besonders die Störung der Verdauungsfunktion die Aufmerksamkeit auf sich gelenkt. Nicht ohne Bedeutung bleibt natürlich die Störung der Kardiainnervation. Wenn nach Durchschneidung des n. vagus ein Schließen der Kardia eintritt, so häuft sich im unteren Ende der Speiseröhre, das sich erweitert, die Nahrung an. Sie fault und wird erbrochen, wobei nichts in den Magen gelangt. Schließlich die letzte Tatsache, die von LUDWIG und KREHL besonders bearbeitet und herausgestellt wurde: Das ist die Störung der Verdauungsarbeit, wobei von sehr vielen Autoren festgestellt wird, daß bei solchen Tieren im Magen (bei einer Magenfistel) an Stelle der Verdauung Fäulnis der Nahrung vor sich geht. Es ist verständlich: Wenn Magen und Eingeweide der Ort eines intensiven Fäulnisprozesses sind, so kann dies nicht gleichgültig bleiben und muß zur Erkrankung und sogar zum Tode führen.

Somit bleiben wir nach der Übersicht der Erklärungen beim Verschluß der Stimmritze stehen, der zur Asphyxie führt, da die Ritze während des Schluckens nicht geschlossen wird, *(541)* außerdem bei der Fehlfunktion der Kardia und der abartigen Funktion des Magen-Darmkanals.

Ich habe schon darauf hingewiesen, daß Autoren versucht haben, eine Durchschneidung des n. vagus in verschiedener Höhe durchzuführen. SCHIFF, der diese Frage genau lösen wollte, machte eine Durchschneidung des n. vagus unter dem Diaphragma und überzeugte sich, daß das Tier dies verträgt, als ob nichts geschehen wäre. Diese Beobachtung beeinflußte und beeinflußt in bedeutendem Maße die Lösung der Frage, denn obwohl viele Autoren unzweifelhaft bei Durchschneidung des n. vagus am Hals eine Störung der Verdauung feststellten, so haben sie dem nicht die nötige Bedeutung zugeschrieben. Dabei ist die Erklärung ganz einfach. Die Durchschneidung des n. vagus unter dem Diaphragma bewirkte keine Lähmung des ganzen Bauchvagus. Seine Bauchfasern konnten in die Wand der Speiseröhre ziehen, von da in den Magen übergehen und in einer bestimmten Beziehung zu seiner Funktion stehen. Schiff durchschnitt die Nerven, hat jedoch nicht alle Schichten der Kardia völlig durchschnitten. Deswegen konnten Fasern, die höher in der Wand verliefen, bis zum Magen gelangen. Um sich besser in diesen Tatsachen zu orientieren, versuchte man, eine Durchschneidung des n. vagus in der Brusthöhle etwas oberhalb des Diaphragma vorzunehmen, und man sah ebenfalls keine besonders schädlichen Nachwirkungen. Danach kam der Gedanke auf, noch höher zu gehen und nicht nur den Bauchteil des n. vagus, sondern auch seine Lungenäste zu durchschneiden. Zu diesem Zweck durchschnitt man den n. vagus auf der linken Seite am Hals und den rechten unter dem Abgang der Herzäste und des n. laryngeus inferior, so daß dies eine Lähmung des Bauch- und Lungennerven auslöste, jedoch keine Lähmung des Herz- und Kehlkopfnerven. Alle Autoren beginnen vom Jahr 1874 an, als diese Operation erstmalig angewandt wurde, sie auszuführen und fanden, daß sie tödlich verlief.

Inzwischen ist bei einem der letzten Autoren, nämlich bei Schiff, ein anderes Resultat erhalten worden. Im vorigen Jahr begann Schiff dank dem Eifer eines seiner früheren Schüler (Gerzen) seine gesammelten Aufsätze herauszugeben; er beschränkte sich nicht auf das Abdrucken seiner Hefte allein, sondern er las seine alten Arbeiten und machte zu ihnen Anmerkungen auf Grund der angesammelten Erfahrung und neuer Ansichten. Nun berichtete er in einer der Übersichten, die dem Band I beigelegt sind, daß er auch eine Operation der Durchschneidung des linken n. vagus am Hals und des rechten *(542)* unterhalb der Herzäste unternahm und daß die Tiere bei ihm von 18 Tagen bis $6^1/_2$ Monaten weiterlebten. Weiterhin macht er darauf aufmerksam, daß bei diesen Hunden anfangs erschwertes Schlucken bestand, das sich jedoch bald ausglich; die Veränderungen der Atmung jedoch, die tiefer und seltener wurde, hielten sich bis zu 3 Wochen, glichen sich danach ebenfalls aus, und das Tier zeigte nichts Besonderes.

Über diese Arbeit muß ich sagen, daß sie leider den Charakter physiologischer Erinnerungen trägt. Es wird z. B. nicht davon gesprochen, wieviel Tiere bei Schiff am Leben blieben. Wenn man danach urteilt, daß er im Jahre 1894 schreibt, daß er diese Operation früher als Genzmer ausführte, der sie schon im Jahre 1874 machte, so muß man annehmen, daß diese Erinnerungen sich auf 20 bis 30 Jahre zurückbeziehen. Es kommen Ungenauigkeiten vor: An der besonderen Stelle, wo er über den Tod der Tiere bei Ausarbeitung dieser Operationsmethode spricht, weist er auf einen Tod der Tiere nach 18 Tagen bis $6^1/_2$ Monaten hin; an einer anderen Stelle, wo er über die Verlangsamung der Atmung unter dem Einfluß einer Durchschneidung des n. vagus spricht, führt er einen Versuch an, in dem der Tod nach 10 Tagen eintrat.

Schließlich muß man von den letzten Arbeiten über eine Erklärung der Todesursachen bei Durchschneidung des n. vagus auf die Arbeit von Gerzen hinweisen. Vor GERZEN zeigte VAN LIEHR, daß diese Tiere weiterleben, auch wenn ein n. vagus, der rechte oder der linke, und nach einigen Monaten der andere durchschnitten wird. VAN LIEHR erklärt dies damit, daß der 10 Monate früher durchschnittene n. vagus zusammenwächst und somit immer nur ein n. vagus unterbrochen ist und nicht beide. Ich erwähne diese Arbeit deswegen, um darauf aufmerksam zu machen, daß VAN LIEHR kategorisch erklärt, daß bei Ausführung der Durchschneidung früher als 10 Monate das Tier unbedingt stirbt. Als GERZEN diesen Versuch analysierte, er stellte sich die Sache anders vor. Da er auf dem Gesichtspunkt von SCHIFF stand, daß die Lungenerkrankung die zum Tod führende Ursache des Tiers ist und daß sie einen neuroparalytischen Charakter hat, entschloß sich GERZEN, der Sache abzuhelfen, indem er die schädliche Bedingung beseitigte. Er stellte folgende Überlegung an: Wenn sich in anderen Gebieten nach Durchschneidung gefäßverengernder Nerven die Gefäße nach 2 bis 3 Monaten allmählich verengern und ausgleichen, so wäre auch in den VAN LIEHRschen Versuchen das Weiterleben *(543)* der Tiere bei großen Zeiträumen zwischen den beiden Durchschneidungen der nn. vagi dadurch bedingt, daß sich die Hyperämie von der ersten Durchschneidung des n. vagus ausgleichen konnte und deswegen nicht eine gleichzeitige maximale Hyperämie, sondern eine partielle bestand und die Lebensaussichten sich damit erhöhten. Das zweite, was er in Betracht zog, war, daß aus dem Pharynx in die Lungen Speisen und Speichel gelangen konnten, die eine Ursache zur Pneumonie liefern. Deshalb fütterte er die Tiere durch eine Magenfistel. Indem er diese beiden Sachen vereinigte, glaubte er, in dem Kampf mit dem Tod zu siegen, und seine Versuche haben in der Tat der Vermutung anscheinend Recht gegeben. An zwei Hunden legte er Magenfisteln an und lähmte bei dem einen den n. vagus; danach wartete er bei einem Hund $4^1/_2$ Monate, beim anderen 6 Monate und durchschnitt dem anderen den n. vagus. Nach der zweiten Durchschneidung fütterte er die Hunde durch die Fistel, und sie lebten. Dies überzeugte ihn davon, daß die wahre Todesursache in den erwähnten zwei Momenten liegt. Von den auf diese Weise operierten Hunden lebte der eine 4 Monate und 23 Tage, der andere 3 Monate und 3 Wochen — Größen, die zuvor in der Literatur nicht vorkamen.

So verhielt sich diese Angelegenheit, als ich im Februar vorigen Jahres zur Lösung der gleichen Frage einen Hund benutzte, der für meine öffentlichen Vorlesungen über die Verdauung diente. Dieses Tier war ösophagotomiert und gastrotomiert. Da man aus den vorhergehenden Versuchen (meinen mit N. A. SCHUMOWA-SIMANOWSKAJA und denen von KREHL mit LUDWIG) ersehen konnte, daß trotz der Fütterung durch den Magen die Tiere beim Auftreten einer ungenügenden Magenverdauung starben und die ihnen zugeführte Nahrung faulte, wobei LUDWIG und KREHL die Ehre gebührt, daß sie zuerst auf die Vergiftung durch Produkte einer ungenügenden Verdauung als die wesentliche Todesursache hingewiesen haben, kam mir der Gedanke, diesen schädlichen Einfluß zu vermeiden, und es gelang mir in der Tat, bei sorgfältiger Pflege das Gewünschte zu erreichen. In meinen Augen ist dieser Versuch entscheidend. Wir haben jetzt erreicht, daß die Nahrung verdaut wird, und halten die Tiere bei dieser Ordnung monatelang. In Anbetracht eines gewissen besonderen Symptoms, das bei diesemHund bestand, glaubte ich berechtigt zu sein, anzunehmen, daß die vollständige Durchschneidung der nn. vagi unzweifelhaft ist. *(544)* Die Sache ist die, daß bei meinem ersten Hund Burka, den ich hier 2 Monate nach überstandener Operation bei gutem Allgemeinzustand vorgezeigt habe, eine außergewöhnlich langsame Atmung bestand. Gleich nach Durchschneidung waren es 8 bis 9 Atemzüge in der Minute, danach fielen sie allmählich und blieben nach 1 bis 1 1/2 Monaten bei 5 stehen. Dieser Umstand hat diesen Hund aus dem Kreis anderer bei SCHIFF vorhandener Hunde vollkommen hervorgehoben. SCHIFF teilt mit, daß der Hund drei Wochen lang eine unnormale Atmung zeigte und daß diese dann normal wurde. Unserem Hund kann man nichts vorwerfen. Er fühlte sich gut und trotzdem zeigte er eine Atemfrequenz von 4 bis 5.

Auf welche Weise konnte bei SCHIFF die Atmung normal sein?

Wahrscheinlich blieb bei ihm ein Teil der Lungenäste unversehrt. Anders kann man die Resultate nicht in Einklang bringen, und wenn sich das so verhält, so lag bei ihm keine vollständige Lähmung vor, und seine Versuche konnten nicht zum Vergleich herangezogen werden. Bei meinem ersten Hund wurde 39 Tage nach Durchschneidung des rechten n. vagus unter dem n. laryngeus inferior und dem ramus cardiacus der linke (am 24. Februar) durchschnitten. Der Hund fühlte sich weiterhin gut, und im Monat Mai durchschnitt ich den rechten n. vagus am Hals. Auf den Hund hat das keinen merklichen Einfluß ausgeübt. Am ersten Tag nach der Operation war der Hund etwas langweilig, erholte sich aber nach einem Tage. Seit dem Sommer fühlt sich der Hund merklich besser und besser. Anfangs nahm er an Gewicht ab (nach Durchschneidung des ersten n. vagus), und nach der zweiten Durchschneidung erholte sich der Hund; im Monat September sah er ausgezeichnet aus, wies normales Gewicht auf, und ich konnte ihn ohne Gefahr anhalten, hinter einem Pferd herzujagen. Es ist interessant, daß solch ein scheinbar vollkommen gesundes Tier den früheren Atemrhythmus, 4 bis 5 in der Minute, beharrlich beibehielt, eine Atmung, wie sie typisch für die Zeit nach Durchschneidung des n. vagus ist: außergewöhnlich langsame Einatmung, danach aktive energische Ausatmung und eine sehr lange Pause. Dieses Tier lebte bis zum Monat November und überzeugte mich soweit, daß der Tod besiegt ist, daß ich es für möglich halte, bei dem Tier mit anderen Versuchen zu beginnen und die erste Frage als gelöst zu betrachten. In den ersten Novembertagen begann ich die Unvorsichtigkeit, mit ihm einen Versuch mit Öl zu machen. Ich wollte das Fehlen einer Reizwirkung auf den Magensaft bei Öl beweisen. *(545)* Zu diesem Zweck habe ich 100 cm^3 ol. provinciale eingegossen und keinen Saft erhalten. Danach habe ich das Öl wieder ausgegossen und mich davon überzeugt, daß es eine Verzögerung in der Tätigkeit der Magenschleimhaut hervorruft, da gewöhnlich eine eingegossene Bouillon nach 5 bis 10 Minuten sauer wird und hier nicht einmal nach 2 Stunden eine Wirkung zu sehen war. Damit gab ich mich zufrieden und habe ganz außer acht gelassen, daß der Hund ohne n. vagus ist und seine sekretorischen Kräfte geschwächt sind. Der Diener fütterte ihn durch den Magen und berichtete mir nach 2 Tagen, daß der Hund Durchfall hat. Bei Betrachtung des Magens wurde in ihm eine große Menge unverdautes Öl gefunden. Gleichzeitig fiel auf, daß den Verdauungsorganen ein pathologischer Zustand zugefügt wurde, daß der Magen sich empfindlich zeigte, Erbrechen, verstärkte Gefäßzeichnung und ein sehr starker Speichelfluß auftraten. Anfangs haben wir nach der Besichtigung fest entschieden, daß bei Erkrankung des Verdauungskanals durch eine nicht angebrachte Fütterung das einzige Mittel ist, den Hund auf Diät zu setzen. Dies gibt ein gutes Resultat. Alle Erscheinungen gehen zurück, die Temperatur wird fast normal, aber es fehlte uns hier die Ausdauer, und aus besonderen Überlegungen haben wir ihm ein halbes Pfund Fleisch in den Magen eingegeben. Dies erwies sich als tödlich, die Temperatur stieg an, es zeigte sich blutiger Durchfall, Erbrechen und nach zwei Tagen der Tod. Dieser Hund starb 9 Monate nach $1^1/_2$facher Durchschneidung der nn. vagi und 6 Monate (minus 12 Tage) nach ihrer endgültigen Durchschneidung.

Bei der Sektion wurde das Hauptaugenmerk natürlich auf jene Organe gerichtet, von denen man glauben konnte, daß sie irgendwie geschädigt wurden, und es stellte sich heraus, daß gar keine chronischen Prozesse, die einen Tod erwarten lassen, außer der akuten Erkrankung des Verdauungskanals vorhanden waren. Der Herzmuskel war vollkommen normal. Nikolai Wassiljewitsch Uskow hat ihn lediglich etwas hypertrophiert gefunden. Die Schlußfolgerung über die Hypertrophie zog er aus der im Vergleich zum normalen Muskel sehr stark ausgedrückten Querzeichnung. In den Lungen waren gar keine chronischen Prozesse, interstitiellen Prozesse oder Narben, es gab einige frische knötchenartige Herde einer katarrhalischen Pneumonie. Dies ist jedoch nicht von Interesse; jeder Hund, der langsam bei hoher Temperatur und Fehlen von Nahrung stirbt, unterliegt *(546)* einer katarrhalischen Pneumonie. In anderen Organen war nichts Besonderes zu bemerken. Gleichzeitig mit diesem Hund, an dem ich die bekannte Schlußfolgerung über den Mechanismus des Todes und über die Möglichkeit, das Tier zu erhalten, machte, bin ich im September zur Vorbereitung eines anderen Hundes (Scharik) herangetreten. Mit ihm bin ich ebenso verfahren wie mit Burka. Zuerst wurde er gastrotomiert und ösophagotomiert. Am 9. September wurde der rechte n. vagus unter dem n. laryngeus inferior durchschnitten, danach am 19. September der linke n. vagus am Hals und am 26. September der rechte n. vagus am Hals, so daß der Hund am 26. September ein Tier mit vollständiger Lähmung des n. vagus darstellte.

Jetzt haben wir sofort nach der Durchschneidung die Verdauung verfolgt. Bei Feststellung von Fäulnis wurde der Magen zweimal am Tag gespült. Wir begannen dann mit Einführung von Bouillon, wobei wir abwarteten, bis sie sauer wurde und führten erst danach Nahrung zu, wobei wir oft Magensaft beifügten. Durch diese Maßnahmen haben wir erreicht, daß sich das Tier der Nahrung angepaßt hat und ebenso wie das erste erholte. Jetzt, schon fast 6 Monate nach der Operation, ist es vollkommen gesund, und es besteht kein Zweifel, daß es solange am Leben bleibt, wie ich es wünsche, wenn ich nicht das gleiche wiederhole, was ich mit Burka machte. Was die Charakteristik dieses Hundes anbelangt, so fällt wiederum eine erhebliche Atemveränderung auf. Die Atmung nahm allmählich ab und ist jetzt bei 6 bis 7 in der Minute stehengeblieben. Somit glaube ich, daß bei solchem Verhalten in bezug auf diese Tiere wirklich ein voller Sieg über die Todesursache erreicht wird. Man kann sich natürlich nicht für die Dauer für ihr Leben verbürgen. Es besteht jedoch kein Zweifel, daß in der nächsten Zeit dem Hund keine Gefahr droht.

Jetzt will ich mein Ergebnis mit den Ergebnissen von Gerzen vergleichen. Beide Hunde von Gerzen starben früher als die meinigen. Außerdem erscheint mir das Material von Gerzen in vielen Punkten zweifelhaft. Seine im vorigen Jahr erschienene Abhandlung enthält eigentlich nur die Beschreibung eines Hundes. Er erzählt die Geschichte seines Gedankens, wie er zu diesen Hunden kam; er sagt, daß sie leben, beschreibt ausführlich jedoch nur einen, von dem anderen Hund sagt er lediglich, daß er dann und dann und das und das durchschnitten hat und nichts weiter. Noch später erfahren wir aus seinem kurzen Bericht in der „Revue Medicale de Suisse", *(547)* daß dieser Hund nach 3 Monaten und 3 Wochen gestorben ist. Den ersten Hund operierte er im Jahr 1894 (am 16. April). Er unterband den linken n.vagus, wobei der rechte Vagus 4 Monate vorher unterbunden war. Er operierte bei Morphiumnarkose. Die Atmung war, wie es oft bei Narkose vorkommt, frequent (60), nach der Durchschneidung 15 und weiterhin keine Veränderungen. Im Protokoll wird gesagt, daß nach einigen Tagen die Atmung normal wurde. In den ersten zwei Wochen führte er in den Magen Fleisch durch die Fistel ein und gab es dann in das Maul ein. Somit findet er, daß das Tier die Durchschneidung des n.vagus überlebt, wobei er jedoch bemerkt, daß dieses Tier trotzdem nicht als normal betrachtet werden kann, weswegen, ist jedoch nicht klar ersichtlich. Danach sieht Schiff diesen Hund im Monat August und drückt Zweifel aus, ob bei ihm nicht eine Wiederherstellung der Nerven hinsichtlich der Ligatur vorliegt. Obwohl Gerzen darauf aufmerksam macht, daß der Hund eine Hyperämie der Augen, eine Lähmung des dritten Lides, eine Verengerung der Pupille usw. hat, überzeugt dies doch Schiff nicht, und er bittet um Erlaubnis, den linken n.vagus durchschneiden zu dürfen. Gerzen willigt ein. Anfangs werden nach der Durchschneidung gar keine ausgeprägten Veränderungen beobachtet, nach 2 bis 3 Wochen jedoch beobachtet man, daß der Hund nicht mehr der gleiche ist. Die Atmung wird seltener, es beginnt die Geschichte mit dem Fressen, es tritt Erbrechen auf, und am 9. September stirbt das Tier.

Wenn ich diese Resultate mit meinen Resultaten und denjenigen anderer Autoren vergleiche, wage ich zu behaupten, daß wahrscheinlich bei Gerzen vor der Durchschneidung (bis zum 9. August) keine Lähmung des n.vagus vorlag, da meine Hunde beweisen, daß sie ständig die physiologische Wirkung seltener Atmung zeigen, wenn alles erfolgreich verläuft und die Tiere gesund bleiben. Bei mir ist dies an beiden Hunden bewiesen. Man kann nicht annehmen, daß der Hund bei Gerzen nach Durchschneidung des linken Nerven zufällig erkrankte, da dann die Atmung eher frequenter werden würde und nicht langsamer. Folglich ist der erste ausführlich beschriebene Versuch unzweifelhaft kein Versuch, der das lange Weiterleben des Tieres ohne nn.vagi beweist, und ich nehme an, daß kein Physiologe, der diese Dinge untersucht, anders denken wird.

Bezüglich des zweiten Hundes fehlten bei mir, wie auch bei allen anderen, alle Gründe für irgendeine Schlußfolgerung. In der Abhandlung ist gesagt, *(548)* daß am Hund dann und dann der n. vagus durchschnitten wurde und daß der Hund durch die Magenfistel gefüttert wird. Später ist im Bericht der örtlichen Gesellschaft von diesem Hund erwähnt, daß er nach 3 Monaten und 3 Wochen gestorben ist. Das ist die Kritik der Tatsachen der Arbeit von GERZEN. Jetzt erlaube ich mir, noch weiter zu gehen und stelle einen tiefgehenderen theoretischen Vergleich meiner Ergebnisse mit den Ergebnissen von GERZEN an.

Bei GERZEN werden zwei Methoden zur Lebenserhaltung der Tiere mit durchschnittenen nn. vagi angewandt. Das erste ist, daß der eine n. vagus 5 bis 6 Monate nach dem anderen durchschnitten wird, damit die Hyperämie verschwindet, und die zweite Methode besteht darin, daß einige Zeit nach Durchschneidung der Hund durch die Fistel gefüttert wird. Wieviel wurde hier nicht in Betracht gezogen! Es ist unzweifelhaft bewiesen, daß nach Durchschneidung des n. vagus, gleichgültig ob sofort oder nach einiger Zeit, eine Störung der Verdauung eintritt, die Nahrung nicht verdaut wird, sondern fault. Bei GERZEN ist jedoch gesagt, daß er nach Durchschneidung des linken n. vagus 500 g Fleisch in den Magen einführte. Ich erachte es als wesentliches Verfahren, daß ich von Beginn an die Verdauung in meine Hände nehme und nicht erlaube, von der Norm abzuweichen. Weiterhin denkt er an die Pneumonie, wobei er die Hauptursache in der neuroparalytischen Hyperänie von SCHIFF sieht und deswegen die Hunde durch den Magen füttert, ein Verfahren, das, wie schon oben angeführt, den Zweck nicht erreicht. Viele Autoren und darunter auch SCHIFF machten schon darauf aufmerksam, daß das Nichtschließen der Stimmritze sich besonders dann bemerkbar macht, wenn die Nahrung vom Maul in den Magen gelangt, sondern wenn sie beim Erbrechen herausgebracht wird. Bei GERZEN bleibt dieses Moment in Kraft, da die Mundhöhle nicht isoliert wird. Schließlich der dritte Umstand. Wenn ein Mensch ein Bein verloren hat, so ist er natürlich kein vollkommener Mensch. Er kann nicht gesund sein. Und indem wir ihm eine Prothese anbringen, geben wir ihm die Möglichkeit zu gehen. Es wäre jedoch sonderbar zu verlangen, daß er tanzen oder springen sollte; es ist klar, daß dies unmöglich ist und daß diese überflüssige Arbeit ein für alle Male aufgegeben werden muß. Dasselbe bezieht sich auch auf unsere Hunde. Bei ihnen besteht eine Lähmung. Lassen Sie sie jedoch in Ruhe, söhnen Sie sich damit aus, wenn Sie wollen, daß die Hunde am Leben bleiben!

Zum Abschluß hat die gegebene Zeitdauer zwischen den Durchschneidungen der nn. vagi keine Bedeutung, *(549)* wie meine Versuche zeigen. Deswegen finde ich, daß die Methode GERZENS dem Wesen der Sache nach nicht zum Erfolg führen kann. Das Leben, die Existenz des von mir heute vorgestellten Hundes ist, wie ich glaube, das vollkommene Endergebnis einer fast hundertjährigen Bearbeitung der Frage, d.h., es ist jetzt alles Wesentliche in Betracht gezogen, worauf zu verschiedener Zeit von Autoren hingewiesen wurde, und wenn dieser Hund nun lebt, so klärt sich die Frage über den Mechanismus des Todes. Hier will ich nur hinzufügen, daß der Versuch um so besser gelingen muß, je älter das Tier ist, da mit den Jahren die Kehlkopfknorpel weniger beweglich werden, eine feste Lage der Kehlkopfteile erhalten wird und die Erstickungsanfälle leichter und eher völlig verschwinden. So war mein erster Hund Burka ein altes Tier, das die Störungen von seiten des Kehlkopfes gut überstand, bei Scharik jedoch, einem jüngeren Hund, macht sich die Erscheinungen von seiten des Kehlkopfes länger bemerkbar. Zum Abschluß will ich noch auf folgenden Umstand aufmerksam machen: Nach der Operation war bei meinem ersten Hund 3 Monate lang keine Zunahme des Gewichts zu beobachten, das während der Operation geringer wurde, und erst vom vierten Monat ab begann ein Anstieg, und nach 7 bis 8 Monaten erreichte der Hund sein normales Gewicht. Das Gewicht des zweiten Hundes fiel während der Operation von 1 Pud[1]) und 10[1]) Funt auf 1 Pud und 3 bis 4 Funt. Dies hielt bis in die letzte Zeit an; vor einem Monat begann sich das Gewicht zu erhöhen und wird in diesen Tagen die Norm erreichen. Das zweite, worauf ich aufmerksam mache, ist der Puls. Es ist bemerkenswert, wie schnell er sich einregulierte. Nach der Durchschneidung wird eine starke Frequenzsteigerung beobachtet. An Stelle von 80 bis 90 Schlägen übersteigt der Puls 200. Er ist nicht zu zählen. Das Tier fühlt sich schlecht, unlustig, reagiert nicht auf Zurufe. Schon am anderen Tag jedoch bleibt der Puls bei 120 bis 130 stehen. Bei Burka z. B. hielt sich ein solcher Puls 2 bis 3 Monate und blieb dann bei 110, d. h., er überstieg die Norm. Bei Scharik wiederholte sich der gleiche Vorgang. Bezüglich der Temperatur muß bemerkt werden, daß diese Hunde ebenfalls feste Veränderungen gegen die Norm aufweisen, obwohl sie gering sind und sich nur um 0,3 bis 0,4 von der Norm unterscheiden. *(550)*

[1]) *1 Pud = 16,38 Kilo; 1 Funt = 0,4 kg (dt. Red.)*

LABORATORIUMSBEOBACHTUNGEN ÜBER PATHOLOGISCHE REFLEXE VON DER BAUCHHÖHLE AUS[1])

In den letzten Jahren ist die Tätigkeit unseres Laboratoriums in der Hauptsache auf die Erforschung verschiedener physiologischer Erscheinungen bei Hunden gerichtet gewesen, die zu den Beobachtungen mit verschiedenartigen und vor langer Zeit an ihnen vorgenommenen chirurgischen Operationen vorbereitet wurden. Auf diese Weise sind sehr viele Hunde durch unsere Hände gegangen, an denen diese oder jene Operation ausgeführt war. Jeder dieser Hunde verhielt sich unseren Eingriffen gegenüber nach seiner Art, einige indifferent, andere protestierten, und so spielten sich vor unseren Augen verschiedene Erscheinungen ab. Indem sie sich immer mehr und mehr ansammelten, gaben uns diese Erscheinungen zu guter Letzt, wenn auch ein rohes, so doch ein großes und äußerst interessantes Material. Ob es zu seiner Bearbeitung kommen wird, weiß ich nicht. Ich glaube aber, daß es auch in seiner jetzigen Form verdient, mitgeteilt zu werden.

Bewußt habe ich meinen Bericht „Beobachtungen" betitelt, da alle unsere Erscheinungen als Nebenerscheinungen bei verschiedenen, mit anderem Ziel ausgeführten, operativen Eingriffen beobachtet wurden. Diese Nebenbeobachtungen tragen jedoch Spuren des Experiments. Zu unserer Verfügung hatten wir immer gesunde Tiere; bei diesen Tieren ist immer in bestimmter Weise die Norm gestört worden, und sie antworteten auf bestimmte Störungen mit bestimmten Erscheinungen. Die uns jetzt interessierenden Operationen bezogen sich auf die Bauchhöhle, und ich werde meine Beobachtungen an vier Typen dieser Operation beschreiben. *(551)*

Zur ersten Gruppe gehören die Fälle, bei denen mit besonderer Absicht der Zwölffingerdarm für eine langdauernde Beobachtung möglichst zugänglich gemacht wurde. Zu diesem Zweck machte man einen Schnitt längs der linea alba des Bauches, und der Zwölffingerdarm wurde nach außen gezogen. Man befestigte ihn in den Ecken des Schnitts der linea alba (deren Mitte wieder zusammengenäht wurde), und er lag auf diese Weise direkt unter der Haut. Größ-

[1]) Больн. газета Боткина *[*Botkins *Klinische Zeitung]* Nr. 11, 1898, S. 435 bis 470. — Тр. Общ. русск. врачей в СПб. *[Abhandlungen der Gesellschaft russischer Ärzte in St. Petersburg]*, Bd. 65, Januar/Februar, 1898, S. 300—308.

tenteils entstand eine primäre Spannung der Hautwunde. Nach der ersten Zeit urteilend, ist diese kleine Operation von den Tieren vollkommen gut vertragen worden, die ersten Hunde jedoch zeigten in der nächsten Periode sonderbare Erscheinungen. Zwei Wochen nach der Operation erfreuten sich die Tiere vollkommener Gesundheit; anfangs hungerten sie etwas und fraßen später bis zur Sättigung. Am Schluß dieser Zeit sind vollkommen unerwartet Geschwüre auf der Schleimhaut des Mauls beobachtet worden. Die erste Vermutung war natürlich die nach irgendeiner Verunreinigung. Die verschiedensten desinfizierenden Spülungen haben lediglich das Geschwür gesäubert, ohne zu seiner Heilung zu führen; umgekehrt, die letzteren wurden immer größer und größer. Am Ende der dritten Woche zeigte der Hund eine noch sonderbarere Erscheinung: Er begann das Hinterteil schlecht zu beherrschen. Anfangs drückte sich das in ungeschickten Wendungen der Hinterpfoten und deren Schwäche aus und ging schließlich bis zu ihrer vollen Lähmung. Die Lähmung stieg allmählich aufwärts, ergriff die vorderen Extremitäten, ging auf den Hals und den Kopf über, und der Hund starb zu guter Letzt aller Wahrscheinlichkeit nach an einer Lähmung der Atmung. Das erste Auftreten und die Entwicklung der Lähmung dauerten eine Woche, und von der Operation bis zum Tod verging nicht mehr als ein Monat. In Anbetracht der Möglichkeit irgendeiner speziellen Krankheit bei unserem Tier haben wir von der liebenswürdigerweise angebotenen Hilfe des erfahrenen Veterinärs Tartakowski Gebrauch gemacht, es hat sich jedoch keine bekannte Krankheit herausgestellt. Eine Tollwut ist, von den Einzelheiten des klinischen Bildes ganz zu schweigen, durch das negative Resultat einer Vakzination des Gehirns eines Kaninchens ausgeschlossen worden. Der Vermutung an eine akute und chronische Pest haben weder die klinischen Symptome (gutes Befinden, Appetit und Reinheit der Schleimhäute der Nase und der Augen) noch die pathologisch-anatomischen Angaben entsprochen. Überhaupt war ein infektiöser Charakter der Erkrankung nicht wahrscheinlich angesichts der Probe, die von Tartakowski, mit Einreiben *(552)* von Zerfallsprodukten der Mundschleimhaut in kleine Wunden im Maul gesunder Hunde gemacht wurde. Somit sind wir zu der Überzeugung gekommen, daß im gegebenen Fall eine „übliche“ Krankheit nicht existiert und daß wir etwas Besonderes vor uns haben. Bei der Sektion hat sich die ganze Schleimhaut des Mauls mit symmetrischen Geschwürsbildungen bedeckt erwiesen, wobei diese Geschwüre den Charakter von sozusagen kalten Geschwüren trugen, d.h., es waren in ihnen keine ausgeprägten Entzündungserscheinungen außer einer leichten Schwellung des Gewebes unter der zerfallenden Schleimhaut vorhanden. Was andere pathologisch-anatomische Erscheinungen betrifft, so können wir nur die Extravasate auf der Darmschleimhaut, oberhalb und unterhalb der herausgezogenen Schlinge erwähnen. Im Gehirn sind ebenfalls keine Veränderungen gefunden worden. Auf Grund der Befunde mußte man denken, daß wir es mit irgendeinem eigentümlichen Reflex zu tun hatten. Es war natürlich von Interesse, die Verbindung dieses Reflexes mit der von uns ausgeführten Operation genauer zu bestimmen. Von dieser Verbindung überzeugten wir uns an einem anderen Hund und dann auch noch an drei anderen. Bei allen entwickelte sich bald eine ulzeröse Stomatitis, es bestanden jedoch keine nervalen Erscheinungen. Ich glaube aber, daß dies nicht gegen eine Verbindung der am ersten Hund beschriebenen Lähmung mit der Operation sprechen kann. Offensichtlich waren dort die reflektorischen Einflüsse zufällig stärker als bei den letzten Hunden, weswegen sie eine stärkere Wirkung ergaben. Darin bestärkt uns der weitere Verlauf der Stomatitis. Während die Stomatitis sich beim ersten Hund immer mehr verstärkt, ist bei dem letzteren im Laufe der Zeit ein umgekehrter Verlauf des Prozesses beobachtet worden.

Eine zweite Reihe pathologischer Erscheinungen wurde an Hunden mit einer, auf etwas besondere Weise angelegten Darmfistel beobachtet. Das gewöhnliche metallische Fistelrohr mit einer oben aufzuschraubenden Scheibe, im Darm durch die untere Scheibe befestigt, führte aus der Bauchhöhle durch die Troikartöffnung heraus. Da die Eröffnung der Bauchhöhle zum größten Teil längs der linea alba durchgeführt wurde, ist die Troikartöffnung quer durch die Masse des geraden Bauchmuskels geführt worden. Die Operation endete mit der Schnittvernähung in der linea alba sowie dem Aufschrauben der oberen Scheibe. Die beschriebene Abänderung der Operation machte sich äußerst ungünstig auf die Heilung der Wunde bemerkbar, wenn das Fistelrohr in dem Schnitt fixiert wird. In unserem Fall befand sich der musculus rectus *(553)* zwischen beiden Scheiben des Fistelrohrs und mußte bei jeder Kontraktion auf die zwischen den Scheiben liegende Darmwand stoßen und sie reizen. Mit diesen rhythmischen Reizungen würde ich diese Erscheinungen erklären, die ich jetzt beschreiben werde. Übrigens verbürge ich mich nicht für die unbedingte Richtigkeit dieser Erklärung.

Bei solchen Hunden ist folgendes beobachtet worden: Zuerst trat, wie bei den Hunden der ersten Gruppe, eine Stomatitis auf (das war auch zu erwarten, da die Operation ebenfalls am Zwölffingerdarm ausgeführt wurde), hinzu kam später eine Schädigung der ganzen Haut in Form eines bläschenartigen Ausschlags mit Eitergeschwüren, der von einem starken Jucken begleitet war. Bei zwei Tieren (von vier) ist die Entstehung von Fistelgängen am After beobachtet worden. Trotz sorgfältiger Desinfektion heilten diese nicht. Bei der Sektion ist uns beim ersten dieser Hunde, zusammen mit Professor Wyssokowitsch, das äußerst schlaffe Herz aufgefallen, wie weder er noch ich es jemals gesehen haben. Bemerkenswert ist, daß alle diese Hunde wie in der ersten so auch in der zweiten Serie, ungeachtet der Stomatitis und sogar der Lähmung, wie schon oben erwähnt, ein gutes Befinden zeigten, einen ausgezeichneten Appetit, viel fraßen und nichtsdestoweniger unaufhaltsam abmagerten.

Die dritte Beobachtungsserie bezieht sich auf Tiere, bei denen aus dem Magen ein besonderer kleiner Magen gebildet wurde, der seinen Saft nach außen abgibt. Das Stückchen Magenwand, aus dem der isolierte kleine Magen gebildet wird, bleibt an seiner Basis mit dem übrigen Magen nur durch die Muskel- und Serosaschicht verbunden, aus der Schleimhaut wird jedoch eine Scheidewand zwischen dem großen und dem kleinen Magen gebildet. Folglich zieht der isolierte Magen, der an einem Ende in der Bauchwunde befestigt ist, wie über eine Brücke (aus dem Muskel- und Serosastrang) in den übrigen Magen. Wir verfügten schon über eine bedeutende Anzahl so operierter Hunde, und wenn viele von ihnen keine ernsten Abweichungen von der Norm aufwiesen, so waren bei einigen die pathologischen Symptome im höchsten Maße ausgeprägt. Vor allen Dingen ist bei fast allen Hunden nach der Operation der Magenisolierung die Neigung aufgefallen, auf dem Rücken, *(554)* mit den Beinen nach oben zu liegen. Diese Lage wies offensichtlich auf ein Auftreten unangenehmer oder schmerzhafter Empfindungen bei gewöhnlicher Lage des Tieres hin. Weiterhin fiel das Verhalten dieser Tiere der Fütterung mit großen Nahrungsportionen gegenüber auf. Schon bei einer geringen Vergrößerung der Portion fühlen sich die Hunde sichtbar schlecht, verweigern die Nahrungsaufnahme, der Puls wird frequenter; kurz gesagt, es treten Anzeichen von Übelkeit auf. Es verging eine Stunde, zwei, und diese Erscheinungen verschwanden. Einer dieser Hunde zeigte noch interessantere Erscheinungen: Eine zwei- bis dreitägige Lähmung des Hinterteils bei einer solchen Portionsvergrößerung. Diese Lähmung verschwand dann spurlos. Schließlich verblüffte uns ein Hund direkt mit seinem Zustand. Er vertrug die Operation ausgezeichnet; eine Woche verging schon, und erst dann, als wir ihn mit großen Portionen zu füttern begannen, zeigte er die ersten Abweichungen von der Norm in Form einer unerwartet aufgetretenen und rasch vorübergehenden Weigerung zu fressen. Anfangs schien das der alte Vorgang zu sein und verwirrte uns nicht, als sich jedoch diese Erscheinung verstärkte, begannen wir wohl oder übel zu der Vermutung zu neigen, ob wir es nicht mit einer Peritonitis zu tun haben. Der Umstand jedoch, daß der Hund die Wunde zeitweise leckte, ein oder zwei Stückchen Brot nahm usw., sprach gegen eine Peritonitis. Danach kam der Hund bald in einen schweren Zustand: Seiner Umgebung gegenüber war er vollkommen teilnahmslos, er bewegte sich nicht, der Puls wurde frequent, kaum fühlbar, schließlich konnte er überhaupt nicht gefühlt werden. Das Tier begann, kalt zu werden, und hatte eine Temperatur von 37,5°, während gesunde Hunde niemals unter 38,2° aufweisen. Jetzt hatten wir schon endgültig entschieden, daß wir es mit einer Peritonitis durch Riß einer der von uns gemachten Nähte zu tun hatten. Der Hund simulierte in solchem Maße ein sterbendes Tier, daß ich mich entschlossen habe, ihn zu töten und eine Sektion vorzunehmen. Irgend etwas hat dieses Vorhaben jedoch gestört. Wie groß war unser allgemeines Erstaunen, als wir am anderen Tag erfahren haben, daß der Hund nicht etwa gestorben war, sondern abends sogar etwas Brot fraß. Ähnliche Erscheinungen wiederholten sich bei ihm noch einige Male, schließlich hörten sie jedoch ganz auf.

Unsere letzten Beobachtungen bezogen sich nur auf einen Hund, dafür kommen analoge Erscheinungen schon in der Literatur vor. Wir mußten den Magen vom Zwölffingerdarm *(555)* abtrennen, weswegen wir den Pylorusteil des Magens halbiert haben, beide Enden vernähten und in jeden Teil des Magens je ein Fistelrohr einsetzten. Anfangs hat der Hund die Operation ganz gut vertragen, nach einer Woche zeigte sich jedoch eine pathologische Erscheinung, ein grundloses Muskelspiel, anfangs die Kopfmuskeln, dann die vorderen Extremitätenmuskeln usw. Der Versuch endete mit einem allgemeinen Krampfzustand.

Somit sehen wir: Nach den von uns aufgezählten operativen Verfahren entwickelt sich eine Reihe von funktionellen und organischen Veränderungen im Organismus des Hundes. Nach unserer Meinung sind alle diese Veränderungen das Ergebnis reflektorischer Reizungen von der Bauchhöhle aus. Der zweite mögliche Standpunkt, nämlich ob dies nicht irgendeine Folge von Verdauungsstörungen sei, würde sich kaum als richtig erweisen, da die vorkommenden Störungen des Verdauungskanals weder bedeutend noch beständig waren. Die Vermutung über einen reflektorischen Charakter der verschiedenen Erscheinungen wird um so wahrscheinlicher, da bei uns zweifellos ein unnormaler Reiz bestand. So war bei der ersten Versuchsserie die normale Lage des Darms verändert, und er war ungewöhnlichen Traumen unterworfen, in der zweiten haben die von mir oben erwähnten rhythmischen Kontraktionen des musculus rectus ständig die Darmwand gereizt, und in der dritten preßte der durch die großen Nahrungsportionen ausdehnende Magen die Brücke stark an den kleinen Magen an. Worin besteht dieser Reflex, und was ist seine besondere Eigenart? Die Stomatitis könnte man vor allen Dingen durch reflektorische Anästhesie erklären. Diese Vermutung gewinnt in unseren Augen, wenn man hinzufügt, daß die Geschwüre gerade an den Stellen beobachtet wurden, die dem Druck oder den Kontraktionen beim Freßakt am meisten unterworfen sind. Ein solcher Gesichtspunkt würde jedoch mit den oben beschriebenen Schädigungen der Haut nicht übereinstimmen. Man könnte natürlich an reflektorische Veränderungen des Blutkreislaufs denken. Ich glaube jedoch nicht, daß das Gefäßsystem einen so raschen und starken Einfluß auf die Gewebe und Organe haben kann. Wie oft muß man bei den Versuchstieren gefäßverengernde oder gefäßerweiternde Nerven durchschneiden, eine Schädigung der Gewebe fällt jedoch nicht auf. Es scheint, daß alle beschriebenen Erscheinungen am vollkommensten in der Annahme zusammengefaßt werden, ob hier nicht trophische Reflexe vorliegen. *(556)* Die gleichen Ursachen, die bei normalem Zustand der Gewebe spurlos vorübergehen, würden bei unseren operierten Tieren infolge der reflektorischen trophischen Veränderungen sowohl Stomatitiden, Schädigung der Haut und alles übrige hervorrufen. Bezüglich dieses trophischen Reflexes in seinem ganzen Umfang könnte man sich die folgende Vorstellung bilden. Der Organismus ist eine Assoziation von Organen. Diese dienen einander, so daß jedes Organ sich in einer bestimmten Wechselbeziehung zum anderen befindet. Man kann einige Beispiele anführen, die beweisen, daß die einen Organe in bestimmten Fällen auf Kosten anderer leben. Es genügt das allgemein bekannte Beispiel beim Hungern. Es besteht kein Zweifel, daß auch bei anderen pathologischen Zuständen die einen Organe sich opfern, um die Ganzheit des ganzen Organismus zu erhalten. Wir wissen weiterhin, daß stark reizende Einflüsse auf die äußere Körperoberfläche die Funktion des ganzen Verdauungskanals hemmen. Warum soll nicht das Umgekehrte angenommen werden? Warum kann nicht der Verdauungskanal in einer dämpfenden Weise auch auf das Leben anderer Organe wirken?

Offensichtlich sind die beschriebenen Erscheinungen für den Forscher ein noch nicht bearbeitetes Gebiet. Man wird hier sehr viel klären müssen. Den Mechanismus des Reflexes selbst, seinen Weg, die Ursache und den Zweck seiner Entstehung und vieles andere. Ich habe mich nur deshalb entschlossen, meine Beobachtungen mitzuteilen, um das Interesse und den Wunsch zu weiteren Untersuchungen anzuregen, indem ich darauf hinweise, daß die experimentelle Grundlage der Erscheinungen schon in unseren Händen ist und daß man nur noch Mühe und Arbeit auf die endgültige Analyse dieser, wie ich glaube für die Klinik wichtigen, physiologisch-pathologischen Beziehungen aufzuwenden braucht.

DISKUSSION

A. A. Netschajew: Alle diese Erscheinungen, auf die Prof. I. P. Pawlow aufmerksam machte, kann man zu klinischen Beobachtungen in Parallele setzen. Die Klinik kennt sie und kann sehr viele, sich in ähnlicher Weise abspielende Reflexerscheinungen anführen. So wird z.B. bei verschiedenen Krankheiten des Darmes sogar ohne grobe Überschreitung der Norm, sondern nur bei Störung der Verdauungs- oder Bewegungstätigkeit, eine Reihe von Erscheinungen beobachtet, deren Charakter schwer zu bestimmen ist. Es kann sein, daß dies *(557)* reflektorische Erscheinungen sind, vielleicht auch nicht. Für den Kliniker ist auch schon die Tatsache wichtig, daß zwischen der Tätigkeit des Darmes und der anderen Organe irgendeine Verbindung existiert. Sogar die funktionellen Erscheinungen, auf die der Vortragende hinweist, sind in der Klinik beobachtet worden. So beobachtete und beschrieb man eine Tetanie bei Störung der Verdauung. Weiterhin sind Schädigungen der Haut ebenfalls mit pathologischen Erscheinungen im Darm verbunden, was sogar durch die Heilung bewiesen wird. Beim Regulieren der Darmtätigkeit bessern sich einige Hautkrankheiten oder verschwinden sogar ganz. Schädigungen der Mundhöhle haben ebenfalls eine unzweifelhafte Verbindung zur Tätigkeit des Darms. Ob hier ein Reflex oder die Zurückhaltung des Speichels von Einfluß ist, ist schwer zu sagen. Der Vortragende betrachtet all diese Erscheinungen näher und ist geneigt, sie mit reflektorischen Reizungen zu erklären. Die Klinik neigte, wenigstens bis jetzt, eher zu irgendeinem chemischen Zusammenhang der Erscheinung.

I. P. Pawlow: Ist bei Störung der Verdauung in der Klinik eine Lähmung beobachtet worden?

A. A. Netschajew: Lähmungen sind nicht beschrieben, Krampferscheinungen sind jedoch sehr häufig. Sogar bei einer einfachen Gastroenteritis, von der epidemischen ganz zu schweigen, treten oft Krämpfe auf.

I. P. Pawlow: Und ist in solchen Fällen eine Atrophie des Herzmuskels gesehen worden?

A. A. Netschajew: Ein Einfluß auf das Herz wurde natürlich beobachtet, da bei den Sektionen bei Darmerkrankungen oft eine Erschlaffung des Herzmuskels bemerkt wird. Was jedoch die Ursache dieser Erschlaffung ist, kann ebenfalls nicht gesagt werden.

I. P. Pawlow: Auf jeden Fall ist es für mich sehr wichtig, die Übereinstimmung der Laboratoriumsbeobachtungen mit den klinischen zu bezeugen. Das, was im

Laboratorium beobachtet wird, kann von mir analysiert werden, und das Ergebnis dieser Analyse kann man angesichts der Ähnlichkeit der Erscheinungen mit bestimmtem Recht vom Tier auf den Menschen übertragen.

M. M. Wolkow: Ich schließe mich vollkommen der Erklärung von Dr. Netschajew an und möchte noch ausdrücklich auf die enge Verbindung der Magen-Darm-Leiden zu anderen pathologischen Erscheinungen im Organismus hinweisen. Vor allen Dingen entspricht die vom Vortragenden *(558)* vermerkte Tetanie bei Abtrennung des Magens vom Darm vollkommen den klinischen Beobachtungen. Kussmaul beobachtete als erster tetanische Krämpfe bei Erweiterung des Magens infolge Undurchgängigkeit des Pylorus wie auch bei Ektasien infolge einer muskulären Insuffizienz. Es existieren verschiedene Erklärungen für diese Tetanie. Die einen (Kussmaul) erklären die Erscheinungen der Tetanie mit einer Wasserverarmung im Organismus, das aus dem Magen nicht aufgesaugt wird; andere führen sie auf Vergiftung mit Toxinen zurück, die sich im erweiterten Magen aus der liegengebliebenen Nahrung bilden oder erklären sie durch den Einfluß eines Überschusses von Salzsäure. Dritte sehen in der Tetanie eine reflektorische Erscheinung. Dank der Beobachtung von I. P. Pawlow kann die Frage der Tetanie experimentell untersucht werden. Welche Meinung vertritt der Vortragende selbst über die beobachtete Erscheinung?

I. P. Pawlow: Ich bin geneigt, die von mir erwähnten Erscheinungen als reflektorisch zu betrachten. Eine Gärung konnte bei unseren Tieren nicht eintreten, eine Verarmung an Wasser ebenfalls nicht, da Wasser ihnen reichlich gegeben wurde.

M. M. Wolkow: Die zweite Reihe unserer Beobachtungen bezieht sich auf die Stomatitis. Die Ätiologie der Stomatitis ist relativ wenig erforscht. Den örtlichen Ursachen ihrer Entstehung wird durch den Überschuß an Mikroorganismen in der Mundhöhle vielleicht zuviel Beachtung geschenkt. Die Klinik verzeichnet jedoch die oft auftretende Stomatitisentwicklung bei bestimmten Allgemeinerkrankungen wie z.B. bei Urämie und Diabetes. Was die Ätiologie Ihrer Fälle mit Stomatitis anbelangt, so würde ich folgende Frage aufwerfen: Sie führten Operationen am Zwölffingerdarm aus, indem Sie ihn nach außen zogen und an die vordere Bauchwand annähten. Wie groß war dabei das Trauma des Darmes selbst und der ihn umgebenden Teile? Ich kann mir kein Urteil über die Beweglichkeit des Zwölffingerdarms beim Hund erlauben; beim Menschen würde eine solche Operation an einem so tief liegenden und wenig beweglichen Organ von einem außergewöhnlichen Trauma begleitet sein.

I. P. Pawlow: In dem Fall, wo die Stomatitis unaufhaltsam fortschreitet, d.h. bei dem ersten von mir beschriebenen Hund, war das Trauma zweifellos größer als bei den anderen. Und zwar waren im Darm viel mehr Extravasate; die letzteren lagen *(559)* in Richtung des Magens und des Anus. Daraus kann man auf eine Verbindung zwischen dem Trauma und den das Trauma hervorrufenden Erscheinungen schließen.

M. M. Wolkow: Dieser Umstand zwingt dazu, die Möglichkeit einer traumatischen Schädigung des plexus coeliacus und der Bauchspeicheldrüse anzunehmen.

Zieht man die diabetische Stomatitis und ihre Neigung zur Gangrän in Betracht, so darf man fragen, ob in der von Ihnen beobachteten Stomatitis mit der diabetischen keine Analogie bestand? Machte sich bei Ihren Tieren keine Glykosurie bemerkbar?

I. P. Pawlow: Zucker war in unseren Fällen im Urin nicht vorhanden.

M. M. Wolkow: Ihre Fälle erinnern sehr stark an die sogenannte stomatitis aphthosa. Auf der Mundschleimhaut erscheinen genau in der gleichen Weise, wie von Ihnen beschrieben, grau-weißliche Plättchen, vom gesunden Gewebe umgeben; diese Plättchen verschwinden entweder oder sie fallen ab, oberflächliche Geschwürbildungen zurücklassend. Ein solcher Prozeß ist oft auch bei chronischen Magen-Darm-Leiden beobachtet worden; auf eine vorhergehende Anästhesie ist in diesen Beschreibungen, soviel ich weiß, nicht hingewiesen. Der von uns beobachtete bläschenartige Ausschlag erinnert an Herpes, der ebenfalls bei Magen-Darmkrankheiten vorkommt. Daß der Herpes sich auf reflektorischen Wegen entwickeln kann, beweist sein Erscheinen bei einigen Frauen in der Menstruationsperiode. Der Inhalt bei Ihren Tieren war faulig und nicht serös, wahrscheinlich infolge von Bedingungen der Hautpflege der Tiere, vielleicht infolge einer nochmaligen Infektion. Auf jeden Fall ist die Frage nach einer Verbindung solcher Erscheinungen mit Störungen der Darmfunktion klinisch relativ wenig bearbeitet. Eine solche Verbindung unterliegt keinem Zweifel. Ihre experimentellen Beobachtungen gingen weiter als die klinischen, und von ihrer Ausarbeitung sind die wertvollsten Ergebnisse für die Klinik zu erwarten.

I. P. Pawlow: Diese Verbindung ist in unseren Beobachtungen viel ausgeprägter als in den klinischen, weil wir Versuche an gesunden Hunden ausführten, wo folglich eine andere Ursache außer dem zugefügten Trauma nicht bestehen konnte.

W. T. Pokrowski: Als Ergänzung zu dem Gesagten, erlaube ich mir noch eine klinische Beobachtung an einem Arzt, einem vollkommen gesunden Menschen, anzuführen. Plötzlich verspürte er *(560)* bei vollkommenem Erhaltenbleiben des Appetits, bei gutem Stuhlgang und gemäßigter Lebensweise Schmerzerscheinungen im Darm. Genau drei Stunden nach dem Mittagessen erschien ein Schmerz im Gebiet des Magens ohne irgendwelche anderen Symptome. Manchmal dauerte der Schmerz eine halbe, manchmal eine ganze Stunde an. Wenn er sich im Bett befindet, ist der Schmerz geringer, wenn er im Dienst ist, ist er stärker. Die anderen Darmfunktionen waren die ganze Zeit normal. Alle Behandlungsmethoden und Diäten führten zu keinem Ergebnis, bis sich der Arzt um den Bauch einen breiten Gürtel band. Es hat sich herausgestellt, daß bei ihm wahrscheinlich durch gymnastische Übungen, mit denen er sich gern befaßte, die Nieren und die Leber beweglich waren. Die ausgezeichnete Wirkung vom Tragen des Gürtels kann als Beweis dafür dienen, daß die Krankheit in diesem Fall sich durch die Beweglichkeit dieser Organe entwickelt hat. Dieser Fall weist eine enge Beziehung zu dem auf, was der Vortragende über reflektorische Leiden gesagt hat.

N. F. Tschigajew: Ich erlaube mir, daran zu erinnern, daß im Jahre 1894 auf dem Ärztekongreß zum Gedenken von Pirogow ein Arzt über stomatitis aphthosa bei verschiedenen Magen-Darm-Leiden berichtete. Eine solche Stomatitis hatte auch der Vortragende selbst und behandelte sie mit Erfolg mit Soda, um die Säuregärung im Magen zu beseitigen.

W. N. Sirotkin: In der Klinik kann man immer eine Reihe von Tatsachen verfolgen, die auf eine Verbindung von Darmerkrankungen mit anderen Erkrankungen hinweisen. Prof. I. P. Pawlow erhielt die gleichen Tatsachen an Tieren und erklärt sie mit reflektorischen Reizungen. Den Reflex betrachtet man üblicherweise als eine Erscheinung, die entsteht und rasch verschwindet. So sind die Herzschmerzen, so sind die Anfälle von Atemnot und Erstickung, so sind die vielen funktionellen Erscheinungen zu erklären. Beim Vortragenden tragen die Beobachtungen einen anderen Charakter. Dies ist eher eine Komplizierung der Krankheit durch schweren, rasch fortschreitenden Verlauf. Vielleicht sind auch diese Erscheinungen rein reflektorisch, obwohl sie auf den ersten Anschein allein nach den eben mitgeteilten Überlegungen nicht als solche erscheinen. Auf jeden Fall ist eine Verbindung unzweifelhaft: Schon die Ärzte alter Zeiten kannten die belegte Zunge bei Magenerkrankungen. Weiterhin beobachtete man nervale Erscheinungen bei Dyspepsie. So hatte ich unlängst einen Sänger mit einem starken Brennen *(561)* in der Zunge zu behandeln, das zweifellos mit der bei ihm bestehenden Dyspepsie verbunden war. Solche Erscheinungen gibt es sehr viele. Weiter in bezug auf die Haut. Es gibt eine Reihe von Ausschlägen, die in unzweifelhafter Verbindung zu Magen-Darmleiden stehen. Die Spezialisten für Hautkrankheiten haben dies schon seit langem anerkannt und behandeln in solchen Fällen nicht den Ausschlag, sondern den Magen.

I. P. Pawlow: Bezüglich der Anschauung über den Reflex, stimme ich mit der allgemein üblichen Meinung vollkommen überein. Der Reflex ist wirklich eine auftretende, verschwindende und von neuem auftretende Erscheinung. So ist es jedoch nur dann, wenn die Ursache des Reflexes selbst Schwankungen unterliegt. In einigen meiner Fälle war es so; z.B. sind Übelkeitserscheinungen in Abhängigkeit von der sie hervorrufenden Nahrung aufgetreten und verschwunden. Dort aber, wo diese Ursache ständig und nicht zu beseitigen ist, wie in der ersten Reihe meiner Beobachtungen, werden auch die durch sie hervorgerufenen Erscheinungen beständig sein. Trotzdem aber tragen diese Erscheinungen reflektorischen Charakter.

I. L. Dolinski: Oft muß man Beobachtungen anführen und neugeborene Kinder behandeln, deren Mütter durch irgendeine Form des infektiösen Kindbettfiebers erkrankt sind und keine Milch geben können. Diese Kinder werden durch Biederts Rahmgemenge mit Milch oder durch die Mischung allein ernährt. Die letzteren unterliegen sehr bald verschiedenen Hauterkrankungen. Parallel geht damit gewöhnlich eine Gewichtsabnahme und eine Schwächung des Kindes. Ich habe diese Erkrankungen mit einer herabgesetzten Widerstandskraft der Haut des geschwächten Kindes gegen bakterielle Infektionen erklärt. In den von Ihnen beschriebenen Fällen kann ebenfalls nicht der Reflex, sondern eben eine Schwächung der operierten Hunde eine bestimmte Rolle spielen, um so mehr, da man bei ihnen eine Gewichtsabnahme beobachtete.

I. P. Pawlow: Ich kann Ihre Vermutung nicht teilen. Es handelt sich darum, daß die von mir beobachteten Erscheinungen äußerst leicht entstehen und nicht in Abhängigkeit von der Verdauung stehen. Als Beweis dafür kann ich ein Beispiel anführen: Gestern haben wir operiert, und morgen bekommen Sie eine klar ausgeprägte Stomatitis. Der Hund verliert in dieser Zeit nicht mehr als 5% seines Gewichts, dies bedeutet jedoch keine große Schwächung für ihn. Weiterhin treten bei Hunden mit isoliertem Magen bald wundgelegene Stellen auf, und inzwischen verlieren die Hunde nicht mehr als 10% ihres Gewichts. Vielleicht hängen *(562)* die von Ihnen beobachteten Hautkrankheiten Neugeborener wirklich von einer allgemeinen Schwächung des Organismus ab. In den von mir beschriebenen Fällen jedoch konnte die Schwächung keinen merklichen Einfluß haben.

A. A. Kadjan: Der Chirurg hat oft mit diesen oder jenen Reizungen in der Bauchhöhle zu tun, z.B. bei einer Laparotomie, bei einer Bruchoperation u.a. Wir haben dabei gewöhnlich überhaupt keine reflektorischen Erscheinungen beobachten können.

I. P. Pawlow: Es wäre äußerst interessant, den Einfluß der Brüche selbst in dieser Beziehung zu untersuchen.

A. A. Kadjan: Stomatitiden sind in solchen Fällen wenigstens nicht beobachtet worden. Übrigens liegt das vielleicht daran, daß keine gebührende Aufmerksamkeit darauf gerichtet wurde.

I. P. Pawlow: Ich glaube, daß der Unterschied in der verschiedenen Behandlung des Bauchfells liegt; unsere operativen Eingriffe sind viel intensiver als die klinischen. Das ist auch verständlich. Die Aufgabe des Arztes ist zu heilen, die des Experimentators zu beobachten. Wir behandeln die Bauchorgane wie es uns beliebt. Wir ziehen den Darm heraus, trennen vom Magen einen besonderen kleinen Magen ab usw. usw. Die Kliniker dagegen müssen gemäß ihrer Aufgabe viel vorsichtiger sein.

J. S. Botkin: Ich erlaube mir, daran zu erinnern, daß die Verbindung der Beweglichkeit der Bauchorgane mit Hauterkrankungen u. a. die jüngsten Beobachtungen von Dr. T. P. Pawlow beweisen, der ein Hautekzem bei Wanderniere sah.

L. W. Popow: Nach solchen zahlreichen Bemerkungen, die auf den Vortrag folgten, kann wohl kaum noch viel darüber gesagt werden. Mich aber interessiert ein Umstand, auf welchen ich Ihre Aufmerksamkeit richten möchte. Bei Unterbindung des ductus choledochus wurden oft Geschwüre im Zwölffingerdarm und im Magen beobachtet. Bis jetzt war es üblich, diese Erscheinung chemisch zu erklären. Nach Ihrem Bericht muß man jedoch an einen reflektorischen Charakter dieser Erscheinungen denken. Deshalb ist es interessant zu erfahren, ob man hier nach der Ähnlichkeit der Erscheinungen eine Analogie in der Funktion der Schleimhäute feststellen kann. Hatten Sie weiter viele solche Beobachtungen bezüglich des Einflusses auf das Herz? *(563)*

I. P. Pawlow: Zwei von mir schon beschriebene Fälle; ein Fall mit außergewöhnlich schlaffem Herzen und ein anderer mit starker Schwächung des Herzmuskels.

L. W. Popow: Wahrscheinlich war das Peritoneum von einem entzündlichem Prozeß ergriffen?

I. P. Pawlow: Eine allgemeine Peritonitis bestand nicht.

L. W. Popow: Es konnten jedoch örtliche, beschränkte Entzündungsherde sein; auch der n. vagus konnte leiden, weswegen die Abschwächung der Herzfunktion eintrat.

I. P. Pawlow: Es bestand nicht einmal eine lokale Peritonitis. Der Hund war vollkommen gesund. Kaum gibt man ihm eine größere Portion von Nahrung, so treten alle beschriebenen Erscheinungen auf. Wird der Magen entlastet, so kehrt der Hund wieder zu einem ganz normalen Zustand zurück.

L. W. Popow: Sie sagten, glaube ich, daß den Geschwüren im Maul eine Schwellung des Zahnfleischs vorangeht?

I. P. Pawlow: Ja.

L. W. Popow: So daß das ganze Bild Ihrer Stomatitis einer Quecksilberstomatitis ähnlich wird. Diese Ähnlichkeit drängt aber den Gedanken auf, ob die Stomatitis nicht doch die Folge einer Vergiftung durch irgendwelche Gifte ist?

I. P. Pawlow: Dies kann nicht sein. Die Stomatitis entwickelte sich in unseren Fällen so früh, daß sie nicht mit einer Gärung der Nahrung erklärt werden kann, weil die Gärung selbst noch nicht beginnen konnte.

L. W. Popow: Es konnte alte Nahrung gären. Die letzte Bemerkung machte ich jedoch nur in Anbetracht der großen Ähnlichkeit der Stomatitisarten, und ich bestehe in keiner Weise auf der von mir eben ausgesprochenen Vermutung. Schließlich zu den durch Sie erhaltenen Lähmungserscheinungen. Sie sagten, daß sie schwer mit Reflexen zu erklären sind. Aber unterdessen ist eine ganze Gruppe funktioneller Lähmungen nach Trauma bekannt. Ich erwähne wenigstens die sogenannten Eisenbahnerlähmungen. Vielleicht war auch Ihr den Tieren zugefügtes Trauma die Ursache der Lähmung. Deswegen wäre es interessant, das Rückenmark anatomisch zu untersuchen. Aber selbst wenn sich ein negatives Resultat dieser Untersuchungen erweisen sollte, könnte man die Lähmung trotzdem durch ein Trauma erklären. Zum Abschluß erlauben Sie mir, Ihnen für Ihren Bericht, der einen so lebhaften Gedankenaustausch hervorrief, unseren Dank auszusprechen. *(564)*

DIE EXPERIMENTELLE THERAPIE ALS NEUE UND AUSSERGEWÖHNLICH FRUCHTBARE METHODE PHYSIOLOGISCHER UNTERSUCHUNGEN[1])

Herr Präsident!

Sehr verehrte Damen, sehr verehrte Herren!

Ich erlaube mir, mit einer, wenn Sie wollen, untergeordneten Frage zu beginnen, jedoch einer Frage, die mir im physiologischen Sinn außergewöhnlich typisch erscheint, einer Frage, die, wenn man nach gewissen Zeugnissen urteilt, schon im klassischen Altertum aufgeworfen wurde und mit der sich die Beobachter schon im 16., 17. und 18. Jahrhundert viel befaßten. Zu Beginn des vorigen Jahrhunderts ist sie zum ersten Mal Gegenstand einer Analyse geworden, sie konnte jedoch erst am Schluß des 19. Jahrhunderts als gelöst betrachtet werden.

Ich will von dem Tod von Tieren sprechen, der nach Durchschneidung der nn.vagi oder der pneumogastrischen Nerven im Gebiet des Halses eintritt. Die Aufmerksamkeit der ersten Anatomen ist durch eine eigenartige Besonderheit in der komplizierten Struktur des tierischen Organismus angezogen worden: Das waren zwei weiße, symmetrische, ziemlich dünne Fasern, die mit ihren Verzweigungen fast alle Hauptteile des Körpers wie ein Spinnengewebe bedecken; deshalb auch Bezeichnung „umherschweifender Nerv".

Die Ausbreitung dieser Nerven über die Hauptteile des Körpers zwang natürlich zum Glauben an ihre große Bedeutung für den tierischen Organismus, und das hat auch wahrscheinlich *(565)* seit alters her den physiologischen Versuch einer Durchschneidung dieser sogenannten umherschweifenden Nerven hervorgerufen. Die ausgeführten Versuche bestätigten die Vermutungen: Der seiner Ausbreitung nach einmalige Nerv zeigte eine besondere funktionelle Bedeutung; seine Verletzung rief unweigerlich den Tod des Tieres hervor. Die Forscher machten jedoch dabei nicht halt, sie wollten mehr.

Nacheinander sind folgende Fragen aufgetaucht: Was für eine Art der Schädigung wird durch die Durchschneidung hervorgerufen? Weshalb führt diese Durchschneidung zum Tode? Gibt es nicht irgendein Mittel, diesem verhängnisvollen Ausgang vorzubeugen? Bald wurde die Frage so kompliziert, daß sich die

---

[1]) XIII. Congrès international de médecine, tenu à Paris du 2 au août 1900, Paris 1901, p. 55—61.

ersten Beobachter vielleicht nicht entschieden hätten, an sie heranzutreten, wenn sie alle Schwierigkeiten vorausgesehen hätten.

Bis zum 19. Jahrhundert gab es über die obenerwähnte Frage nur einige vereinzelte, mehr oder weniger glückliche Vermutungen. Ein mutiger Beobachter hinterläßt immer irgendwelche Spuren, die sich der Wahrheit nähern, trotz der vielleicht für seine Arbeit ungünstigen Bedingungen.

Mehrere Besonderheiten, die vagotomierte Tiere aufwiesen, konnten natürlich als Annahmen zur Erklärung ihrer Todesursache dienen. Dies waren: unnormale Atmung, pathologische Prozesse in den Lungen, starke Abmagerung (bei Vögeln) usw. Alle diese Symptome konnten offensichtlich nicht im einzelnen genügend tief erforscht und bewertet werden, um den Tod zu vermeiden. Zu diesem Zweck mußte zunächst ein umfangreiches Gebiet der Physiologie, das Gebiet der Nerven, begründet werden. Nur dank den großen Entdeckungen des 19. Jahrhunderts konnte der Physiologe den geheimnisvollen Nervenapparat in seine einfachen Elemente zerlegen.

Die spezielle Erforschung des n. vagus lieferte unzähliges Material über seine Funktionen. Die verschiedenen Kategorien seiner Fasern erreichten fast die Zahl 100; dies ist leicht verständlich, da der n. vagus sich mit sehr vielen verschiedenen Organen verbindet und in jedem von ihnen mit einer Reihe isolierter Teile, wie z. B. die sensiblen und reflektorischen Oberflächen, Muskeln, Blutgefäße, verschiedenen Drüsen; es muß hinzugefügt werden, daß diese Verbindungen mit den Organen in vielen Fällen doppelt, antagonistisch sind. *(566)* Wenn die Aufmerksamkeit des Anatomen in der Hauptsache auf die Ausbreitung der Äste des n. vagus gerichtet war, so wird der Physiologe unserer Tage durch die fast unerschöpfliche Verschiedenartigkeit seiner Funktionen direkt verblüfft.

Somit hat sich im Laufe der Zeit die Frage nach den Todesursachen vagotomierter Tiere nicht etwa vereinfacht, sondern vielmehr noch mehr kompliziert. Es ist wirklich eine Unzahl neuer Annahmen zur Erklärung dieses rätselhaften Todes erschienen. Es wäre nutzlos, sie alle hier anzuführen. Es genügt zu sagen, daß kein einziges mit dem n. vagus in Verbindung befindliches Organ verblieb, das nicht als Todesursache vagotomierter Tiere angesehen wurde. Deshalb ist es nicht verwunderlich, daß sich in letzter Zeit Stimmen erhoben haben, die offen behaupten, daß man sich über den Mißerfolg einer Rettung vagotomierter Tiere nicht zu wundern brauche. Es wäre umgekehrt sonderbar, wenn die Beschädigung eines so wichtigen Organs, eine Schädigung, die eine Störung der Blutzirkulation, der Atmung, der Verdauung usw., hervorruft, für das Leben der Tiere nicht verhängnisvoll wäre.

Trotz all dieser Schwierigkeiten reifte die Lösung dieses Problems heran. Einzelne Hauptmechanismen dieses so komplizierten Todes erhielten ihre Erklärung, und zur gleichen Zeit ist es klargeworden, daß die als tödlich angesehenen nachträglichen Störungen es in Wirklichkeit nicht waren.

Legallois hat als erster eine der wahren Ursachen des infolge einer Durchschneidung des n. vagus am Hals eintretenden Todes entdeckt: Das ist die Lähmung der Kehlkopfbänder, die bei Tieren mit elastischen Kehlkopfknorpeln ständig eine Undurchgängigkeit der Stimmritze nach sich zieht und nach einer kurzen Zeit die Erstickung. Es stellte jedoch keine Schwierigkeit dar, diese Ursache mit Hilfe der Tracheotomie, einer teilweisen Durchschneidung der Nerven, schließlich durch Auswahl anderer Tiere, die sich für den Versuch mehr eignen, z.B. erwachsene Hunde u. ä., zu beseitigen.

Nachdem der erste Schritt überwunden war, hat man die Arbeit fortgesetzt. Die Tiere starben trotzdem; andere Ursachen riefen ihren Tod hervor. Wodurch war er zu erklären? *(567)*

Gegen Ende des Jahres 1849 oder zu Beginn des Jahres 1850 entbrannte eine harte Polemik zwischen Traube und Schiff. Traube nahm an, daß der Tod in der Hauptsache durch Lähmung des Kehlkopfs eintritt. Er faßte jedoch die Sache anders als seine Vorgänger auf; wenn einerseits die Durchschneidung der nn. vagi eine ständige Annäherung der Stimmbänder, die während der Einatmung sich nicht mehr erweitern, hervorruft, so verschließen andererseits die erwähnten Bänder den Kehlkopf während des Schluckakts und Brechakts nicht hermetisch genug, um zu verhindern, daß Fremdkörper in die Trachea und in die Lungen gelangen; deshalb die Lungenentzündung, auf die verschiedene Autoren schon lange hinwiesen und deren Verschlimmerung zum Tod des Tieres führen mußte.

Schiff lehnte diese Theorie ab und betrachtete die Hyperämie der Lungen als das Ergebnis einer Lähmung der vasomotorischen Nerven, die ein Verschwinden des Lumens der Lungenalveolen und Bronchien, in der Hauptsache infolge einer Erweiterung der Blutgefäße und zum Teil durch eine gewaltige Ansammlung von Schleim, hervorruft.

Leider nahm die Polemik einen erbitterten Charakter an, und die Autoren endeten genauso wie sie begannen, mit vollkommenen Widersprüchen, fast ohne jede Versöhnung. Die Erkrankung der Lungen als Todesursache ist zwar von beiden Autoren anerkannt worden. Der Meinungsunterschied über die Frage der Entstehung dieser Krankheit war aber sehr zum Nachteil für die Ausarbeitung einer experimentellen Methode, die diese Todesursache beim vagotomierten Tier verhüten und gleichzeitig das Bestehen oder Fehlen anderer Ursachen dieses Todes zeigen könnte.

Studiert man die Sache unvoreingenommen, so muß man zugeben, daß das Eindringen von Fremdkörpern in den Kehlkopf und in die Lungen den Tod hervorrufen kann, wenn es gelungen ist, die Anwesenheit solcher Körper in den Lungen vagotomierter Tiere festzustellen. Diese hauptsächlich durch Kehlkopflähmung hervorgerufene Tatsache begünstigte eine gleichzeitige Lähmung der Speiseröhre und Störung der Kardiafunktion, eine Tatsache, die zu einer Ansammlung von Nahrung im unteren Abschnitt der Speiseröhre führt, was der Anlaß zu häufigem Erbrechen und Aufstoßen ist.

Die Unfähigkeit des Kehlkopfs, sich gut zu verschließen, machte sich ganz besonders in Anbetracht der Tatsache bemerkbar, daß der Schutz der Luftröhre *(568)* fast vollkommen den Stimmbändern übertragen war. Offensichtlich mußten zwei verschiedene, den Tod bedingende Mechanismen unterschieden werden: Plötzliches Eindringen einer großen Nahrungsmenge in den Kehlkopf mußte das Tier ersticken, was auch in der Tat von vielen Gelehrten beobachtet wurde; andererseits rief ein ständiges Eindringen von Fremdkörpern in kleinen Mengen in die Lungen in ihnen wirklich eine chronische Entzündung hervor und folglich auch den Tod, wenn der Prozeß mehr oder weniger langdauernd war.

Als ich im Jahre 1887 zusammen mit N.M. Schumowa-Simanowskaja an der Erforschung der Innervation der Magendrüsen arbeitete, hatte ich eine große Anzahl von Hunden mit Magenfisteln und mit einer, in Höhe des Halses eröffneten Speiseröhre, so daß die Mundhöhle vollständig von der Magenhöhle isoliert war. Diese Hunde wurden natürlich unmittelbar durch die Fistel gefüttert, und auf diese Weise konnte im Fall eines Erbrechens oder Aufstoßens nichts in das Maul gelangen. Bei jedem dieser Hunde haben wir den linken n.vagus am Hals und den rechten unter der Abgangsstelle des n.laryngeus inferior und der Herzäste durchschnitten. Wir waren an einer Erhaltung des Lebens dieser Tiere äußerst interessiert, und trotzdem starben sie nach 10 bis 15 Tagen, wobei sich ihre Lungen in einem ausgezeichneten Zustand befanden. Offensichtlich wurden sie Opfer einer Verdauungsstörung, die sich im Erbrechen und in der Zersetzung der Nahrung im Magen bemerkbar machte. Dr. Timofejew und Dr. Krehl aus Ludwigs Laboratorium kamen zu dem gleichen Ergebnis.

Auf diese Weise haben wir eine neue Todesursache vagotomierter Tiere genau festgestellt: Hunger oder im Fall künstlicher Ernährung Vergiftung durch sich zersetzende Speisen.

Im Jahre 1896, in der Periode meiner Vorlesungen über die Verdauung, zu der Zeit, als ich am Einfluß der nn.vagi auf die Magensekretion vermittels Durchschneidung experimentierte, entschloß ich mich, diese vierte Todesursache zu bekämpfen.

Bevor wir in den Magen eine mehr oder weniger feste Nahrung einführten, habe ich eine Magensaftsekretion durch chemische Reize hervorgerufen und die Futterportionen ständig vergrößert. Nach Schluß der Verdauung, die zweimal am Tag stattfand, *(569)* wandte ich eine Ausspülung des Magens mit lauem Wasser an. Wir erzielten einen vollen Erfolg; der Hund lebte nach dem gewöhnlichen Termin weiter. Nach 2 Monaten habe ich ebenfalls am Hals eine Durchschneidung des rechten n.vagus vorgenommen; das Tier war somit vollständig vagotomiert. Nach 6 Monaten lebte es noch, war munter, stark, von normalem Gewicht und zeigte alle Anzeichen eines befriedigenden, physiologischen Zustands. Auf keinen Fall darf dieses Ergebnis einem glücklichen Zufall zugeschrieben werden. Der nächste, auf die gleiche Weise operierte und gepflegte Hund ist gleichfalls nicht gestorben.

Meine Mitarbeiter Dr. Katschkowski und Dr. Tscheschkow erhielten das gleiche Ergebnis. Ihre Operation wich von meiner etwas in der Weise ab, daß beide nn. vagi gleichzeitig durchschnitten wurden, und zwar beide am Hals.

Somit glaube ich mit Recht behaupten zu können, daß jeder erwachsene Hund erhalten werden kann, sogar wenn beide nn.vagi durchschnitten sind, wenn die erwähnten Vorschriften beachtet werden. Die Tatsache des Weiterlebens dieser Hunde beweist auch die kategorische Lösung der ganzen Serie von einzelnen

Tatsachen unserer Frage. Sie beweist die volle Realität der zweiten und dritten obenerwähnten Todesursache.

Kein einziger unserer Hunde ist plötzlich gestorben, denn sie hatten keine Möglichkeit, ihren Kehlkopf mit Fremdkörpern zu verstopfen; die Lungen waren ebenfalls nicht angegriffen, weder unmittelbar nach der Durchschneidung, was jedesmal durch eine sorgfältige Auskultation festgestellt wurde, noch später, was durch eine Sektion 6 bis 7 Monate nach der Operation festgestellt wurde. Die Ursache dafür lag einzig und allein darin, daß kleine Nahrungsstückchen nicht in die Lungen eindringen konnten.

Während der ganzen Beobachtungszeit war die Atmung bei unseren Tieren sehr selten, 4 bis 6 Atemzüge in der Minute, was typisch ist. Somit muß natürlich von selbst die ganze Reihe von Vermutungen wegfallen, die sich auf den Tod der vagotomierten Tiere beziehen und ihn mit einer Störung des Atemapparats erklären. Was den trophischen Einfluß des n. vagus auf das Herz anbelangt, so ist er wirklich ganz phantastisch: 6 Monate nach der Operation war das Herz vollkommen normal. *(570)*

Haben wir jedoch wirklich alle Todesarten, an denen die vagotomierten Tiere sterben können, betrachtet? Nicht ganz: Obwohl unsere Tiere ganz gesund bleiben, geht dies nur unter der Bedingung eines künstlich vereinfachten Lebens, einer gemäßigten und ruhigen Ordnung vor sich.

Die herabgesetzte Lebensfähigkeit der Tiere äußert sich nicht nur darin, daß sie nicht mehr allein fressen und ihre Nahrung ausreichend verdauen können, sondern sie erstreckt sich noch weiter. Einmal habe ich während einiger Stunden einen meiner Hunde eingebüßt, der nach der Vagotomie ungefähr 7 Monate lang vollkommen gesund war, und dies geschah nur deshalb, weil ich ihm die übliche Dosis Kalomel eingab, um ihn vom Bandwurm zu befreien. Dieses gleiche Pulver anschließend in zweifacher und dreifacher Dosis anderen, nicht operierten Hunden eingegeben, erwies sich für sie als absolut unschädlich. Auch bei einem anderen vagotomierten Hund erwies sich die übliche Kalomeldosis als tödlich. Dr. Tscheschkow aus meinem Laboratorium beobachtete im Augenblick an vagotomierten Hunden, die sich nach der Operation wieder vollkommen erholten, einen durch verschiedene, erschwerende Lebensbedingungen erzeugten Effekt. Er machte ihnen Bäder von kaltem Wasser und brachte sie danach in einem sehr heißen Zimmer unter, zwang sie, umherzulaufen, verschiedene Lasten zu tragen usw. In einer ganzen Reihe von Beziehungen ist der Unterschied zwischen einem normalen und operierten Hund ganz gewaltig.

Was vor allen Dingen erwähnt werden muß, ist die Innentemperatur des Tieres, die oft und deutlich Sprünge macht; ein kleiner Spaziergang erhöht sie um 1,5° C, ein längerer Spaziergang (annähernd 2 Stunden) bei ziemlich kaltem Wetter erhöhte sie bis auf 42,5° C; der Versuch mußte unterbrochen und das Tier wegen Befürchtung einer tödlichen Überwärmung abgekühlt werden. Aufenthalt im Zimmer bei einer Temperatur von 28 bis 30° C erhöht ebenfalls die Temperatur sehr leicht bis auf 42° C. Deshalb mußte der Versuch ebenfalls und aus den gleichen Gründen unterbrochen werden. Wenn jedoch die Außentemperatur im Gegenteil niedrig ist, so kühlt sich das Tier sehr rasch und sehr empfindlich ab. Bei gleichen, thermometrischen Außenbedingungen entsprechen Temperaturschwankungen von 0,3 bis 0,4° beim normalen Hund Sprüngen von 6 bis 7° beim operierten Hund. *(571)* Der Hund wird sozusagen zum kaltblütigen Tier.

Offensichtlich würden diese Hunde bei gewöhnlichen Bedingungen leicht durch eine übermäßige Abkühlung im Winter oder durch Überwärmung im Sommer sterben. Im Augenblick ist jedoch wegen des Fehlens einer endgültigen Analyse schwer mit Genauigkeit zu entscheiden, worum es in diesem Fall geht. Ist die Veränderung des Atemmechanismus die Ursache, oder vielleicht handelt es sich hier um irgendwelche speziellen Thermoregulationsapparate?

Es gibt noch eine andere Tatsache, die bei diesen Tieren oft beobachtet wurde. Das ist die Unfähigkeit des Herzens, leicht in den normalen Zustand zurückzukehren, wenn es seine Bewegungen einmal beschleunigt hat. Es vergehen Stunden (anstatt Minuten wie beim normalen Hund), bevor das Herz zu dem ihm vor der Operation eigen gewesenen Rhythmus zurückkehrt. Unter den üblichen Bedingungen hätte unser Hund immer die Gelegenheit, seinen Puls auf diese Weise zu beschleunigen, und sein Herz würde sich aus diesem Grund früher oder später erschöpfen. Das Interessante dabei ist, daß in diesen Versuchen der Blutdruck und die Schwankungsamplitude dieses Drucks ohne merkliche Veränderungen bleiben.

Somit besteht außer den von unseren Vorgängern an vagotomierten Tieren festgestellten verschiedenen Todesarten noch eine große Anzahl möglicher Todesarten.

Die Lage des Experimentators in bezug auf diese ist jedoch heute eine vollkommen andere und verhältnismäßig viel günstiger als früher. Vollkommenes Dunkel umgab die Todesursachen der vagotomierten Tiere. Man mußte die Ursachen suchen, in sie eindringen und dann erst eine Methode zur Rettung des Tieres finden. Im Augenblick kann der Experimentator, indem er vollkommen bewußt nach seinem Wunsch und systematisch handelt, diese oder jene Lebensbedingung, die zur tödlichen werden kann, eintreten lassen.

Meine Damen und Herren! Ich bitte, mich zu entschuldigen, daß ich mich so lange über diese in der Physiologie untergeordnete Frage ausgelassen habe. Ich glaube jedoch, daß in ihr der Grundgedanke meines heutigen Berichts konzentriert ist. *(572)*

Ja, das Geheimnis des Todes des tierischen Organismus, *des als Gesamtheit der Organe genommenen Organismus*, besteht schon lange nicht mehr. Es entschwand aus dem Auge des Experimentators bis zu einem günstigeren Zeitpunkt in die Tiefen der lebenden Zelle und des lebenden Moleküls.

Das Weiterleben vagotomierter Tiere wie auch die unzählbare Anzahl physiologischer und in der Hauptsache medizinischer Tatsachen sind ein ständiger Triumph der Auffassung des tierischen Organismus als ein physikalisch-chemisches und mechanisches Ganzes.

Hat sich in dem Bearbeitungsstadium unserer Frage der tierische Organismus nicht wirklich ausschließlich als eine außergewöhnlich komplizierte, aber dennoch, wie jede andere, gehorsame und ergebene Maschine herausgestellt?

Dieser Maschine ist großer Schaden zugefügt worden. Viele ihrer kleinen und äußerst wichtigen Teile sind zerschlagen. Die Beziehungen zwischen ihnen sind tiefgehend verändert. Die Maschine ist zu nichts mehr tauglich; darauf folgt die vollkommene Zerstörung.

Was tat jedoch der Physiologe vor diesem Vernichten? Geschickt, geduldig setzte er während eines ganzen Jahrhunderts die Analyse aller Zerstörungen nacheinander fort, die er selbst durch seine groben Eingriffe an dieser delikaten Maschine hervorrief. Dieser Verletzungen waren aber sehr viele. Trotzdem bemühte er sich, den Sinn und die Bedeutung jeder einzelnen von ihnen in der Gesamtarbeit der Maschine zu ergründen.

Im Endergebnis wurde eine lange Steigerung der Wichtigkeit dieser Verletzungen erhalten: Manche riefen sofort einen vollständigen Zusammenbruch der ganzen übrigen Maschine hervor, andere führten sie mehr oder weniger allmählich zum Untergang, dritte schließlich riefen nur eine Unregelmäßigkeit ihrer Arbeit hervor.

Indem man sich von diesen verschiedenen Tatsachenkategorien leiten ließ, konnte man eine Rettung der Maschine erreichen.

Den einen zerstörten Teil hat man möglichst gut durch einen anderen ebenso notwendigen Teil ersetzt; da er jedoch infolge der Zerstörung etwas an seiner Kraft und Genauigkeit einbüßte, so ist dies durch äußere Methoden erfüllt worden; ein Teil der, wenn auch wichtigen, jedoch nicht immer notwendigen Arbeit wurde einfach mit dem Zweck unterbunden, damit die unregelmäßige Arbeit dieses Teils keine gefährliche Veränderung in anderen, wesentlich notwendigeren Teilen hervorrufen konnte. *(573)*

Zu guter Letzt triumphierte die Physiologie über alle diese Schwierigkeiten; die auf diese Weise wiederhergestellte tierische Maschine führte ihre Arbeit vollkommen erfolgreich fort. Erinnert das nicht sehr an die Tätigkeit aller Mechaniker, denen eine Reparatur dieser oder jener komplizierten Maschine anvertraut wird?

Weshalb wird uns dann manches Mal ein anderer Weg, eine andere Richtung empfohlen, die angeblich der Vollkommenheit der Lebenserscheinungen mehr entsprechen? Haben wir denn mit unserem alten Banner in der Hand aufgehört, in der Erforschung des Organismus ständig voranzukommen? Unsere Macht über diesen tierischen Organismus vergrößert sich in einem fort.

Nach der Periode der analytischen Arbeit sind wir ohne jeden Zweifel in die synthetische Periode eingetreten. Weist nicht diese schon länger als hundert Jahre andauernde Arbeit an der Vagotomie bei Tieren auf einen ständigen und neuen Fortschritt der Synthese hin, der schließlich durch einen vollen Erfolg in dieser besonderen Frage gekrönt wird?

Das ist aber nur ein einzelnes Beispiel von vielen anderen. Ich erinnere nur an den erstaunlichen Versuch von Goltz und Ewald, die mit vollem Erfolg fast vollständig des Rückenmarks beraubte Hunde gesundpflegten.

Dies alles bedeutet, daß wir den Organismus ausreichend analysiert haben. Unsere Erkenntnisse über die Grundgebiete des Organismus sind jetzt schon recht groß im Vergleich mit dem, was uns noch zu erforschen bleibt. Es besteht kein Zweifel, daß uns in dieser Richtung noch glänzendere und bedeutendere Erfolge erwarten werden. Wenn wir danach urteilen, was wir schon wissen, wird die breit auf den ganzen Organismus angewandte Synthese als neue Methode den kommenden physiologischen Untersuchungen eine große Hilfe erweisen. Sie wird ein energischer Initiator für andere Ermittlungen, für andere Untersuchungen sein.

Die Aufgabe der Analyse war, sich möglichst gut mit einem beliebigen isolierten Teil bekannt zu machen; das war ihre rechtmäßige Pflicht. Sie bestimmte die Beziehungen eines Teils zu allen möglichen Naturerscheinungen, und dies charakterisierte sie natürlich als etwas, was in die Tiefe der Zell- und Molekularphysiologie geht *(574)* und auf diese Weise ein für die Wissenschaft immer nützliches Material bleibt.

Die Physiologie der Organe ist jedoch durch sie erheblich verwirrt worden. Wie denn, stellte man sich die Frage, welcher der erforschten Einflüsse ist der wichtigste, der im normalen Leben den Organismus die Führung hat?

Der Umfang der Funktionen, die Beteiligung jedes einzelnen Teils in der gesamten Arbeit des Organismus, blieben noch sehr wenig geklärt.

Das Ziel der Synthese ist, die Bedeutung jedes Organs von seiner wirklichen und seiner Lebensseite aus zu bewerten, seinen Platz und das ihm entsprechende Maß zu bestimmen. Andererseits blieb natürlich in der Physiologie der Organe eine große Anzahl von Funktionen, Beziehungen und Verbindungen der erregenden Agenzien unbekannt. Dies alles wird sich bei der Synthese des tierischen Organismus sehr fühlbar zeigen, und man wird natürlich viele synthetische Versuche zurückstellen müssen. Das wird sich aber doch nur an einer bestimmten Stelle und zu einer bestimmten Zeit fühlbar zeigen und somit die Untersuchung des Unbekannten sehr erleichtern, das Ziel und den Weg der Untersuchungen klar weisen.

Diese Synthese wird folglich in zwei Arten von physiologischen Untersuchungen ausgeführt. Einerseits bemüht man sich sehr intensiv, die Tätigkeit des Organismus im ganzen und seiner Teile unter strengen, normalen Bedingungen und in Verbindung mit diesen Bedingungen zu erforschen. Als Beispiel dieser Methode erlaube ich mir, auf die neue Arbeit an der Erforschung der Funktionen aller Verdauungsdrüsen hinzuweisen. Andererseits besteht man darauf und löst Aufgaben, die das Ziel haben zu neutralisieren, Schlechtes, das dem Organismus durch diese oder andere ernste Beschädigung zugefügt wurde, zu entfernen; solch ein Fall ist das Weiterleben vagotomierter Tiere.

Es ist klar, daß unser physiologischer Versuch, den ich zu Beginn meiner Rede ausführlich darlegte, vom medizinischen Gesichtspunkt aus das Beispiel einer experimentellen Therapie ist. Ist das Tier infolge eines ihm zugefügten Traumas ernstlich, tödlich erkrankt, so stellt sich die Physiologie das Ziel, es zu heilen, damit es am Leben und gesund bleibt. Und nun, nach langem Weg, nach zahllosen Untersuchungen, erreichte sie dieses gesteckte Ziel. *(575)*

Ein vollständig analoger und ebenso wichtiger Fall kann sich jedem Arzt bieten; denn leider ist die Möglichkeit vollkommen unerwartet zu erkranken, für jeden Menschen sehr groß. Der Arzt aber befindet sich dann in einer außergewöhnlich glücklichen Lage und findet in der Physiologie sofort eine zuverlässige und fertige Heilmethode, eine absolute, rationale Form der Einwirkung

Die zweite Art der physiologischen Synthese befindet sich ebenfalls in engster Verbindung mit der Medizin. Die physiologische Synthese entspricht der Medizin, ist mit ihr identisch, und von diesem Gesichtspunkt aus kann sie mit Recht als experimentelle Therapie bezeichnet werden.

Diese so vollständige Übereinstimmung zwischen der Physiologie und der Medizin ist nicht erst einmal ausgenutzt worden. Wenn der Arzt z.B. ein Myxödem durch ein Schilddrüsenpräparat heilt, so macht er buchstäblich das gleiche wie der Physiologe, der mit dem Ziel, vermittels der Synthese mechanische, chemische und nervale Funktionen dieser Drüse zu klären, eine Injektion eines Extrakts der Schilddrüse irgendeinem Tier gibt, das der Schilddrüse beraubt ist.

Es ist ohne Zweifel, daß die auf diese Weise verstandene, experimentelle Therapie das Recht hat, breit anerkannt und angewandt zu werden. Es versteht sich, daß man mit der Erforschung der experimentell verursachten, ganz genauen Veränderungen im Organismus beginnen muß; denn erstens ist es immer nützlich, vom Einfacheren zu beginnen, und zweitens stellt die tiefe und gleichzeitige Veränderung einiger wichtiger Organe eine natürliche Grenze der obenerwähnten Synthese in Anbetracht unserer unzureichenden Kenntnis des Zellebens dar.

Die Physiologie hat bei ihren analytischen Untersuchungen viele, entweder Krankheit oder Tod nach sich ziehende Veränderungen des Organismus hervorgerufen und ruft sie noch hervor. Die experimentelle Pathologie reproduziert im Augenblick viele Krankheiten, die den Krankheiten des Menschen ähnlich sind. Was für ein umfangreiches und fruchtbares Feld würde sich für die physiologische Untersuchung eröffnen, wenn der Experimentator sofort nach der hervorgerufenen Krankheit oder angesichts des unausbleiblichen Todes mit vollem Wissen der Sache eine Methode suchen würde, das eine wie das andere zu besiegen.

Mit Absicht habe ich jetzt von der glänzenden und wichtigen, einen Teil der modernen Bakteriologie ausmachenden, experimentellen Therapie nicht gesprochen. Ihre große therapeutische Bedeutung ist jedem verständlich *(576)*. Ihr gewaltiger, praktischer Nutzen fällt jedem auf. Ihre großen Begründer werden für immer als Wohltäter in der Erinnerung der Menschen bleiben. Und all dies ist selbstverständlich wieder ein Gebiet der gleichen Physiologie. Aber ich wollte im besonderen auf eine, meiner Meinung nach ungenügend geschätzte Einzelheit dieses enormen Fortschritts unserer Wissenschaft bestehen und immer wieder bestehen, nämlich auf die Gesetzmäßigkeit und Rechtzeitigkeit eben dieser Methode der wissenschaftlichen Untersuchung in bezug auf andere Funktionen des Organismus außer auf die, die den Kampf mit den Mikroorganismen betreffen. Und ich wollte eben darauf bestehen, indem ich mich auf Tatsachen stützte, die eine Beziehung ausschließlich zu den erwähnten Funktionen haben. Ich bin tief überzeugt, daß wir auch hier nicht minder glänzende Siege erringen werden als die, auf die die Bakteriologie mit Recht so stolz ist.

Somit ist diese gerade erst geborene experimentelle Therapie nur ein grandioses Ergebnis der vorausgegangenen physiologischen Arbeit, die dem heutigen Physiologen die volle Sicherheit in der Zuverlässigkeit seines Wegs gibt und seine Energie für die kommenden Arbeiten ungewöhnlich anregt. Andererseits muß es eine große Aufmunterung für den Arzt sein zu sehen, daß die Physiologie mit ihren speziellen Quellen und Aussichten auf Erfolg, durch ihre eigene Initiative und für ihre eigenen Ziele getrieben, zu einer wissenschaftlichen Arbeit strebt, die ihrer Hauptidee nach vollkommen mit der Wirkungsart der Medizin in bezug auf die kranke Menschheit übereinstimmt.

Zum Schluß verpflichtet mich das Schuldgefühl, hier mit einer tiefen Achtung den Namen eines genialen Physiologen auszusprechen, der schon seit langem in seinem großen und tiefen Verstand das harmonische Ganze, die Physiologie, experimentelle Pathologie und experimentelle Therapie, vereinigte, indem er die Arbeit des Physiologen in seinem Laboratorium mit der praktischen Tätigkeit eines Arztes, unter dem Zeichen der experimentellen Medizin, eng verband.

Ich denke an Claude Bernard. *(577)*

ÜBER DIE TROPHISCHE INNERVATION[1])

Wie man ganz deutlich sieht, ist der Horizont der medizinischen Beobachtungen des Lebens unendlich viel weiter als das Gebiet der Lebenserscheinungen, das der Physiologe in seinen Laboratorien vor Augen hat. Daraus entspringt die immerwährende mangelnde Übereinstimmung zwischen dem, was die empirische Medizin weiß, sieht und anwendet und was die Physiologie reproduzieren und erklären kann. Hierher gehören u. a. auch die Schockzustände und die trophischen Nervenerscheinungen der Klinik. Für die ersteren haben die Physiologen keine allgemeingültige Erklärung, die zweiten können bis heute nicht unter genauen experimentellen Bedingungen beobachtet werden.

Ich habe mich im Laboratorium, jedoch nicht experimentell, sondern ebenfalls klinisch, allmählich der Schlußfolgerung der Kliniker über die Existenz besonderer trophischer Nerven angeschlossen.

Viele Jahre lang habe ich Operationen bei Tieren im Gebiet des Verdauungskanals durchgeführt (verschiedene Fisteln, künstliche Verbindungen und Trennungen verschiedener Teile des Verdauungskanals), um für Wochen, Monate und Jahre günstigere experimentelle Vorbedingungen zu schaffen. Dabei beobachtete ich oftmals unerwartet bei unseren am Leben gebliebenen Tieren Nebensymptome und verblüffende Begleiterscheinungen. Über diese Symptome berichtete ich mehrmals in Sitzungen der Gesellschaft russischer Ärzte in St. Petersburg. Vor meinen Augen entstanden trophische Störungen der Haut, der *(578)* Mundschleimhaut, tetanische Krämpfe, Paresen, einmal eine heftig (über 10 bis 15 Tage) verlaufende, typische aszendierende Rückenmarkslähmung, einandermal entstand eine Erkrankung der Großhirnhemisphären (in Form einer starken Verdichtung) mit einer vollkommenen Entstellung der normalen Beziehungen des Tieres zur Außenwelt. Außerdem sah ich Schockerscheinungen, die einmal schnell zum Tode führten und sich ein anderes Mal in einer vorübergehenden todesähnlichen

[1]) Vortrag, gehalten auf der wissenschaftlichen Konferenz zu Ehren der 50jährigen wissenschaftlich-ärztlichen Tätigkeit von A. A. Netschajew am 31. Dezember 1920 im Obuchower Krankenhaus. Abgedruckt in der „Sammlung wissenschaftlicher Arbeiten zu Ehren der 50jährigen wissenschaftlich-ärztlichen Tätigkeit von Professor A. A. Netschajew" (1. Teil, Petrograd 1922).

Erstarrung des Tieres äußerten. All dies trug nervalen Charakter und schritt bisweilen unaufhaltbar voran, während es in anderen Fällen zurückging.

Alle diese Beobachtungen festigten allmählich in mir die Vermutung, daß die beschriebenen Erscheinungen als Reflexe von unnormal gereizten zentripetalen Nerven des Verdauungskanals auf besondere hemmende trophische Nerven verschiedener Gewebe gedeutet werden können. Ich vermutete, daß die Intensität der chemischen Lebensprozesse eines jeden Gewebes durch besondere zentrifugale Nerven reguliert wird, und zwar nach einem im Organismus verbreiteten Prinzip in zwei entgegengesetzten Richtungen. Die einen Nerven verstärken diesen Prozeß und erhöhen damit die Lebensfähigkeit des Gewebes, andere schwächen ihn ab, und bei ungewöhnlicher Reizung nehmen sie dem Gewebe die Fähigkeit, sich den zerstörenden, ständig von innen und außen einwirkenden Einflüssen jeder Art zu widersetzen.

Die vorkommenden Schockerscheinungen wurden bei dieser Annahme als ein akutes, rasch eintretendes Ergebnis einer sehr starken reflektorischen Reizung hemmender trophischer Nerven aufgefaßt und die chronischen Krankheitsveränderungen der Gewebe ebenfalls als ein Ergebnis der gleichen reflektorischen, nur etwas schwächeren, dafür aber länger anhaltenden Reizungen.

Im Jahre 1920 haben wir zusammen mit O. S. Rosental die Tiere vorsätzlich etwas anders operiert. Als wir die gleichen Nervenzerrungen durch eine Verschiebung und Fixierung verschiedener Gebiete des Verdauungskanals, jedoch ohne die früheren Schädigungen seiner Integrität, vornahmen, sahen wir viele der früheren Symptome, wie trophische Erkrankungen der Haut und der Mundschleimhaut, Paresen und ein beträchtliches Absinken der Körpertemperatur. Dadurch erhielten wir einen weiteren Beweis dafür, daß die beobachteten Erscheinungen nicht *(579)* durch eine unmittelbare Störung des Verdauungsprozesses bedingt werden, wie in den früheren Versuchen, als dem Tier ein mehr oder weniger bedeutender Teil seiner Verdauungssäfte genommen wurde.

Leider sind jedoch die pathologischen Erscheinungen auch jetzt unbeständig und schwankend geblieben, weshalb es auch nicht möglich war, an eine genaue und ausführlichere Analyse ihres nervalen Mechanismus zu gehen. Diese neuen Versuche bestärkten uns jedoch in unserer Vermutung, und im Augenblick prüfen wir andere Verfahren, um die uns interessierenden Erscheinungen mit größerer Sicherheit zu erhalten. Dies um so mehr, da bei beharrlichem Durchdenken der Frage sehr viele Ergebnisse der Physiologie wie auch der Medizin zugunsten unserer Vermutung sprechen.

Vielleicht befinden sich die für uns jetzt noch hypothetischen trophischen Nerven sogar schon in den Händen der Physiologen, sogar diejenigen für das Hauptorgan des Tieres. Vor 40 Jahren ist von der Physiologie bewiesen worden, daß außer dem früher bekannten Paar rhythmischer Herznerven, den hemmenden und den beschleunigenden, zweifellos noch ein Paar besonderer Herznerven existiert, die — ebenfalls wieder antagonistisch — die Lebensfähigkeit der Herzmuskulatur beeinflussen: solche, die die Lebensfähigkeit erhöhen und solche, die sie herabsetzen. Der eine Nerv verstärkt den Herzschlag, bedingt eine rascher ablaufende Systole, erhöht die Erregbarkeit des Muskels, beseitigt die Dissoziation der Herzgebiete und überhaupt jegliche Störungen im Herzen, die unter ungünstigen Bedingungen eintreten; der andere hat eine direkt entgegengesetzte Wirkung auf das Herz. Was sind das für Nerven? Sind es etwa Gefäßnerven des Koronar-Systems? Dagegen sprechen jedoch sehr schwerwiegende experimentelle Ergebnisse: Die Wirkung dieser Nerven tritt auch am herausgeschnittenen, blutleeren Herzen auf. Es bleibt deshalb nichts anderes übrig, als sie als trophische Nerven anzuerkennen.

Ein anderer Fall aus der Physiologie. Der schon vor langem verstorbene HEIDENHAIN hat an den Speicheldrüsen zwei Arten von Nerven festgestellt: einen, der die Sekretionstätigkeit der Drüsen überhaupt anregt, und einen zweiten, der für die Absonderung der speziellen organischen Stoffe sorgt. Den ersten Nerven nannte er den sekretorischen, den zweiten den trophischen, *(580)* obwohl er hierbei den Vorbehalt machte, daß er dieses Eigenschaftswort nur mit Einschränkung gebraucht, nicht in dem Sinne, wie dieses Wort im allgemeinen verstanden wird. Nach einer vorübergehenden Anfechtung durch spätere Physiologen fanden die Versuche von HEIDENHAIN ihre entscheidende Bestätigung in den unlängst ausgeführten Experimenten von Professor B. P. BABKIN. Hat aber HEIDENHAIN in diesem Fall bezüglich der Einschränkung des Terminus „trophisch" recht? Der Speichel enthält doch, auch wenn er noch so flüssig ist, bei Reizung der sekretorischen Fasern immer alle seine Bestandteile. Folglich muß man die Wirkung der trophischen Fasern zweifellos als eine Verstärkung des ständigen Lebenschemismus des Speichels auffassen, d. h., es handelt sich um eine Funktion der trophischen Nerven im üblichen Sinn des Wortes. Entsprechend der Tatsache, daß die Speicheldrüsen nur einen, und zwar einen ihre Funktion anregenden Nerven und keine Antagonisten haben, besitzt auch ihr trophischer Nerv ebenfalls nur eine positive Wirkung.

Jetzt die Angaben von seiten der Medizin. Ich will nicht von den unter den Ärzten allgemein bekannten, speziellen Fällen sprechen, die gewöhnlich als ein Ausdruck trophischer Nervenstörungen betrachtet werden. Ich wende mich der Ätiologie und der Therapie einiger Krankheitszustände zu, für deren Verständnis die moderne Physiologie über keine entsprechenden Mechanismen verfügt.

Warum führen Anomalitäten im Verdauungskanal, besonders bei Kindern, zu verschiedenen Hauterkrankungen? Umgekehrt: Warum bedingen bestimmte Einwirkungen Erkrankungen innerer Organe: der Pleura, der Lungen, der Nieren usw.? Im Laboratorium habe ich bei unseren Hunden viele Male eine Osteomalazie gesehen, die oftmals sehr stark und weit ausgebreitet war. Diese Beobachtungen und auch einige Versuche lassen mich zu dem Schluß kommen, daß dies Ergebnis einer chronischen Wirkung feuchter Kälte auf die Haut ist, d.h., wenn die Haut in der Kälte ständig feucht wird.

Und die therapeutischen Verfahren? Weshalb helfen wärmende Kompressen, Senfpflaster, trockene Schröpfköpfe usw.? Haben wir denn von seiten der Physiologie dafür eine befriedigende Antwort? Hier besteht offensichtlich in der modernen Physiologie eine große Lücke. Der Wirkungsmechanismus aller soeben aufgezählter ätiologischer Momente und therapeutischer Agenzien würde aber klar, *(581)* wenn wir die Existenz eines antagonistischen Paares trophischer Nerven annähmen, die die Lebensfähigkeit des Gewebes bald erhöhen und bald erniedrigen. Dann wären dies Fälle reflektorischer Reizung dieser Nerven, einmal rufen sie bei starker, übermäßiger Reizung der hemmenden trophischen Nerven eine Erkrankung infolge Absinkens der Lebensfähigkeit des Gewebes hervor, ein anderes Mal begünstigen sie durch Reizung der positiven trophischen Nerven den Sieg des Gewebes über die krankmachenden Agenzien durch Erhöhung seiner Lebensfähigkeit

Natürlich muß sich dieses Nervenpaar auch beim normalen Ablauf der lebenden Maschine ständig in Tätigkeit befinden. Wir können jedoch verständlicherweise noch nichts darüber wissen, wann und wodurch sie normalerweise gereizt werden, solange wir noch nicht einmal von ihrer Existenz voll überzeugt sind. Hypothetisch kann man sich jedoch einige Grenzfälle ihrer physiologischen Tätigkeit bei außergewöhnlichen Bedingungen vorstellen z. B. die alte und immer wiederkehrende medizinische Tatsache: eine schlechte, belegte Zunge bei Verdauungsstörungen. Was hat sie zu bedeuten, und wie soll man ihren Mechanismus verstehen? Man kann sich doch nicht immer eine Kontinuität des pathologischen Prozesses vom Magen bis zur Mundhöhle vorstellen. Man kann aber annehmen, daß die Erkrankung des Magens und des Verdauungskanals überhaupt einen Reiz für Reflexe auf die hemmenden trophischen Nerven der Schleimhaut des Mundes und vor allem der Zunge bildet. Dadurch ist auch der bekannte unnormale Zustand bedingt, der in der Folge zur Entstellung und sogar zum Verlust des Geschmacks führt, da in dieser Schleimhaut die rezipierenden Apparate für Geschmacksreize liegen. Verlust des Geschmacks führt zur Enthaltsamkeit von Nahrung, was Ruhe für den Verdauungskanal bedeutet, das wichtigste therapeutische Mittel gegen einen Krankheitsprozeß. Somit wäre dies ein Selbstheilungsreflex des Organismus.

Nehmen wir einen anderen Fall. Beim Hungern behalten im Vergleich zu anderen Organen Herz und Gehirn als die wichtigsten Teile des Organismus am längsten ihr normales Gewicht. Es ist denkbar, daß durch entsprechende Reflexe auf ihre positiven trophischen Nerven nur in ihnen die normale Energie des chemischen Lebensprozesses aufrechterhalten wird. In allen übrigen Organen jedoch *(582)* wird sie beschränkt und gekürzt, was zu ihrer besonders schnellen Atrophie führt.

Von dem dargestellten Standpunkt aus wäre das trophische Nervenpaar der letzte, unmittelbarste Verteiler der Nahrungsquellen des Organismus auf seine Teile.

Somit würde sich nach unserer Vorstellung jedes Organ unter einer dreifachen Nervenkontrolle befinden: unter Kontrolle von funktionellen Nerven, die entweder seine funktionelle Tätigkeit auslösen oder unterbrechen (Muskelkontraktion, Drüsensekretion usw.); unter Kontrolle von Gefäßnerven, die die grobe Zufuhr des chemischen Materials (und die Abfuhr der Abfälle) in Form eines größeren oder kleineren Blutzuflusses zu den Organen regulieren; und schließlich unter Kontrolle trophischer Nerven, die im Interesse des Organismus als Ganzen den genauen Umfang des endgültigen Verbrauchs dieses Materials in jedem Organ steuern. Diese dreifache Kontrolle ist am Herzen bewiesen.

Ich gab Ihnen soeben einen kleinen Tatsachenbericht über ein kompliziertes und schwieriges Problem, über das ich im Laboratorium mit einigen Mitarbeitern in verschiedener Richtung arbeite, und habe mir erlaubt, mit einem besonderen Zweck ihre Aufmerksamkeit auf dieses noch weitgehend unbearbeitete Material unserer Laboratoriumerfahrungen zu lenken. Ich wollte vom physiologischen Gesichtspunkt aus die Vorstellung von den trophischen Nerven unter den Ärzten etwas verbreiten, wobei ich den Begriff des Antagonismus dieser Nerven einführte und ihre mögliche, universelle und ständige Bedeutung im Organismus herausstellte. Damit wird vielleicht eher eine entsprechende und deshalb um so fruchtbarere Analyse des sich darbietenden klinischen Materials zustande kommen. *(583)*

ERGÄNZENDE BEMERKUNGEN ZUR ARBEIT VON DR. M. M. MIRONOW[1])

Ich hatte nicht vor, einen speziellen Bericht zu geben, sondern wollte einfach einige Ergänzungen zu der Arbeit von Dr. MIRONOW machen, da seine Versuche chronischen Charakter trugen und zu ihrer Beendigung Monate brauchten, so daß Dr. MIRONOW selbst ihr Ende nicht abwartete und nach Charkow weggefahren ist. Im Augenblick sind seine Versuche beendet und die Ergebnisse liegen vor. Um einen klaren Bericht zusammenzustellen, muß ich an das erinnern, was von Dr. MIRONOW gesagt wurde. Angesichts des vollkommenen Widerspruchs der vorliegenden Untersuchungen über die Innervation der Milchdrüse begann Dr. MIRONOW die Frage von vorn: Er wiederholte verschiedene Versuche, indem er sie nach Möglichkeit vervollkommnete und kam zu folgenden Resultaten:

1. Es besteht kein Zweifel, daß ein Einfluß des Zentralnervensystems auf die Tätigkeit der Milchdrüse besteht und auf experimentellem Wege bewiesen werden kann. Diese Tatsachen sind die folgenden: Reizt man einen sensiblen Nerv des Hundes, so wird dabei jedesmal ausnahmslos in allen Versuchen (es wurden im ganzen 20 Versuche gemacht) eine Hemmung der Milchbildung erhalten, es geht eine Verringerung der Milchmenge vor sich, manches Mal sogar eine bedeutende bis zu 50% und mehr; gleichzeitig ändert sich ihre Zusammensetzung, die Milch wird dicker.

2. Durchschneidet man (an Ziegen) alle Nerven, die zu der Drüse führen (wobei sich mehr derartige Nerven finden, als die vorhergehenden Autoren fanden), so ist nach ihrer Durchschneidung unbedingt in allen *(584)* Fällen (5 Fällen) eine krasse und deutliche Verringerung der Milch um 30 bis 40% beobachtet worden. Der eine Versuch wurde so angestellt, daß jegliche Einflüsse irgendwelcher Nebenumstände ausgeschlossen waren. Es konnte weder an Chloroform gedacht werden noch an sensible Reizung oder an die manchmal eintretende Eiterung. Man ist so vorgegangen, daß alle Nerven auf der einen Seite an der einen Hälfte der Brustdrüse durchschnitten wurden, und das Ergebnis dieser Durchschneidung zeigte sich genau nur auf dieser Hälfte. In einigen Fällen bestand eine krasse

[1]) Тр. Общ. русск. врачей в СПб. *[Abhandlungen der Gesellschaft russischer Ärzte in St. Petersburg]*, Bd. 60, Mai, 1894, S. 3—6. — *Siehe auch Bd. VI dieser Ausgabe, S 27. — Dt. Red.*

Asymmetrie in der Arbeit der einen und der anderen Hälfte: die eine gab z.B. 500 cm³, die andere 300 cm³. Nach Durchschneidung glich sich die Arbeit beider Hälften dieser Drüse wieder aus, so daß kein Zweifel besteht, daß dies das reinste Resultat der Durchschneidung ist, d.h. der Ausschaltung des zentralen Systems der Drüsen. Diese Tatsachen zeigen unbestreitbar, daß das Zentralnervensystem die Milchabsonderung beeinflußt.

Zur vollen Beweiskraft der zweiten Tatsache ist noch folgende Erweiterung gemacht worden: Die vorhergehenden Autoren haben die von Mironow gefundenen Nerven nicht gesehen, und man mußte sich deshalb davon überzeugen, daß es nicht mehr von diesen Nerven gibt, daß keine Verbindung zwischen dem Zentralnervensystem und der Milchdrüse besteht. Deshalb ist bei einer solchen Ziege, an der alle Nerven durchschnitten waren und die Absonderung der Milch um 30% abgesunken war, der Versuch mit Reizung der sensiblen Nerven wiederholt worden, und es stellte sich heraus, daß ihr Einfluß verschwand: Wie lange die Reizung alsdann auch vorgenommen wurde, es bestand keine Hemmung, und folglich existierten nicht die üblichen Wege für die Impulse aus dem Zentralnervensystem. Somit war die Tatsache des Einflusses außer jeden Zweifel gestellt. Andererseits aber ist klar, daß außer diesem Einfluß zentralen Ursprungs auch in der Peripherie außerhalb des Zentralnervensystems, vielleicht in der Drüse selbst, Bedingungen existieren, denn die Milch wird trotzdem abgesondert, wenn auch in geringerer Menge. Was hier die Ursachen für die Absonderung sind, ist schwer zu sagen. Stützt man sich auf Analogien, so müßten periphere Milchzentren existieren, die die Drüse lenken.

Nach diesen Ergebnissen trat die nächste Frage auf. Wenn die Verbindung der Milchdrüsen mit dem Zentralnervensystem unterbrochen ist, werden dann verschiedene Sexualakte, Schwangerschaft, Geburt usw. *(585)* diese Drüse erreichen, sie beeinflussen oder nicht? Hier ist der Punkt, an dem Dr. Mironow stehengeblieben war und auf den er früher nicht antworten konnte. Im Augenblick ist die Geburt vor sich gegangen und das Ergebnis bekannt. Es hat sich herausgestellt, daß ein sehr deutlicher Einfluß besteht: Der Geburtsakt wirkt auf die Drüse äußerst kraß. Wir hatten im Laboratorium zwei Ziegen, die eine wurde tragend gekauft, ohne Milch und lebte im Laboratorium zwei bis drei Monate. Gleich nach ihrer Ankunft wurden alle Nerven durchschnitten; und nicht nur das, sogar die Hautnerven wurden im Kreis durchschnitten, und alles heilte wunderbar. Es vergingen 40 Tage nach der Operation, Milch wurde keine abgesondert. Als die Ziege jedoch gebar, lieferte am Ende dieses Tags die Drüse ungefähr 400 cm³ Milch, und jetzt dauert dies schon mehr als einen Monat an. Die andere Ziege gab seit 3 bis 4 Monaten vor der Geburt keine Milch. In diesem Fall wurde die Milch früher gesammelt und ihre Menge bestimmt; danach wurden alle Nerven durchschnitten. Es ging die übliche Verringerung der Menge um 40 bis 45% vor sich, d.h. von 800 auf 600 cm³. Dann beruhigte sich diese Arbeit der Milchdrüse im Laufe der Schwangerschaft, hörte für einen Monat ganz auf, oder es waren nur 10 cm³ in 24 Stunden. Aber 10 Tage vor der Geburt begann die Menge zuzunehmen und erreichte nach der Geburt das Maximum, 600 cm³, das sofort nach Durchschneidung der Nerven vorhanden war, und diese Menge hält sich bis heute. Somit besteht kein Zweifel, daß die Laktation auch ohne Zentralnervensystem in Verbindung mit dem Geburtsakt, den Sexualorganen steht. Folglich muß ein anderes Prinzip bestehen, man muß irgend etwas anderes annehmen, da hier die Existenz besonderer Nerven wenig wahrscheinlich ist. Es taucht die Vermutung nach einem bestimmten chemischen Einfluß auf. Offensichtlich geht mit dem Geburtsakt eine Veränderung des Chemismus der Säfte vor sich, und diese Säfte erreichen die Milchdrüse und wirken auf die peripheren Nervenendigungen, die die Funktion der Drüse hervorrufen. Um diese Vermutung zu bestärken, müssen natürlich Beobachtungen an nichttragenden Ziegen, die jedoch aus irgendeinem Grund eine nachlassende Arbeit der Milchdrüse aufweisen, durchgeführt werden, und man muß diese Substanzen in sie überführen, indem Blut tragender Tiere transfundiert wird oder die Tiere gedeckt werden, um damit die Drüsen zu beleben. Dies wäre eigentlich das, was ich an Stelle von Dr. MIRONOW berichten wollte. *(586)*

DISKUSSION

Vorsitzender: Wenn man von Nerven spricht, so hat man auf jeden Fall keine Sicherheit, daß sie alle ausgeschlossen sind. Erstens haben Sie selbst gezeigt, daß vor der Arbeit MIRONOWS nicht alle Nerven bekannt waren, so daß sich auch jetzt vielleicht neue Nerven finden werden.

I. P. PAWLOW: Jetzt ist dies wenig wahrscheinlich, da alle Nerven und die Haut durchschnitten waren.

Vorsitzender: Die Nerven konnten jedoch zusammenwachsen.

I. P. PAWLOW: Das ist wenig wahrscheinlich, da Maßnahmen dagegen ergriffen wurden, es waren Stücke von 2 cm herausgeschnitten. Außerdem ist die Tatsache die, daß der sensible Reflex auf die Isolierung wirksam ist, und hier war nicht die Spur von ihm.

Vorsitzender: Außer den sensiblen Reflexen existieren jedoch noch andere, z. B. seitens der Genitalien und seitens anderer physiologischer Reizungen außer dem Sexualreiz. Außerdem existieren vielleicht in der Drüse selbst Zentren.

I. P. PAWLOW: Ja, aber dafür gibt es keine Hinweise, obwohl nach Durchschneidung der Nerven die Funktion der Drüse unzweifelhaft fortdauert, so daß vielleicht auch selbständige Zentren in der Milchdrüse existieren, wie es für andere Drüsen bewiesen wurde.

M. W. JANOWSKI: Es gibt die sogenannte Scheinschwangerschaft, wenn sich die Frau einbildet, daß sie schwanger ist und sich sogar zum Gebären vorbereitet. Dabei tritt eine Anschwellung der Drüsen und sogar eine Milchabsonderung ein. Alle Erscheinungen dabei erinnern in solchem Maß an Schwangerschaft, daß sogar erfahrene Geburtshelfer irregeführt werden können. Solche Fälle sprechen gegen die Vermutung über die Existenz von Säften, die die Drüsen reizen und die von einer bestimmten Funktion des Geschlechtsapparats, der Gebärmutter und der Eierstöcke, abhängen.

I. P. Pawlow: In diesem Fall ist jedoch die Milchabsonderung zentralen Ursprungs, da ein Drittel der Milch zweifellos durch das Zentralnervensystem bedingt wird.

Vorsitzender: Ich glaube, daß der Ausdruck „Zentralnervensystem" ein übertrieben weiter Terminus ist, da er, vom Gehirn beginnend, bis zur cauda equina angewandt wird; jetzt müßte man bei unserem Wissen spezialisiertere Bezeichnungen haben. *(587)* Dann gibt es, glaube ich, Beobachtungen über die Nervenverteilung in der Haut, wonach angeblich über dünne, kaum feststellbare Nerven Verbindungen zustandekommen können, die man gar nicht vermutet. Deshalb könnte man, wenn man Ihren Bericht hört und sich an die Feinheit der Nervenwege erinnert, glauben, daß dieser Einfluß vielleicht nicht vollkommen ausgeschlossen ist.

I. P. Pawlow: Wir haben das in Betracht gezogen und deswegen die Haut durchschnitten und kein einziges, heiles Stück übriggelassen. Übrigens ist Ihre Bemerkung berechtigt: Nach Durchschneidung der Hautnerven ist wirklich ein noch bedeutenderes Absinken der Milchabsonderung beobachtet worden.

Vorsitzender: Bezüglich des Chemismus muß man daran denken, daß die Gebärmutter ein Organ ist, das wenigstens beim Menschen, ziemlich groß ist, und wenn eine umgekehrte Fettmetamorphose in ihr eintritt, so beginnen sich die Blutelemente sofort in ihrem Chemismus zu verändern. Es bildet sich ein großer Vorrat von Fettemulsion, die ausgeschieden wird, und da spezifische Elemente für die Absonderung in den Milchdrüsen existieren, so kann man glauben, daß, wenn die Emulsion in den Körper eingeführt wird, dies als Anreger der Drüsenfunktion dient. Natürlich ist das eine grobe Vermutung, da die Metamorphose nur eine gewisse Zeit existiert. Wie wollen wir jedoch wissen, wie langwährend der Effekt in Ihren Versuchen war? Darauf müßte man die Aufmerksamkeit richten.

I. P. Pawlow: Unbedingt bestand nicht die Absicht, mit detaillierten Versuchen zu beginnen, da man nicht genau berechnen kann, was hier wirkt, ob das, was Sie sagen, oder etwas anderes. Das wäre eine blinde Arbeit. Besser ist es, von Anfang an die Tatsache zu bestimmen, daß ein chemischer Einfluß besteht, und wenn ich davon überzeugt bin, werde ich die Ursachen suchen und Vermutungen anstellen. *(588)*

ANHANG
ZUR DEUTSCHEN AUSGABE

SACHVERZEICHNIS

NAMENVERZEICHNIS

INHALTSVERZEICHNIS

ÖFFENTLICHE ERKLÄRUNGEN UND ANSPRACHEN

AUFSÄTZE ZUR PHYSIOLOGIE DES BLUTKREISLAUFS UND DES NERVENSYSTEMS

ANHANG ZUR DEUTSCHEN AUSGABE

FSC
www.fsc.org
MIX
Papier | Fördert gute Waldnutzung
FSC® C083411

Kolibri 360 GmbH
Ferdinand-Jühlke-Straße 7
99095 Erfurt, Deutschland
produktsicherheit@kolibri360.de